高等学校“十四五”农林规划新形态教材

PET NUTRITION AND FEEDING

宠物营养与饲养学

主　编　丁丽敏

副主编　赵丽红　武振龙　姚　婷　许　佳　齐智利　王金全

编　委　丁丽敏　邓百川　付小雨　刘　策　李　婧　马东立　齐智利　孙金娟　斯大勇　王金全　吴　怡　武振龙　许　佳　姚　婷　赵兴波　朱年华　赵丽红

主　审　李德发　王湘黔

中国教育出版传媒集团

高等教育出版社·北京

内容简介

本书分为两篇——宠物营养学和宠物饲养学。第一篇为第一章到第十一章，主要讲述宠物营养与宠物食品的相关内容，包括宠物营养与饲养的概述、宠物消化系统的特点等，并阐述了蛋白质、糖类、脂质、维生素、矿物质和水的营养，以及宠物的能量代谢、营养需要量和宠物食品。第二篇为宠物饲养学，包括第十二章到第十六章，主要讲述犬猫饲养的内容，阐述了犬猫品种分类、生物学特性、犬猫全生命阶段的饲养管理及其临床营养与管理。

本书可作为高等院校伴侣动物科学相关专业本科生的课程教材，也可供伴侣动物营养相关的科研工作者、宠物相关行业从业人员和宠物爱好者参考使用。

图书在版编目（CIP）数据

宠物营养与饲养学 / 丁丽敏主编 . -- 北京 : 高等教育出版社，2023.9（2025.9重印）

ISBN 978-7-04-060750-5

Ⅰ. ①宠… Ⅱ. ①丁… Ⅲ. ①宠物 - 食品营养 - 高等学校—教材②宠物 - 饲养管理 - 高等学校 - 教材 Ⅳ. ① S815 ② S865.3

中国国家版本馆 CIP 数据核字（2023）第 120954 号

CHONGWU YINGYANG YU SIYANGXUE

策划编辑 李 融　　责任编辑 李 融　　封面设计 王 洋　　责任印制 刘弘远

出版发行	高等教育出版社	网　　址	http://www.hep.edu.cn
社　　址	北京市西城区德外大街4号		http://www.hep.com.cn
邮政编码	100120	网上订购	http://www.hepmall.com.cn
印　　刷	北京七色印务有限公司		http://www.hepmall.com
开　　本	787mm× 1092mm 1/16		http://www.hepmall.cn
印　　张	24.5		
字　　数	680 千字（含数字课程）	版　　次	2023 年 9 月第 1 版
购书热线	010-58581118	印　　次	2025 年 9 月第 2 次印刷
咨询电话	400-810-0598	定　　价	66.00元

本书如有缺页、倒页、脱页等质量问题，请到所购图书销售部门联系调换

物 料 号　60750-00

数字课程（基础版）

宠物营养与饲养学

主　编　丁丽敏

登录方法：

1. 电脑访问 http://abooks.hep.com.cn/60750，或手机微信扫描下方二维码以打开新形态教材小程序。
2. 注册并登录，进入“个人中心”。
3. 刮开封底数字课程账号涂层，手动输入 20 位密码或通过小程序扫描二维码，完成防伪码绑定。
4. 绑定成功后，即可开始本数字课程的学习。

绑定后一年为数字课程使用有效期。如有使用问题，请点击页面下方的“答疑”按钮。

新形态教材网 Abooks　　关于我们 | 联系我们　　登录/注册

宠物营养与饲养学

丁丽敏

开始学习　　收藏

本数字课程与纸质教材一体化设计，紧密配合，内容包括拓展学习、参考文献和附录等，可供各类高等院校不同专业的师生根据实际需求选择使用，也可供相关科学工作者、宠物爱好者参考。

http://abooks.hep.com.cn/60750

扫描二维码，打开小程序

前言

宠物的种类繁多，目前最常见且数量最多的宠物是犬和猫。犬猫作为人类的伴侣动物有着悠久的历史。当前人们普遍把宠物当作家人看待，其饲养的目标是使其健康长寿，因此宠物的营养与饲养管理也日益重视。犬猫营养和饲养的研究已有100多年的历史，宠物食品也经历了从餐桌食品到全价食品的转变。我国在宠物饲养数量及对宠物食品和用品的消费上有很大的潜力。2021年中国宠物行业白皮书显示，我国宠物犬数量为5 429万只，较2020年增长4.0%；宠物猫数量为5 806万只，较2020年增长19.4%。随着宠物数量的增加，市场对宠物食品数量需求增大，同时对宠物食品的品质要求更高。不仅是宠物主人，犬猫繁育者、宠物营养科研工作者、兽医师、宠物食品工业及与其相关的研发人员，都关注宠物的健康，因此为宠物提供安全卫生、营养均衡的全价日粮和进行科学的饲养就显得尤为重要。

宠物饲养主要关注如何根据宠物的品种、生命阶段、生理和病理状况、环境及日常管理来促进宠物的健康。宠物营养主要关注如何正确地评估宠物在不同生命阶段及病理条件下的营养需求以保证宠物的健康。宠物营养是通过宠物食品实现的，宠物食品的关注重点主要在于其产品的营养性、适口性、可追溯性、安全性和消化性。宠物食品质量的控制是一个系统工程，通过对以上几个方面的研究，不断提高宠物的营养和饲养水平，达到保证宠物健康长寿的目的。

随着宠物饲养量日益增多，宠物行业乃至宠物主人对宠物营养和饲养的知识需求日益强烈，宠物营养和饲养方面的人才需求也不断增加，因此众多院校纷纷成立宠物营养相关的专业或开设相关课程，为宠物行业和相关企业培养人才。由于我国在宠物营养和饲养方面的研究和教学起步晚、时间短，因此还没有一部专业的教材用于相关课程的教学。本教材的主编从事宠物营养和食品方面的教学和研究长达20余年，副主编及编者也均为从事宠物行业的教授和专家，因此共同编写了本教材，以期促进宠物营养与饲养的教学和人才培养，为宠物营养和宠物食品的研究提供理论依据；同时也期望有助于行业人员对相关专业知识的系统学习，有助于企业的员工教育、产品开发、市场宣传等，有助于政府部门的政策制定以促进行业的发展和进步，有助于宠物爱好者对科学养宠的认知，保障宠物的健康和福利，让宠物与主人互相陪伴、和谐相处。

本书共分为两篇，第一篇为宠物营养学，第二篇为宠物饲养学。第一篇的内容主要涉及宠物营养和食品的历史，宠物的消化系统及消化吸收特点，宠物需要的六大营养素，宠物的能量代谢，宠物的营养需要量，宠物食品的分类、工艺、适口性测定，质量控制和相关的国内外法规；第二篇的内容主要讲述了犬猫的品种分类及其生物学特性，并阐述了犬猫不同生命阶段的饲养管理，介绍了与犬猫疾病有关的临床营养与管理。

本书综述了国内外现有的最新研究成果，从教学的视角，以传授基础理论、基础知识、基本技能为出发点并综合目前行业发展需求，讲述了宠物营养的主线内容，并探讨了犬猫在各种疾病状态下的营养管理。为了突出学习的重要知识点，在每一章的开始部分，有本章提要和知识导图，便于学生对本章总体内容的了解，然后分章节详细论述相关的概念和理论，并配有图片和表格，便于学生理解和掌握。在每章的后面，有本章小结对本章的内容进行扼要的回顾，有课后思考题、名词解释、简答题和拓展题，以对本章的概念、理论及内容进行强化学习。拓展题强调理论与实际相结合，与行业的发展密切相关，能开拓学生的视野和锻炼解决实际问题的能力。

编者希望本教材的出版对于促进宠物营养与饲养的教学起到积极的推动作用，对于宠物食品的研发和科研起到理论支撑的作用，对于宠物行业的从业人员起到科学的引导和教育的作用，最终为犬猫的健康、人类的幸福做出贡献，为宠物行业科学、健康和持续的发展贡献力量。

编 者

2022 年 10 月

目 录

第一篇 宠物营养学

第二篇 宠物饲养学

第一篇

宠物营养学

第一章

宠物营养概述

本章提要

宠物的种类繁多，目前最常见且数量最多的宠物是犬猫。犬猫的数量日益增长，人们把宠物当作家人，饲养宠物的目标是使其健康长寿，因此宠物营养与饲养管理也日益受到关注。犬猫营养和饲养的研究大概有100多年的历史，宠物食品也经历了从餐桌食品到全价食品的转变。本章主要阐述宠物营养与宠物食品发展的历史，介绍宠物、宠物营养、宠物饲养、适宜营养、营养素、必需营养素、营养的适当性、宠物福利、宠物食品、全价宠物食品、宠物营养补充剂及宠物零食的概念，以及饲养宠物给人带来的优缺点，最后诠释宠物营养学的主要内容和任务。

知识导图

- 宠物营养概述
  - 宠物饲养与营养的历史
    - 宠物饲养的历史和现状
    - 宠物饲养的目标
    - 宠物营养研究的历史与现状
    - 宠物食品的历史
      - 世界宠物食品
      - 中国宠物食品
  - 饲养宠物的优点和缺点
    - 养宠的优点
    - 养宠的缺点
    - 养宠与环境
    - 宠物福利
      - 宠物福利的概念
      - 动物福利的框架
      - 动物福利的五大需求
      - 宠物健康评估
  - 宠物营养与饲养的概念
    - 宠物的概念和种类
    - 宠物营养、营养学及宠物饲养
    - 宠物饲料（宠物食品）的概念与分类
    - 营养素的概念与分类
    - 最适营养
  - 宠物营养与饲养学的主要内容与任务

第一节　宠物饲养与营养的历史

一、宠物饲养的历史和现状

宠物的种类繁多，而犬猫是最重要的宠物，对其的研究也最多，因此本书主要讲述犬猫的营养与饲养。犬猫作为人类的伴侣动物有着悠久的历史。几千年来，人们为了工作或娱乐而饲养、驯养犬猫。虽然科学家们还不确定这些动物是何时从工作动物（主要用来看守牲畜、协助狩猎或捕捉害虫等）变成宠物的，但犬猫与人类生活在一起已有很长的历史。研究表明，犬在1.6万年前就被驯化了，可能与人类已经相伴了3万多年。猫被驯化的时间估计在公元前7000到前1600年之间。近期的研究表明，猫跟人类合葬出现大约在9500年前，说明它们与人类有着长期密切的关系。19世纪，随着工业革命和中产阶级的崛起，欧洲和北美洲拥有可支配收入的家庭开始饲养犬猫作为伴侣动物。在现代社会中，犬猫主要是作为伴侣动物，与宠物主人之间建立牢固的关系。主人把它们当作家庭成员，越来越关注它们的健康和快乐。

根据美国宠物行业的统计数据，美国人拥有约7 800万只犬、8 500万只猫、1 400万只鸟，1 200万只小型哺乳动物和900万只爬行动物。宠物市场发展早期，宠物以犬猫、水族（鱼类）、鸟类为主。随着宠物主人数量的增加、喜好的变化、饲养条件改善等原因，宠物类型也从犬猫等扩展至爬行类、啮齿类等。据亚宠研究院在2020年12月发布的《2020中国宠物行业零售市场分析报告》的数据显示，犬猫的饲养率在中国是17%，韩国是26%，美国是67%（图1–1）。中国在宠物饲养数量及对宠物食品和用品的消费上还有很大的潜力。2018—2020年，我国宠物犬的数量一直高于猫的数量，但猫增长率大于犬。2021年我国宠物犬数量为5 429万只，较2020年增长4.0%；宠物猫数量为5 806万只，较2020年增加19.4%，已超过犬的数量（图1–2）。从养宠人群来看，2018—2021年，养犬人数一直高于养猫人数。但2020年开始，养猫人数迅速增加，养猫人数由2019年的2 451万增长到2020年的2 701万，养犬人数从2019年的3 669万降到2020年的3 593万，2021年养猫人数达到3 225万（图1–3）。

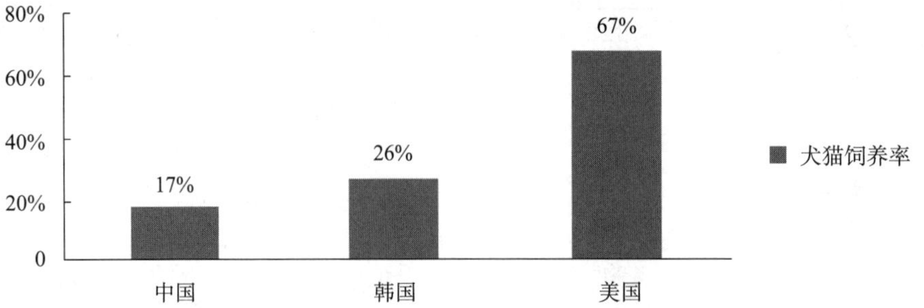

图1–1　2020年中国、韩国、美国的犬猫饲养率

来源：2020中国宠物行业零售市场分析报告

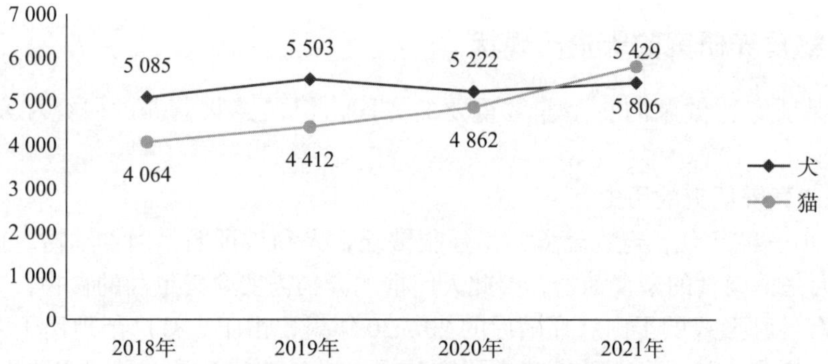

图 1-2　2018—2021 年中国城镇犬猫数量变化趋势（万只）

来源：2021 中国宠物行业白皮书（消费报告）

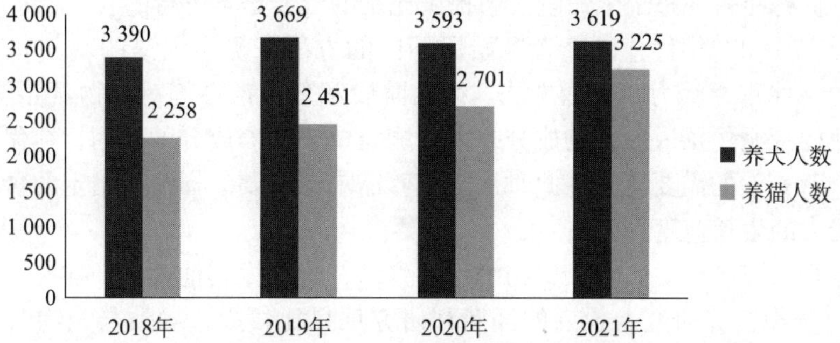

图 1-3　2018—2021 年中国城镇养犬猫人数变化趋势（万人）

来源：2021 中国宠物行业白皮书（消费报告）

二、宠物饲养的目标

随着时代的发展，人类越来越关注宠物的营养和健康。宠物饲养的目标是使其更健康、长寿、快乐和舒适地生活。如何为宠物提供科学安全的全价平衡日粮，以及如何使用安全高效的药品、保健食品及兽医治疗来维持宠物的身体健康和长寿，并进行科学的饲养护理，已是宠物饲养者、宠物营养研究者、宠物食品工业及与其相关的科学研究者日益关心的问题。

宠物营养的关注点是如何正确地评估宠物在不同生命阶段及病理条件下的营养需求以保证宠物的健康。宠物营养是通过宠物食品实现的，宠物食品的关注重点主要在于其产品的营养性、适口性、可追溯性及安全性，对其经济效益的关注不如畜禽等动物，重点强调食品对宠物的健康和长寿的影响。随着人们生活水平的不断提高和营养学研究的不断深入，宠物饲养者不仅关注宠物食品营养的全价和均衡性，更关注其产品的质量和安全。宠物食品的质量主要由以下几个方面决定：宠物食品营养标准的选择、产品原料的来源和营养成分、科学的饲料配方、生产设备、工艺流程和整个生产周期中的品质控制等，以及宠物食品的适口性、消化性和全价均衡性的评价等。宠物食品质量的控制是一个系统工程。通过这些方面的研究，不断提高宠物的营养和饲养水平，达到保证宠物健康长寿的目的。

三、宠物营养研究的历史与现状

营养是保证宠物健康的一个非常重要的方面，但是宠物营养的研究和发展还远远不够。

（一）宠物营养研究的历史

20世纪30—40年代，宠物营养知识还很缺乏，犬猫被证明是肉食动物，猫是严格的肉食动物，犬是偏肉食的杂食动物，因此人们推测犬猫需要含肉量高的食物，多数商业宠物食品中含有各种形式的干肉。在随后的20～30年里，由于犬被广泛地用于人类营养研究的模型，积累了大量可利用的营养学研究数据，而猫被认为是一种“小动物”，对其营养研究比较晚，因此犬营养学的发展远远快于猫营养学的发展。在这一时期，营养研究主要涉及食品中常量的营养成分，主要测定一种食物维持正常机体生理功能的能力，但这对于发展和评定食物能否在整个生命阶段中提供充足的营养是不可行的。

在20世纪70—80年代，研究者开始用不同的方法来测定犬猫的基础和特殊营养需求，包括年龄、体重、活力、生活方式、生长阶段和环境条件等对宠物营养需求的影响。为了更精确地控制宠物摄入的食物成分，需要测定单个营养成分的作用，纯化日粮被引进用来进行单个营养素的需要研究。此时评定营养需求最重要的标准是给定的食物组成是否有助于达到最大的生长速度。

由于对宠物研究的历史不长，宠物的品种繁多，难以像其他畜禽一样有充分的实验样本，且各国在宠物营养研究上投入的经费和研究项目比较少，导致与宠物营养有关的数据库，如宠物营养需要量和饲料营养成分数据库，建立不完善，营养标准和原料成分表数据亟待补充和完善。在20世纪80年代中期，美国国家研究委员会（National Research Council，NRC）公布了犬猫的营养需求，并在2006年发布了更新的犬猫营养需要，科学的不断发展对宠物营养有了新的见解和发现。大多数商业化的美国宠物食品及欧洲、亚洲的宠物食品配方都是“完整和均衡”的，意味着它在正确的营养水平上提供了宠物所需的所有营养素。美国国家研究委员会、美国饲料管理协会（Association of American Feed Control Officials，AAFCO）和欧洲宠物食品工业联盟（European Pet Food Industry Federation，FEDAIF）不断总结研究结果，推出不断更新的犬猫营养标准，如NRC犬猫营养需要量（Nutrient Requirement of Dogs and Cats，2006）、AAFCO犬猫粮营养参数（AAFCO Dog and Cat Food Nutrient Profiles，2021）、欧盟犬猫营养指南（Nutritional Guidelines for Complete and Complementary Pet Food for Cats and Dogs，2021）等，但仍然有一些数据缺失。

（二）宠物营养研究的现状与趋势

在过去的60年甚至更长的时间内，研究能够促进犬猫健康和延长寿命的全价均衡的宠物食品曾是伴侣动物营养学家的研究目标。传统的宠物食品的配制主要关注于成年犬和青年犬的基础营养需求，对老年犬、生病犬及亚临床症状的犬猫的研究不足。目前犬猫营养研究的重点已经转移到为不同生长阶段和生活方式的伴侣动物提供最佳营养，以及在病理状态下宠物的营养支持，满足主人期望宠物更加健康更加长寿的愿望。同时，新的原料和饲料添加剂的研发，增加了宠物食品一些特殊的功能，促使宠物营养科学研究者及宠物食品工业增加研究力度，开发出一系列营养全价而均衡并安全的宠物食品。

尽管食物的首要目的是提供充足的营养以保证机体的新陈代谢，但能够促进宠物健康的功能性物质的研究得到越来越多的关注。最近的研究表明，食物除满足机体基本营养需要外，还具有调节和改善机体代谢的功能，还能够防止某些营养性疾病的发生，同时也可能会导致某些营养性疾病的发生。因此营养概念的内涵日益延展，已经从最基本的营养需求扩展到了通过食物促进机体健康和降低患病的风险，即临床营养或处方营养，并据此开发出了处方粮以及具有保健作用的宠物食品。

（三）宠物营养研究中存在的问题

众所周知，营养在伴侣动物的疾病发展中扮演着一个重要角色，但是迄今为止该领域的数据库仍然不完善，关于伴侣动物的各种疾病状态下的具体的营养需要量、营养素的生物学效价以及营养素的互作效应、防病作用的信息仍然缺乏。想要进一步开发宠物食品和提高宠物生理机能，需要做大量的营养需要数据库建库工作，如同猪、牛等家畜营养需要信息库的建立一样，这是一件非常繁琐但又必须要做的工作。整个饲料工业，包括宠物食品工业，都急需一种方便、公开、易得的数据库信息系统，包括营养需要量信息和饲料及饲料添加剂信息。美国国家研究委员会早在 1995 年就提出要建立这样一个关于宠物营养需要和饲料营养含量的数据系统，但是至今都未能实现，一部分原因是研究经费的昂贵和经费资源短缺。因此，宠物营养需要的研究和数据库的建立具有重要意义。

宠物营养学的许多方面都需要深入研究和探讨，例如对于正常的犬猫，其能够抵御肾病的磷与蛋白质的最理想需要量；对于大型犬，促进骨骼正常发育和理想生长率的营养需要量；生长阶段的能量摄入与肥胖的提前预防的关系；日粮中抗氧化性营养素的最理想用量等，都将直接影响着宠物的寿命和健康。在营养物质与免疫性互作方面的早期研究主要集中在能量、蛋白质缺乏所造成的影响上。这二者在今天的伴侣动物日粮中都不再存在缺乏的问题。相比之下，另外的一些营养物质，由于维持营养需要量的估计不精确、研究不透彻，或者可能是由于机体正处于某个特殊生命阶段或活动期，营养需要量高于常规需要，这些数据都需要深入研究和完善。

另外，宠物营养研究的方法也需要标准化和规范化，在保证动物福利的情况下，获取更多的有价值的基础代谢及营养需求信息，建立标准的研究方法，对开发产品、验证产品质量、规范市场行为及宠物健康提供保证，但这需要政府管理部门及行业的认可。AAFCO 制定了测定营养物质消化率和代谢能的方法，以及通过饲养试验验证宠物食品符合“全价而均衡”声称的规定和具体的操作流程。

四、宠物食品的历史

（一）世界宠物食品发展的历史

宠物食品的研发过程也经历了从饲喂餐桌食物到专业商品犬猫粮的历程。14 世纪末，法国西南部的 GastonⅢ写了一本书，书中描述了他心爱的灰狗是如何被照顾的，包括给它们喂食的食物：麸皮面包、一些狩猎得来的肉。如果狗生病了，还会喂山羊奶、豆汤、剁碎的肉或黄油鸡蛋。然而，从中世纪到 19 世纪中期，在普通家庭中，狗的饮食与主人很相似，包括主人能拿出的任何东西，如骨头、卷心菜、土豆、洋葱和面包皮等。在 19 世纪中期，人们普遍购买马肉给他们的宠物（工作的马可能会死在城市的街道上），犬猫的饮食在城市中可能更加多样化。从那时起，犬猫已经成为家庭中不可或缺的一部分，而且人们对宠物营养和食品安全的科学理解已经提高，以帮助更好地保护宠物的健康。

1. 商业犬粮的诞生

1860年，美国辛辛那提的电工詹姆斯·斯普拉特（James Spratt）前往伦敦推销避雷针。当轮船到达英国以后，偶然间发现他的爱犬特别喜欢吃被水手们丢弃的饼干。于是，他灵机一动，迅速拿来面粉、蔬菜、肉加上水，搅和在一起，开始制造与销售犬粮。人类历史上的第一份商业犬粮就这样诞生了。詹姆斯·斯普拉特就此设计了自己的专利：在小麦粉里面加上肉和蔬菜作成犬食用的蛋糕。他的这个专利引起了一位伦敦面包师Walker的兴趣，Walker生产出了长方形面包，他称Spratt's的专利为Fibrine犬蛋糕。Walker后来成立了自己的公司，烘焙出了第一个商业性的犬蛋糕，意味着商品犬粮的诞生。

2. 犬粮蓬勃发展，商业膨化犬粮诞生

19世纪70年代，Spratt将他的产品介绍到了美国。1895年，Spratt把公司搬到美国纽瓦克进行商品犬粮的生产。1908年，美国班尼特（F. H. Bennett）饼干公司研发出“Miltoid”饼干产品——奶骨棒（Milk Bone），为不同体型的犬提供营养。1922年美国位于伊利诺伊州罗克福德的查铂尔斯（Chappel）公司首先将罐装犬粮投放市场。几乎同时，塞缪尔·盖恩斯（Samuel Gaines）创造了由许多干的磨碎的成分组成的犬主粮，以大包装售卖，可直接饲喂，不再需要添加其他东西，有点类似于现在的全价宠物食品。1931年，奶骨棒被美国国家饼干公司（The National Biscuit Company，Nabisco）收购，开始在超市售卖，使商品犬粮进入千家万户，得到大众的认可。此时的商品犬粮有罐头、饼干和正餐，但最受欢迎的还是罐头产品。1941年，罐头产品占总宠物食品90%的份额。1954年，美国拉尔斯通－普瑞纳公司尝试在米粉、盐和糖里掺入乳化动物肝脏、脱脂牛奶、大豆粉等原料，搅拌混合为浆状物后，在沥青地上晾干。其味道与爆米花相似，深受犬的喜爱。1957年，该公司最先将食品中的膨化工艺应用在宠物食品上，世界上第一袋膨化犬粮——Dog Chow问世。从此，经过膨化工艺制造出的宠物食品以其营养全面均衡、饲喂方便、节约时间等绝对优势占据宠物食品的主要地位。大概经历不到1年的时间，这种犬粮就成为全美销量最高的犬粮。

3. 宠物食品的细分

最开始犬猫粮是通用的，没有进行严格的细分，随着对犬猫营养需要的研究和养犬猫数量的增加及品种的丰富，犬猫专用粮诞生了，同时根据犬猫不同的生命阶段，配制不同的犬猫粮。所以在Spratt发明制造犬蛋糕之后的一百年，英国最畅销的犬粮进入到德国和其他国家。之后各种形式的犬猫食品被不断发明制造，品种日益丰富。

4. 21世纪的犬猫食品

21世纪宠物食品进行更细致的划分，分为全价宠物食品、补充性宠物食品和宠物零食。全价宠物食品，又细分为针对不同生命阶段（幼年、成年、繁育、老年）的犬猫粮，不同品种的犬猫粮（如吉娃娃犬粮、金毛犬粮、美国短毛猫粮、波斯猫粮等），也有用于不同病理状态的犬猫粮，如用于亚健康状态的犬猫粮和病理状态的犬猫粮（即处方粮，如皮肤护理犬猫粮、肠道护理犬猫粮、肾脏处方粮、心脏处方粮等）。不同的犬猫食品公司，不断推出不同特点的犬猫粮，有从营养指标的角度诠释产品特点的，如高能高蛋白日粮、低能量日粮、高亚油酸日粮等；也有从原料角度诠释产品特点的，如天然粮、有机粮、鲜肉粮、无谷粮、添加果蔬粮、素食粮等；也有从健康角度进行划分的，如科学配方粮、保健粮、处方粮等；也有从犬猫品种的角度划分的，如小型犬、中型犬、大型犬粮，还有单一品种的粮，如吉娃娃犬粮、金毛犬粮、波斯猫粮等。补充性宠物食品和宠物零食的种类也不断地丰富和创新，各种功能性和环境友好的食品也不断出现，体现了人们对宠物健康和环境的关注。同时，不同功能的宠物保健品和多种类型的宠物零食产品不断创新，品类越来越丰富，市场份额也有增高的趋势。

（二）中国宠物食品发展的历史

中国宠物食品行业经历了各个有代表性的阶段，中国宠物消费市场共经历了 5 个发展阶段，目前已经进入高速发展期。

1. 第一阶段：种子期（20 世纪 80 年代及前期）

基本上处于餐桌食品的时代，中国的宠物主人对商业化的犬猫食品没有太多的概念。

2. 第二阶段：萌芽期（1990—1999 年）

中国的宠物市场发展因相关政策法规的影响起步较晚，在 20 世纪 70 年代中期时，中国的狂犬病发病率猛增，政府出于防疫层面考虑，于 1980 年 11 月出台了全国性法规《家犬管理条例》，禁止县级以上城市及近郊区、新兴工业区养犬。1992 年 9 月，中国小动物保护协会在北京成立，首次提出“宠物应当成为人类生活伴侣”的理念，以珍爱生命、倡导精神文明和发扬人道主义精神为思想基础，以保护动物、维护动物的生存权利和不受虐待的权利、以及改善和提高小动物的生命条件、饲养水平为宗旨，坚决反对任何虐待、残害动物的行为和思想。宠物是家庭成员的概念开始涌现，我国在养犬政策上也有所松动，部分地区允许养宠，但仍有诸多限制，比如上海和北京分别在 1993 年和 1994 年制定了《上海市犬类管理办法》和《北京市严格限制养犬规定》，明确表明实行养犬许可制度，任何个人未经批准不得养犬。美国玛氏公司是第一家进入中国的外国公司，1993 年进入中国，于 1995 年在怀柔投资建立了第一家宠物食品工厂，开始培养给犬猫喂犬猫粮的习惯，中国宠物食品行业迎来了发展时机。2003 年美国雀巢普瑞纳公司进入中国，并于 2007 年在天津建立工厂。2008 年，玛氏公司旗下的皇家宠物在中国设立工厂，2010 年正式运营。

这时中国也出现了一些本土的宠物食品企业，如北京济海兴业科技开发有限公司（安贝宠物食品）在 1999 年创立，自主研发生产宠物营养补充剂、全价犬猫粮产品。

3. 第三阶段：起步期（2000—2012 年）

宠物主数量增长，消费观念开始改变。中国本土企业大量出现，全价宠物食品、宠物零食和保健品开始推向市场，市场进入产品品类丰富和市场扩张阶段。

4. 第四阶段：发展期（2013—2015 年）

资本开始布局宠物市场，宠物在线服务平台爆发。全价宠物食品、宠物营养补充剂和零食的品类越来越多，销售渠道也更加多元化。线上和线下渠道全面开始销售宠物食品。

5. 第五阶段：高速发展期（2016 年至今）

2019 年国内宠物市场达到千亿级的规模，围绕宠物消费与服务的多种产品和服务出现，其中宠物食品占据总市场份额的 34%，并且是第一刚需产品，得到极大的发展。

第二节　饲养宠物的优点和缺点

一、饲养宠物的优点

饲养宠物对儿童、老人、病人、丁克家庭、单身人群都会带来各种益处。

（一）情感陪伴

随着社会关系及环境的变化，公众孤独感不断上升。有大量的研究表明，宠物在减少孤独感方面发挥着强大的作用。“精神寄托，丰富感情生活”成为中国人养宠物的首要原因，大量的宠物主为排解孤独而饲养宠物。宠物在精神寄托上的作用愈发明显，成为宠物数量增长、宠物市场发展的驱动因素。

（二）社会交往

在社会层面上，伴侣动物通常是人与人发展积极互动的有力手段。饲养宠物带来的好处通常会延伸到更广泛的社区，增加人际交往。例如，养犬的人在外出散步或在家带犬时，会有更大的安全感，也会结交新的朋友。此外，与宠物建立牢固关系的孩子表现出对他人的同情心和关心，有助于他们的成长和性格塑造。

（三）缓解压力

从心理健康的角度来看，有证据表明，当成年人感到压力或抑郁时，动物伴侣可能会有所帮助。对于老年人来说，宠物可以缓解压力的影响，比如配偶去世时的丧亲之痛，尤其是对那些没有多少知己的人来说。孩子们在难过的时候也经常会去找他们的宠物，把他们的宠物当作“朋友”。

（四）促进宠物主人的身体健康

从整体健康的角度来看，在家里养宠物可以改善儿童的整体免疫功能，尤其是预防过敏。养犬家庭的孩子也表现出更多的身体活动。在成年人中，养犬的人也比不养犬的人从事更多的体育活动，养宠物的人通常血压、血浆甘油三酯和胆固醇水平较低，养宠物的老年人看医生的次数较少。

（五）为有特殊需要的人提供福利

在特殊的环境中，如教室、疗养院和医疗机构，伴侣动物也起到有益的作用。

服务犬可以帮助那些有各种身体残疾的人，比如失明和行动不便的人，甚至还可以帮助他们进行医疗检测，比如在病人癫痫发作时发出警报。动物伴侣也被证明对自闭症和严重的精神状况等综合征有益。

（六）带来经济利益

在财政方面，英国、德国和澳大利亚的国家健康调查显示，宠物主人因养犬而提供的健康福利，可以节省数百万美元的国家健康支出。

二、饲养宠物的缺点

（一）宠物主人摔倒受伤

E. Paul Cherniack（2014）研究表明，虽然使用宠物和动物疗法可能给老年人带来一些潜在的健康益处，但也存在危害。宠物主人会因为他们的宠物摔倒并导致骨折。美国疾病控制和预防中心指出，从2001年到2006年，每年有86 629起犬猫导致的摔伤事件，平均每10万人中有29.7人受伤。65～74岁的老年人受伤率为68.8%，75岁及以上为70.6%，是35～44岁（28.6%）的两倍多。来自澳大利亚的病例系列也报告了16例至少年龄为65岁的老年人骨折。受伤的大多数是女性，人们经常会被宠物绊倒，或者在弯腰喂它们时摔倒。宠物通常是犬猫，但也有鸟、山羊和驴。

（二）昂贵费时

养宠物既昂贵又费时，而且很复杂。美国饲养一只中等大小的犬一生的平均花费是

1 万美元，一只猫是 8 000 美元。宠物需要足够的食物、住所、卫生和兽医照顾。由于身体或认知能力的限制，老年人提供这种照料的能力不如年轻人。没有得到主人妥善保护的宠物也可能对其他人和环境构成威胁。这些宠物可能会伤害他人，损害他们的财产，或产生恐惧或不信任。宠物可能会破坏环境（例如破坏动物和植物，制造废物），宠物也可能遭到主人的弃养，对社会造成危害。

（三）与宠物互动的缺失

工作繁忙的上班族和养老机构中的老年人也不太能够与动物进行适当的互动。有关报告称，有的居民把猫扔在垃圾和厕所里，或差点用轮椅碾过它的尾巴。工作繁忙的人也缺乏与宠物的互动，使动物产生心理问题。

（四）有可能引起人类感染和创伤

宠物引起人类感染的担忧被认为是养宠物可能产生的不良后果。存在超过 200 种不同的人畜共患病感染，然而，在拥有宠物或参与动物辅助治疗的人中，确切发病率没有记录，仍然未知。同样，可能会存在被动物咬伤或被抓伤造成的创伤，但这种情况发生的频率不确定。

（五）宠物还可能造成心理伤害

人类会变得非常依恋他们的宠物，当失去宠物时，他们可能会经历与失去亲人类似的悲伤反应。

三、饲养宠物与环境

随着全球环境的恶化，全世界都在采取措施积极改善环境。养宠物的人往往希望自己饲喂宠物的方式是尊重环境的。利用可持续的原材料、环保友好型的产品、可回收的包装材料——所有这些因素都对确保宠物食品行业长期可持续发展起着重要作用。

作为宠物主人和宠物食品行业从业者，有责任在群体（包括宠物和人）需求和为后代保护环境的必要性之间寻求平衡。采用最新的创新技术，尽量在减少资源消耗的同时提高安全标准。在关注环境问题的同时，鼓励行业内有效利用能源，不论在进行原材料生产、宠物食品制造、贮存、包装和运输的过程，还是其他环节，都尽量减少能源的浪费。宠物食品行业是最早引入回收利用理念的行业之一，通过对人类食物链副产品的利用可减少对这些美味又无害的成分的废弃处理，降低供人类消费的肉类价格，减少人类食物链中的肉类需求。宠物食品制造商是将这些副产品转化为对宠物有价值的营养产品的专家。

2018 年，欧盟委员会（FEDIAF）批准通过了为宠物食品设立的产品环境足迹分类规则（PEFCR）。宠物食品的 PEFCR 涵盖了宠物食品产品从“摇篮到坟墓”的整个产品周期，包括以下阶段：原料采购、包装生产、宠物食品制造、分销、使用和包装的“生命终结”（EOL）。FEDIAF 支持：

1. 保证在安全、美味、营养的基础上，宠物食品在生产时对所有资源的高效利用。

2. 负责任的设计、操作和对工艺流程及工厂的维护，尽量减少对当地社区的不利环境影响，如将环境排放最小化，将异味最小化，改善生产场所及其附属部分的外观。

3. 包装技术的使用和发展，不仅能够减少对不可替代资源的需求，还能在不影响技术效率和安全的情况下用对环境影响最小的方式处理掉。

4. 制定关于节能、再利用、回收和焚化废物以回收能源的方案。

5. 清晰、明确和无歧义的环境标签（环境声明）。

因此，宠物行业的从业者及宠物主人，在生产产品及饲养宠物的过程中，在保证宠物健康的情况下，要降低对环境的影响。

四、宠物福利

绝大多数宠物主人热爱动物，把宠物当作家庭的一员。然而，人们很容易误解宠物的需求，常犯一些错误，影响宠物福利（动物福利），导致宠物的痛苦。虽然伴侣动物可能被视为家庭中的一员，但宠物不是人类，它们的需求往往与人类的需求截然不同。事实上，正确地饲养和照顾宠物需要从经验、研究或教育中获得知识，而且需要这些信息的不仅仅是宠物的主人，其他如兽医、收容所和检疫人员，宠物行业的从业人员以及政府负责制定或执行标准的人，都需要了解如何满足伴侣动物的需求。

（一）宠物福利的概念

世界小动物兽医协会（World Small Animal Veterinary Association，WSAVA）定义的动物福利（animal welfare）：动物福利是对动物的生理、心理、社会和环境的福利。

Fraser（2008）对动物福利的定义有三个重叠的概念：

①身体状态和功能；②心理或精神（情感）状态；③表现自然行为，并根据自然状态生活的能力。

世界动物卫生组织（World Organization for Animal Health，OIE）建议，兽医“应该是所有动物福利的主要倡导者，认识到动物通过食品生产、陪伴、生物医学研究和教育对人类社会作出的关键贡献”。此外，欧洲兽医联合会（FVE）与加拿大兽医协会（CVMA）和美国兽医协会（AVMA）共同宣布：“兽医必须继续努力成为一个不断进化的社会中动物福利的主要倡导者”。兽医专业人员不仅要保证动物身体健康，而且要保证动物福利的非身体方面，使患者的心理、社会和环境全面健康。面对一个社会经济、文化、技术和教育多样化的世界，兽医必须这样做。特别是动物的感受（心理或精神状态）对积极的动物福利至关重要。

感知是动物福利的一个重要概念。动物感知能力定义为“重要的感觉”（Webster，2007），并认为有感知能力的动物有对环境的意识并做出选择的能力。动物不仅能感受到痛苦和悲伤，而且还能拥有适合特定物种和环境的积极体验，如舒适、快乐或兴趣。感知包括动物体验积极和消极情感状态（情感加上其他感觉，如饥饿和口渴）的能力，包括疼痛。动物会选择寻求积极的体验，避免消极的体验，这与动物的智力无关。痛苦和快乐被定义为感受的能力，而不是思考的能力。在法律上对动物感知能力的承认可能超越了简单地保护动物免受痛苦或苦难的范畴，因为感知能力的定义包括了积极和消极的状态，从而促进了积极的福利，而不是简单地保护动物免受不良福利的侵害。

在人类的照料下，动物会经历许多可能影响其福利的因素。这些因素包括社会和物理环境、饮食因素、与人类及其自身或其他物种成员的互动，以及它们表现出其物种正常或典型行为的能力。由于物种和行为的差异，不同的动物有特定的福利问题。例如，一些宠物犬的福利问题是被单独留在家里。在充分社会化的情况下，犬是典型的社会动物，独处可能会导致消极的心理健康，在某些个体中导致挫折和焦虑。相反，猫可能会在社会生活中挣扎，因为它们是有选择性的社会生活，当与其他猫发生资源竞争或社会冲突时，可能会有应对困难。当动物的需求和人类的欲望发生冲突时，就会出现福利问题。

（二）动物福利的框架

1965年，英国公众日益关注集约化畜牧业中对待动物的方式，因此对农场动物福利的独立调查快速发展，并随后发表了《Brambell报告》。这反过来又促使了英国农场动物福利委员会（Farm Animal Welfare Committee，FAWC）的成立。FAWC是一个独立的咨询机构，制定了五项自由作为一个框架，以满足养殖物种的福利需求。2006年，“五项自由”被改编为“五项动物福利需求”，适用于所有家畜。

五项动物福利需求提供了一个有用的框架，以确保人类照顾者为动物提供基本的福利需求：

①需要一个合适的环境；②需要适当的饮食；③需要能够表现出正常的行为模式；④与其他动物住在一起或分开住的需要；⑤保护自己免受疼痛、痛苦、伤害和疾病的需要。

这些需要考虑到动物的生理和心理福利，并要求动物照顾者在他们的照顾中熟悉该物种的需求。需求的清单不是确定的；然而，它们为可能的福利问题提供了一个有用的框架和分类。例如，住房系统可以包括为动物提供其身体健康所需的一切，如食物、水、温暖和住所，因此，就其健康而言，动物可能处于较高的福利水平。然而，同样的住房系统可能会限制动物表现出正常行为的能力，在这方面，动物可能会经历糟糕的福利。可能与动物福利最相关的是动物的实际“感觉”。宠物直接受到其主人、更广泛的社区和它所接受的兽医照顾的影响。在这一核心影响圈之外，动物可能会受到环境（如可以带犬或不可以带犬的运动区域）、经济（如个人财务限制可能会影响兽医护理的支付能力）、文化价值（如在某些文化中，犬被视为工作或食用动物，而不是伴侣，而猫对当地野生动物的影响会对公众的容忍度产生负面影响），以及当地和国际政治的影响。这些WSAVA指导方针关注的是发生在兽医诊所的相互作用，但这个模型提醒我们，需要始终牢记动物如何与人以及更广泛的社区和社会进行互动的场景。此外，人与动物的关系是整个系统的组成部分，不应被低估。在一个模范社会中，所有人都会不断地、自动地考虑我们的行为和决定对伴侣动物的重要性和影响。兽医诊所和兽医团队不仅要保护他们自己的病人和主人的福利，而且还要通过宣传和提供与伴侣动物有关的专业知识来接触更广泛的社区。这将包括动物福利的各个方面，从管理城市犬猫的数量，到支持被遗弃的宠物，并计划在所有环境中为犬（及其主人）提供身体和智力锻炼。

（三）动物福利的五大需求

1. 需要一个合适的环境

无论是在家里还是在诊所，犬猫都需要一个舒适、安静的休息场所，定期的厕所设施，并在卫生的环境中有运动和锻炼的机会。

2. 需要适当的饮食

犬猫的饮食应满足它们的生理和行为需要。充分的营养可以通过体重变化和/或体况/肌肉状况评分，以及适当的食物和水摄入量来衡量。但福利可能出现两个不好的极端现象；如果摄入的食物不足则导致营养不良，如果摄入的食物过多会导致肥胖。

3. 与其他动物共处或隔离的需要

一些伴侣动物已经进化出了生活在社会群体中所需的行为，其他的则是半独居的生活方式。犬可以和另一只犬幸福地生活在一起，但这应该根据它们的社会化、遗传和先前的经验来评估。独自生活的犬可能需要更多地与人类接触。同样地，猫可能和另一只猫生活在一起，但这也可能导致纠纷、打架和负面福利，特别是如果猫不是在小猫的时候被安排到一起生活。

4. 需要能够表现出正常的行为模式

这包括显示正常或特殊的行为，如运动、隐藏和与人类或其他动物的互动。如果一个动物被限制在一个小笼子或在一个小的围栏里，这将意味着它对探索环境和运动能力的限制。

5. 需要保护自己免受疼痛、痛苦、伤害和疾病

保证宠物无伤口，如割伤或擦伤，或传染病、寄生虫或其他疾病。当疼痛出现时，例如患有关节炎的老年动物，应提供足够的疼痛缓解。

动物福利领域是复杂的，并涉及一系列科学指标的应用，以确定动物是如何应对的以及它的感觉。动物伦理是一种哲学方法，它通过基于价值的判断来决定如何对待动物。不仅是兽医，其他在宠物行业的从业人员也需要发挥其在改善宠物福利方面的作用，整体提高宠物的福利。

（四）宠物健康评估

全球小动物兽医联盟（WSAVA）发布的营养评估规范（Nutritional Assessment Guidelines）给出了营养评估的准则，包括5个健康体检的指标：体温、脉搏、呼吸、疼痛检查和营养评估。与营养状况有关的是营养评估，主要根据体况评分（Body Condition Score，BCS）和肌肉评分（Muscle Condition Score，MCS）进行。

1. 体况评分

体况评分（BCS）分9分制和5分制，分数越高越肥胖。在9分制中，犬4~5分是理想状态（图1–4），猫5分是最佳状态（图1–5）。

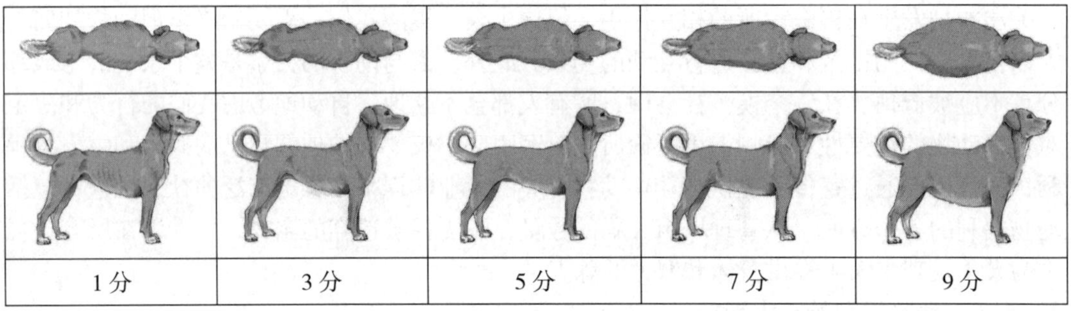

图1–4　犬的体况评分（引自：WSAVA）

注：低于理想体况，为1~3分；理想体况为4~5分；高于理想体况，6~9分。

1 在适当的距离下可明显见到肋骨、腰椎骨、骨盆骨以及所有骨头的突出部分。看不到体脂肪。明显肌肉流失。

2 目视易见肋骨、腰椎骨、骨盆骨。触诊不到脂肪。可能见到其他骨头突出的部分。极少量肌肉流失。

3 可轻易触诊或看到肋骨，触诊不到脂肪。可见腰椎骨的顶部。骨盆骨突出。明显腰身与腹部凹陷。

4. 可轻易触诊到肋骨，肋骨上有极少脂肪包覆。由上方俯视可见腰身，腹部凹陷明显。

5. 触诊肋骨没有过多脂肪。由上方俯视可在肋骨后方看到腰身。由侧面可看到腹部凹陷。

6 触诊肋骨可感觉到稍微多的脂肪覆盖。由上方俯视可见腰身但不明显。腹部凹陷明显。

7 肋骨不易被触摸到；有大量脂肪覆盖。腰椎与尾根部位有脂肪堆积。腰身几乎不可见或消失，可见腹部凹陷。

8 触诊不到肋骨，有非常厚的脂肪包覆，可能要施与较大压力方能触诊到肋骨。腰椎与尾根部位有多量脂肪堆积。腰身消失。无腹部凹陷。可能看到明显腹围膨大。

9 有大量脂肪堆积覆盖胸腔、脊椎及尾根。没有腰身及腹部凹陷消失，脂肪堆积于颈部及四肢，并可见明显腹围膨大。

图 1–5　猫的体况评分（引自：WSAVA）

注：低于理想体况，为 1～4 分；理想体况为 5 分；高于理想体况，6～9 分。

1 短毛猫在肉眼下可见肋骨突出，触诊不到脂肪，腹部严重凹陷。可轻易触诊到腰椎与肠骨翼。

2 短毛猫在肉眼下可见肋骨突出，腰椎明显。腹部明显凹陷，触诊不到脂肪。

3 可轻易触诊到由极少量脂肪覆盖的肋骨，腰椎明显，肋骨后方可见腰身。

4 可触诊到极少量脂肪覆盖的肋骨，肋骨后可见腰身，腹部稍微凹陷，没有腹部脂肪垫。

5 比例良好，肋骨后可见腰身，可轻易触诊到由极少量脂肪覆盖的肋骨，少量腹部脂肪垫。

6 可触诊到由少许脂肪覆盖的肋骨。可见腰身与腹部脂肪垫但不明显。腹部无凹陷。

7 肋骨不易被触诊到，伴随中等程度脂肪堆积及不明显的腰身。腹部明显较圆，并有中等程度的脂肪垫。

8 触诊不到肋骨，过多脂肪。缺乏腰身。腹部明显较圆并可见突出的腹部脂肪垫。有脂肪堆积在腰椎部位。

9 触诊不到肋骨并有严重过多的脂肪堆积。大量脂肪堆积在腰椎部位、脸及四肢，腹围膨大，没有腰身，大量的脂肪堆积。

2. 肌肉评分

肌肉状态评分是根据目视及触诊脊椎、肩胛骨、头部和臀部的肌肉来确定。背部的肌肉，就在脊柱两侧，是最早受到肌肉流失影响的部位，所以这是第一个要检查的地方，其他部位的肌肉流失不固定。肌肉状况评分为正常、轻度、中度或重度肌肉流失。许多人错误地认为动物必须是体重降低或非常瘦弱才会有肌肉流失（体况评分<4/9），但这是不正确的。犬猫甚至可以超重（体况评分>5/9）但仍有明显的肌肉流失。反过来说，动物可以很瘦，但肌肉质量正常，这就是为什么评估身体状况评分和肌肉状况评分都很重要。

肌肉评分见图 1–6，A 是正常状态，B 是轻度肌肉流失，C 是中度流失，D 是严重肌肉流失。

第三节　宠物营养与饲养的概念

一、宠物的概念和种类

（一）宠物

宠物（pet）也称伴侣动物（companion animal），指人类豢养并宠爱的动物。伴侣动物可以被定义为家养或家里繁育的动物，它们的身体、情感、行为和社会需求可以作为家中的伴侣，或与人类有密切的日常关系。

（二）宠物的种类

宠物的种类非常多，目前最常见且数量最多的宠物是犬猫，此外，还包括鸟、鱼、

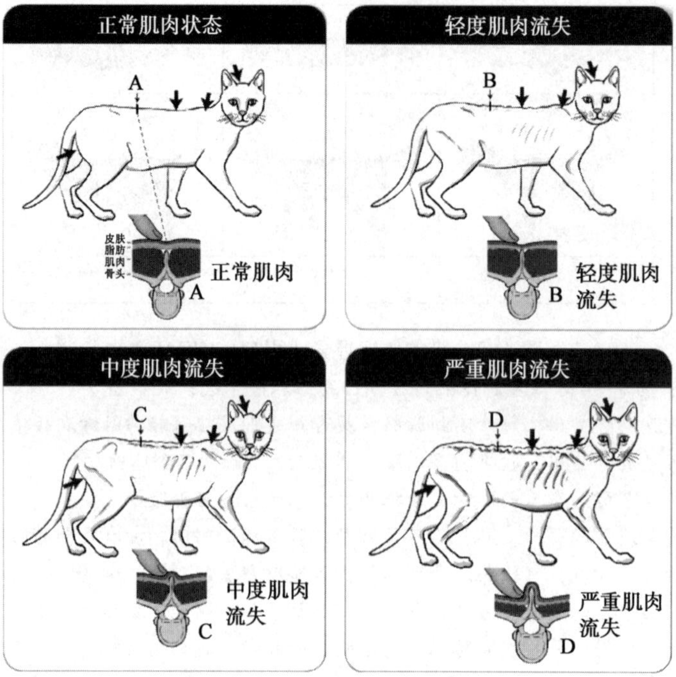

图 1–6　猫肌肉状况评分表

（引自：AAHA）

马、爬行类、啮齿类、昆虫以及其他的一些小宠物，如宠物兔、宠物貂、宠物猪等。

宠物按类别可分为 5 类：

1. 哺乳动物类

哺乳动物是动物世界中形态结构最高等、生理机能最完善的动物。哺乳动物最突出的特征在于胎生、其幼崽由母体分泌的乳汁喂养长大。哺乳动物都长有皮毛，具有比较发达的大脑，几乎所有的哺乳动物都是温血动物，体温基本恒定。主要的哺乳动物类宠物有：犬猫、猴、马、猪、兔、豚鼠、仓鼠、大鼠、小鼠等，目前犬猫的数量最多。

2. 观赏鸟类

观赏鸟是鸟类中供人观赏和消遣的一部分，具有观赏、欣赏、鸣叫、消遣等对人类放松身心的功能。我国对观赏鸟的选择，常以鸣声和羽色为主。以鸣声为特色的鸟有画眉、百灵、云雀、红点颏、鹊鸲、乌鸦等；以习舞为特色的鸟有百灵、云雀、绣眼鸟；以表演杂技为主的有黄雀、金翅、朱顶雀、蜡嘴等；以争斗为主的鸟有棕头雅雀、画眉、鹌鹑、鹊鸲等；以羽色夺魁的鸟有红嘴蓝鹊、寿带鸟、蓝翡翠鸟。

3. 观赏鱼类

观赏鱼是指具有观赏价值的有鲜艳色彩或奇特形状的鱼类。它们分布在世界各地，有的生活在淡水中，有的生活在海水中，有的来自温带地区，有的来自热带地区。有的具有绚丽色彩，有的形状怪异。在世界观赏鱼市场中，通常由三大品系组成：即温带淡水观赏鱼、热带淡水观赏鱼和热带海水观赏鱼。代表性的观赏鱼有：热带鱼（脂鲤科、鲤科、慈鲷科、攀鲈科、鳅科、鲶科等）、龙鱼、七彩神仙鱼、中国金鱼、锦鲤鱼、海水鱼、冷水鱼和汽水鱼等 2 000 ~ 3 000 种。

4. 两栖类与爬行类

两栖动物是脊椎动物两栖纲动物的统称，包括蛙、蟾蜍、蝾螈和蚓螈等。典型的特征为有鳃呼吸的幼体期和肺呼吸的成体期。爬行类动物是脊椎动物爬行纲动物的统称，体被角质鳞或角质板，产硬壳的卵，可把卵产在干燥环境，包括蛇、蜥蜴、龟、蛙、蟾蜍、蝾螈、鳄等。

5. 观赏昆虫类

观赏昆虫是指能给人以美感，可供赏玩、娱乐以增添生活情趣、有益身心健康的昆虫，如蟋蟀、蝈蝈、竹节虫。根据观赏昆虫为人们提供的观赏内容可分为：

①鸣叫类观赏昆虫：凡具有发音器官，能发出悦耳动听鸣声的昆虫均属此类，常见的有蝉、蟋蟀和螽蜥；②运动类观赏昆虫：包括具有格斗习性的蟋蟀和具有较好飞翔耐力的甲虫以及叩头虫等；③形体类观赏昆虫：此类昆虫具有奇特、怪异或优美体形，包括竹节虫、螳螂、吉丁虫、角蝉及各类拟态昆虫等；④发光类昆虫：萤火虫是能发光的昆虫；⑤色彩类观赏昆虫：主要是指具有大型蝶翅的鳞翅类昆虫，其观赏价值主要体现在翅上色彩和斑纹的变化，最具代表性的是蝴蝶。

目前饲养数量最大的宠物是犬猫，对犬猫的营养和食品的研究也最为广泛和深入，因此本书的重点主要是犬猫，其他的宠物营养与食品暂不做讨论。

（三）宠物的体型和生命阶段

了解宠物的品种（breed）、体型（body type）和生命阶段（life stage）的划分对于宠物营养研究和开发宠物食品意义重大，犬一般根据成年体重分为小型（small）、中性（medium）、大型（large）和巨型（giant）。猫因体型差异不大，一般分家猫和野猫；按遗传分为纯种猫和杂种猫；按毛长分长毛猫和短毛猫。

犬生命阶段的划分（表 1–1）：幼年期、成年期、老年期、妊娠期、哺乳期，犬开始衰老的年龄见表 1–2。

表 1–1 犬生命阶段的划分

体型（成年体重 /kg）	幼年期 / 月	成年期	老年期 / 年
小型（< 9.1）	< 10	10 个月 ~ 8 岁	≥8
中型（9.1 ~ 22.7）	< 12	12 个月 ~ 7 岁	≥7
大型 22.8 ~ 40.1	< 18	18 个月 ~ 6 岁	≥6
巨型 > 40.1	< 24	24 个月 ~ 6 岁	≥6

引自：NRC，2010

表 1–2 犬开始衰老的年龄

体型（成年体重 /kg）	成年 / 月	衰老开始 / 年
小型（< 9.1）	10	11.5 ± 1.86
中型（9.1 ~ 22.7）	12	10.2 ± 1.56
大型（22.8 ~ 40.1）	18	8.9 ± 1.38
巨型 > 40.1	24	7.5 ± 1.27

引自：NRC，2010

二、宠物营养

宠物营养（pet nutrition）是指宠物摄取、消化、吸收和利用宠物饲料（宠物食品）中营养物质的全过程，利用食物中对身体有益的物质构建组织器官、调节各种生理功能，维持正常生长发育和防病保健的过程，是一系列物理、化学及生理变化过程的总称。

宠物营养的概念不仅指对宠物营养及宠物食品中所含营养素的研究，也包括对特殊营养素以及营养素之间的相互作用的研究。宠物营养不仅研究宠物在摄取、消化、吸收、利用宠物食品所含营养物质全过程中的生理生化变化，营养物质的采食量、消化率、利用率、适口性以及宠物食品的物理形态、风味和质地对宠物的影响，同时也研究宠物营养和宠物食品质量评定的方法，所以宠物营养包括一个非常宽泛的范畴。

三、宠物营养学

宠物营养学（pet nutriology）是研究和认知宠物摄入、消化和利用营养物质的过程与生命活动关系的一门科学。通过研究营养物质对生命活动的影响揭示宠物利用营养物质的量变及质变规律，认知不同宠物在不同的生理阶段对营养物质的需要量，为宠物饲养提供理论依据和饲养指南。

宠物营养学既是评价宠物营养状态的理论基础，也是进行宠物食品配制和品质检验的基本依据。目前，宠物营养学主要是指犬猫的营养学，其他宠物营养因研究的数据有限，还没有形成系统的科学体系。

四、宠物饲养

宠物饲养（pet feeding）是指对宠物进行日常的照料活动，包括喂食、喂水、洗澡、美容、训练、运动、陪伴等活动。

人类把宠物看作家庭成员，作为人类的伴侣，给人以精神享受和慰藉，或是完成如放牧、赛跑、导盲等其他的工作，其饲养的内涵是为了使宠物更健康、更长寿、更快乐和舒适地生活，因此，宠物饲养者关注的重点是如何通过营养保健、科学饲养及疾病诊疗来获得宠物的健康与长寿。

影响宠物健康和寿命的因素可分为5个方面，即遗传、营养、管理、环境和医疗。遗传和医疗不是本书讨论的范畴。营养和饲养是本书阐述的重点，饲养涵盖了管理和环境的范畴。科学的营养和饲养会使宠物更健康长寿。因此，对营养知识的了解可使宠物饲养者和专业人员对宠物各种生命阶段如何获得适宜的健康护理，维持宠物的健康和长寿提供帮助。宠物饲养是属于管理和环境的范畴，给宠物创造适合其生理状态的外部和内部环境，如温度、湿度、气味及舒适的程度，对其健康意义重大；管理则包括喂养、洗澡、美容、运动、训练及行为管理等，对宠物的健康长寿也起到积极的作用。

五、宠物饲料（宠物食品）的概念与分类

宠物食品（pet food）种类繁多，在各种宠物店、零售渠道和线上商店都可以看到。有时消费者不知道如何区分其种类和质量，有时造成对宠物食品的盲目选择，政府部门也需要对不同种类的宠物食品进行管理，因此，对宠物食品的概念和分类的了解，有助于宠物食品工业的发展和政府对宠物食品的监管。

宠物饲料，是指经工业化加工、制作的供宠物犬猫食用的产品，也可称为宠物食品，包括宠物配合饲料（全价宠物食品）、宠物添加剂预混合饲料（宠物营养补充剂、补充性宠物食品）和其他宠物饲料（宠物零食）。

宠物配合饲料，也称全价宠物食品（complete pet food），是指为满足宠物不同生命阶段或特定生理、病理状况下的营养需要，将多种饲料原料和饲料添加剂按照一定比例配制而成的饲料，单独使用即可满足宠物全面营养需要，是除了水之外的其他营养素的复合物。

宠物添加剂预混合饲料，也称营养补充剂或补充性宠物食品，是指为满足宠物对氨基酸、维生素、矿物质元素、酶制剂等营养性饲料添加剂的需要，由两种（类）或者两种（类）以上的营养性饲料添加剂与载体或者稀释剂按照一定比例配制的饲料。产品可用于加工宠物配合饲料，也可用于宠物直接食用。

其他宠物饲料（宠物零食），是指由几种饲料原料或者饲料添加剂按照一定比例配制的饲料，用于实现奖励宠物、与宠物互动或者刺激宠物咀嚼、撕咬等目的，也叫宠物零食。

根据含水量，宠物食品分为干宠物食品（dry pet food）、半湿宠物食品（semi-moist pet food）和湿宠物食品（wet pet food）。干宠物食品是指含水率小于14%的宠物食品。半湿宠物食品是指含水率为大于等于14%小于60%的宠物食品。湿宠物食品是指含水率大于等于60%的宠物食品。

按FEDIAF的分类，宠物食品分为全价宠物食品（complete pet food）和补充性宠物食品（complementary pet food）2类。全价宠物食品是指其成分足以满足宠物每日各种营养素需要的宠物食品。补充性宠物食品，是指某些营养物质含量高但不是全价均衡的食品，由于补充性宠物食品中某些成分不足以满足宠物每日的需要量，需要与其他宠物食品结合使用，才能满足其日粮需要。欧洲的补充性宠物食品实际上包含了中国宠物食品中的营养补充剂（补充性宠物食品）和零食部分。

六、营养素的概念与分类

营养素（nutrient）被定义为存在于饲粮中的一切化学元素和化合物，被用来维持动物正常的繁殖、生长、哺乳、生产产品等一切生命活动，通常也称为营养物质或养分。

营养素包括简单的化学元素，如Ca、Mg、Na、K、Cl、S、Fe、Zn、Mn、Cu、I、Se等，也包括复杂的化合物，如蛋白质、脂肪、糖类和各种维生素等。

营养素被分成六大类：水（water）、蛋白质（protein）、糖类（carbohydrates，俗称碳水化合物）、脂类（lipids）、维生素（vitamins）、矿物元素（inorganic elements）。各种动物都需要能量（energy），能量不是物质，但可以由物质提供，提供能量的物质包括脂肪、糖类和蛋白质（氨基酸脱氨基后的碳骨架）。营养素能够维持细胞正常的增殖、分化、生长、代谢调节（如酶和激素）等一切生命活动。

在动物体内不能合成或合成的数量不能满足需要必须由饲粮提供的营养素称为必需营养素（essential nutrients）或绝对必要的营养素（indispensable nutrients）。

宠物需要的不是食物本身，而是食物中所含的营养素。不同的食物只要其中所含的营养素满足宠物的需要，即可保证宠物的健康。因此，营养素的种类和数量决定了宠物食品的质量。

七、最适营养

伴侣动物营养学家的研究目标是为宠物提供促进健康和长寿的全价（营养）均衡的饲料配方，这是一个需要深入研究的领域。宠物必须从食物中获得全部的营养素和能量以维持健康和各种生理活动，如生长、妊娠、哺乳、狩猎、赛跑、驮载、放牧、工作等，因此处于不同的生长阶段、不同的生理活动的宠物需要的营养素和能量是不同的。宠物食品的配制要考虑为不同生长阶段（生长、维持、妊娠、哺乳）、不同生活方式（室内、室外）、不同饲养目的（比赛、工作、家庭伴侣等）的伴侣动物提供适合其自身生长需要的最适营养。

（一）提供最适营养的意义

配制宠物食品的目的是为了给宠物提供维持健康和长寿所需要的营养素，使营养素的数量和比例能满足宠物的需要。但营养素不是越多越好，需要适量、适宜，满足宠物自身的营养需求，缺乏会产生缺乏症，过量会造成浪费。长期营养素缺乏会对宠物的健康造成不良影响，有些营养素过量还可能会造成动物中毒（比如维生素 A 和微量元素硒），而能量过剩会导致肥胖。因此，给宠物提供的营养素的数量和比例尽量要满足其所需要的营养素数量和比例，需要给宠物提供适宜的营养或叫最适营养来保证宠物的健康长寿。

（二）最适营养的概念

最适营养是指营养素达到全价均衡的状态，所有营养素都满足宠物的需要，而且营养素之间、营养素与能量之间有合适的比例，并且没有营养素的缺乏和过量对宠物健康造成影响。营养素缺乏造成的影响包括，犬猫发育不良、偏瘦或偏胖、骨骼发育异常、皮肤容易剥落、被毛粗糙易断、无光泽、抗病力下降、异食癖、免疫力低下、造成继发感染等。有些营养素过量会转化成其他的物质或被代谢掉，不会对宠物健康造成影响，而有些营养素过量会造成营养素的中毒，影响宠物的健康。如，过剩的能量转化为脂肪贮存，导致肥胖；过剩蛋白质被降解用作能量；过剩维生素 A 和维生素 D 贮存于肝脏，长时间高剂量会造成中毒；过剩的钙降低磷及其他矿物质吸收；过剩的硒造成硒中毒；过剩的其他营养素，如 B 族维生素，随粪尿排出，不会造成损害。

在满足动物需要的情况下，多余的营养素并不能带来额外的好处，某些情况下还会造成代谢的负担。对于全价均衡的营养应满足下面的标准：

1. 各种营养素能够满足生长和免疫的需要，没有营养物质的缺乏；
2. 动物日粮中任何一种营养物质对其他营养物质都有最适合的比例；
3. 没有过度超量的营养物质影响其他营养物质的利用或导致中毒症状；
4. 日粮必须包含维持和改善消化道生理机能的成分。

关于比例，营养素与能量（代谢能）的比例，在 NRC、AAFCO、FEDAIF 的营养标准中，都以一定的能量（一般为 4 000 kcal/kgDM）作为基础，给出各营养素的需要量，如果能量的浓度发生变化，其他的营养指标也要相应的变化。DM 是指干物质（DM，dry matter），是指去掉水分之后的物质。另外，关于营养素之间的比例，如钙磷比、赖氨酸精氨酸比、不饱和脂肪酸之间的比例，也在标准中有体现。有些会造成中毒的营养素设定了营养上限。

因此，宠物的主人们有责任保证他们的寿命和基本的生活条件，以期达到宠物自身各项能力的最大呈现，如健康状况、运动能力、智力发育及性格养成等。

（三）证实营养适当性的措施

美国饲料管理协会（AAFCO）的基本原则是，如果任何一种宠物食品被标识上诸如“完全的和均衡的”或“100% 营养的”等此类语句，那么这些语句是需经过证实的，营养适当性是需要有科学数据支持的。

以下是美国饲料管理协会建议的有关证实营养适当性的 3 条措施：

1. 营养指标，是在适合动物的各个生活阶段的饮食计划中，计算出符合已有的营养指标的供给量。即设计的配方应该包含符合 AAFCO 中所规定的蛋白质、氨基酸、钙、磷、脂肪、微量元素和维生素等适当数量和比例。

2. 不考虑营养水平，利用饲喂试验的结果来证明营养的适当性。即只依靠饲养后最终产品的质量，而不考虑它的营养指标。

3. “产品家族”方法，是前两种方法的综合，依靠饲喂的结果同时基于整个营养框架中各营养成分的比较。它的核心是如果产品家族中有一个产品符合营养适当性的标准，产品家族中的其他产品也被认为符合这个标准。

第四节　宠物营养与饲养学的主要内容

一、宠物营养与饲养学的内容

本课程的内容分两部分，第一部分是宠物营养学，第二部分是宠物饲养学。通过两部分内容的学习，可对学科有一个全面的了解。

宠物营养学包括：

1. 宠物营养、宠物饲养及宠物食品的发展历史；

2. 六大营养素（水、蛋白质、糖类、脂类、维生素、矿物元素）的营养作用以及犬猫缺乏症和过量导致的中毒症状；

3. 宠物对营养物质的消化、吸收和利用；

4. 宠物的能量代谢，阐述能量的概念及在宠物体内的代谢过程；

5. 宠物的营养需要量，阐述犬猫在不同生命阶段对能量及营养物质的需要量；

6. 宠物食品，简述了宠物食品的概念、分类及特点。

宠物饲养学包括：

1. 犬猫的品种及生物学特性，简述犬猫的品种划分及生物学特性；

2. 犬猫的饲养管理，简述犬猫在不同生命阶段的饲养管理特点；

3. 犬猫临床营养与疾病防治，阐述了 11 种疾病状态下对营养素的特殊要求，如何通过营养管理帮助患病宠物进行疾病恢复，并阐述了住院动物的营养管理及操作方案；

4. 犬猫的赛事，阐述了世界上著名的犬猫赛事活动及规则和头衔。

通过两个部分的论述，全面而系统地阐述宠物营养和饲养的基本原理，为学习宠物营养的学生、宠物营养研究者、宠物饲养者、宠物食品制造者、兽医及政府管理人员提供基础理论知识。

二、学习宠物营养与饲养学的目的和任务

1. 了解犬猫维持生命活动、生长、繁殖、工作、预防和管理慢性病等过程所必需的

各种营养物质，包括六大营养素，并阐述其营养作用。

2. 揭示营养物质缺乏或过量对犬猫生长和健康的影响。

3. 认知犬猫对必需营养素的消化、吸收、代谢过程和规律及其调节机制。

4. 探究犬猫在不同生理阶段、不同工作目的、不同运动水平及不同环境条件下对各种营养物质的需要特点及营养或饲养标准。

5. 从营养与健康的角度出发，进一步认识各种营养素的防病作用、特定营养成分的功效，如功能性添加剂（果寡糖、益生菌、酶制剂）和食物成分（中草药、植物提取物）的特殊营养作用。

6. 研究和发展宠物营养学的研究方法或手段。

7. 研究不同的饲养方式对宠物健康的影响。

8. 研究犬猫的生物学特点及不同生命阶段的饲养管理。

三、宠物营养与饲养学的发展展望

随着宠物行业的发展，宠物营养和饲养学向着更科学、现代和精细化的方向发展，同时现代技术的发展与本学科的融合，促进了本学科的进步。

1. 生物技术及计算机技术向宠物营养学渗透，使动物生理性能的可预测性进一步提高。

2. 营养与基因表达、营养与代谢调控等在分子水平上揭示宠物营养的奥秘。

3. 生态或环保营养学也将有明显发展，通过营养手段不断改善宠物的生活质量和营养，提高保健价值，并减少对环境的破坏。

4. 不同日粮、加工工艺、营养成分对宠物食品质量及宠物健康的影响，新的设备和加工工艺促进了产品的创新。

5. 疾病状态和亚临床健康的营养支持，对更多疾病的营养需求的研究，促进疾病的康复。

6. 智能化设备进行犬猫饲养活动的监控，更好地改进宠物的健康，进行健康管理。

总之，随着科技的进步，各学科之间的交叉，生物技术、计算机技术、色谱检测技术和人工智能等对宠物营养的发展提供技术保证，促进宠物营养和饲养学的发展。

本章小结

详见数字课程 e。

复习思考题

一、名词解释

宠物、宠物营养、宠物饲养、宠物饲料、宠物配合饲料（全价宠物食品）、宠物添加剂预混合饲料、其他宠物饲料（宠物零食）、营养素、必需营养素、最适营养、宠物福利、宠物营养学、宠物饲养学

二、问答题

1. 什么是最适营养？如何验证？它的标准是什么？
2. 犬猫需要哪些营养素？
3. 宠物食品分几类？各有什么特点？
4. 简述宠物营养发展的历史。
5. 简述宠物食品发展的历史。
6. AAFCO 证实营养适当性的措施是什么？

三、开放性讨论

1. 营养成分中的哪些营养素对犬猫比较重要？
2. 你认为宠物食品将来的发展趋势是什么？
3. 如何生产环保型的宠物食品？

第二章

宠物的消化系统及其特点

本章提要

常见宠物中，猫属于肉食动物，而犬是偏肉食的杂食动物，因此其消化系统具有独特的解剖学特点，并且犬猫对营养物质的消化、吸收也有其特别之处。在消化过程中，犬猫主要是以化学性消化为主，因肠道微生物数量少，微生物对消化的贡献小，但肠道容易受外界环境的影响，影响犬猫肠道的微生物区系，进而影响犬猫的肠道健康。犬猫对营养物质的消化率受很多因素的影响，包括宠物自身因素、食物、饲养管理等。具有专门的测定犬猫食品消化率的方法，同时会进行粪便的评分以判断犬猫对营养物质的消化程度。在日粮配制过程中，可以采取一些措施提高消化率。本章主要阐述犬猫消化系统的解剖学特点，犬猫对营养物质的消化吸收特点，消化率的概念、影响消化率的因素、消化率的测定方法、提高消化率的措施和粪便评分体系，以及犬猫肠道微生物区系特点、调控措施及其对犬猫健康的影响。

知识导图

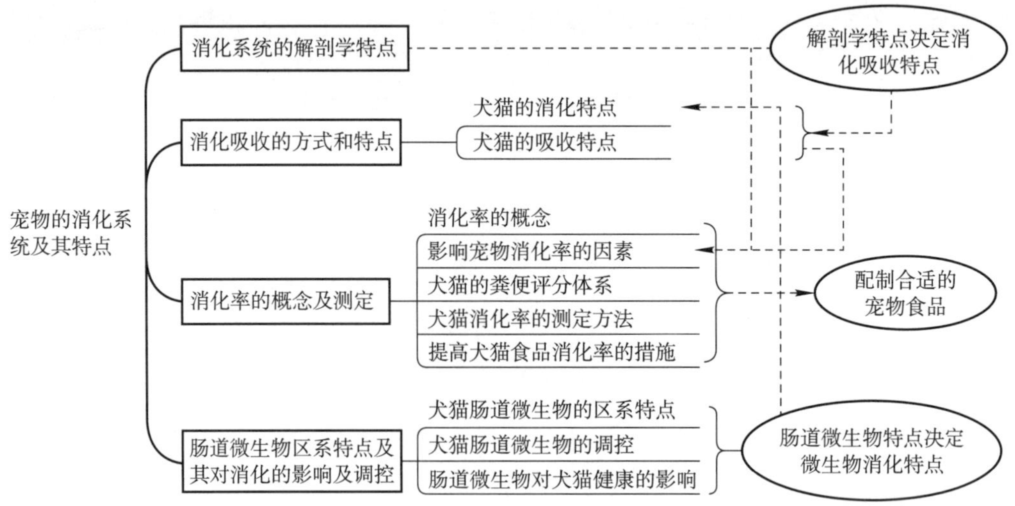

第一节　宠物消化系统的解剖学特点

猫作为肉食动物，犬作为偏向肉食的杂食动物，具有特殊的消化道解剖学特点，肠道短，微生物区系简单，口腔内能进行一定的物理性消化，主要以胃肠道的化学性消化为主，微生物消化较弱，易受外界因素影响造成消化不良、软便，这些都与其消化系统的构成密切相关。犬猫消化系统分为消化道和消化腺两部分。消化道为食物通过的管道，包括口腔、咽、食管、胃、小肠、大肠和肛门。消化腺为分泌消化液的腺体，消化液中含有多种酶，在消化过程中起催化作用，包括壁内腺和壁外腺。壁内腺广泛分布于消化道的管壁内，如胃腺和肠腺。壁外腺位于消化道外，形成独立的器官，以腺管通入消化道腔内，如唾液腺、肝和胰。消化过程起始于口腔，终结于肛门。

一、犬的消化系统解剖学特点

犬的消化系统见图 2–1。

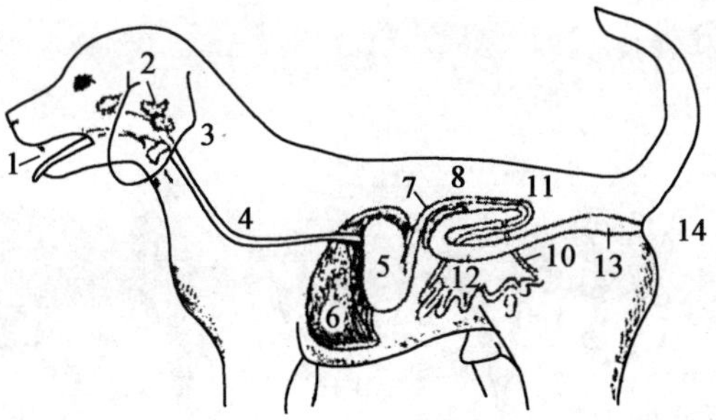

图 2–1　犬的消化系统（引自徐明，2008）

1. 口腔　2. 唾液腺　3. 咽　4. 食管　5. 胃　6. 肝　7. 十二指肠　8. 胰腺　9. 空肠　10. 回肠　11. 盲肠　12. 结肠　13. 直肠　14. 肛门

（一）口腔

1. 口腔的组成

口腔由唇、颊、硬腭、软腭、口腔底、舌、齿和齿龈及唾液腺组成（图 2–2），是消化道的起始部，具有采食、吸吮、咀嚼、尝味、吞咽、泌涎和攻击等功能。与消化关系密切的是牙齿、舌和唾液腺。

2. 齿

齿（dentes）是体内最坚硬的器官，嵌于上、下颌骨和切齿骨的齿槽内，呈弓形排列，分别称为上齿弓和下齿弓，上齿弓较下齿弓宽，齿具有切断和咀嚼食物及攻击作用。

齿式（dentition formula），是牙齿数目的表达形式。分线以上为上颌齿，以下为下颌齿（图 2–3）。数字的排列自左向右分别为门齿（incisor）、犬齿（canine）、前臼齿（premolar）和臼齿（molar）。各齿间用“·”分开，如某类齿终生不长，则以 0 表示。由于齿是对称生长的，只需写出一侧的数目，但牙齿的总数则应将各齿数相加再乘以 2。

齿按形态、位置和机能可分为切齿、犬齿和臼齿三种。切齿小，齿尖锋利，上、下切齿各为 3 对，紧密地嵌于切齿骨和下颌骨前部的切齿齿槽内，每侧由内向外分别叫门齿、中间齿和隅齿；恒切齿呈角柱状。犬齿特别发达，呈弯曲的侧扁状，嵌埋于切齿骨和下颌骨共同构成的上犬齿齿槽和下颌齿骨的下切齿齿槽内，上犬齿大于下犬齿。臼齿位于齿弓的后部，嵌于臼齿齿槽内，与颊相对，故又称颊齿，可分为前臼齿和后臼齿，上颌有4对前臼齿和2对后臼齿，而下颌有4对前臼齿和3对后臼齿。齿在出生后逐个长出，除后臼齿外，其余齿到一定年龄时按一定顺序更换一次。更换前的齿为乳齿（dentes decidui），更换后的齿为永久齿或恒齿（dentes permanentes）。乳齿一般较小，颜色较白，磨损较快。

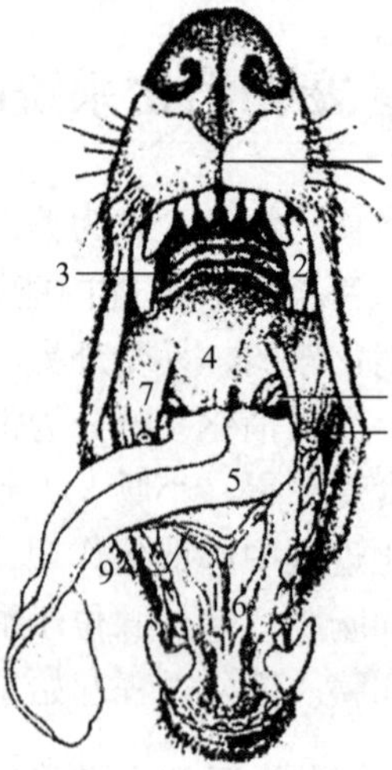

图2-2　犬的口腔（示舌）（引自孙宁，2015）

1. 口腔前庭　2. 犬齿　3. 硬腭　4. 软腭　5. 舌　6. 舌下阜　7. 腭舌弓　8. 腭扁桃体　9. 舌系带　10. 上唇沟

根据上、下齿弓每半侧各种齿的数目，计算齿数的齿式可分为：

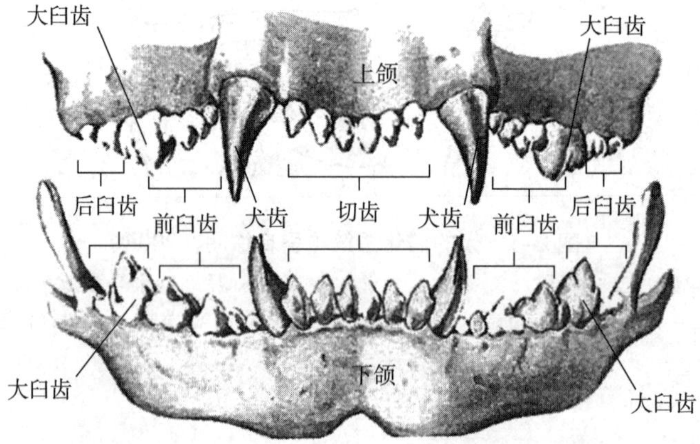

图2-3　犬的齿式平视图（引自孙宁，2015）

犬的恒式：（3·1·4·2/3·1·4·3）×2＝42；

犬的乳齿式：（3·1·3/3·1·3）×2＝28。

牙齿的主要作用是切碎食物，进行物理性消化。

3. 唾液腺

唾液腺（glandulae salivariae）是指能分泌唾液的腺体，分大、小两类。小的唾液腺位于口唇、颊、腭的黏膜内，腮腺、下颌下腺、舌下腺等离开消化管壁独立存在的为大唾液腺。腺实质由腺细胞组成的腺泡和导管构成。唾液腺分泌的含有消化酶的唾液通过导管进入口腔，湿润黏膜并对食物进行初步消化。机械、温度、化学、情绪和食物味道等因素都能刺激腺体并影响分泌。犬的唾液腺见图2-4。

（1）腮腺（glandula parotidea）　腮腺小，为混合腺，近似三角形，比较薄，呈淡红褐

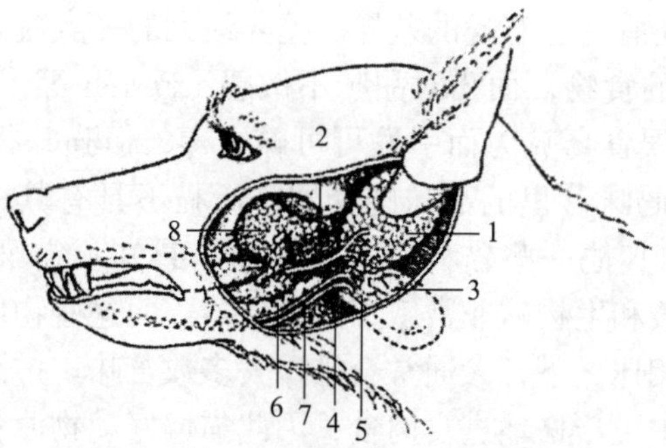

图 2-4　犬的唾液腺（引自孙宁，2015）

1. 腮腺　2. 腮腺管　3. 下颌腺　4. 下颌腺管　5. 舌下腺的后部　6. 舌下腺的前部　7. 单孔舌下腺　8. 颧腺

色。腮腺是纯浆液腺，其分泌物稀薄、黏液少。犬的腮腺分泌物中不含淀粉酶。

（2）下颌腺（glandulae mandibularis）　下颌腺位于下颌角附近，淡黄色，呈卵圆形，为混合性复管泡状腺，浆液性腺泡占 85%，黏液性腺泡及混合性腺泡少。腺分泌物含淀粉酶少，黏液多，其中含有溶菌酶，溶菌酶是由混合性腺泡的浆液性半月细胞分泌的，可破坏细菌的细胞壁。

（3）舌下腺（glandue sublingualis）　舌下腺为混合腺，黏液腺泡占 60% 左右，闰管和分泌管均不发达，被膜较薄，小叶界限不清，分泌物以黏液为主。

4. 口腔的作用

（1）分泌唾液　犬看到和闻到食物的反应是分泌唾液，颌下腺和舌下腺分泌的黏液最多，而腮腺分泌浆液。唾液中主要的无机离子是钠、钾和氯，它们来自血浆，重碳酸盐是由腺体细胞分泌的。犬唾液的 pH 在 7.34 ~ 7.80 之间，犬唾液中缺乏可以消化淀粉的淀粉酶。

唾液具有润滑食物的作用，能够促进咀嚼和吞咽，同时可以溶解食物中的部分营养素，刺激味蕾感知食物的味道。因犬没有汗腺，犬可以利用唾液来蒸发水分，发挥降温的作用。

（2）物理性消化　虽然犬在进食过程中很少咀嚼，有时甚至没有咀嚼的过程，但牙齿确实起到切碎食物的作用。家养犬上下颌各有 6 颗切齿和 2 颗犬齿，咀嚼、咬碎食物的能力比较强，因此犬的日粮中含有更多的植物成分。犬的齿式排列提示犬更偏向进食杂食日粮。

（3）感觉味道　口腔的另一个作用就是能感知味道（味觉）。味道是指位于舌头表面的味蕾受到刺激后产生的感觉，味蕾是在舌表面按球形或卵圆形聚集分布的乳突。每个味蕾顶端有味觉感受细胞，分别感知甜味（糖类）、酸味（酸类）、咸味、苦味（碱类、肽类）和鲜味（谷氨酸钠、谷氨酸盐、乌苷酸二钠、肉味）。犬猫的味觉系统与其他肉食动物的大体一致。犬猫的味觉系统大致分为 4 种单元类型（Ⅰ、Ⅱ、ⅡA 和ⅡB，Boudreau 等，1973，1978）。一般来说，犬猫对氨基酸、各种有机酸和核苷酸的味道都非常敏感，而动物组织含有大量这些物质（Kumazawa 等，1991）。犬猫的另一个相似之处是都不喜欢盐溶液（Yu 等，1997）。虽然有证据表明利用咸味可能让犬更喜爱一些食物，并且猫也稍微偏好盐含量相对较高的食物，但犬猫并未像杂食动物和草食动物那样表现出“喜盐”。

犬猫的味觉感受器还有一些有趣的差异。差异最大的一点就是甜味感受能力。犬对甜味很敏感并且偏好甜味的食物，而猫对甜味不敏感（Ferrell 等，1984；Houpt 等，1979），因此宠物犬可能会发生误食巧克力而引发可可碱中毒，但猫却很少发生类似的情况。已知两个受体基因负责编码味蕾里的甜味感受器，而猫不具有其中的一种受体基因（Li X 等，2006），而使家猫和其他一些猫科动物没有甜味感知。猫虽然没有感知甜味的感受器，但有对奎宁、单宁酸和生物碱非常敏感的感受器，而这些物质的风味大多数呈现苦味（Bradshaw 等，2006）。相比之下，犬通常会排斥大多数苦味。推测犬猫味觉系统的这种差异反映了猫在进化过程中更严格地进食肉食，因此猫偏好动物原料的味道，无法感知水果和植物的典型风味。相比之下，犬由犬科动物进化而来，虽然犬科动物也是捕食者，但更偏向杂食。此外，犬在被驯化的过程中，在垃圾中觅食代替了合作捕猎，进而让犬的日粮变得更加多样、更偏向杂食（Macdonald 等，1995）。

（二）咽

咽（pharynx）位于颅底下方，口腔和鼻腔的后方，喉和气管的前上方，为前宽后窄的漏斗形的肌性管道，其内腔称咽腔。咽分为鼻咽部、口腔部、喉咽部 3 部分。咽是消化道和呼吸道的共同通道。呼吸时，空气通过鼻腔、咽、喉和气管，进出肺脏。而吞咽时，软腭上提关闭鼻后孔，而会厌软骨翻转盖住喉口，停止呼吸，此时，食团经咽进入食管。

（三）食管

食管是从口腔到胃部的一条短而充满肌肉的管道，起于喉咽部，连接咽和胃之间。食管可分为颈、胸、腹三段。食物由口腔到达胃部需要经过食道，只需要几分钟的时间就可到达胃部。食管感受到有食物后，食道黏膜内层细胞就会分泌黏液，这些黏液起到润滑食物的作用。随着食物到达食道末端，贲门括约肌放松，食物进入胃内。贲门括约肌是食道和胃之间的环状肌肉，感受到食道蠕动就会开始松弛，在食物通过后会立即收缩，不让胃内容物反流回食道下端。食道的蠕动起到物理消化的作用。

（四）胃

胃（ventriculus）位于腹腔内，是消化道在膈后方的膨大部。

1. 胃的形态和位置

犬属单室腺型胃，胃内充满食物时呈梨状囊，而在空虚状态下，胃体呈圆筒状。犬胃的容量小，但具有很强的扩张能力（可在 0.5 ~ 0.6 L 之间变动）。胃的前端以贲门与食管相连，贲门比较宽大，因此易呕吐；后端以幽门（pylorus）与十二指肠相连，幽门窄小。从贲门到幽门，沿两个面相移行处形成两个缘：凸缘为胃大弯（curvatura ventriculi major），其上附有大网膜，大网膜的一部分以胃脾韧带连接胃和脾脏；凹缘为胃小弯（curvatura ventriculi minor），以小网膜连接肝脏。在小弯的急转处为角切迹（incisura angularis）。从角切迹到贲门为胃体（corpus ventriculi），贲门以上的膨大部位为胃底（fundus ventriculi），位于肝脏的背侧，并向贲门的左侧突出。贲门周围为贲门部（pars cardiaca），从角切迹到幽门为幽门部（pars pylorica），它又分为幽门窦（antrum pyloricum）和较细的幽门管（canalis pyloricus）两部分。图 2–5 为犬胃的外观结构。

2. 胃壁的结构

胃壁由黏膜、黏膜下组织、肌层和浆膜构成。犬胃属于腺型胃，黏膜上皮为柱状上皮，全部有腺体。由于构造和功能不同，腺体分为 3 种，即胃底腺（固有胃腺）、贲门腺和幽门腺。贲门腺区较小，颜色为淡黄色；胃底腺区黏膜较厚，呈红褐色，占全胃黏膜面积的 2/3；幽门腺区黏膜较薄，色苍白。其中贲门腺和幽门腺分泌单纯的黏液，而胃底腺分泌消化酶和胃酸。黏膜下组织较薄，肌层形成不完整的三层，在缺损的部位，由其他层肌肉填补。胃的表层除胃膈韧带和在大、小弯处分别与大、小网膜相连外，均为浆膜覆盖。

3. 胃的作用

（1）暂时贮存食物 胃能暂时对食物进行储存，并能控制食糜进入小肠的速率。从功能上来说，胃由近端和末端两部分组成，在暂时性的储存食物期间，胃近端会膨大，这种特性更适合于不连续的分餐摄入而不是少量多餐。因此犬是按餐进食。

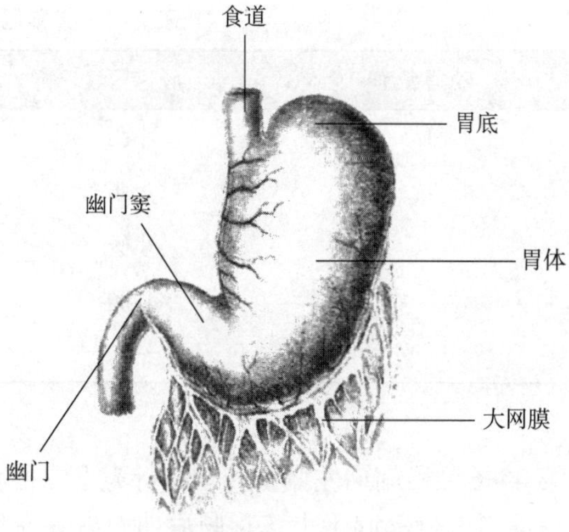

图 2–5 犬胃外观结构（引自孙宁，2015）

（2）消化食物 胃近端一半区域的环肌通过连续的收缩，混合和浸软胃中的食糜，属于物理性的消化。胃通过分泌胃酸、胃蛋白酶原和脂肪酶对食糜进行开始阶段的消化，属于化学性消化。胃酸能激活胃蛋白酶原，使其变为有活性的胃蛋白酶，pH 对蛋白酶和脂肪酶的活动有影响。

胃酸的分泌受一餐中蛋白质数量和食物体积的影响。在禁食的状况下，犬胃部的 pH 变化波动小，而在进食后 pH 波动比较大，胃部的 pH 随饲料种类和饲料的缓冲能力的变化而变化。在采食完全的液体日粮后，pH 在 10 ~ 20 min 内降到了 4 以下，而在喂食以肉类为主的日粮情况下，pH 在 60 min 后只降到 6。犬胃腔内最主要的酶是胃蛋白酶和脂肪酶。当猫和犬在摄食胶原蛋白的情况下，胃蛋白酶的活性最高，因此胃蛋白酶的活性对犬猫消化肉类比消化植物蛋白更重要。脂肪酶在犬科动物的整个胃部都有分泌，但活性不如胰脂肪酶。

（3）胃中的微生物 胃中微生物大部分是短暂的过路菌群，来自于食糜或最接近肠的部位。最常见的微生物是乳酸菌（双歧杆菌、乳酸菌和链球菌）。

（4）输送食物 胃中心的起搏器产生收缩波通过胃的末端。这些收缩的蠕动波推动食物通过胃，进入十二指肠。犬胃排空一半的时间平均在 72 ~ 240 min。有许多因素会影响胃排空测定结果，其中一些因素包括：测量方法（插管、定期取样、闪烁扫描法和 X 射线法）、日粮类型（干磨成粗粒的食物、罐装食物、新鲜食物、液体食物）、食物的性质（酸度、渗透压、摩尔浓度、脂肪含量、色氨酸含量）、动物个体差异、动物的饮水方式、所用的指示剂、采食体积和饲喂时所处的绝食状态等。

（五）小肠、肝脏和胰腺

犬肠道是体长的 6 倍，小肠为体长的 3 ~ 4 倍。小肠前端起于胃的幽门，后端止于盲肠，可分为十二指肠、空肠、回肠 3 部分（图 2–6）。犬猫肠道各区段的长度见表 2–1。

1. 十二指肠

心肝段的十二指肠系膜连于腹腔的背侧壁，位置比较固定。十二指肠（duodenum）可分为十二指肠前部、十二指肠下行部、十二指肠后曲和十二指肠上行部。前部起于幽门，然后向右侧的第九肋间隙处转为下行部，下行部越过肝门，沿腹腔的右侧壁延伸到

表 2-1 犬猫肠道各区段长度比较

动物名称	肠道区段	相对长度 /%	肠道与体长之比
猫	小肠	83	4∶1
	大肠	17	
犬	小肠	85	6∶1
	盲肠	2	
	结肠	13	

第 4～6 腰椎间向左侧折转，移行为十二指肠后曲。上行部起于十二指肠后曲，沿着左侧下行结肠与肠系根部的正中线附近向前延伸，在肠系膜根的前方或腹侧移行为空肠。

通过胃幽门括约肌运送至十二指肠的食糜是一种半流质物质，是食物颗粒和胃液的混合物，通过小肠肌肉层协调收缩，小肠内会发生进一步的物理性消化（机械消化）。这个过程将食糜与小肠液彻底混合，使已消化的食糜与肠黏膜表面充分接触，并缓慢推动食糜通过肠道。小肠黏膜表面的肠绒毛持续进行扫刮，可以充分混合与小肠壁接触的食糜，提高已消化物质的吸收效率。食糜进入小肠后，十二指肠入口处的十二指肠腺分泌大量黏液，这些黏液可以保护小肠免受来自胃部胃酸的刺激和腐蚀，并进一步润滑食糜，同时分泌大量的消化酶，对食物进行化学性的消化，十二指肠是进行化学性消化的主要部位。

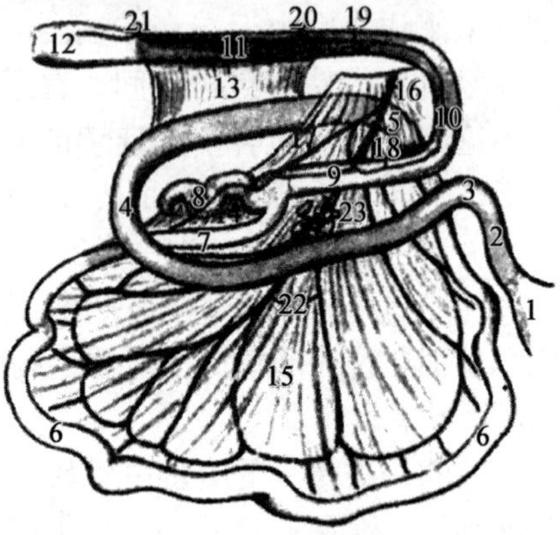

图 2-6 犬肠管模式图（右侧面）
（引自孙宁，2015）

1. 胃 2～4. 十二指肠：2. 前部 3. 前曲 4. 后曲 5. 十二指肠空肠曲 6. 空肠 7. 回肠 8. 盲肠 9. 升结肠 10. 横结肠 11. 降结肠 12. 直肠 13. 十二指肠结肠壁 14. 回盲韧带 15. 空肠系膜 16. 肠系膜前动脉 17. 回结肠动脉 18. 结肠右动脉 19. 结肠左动脉 20. 肠系膜后动脉 21. 直肠后动脉 22. 空肠淋巴结

2. 空肠

空肠（jejunum）形成许多肠袢，以长的肠系膜固定于腰下，大部分位于腹腔底部。前方靠近胃和肝脏，后侧接膀胱。背侧面与十二指肠下行部、左肾和腰下部的肌肉相接，腹侧隔着大网膜与腹底壁相接触。由于肠系膜比较长，空肠可随呼吸及其他活动而发生位置变化。

3. 回肠

回肠（ileum）为小肠的末端，由腹腔的左后部伸向右前方，开口于盲肠和结肠的交接处，犬的回肠、结肠与盲肠的结合部见图 2-7。在没有内容物的情况下，常被其他脏器挤压而变形。

4. 小肠壁构造

小肠壁由黏膜、黏膜下组织、肌层和浆膜构成。黏膜形成环形褶（plicae circulares）

和约为 1 mm 长的肠绒毛（villi intestinales），以增加与食物接触的面积。黏膜上皮为单层柱状上皮，在固有膜内分布有小肠腺（small intestinal gland）。小肠腺开口于肠绒毛基部之间。肠黏膜富有淋巴孤结和淋巴集结，在平整的黏膜表面可见微隆起淋巴孤结，该处缺乏肠绒毛。在离幽门 2 ~ 3 cm 的十二指肠黏膜上具有十二指肠乳头，它是胆管和胰管的开口处（分别开口）。在离十二指肠乳头的不远处有副胰管的开口部。黏膜下组织为疏松结缔组织。肌层由较厚的内环和较薄的外纵两层平滑肌组成。浆膜被覆肠管表面，并延伸形成系膜等。犬小肠的微细结构见图 2-8。

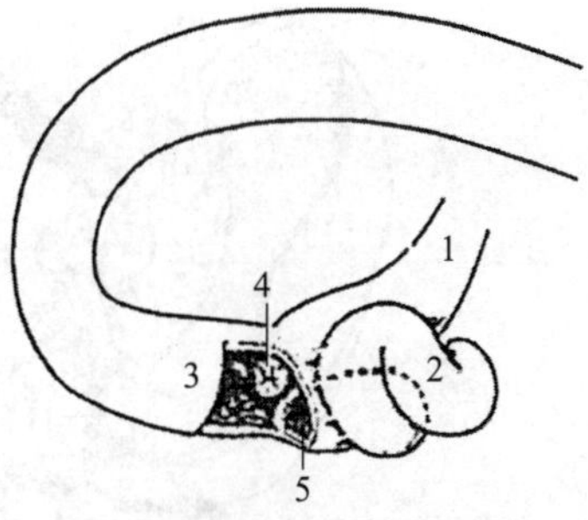

图 2-7 犬的回肠、结肠与盲肠的结合部（引自孙宁，2015）

1. 回肠 2. 盲肠 3. 升结肠 4. 回盲口 5. 盲结口

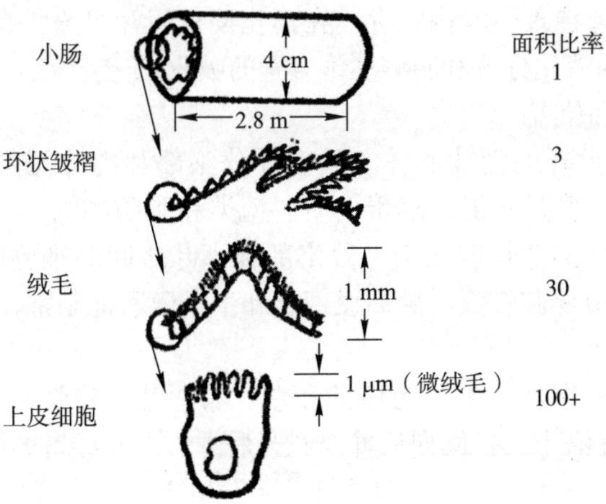

图 2-8 小肠的微细结构（引自孙宁，2015）

5. 肝的形态构造和位置

肝（hepar）是体内最大的腺体，具有分解、合成、贮存营养、解毒以及分泌胆汁等作用，在胎儿期也是造血器官。犬的肝脏发达，占体重的 3% ~ 5%，略呈四边形，质地实而脆，具有一定的弹性，随着年龄的增加呈现萎缩，通常呈红褐色，新鲜的肝脏软而脆。犬的肝脏结构见图 2-9。

肝位于季肋部，偏于右侧。壁面平滑而隆凸，与膈相贴。脏面与胃、肠、右肾等相邻，形成许多特殊的痕迹，如尾叶上的肾压迹，左外叶上的胃压迹及十二指肠压迹等。在肝的背侧缘有后腔静脉穿行并部分埋于肝的实质内，由许多肝静脉直接进入后腔静脉。肝门（porta hepatis）位于脏面的中部，门静脉、肝动脉、淋巴管、神经以及肝管由此进出肝的实质。除肝脏的肝门部、胆囊窝、腹膜的折转部及肝的膈面背内侧的三角形裸区（area nude）等小范围之外，被覆有浆膜。肝脏分泌胆汁，贮存于胆囊中。

胆囊（vesica fellea）具有贮藏胆汁和浓缩胆汁的作用。位于肝方叶与右内叶之间的胆囊窝内，比较细长，大部分紧贴于胆囊窝内，而部分游离至肝的腹缘。肝管出肝门与胆囊管汇合成胆总管，开口于距幽门 2 ~ 3 cm 的十二指肠乳头上。胆汁分泌是持续不断的，在

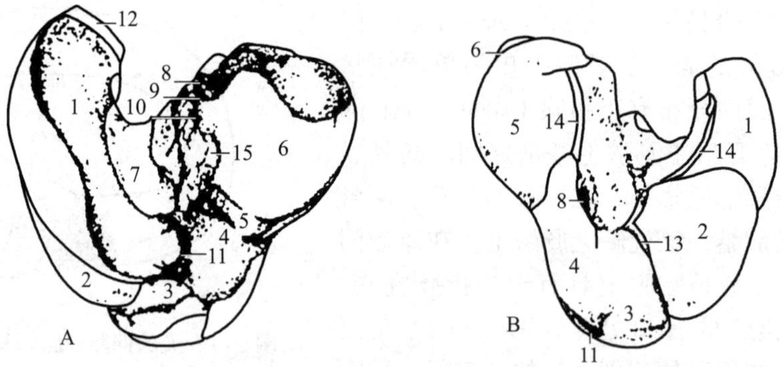

图 2-9　犬的肝脏（引自徐明，2008）

1. 左外叶　2. 左内叶　3. 方叶　4. 右内叶　5. 右外叶　6. 尾页的尾状突　7. 尾叶的乳状突　8. 后腔静脉　9. 门静脉　10. 肝静脉　11. 胆囊　12. 左三角韧带　13. 镰状韧带　14. 冠状韧带　15. 小网膜

非消化期，胆汁经肝管转入胆囊内贮存。在消化期，胆汁可直接由肝脏和胆囊大量排到十二指肠，促进脂肪的消化分解和脂溶性维生素的吸收。

6. 胰的形态构造和位置

胰（pancreas）为重要的消化腺体，具有外分泌部和内分泌部。外分泌部占腺体的大部分，属于消化腺，主要分泌分解蛋白质、糖类和脂肪的酶类。其分泌的消化液由胰管排入十二指肠。内分泌部是散在于外分泌部腺小叶之间的细胞团块，即胰岛（insulae pancreaticae）。胰岛可分泌胰岛素、胰高血糖素和生长激素抑制素，对糖代谢起重要作用。犬的胰腺结构见图 2-10。

胰呈窄长而弯曲的带状，可分为体部和左、右两叶，粉红色，呈“V”形，沿胃和十二指肠分布，即右叶沿十二指肠向后伸至右肾后方，左叶经胃的脏面向左后伸达左肾前端。排泄管有 2 条，一条为胰管，与胆总管一起开口于十二指肠乳头；另一条为副胰管，排泄管开口于胰管开口处的稍后方。

胰腺有两个独立的功能：①外分泌——分泌酶和重碳酸盐进入小肠，重碳酸盐能使肠道的 pH 维持在一个最佳的状态，以利于小肠酶和胰腺酶发挥作用。②内分泌——分泌酶进入到血液中。胰腺酶包括有活性的蛋白酶、脂肪酶和淀粉酶。位于肠腔刷状缘内的肠消化酶和肠壁吸收细胞的内容物催化了消化的最后阶段。小肠中被部分消化的食物会导致缩胆囊素的分泌，尤其是小肠中的脂肪和含有苯基丙氨酸的多肽，还会刺激含有大量酶的液体的分泌（Maskell 和 Johnson，1993）。犬胰液的主要特征是：pH 为 7.1～8.2 之间，分泌率为 0.2～1.1 mL/min，含水量为 98%，灰分含量 8.4～9.7 g/L，总固体物含量 14～64 g/L，重碳酸盐含量 93～143 mmol/L，总氮含量 71.4～671.4 mmol/L（Altman 和 Dittmer，1968）。

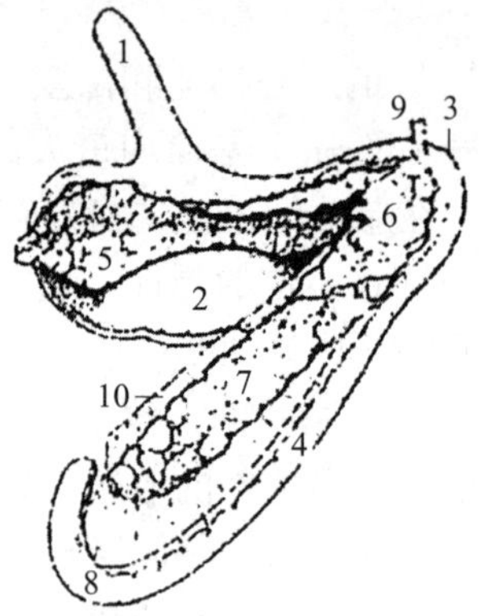

图 2-10　犬的胰腺（尾侧观）（引自徐明，2008）

1. 食管　2. 胃　3. 十二指肠前曲　4. 十二指肠下行部　5. 胰腺左叶　6. 胰腺体部　7. 腺右叶　8. 十二指肠后曲　9. 胆总管　10. 十二指肠系膜

7. 小肠的作用

（1）对食物的消化　大部分酶对食物的消化在小肠中发生。食糜从胃进入十二指肠后被迅速浓缩。饲喂以谷物和肉为基础日粮的犬，十二指肠中 pH 大约为 6.2。犬摄取大量的水刺激了胃泌激素的释放，导致胃酸的分泌，并且使最接近十二指肠的肠腔中的 pH 降低到 1.5 左右。从胃中进入小肠的酸性食糜刺激了十二指肠中胰液的分泌，胰液和胆汁中含有大量的重碳酸盐，使进入十二指肠的食糜 pH 升高（Banta 等，1979）。在十二指肠中，食糜与消化酶混合进行蛋白质、脂肪和糖类的消化，一部分消化酶由十二指肠的黏膜分泌，其他的酶由胰腺分泌。

（2）对营养物质的吸收　当食物中的蛋白质、脂肪和糖类等大分子营养物质被消化成氨基酸、脂肪酸和葡萄糖等小分子营养物质后，与水、维生素和矿物质一起被肠上皮细胞吸收。一只体重 20 kg 的犬每天大约吸收 3 L 的液体，其中 50% 在空肠被吸收，40% 被回肠吸收，10% 被大肠吸收（Maskell 和 Johnson，1993）。犬猫的消化道上皮有肠绒毛，增加了营养物质的吸收面积和吸收速度。

（3）杀菌作用　犬的胰液有抗菌能力，其活性成分是分子量大约为 4 kDa 的蛋白质，适合于碱性 pH，在胰液被稀释到十倍之前具有活性，能抵制胰蛋白酶的消化，并具有杀菌的能力，对阳性凝固酶和阴性埃希氏菌属以及假单胞菌具有抑制作用，也可以阻止白色假丝酵母菌属的生长。目前不清楚该活性成分是否对有益的微生物群落（如乳酸杆菌素、双歧杆菌和真细菌）产生影响。

（4）小肠中的微生物　犬小肠中的微生物种群相对比较简单（Kearns 等，1998）。肠道中每毫升微生物的数量一般不超过 1×10^4（除回肠末端每毫升大约为 1×10^6 外）。在十二指肠和空肠中占优势的为链球菌属和乳酸杆菌属。在回肠中优势微生物是大肠杆菌和厌氧菌。犬微生物数量相对较低，主要受胃酸和胆汁的影响，同时也受肠道运动的影响，肠道的运动导致无黏着力的微生物成为过路菌群，不能在肠道中定植。小肠微生物区系的一个重要功能是抑制致病微生物的定殖，是通过对可利用营养物质的竞争、控制氧的浓度和产生抗菌物质来完成的。

（六）大肠与肛门

1. 大肠的形态和位置

犬的大肠（large intestine）与小肠相比相对短，体长为 0.75 m 的犬，大肠长 60～75 cm，管径较细，几乎与小肠近似，无肠带和肠袋，分为盲肠、结肠和直肠（图 2-11）。

（1）盲肠　盲肠（cecum）小而呈螺旋状，起于回肠和结肠的结合部，终止于结端。盲肠位于体中线与右髂部之间，在十二指肠和胰腺的腹侧，盲端尖向后，以系膜与回肠相连。以回肠与结肠相连接处附近的环状肌纤维环围成的开口部（盲肠括约肌）开口于结肠内。

（2）结肠　结肠（colon）表面平滑，结构独特，以短的结肠系膜连结于腰下部，自回盲口起始，沿十二指肠内侧前行，称为右侧结肠（升结肠），至胃的幽门部和其后部的小肠袢与前肠系膜动脉之间弯向左侧，称为横结肠，再弯向后方，沿左肾腹内侧后行，称为左侧结肠（降结肠），于骨盆前口斜向体中线，移行为直肠。

（3）直肠　直肠（rectum）是结肠的延续，与结肠间没有严格的界限，位于骨盆腔内的生殖器、膀胱和尿道的背侧。直肠的后部有壶腹状宽大部，向后移行为肛管。

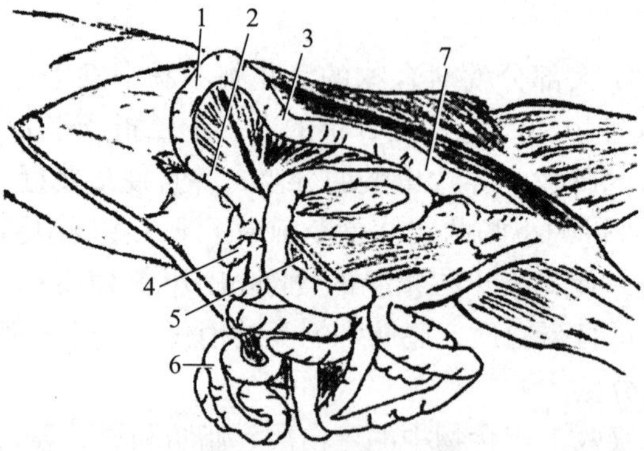

图 2-11 犬的大肠（示升结肠、横结肠和降结肠）（引自孙宁，2015）

1. 横结肠 2. 升结肠 3. 降结肠 4. 盲肠 5. 肠系膜 6. 空肠 7. 直肠

2. 大肠壁的构造

大肠壁由黏膜、黏膜下组织、肌层和浆膜（或外膜）构成。黏膜表面光滑，无绒毛。在固有膜内有排列整齐的大肠腺。肠内面不形成特殊的皱褶，但是由于有许多散在的淋巴小结，特别是在直肠，具有明显的小结节状隆起。肌层为内环、外纵两层平滑肌，直肠肌层较厚。

背侧外纵肌层形成较粗的肌束（muscle fascicle），从直肠背侧向后上方于前位的尾椎腹侧面。母犬的腹侧外纵肌向下汇入阴道前庭和阴唇，而公犬则汇入尿道。浆膜被覆在盲肠，结肠和直肠前部的最外层，之后在直肠后部浆膜变短，其侧部有连结骨盆腔侧壁的系膜，在腹侧则浆膜折转为尿生殖道的浆膜，而后部则转变为腹膜外器官，在雌性与阴道，在雄性与尿道通过结缔组织相连结。

3. 肛门

肛门（anus）为肛管（canalis analis）的后口。肛管是短的连接肠和体外的通路。其内腔狭窄，黏膜形成纵行皱褶。肛门是消化管的末端开口，位于尾根下方，平时不突出于体表。内面被覆黏膜，外面被覆皮肤。在肛门内外黏膜和皮肤上，含有许多的腺体，并在直肠与肛门交接处的两侧下方有肉食动物所特有的肛门窦，窦内含有脂肪样分泌物。肌肉由内向外分别为肛门内括约肌（internal anal sphincter）和肛门外括约肌（external anal sphincter）。肛门内括约肌是由直肠环行肌所形成，肛门外括约肌为内括约肌周围的环横纹肌，部分肌纤维走向背侧的尾椎筋膜和腹侧的会阴筋膜。

4. 大肠和肛门的作用

（1）吸收电解质和水　犬猫大肠的主要作用是吸收电解质和水。与小肠不同，大肠没有肠绒毛，吸收能力较低。虽然大肠可以有效地吸收水和电解质，但大肠无法进行主动转运。随着大量水分被大肠吸收，钠也跟着被吸收到体内。

（2）微生物发酵养分的主要场所　逃脱小肠的消化和吸收而进入大肠中的食糜在大肠中存留的时间大约为 12 h（Maskell 和 Johnson，1993）。大肠中的细菌来自于空气和食物，它们依靠食物残渣而生存，同时分解未被消化吸收的蛋白质、脂肪和糖类。蛋白质首先被分解为氨基酸，氨基酸或是再经脱羧产生胺类，或是再经脱氨基形成氨，这些可进一步分解产生苯酚、吲哚、甲基吲哚和硫化氢等，是粪便臭味的主要来源；糖类可被分解产生乳酸、醋酸等低级酸以及 CO_2、CH_4 等；脂肪则被分解产生脂肪酸、甘油、醛、酮等，这些成分大部分对犬猫机体有害，有的可以引起结肠癌。

（3）排泄粪便　未消化的食糜通过大肠后以粪便的形式通过肛门排出体外。

二、猫的消化系统解剖学特点

猫的消化系统包括消化腺和消化管两大部分。消化腺有唾液腺（5 对，即耳下腺、颌下腺、舌下腺、臼齿腺和眶下腺，均开口于口腔）、胰脏和肝脏；消化管包括口腔、咽、食管、胃、小肠、大肠（包括结肠和直肠）和肛门（图 2–12）。猫的消化道比犬短，体长为 0.5 m 的猫，肠道的平均长度为 2.1 m（小肠 1.7 m，大肠 0.4 m）。肠的长度是影响营养物质在消化道里停留时间的一个因素，因而影响消化时间（Maskell 和 Johnson，1993）。

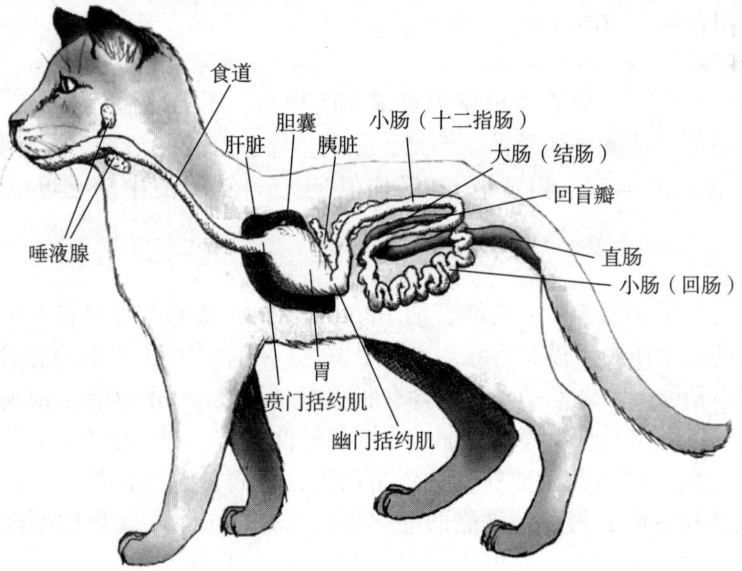

图 2–12　猫的胃肠道系统（引自陈江楠等，2020）

（一）牙齿

成年猫有 30 个牙齿，齿式为 3・1・3・1/3・1・2・1，即臼齿 4 枚，前臼齿 10 枚，犬齿 4 枚和门齿 12 枚，这是猫的典型齿式，某些品种可能没有前臼齿，特别是一些家养猫。猫的门牙较小，齿冠边缘尖锐，有缺口，形成 3 个片状齿尖。猫的臼齿（特别是前臼齿）有很高的齿尖，并和对侧连锁，从而形成一组“微形环状切刀”。猫不像狗那样嚼碎食物，而是把食物切割成小碎块。如果细心观察猫吃肉（或猎物）的动作，可以注意到猫总是借助头的摆动来咬肉食，猫的这个动作就是在切割食物。小猫科动物必须蹲在食物旁，并用牙齿切碎它；而狗和大猫科动物可以用前爪抱住食物，并借助强壮的颈部肌肉和门齿将肉从骨中拉出。

猫的上颌第二和下颌第一前臼齿齿尖较大且尖锐，有撕裂肉的作用，故称裂齿。猫的牙齿没有磨碎功能，因此对采食骨类食物困难较大，而狗则有强有力磨碎性磨齿，因而对付骨骼没有问题。猫的匕首样犬齿被认为是用来对付特殊猎物的，它的大小和形状适合于伸入脊柱，并把脊索切割开，这可避免直接咬骨骼给牙齿带来的损害。猫的牙齿有许多感觉神经末梢分布，可感觉到所咬食物的硬度和局部形状等性质，可迅速调整咬的部位，直至找到适合下口的地方。从进化论的观点看，猫的这种犬齿是一种进步，因为在数百万年前存在的许多猫科动物（剑齿虎），就是因为牙齿不锋利、笨重，不能适应各种环境条件而灭绝。

猫在一生中有两套齿，即乳齿（26 枚）和永久齿（30 枚）。永久齿长出后乳齿才会脱落，因为猫必须有犬齿和裂齿切割固体食物，结果导致所有的猫在一段时间内存在两套犬齿和裂齿。永久齿一般在乳头的后面或旁边长出，乳齿一旦脱落，永久齿便可以立即发挥切咬功能。

（二）舌头

猫的舌面长有各种乳头，位于舌前端中间部的乳头（丝状乳头）不仅数量多，而且表面覆盖一层很硬的角质膜，乳头的尖端朝后呈牙齿状（猫舐你的皮肤时可感觉到），因此，猫可用舌舔食附在骨上的肉。

（三）唾液腺

猫的唾液腺很发达，吃食时分泌大量稀薄的唾液，不但能湿润食物，有利吞咽和消化，而且唾液里的溶菌酶还能杀菌、消毒、除臭、保持口腔的清洁卫生，防止极易腐败、变质的肉类危害口腔器官。猫唾液 pH 平均值是 7.5，猫唾液中缺乏可以消化淀粉的淀粉酶。

（四）胃

猫胃是单胃，呈梨形囊状，约能容纳 1/3 L 食物，有暂时贮存食物和将食物与胃液混合，并进行前期消化作用。猫有胃腺，胃腺很发达，整个胃壁上都有胃腺分布。胃腺能分泌盐酸和胃蛋白酶原，哺乳期幼猫胃中含有脂肪酶。盐酸是一种强酸，具有很强的腐蚀作用，能将吃到胃里的肉和骨头等食物加工成糊状的食糜，以利于肠道对食物中营养物质的消化吸收。盐酸能使胃蛋白酶原转变成胃蛋白酶，进而分解消化蛋白质。胃中有一些细菌存在，可以消化食物，形成短链脂肪酸。当饲喂猫以玉米 – 家禽的副产物或以豆粕为基础的日粮时，猫胃内容物中总短链脂肪酸（SCFAs）的量大约为 20 mmol/L（Brosey 等，2000）。胃排空一半的时间从 22 ~ 25 min（绝食状态）到 449 min（饲喂罐装日粮的猫）（Chandler 等，1997）。

（五）小肠

小肠是消化和吸收的主要部位。食糜进入肠道后，在小肠分泌的各种酶的作用下，营养物质被充分消化和吸收，其余不能被机体利用的物质迅速后送，进入大肠，最后形成粪便排出体外。猫小肠短，盲肠不发达，但其肠壁较宽厚。肠管的这种短、宽、厚的特点，具有明显的肉食动物特征，说明猫虽然经过较长时期的家养驯化，但其解剖生理构造仍保持着肉食动物的特性。

动物的品种特性会对肠内菌群产生影响，这些特性包括胃或胰腺的分泌、小肠的运动、自身的免疫和胆汁的组成。Brosey（2000）等的研究表明，饲喂玉米家禽副产物或大豆粕为基础日粮的猫，其十二指肠、空肠和回肠的总 SCFAs 含量分别为 30 mmol/L、29 mmol/L 和 41 mmol/L。热处理可能通过刺激小肠微生物的过度生长而影响猫对牛磺酸的吸收和利用。如果热处理降低了日粮某养分的消化率即增加了微生物所需的基质，细菌会发生增殖。

（六）大肠

猫的大肠比较短，为 0.4 m。大肠分为盲肠、结肠和直肠。结肠是大肠的主要部分，它由三部分组成：上升部、横部和下降部。大肠没有绒毛，并且表面是平的。直的、管状的肠腺从浆膜表面延伸到黏膜，含有黏液细胞和上皮细胞。黏液是碱性的（重碳酸盐），它的作用是保护大肠黏膜免受机械和化学损伤。黏液起到润滑的作用，有利于粪便的排泄，重碳酸盐中的离子可中和微生物发酵产生的酸（Maskell 和 Johnson，1993）。Krevsky 等（1988）利用结肠转运闪烁扫描法研究发现，猫盲肠和结肠上部排空较快，其排空一半的时间为 1.68 ± 0.56 h，说明猫的盲肠和结肠上部可能不是猫储藏食糜的一个重要区域。与盲肠和结肠上部不同，猫的横向结肠是混合、储藏和脱水的重要部位，而且这个部位还具有排泄之前最后贮存的功能。这些研究结果与多年前观察到横向结肠的逆蠕动收缩是一致的。

猫大肠的主要作用是吸收电解质和水，并作为微生物发酵养分的主要场所。未被消化的食糜进入大肠中，存留时间大约为 12 h，最后通过肛门排出体外。

第二节　犬猫消化、吸收的方式和特点

犬猫因具有特殊的消化系统，因此也具有特殊的消化、吸收特点。消化过程是物理性消化（mechanical digestion）、化学性消化（chemical digestion）和微生物消化（microbial digestion）的综合结果，这三种消化方式使日粮被连续地降解和消化。咀嚼和与消化有关的肌肉收缩属于物理性消化，可降低摄食进来的食物粒度。富含酶的消化液分泌到胃和小肠的食糜中，促进了化学性消化。定居于消化道末端的微生物也分泌某些消化酶，对那些没有被前段消化道消化的食物成分进行化学性消化。食物从口腔摄入，通过消化道，经过消化变为易于吸收的小分子物质，然后被肠道吸收，被吸收的物质经过血液循环和淋巴循环运送到全身各处，供细胞利用，进行新陈代谢，维护犬猫机体的健康。

一、犬猫的消化方式和特点

犬猫对食物的消化方式分为物理性消化、化学性消化和微生物消化。

1. 物理性消化

通过消化管的运动将食物磨碎变细，并使已磨碎的食物和消化酶充分混合，以便迅速进行化学消化的过程，称物理性消化（mechanical digestion）。

物理性消化主要靠犬猫口腔内牙齿和消化道管壁的肌肉运动把食物撕碎、磨烂、压扁，有利于在消化道内形成多水的食糜，为胃肠道中的化学性消化和微生物消化做好准备。口腔是犬猫主要的物理性消化器官，对改变饲料的粒度和润滑食物起着重要的作用。同时，消化道管壁的运动可以把食糜磨烂、搅拌并从消化道的前段向后段移动。消化道活动分为自动和被动控制，摄食、咀嚼和吞咽都是由个体有意识的自动控制。吞咽后，从口腔后部开始的消化功能都是反射活动（即不是有意识的控制）。当食物通过咽喉从食道进入胃部，括约肌舒张和收缩受脑神经的无意识控制。当食物进入胃部后，胃部肌肉产生松弛性反射，以抵消胃内压的升高。胃肠道中所有消化液的分泌和消化道的运动都是由神经和激素双重调控。消化道的运动以蠕动波的形式把食糜推向肠道的末端。

2. 化学性消化

化学性消化（chemical digestion）是指在消化酶的作用下，大分子营养物质被分解为动物所能够吸收的简单小分子物质的过程。犬猫对饲料的化学性消化，主要是酶的消化。

酶的消化是犬猫主要的消化方式。消化酶（digestive enzymes）是一类由消化腺分泌、能够促进食物中大分子营养物质分解为动物所能够吸收的简单小分子物质的蛋白质。犬猫消化脂肪、糖类和蛋白质的消化酶和消化终产物见表 2–2。

表 2–2 消化脂肪、糖类和蛋白质的消化酶和消化终产物

营养物质	消化酶	消化终产物
糖类	淀粉酶	葡萄糖
	乳糖酶	半乳糖
	蔗糖酶	果糖
	麦芽糖酶	葡萄糖
蛋白质	二肽酶	二肽
	氨肽酶	氨基酸
	胃蛋白酶	肽
	核苷酸酶	核苷和磷酸
	核苷酶	糖和碱基
	胰凝乳蛋白酶	肽
	羧肽酶	游离氨基酸
	核酸酶	核苷酸
脂肪	肠脂酶	甘油
	胰脂酶	甘油和脂肪酸

3. 微生物消化

微生物消化（microbial digestion）是指微生物将大量不能被宿主直接消化吸收利用的物质分解成能被宿主利用的营养素。消化道的微生物在饲料的消化过程中起着积极且不可忽视的作用。犬猫消化道的微生物主要存在于盲肠和结肠中，消化道中的微生物对犬猫的消化起着重要的作用。大肠能维持微生物发酵（microbial fermentation）的环境条件，正常情况下，这一生态系统中的微生物区系会随外界环境和动物食物的变化而在一定的范围内变动。但在食物性或者是病理性的应激条件下，肠道内微生物区系的变动会超出正常的变动范围，从而引起肠道生态失衡。肠道微生物群也有助于宿主新陈代谢、抵御病原体，并调整免疫系统。微生物消化的最大特点是，可以将大量不能被宿主直接利用的物质转化为能被宿主直接利用的优质营养物质。

猫的盲肠不发达，肠内有大量的腐败菌和细菌，这些腐败菌和细菌发酵未被消化吸收的蛋白质、脂肪和糖类。蛋白质和可溶性糖类（淀粉、双糖等）以及大多数不溶性糖类（纤维素和半纤维素），是大肠内发酵的主要物质。小肠内没有被消化的脂肪和糖类，在大肠内也受细菌作用，脂肪被分解成甘油和脂肪酸，糖类被分解为单糖及其他产物，如草酸、甲酸、乙酸、乳酸、丁酸以及二氧化碳、甲烷、氢气等。食糜中没有被小肠消化吸收的蛋白质，可以被大肠中的腐败菌分解成吲哚、粪臭素（甲基吲哚）、酚、甲酚等有害物质。这些物质一部分由肠黏膜吸收入血液，在肝脏内经解毒后随尿排出体外；另一部分则随粪便排出。犬猫盲肠和结肠中的微生物消化大肠中的纤维，为宿主提供一定量的能量和短链脂肪酸。

肠道微生物可以提高饲料消化率、抑制病原菌在消化道上皮细胞附着，特异性地促进有益菌增殖，对保持动物健康和机体免疫机能起着重要的作用。

二、犬猫的吸收方式和特点

（一）营养物质的吸收方式

犬猫食品中的营养物质在犬猫消化道内经物理、化学、微生物的消化后，生成的小分子营养物质经消化道上皮细胞进入血液或淋巴液的过程称为吸收（absorption）。犬猫的口腔和食道均不能吸收营养物质，营养物质吸收的主要部位在小肠和大肠。

犬猫对养分的吸收方式有以下三种：

1. 胞饮吸收

胞饮吸收是细胞通过伸出伪足或与物质接触处的膜内陷，从而将这些物质包入细胞内。以这种方式吸收的物质可以是分子形式，也可以是团块或聚集物形式。初生的犬猫对乳中免疫球蛋白的吸收就是这种方式，这对初生动物获取抗体有十分重要的意义。

2. 被动吸收

被动吸收是通过滤过、渗透、简单扩散和易化扩散（需要载体）等几种形式，将消化的营养物质吸收进入血液和淋巴系统。这种吸收方式不需要消耗机体能量。一些分子量低的物质，如小肽、各种离子、电解质和水的吸收为被动吸收。

3. 主动吸收

主动吸收是指动物机体通过消耗能量，逆浓度梯度方向主动地吸收营养物质的方式，是通过细胞壁中的载体蛋白来完成的一种逆电化学梯度的物质转运形式。这种吸收方式是高等动物吸收营养物质的主要方式，通过主动吸收方式转运的物质主要有无机离子、有机离子和一些糖类（乳糖、葡萄糖、麦芽糖）、氨基酸等。

（二）营养物质的吸收特点

犬猫营养物质的化学消化过程在小肠中完成。可消化的蛋白质、糖类和脂肪被水解成氨基酸、二肽、单糖、甘油、游离脂肪酸、甘油一酯以及甘油二酯，这些营养素与饲粮中的维生素、矿物质一起被吸收进入体内。吸收也是在小肠中完成的，吸收过程包括小肠上皮细胞将营养物质从肠腔中转入血液或淋巴组织，并进一步转运到各组织器官中。与消化一样，主要的吸收也是在小肠中完成的。犬猫的大肠中没有肠绒毛，但是大肠吸收大量的水和电解质。

小肠内壁有环形皱襞，皱襞上有小肠绒毛，增大消化和吸收营养物质的面积，展开可将其表面积扩大600倍左右。每个独立的绒毛都有一个由动脉和静脉毛细血管、毛细淋巴管组成的管脉系统，用以吸收营养物质进入血液循环或淋巴循环。小肠绒毛的表面覆盖着大量的微小的突起，称之为微绒毛，通常它们一起被称为小肠刷状缘。绒毛内表面的细胞具有高度的吸收特异性，从肠的内腔吸收营养物质，这些细胞只有2~3天的寿命。老化了的细胞不停地被降解，然后经粪便排出体外。因此，肠细胞的更新率很高。

有些小分子物质，比如电解质和水分子，根据它的渗透浓度梯度通过顺浓度梯度，经主动扩散被吸收。大分子物质通过协助扩散顺浓度梯度进入细胞膜，在细胞膜通道中的载体蛋白协助营养物质的吸收。相反，主动转运是逆浓度梯度进入细胞膜，并且需要消耗能量。比如膜蛋白载体通过钠离子介导转运。虽然糖类也可以通过被动扩散吸收，但是大多数的简单糖类都是通过钠离子介导在特异性载体的条件下经主动扩散被吸收。一些简单的氨基酸和二肽、三肽也可以通过主动扩散被吸收。吸收入细胞的小肽在进入静脉循环之前立即水解为氨基酸单元（图 2–13）。糖和氨基酸通过绒毛微管进入静脉循环，然后进入肝脏。脂肪的吸收（图 2–14）是通过刷状缘周围所形成的水层形成乳糜微粒。乳糜微粒包含胆酸、甘油一酯、甘油二酯和长链脂肪酸。由于乳糜微粒是水溶性的，所以它们能够进入刷状缘，然后吸收进入细胞。吸收后胆汁仍然留在肠道内，最后通过重吸收经过血液循环回到肝脏。在肠上皮细胞内，大多数的脂肪酸都会重新合成甘油三酯，与胆固醇磷脂和蛋白质结合在一起，然后释放进入中央乳糜管形成乳糜微粒或极低密度脂蛋白（very low density lipoprotein，VLDL）转运粒子，通过中央乳糜管进入淋巴管，最后进入血液循环。

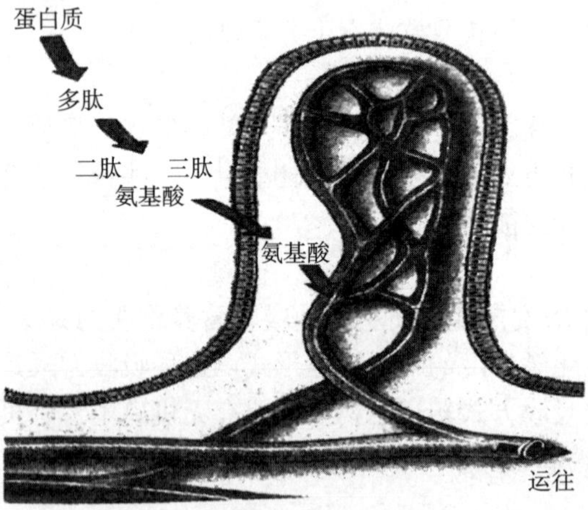

图 2–13　蛋白质的吸收（引自孙宁，2015）

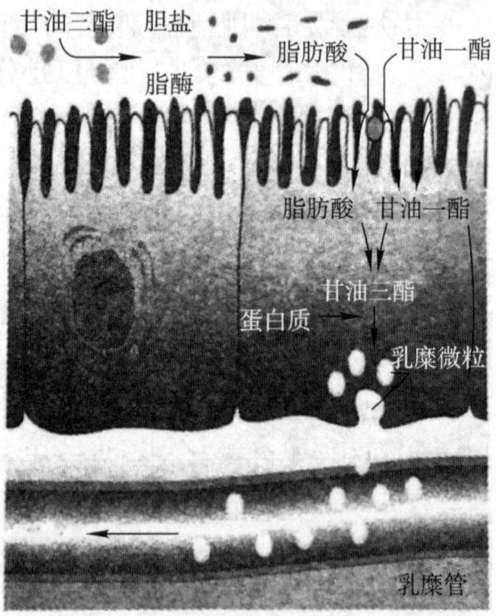

图 2–14　脂肪的吸收（引自孙宁，2015）

肝脏进一步将吸收来的单糖和氨基酸送入静脉循环。一部分的单糖以糖原的形式贮存，其他的大量葡萄糖直接进入血液循环。有些氨基酸释放进入血液中，然后通过血液循环进入组织中被吸收利用。多余的氨基酸转化为其他的非必需氨基酸或者在肝脏中代谢供能。

大多数的矿物质都是以离子的形式吸收。水溶性维生素通过被动扩散进入细胞，但是当饲粮中的含量很低的时候，有些水溶性维生素以主动吸收的方式进入细胞。维生素 B_{12} 的吸收需要一种特定的辅助因子。脂溶性维生素通过与胆盐结合形成水溶性物质以被动扩散形式被吸收。一般来讲，脂肪的吸收伴随着脂溶性维生素的吸收。

第三节　消化率的概念及测定

一、消化率的概念

消化率是指食物中可消化养分占食入食物养分的百分比，计算公式为：

某养分的消化率（%）=（食入某养分 - 粪中某养分）/ 食入某养分 ×100%

因为粪中所含的各种养分并非全部来自于食物，有少量的来自消化道分泌的消化液、肠道脱落细胞、肠道微生物等内源性物质，所以上述计算的为表观消化率。真消化率受消化道内源养分的影响，从而大于养分的表观消化率。真消化率的计算公式为：

真消化率（%）=（食入某养分 - 粪中某养分 + 内源性某养分）/ 食入某养分 ×100%

不同动物因消化力不同，对同一种饲料的消化率也不相同；不同的饲料，因消化性不同，同一动物对其消化率也不相同。

二、影响宠物消化率的因素

影响宠物消化率的因素很多，主要包括宠物本身、宠物食品的配方及加工调制工艺、饲养管理和环境几个方面。

（一）宠物因素

1. 宠物的种类

宠物的品种、年龄、性别、活动水平和生理状态都会影响消化率。犬猫由于消化道结构、长度和容积不同，因而对食物的消化率存在差异。一些研究表明犬对商品粮中的常量营养素的表观消化率比猫高，犬的表观消化率平均值为：粗蛋白质 87%、脂肪 92%、无氮浸出物 70% 和能量 89%；猫的表观消化率平均值为：粗蛋白质 82%、脂肪 76%、无氮浸出物 67% 和能量 79%。一项比较犬猫的消化能力的研究发现在饲喂相同食物时，犬的表观消化率系数更高，并且犬在摄入几乎所有类型的食物时，每单位获得的营养素量都比猫的多（Kendall 等，1982）。这些差异的原因是犬大肠消化（发酵）某些类型纤维的能力更强。

犬猫对于同一食品表观消化率比较见表 2-3。

表 2-3　犬猫对于同一种食物表观消化率的比较（%）

指标	犬	猫	显著性检验
干物质	85	78	$P<0.001$
粗蛋白	87	82	$P<0.01$
酸性乙醚提取物	92	76	$P<0.001$
无氮浸出物	70	67	$P<0.05$
总能	89	79	$P<0.01$

2. 品种、年龄和个体差异

宠物从幼年到成年，消化器官不断发育成熟，消化率存有差异。特别是生长期的宠物，消化器官发育不完善，对养分的需要量大，因此对食物的消化率低。研究表明，11 周龄的法国布列塔尼幼犬比 2～4 岁的成年犬，干物质、蛋白和能量消化率分别降低 1%、5% 和 3%（Shields 等，1993）。

蛋白质、脂肪和粗纤维的消化率随着宠物年龄的增加而呈上升的趋势，尤其以粗纤维最明显，无氮浸出物和有机物的消化率变化不大。老年宠物因牙齿衰残，不能很好地磨碎食物，营养物质消化率逐渐降低。相同年龄、相同品种的不同个体，因生长条件、体况和神经类型的不同，对同一种食物的消化率仍有差异。

James 和 McCay（1950）及 Kendall（1983）发现中型犬（萨路基猎犬、德国牧羊犬和巴吉度猎犬）和小型犬（腊肠犬、凯恩梗和比格犬）具有相似的消化率。小型犬空的肠道重量占体重的 6%～7%，大型犬下降到 3%～4%。Weber 等（2003）研究了年龄和体型大小对于干膨化日粮的表观消化率的影响。实验犬的品种为迷你型的贵妇犬、中型雪纳瑞犬、巨型雪纳瑞犬和大丹犬，分别在 11、21、35 和 60 周龄时进行消化率试验。结果表明，大型犬的营养物质消化率显著增高，但大型犬的粪便评分较低，粪便含水量增加；常量营养元素的消化率随着年龄（11～60 周龄）的增加而有显著的提高。

Harper 和 Turner（2000）对断奶小猫的研究表明，19 周以下的小猫的干物质、有机物、蛋白质和糖类的平均表观消化率较低，说明越小的猫其对固体饲料的消化率越低。

（二）食物因素

1. 食物的种类

不同来源和种类的食物因养分含量、加工方法的不同，消化率也存在差异。由于宠物的胃容量有限，因此需要给宠物饲喂营养平衡、营养素浓度高的食物，以提高食物的消化率。

对于膨化食品，预处理室（调制解调器）的处理条件、粉碎粒度、挤压蒸汽制粒过程或干燥器都能影响饲料的营养价值。降低日粮成分粒度可以提高消化率，进而提高饲料的利用。

2. 饲料中的化学成分

饲料中的蛋白质、纤维和糖类的含量和比例会影响消化率，犬猫对蛋白质和脂肪的消化率高，而对粗纤维的消化率低。粗纤维还会降低能量和其他营养物质的消化率。

（三）宠物的饲养管理

饲养管理也会影响消化率，如，饲喂的日粮类型（干粮、罐头）、日粮的数量、饲喂的次数等。随着饲喂量的增加，饲料的消化率逐渐降低。以维持水平或低于维持水平饲养犬猫，食物的养分消化率提高。

（四）环境因素

环境因素可能对营养物质的消化性产生影响，环境因素包括空气温度、湿度、空气流速、铺设的地面材料、墙壁和屋顶的绝缘性和温度适应性以及它们之间的互作效应。但对饲养在代谢笼或可活动犬舍中的犬的研究表明，无论居住的条件如何，其消化率都相差不多；其他环境因子，像管理者与试验动物之间的关系和光周期，都可能会对营养物质的消化率产生影响，但这些影响很难被量化（Shields，1993）。

三、犬猫的粪便评分体系

粪便评分可以反映犬猫对宠物食品的消化情况，操作起来比较简便易行。下面是来自雀巢普瑞纳宠物食品公司的犬猫粪便 7 级评分体系（图 2–15），从干到湿，依次评为 1～7 分：

1 分：非常坚硬和干燥，需要付出很大的努力才能排出体外，捡起时地面无残留物。通常作为单个的粪便颗粒排出。

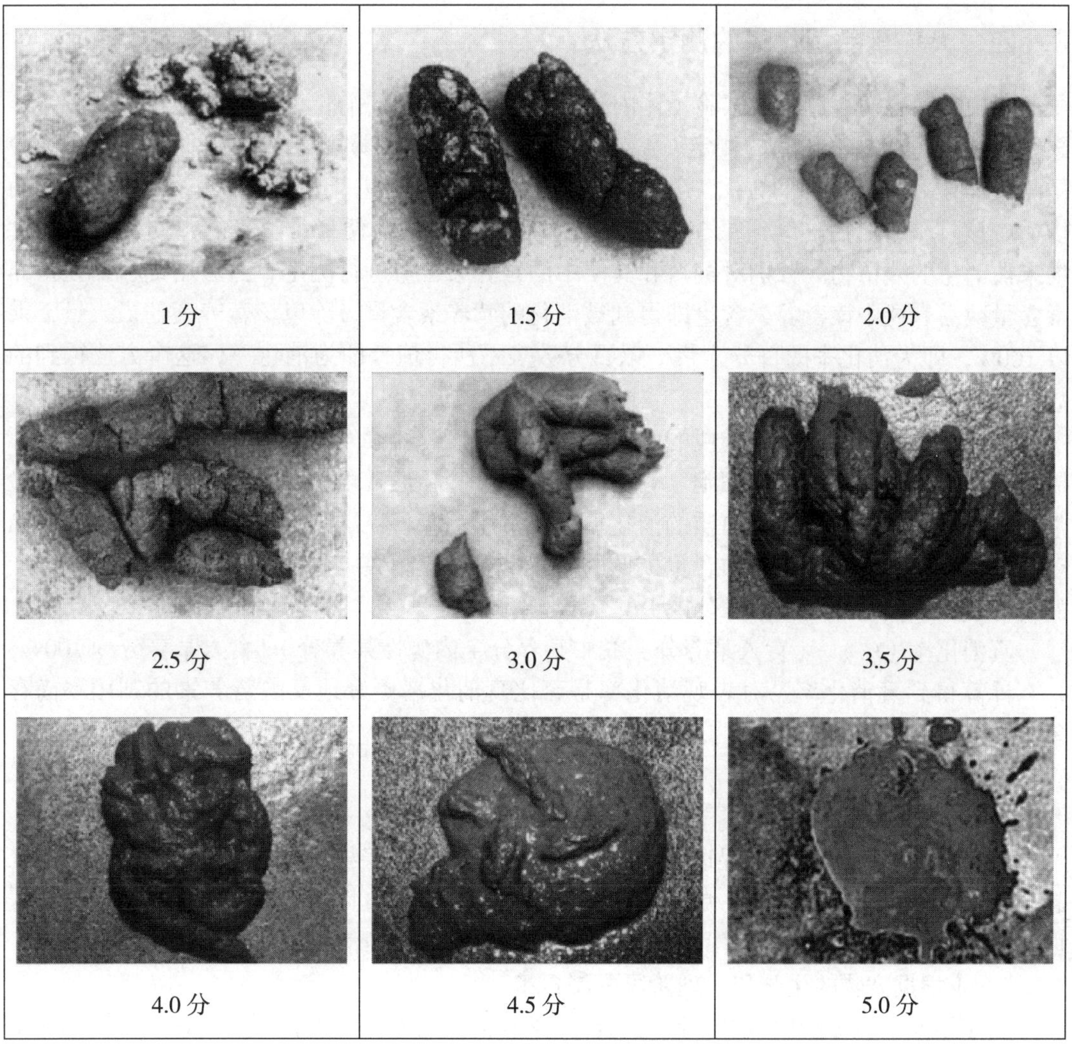

图 2-15　犬猫的粪便评分标准

2分：坚固但不坚硬，柔软，外表上是分段的，捡起时，地面上几乎没有残留物。

3分：原木状，很少或没有可见的分割，表面潮湿，有残渣，但拾起时仍保持原状。

4分：非常潮湿（湿透的），原木形状清晰可见，拾起时留下残余物并失去形状。

5分：非常湿润，但有独特的形状，以桩的形式而不是以独立的原木形式存在的，拾起时留下残留物并失去形状。

6分：有纹理，但没有明确的形状，以堆或点的形式出现，拾起时留下残留物。

7分：水状，无质感，平整，像水坑一样存在。

2～3分是比较理想的评分，1分过于干燥，表明肠道的消化系统存在一定的问题，4～7分过于潮湿，分数越高，湿度越大，一是表明肠道菌群存在问题，导致消化不良，二是对于宠物主人捡拾粪便带来麻烦，对环境造成影响。但粪便的评分受很多因素的影响，如动物的品种、体型、年龄、食物的类型、加工工艺、营养指标、环境、疾病等，因此需要综合分析造成粪便评分不佳的原因。

四、犬猫食品消化率的测定方法

宠物食品公司通过饲喂试验（体内试验）来评估产品的消化率，近几年也发展了体外试验方法进行产品消化率的测定。AAFCO规定了犬猫消化率测定的规程。消化饲喂试验是测定消化率的最准确的方法。在进行饲喂试验之前，先进行预饲测试粮5～7天，让动物适应该日粮，之后连续记录3～5天的采食量和排泄的粪便量，收集的粪便代表摄入食物未被消化的残留物。分别对饲料和粪便中的营养素含量进行测定，然后用饲料中该营养素含量减去粪便中该营养素含量即得到被消化的营养素含量，除以该营养素的摄入量，乘以100%，即为消化率的百分含量。以百分数表示所得值，即为消化率，这个方法得到的数值为表观消化率。

真消化率测定时需要将粪便的营养素含量扣除该营养素的内源损失量。粪便中的内源损失包括消化道脱落的上皮细胞、分泌的酶以及一些肠道微生物，通常称为粪代谢物。最常用真消化率试验来检测蛋白质的消化率。通常用无氮日粮法测定内源损失，在短期内给动物饲喂不含蛋白质或蛋白质含量极低的日粮，然后检测粪中蛋白质排泄量，即为粪便中的内源蛋白质代谢损失量。按公式，

真消化率（%）=（食入某养分－粪中某养分＋内源性某养分）/食入某养分×100%

计算得到真消化率。对表观消化率是否比真消化率更好地反映营养素的利用率尚存争议。

五、提高犬猫食品消化率的措施

宠物营养和饲养的发展促进了宠物食品工业的进步，宠物主人对宠物食品的要求越来越高，不仅要求全价而均衡，更加关注其高消化性和高安全性，因此要求宠物食品公司采取相应措施改善和提高宠物食品的消化率，下面是一些提高消化率的措施：

（一）根据宠物的生长和生理阶段配制日粮

由于不同的生命阶段具有不同的营养需求和消化道发育特点，因此应该按不同的年龄阶段进行犬猫粮的配制，特别注意一些特殊的生命阶段，如幼年、妊娠、哺乳阶段、老年以及生病阶段。幼年的犬猫由于消化道和消化腺发育还不成熟，因此，对于这阶段的宠物食品应该选用易消化的饲料原料配制日粮，并添加一些能促进消化和提高免疫的营养物质。对于妊娠后期和哺乳期的宠物，因其对营养素的需要量大，特别是一些特殊营养素，比如维生素、微量元素和必需脂肪酸，应注意补充。在病理或是环境应激的情况下，应使用优质的易消化吸收的饲料原料配制日粮，并根据其病理代谢和需要特点，进行日粮配制，也就是所说的处方粮。

（二）合理优化饲料配方、补充矿物质和维生素添加剂

宠物不管是吃商业的宠物食品还是家制食品，都应该是营养全价而均衡的日粮。因此，在商业配方或家制宠物食品时，都需要按科学的配方，进行原料的合理搭配，补充维生素、钙、磷、食盐、微量元素、氨基酸等容易缺乏的营养素，若营养不均衡会导致消化酶分泌不足，影响养分的消化和吸收。所以在配制宠物日粮时，首先要了解饲料的营养成分和宠物的营养需要量（见第十章），进行科学的原料搭配即饲料配方，保证各种营养素的充足。另外，按照宠物的营养需要量适当地补充矿物质和维生素添加剂，特别是含肉量比较高的日粮中，由于肉中钙和有些维生素含量低，注意钙及维生素的补充。

（三）采用合理的饲料加工工艺

适当的加工处理可以促进食物的消化。粉碎使食物的粒度变小，可以提高消化率，加热可以促进淀粉的糊化和蛋白质的变性，提高宠物对糖类和蛋白质的消化，因加热会促进美拉德反应，还可增加饲料的适口性，使宠物更愿意采食，另外加热可破坏一些有害物质和微生物，可以防止有害物质对动物的伤害作用。

但加热过度也会造成营养素的损失，比如加热会造成蛋白质肽链上的游离氨基（如赖氨酸ε-氨基）与还原糖（如葡萄糖或乳糖）中的醛基形成一种氨糖复合物，不能被蛋白酶消化，称为美拉德（Maillard）反应；加热过度使淀粉形成抗性淀粉，不被小肠消化酶消化而被大肠发酵，可能导致有害菌的繁殖等。因此，饲料适宜的加工处理是非常必要的，加热不足和加热过度都会对饲料消化率产生不利的影响。

第四节　宠物肠道微生物区系特点及其对消化的影响

一、犬猫肠道微生物区系的特点

目前没观察到口腔和食管中有微生物的存在，但已从单胃动物的胃内容物中分离出了细菌群落（Kearns 等，1998），这些微生物大部分都是短暂的过路菌群而不是在一开始就定植在某个位置上的本土菌群，他们来自于食糜或最接近胃的部位。胃中微生物的数量是变化的，受食物和环境影响，大约为 10^3/mL。最常见的微生物类型是革兰氏阳性和需氧型的，大多是乳酸菌（双歧杆菌、乳酸菌和链球菌）的成员。

犬小肠中的微生物种群相对比较简单（Kearns 等，1998）。肠道中每毫升微生物的数量，除回肠末端每毫升大约为 10^6 外，很少超过 10^4。在十二指肠和空肠中占优势的为链球菌属和乳酸杆菌属。在回肠中，优势微生物是大肠杆菌和厌氧菌。犬微生物数量相对较低的原因，主要受胃的酸度和胆汁的影响，同时也受肠运动的影响，肠的运动导致无黏着力的微生物成为过路菌群，不能在肠道中定植。小肠的微生物区系的一个重要功能是抑制致病微生物的定殖，这个功能是通过对可利用的营养物质的竞争、控制氧的浓度和产生抗菌物质来完成的。

Johnston 等（1993）发现猫十二指肠液中的细菌数为 $2.2 \times 10^5 \sim 1.6 \times 10^8$（CFU/mL），厌氧菌数量在 $7.5 \times 10^4 \sim 1.1 \times 10^8$（CFU/mL）。最常分离的厌氧菌是拟杆菌属、真杆菌和梭菌属。最常见的需氧菌是巴斯德（氏）菌属。

临床上健康的猫在饲喂商业罐装日粮时，其未稀释的小肠液中的微生物数量与犬相比相对要高一些，这些猫的细菌数量完全符合犬小肠内细菌过度生长时的标准。动物的品种特性会对肠内菌群产生影响，这些特性包括胃或胰腺的分泌、小肠的运动、自身的免疫和胆汁的组成，这些机制已经被 GruffyddJones 等（1998）的研究所证实。Stricking 等（2000）的关于回肠微生物的研究表明，微生物的含量（每克干物质的 log CFU）如下：产气荚膜梭菌，4.8；双歧杆菌，10.4；乳酸杆菌，9.4；微嗜氧菌，10.5；大肠杆菌，6.3；大肠菌，6.7。

小肠微生物对犬猫营养需要的影响以及不同日粮能否通过改变小肠内菌群进而改变对营养素的需要量，还有待于进一步的研究。如果热处理降低了日粮某成分的消化率并且增加了被微生物利用的基质时，细菌会发生增殖。

大肠含有复杂的微生物系统，它由许多属和几百种的细菌组成。健康的犬猫大肠中的大部分细菌是厌氧的，主要的细菌种类是链球菌、乳酸菌、类细菌和梭菌（maskell 和 Johnson，1993）。

结肠是大肠的主要部分，未消化的食物在犬猫大肠中存留的时间大约为 12 h（Maskell 和 Johnson，1993）。结肠细菌能发酵未被小肠消化和吸收的营养物质，这些物质来自日粮和内源分泌物，如抗性淀粉、非淀粉多糖、未吸收糖、低聚糖、日粮蛋白、内源酶和黏液。人接近结肠的部位通常富含糖类的代谢物，而蛋白质发酵主要在结肠末端（MacFarlane 等，1992）。犬猫的情况可能与此类似。细菌发酵和代谢的主要终产物是短链脂肪酸（SCFAs，乙酸盐、丙酸盐、丁酸盐、乳酸盐）、二氧化碳和氢气。Brosey 等（2000）研究表明，猫饲喂玉米与家禽副产品或大豆日粮时，接近结肠近端和末端的总 SCFA 的含量分别为 109 和 131 mmol/L。其他的发酵终产物有硫化氢、甲烷、氨、支链脂肪酸、胺、苯酚和吲哚。这些化合物的组成受多种因素的影响，如结肠微生物组成、细菌之间的代谢互作、可供发酵的营养素、肠的转运时间和多种宿主因素，包括年龄、免疫状态和遗传特性等（Cummings 和 Macfarlane，1991）。结肠内容物的 pH 和产生的粪便无疑也受这些因素的影响，适宜的 pH 范围可能在 5.5 到 7.5 之间，这和其他品种的报道一样（Younes 等 1995）。常住菌群也会影响黏膜的结构和功能（Buddington 等，2000）。营养物质发酵的产物短链脂肪酸 SCFAs 和内源分泌物会刺激水和电解质的吸收，因此也是肠调节渗透压的物质。SCFAs 的吸收也会增加钠吸收的速率，而 SCFAs 和钠在大肠中的联合吸收导致大量水的吸收（Stevens 和 Hume，1995）。附着菌和黏膜之间似乎存在着共栖的关系（Buddington 等，2000）。附着菌影响黏膜（细胞）内吞作用和黏膜细胞内水解的能力，这对存在于肠腔中的潜在抗原的降解起到重要的作用。另外，这对于肠内免疫系统的调节也是非常重要的，因为它能降低肠内出现的大量高分子物质的抗原性。因而，出现发炎的可能性很小，发炎对正常的肠功能起到相反的作用。附着菌也会使免疫球蛋白 A 的分泌量增加。

二、犬猫粪便中微生物的种类

健康犬的粪便微生物群主要由 3 个门共同控制：梭菌、拟杆菌和梭杆菌（Daniel 等，2013）。Desantis 等（2006）给出了犬粪便样本中一些最相关的细菌分类群（表 2-4）。在这个核心细菌群落中，许多主要的类群都属于纤毛菌门，包括梭状芽孢杆菌和芽孢杆菌，其中许多都是短链脂肪酸的产生菌，如费卡利杆菌。类杆菌是犬粪便样本中的另一个丰富的门，包括普雷沃特氏菌和类杆菌，它们在不同犬之间的丰度有很大的差异。

杆菌属通常与犬的健康有关。这与人类不同，在人类中，核梭杆菌是一种与结直肠癌相关的病原体。在犬的胃肠道中，通常可以观察到其他梭杆菌种类，如梭杆菌（*Mortiferum*）和极臭梭杆菌（*Fusobacterium perfoetens*），变形杆菌和放线菌也是常见的细菌，它们是小肠的典型定植者，在生理条件下，粪便样本中会出现较少数量的变形杆菌和放线菌。例如，肠杆菌科的成员（如大肠杆菌）是兼性厌氧菌，这使得它们能够利用小肠中可用的氧气。虽然部分正常微生物群数量很少，但粪便样本中肠杆菌科细菌的增加是微生物失调的一个标志，并与胃肠道内外的许多疾病有关。

关于健康猫的粪便微生物组的文献不多。在大多数研究中，猫的粪便微生物组以 *Firmicutes*（厚壁菌门）为主（Ritchie 等，2008），其次是较小比例的 *Proteobacteria*（变

表 2-4　犬粪便微生物组中的相关细菌分类群（根据 Greengenes 数据库分类法分类）

门	纲	科	属 / 种
放线菌门	*Coriobacteriia*	*Coriobacteriaceae*	*Collinsella*
拟杆菌门	*Bacteroidetes*	*Prevotellaceae*	*Prevotella*
		Bacteroidaceae	*Bacteroides*
厚壁菌门	*Clostridia*	*Clostridiaceae*	*Clostridium*
		Ruminococcaceae	*Faecalibacterium prausnitzii*
		Peptostreptococcaceae	*Peptostreptococcus*
		Lachnospiraceae	*Blautia*
		Veillonellaceae	*Megamonas*
	Bacilli	*Streptococcaceae*	*Streptococcus*
		Lactobacillaceae	*Lactobacillus*
		Turicibacteraceae	*Turicibacter*
梭杆菌门	*Fusobacteriia*	*Fusobacteriaceae*	*Fusobacterium*
变形菌门	*Betaproteobacteria*	*Alcaligenaceae*	*Sutterella*
	Gammaproteobacteria	*Enterobacteriaceae*	*E. coli*

形杆菌门）、*Actinobacteria*（放线菌门）、*Bacteroidetes*（拟杆菌门）和 *Fusobacteria*（梭杆菌门）。Stefanie 等（2011）比较了喂食相应物种商业日粮的犬猫的粪便微生物组，发现猫粪便微生物的物种数量比犬多，暗示了猫具有更高的细菌多样性。

三、犬猫肠道微生物的调控

研究表明，不同物种的肠道微生物群特征反映了它们的饮食组成，特别是当食肉动物与食草动物从饮食中获得的营养素存在差异时（Bresciani 等，2018；De Filippo 等，2010；David 等，2014）。

在一项对健康犬的研究中，测试了不同食物宏量营养素组成的变化，其中包括 4 种用于减肥、治疗肾病、低脂和过敏性的干处方饲粮（Mori 等，2019）。减肥饮食在宏量营养素（更高的蛋白质和纤维）方面有最强烈的变化，并导致微生物群组成的变化最大。蛋白质含量的增加与梭杆菌的增加有关。低脂饲粮组产生短链脂肪酸的拟杆菌属（*Bacteroides*）、普雷沃氏菌属（*Prevotella*）和粪杆菌属（*Faecalibacterium*）的丰度显著增加。减肥（纤维含量 28.1%）和低脂（纤维含量 8.6%）饲粮中均含有可溶性和不可溶性纤维（甜菜果肉、低聚果糖和亚麻籽），这些属的增加可能与纤维含量的增加和纤维类型的不同有关。

在猫身上研究了挤压和生食的高蛋白 / 低糖类日粮（HPLC），并与传统的中等蛋白挤压日粮进行了比较。对于猫来说，罐头食品是一种额外的高蛋白替代品，通常单独喂养或与挤压食品结合喂养。研究表明，猫食用湿食物会增加水的摄入量，减少自愿能量摄入，并降低尿液比重，这可能对某些健康状况有益。两种饲粮的不同影响了 194 个代谢途径，包括氨基酸生物合成和代谢相关的途径，表明蛋白质与糖类比例对微生物群落功能有显著影响（Deusch 等，2014）。然而，这种代谢物差异对整体健康的影响仍是未知的。

四、肠道微生物对犬猫健康的影响

肠道微生物与犬猫的健康息息相关，在患病动物中，特别是患有胃肠道疾病（如慢性肠病）的动物中，微生物群落多样性迅速下降。益生元和益生菌经常被单独或与药物一起使用，以改善疾病的临床体征，减缓腹泻。低变应原性饲粮旨在降低免疫原性和促进消化，对健康犬的微生物组没有显著影响（Pilla 等，2020；Bresciani 等，2018），但与改善食物反应性腹泻犬的微生物组组成有关（Bresciani 等，2018；Kalenyak 等，2018）。同样，益生元纤维可以帮助恢复有益菌群和恢复短链脂肪酸的生产。益生菌是一种有益的细菌，也可以用来帮助恢复菌群平衡。虽然他们的定植通常是短暂的（Garcia–Mazcorro 等，2011；Pilla 等，2019），但是益生菌在运输过程中仍然代谢活跃，并产生有益的代谢物，帮助改善临床症状（Schmitz 等，2016）。据报道，益生菌对急性腹泻爆发有保护作用，对黏膜稳态有有益作用，加速慢性腹泻犬的疾病缓解（White 等，2017；Rossi 等，2018）。

本章小结

详见数字课程 e。

复习思考题

一、名词解释

胞饮吸收、被动吸收、主动吸收、表观消化率、真消化率

二、问答题

1. 宠物消化系统有哪些解剖特点？
2. 犬猫的微生物区系有什么特点？又是如何影响犬猫对营养物质的消化的？
3. 表观消化率与真消化率的区别是什么？如何测定？
4. 犬猫对营养物质的消化与吸收有什么特点？

三、开放性讨论

1. 查阅相关资料，讨论宠物与家畜对营养物质消化吸收的区别和共同点？
2. 在进行宠物食品的配制时，应注意犬猫哪些方面的特点？
3. 影响消化率的因素有哪些？讨论在日常管理中还可以采取哪些措施提高宠物食品的消化率？

第三章

蛋白质的营养

本章提要

蛋白质是最重要的营养素，是组成宠物细胞、组织的重要成分。蛋白质是宠物生命的物质基础，宠物必须不断地从食物中获取蛋白质和氨基酸来维持机体的各种生命活动。氨基酸是蛋白质的基本组成单位，蛋白质的营养实际上是氨基酸的营养，氨基酸分必需氨基酸和非必需氨基酸，其中必需氨基酸是宠物机体不能合成的，必须从食物中获得的氨基酸，因此必需氨基酸的营养非常重要。宠物的种类、年龄、体型、日粮组成等因素都会影响其对蛋白质的需要。蛋白质过量、缺乏或者氨基酸组成不平衡都会影响宠物健康。本章主要阐述蛋白质的概念、种类和作用，宠物对蛋白质的消化、吸收和代谢的过程及特点，宠物的必需氨基酸营养以及宠物对蛋白质、氨基酸的需要量。

知识导图

- 蛋白质的营养
  - 蛋白质的概念、化学组成和分类
    - 蛋白质的概念
    - 蛋白质的化学组成和性质
    - 蛋白质的分类
    - 肉中的蛋白质
  - 蛋白质的营养作用
    - 蛋白质是构成机体组织细胞的主要结构物质
    - 蛋白质是组织更新、修补的原料
    - 蛋白质是机体内功能物质的组成成分
    - 蛋白质可供能及转化为糖和脂肪
  - 氨基酸及肽的营养
    - 氨基酸的营养
    - 肽的营养
  - 蛋白质的消化、吸收和代谢
    - 蛋白质的消化和吸收
    - 蛋白质和氨基酸的代谢
  - 对蛋白质和氨基酸的需要
    - 对蛋白质的需要
    - 对氨基酸的需要
  - 蛋白质需要及营养价值评定体系
    - 犬猫对蛋白质需要的评估体系
    - 犬猫日粮中蛋白质的品质评估体系

蛋白质不仅是机体的组成成分，还参与多种代谢反应，并作为重要的能量物质为犬猫提供能量，因此蛋白质在宠物营养和食品中备受关注。在器官、体液和其他组织中，没有两种蛋白质是完全相同的，不同的蛋白质具有不同的结构和功能，蛋白质的多样性构成了生命的基础。宠物食品中的蛋白质在体内经过消化被水解成氨基酸和小肽，然后被吸收，氨基酸用于合成宠物体内的各种蛋白质，同时体内蛋白质又在不断地代谢与分解，时刻处于动态平衡中。因此，宠物食品蛋白质中各种氨基酸的数量和比例非常重要，尤其在某些特殊阶段，如生长发育、妊娠、哺乳、疾病状态下，因此说蛋白质的营养就是氨基酸的营养。

第一节　蛋白质的概念、化学组成和分类

一、蛋白质的概念

蛋白质（protein）是指氨基酸（amino acid）通过肽键、氢键等形成的复杂的具有三维立体结构的大分子聚合物。蛋白质是由氨基酸以"脱水缩合"的方式组成的多肽链经过盘曲折叠形成的具有一定空间结构的物质，是由核酸编码的α- 氨基酸之间通过α- 氨基和α- 羧基以肽键连接形成肽链，肽链经加工生成具有特定立体结构的活性大分子。

"蛋白质"一词来源于希腊语"Proteios"，其本意是"基本的"、"第一重要的"，它与核酸共同构成了生命的物质基础。蛋白质是构成动物体组织、器官和活性物质（如酶和激素）的主要成分，在犬猫的生命活动中起着重要作用（表 3-1），没有蛋白质就没有生命活动的存在。

表 3-1　宠物体内蛋白质的作用

作用	参与的蛋白质
肌肉收缩	肌动蛋白、肌球蛋白和微管蛋白
酶催化反应	脱氢酶、激酶和合成酶
基因表达	DNA- 结合蛋白、组蛋白和抑制蛋白
激素调节	胰岛素、生长素和催乳素
机体保护	凝血因子、免疫球蛋白和干扰素
机体调节	钙调蛋白、生物碱和骨桥蛋白
营养成分和氧的储存	铁蛋白、肌球蛋白和金属硫蛋白
细胞结构	胶原蛋白、弹性蛋白和蛋白多糖
营养成分和氧的运输	清蛋白、血色素和血浆脂蛋白

引自：Wu and Self，2004.

二、蛋白质的化学组成和性质

（一）组成蛋白质的元素

蛋白质的主要组成元素包括碳、氢、氧、氮，大多数的蛋白质还含有硫，少数含有

磷、铁、铜和碘等元素。比较典型的蛋白质元素组成如表3–2。

表3–2　蛋白质的元素组成

元素名称	元素组成/%	元素名称	元素组成/%
碳	51.0～55.0	氮	15.5～18.0
氢	6.5～7.3	硫	0.5～2.0
氧	21.5～23.5	磷	0～1.5

碳、氢、氧元素是蛋白质、糖类、脂类共有的元素，而蛋白质的特别之处在于含有氮元素。各种蛋白质的含氮量虽不完全相同，但是差异不大。一般蛋白质的含氮量以平均16%计。宠物组织和食品中的真蛋白质的测定比较困难，通常只测定其中的总含氮量，总含氮量乘以换算系数6.25（100/16 = 6.25）就得到粗蛋白质含量，6.25常被称为蛋白质常数。蛋白质常数是指任何生物样品中每克元素氮的存在可以换算成多少克蛋白质，如蛋白质含氮16%，表示有1 g氮就有6.25 g蛋白质存在。

（二）蛋白质的性质

1. 蛋白质的两性特性

蛋白质因含有游离的氨基和羧基而具有两性特征，在等电点易生成沉淀。不同的蛋白质等电点不同，该特性常用作蛋白质的分离纯化。生成的沉淀按其结构和化学性质，通过pH的细微变化可复溶。蛋白质的两性特征使其成为很好的缓冲剂，并且由于其分子量大和离解度低，在维持蛋白质溶液形成的渗透压中起着重要作用。这种缓冲和渗透作用对于维持犬猫内环境平衡具有非常重要的意义。

2. 蛋白质的变性

蛋白质是大分子，在紫外线照射，加热煮沸以及用强酸、强碱、重金属盐或有机溶剂处理蛋白质时，可使其理化和生物学性质发生改变，这种现象称为蛋白质的变性。宠物食品有许多的加工工艺，一般都会有加热的过程。尽管加热的方式不同（干膨化、湿膨化、蒸煮、烘焙、高压蒸煮等），但加热均会使蛋白质发生变性，使肽键暴露出来，这有助于蛋白质的消化，但加热过度会导致其他不可消化的物质生成，导致蛋白质的消化率下降。因此，适度的加热能促进宠物食品中蛋白质的消化。

三、蛋白质的分类

蛋白质在宠物营养和食品中备受关注，但蛋白质不是一种物质，而是种类繁多，其氨基酸组成和结构存在很大的差异。因此不同的原料和宠物食品中具有不同种类的蛋白质，其氨基酸的数量和组成存在很大差异，因此了解蛋白质的种类和性质，对利用和评价蛋白质的品质提供了理论基础。目前蛋白质的分类尚无统一的说法，通常按照其结构、形态和物理特性进行分类。不同分类间往往也有交错重叠的情况。一般可分为纤维蛋白、球状蛋白和结合蛋白三大类（图3–1）。

（一）纤维蛋白

纤维蛋白包括胶原蛋白、弹性蛋白和角蛋白，是一类不容易消化的蛋白质。

蛋白质
- 纤维蛋白：包括胶原蛋白、弹性蛋白和角蛋白
- 球状蛋白：包括清蛋白、球蛋白、谷蛋白、醇溶蛋白、组蛋白
- 结合蛋白：蛋白部分再结合一个非氨基酸的基团

图 3-1 蛋白质的分类

1. 胶原蛋白

胶原蛋白（collagen）是宠物软骨和结缔组织中的主要蛋白质，胶原蛋白不溶于水，对动物消化酶有抗性，消化率低，但在水或稀酸、稀碱中煮沸，易变成可溶的易消化的白明胶。胶原蛋白含有大量的羟脯氨酸和少量羟赖氨酸，缺乏半胱氨酸、胱氨酸和色氨酸。

2. 弹性蛋白

弹性蛋白（elastin）是弹性组织，如腱和动脉的主要结构蛋白，其中甘氨酸、脯氨酸、丙氨酸和缬氨酸占 80% 以上，多条多肽链交联在一起，形成可延伸的三维网状结构。弹性蛋白一般不容易消化，消化率比较低，不能转变成白明胶。

3. 角蛋白

角蛋白（keratin）由处于 α- 螺旋或 β- 折叠构象的平行多肽链组成的纤维状蛋白质。是构成羽毛、毛发、爪、蹄、角及脑灰质、脊髓和视网膜神经的蛋白质，富含胱氨酸，通过二硫键在蛋白质肽链中起交互作用，化学性质稳定，不易溶解和消化。

（二）球状蛋白

球状蛋白是一类比较优质的蛋白质，包括清蛋白、球蛋白、谷蛋白、醇溶蛋白、组蛋白，比较易于被消化。

1. 清蛋白

清蛋白（albumin）是一类溶于水，在等电点不沉淀的蛋白质，存在于动物组织、体液和某些植物的种子中，包括卵白蛋白、血清蛋白、乳白蛋白和麦白蛋白等。

2. 球蛋白

球蛋白（globulin）是一类不溶或微溶于水，可溶于稀盐溶液的单纯蛋白质，可以被半饱和中性硫酸铵沉淀，广泛存在于动植物体内，通过电泳或者超速离心可以区分。如 α 球蛋白和 β 球蛋白，7S 球蛋白和 19S 球蛋白。球蛋白可用 5% ~ 10% 的 NaCl 溶液从动物组织中提取；加热凝固，球蛋白包括血清球蛋白、血浆纤维蛋白原、肌原蛋白等。

3. 谷蛋白

谷蛋白（glutelin）存在于谷类中，不溶于水、稀盐溶液、乙醇，但溶于稀酸和稀碱溶液。主要包括麦谷蛋白、玉米谷蛋白、米精蛋白等。与醇溶蛋白比，其氨基酸比例更为平衡，赖氨酸和色氨酸含量是醇溶蛋白的 3 倍左右。

4. 醇溶蛋白

醇溶蛋白（gliadin）不溶于水和盐溶液但溶解于醇溶液的一类植物蛋白质。醇溶蛋白使面筋具有黏性和延伸性。醇溶蛋白是禾本科籽实的主要蛋白质之一。不溶于水，易溶于稀酸和稀碱，可溶于 70% ~ 90% 的乙醇溶液（体积百分数）。赖氨酸和色氨酸含量很低，净蛋白的利用率只有 57% 左右，营养价值低于谷蛋白。

5. 组蛋白

组蛋白（histone）是一组进化上非常保守的碱性蛋白质，其中碱性氨基酸（赖氨酸

Lys 和精氨酸 Arg）约占 25%，存在于真核生物染色质，分为 5 种类型（H1、H2A、H2B、H3、H4），后 4 种各 2 个形成组蛋白八聚体，构成核小体的核心，占核小体质量的一半。组蛋白属碱性蛋白，溶于水，大多数组蛋白在活细胞中与核酸结合，如血红蛋白的珠蛋白和精子中的组蛋白。

（三）结合蛋白

结合蛋白是蛋白部分再结合一个非氨基酸的基团（辅基）而形成的蛋白质。如核蛋白（脱氧核糖核蛋白、核糖体）、磷蛋白（酪蛋白、胃蛋白酶）、金属蛋白（细胞色素氧化酶、铜蓝蛋白、黄嘌呤氧化酶）、脂蛋白（卵黄球蛋白、血中 β_1- 脂蛋白）、色蛋白（血红蛋白、细胞色素 C、黄素蛋白、视网膜中与视紫质结合的水溶性蛋白）及糖蛋白（ γ - 球蛋白、半乳糖蛋白、甘露糖蛋白、氨基糖蛋白）等。

由于蛋白质的种类不同，其氨基酸组成及溶解性、消化率等都存在差异，因此在制作宠物食品的时候，要区别不同原料中蛋白质的种类和品质，比如不同种类的肉类（鸡肉、牛肉、兔肉等）和部位（胸肉、腿肉、内脏、带骨肉），不仅蛋白质和氨基酸组成存在差异，其他营养指标（脂肪、脂肪酸、钙、磷）也有很大的不同。

四、肉中的蛋白质

在宠物食品中，肉是最常见的原料，肌肉中含有高含量的蛋白质，但其中的蛋白质的种类和性质不同，肌肉中的蛋白主要分为三大类：

（一）肌原纤维蛋白

肌原纤维蛋白（myofibrillar proteins）是组成肌肉中肌原纤维的蛋白质，负责肌肉收缩，主要包括原肌球蛋白、肌球蛋白、肌原蛋白、肌动球蛋白等，肌原纤维蛋白质不溶于水，仅溶于高盐溶液；占猪肉中总蛋白质含量的 50% ~ 55%，占鱼肉中总蛋白质含量的 55% ~ 60%。

肉制品在加热过程中肌原纤维蛋白热变形聚合，对肉品质起到重要作用，直接影响蛋白的感官性质（肉制品的弹性、多汁性、口感等）。

（二）肌浆蛋白

肌浆蛋白（sarcoplasmic proteins）是指肌浆中的蛋白质，主要有肌红蛋白和参与肌肉收缩功能反应的酶蛋白，肌浆蛋白质位于肌肉细胞质中，是与能量代谢功能有关的蛋白质，占肌肉蛋白质的 30% ~ 35%。肌浆蛋白质的种类有 100 种以上，多可溶于中性 pH 的低盐溶液。

（三）基质蛋白质

基质蛋白质（stromaproteins）是构成肌肉细胞中结缔组织的蛋白质，肌细胞的形状细长，呈纤维状，故肌细胞通常称为肌纤维，占肌肉蛋白质的 10% ~ 15%。基质蛋白质不溶于中性水溶液，成分以胶原蛋白及弹性蛋白为主。

肉中的蛋白质种类繁多，从营养和加工的角度对宠物营养和食品加工都带来不同的作用，因此了解肉中蛋白质的含量和类型、氨基酸的种类及比例及其溶解和消化特性，对于充分利用肉类提供参考数据。

第二节　蛋白质对宠物的营养作用

蛋白质作为最重要的营养素，在宠物体内发挥着重要的作用。

一、蛋白质是构成机体组织细胞的主要结构物质

蛋白质是一切生命的物质基础，是机体细胞的重要组成部分。宠物的毛发、皮肤、肌肉、骨骼、内脏、大脑、血液、神经、内分泌、指甲、腱、韧带、软骨等都含有蛋白质。纤维蛋白是宠物机体中连接组织的基本组成物质；弹性蛋白如肌浆球蛋白和肌动蛋白，主要起调节肌肉运动的作用；胶原蛋白占身体蛋白质的1/3，生成结缔组织，构成身体骨架，如骨骼、血管、韧带等，决定了皮肤的弹性，保护大脑。蛋白质对宠物的生长发育非常重要，在细胞增殖、生长和分化的过程中，都需要蛋白质的参与。

二、蛋白质是组织更新、修补的主要原料

在宠物的新陈代谢过程中，组织和器官蛋白质的更新、损伤组织的修补都需要蛋白质。细胞是生命的最小单位，它们处于永不停息的衰老、死亡、新生的新陈代谢过程中。通过蛋白质不断地分解与合成，进行组织更新，维持宠物正常的新陈代谢，是生命的最基本的特征。

三、蛋白质是机体内功能物质的组成成分

1. 酶的成分

酶的主要成分是蛋白质，宠物体内有数千种酶，催化成千上万的生化反应，进行机体的新陈代谢活动，不断进行物质的合成和分解。消化道和消化腺会分泌各种消化酶，促进食物的消化、吸收和利用。

2. 激素的成分

蛋白质也是体内激素的组成成分，如胰岛素和胰高血糖素，它们是调节血糖平衡的两种蛋白质类激素，其中胰岛素是由51个氨基酸分子合成，生长激素是由191个氨基酸分子合成。

3. 免疫物质的成分

某些具有免疫和防御功能的细胞（白细胞、淋巴细胞、巨噬细胞）、抗体（免疫球蛋白）、补体、干扰素等都含有蛋白质成分或本身就是蛋白质。因此，蛋白质的缺乏会影响机体的免疫功能。

4. 维持机体内的渗透压平衡

蛋白质常与水形成胶体，使组织细胞保持一定的硬度和弹性，维护体内的渗透压，从而保持机体的健康状态。白蛋白可以维持体液的酸碱平衡。

5. 构成神经递质

蛋白质是构成乙酰胆碱、五羟色氨等神经递质的成分，维持神经系统的正常功能，如味觉、视觉和记忆的功能。

6. 载体的成分，进行物质的运输

载体蛋白对维持宠物的正常生命活动至关重要，载体蛋白可以在体内运载各种物质，

比如血红蛋白可以输送氧，脂蛋白输送脂肪，细胞膜上的受体具有蛋白转运的功能。

四、蛋白质可供能及转化为糖和脂肪

在犬猫营养中，蛋白质是一种非常重要的能量物质，特别是猫在脂肪和糖类提供的能量不能满足需要时，可由蛋白质供能。蛋白质分解产生的氨基酸，经过脱氨基形成酮酸，酮酸进入三羧酸循环进一步氧化分解，每克蛋白质氧化可产生 17.19 kJ 的能量。当饲粮中摄入蛋白质过多或氨基酸不平衡时，多余的部分也可转化为糖，补充血液中的葡萄糖水平，满足机体对葡萄糖的需求。蛋白质可以通过脱氨作用，将无氮部分转化为宠物体内的脂肪，作为能量储备。

第三节 氨基酸及肽的营养

蛋白质是由氨基酸组成的，犬猫对蛋白质的需要实际上是对氨基酸的需要。因此食物提供的蛋白质中氨基酸的数量和组成，决定了其能否满足动物对蛋白质和氨基酸需要的程度。食物中的蛋白质经过消化后被吸收，被吸收的氨基酸种类、数量和比例越接近于有机体的需要，说明食物中蛋白质的质量越好，蛋白质的供应越合理。当氨基酸的数量超过动物的需要时，多余的氨基酸被降解掉。所以在进行宠物食品配制时，需要研究宠物在不同生命阶段和生理状态下对蛋白质的需要，即对氨基酸的需要，特别是可被消化吸收的各种氨基酸的数量和比例，这对满足宠物的蛋白质和氨基酸需要非常重要，因此说蛋白质的营养就是氨基酸的营养。

一、氨基酸的营养

除了脯氨酸，多数蛋白质中的氨基酸都是α-氨基酸，都含有α-氨基和α-羧基，它们用于合成蛋白质结构中必需的肽键。这些氨基酸按种类、数量和排列顺序构成了各种各样的蛋白质。

（一）氨基酸的组成

氨基酸的通式可表示为一个短链羧酸的α-碳原子上结合一个氨基，可简单表示为（图 3-2）：

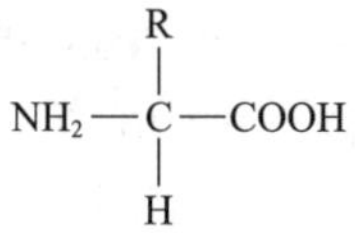

图 3-2 氨基酸结构式

通常根据氨基酸所含 R 基团的种类以及氨基、羧基的数目、酸碱性对氨基酸进行分类。一般若 R 基团无环状结构，则称为脂肪族氨基酸，其中有分支的称为支链氨基酸，如缬氨酸、亮氨酸和异亮氨酸。

氨基酸有 L 型和 D 型两种构型。除蛋氨酸外，L 型的氨基酸生物学效价比 D 型高，而且大多数 D 型氨基酸不能被宠物体利用或利用率很低。天然饲料中仅含易被动物利用的 L 型氨基酸。微生物能合成 L 型和 D 型两种氨基酸。化学合成的氨基酸多为 D、L 型复合物。

（二）氨基酸的分类

1. 必需氨基酸

宠物所需要的氨基酸共 22 种，其中 10 种为必需氨基酸（essential amino acids，EAA），12 种是非必需氨基酸（nonessential amino acids，NEAA）。必需氨基酸指犬猫不能由体内代谢合成，或合成量不能满足需要，必须由饲粮提供的氨基酸。犬猫需要 10 种必需氨基酸（表 3–3），另外猫还需要牛磺酸。其余 12 种为非必需氨基酸，非必需氨基酸是指动物机体内可以合成，不必由饲粮提供的氨基酸（表 3–3）。

表 3–3　犬猫的必需氨基酸和非必需氨基酸

必需氨基酸	非必需氨基酸
精氨酸（Arginine，Arg）	丙氨酸（Alanine，Ala）
组氨酸（Histidine，His）	天门冬酰胺（Asparagine，Asp）
异亮氨酸（Isoleucine，Iso）	天冬氨酸（Aspartate，Asp）
亮氨酸（Leucine，Leu）	半胱氨酸（Cysteine，Cys）
赖氨酸（Lysine，Lys）	谷氨酸（Glutamate，Glu）
蛋氨酸（Methionine，Met）	谷氨酰胺（Glutamine，Glu）
苯丙氨酸（Phenylalanine，Phe）	甘氨酸（Glycine，Gly）
牛磺酸（猫）[Taurine，Tau（cats only）]	羟基赖氨酸（Hydroxylysine，Hyl）
苏氨酸（Threonine，Thr）	羟基脯氨酸（Hydroxyproline，Hyd）
色氨酸（Tryptophan，Try）	脯氨酸（Proline，Pro）
缬氨酸（Valine，Val）	丝氨酸（Serine，Ser）
	酪氨酸（Tryosine，Try）

猫除了这十种必需氨基酸之外还需要牛磺酸。猫体内只含少量将半胱氨酸转化成牛磺酸的半胱氨酸脱羧酶，且前体物质半胱氨酸在猫体内有多种功能，比如用来合成脯氨基谷胱甘肽，因而猫体内无法合成足量的牛磺酸，因此需要从日粮中获得。犬能利用牛磺酸或甘氨酸和胆酸结合，但是猫只能用牛磺酸和胆酸结合，且有些牛磺酸 – 胆酸结合物会从粪便中流失，因此猫食物中必须含有大量的牛磺酸。但牛磺酸只存在于动物肉类中，所以猫需要食用动物肉类才能获得足量的牛磺酸，或者通过额外添加牛磺酸来满足猫对牛磺酸的需要。

2. 非必需氨基酸

非必需氨基酸是指可不由饲料提供，宠物体内的合成完全可以满足需要的氨基酸。非必需氨基酸不是宠物不需要的氨基酸，在宠物合成自身的蛋白质的过程中非必需氨基酸与必需氨基酸一样重要。常见的氨基酸除了必需氨基酸外，其他的都是非必需氨基酸。但是非必需氨基酸是由其他氨基酸转化而来的，如果宠物食品中缺乏非必需氨基酸，必然要用必需氨基酸来合成，这样就增加了必需氨基酸的消耗量和需要量，所以也不能轻视非必需氨基酸的重要性，如果日粮中非必需氨基酸含量充足，可以节省必需氨基酸。

3. 限制性氨基酸

限制性氨基酸（limited amino acids，LAA）是指饲粮中所含必需氨基酸的量与动物所需的必需氨基酸量相比，比值偏低的氨基酸。由于这些氨基酸的不足限制了宠物对其他氨基酸的利用。其中比值最低的为第一限制性氨基酸，以后依次为第二、第三、第四……限制性氨基酸。对于犬猫而言，其饲粮蛋白质以动物源性蛋白质为主，在蛋白质含量满足需要的情况下，一般不会出现氨基酸的缺乏。限制性氨基酸的种类与动物的需要和日粮的组成有关。

4. 半必需氨基酸

半必需氨基酸（semi-essential amino acids，SEAA）是指宠物体内以必需氨基酸为前体合成的氨基酸，反应是不可逆的，饲粮中补充半必需氨基酸可以在一定程度上节约对应的必需氨基酸。例如，犬猫等宠物可以跟其他动物一样由蛋氨酸合成半胱氨酸和胱氨酸；由苯丙氨酸氧化合成酪氨酸；由甘氨酸合成丝氨酸。半胱氨酸或胱氨酸、酪氨酸以及丝氨酸就是宠物的半必需氨基酸。

5. 条件性必需氨基酸

条件性必需氨基酸（conditionally essential amino acids，CEAA）是指动物在某个生长阶段或生理状态下，内源合成量不能满足需要，必须由饲粮提供的氨基酸。例如，精氨酸对于繁殖期的犬而言为条件性必需氨基酸，但对于猫而言是必需氨基酸。

（三）氨基酸的平衡

蛋白质的质量问题实质上是必需氨基酸的数量和比例是否恰当的问题。而在宠物食品中，蛋白质及必需氨基酸含量和比例与宠物需要相比，越接近宠物的需要，越理想，但常常存在某些氨基酸超过需要，而某些氨基酸不足的情况。因此，如何平衡日粮氨基酸是一个重要的问题，直接影响日粮蛋白质的质量和利用率。一般在低蛋白质日粮情况下，可能有一种或几种必需氨基酸含量不能满足动物的需要，有些超过氨基酸的需要，而有些与需要量相当。但氨基酸缺乏不完全等于蛋白质缺乏，在蛋白质满足需要的情况下，可能仍然存在在几种限制性氨基酸的缺乏，这种情况下就需要把缺乏的氨基酸补齐，以满足宠物的需要。

1. 氨基酸的平衡

氨基酸的平衡是指犬猫日粮中的氨基酸的比例与宠物所需氨基酸的比例一致，越接近犬猫需要量的程度，氨基酸越平衡。

2. 氨基酸的不平衡

氨基酸的不平衡主要指食物中氨基酸的比例与宠物所需氨基酸的比例不一致。一般不会出现食物氨基酸的比例都超过需要的情况，往往是大部分氨基酸符合需要的比例，而个别氨基酸偏低，有些氨基酸偏高。不平衡主要是比例问题，缺乏主要是量不足。在实际生产中，食物中的氨基酸不平衡一般都同时存在氨基酸的缺乏。Gessert 和 Phillips（1956）报道，当在低蛋白、低蛋氨酸的日粮中添加赖氨酸 4 g/kg 时，犬体增重下降 28%，再添加 DL- 蛋氨酸 3 g/kg 后得到恢复。在第二个试验中，日粮蛋氨酸为 1.5 g/kg，用明显缺乏赖氨酸的不同基础日粮，体增重下降 37%，当添加赖氨酸 1.3 g/kg 后得到恢复。由此得出结论，体重下降是由于氨基酸不平衡，这也符合 Harper 等（1970）的氨基酸不平衡定义。其他报道也确认在生长犬中会发生氨基酸不平衡（Bressani，1963）。尽管各种必需氨基酸比例下降会进一步导致氨基酸不平衡，但是猫对这种不平衡不敏感。

3. 氨基酸的互补

氨基酸的互补是指在饲粮配合中，利用各种原料氨基酸含量和比例不同，通过两种或两种以上饲料蛋白质配合，相互取长补短，弥补氨基酸的缺陷，使饲粮氨基酸比例达到较理想状态。在犬猫日粮的配制中，经常是几种肉类、肉粉、内脏及植物蛋白按一定的比例搭配在一起，达到氨基酸互补的作用，满足犬猫对蛋白质和氨基酸的需要。

4. 氨基酸的拮抗

某些氨基酸在过量的情况下，有可能在肠道和肾小管吸收时与另一种或几种氨基酸产生竞争，增加机体对这种（些）氨基酸的需要，这种现象称为氨基酸拮抗。例如，赖氨酸可干扰精氨酸在肾小管的重吸收而增加精氨酸的需要；缬氨酸与亮氨酸、异亮氨酸之间存在拮抗作用；苯丙氨酸与缬氨酸、苏氨酸；亮氨酸与甘氨酸；苏氨酸与色氨酸之间也存在拮抗作用，存在拮抗作用的氨基酸之间，比例相差愈大，拮抗作用愈明显。拮抗往往伴随着氨基酸的不平衡。

猫对精氨酸 - 赖氨酸拮抗、亮氨酸 - 异亮氨酸拮抗、亮氨酸 - 缬氨酸拮抗不敏感。如果日粮中异亮氨酸有限，又同时添加亮氨酸时，猫会降低采食而影响增重（Hargrove 等，1988），甚至猫会选择高亮氨酸日粮而不是平衡日粮（Hargrove 等，1994）。Strieker（1991）发现当蛋氨酸含量极少时（蛋氨酸和胱氨酸都为 1.6 g/kg），即使日粮中提供胱氨酸 13.4 g/kg 也不能导致采食量和生长的进一步下降，但会导致足垫上的皮肤病和嘴上的溃疡，当在日粮中添加更多蛋氨酸后，这些病症很快恢复。

Czarnecki 等（1985）报道了在生长犬中的赖氨酸精氨酸拮抗，他们在基础日粮中加入 40 g/kg 赖氨酸，日粮中精氨酸含量很低，体增重降低，在添加 4 g/kg 精氨酸后体重得到恢复。相同的研究中，在蛋氨酸含量很低（1.1 g/kg）的幼犬日粮中添加 2.2 g/kg 胱氨酸，会使幼犬的体重下降和前足垫的皮肤病变，当在日粮中添加蛋氨酸后这些症状快速好转。因此，一般说来，犬比猫对日粮氨基酸的不平衡要敏感，尤其是在饲喂低蛋白日粮的情况下。

5. 氨基酸中毒

在自然条件下几乎不存在氨基酸中毒，只有在使用合成氨基酸大大过量时才有可能发生。例如，在含酪蛋白的正常日粮中加入 5% 的赖氨酸、蛋氨酸、色氨酸、亮氨酸、谷氨酸，都可导致动物采食量下降和严重的生长障碍。就氨基酸中毒而言，蛋氨酸的毒性大于其他氨基酸。

（四）氨基酸的作用

氨基酸作为蛋白质和其他含氮物质的原料，在宠物体内发挥着重要的作用。

1. 合成组织蛋白质，体内的氨基酸用于合成不同的组织蛋白质；
2. 合成酶、核酸、嘌呤、嘧啶、激素、抗体、肌酸等含氮物质；
3. 必需氨基酸可以合成非必需氨基酸；
4. 转变为葡萄糖和脂肪酸，也可以转化为糖原和脂肪进行贮存；
5. 氧化成二氧化碳、水及尿素，产生能量；
6. 不同的氨基酸具有不同的味道，提供风味物质，有苦的（苯丙氨酸、色氨酸、精氨酸、亮氨酸）、酸的（谷氨酸和天门冬氨酸）、甜的（甘氨酸、苏氨酸）、涩的（谷氨酸钠）以及它们的混合味道。一般来说，D- 型氨基酸都具有甜味，其甜味强度高于相应的 L- 型氨基酸。例如，D- 色氨酸比蔗糖甜很多倍。

二、肽的营养

（一）肽的概念

1. 肽

肽（peptide）一般是指由相同或不相同的 α- 氨基酸之间脱水形成的酰胺化合物，也包括其他氨基酸之间形成的肽。

2. 小肽

小肽（small peptide），小于 10 个氨基酸的肽称为小肽。由两个氨基酸分子缩合而成的肽，称二肽；含三个、四个、五个氨基酸的肽分别称为三肽、四肽、五肽。

3. 多肽

多肽（polypeptide）由大于 10 个小于 50 个氨基酸残基通过肽键彼此连接而形成的。

长期以来，动物营养学领域普遍认为饲料中的蛋白质必须在消化道中分解成游离的氨基酸，才能被机体吸收和利用。然而近几十年的研究发现，以旧的蛋白质氨基酸理论为基础配制日粮动物不能获得最佳生产性能，动物对饲料中各种氨基酸的利用程度并不完全受限于单一限制性氨基酸水平，动物喂以按理想氨基酸模式配制的纯合日粮或低蛋白质氨基酸平衡日粮时，不能获得最佳的生产状态。因此，传统的蛋白质代谢观点面临挑战，一些学者提出动物体或存在以小肽为基础的吸收的观点。

在动物体内已发现几百种肽，是机体完成各种复杂的生理活性必不可少的参与者。所有细胞都能合成多肽物质，其功能活动也受多肽的调节。它涉及激素、神经、细胞生长和生殖各领域，其重要性在于调节体内各个系统器官和细胞的功能。

（二）肽的营养功能

1. 促进氨基酸的吸收

肽可以促进氨基酸的吸收，避免氨基酸之间的吸收竞争，提高蛋白质的沉积率。肽吸收系统在氨基酸的吸收中有很重要的作用，肽吸收系统具有转运快、耗能低、不易饱和等特点，而氨基酸则吸收慢、耗能高、载体易饱和。肽与游离氨基酸在动物体内具有相互独立的转运机制，二者互不干扰，这就有助于减轻由于游离氨基酸相互竞争共同吸收位点而产生的吸收抑制，进而影响动物体内蛋白质代谢。如当 Lys 和 Arg 以游离形式存在时，两者相互竞争吸收位点，而 Lys 以肽的形式存在时，Arg 对其吸收则无影响。

2. 促进矿物元素的吸收利用

许多研究都证实，酪蛋白水解产物中有一类含有可与 Ca^{2+}、Fe^{2+} 结合的磷酸化丝氨酸残基，能够提高它们的溶解性。另外，铁能够以小肽铁的形式到达特定的靶组织，能自由地通过成熟的胎盘，而硫酸亚铁的铁进入血液是经主动转运途径被结合于运铁蛋白而吸收的，由于其分子量相当大（86 kD），被胎盘滤出，这可能是小肽铁生物学效价较高的原因。

3. 影响蛋白质的代谢

肽在动物体蛋白质周转代谢中的作用，不仅表现在吸收上的优势，而且，饲料蛋白质肽的释放量与其完整吸收进入循环的程度，也可能影响组织的蛋白质代谢。很多试验表明，以小肽形式提供部分或全部氮源时，蛋白质沉积效率高于相应的合成氨基酸日粮和完整蛋白质日粮。

4. 具有免疫活性

蛋白质水解产生的某些肽具有免疫活性作用，如肽类物质营养不良，能导致显著的免疫淋巴细胞功能抑制和细胞免疫抑制，进而影响宠物健康。此外肽还具有对杀伤性淋巴细胞识别、清除外来组织的能力。肽类物质营养不良时，蛋白质合成受限，血清中多种免疫成分浓度明显降低，凝血因子及大量酶类的合成都会受到抑制。

5. 作为生长因子

近年来已经发现的多肽生长因子有许多，如表皮生长因子（EGF）、胰岛素样生长因子（IGFI）、白细胞介素（interleukin）、转化生长因子（TGFI）、神经生长因子（NGF）等，具有激发和促进细胞增殖的作用。

第四节　宠物对蛋白质的消化、吸收和代谢

一、蛋白质的消化和吸收

（一）蛋白质的消化

犬猫等宠物对饲粮中蛋白质的消化是在胃和肠道上部进行的，主要以通过酶解的化学性消化为主，并伴随部分物理性消化和微生物消化。饲粮中的蛋白质进入胃后，胃酸一方面使蛋白质变性，另一方面胃壁主细胞分泌胃蛋白酶原在胃酸的作用下形成有活性的胃蛋白酶。胃蛋白酶主要作用于蛋白质和多肽分子中含苯丙氨酸和酪氨酸的肽键上，分解产物为胨。消化蛋白质的酶主要是十二指肠中的胰蛋白酶、糜蛋白酶等内切酶及羧基肽酶、氨基肽酶等外切酶。

当胰液进入十二指肠后，胰蛋白酶原在肠激酶、胃酸或胰蛋白酶的作用下被激活成具有活性的胰蛋白酶。在糜蛋白酶存在的条件下，糜蛋白酶原被激活成糜蛋白酶，羧基肽酶原被激活为羧基肽酶。胰蛋白酶特异性水解赖氨酸等碱性氨基酸提供羧基的肽键，糜蛋白酶特异性水解以芳香族氨基酸提供羧基的肽键。在上述这些酶的联合作用下，蛋白质分解为小分子多肽和少量的游离氨基酸。

小分子多肽在消化道肽酶的作用下进一步水解。其中羧基肽酶（来源于胰腺和小肠）的主要作用是从肽链的羧基端顺序切下单个氨基酸；氨基肽酶（来源于小肠）主要作用是从肽链的氨基段顺序切下单个氨基酸；二肽酶（来源于小肠）主要作用是把二肽水解成游离的氨基酸。最终，蛋白质在小肠酶水解作用下的产物主要是二肽、三肽和游离的氨基酸。未被消化的蛋白质最终进入大肠，在微生物的作用下分解为氨基酸、氨和其他的含氮物质，这些物质不能被利用，随粪便排出体内。

（二）蛋白质的吸收和转运

对于新生的（出生后 24 ~ 36 h 内）犬猫等哺乳动物可以直接吸收初乳中的免疫球蛋白，这是其吸收蛋白质的主要方式，对其他阶段的犬猫，游离氨基酸、二肽和三肽是蛋白质消化后主要的吸收形式。

1. 氨基酸的吸收和转运

氨基酸的吸收是一种需要钠参与的主动性转运过程，在小肠上部 2/3 的小肠黏膜细胞处进行。吸收过程所需的能量由小肠黏膜细胞的氧化代谢过程提供。氨基酸通过与氨基酸转运载体和钠形成复合体后转运入细胞膜内。

氨基酸主动转运载体有四种，分别转运不同类型氨基酸。①无电荷 R 基团氨基酸载体转运芳香族氨基酸、脂肪族氨基酸、含硫氨基酸、组氨酸、谷氨酰胺和天冬酰胺等。该

类载体转运的氨基酸种类最多，转运速度最快。②带正电荷 R 基团氨基酸载体转运赖氨酸和精氨酸，转运速度比较慢。③带负电荷 R 基团氨基酸载体转运天冬氨酸和谷氨酸，转运速度最慢。④脯氨酸及甘复基酸载体转运脯氨酸和甘氨酸等，转运速度很慢。此外，吸收过程中大量氨基酸积聚于肠黏膜细胞内，然后从细胞中逐渐释放，主要通过毛细血管经门静脉进入肝脏，少量通过乳糜管，经淋巴系统进入血液循环。除谷氨酸和天冬氨酸可能在黏膜细胞中发生转氨基作用外，其他氨基酸一般不发生变化。

2. 小肽的吸收和转运

蛋白质在肠道内消化后的产物中包含大量二肽和三肽。相当数量小肽在小肠上皮细胞刷状缘寡肽酶作用下水解为游离氨基酸后进入肠黏膜细胞；其余小肽通过细胞内途径进入肠黏膜细胞。

关于犬猫等单胃动物的小肽细胞内转运途径的机制目前尚不完全清楚。但相关研究表明，可能存在三种肽的转运系统：①依赖 H^+ 浓度或 Ca^{2+} 浓度电导的主动转运过程，需要消耗能量；②具有 pH 依赖性非耗能的 Na^+/H^+ 交换转运系统；③谷胱甘肽（GSH）转运系统。由于小肠上皮细胞刷状缘和细胞质富含肽酶和中性内肽酶，所以绝大部分小肽不能直接吸收入血，约 10% 的二肽、60% 的三肽和几乎全部三肽以上的小肽需经刷状缘肽酶水解，最终形成游离氨基酸通过载体介导从基底膜吸收入血；剩余部分的二肽、三肽可直接被转运入上皮细胞，被细胞质肽酶水解；只有极少量二肽和三肽，例如一些含有甘氨酸、脯氨酸和羟脯氨酸的肽可不经肽酶水解直接吸收入血。

（三）影响蛋白质消化、吸收的因素

影响犬猫蛋白质消化、吸收的因素主要包括动物本身和饲粮两个方面。

1. 动物因素

（1）品种影响　一般而言，猫是严格的肉食性动物，犬是杂食性动物，所以对高消化性蛋白质的表观消化率是相近的。对较低消化性的蛋白质，犬比猫有更高的表观消化率（Kendall 等，1982）。对消化率高于 90% 的蛋白质（如新鲜切碎的纯合日粮），犬猫的消化率没有差异。对干性的或者罐装食品，犬对蛋白质的消化率比猫高约 5%～8%（Kendall 等，1982）。这些差异可能由于猫小肠的长度相对体型更短。

（2）年龄　影响蛋白质消化吸收的限制性因素主要包括胃酸、蛋白酶的活性和消化道表面积。犬猫年龄对消化道的发育有着直接影响，由于幼龄动物消化道和消化酶系统发育不完善，对饲粮中的蛋白质和氨基酸的消化吸收能力较差。随着年龄的增长，蛋白质消化吸收率一般表现为先上升后下降。犬的大小、品种和年龄不同，蛋白质的消化率也不同。指示猎犬（85%）比爱斯基摩犬（81%）有更高的蛋白质表观消化率，年轻的迷你狮子犬或髯犬比年老狮子犬或髯犬的蛋白质消化率高约 4%（Hannah 等，1995）。

2. 饲粮因素

饲料原料物理化学性质、蛋白质含量、粗纤维水平、加工工艺等因素都会影响蛋白质的消化吸收。

（1）原料的物理化学性质　饲粮的蛋白溶解度和二硫键的含量会影响蛋白质消化吸收。例如，玉米醇溶蛋白消化率低是因为它在胃肠液中溶解度差；蛋白溶解度与豆粕可利用赖氨酸含量呈正相关；胱氨酸含量高的蛋白原料，因为存在大量二硫键而不易被胰蛋白酶水解；胰蛋白酶不能水解赖－脯和精－脯肽键，许多谷物中脯氨酸含量很高同时精氨酸、赖氨酸含量很少，促进了赖－脯和精－脯肽键的形成，不利于消化。

（2）蛋白质和氨基酸的平衡　蛋白质消化率随着饲粮蛋白质含量增加表现为下降的趋势，饲粮蛋白质含量超过需要量消化率迅速下降；氨基酸供应与犬猫需求越接近，氨基酸消化利用率越高；某些氨基酸过量会拮抗其他氨基酸的吸收。犬粮常规成分的单一氨基酸的回肠消化率变化非常大（Johnson 等，1998）。某些氨基酸，如精氨酸，真回肠消化率在 77%～87%；然而其他氨基酸，如胱氨酸、苏氨酸和赖氨酸，真回肠消化率分别在 29%～66%、52%～78% 和 62%～84%。

（3）粗纤维的含量和种类　饲粮粗纤维含量提高，增加食糜排空速度，减少了与消化酶接触的时间；粗纤维吸附蛋白酶，降低酶活性，抑制蛋白质水解。未见报道不可溶纤维会影响蛋白质的消化率，然而可溶纤维通常会降低犬猫的蛋白质消化率。

（4）糖类的含量　当日粮中含有较多的低消化性糖类时，会影响蛋白质的回肠表观消化率，回肠表观消化率要高于蛋白质总肠道消化率（Muhlum 等，1989）。

（5）饲料加工　在所有加工工艺处理中热处理对氨基酸利用率的影响最为明显。适当的热处理不但使蛋白质变性有利于消化酶发挥作用，同时破坏一些蛋白酶抑制因子。但是，如果热处理的时间过长或者温度过高，对氨基酸的消化吸收有着不利的影响。例如，饲粮中的蛋白质加热 150℃以上，干燥的条件下蛋白质肽链上的游离氨基（如赖氨酸 ε-氨基）与还原糖中的醛基形成一种氨糖复合物，不能被蛋白酶消化，这就是常说的美拉德反应。动物蛋白质的消化率通常高于植物蛋白质，而且长时间的热处理会降低犬猫对动物蛋白质的消化率。热处理能够增加某些植物蛋白质的消化率，因为热作用破坏了胰蛋白酶抑制剂的活性。

据报道，提炼的羔羊肉粉有最低的氨基酸消化率，可能是由于提炼和烘干过程中过度加热所致。低灰分的肉骨粉必需氨基酸的消化率低于那些高灰分的肉骨粉（要低 5%～18%）。对家禽副产品肉粉，高灰分和低灰分之间必需氨基酸的消化率没有差异。有趣的是，低灰分羔羊肉中胱氨酸的消化率极低（29%），而且肉骨粉中所有必需氨基酸的消化率高于家禽副产品肉粉。这些结果表明，加工过程中质量控制的重要性（如需要控制提炼和烘干过程，确保氨基酸的高消化率，尤其是胱氨酸、苏氨酸和赖氨酸）。酪蛋白中的赖氨酸在加热处理之前的生物学利用率是 96%，然而和葡萄糖一起热处理后生物学利用率降低至 56%。

二、蛋白质和氨基酸的代谢

（一）氨基酸的分解代谢

正常的情况下，犬猫饲粮中的蛋白质被消化后变成氨基酸，主要用于机体蛋白质的正常更新；在摄入过量时，蛋白质或氨基酸才会被用作能量或转化为糖和脂肪。但对于猫，日粮中不含糖类或其不能满足葡萄糖的需要时，蛋白质在满足其对氨基酸的需求后，可分解蛋白质提供能量和转化为葡萄糖。

分解代谢包括脱氨基作用和脱羧基作用，其中转氨基作用和联合脱氨基作用是体内合成非必需氨基酸的重要途径。氧化脱氨基作用的产物之一，α- 酮酸不但可以氧化供能，还可以合成氨基酸，或者转变为脂肪和糖。少量氨基酸通过脱氨基作用合成具有生理活性的胺类。分解代谢产生的无机氨本身对动物机体是有毒的成分，机体一方面将有毒的无机氨进行代谢，形成尿素排出体外；另一方面可以形成谷氨酰胺和天冬酰胺进行氮源的储存和转化，犬猫机体氨基酸的代谢过程见图 3-3。

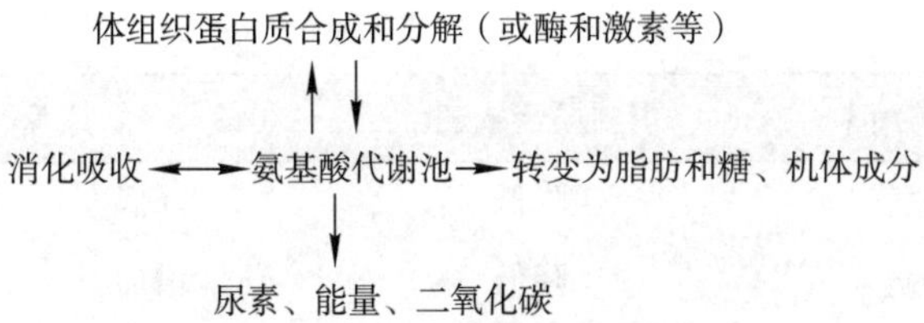

图 3-3　犬猫机体的氨基酸代谢

（二）氨基酸的合成代谢

机体内非必需氨基酸可以由相应的 α- 酮酸经脱氨基作用的逆反应生成，例如，谷氨酸、天冬氨酸、丙氨酸和丝氨酸；也可以由某些非必需氨基酸转变而来，例如，甘氨酸可由丝氨酸而来，谷氨酸可生成部分脯氨酸、羟脯氨酸、鸟氨酸和精氨酸；还可以由必需氨基酸转变而来，如苯丙氨酸可以氧化生成酪氨酸，蛋氨酸可以合成半胱氨酸和胱氨酸。

（三）蛋白质的合成代谢

犬猫机体蛋白质的合成是一系列十分复杂的过程，几乎涉及细胞内所有种类的 RNA 和几十种蛋白因子。蛋白质合成的场所在细胞内的核糖体，合成的基本原料是氨基酸，合成反应所需要的能量由 ATP 和 GTP 提供。

蛋白质生物合成的基本过程：以携带细胞内 DNA 遗传信息的 mRNA 为模板，以 tRNA 为运载工具，在核糖体内，按照 mRNA 特定的核苷酸序列（遗传密码）将各种氨基酸连接形成多肽链的过程。肽链的形成包括活化、起始、延长和终止几个阶段。新合成的多肽链多数并没有生物活性，需要经过一定的加工修饰，才能成为各种各样有生物活性的蛋白质分子。

（四）蛋白质的周转代谢

在特定的代谢池内，蛋白质被更新或者动态替代被称为蛋白质的周转代谢。这个过程既包括同一组织器官内蛋白质的更新，也包括蛋白质在不同组织器官内的代谢转换。不同组织器官间蛋白质的周转代谢速度存在明显的差异，并且随着年龄的增长，单位体重内蛋白质的周转率降低，犬猫机体每日被更新的蛋白质占总合成量的 60%。犬猫机体蛋白质的净合成量是蛋白质合成和降解过程综合作用的结果，蛋白质合成率和降解率的差值最终影响动物机体蛋白质的沉积效率。蛋白质的周转受犬猫机体激素水平、饲粮营养水平和生理状态的影响。一些常见的影响蛋白质周转的营养和非营养因素见表 3-4。

表 3-4　影响蛋白质合成和周转的因素

	影响因素	蛋白质合成速度	蛋白质降解速度	蛋白质净合成量
营养状况	限制采食	降低	降低	降低
	自由采食	增加	增加	增加
	营养缺乏	降低	增加	负增长
	补充限制性氨基酸	显著增加	增加	增加
	蛋白质过量	降低	增加	降低
环境	热应激	增加	增加	降低
	低温应激	降低	降低	降低

续表

	影响因素	蛋白质合成速度	蛋白质降解速度	蛋白质净合成量
疾病	消化道疾病	降低	降低	降低
	消耗性疾病	降低	增加	降低
激素水平	甲状腺素	增加	增加	增加
	皮质酮激素	增加	增加	增加
	胰岛素	增加	降低	增加
	生长激素	增加	无影响	增加
	儿茶酚胺	无影响	增加	降低
	胰高血糖素	降低	无影响	降低

蛋白质的周转代谢也受到激素的调控。表 3–5 列出了常见的激素对骨骼肌蛋白质合成和降解的影响。

表 3–5 激素对骨骼肌蛋白质合成和降解的影响

激素种类	刺激氨基酸摄入	蛋白质合成	蛋白质分解
儿茶酚胺	降低	无影响	增加
胰高血糖素	尚无定论	降低	尚无定论
糖皮质激素	降低	降低	增加
胰岛素	增加	增加	降低
生长激素	增加	增加	无影响

第五节 宠物对蛋白质和氨基酸的需求特点

一、宠物对蛋白质需要

（一）犬的蛋白质需要

为了研究犬的最低蛋白质需要量，研究者进行了大量的试验。但是由于蛋白质原料、能量浓度和氨基酸平衡状况的不同使得各研究者所得出的结论都不相同。一般来讲，当给犬饲喂优质蛋白日粮时，成年犬需要的蛋白质为代谢能的 4%～7%；然而，给犬饲喂劣质蛋白质日粮时，需要蛋白质提供的代谢能超过了 20%。生长犬的蛋白质需要量明显高于成年犬的需要量。

从美国国家研究委员会（2006）推荐的营养需要量数据看，各阶段犬蛋白质的最低需要量分别为：4～14 周 18.0%，14 周以上幼犬 14.0%，成年犬 8%，妊娠哺乳犬 20%。考虑到动物的消化率和利用率，NRC（2006）在最低需要量上给出的营养推荐量，4～14 周幼犬为 22.5%，14 周以上幼犬为 17.5%，成年犬为 10%，妊娠哺乳犬为 20%。

（二）猫的蛋白质需要

猫是严格的肉食性动物，因此猫对蛋白质的需要量比犬的需要量高。NRC（2006）推荐的猫蛋白质需要量为，生长猫：最低需要量为18%，推荐量为22.5%；成年猫：最低需要量为16%，推荐量为20%。猫在日粮中不含糖类的情况下，可以把氨基酸转化为葡萄糖，把氨基酸作为能量的来源，这时的蛋白质的作用不仅是提供氨基酸，也作为能量物质。

当给猫饲喂切碎的青鱼或者动物肝脏时，需要日粮干物质中的蛋白质含量达到30%才能满足猫的最低需要量。对比之下，如果给猫饲喂商品猫食时，只要20%的蛋白质含量的日粮就能够满足猫的生长需要。研究指出，当给猫饲喂以动物肝脏和鱼肉为主要蛋白质原料的日粮时，成年猫氮平衡的蛋白质需要量为21%。

如果猫食用高能量低蛋白的猫粮，肝脏中的去氨基酶和转氨酶系统仍然活跃，猫无法下调蛋白质分解代谢酶，继续将氨基酸中的氨基移去，进行氨基酸的降解，结果导致以酮酸为能量，同时产生葡萄糖，最终导致蛋白质的缺乏。而犬和鼠会下调这些酶，降低对氨基酸的分解，维持氮平衡。

猫对蛋白质的相对较高的需要量是由于猫的维持蛋白质需要量高。研究表明，生长猫日粮中60%左右的蛋白质用来维持机体组织的代谢，只有40%左右的蛋白质用于生长需要。对于其他的动物来讲，维持需要量和生长需要量所占的比例正好和猫的相反，如大鼠的维持蛋白质需要量占蛋白质需要总量的35%，而生长的需要量占蛋白质需要总量的65%；生长犬的维持蛋白质需要量占总蛋白质需要量的33%，而生长的需要量占蛋白质总需要量的67%。因此，猫需要较高的蛋白质来维持氮平衡。

（三）宠物蛋白质的缺乏

当日粮中的蛋白质不能满足犬猫的需要时，会造成蛋白质的缺乏，产生一些缺乏症。

1. 降低生长和体重

犬猫蛋白质缺乏的典型症状是幼猫和幼犬生长迟缓；成年猫和成年犬的体重下降和其他生理机能的降低，如血浆蛋白水平下降、血清白蛋白浓度下降、肌肉组织减少、肌肉评分下降、生殖能力受损、运动能力减弱等。

2. 降低消化率和抗病能力

蛋白质是酶的成分，蛋白质缺乏会导致酶的合成量减少，影响消化。蛋白质的缺乏通常伴随着能量的缺乏，这种情况一般称为蛋白质/能量营养不良（protein/calorie malnutrition，PCM）。当PCM出现的情况下，宠物显得精神状况不好，嗜睡、活力和抗病性能下降。

3. 水肿和影响神经发育

长期的蛋白质缺乏会导致血浆蛋白水平下降从而可能导致水肿病或者腹水症状的发生，另外有研究表明，如果宠物在生长期处于低营养水平和蛋白质的缺乏状况，将会影响宠物的大脑发育，从而影响宠物以后的学习性能。

在食用平衡的商品宠物食品的情况下，宠物一般不会出现蛋白质的缺乏，这是因为一般的商品宠物食品的蛋白质的含量都超过了宠物的最低需要水平。如果是确实出现了蛋白质的缺乏，这通常是因为宠物主人没有饲喂商业的犬猫粮或饲喂低蛋白水平的家制犬猫粮，或在宠物需要高蛋白质食品的期间给宠物饲喂了低蛋白质水平的食品（如妊娠期和泌乳期等）。

（四）宠物蛋白质的过剩

对于健康犬猫，可以代谢掉多余的蛋白质，一般不会对宠物造成伤害，特别是猫，具有代谢高蛋白的能力，但对于患有肝病、肾病和年老的犬猫，需要慎重考虑其影响。

1. 过剩蛋白质的代谢途径

当蛋白质的供给量超过它的最低需要量时，多余的蛋白质有两种代谢途径，一是如果宠物处于能量负平衡的情况下，多余的蛋白质可以降解供能，氨基酸分解代谢产生 α- 酮酸，α- 酮酸循糖或脂的代谢途径进行代谢。α- 酮酸可再合成新的氨基酸，或转变为糖或脂肪，或进入三羧循环，氧化分解成 CO_2 和 H_2O，并释放出能量。二是当宠物处于能量零平衡或正平衡的情况下，多余的蛋白质可以转换为脂肪用于能量储备。氨基酸不能在体内贮存。

2. 氨基酸作为能量的效率

当体内蛋白质合成的能量来源于蛋白质的降解而不是糖类时，蛋白质合成的效率降低。因此，额外的超出蛋白需要量的蛋白质，作为能量使用时，效率不高。

3. 代谢的产物

当每日膳食中蛋白质的质和量适宜时，摄入的氮量与由粪、尿和皮肤排出的氮量相等，称之为氮的总平衡。实际上是蛋白质和氨基酸处于不断合成与分解之间的平衡之中。所有的宠物都能够代谢多余的蛋白质，代谢后产生尿素，并从尿液中排出。

4. 高蛋白对肝肾的影响

近年来，研究者对宠物采食过量的蛋白质所产生的负面影响进行了大量的研究。有些研究者指出，过量的蛋白质也会引起潜伏期的肾病发病。对于患尿毒症和肾病的宠物，一般采用限制日粮蛋白质的措施，但并没有证据显示蛋白质摄入量会引发或加剧肾功能障碍，这方面还需要更深入的研究。

5. 高蛋白对猫的影响

成年猫维持需要的研究表明，在相同的最低日粮蛋白浓度时，与犬相比，猫缺乏维持氮平衡的能力；但高蛋白增加了对精氨酸的需要。精氨酸提高了肝脏处理氮的能力。Russell 等（2002）利用呼吸热量仪测定成年猫对正常蛋白水平（350 g/kg）和高蛋白水平（520 g/kg）的氧化，结果表明猫可以完全氧化这两种蛋白水平的日粮，说明健康猫可以消化高蛋白。老年猫因为消化功能减退和肾脏重量下降，肾功能逐渐减弱，所以需要提供高品质的蛋白质，帮助缓解与肌肉有关的肌肉损失。

二、宠物对氨基酸的需要

（一）必需氨基酸

赖氨酸、蛋氨酸、色氨酸、精氨酸、组氨酸、缬氨酸、亮氨酸、异亮氨酸、苏氨酸、苯丙氨酸这 10 种氨基酸为生长犬猫的必需氨基酸，猫还需要牛磺酸。犬猫日粮中需要特别考虑的氨基酸有精氨酸、赖氨酸和含硫氨基酸。猫将色氨酸转化为烟酸的能力低，所以猫还需要注意色氨酸的营养。

1. 精氨酸

精氨酸是犬猫生命过程中不可缺少的一种氨基酸，同时精氨酸也是氮代谢过程中不可缺少的一种氨基酸，能促进氮代谢，随日粮蛋白质含量的提高，需要提高精氨酸水平。在摄入高蛋白日粮后，肝脏中精氨酸和谷氨酸盐迅速增加，增强了肝脏处理多余氮的能力。

宠物日粮中缺乏精氨酸会出现明显的缺乏症。给猫饲喂不含精氨酸的日粮，在几个小时之内猫会出现高氨症状，临床症状为：呕吐、肌肉痉挛、运动性失调和身体痉挛等。犬的症状与猫的症状相似但是没有猫的症状典型。由于精氨酸在大多数的蛋白质原料中的含量都比较丰富，因此，只要给宠物饲喂蛋白质满足的日粮一般不会出现精氨酸的缺乏症。

2. 赖氨酸

生长犬日粮中的赖氨酸需要量需随着日粮中蛋白质含量的提高而提高，因为日粮中蛋白质含量的提高造成了氨基酸的不平衡以及氨基酸的拮抗。对于植物性蛋白质原料，赖氨酸和色氨酸通常是两种主要的限制性氨基酸，但是动物性蛋白质原料中这两种氨基酸的含量都很丰富。在含有动物性蛋白质和植物性蛋白质原料的犬日粮中，合理地进行配置可以使得赖氨酸的需要得到满足；但是在仅仅以植物性蛋白质为原料的日粮中必需添加赖氨酸来满足犬对赖氨酸的需要。

3. 蛋氨酸和半胱氨酸

蛋氨酸是犬猫的必需氨基酸，但是半胱氨酸是条件性必需氨基酸。蛋氨酸可用于合成半胱氨酸，因此，对半胱氨酸的需要就是对蛋氨酸的需要。另外，犬猫对含硫氨基酸的需要也有不同。有研究表明，不同品种的犬对蛋氨酸的需要量有差异。蛋氨酸通常也是一般的含有动物性和植物性蛋白的商品日粮中的第一限制性氨基酸，因此，在配制宠物日粮时蛋氨酸的需要是要特别考虑的。

4. 色氨酸

对于大多数的动物来说，对 B 族维生素烟酸的需要是通过吸收日粮中的烟酸以及通过体内转化这两个途径来满足。体内转化为烟酸的前体物质是色氨酸，但是猫在体内将色氨酸转化为烟酸的能力很低（3%）。

5. 牛磺酸

牛磺酸一般在体内通过含硫氨基酸的代谢来合成。动物心肌和视网膜内含有大量的游离牛磺酸，在这两个组织中牛磺酸的浓度可以达到血浆中的 100 ~ 400 倍。牛磺酸在胆酸结合、视网膜和心肌功能中有重要的作用，另外，对动物的繁殖性能也起着重要的作用。

猫只能合成少量的牛磺酸，这是由于在猫体内缺乏合成牛磺酸的两种重要的酶。因此，猫是所有动物中唯一会出现牛磺酸缺乏症的一种动物。当牛磺酸的供应受到限制时，猫不能将甘氨酸转化为结合胆酸而是转化为胆盐，这是猫与其他动物的不同之处，因此，猫需要日粮中连续提供牛磺酸来维持正常的生理功能。猫中枢视网膜退化（feline central retinal degeneration，FCRD）是猫缺乏牛磺酸的最初的典型临床症状。

牛磺酸仅仅存在于动物组织中，在猪肉、牛肉、禽肉和鱼肉中牛磺酸的含量很高，每千克的鲜肉中含 200 ~ 400 mg。甲壳类动物中含有大量的牛磺酸，高达 2 500 mg/kg。含有动物性原料的猫粮能够满足猫牛磺酸的需要，但是以植物性原料为主的猫粮不能满足猫对牛磺酸的需要。与猫不同，犬日粮不提供牛磺酸也能满足牛磺酸的需要。因此，如果用犬粮饲喂猫，可能会产生猫中枢视网膜退化病。

（二）非必需氨基酸

非必需氨基酸可以由必需氨基酸转化而来，一般在日粮蛋白质满足需要的情况下就可满足对非必需氨基酸的需要。如果日粮中非必需氨基酸的量充足的话，可以节约用于合成非必需氨基酸的必需氨基酸的量。

非必需氨基酸从饲料供应的角度是非必需的，但从细胞合成蛋白质的角度是必需的，与必需氨基酸同样重要。

（三）理想蛋白质

对于犬猫而言，理想蛋白质（ideal protein）是指氨基酸组成和比例与犬猫的氨基酸需要完全一致的蛋白质。理想蛋白质不但必需氨基酸之间比例完全平衡，而且必需氨基酸和非必需氨基酸之间的比例也完全平衡。原则上，犬猫对理想蛋白质的利用率为100%。理想蛋白质模式的本质是氨基酸间的最佳平衡模式，以这种模式形成的饲粮蛋白质最符合犬猫的营养需要，也能够最大程度地被消化吸收。在应用理想蛋白质模式进行饲粮设计时，一定要充分考虑饲粮中氨基酸的消化率，以可消化氨基酸为基础的理想蛋白质模式可以使犬猫对氨基酸的需求得到最大程度的满足和最小程度的浪费。

第六节　蛋白质需要及营养价值评定体系

一、犬猫对蛋白质需要的评估体系

（一）机体蛋白质和氨基酸的营养状况评估

1. 血清白蛋白和无脂肪体重

犬猫蛋白质的长期营养状况可以通过血清白蛋白（又称血清蛋白）和无脂肪体重的维持情况来评定。白蛋白是动物血浆中最主要的蛋白质，维持机体营养与渗透压，营养缺乏和过剩都会引起其含量的变化。无脂肪体重（减去脂肪后的体重）可反应犬猫的肌肉状态，肌肉评分可以判断犬是否处于肌肉蛋白营养缺失状态。

2. 血浆氨基酸浓度

犬猫血浆的氨基酸浓度受日粮蛋白质和氨基酸浓度的影响很大，可以通过血浆中氨基酸的浓度判断其蛋白质及氨基酸的营养状况。动物上调和下调氮分解酶的程度，与动物利用高蛋白日粮的能力和当采食低蛋白日粮时维持氮平衡的能力有关。Russell 等（2002）研究表明，成年猫在适应正常蛋白水平（350 g/kg）和高蛋白水平（520 g/kg）之后，能够完全氧化所有的蛋白质，成年猫维持所需要的高蛋白水平，是由于它不能有效地下调肝的氮分解酶水平（Rogers 等，1977）。在相同的低日粮蛋白浓度时，与犬相比，猫缺乏维持氮平衡能力；与鼠相比，犬缺乏维持氮平衡能力。即使在适应了高蛋白日粮后，犬猫餐后的血浆氨基酸浓度仍较高；无论低蛋白日粮还是高蛋白日粮，在适应后鼠血浆氨基酸浓度基本不变（Anderson 等，1968）。

在能量摄入充足时，急性蛋白质缺乏（如蛋白质极低或无蛋白质日粮）会引起血浆中所有氨基酸的减少，甘氨酸和缬氨酸的浓度改变最大，所以甘氨酸：缬氨酸的比例的变化，可作为蛋白质营养不良严重程度的参数，造成这种状况的唯一原因是，蛋白质—能量营养失调。长期蛋白质缺乏时（蛋白质－能量营养失调），血清白蛋白、必需氨基酸（除组氨酸和苯丙氨酸）以及酪氨酸和半胱氨酸的浓度比正常时低得多，而且非必需氨基酸（尤其是脯氨酸、丙氨酸、丝氨酸和甘氨酸）比正常时高（Holt 等，1963）。患肾脏疾病时，犬猫血浆中甘氨酸浓度增加，因为肾脏需将甘氨酸转变为丝氨酸。

检测血浆中氨基酸浓度，可确定特殊日粮中哪种氨基酸是限制性氨基酸。Longenecker

和 Hause（1959）研究表明，即使犬不缺乏蛋白质，限制性氨基酸（有时是第二和第三限制性氨基酸）也能够根据血浆氨基酸的类型来确定。在采食全价日粮后，百分比减少最多（或增加最少）的必需氨基酸就是第一限制性氨基酸，其次减少的就是第二限制性氨基酸，以此类推。这种方法要求前一晚限饲，然后饱餐一顿。例如，Hardy 等（1977）报道，当日粮中缬氨酸不足时，血浆缬氨酸将明显降低，从高于 300 nmol/mL 降低至 66 nmol/mL，当日粮中完全不含缬氨酸时，血浆缬氨酸会降低至 33 nmol/mL。当日粮中某些氨基酸严重过量时（大于安全上限），可根据血浆氨基酸含量确定猫在不同的生命阶段各种必需氨基酸的最适量。

3. 氮平衡

氮平衡也是确定犬猫各个生命阶段氮和氨基酸需要量的反应指标。

氮平衡 = 食物中摄入的含氮量 - 粪中含氮量 - 尿中含氮量

测定氮平衡需要测定日粮中的氮和粪尿中的氮。粪便中的氮一部分来源于日粮中未消化的部分，还有一部分来源于内源肠道脱落的细胞、消化液和肠道微生物的氮。尿中的氮主要是尿素，是氨基酸的代谢产物。

通常用体增重或氮存留确定的单一氨基酸需要量的极限值没有差异。然而，犬猫中一些特殊的氨基酸需要量由氮平衡所得到的极限值比由体增重得到的值高。有的试验中仅使用体增重，有的试验体增重和氮平衡都使用，有的仅用氮平衡（测维持需要量）。当脂肪体重减少时，维持的表观氮平衡不变（Hannah 和 Laflamme，1996）。

在研究生长动物的需要量时，使用最大氮平衡和生长速率作为反应量，对于成年动物，使用零氮平衡来确定维持的需要量。但氮平衡只能评估蛋白质的需要量，不能评估氨基酸的需要量；维持零氮平衡的蛋白质最小需要量不足以支持机体的最佳表现和健康状况。

4. 生长测定法

生长测定法即设定日粮中不同的蛋白质和氨基酸浓度，根据犬猫的生长情况来确定其最低需要量。Larsen 等（2001，2002）用生长测定法测定了生长猫蛋白质中赖氨酸和蛋氨酸的生物学利用率。

二、犬猫日粮中蛋白质品质评估体系

犬猫食品的原料及日粮中蛋白质的品质变异很大，需要用科学的指标体系对其进行评估，以判断其品质的优劣，常用以下指标进行评定。

（一）粗蛋白

粗蛋白（crude protein，CP）反映饲粮中含氮物质的总量，是饲粮营养价值评定和配合饲粮的基础指标，采用凯氏定氮法测定总含氮量，乘以 6.25 得到粗蛋白的含量。

（二）可消化粗蛋白

饲粮中可消化粗蛋白质（digestible crude protein，DCP）含量是反映蛋白质质量的重要指标，是指饲粮中蛋白质能够被消化吸收的部分，即饲粮中的总蛋白质减去粪便中排出的部分。可用饲粮中粗蛋白质含量乘以蛋白质消化率得到，需要进行消化试验，测定蛋白质的消化率。犬猫消化力和饲粮中蛋白质的消化性，是造成不同饲粮可消化粗蛋白质含量不同的原因。

（三）生物学价值

生物学价值（biological value，BV）是指特定来源的养分，被吸收后能够用于动物代谢的程度。其中，蛋白质表观生物学价值（apparent biological value，ABV）指犬猫机体沉积氮与吸收氮的比值，计算公式为：

$$ABV = \frac{摄入氮 - (粪氮 + 尿氮)}{摄入氮 - 粪氮} \times 100\%$$

真生物学价值（true biological value，TBV）在表观生物学价值基础上从粪氮中扣除内源的代谢粪氮（MFN），从尿氮中扣除内源尿氮（EUN），计算公式为：

$$TBV = \frac{摄入氮 - (粪氮 - MFN) - (尿氮 - EUN)}{摄入氮 - (粪氮 - MFN)} \times 100\%$$

蛋白质生物学价值反应了蛋白质消化率和可消化蛋白质之间的平衡。生物学价值高，说明饲粮中蛋白质可消化氨基酸组成与犬猫的实际需要更为接近。Johnson 等（1998）比较了用盲肠切除公鸡和用回肠瘘管犬测定犬粮的消化率，研究表明，两者测定的赖氨酸、胱氨酸、苏氨酸和蛋氨酸消化率的相关系数，分别为 0.89、0.94、0.87、0.90。因而，用盲肠切除公鸡测定的氨基酸表观消化率来预测犬生物学利用率是比较合理和相近的。

（四）净蛋白利用率

净蛋白利用率（net protein utilization，NPU）是犬猫机体沉积的氮与摄入的氮的比，计算公式为：

$$NPU = \frac{沉积氮}{摄入氮} \times 100\% = \frac{摄入氮 - (粪氮 + 尿氮)}{摄入氮} \times 100\%$$

也可以用 BV × 氮的消化率来表示，净蛋白利用率是饲粮蛋白质营养价值的综合评定指标，既反映了饲粮蛋白质的消化性，也反应了消化产物中氨基酸组成的平衡情况。

（五）蛋白质效率比

蛋白质效率比（protein efficiency ratio，PER）是机体增重与摄入蛋白质或氮的比例，计算公式如下：

$$PER = \frac{体增重}{蛋白质或氮的摄入量} \times 100\%$$

蛋白质效率比也是饲粮蛋白质营养价值的综合评定指标，与净蛋白利用率相比，用体增重替代了蛋白质或氮的沉积量，更为简单直观。

（六）氨基酸含量

氨基酸含量（contents of amino acids）是目前饲粮营养价值评定和饲料配方设计时常使用的指标之一，是饲粮中氨基酸的化学分析值，具有可加性，可以反映饲粮中氨基酸的平衡状况，但不能反映饲粮蛋白质的消化性。

（七）可消化氨基酸

可消化氨基酸（digestiable amino acids，DAA）是摄入的饲粮氨基酸减去粪便中排出的氨基酸。可消化氨基酸按照排泄物收集部位的差异可分为回肠末端可消化氨基酸和肛门可消化氨基酸；并按照是否从粪氮中扣除内源氨基酸分为真可消化氨基酸和表观可消化氨基酸。可消化氨基酸含量与氨基酸摄入量的比值为饲粮氨基酸消化率。饲粮中可消化氨基酸含量具有可加性，可以更准确地反应饲粮蛋白质的消化性和氨基酸的平衡状况。

通常，一些体内试验，如体增重或氮沉积，被认为是测定氮和氨基酸生物学利用率的最终的或者是“金标准”的方法。

本章小结

详见数字课程 e。

复习思考题

一、名词解释

蛋白质、必需氨基酸、非必需氨基酸、限制性氨基酸、条件性必需氨基酸、理想蛋白质模式、净蛋白利用率、氮平衡、生物学价值、可消化氨基酸

二、问答题

1. 简述犬与猫对蛋白质需要的不同之处。
2. 影响宠物蛋白质需要的因素有哪些？
3. 精氨酸和牛磺酸对宠物的生理意义及其缺乏症状有哪些？

三、开放性讨论

1. 猫饲粮中蛋白质的含量越高对猫越有利吗？
2. 如何在猫饲粮中更好地利用植物蛋白？

第四章

糖类的营养

本章提要

糖类是由碳、氢、氧三种元素组成的含有多羟基的醛类或酮类化合物（或其简单衍生物）。糖类是宠物的重要能量来源，因来源丰富、成本低，且可以提供能量并具有促进肠道健康的作用，而成为宠物食品的重要组成部分。糖类是一类种类非常复杂的有机化合物，可按照结构和功能进行分类；不同的糖类具有不同的营养作用；作为能量物质，与蛋白质和脂质在能量供应上具有相互替代的作用。本章主要介绍糖类的概念、分类、性质和测定方法；糖类对犬猫的营养作用；糖类的消化、吸收和利用；犬猫对糖类的需求特点。通过本章的学习，可对犬猫的糖类营养有一个全面的了解。

知识导图

- 糖类的营养
  - 糖类的概念、化学组成和分类
    - 糖类的概念
    - 糖类的化学组成
    - 糖类的分类
    - 糖类的性质
    - 糖类的测定
  - 糖类对宠物的营养作用
    - 提供能量
    - 贮存能量
    - 结构物质
    - 节省蛋白质和脂肪
    - 对肠道健康和粪便成型的影响
    - 对采食量的影响
    - 对免疫力的影响
  - 糖类的消化、吸收和利用
    - 糖类的消化
    - 糖类的吸收
    - 糖类的利用
  - 宠物对糖类的需求特点
    - 犬对糖类的需求
    - 猫对糖类的需求

第一节 糖类的概念、化学组成和分类

一、糖类的概念

糖类（carbohydrate）是由碳（C）、氢（H）和氧（O）三种元素组成的生物分子，是含有多羟基的醛类或酮类化合物，通式是 $C_x(H_2O)_y$，在化学式的表现上类似于“碳”与“水”聚合，故俗称碳水化合物。后来发现有些化合物按其构造和性质应属于糖类，可是它们的组成并不符合 $C_x(H_2O)_y$ 通式，如鼠李糖（$C_6H_{12}O_5$）、脱氧核糖（$C_5H_{10}O_4$）等；而有些化合物如甲醛（CH_2O）、乙酸（$C_2H_4O_2$）、乳酸（$C_3H_6O_3$）等，其组成虽符合通式 $C_x(H_2O)_y$，但结构与性质却与糖类完全不同。

糖类多存在于植物中，是成分非常复杂的一类有机物质，其主要作用是提供能量。糖类与蛋白质、脂质并称为三大营养物质。

二、糖类的化学组成

糖类的主要组成元素是碳、氢、氧。碳、氢、氧元素是蛋白质、糖类、脂质共有的元素。

三、糖类的分类

（一）按结构（聚合度，DP）分类

糖类按含糖分子的数量和结构分为：单糖（monosaccharide）、二糖（disaccharide）、低聚糖（oligosaccharide）和多糖（polysaccharide）。

1. 单糖

单糖是糖类的最小单位，因只含有一个糖分子，若进一步分解，便失去糖的性质。单糖又可分为醛糖、酮糖、氨基糖、糖醛酸、糖醇等，单糖相互连接可形成寡糖和多糖。自然界从三碳糖到八碳糖都存在，以五碳糖和六碳糖最多，常见的单糖有葡萄糖、果糖和半乳糖。半乳糖无游离状态存在，与葡萄糖结合构成乳糖，存在于动物乳汁中。

2. 二糖

二糖又称双糖，由 2 个单糖连接而成，常见的二糖有乳糖、蔗糖和麦芽糖等。乳糖由葡萄糖和半乳糖组成；蔗糖由葡萄糖和果糖组成；麦芽糖由两分子葡萄糖组成。

3. 低聚糖

低聚糖又称寡糖，通常指由 3～9 个单糖连接而成的聚合物，常见的低聚糖有低聚果糖（果寡糖）、低聚木糖（木寡糖）、低聚异麦芽糖（异麦芽寡糖）、低聚半乳糖（半乳寡糖）和低聚壳聚糖（壳寡糖）。低聚糖通常难以被宠物的消化酶消化，但是可以被肠道微生物利用，对机体产生有益的作用，这部分低聚糖也被称为益生元。

4. 多糖

多糖指由 10 个以上单糖连接而成的复杂糖类，包括淀粉（starch）、糖原（glycogen）和非淀粉多糖（non-starch polysaccharides，NSP）。按均一性分为均一性多糖（淀粉、糖原、纤维素、半纤维素、几丁质）和不均一性多糖（糖胺多糖类：透明质酸、硫酸软骨素、硫酸皮肤素等）。

淀粉是大多数宠物食品中主要的糖类来源。淀粉有两种主要形式：直链淀粉（amylose）和支链淀粉（amylopectin）。直链淀粉是指由几百至几千个葡萄糖单体通过α-D-1,4糖苷键（99%）连接而成的线性长链分子，且含有少量的α-D-1,6支链（1.0%），分支点的α-D-1,6糖苷键占总糖苷键的0.3%～0.5%，其聚合度为324～4920。支链淀粉是指由D-葡萄糖构成的一种多分支的可溶性多聚糖类，主链由D-葡萄糖基通过α-1,4糖苷键连接构成，每24～30个D-葡萄糖基就有一个分支，分支点由α-1,6糖苷键与主链连接。糖原是动物体内储存糖类的形式，主要存在于肌肉和肝脏中，用于维持机体葡萄糖平衡。淀粉和糖原中的单糖单元以α-键相连，能够被宠物很好地消化。非淀粉多糖指除淀粉以外的植物性多糖，主要包括纤维素、半纤维素和果胶，是构成植物细胞壁的主要成分，能抵抗宠物胃肠道内消化酶的消化作用。谷物中的糖类中，淀粉占70%～90%，非淀粉多糖占10%～30%。

5. 结合糖

结合糖（glycoconjugate）是指与非糖成分结合在一起的糖，包括糖脂、糖蛋白（蛋白聚糖）、糖-核苷酸等。

（二）按消化特性分类

不同类别的糖类具有不同的消化特性，按消化特性可划分为四组：可吸收性糖类（absorbable carbohydrates）、可消化性糖类（digestible carbohydrates）、可发酵性糖类（fermentable carbohydrates）、非可发酵性糖类（nonfermentable carbohydrates）。

1. 可吸收的糖类

可吸收的糖类包含单糖（葡萄糖、果糖和半乳糖）和糖醇（山梨醇、甘露醇和木糖醇）。单糖能够不需要经过消化水解可直接被吸收，其他的糖类只有经过消化成单糖才能被吸收。糖醇（多元醇）也存在于自然界中，但大部分是通过氢化单糖合成而来，山梨醇来自葡萄糖，甘露醇来自甘露糖，木糖醇来自木糖。

2. 可消化的糖类

可被消化的糖类，是指能够被犬猫消化的糖类，包括二糖（乳糖、蔗糖、麦芽糖和海藻糖）、淀粉（直链淀粉和支链淀粉），他们被消化成单糖后被吸收。乳糖是宠物乳汁中富含的一种糖类，可以在消化道中分解为一分子的葡萄糖和一分子的半乳糖。半乳糖可在肝脏中被转化为葡萄糖，然后进入循环系统。母猫的乳汁中含3%～5%的乳糖，能够为幼猫提供约20%的能量。虽然幼年犬猫能消化较高水平的乳糖，但是随着年龄的增加，犬猫的乳糖酶活性逐渐降低，对乳糖的消化能力减弱，因此饲喂成年犬猫大量牛奶或奶制品容易引起消化不良和腹泻。蔗糖由1分子葡萄糖和1分子果糖组成，在甘蔗和甜菜中含量丰富。成猫肠道内蔗糖酶的活性低，说明成猫消化蔗糖的能力有限。麦芽糖在食物中并不常见，但它是宠物消化淀粉过程的中间产物，并可以进一步分解为2分子的葡萄糖，然后被机体吸收。淀粉可以被消化成葡萄糖，然后被吸收。

3. 可发酵的糖类

可发酵的糖类是指不能被消化但可以在后端肠道被微生物利用的糖类。包括以下4类：

（1）低聚糖　包括果寡糖、低聚半乳糖、乳果糖、低聚异麦芽糖、低聚木糖、蜜三糖和水苏糖等，不能被肠道消化，但能被肠道中的微生物利用进行发酵。因此，某些低聚糖可被归为益生元，益生元是一类不能被消化的日粮成分，但对宿主会产生有益的作用，可刺激一种或几种存在于结肠中有益肠道细菌的生长和繁殖。

（2）抗性二糖 有些乳糖和蔗糖也可能避开内源酶的消化而到达大肠中被发酵，被称为抗性二糖。

（3）抗性淀粉 避开小肠消化和吸收的淀粉和淀粉降解的制品被定义为抗性淀粉（resistant starch，RS），其可不同程度地被后肠细菌发酵。RS可分成四类：物理上难于接近的淀粉（physically inaccessible），有抵抗力的淀粉颗粒（resistant starch granules），倒退回来的淀粉（retrograded starch），化学改性淀粉（chemically modified starch）。经过加工的含淀粉日粮能导致RS的产生。

（4）膳食纤维 膳食纤维（dietary fiber，DF）是植物细胞抵抗人类肠道消化酶的消化作用而残留下的骨架成分，后又被重新定义为能抵抗人肠道消化酶水解的可食性植物细胞壁多糖、木质素和一些相关物质的残余物（Trowell等，1976）。

膳食纤维包括非淀粉多糖、木质素和低聚糖。在化学本质上，非淀粉多糖的结构单元是戊糖（树胶醛糖、木糖）、已糖（葡萄糖，半乳糖，甘露糖）、6-脱氧已糖（鼠李糖、海藻糖）、糖醛酸（乌龙酸和半乳糖醛酸），主要由纤维素、半纤维素、果胶和抗性淀粉（阿拉伯木聚糖、β-葡聚糖、甘露聚糖、葡糖甘露聚糖等）组成。

4. 不可发酵的糖类

不可发酵的糖类是指某些膳食纤维不能在犬猫的胃肠中发酵，包括某些纤维素和木质素。虽然木质素是一种多酚化合物，但它通常与不可发酵DF的糖类结合在一起，所以也算作糖类。不可发酵的糖类促使粪便的形成，并减少肠道的转运时间。

四、糖类的性质

（一）甜度

糖类的一个特点是具有甜味，单糖、二糖、低聚糖有甜味，而淀粉、糖原、纤维素没有甜味。果糖是最甜的糖，葡萄糖甜度中等。果糖、蔗糖、葡萄糖、乳糖的甜度的比值是9∶5∶4∶1。犬较喜欢甜味物质，而猫对甜味不敏感。

（二）溶解度

单糖通常易溶于水，如葡萄糖、果糖、糖醇；半乳糖一般与葡萄糖结合成乳糖，存在于哺乳动物的乳汁中。二糖中蔗糖、麦芽糖、乳糖极易溶于水，而纤维二糖不溶于水。低聚糖可溶于水，淀粉则不溶于水。非淀粉多糖有可溶性和非可溶性之分，可溶性非淀粉多糖易溶于水，增加食糜的黏性；不可溶性的非淀粉多糖不溶于水，不能被犬猫消化。

（三）黏性

有些糖类溶于水后具有一定的黏性，有些在加热后具有黏性，这些特性对宠物的消化和宠物食品的加工都会产生影响。

1. 淀粉颗粒

淀粉不溶于水，但在水悬浮液中很容易被水解，且膨胀10%的体积。当加热带有淀粉颗粒的水悬浮液，会发生额外的膨胀（凝胶化）并且形成黏性悬浮液。悬浮液在冷冻后形成凝胶。宠物食品在加热的过程中会使淀粉糊化，以提高淀粉的消化率。

2. 可溶性非淀粉多糖

某些可溶性非淀粉多糖（NSPS）和液体混合时会形成黏性溶液。黏性的NSPS包括树脂、果胶、β-葡聚糖，它们会提高食糜的黏性，食糜黏性的提高延长了食糜排空时间，增加了肠道转运时间，减慢了养分的吸收。例如，燕麦、大麦中β-葡聚糖和果胶形成了胶状体水溶液，增加食糜的黏性，因养分的黏性增加而降低了淀粉的消化和（或）葡萄糖的吸收。

（四）渗透效应

肠道渗透压的增高会导致犬猫腹泻和软便。不同的糖类具有不同的渗透效应。

1. 单糖

单糖一般在小肠被吸收，未被吸收的单糖通过流体的渗透压进入小肠腔，在结肠中发酵，单糖增加渗透压比二糖高，在浓度过高时会引起新生动物腹泻。

2. 二糖

未被消化吸收的二糖通过渗透作用进入小肠腔内，在结肠发酵。伴随着结肠的快速发酵，二糖改变了粪便的pH并且增加了粪便中水的含量。对于含有乳糖和蔗糖的日粮，在小肠、大肠和粪便中食糜的水含量更高。

3. 可发酵的糖类

可发酵糖类（乳糖、某些寡糖、膳食纤维DF和抗性淀粉RS），在结肠中被微生物发酵生成气体（二氧化碳、氢和甲烷）、短链脂肪酸（SCFAs，主要是乙酸、丙酸和丁酸）和乳酸。因SCFAs是弱阴离子，可以增加结肠渗透压和粪便的含水量，但SCFAs可以被快速大量地吸收，因SCFAs可以提高犬和人体结肠腔中水的重吸收，因此可能减缓净渗的升高。因此，SCFAs的这种渗透作用和重吸收存在剂量效应。在极低或极高浓度下，SCFAs被认为能提高粪便的水含量。然而，适度的SCFAs浓度一般会降低粪便水含量。

（五）系水力

黏多糖（如果胶、树脂）通常具有高的持水力，抗性淀粉具有低的吸水能力。纤维系水力越强，越容易被微生物降解。

阿拉伯胶持水力最高，其次为羧甲基纤维素，燕麦和大豆纤维最低（Bourquin等，1993）；欧车前亲水胶比酵母菌细胞壁和混合纤维（豌豆纤维、燕麦纤维、糖用甜菜纤维）系水力强（McBurney，1991）；可溶性纤维（果胶、瓜尔胶）的系水力高于纤维素（Zentek，1996）。

不溶性的纤维在结肠不能被发酵，但这些纤维的保水特征增加了粪便排放量。粉状纤维素在水中可膨胀到原来的重量的3.5～10倍。纤维素的衍生物羧甲基纤维素，因具有耐酸也耐盐的特性，在烘焙食品和调味汁中具有较强的稳定性，能够经受极端的加工条件，如过度加热和高剪切加工等。

（六）血糖指数和胰岛素指数

血糖指数（glycemic index，GI）：表示含有50 g糖类的食物与相当量的葡萄糖相比，在餐后2h引起体内血糖应答水平的百分比，为血糖指数。即GI值越小，升高血糖的程度越低。不同的糖类具有不同的血糖指数。胰岛素指数（insulin index）是指受试者餐后血胰岛素应答曲线下面积与葡萄糖餐后血胰岛素应答曲线下面积之比乘100。

1. 单糖的血糖指数

如果葡萄糖进入血液的速度超过它排出的速度，那么餐后血浆中葡萄糖浓度会升高。犬猫的血浆葡萄糖的标准范围是70～120 mg/dL（Swensen，1989）。

日粮中葡萄糖（血糖生成指数=140）将会导致血糖水平的大幅增长，而果糖（血糖

生成指数 =30）因不需要胰岛素进行代谢，只会导致人小幅度的血糖水平的增长（Jenkins 等，1981）。Zentek 等（1998）发现犬能够耐受葡萄糖提供了 62.3% 总能量的总肠道外营养（TPN）配方，没有引起不良的反应。对于患有高血糖病的犬猫要注意饮食的血糖指数。

2. 可消化糖类的血糖指数

淀粉来源和食物的加工程度影响淀粉被消化和吸收的速率和程度，因而影响血糖指数。成犬采食含 59% 乳糖来源的日粮与含葡萄糖日粮相比，表现出更平稳的葡萄糖曲线（Bennett 和 Coon，1966）。直链淀粉和支链淀粉的比例会影响餐后高血糖和胰岛素分泌（Nguyen 等，1998），而且食物淀粉含量与餐后血糖、胰岛素反应曲线呈正线性正相关（Nguyen 等，1998）。成犬饲喂 5 种含 30% 的淀粉干挤压膨化日粮，淀粉来源为玉米、小麦、大麦、大米或高粱，犬采食大米表现出最高的平均血糖水平（$P<0.05$），餐后葡萄糖曲线下的面积最大（$P<0.05$），并且胰岛素曲线下面积最大（$P<0.05$）。含玉米或小麦的日粮导致血糖和胰岛素水平处于中间值，大麦和高粱的血糖水平最低（Sunvold 和 Bouchard，1998）。

3. 可发酵糖类

可发酵糖类在小肠中不被消化，不能产生葡萄糖，本身不能导致血糖升高。另外，黏性 NPSs 在小肠中阻碍养分释放并减缓养分的吸收，这对于血糖的控制和胰岛素代谢十分重要。某些情况下可导致低血糖症发生，如胃排空时间及肠道转运时间延长，淀粉水解减缓和葡萄糖吸收减慢（Nelson，1989；Graham 等，1994）。

4. 不可发酵糖类

不可发酵糖类不能被消化和发酵，因此不会对血糖产生影响。

五、糖类的测定

（一）粗纤维的测定

目前粗纤维的测定方法，是用酸水解和碱水解得到不溶物的总和，因为一些纤维成分溶解在酸和碱的溶液中，用其估计膳食纤维的量容易造成膳食纤维的严重低估，且无法给出纤维理化性质方面的信息，也不能区分不同纤维的含量。

（二）无氮浸出物

无氮浸出物不是测定出来的，是计算出来的。

$$\text{无氮浸出物}(\%) = 100\% - \text{水分}(\%) - \text{粗蛋白}(\%) - \text{粗脂肪}(\%) - \text{粗纤维}(\%) - \text{粗灰分}(\%)$$

无氮浸出物中的主要成分是可消化糖类（如淀粉），但是，如前所述，由于粗纤维的测定会造成膳食纤维一定程度的低估，所以用无氮浸出物估算可消化糖类，也会造成一定程度的高估。

（三）其他纤维含量的测定

在动物饲料和宠物食品中的纤维可用以下方法确定，总纤维法（Englyst 和 Cummings，1988）、中性洗涤纤维法（NDF，Roberston 和 Van Soest，1981；Van Soest，1963；Van Soest 等，1991）、总膳食纤维法（TDF，Prosky 等，1984）、非结构性多糖法（Englyst 等，1992）和其他一些方法。

木质素可用酸性洗涤法或 Klason 木质素方法来测定（Van Soest，1963；Van Soest 和

Wine，1967；Theander 和 Westerlund，1986）。纤维素的含量可通过计算酸性洗涤纤维与其残渣含量的差值间接确定（Van Soest，1963），或者直接利用 Crampton 和 Maynard（1938）的方法测定。

第二节 糖类对宠物的营养作用

一、提供能量

可吸收、可消化及可发酵的糖类都可以为犬猫提供能量。

（一）单糖和二糖

二糖可降解为单糖，单糖被氧化给组织提供能量。最主要的单糖是葡萄糖和果糖，果糖在体内可转化为葡萄糖供能。葡萄糖的燃烧热（总能）是 3.75 kcal/g，1 分子葡萄糖完全氧化可以产生 38 分子 ATP，1 分子葡萄糖通过酵解途径形成 2 分子 ATP。糖醇与葡萄糖相比，能值低很多，山梨醇代谢能为 1.80 ~ 3.30 kcal/g，而甘露醇大约为 1.60 kcal/g，木糖醇大约为 2.40 kcal/g（Finley 和 Leveille，1996）。

葡萄糖是大脑神经系统、肌肉、脂肪组织、胎儿生长发育、乳腺等代谢的主要能量来源。当血液中的葡萄糖供应不足时，宠物体内需要的葡萄糖来源有两种：一是从胃肠道吸收，二是由体内生糖物质转化，包括水解肝脏和肌肉中的糖原或者通过糖异生作用把氨基酸或脂肪转化为葡萄糖。通过消化道吸收葡萄糖这一途径宠物能最有效地补充能量。因此，充足的可消化糖类的摄入有重要意义。它可以减少被用作提供能量的蛋白质的量，让蛋白质可以更多地用于组织修复和生长。

（二）淀粉

淀粉是重要的可消化糖类，可被消化成葡萄糖供能。淀粉的营养价值取决于淀粉大分子、直链淀粉和支链淀粉降解到葡萄糖（吸收和代谢用来提供能量）的程度（Colonna 等，1992）。淀粉的燃烧热为 4.18 kcal/g，1 g 淀粉可产生 1.11 g 葡萄糖（Jequier，1994）。淀粉分为可消化淀粉和抗性淀粉，不同类型的淀粉对应不同的代谢能。根据淀粉消化速率和程度的不同，分为可快速消化的淀粉、缓慢消化的淀粉和抗性淀粉。可快速消化的淀粉指可以在小肠中快速完全被消化的淀粉部分，升糖指数高，与糖尿病和心血管疾病有关。持续摄入高升糖指数的食物可能导致肥胖、糖尿病和心血管疾病。因此，通常认为低升糖指数食物有益于预防各种与代谢紊乱相关的疾病。抗性淀粉在食品膨化过程中可以提高膨化系数，使其具有独特的质地。抗性淀粉在小肠段不进行消化分解，因此可降低升糖指数，有利于预防心血管疾病。缓慢消化的淀粉在整个小肠中缓慢消化，延长葡萄糖释放过程。淀粉的加工方式和贮藏环境直接影响淀粉类食品的质量。淀粉对宠物的营养健康有着重要的作用，控制可快速消化的淀粉、缓慢消化的淀粉和抗性淀粉的比例也是宠物食品营养学的研究热点。

宠物食品中淀粉的常见来源是玉米、小麦、大米等谷物，土豆、红薯、木薯等根茎类蔬菜以及豆类。犬猫在野外捕食中摄入可消化糖类的量很少，仅提供 2% 机体所需的能量。但是，在现代膨化宠物食品中淀粉是非常重要的成分，其占比通常在 15% ~ 30% 之间。一方面是由于淀粉来源广泛，成本较低；另一方面，食品的膨化过程中需要淀粉使其体积膨胀，达到较好的消化率和适口性。此外，淀粉是一种供能物质，充足的淀粉摄入可以减少蛋白质的消耗，提高蛋白质的使用效率。淀粉混合于水中并加热至一定温度后（通常 53℃以上），物理性能发生明显变化，溶胀、分裂形成均匀糊状物，称为淀粉的糊化（或熟化）。糊化后的淀粉可以很好地被宠物消化吸收，消化率一般在 90% 以上。虽然宠物对淀粉本身没有最低的饮食要求，但是宠物的器官和组织需要葡萄糖提供能量，而淀粉可以提供最经济和最有效的葡萄糖供给。当能量需求高且发生组织增生时（如妊娠期和哺乳期），就需要充足的膳食糖类去维持代谢过程。

（三）可发酵的糖类

大肠的一些菌群可以将膳食纤维分解，发酵产生短链脂肪酸（SCFAs），如乙酸、丙酸和丁酸。短链脂肪酸是犬猫肠道上皮细胞的主要能量来源。

非淀粉多糖被后肠道微生物发酵成 SCFAs，这些 SCFAs 可作为犬的一种能量来源（Banta 等，1979）。Stevens 等（1980）指出，按每千克体重计算被吸收的 SCFAs 数量因物种而异，在犬大肠中为 7.5 mmol/d。由于发酵过程中的能量损失（产气和产热）以及 SCFAs 被氧化产生了 ATP，来源于 NSPs 的消化能并不能完全被宿主动物用于代谢（Wisker 等，1997），因此，其利用率低于葡萄糖氧化的能量利用率。由于发酵程度不同，NSPs 的能值为 0 ~ 2.4 kcal/g（0 ~ 10.08 kJ/g）（Schneeman，1994；Molis 等，1996）。Roberfroid 等（1993）估计了一个来自果寡糖的果糖单位的热量在 1 ~ 1.5 kcal/g（4.18 ~ 6.28 kJ/g）之间，这个值为可消化果糖分子能量的 30% ~ 40%。抗性淀粉（RS）的能值已被估测为 2 kcal/g（8.37 kJ/g）（Brown 等，2001）。Herschel 等（1981）研究表明，犬结肠吸收的 SCFAs 提供的总能量可能相对较少（大约 7%）。

二、贮存能量

当宠物摄入的糖类超过机体的能量需求时，机体会将多余的葡萄糖转化为糖原和脂肪储存起来。糖原是由葡萄糖结合而成的支链多糖，主要存在于骨骼肌（约占整个身体的糖原的 2/3）和肝脏（约占 1/3）中，其他大部分组织（如心肌、肾脏、脑等）中，也含有少量糖原。糖原的合成和分解可维持血糖正常水平，肌糖原分解为肌肉自身收缩供给能量，肝糖原分解主要维持血糖浓度。如果长期能量摄入过剩，葡萄糖会转化为脂肪，会引起宠物皮下脂肪的积累，导致肥胖。

三、结构物质

糖类是构成细胞和组织的成分，每个细胞都含有糖类，其含量为 2% ~ 10%，主要以糖脂、糖蛋白的形式存在，分布在细胞膜、细胞器膜、细胞质以及细胞间质中。

四、节省蛋白质和脂肪

食物中糖类不足，犬猫会动用蛋白质来满足机体活动所需的能量，这将影响到机体新的蛋白质合成和组织更新。提供能量的物质有糖类、脂肪和蛋白质，因此，在日粮中存在糖类的情况下，可以节省用于提供能量的蛋白质和脂肪。

五、对肠道健康和粪便成型的影响

（一）单糖

粪便的 pH 不受日粮葡萄糖（7.15）、半乳糖（6.96）和无糖类日粮（7.22）的影响，日粮中的二糖可以改变猫粪便的pH。日粮中的糖可以改变粪便中SCFAs的浓度。在采食葡萄糖和半乳糖后，猫粪便干物质比例提高，无糖类日粮粪便干物质的含量为52.5%，含葡萄糖和半乳糖的日粮的粪干物质含量分别为61.4%和60.7%。

（二）二糖

一些二糖的不完全消化，如乳糖不耐症，导致简单糖类的吸收障碍，也可能导致腹泻、腹痛和痛性痉挛。在体外给犬回肠食糜加入葡萄糖和半乳糖进行发酵，会使pH分别降低到5.18和5.15（Zentek，1995）。添加乳糖或淀粉（玉米淀粉或土豆淀粉）的日粮，pH降低幅度更小（分别为5.85，6.48和7.13）。

（三）可发酵糖类

进入大肠的糖类（DF、RS和不可消化寡糖）及其发酵产物（例如，SCFAs）会改变结肠微生物区系，可发酵糖类会影响肠道的转运时间。一般而言，含高浓度的黏性多糖的日粮，导致食糜的体积增大，延长胃排空时间，并且使犬的小肠转运速度减慢（Eastwood，1992；Lewis等，1994）。低聚糖有很高的发酵性能，有调节肠道微生态、降低血糖和提高宠物免疫等方面的功能。

不含纤维的日粮与含纤维的日粮（甜菜浆、番茄楂、花生壳、麦麸提供的含12.5%TDF）相比，粪便含水量降低。犬采食含果胶或瓜尔胶日粮的粪便含水量（分别为70.5%±3.6%，74.1%±2.9%），比采食无纤维素日粮的粪便含水量（61.1%±1.8%）要高。

（四）不可发酵糖类

某些膳食纤维不能在犬猫的胃肠中发酵，如纤维素和麦麸。木质素通常与不可发酵DF的糖类结合在一起，促使了粪便的形成，并减少肠道的转运时间。

六、对采食量的影响

（一）单糖

单糖会影响猫的采食量。研究表明，以肉为基础并添加38.7%的葡萄糖的日粮与不含糖类的对照日粮相比，被猫接受程度相似；但是，含有38.7%半乳糖日粮的采食量只有含葡萄糖的三分之一（Kienzl，1993）。以肉为基础的猫粮在添加葡萄糖（7∶1，质量比）后与以肉为主的基础日粮的采食量相近（Morris等，1977）。

（二）二糖

二糖中的蔗糖会提高适口性。Houpt等（1979）报道，犬更喜欢含有蔗糖的日粮（含量为1%～20%）。此外，雌性犬比雄性犬对含1%蔗糖的日粮有更大的偏爱（$P<0.05$）。在高浓度时，性别对偏好没有影响。Ferrell（1984）发现了幼犬（2～4月龄）也能接受含乳糖、果糖和蔗糖的日粮。

（三）纤维

犬日粮中的纤维可能影响采食量。降低采食量的原因可能包括饲粮适口性的降低、消化紊乱（如肠胃气胀和腹泻）和机械性饱食。

七、对免疫力的影响

（一）可发酵纤维

Field等（1999）研究发现，可发酵纤维改变了与肠道相关的淋巴组织，但对外周血液中免疫细胞的类型和功能并没有特别大的影响。

以肉为基础的日粮，一种日粮中添加 60 g/kg 甜菜纤维、20 g/kg 阿拉伯胶、15 g/kg 果糖的可发酵混合物（饲喂基础），另一种日粮中添加 70 g/kg 纤维素（饲喂基础，不发酵的纤维混合物），结果表明，与纤维素组相比，可发酵纤维日粮降低了 Ig+ 细胞的比例（$P<0.05$），升高了外周血液中 CD4/CD8（T 辅助细胞：杀伤性 T 淋巴细胞）的比值。这个比值的增加与促细胞分裂反应的改变有关系。因此，可发酵纤维使淋巴器官中的促细胞分裂反应增加，但不影响在外周血液的情况。

（二）低聚糖

益生性寡糖包括果寡糖、甘露寡糖、葡寡糖、半乳寡糖和木寡糖。甘露寡糖、果寡糖等低聚糖能改善犬猫的免疫系统。Swanson 等（2002）给成年犬的日粮中每天添加 2 g 甘露寡糖、2 g 果寡糖，或者 2 g 甘露寡糖和果寡糖，14 天后，甘露寡糖组的犬淋巴细胞增多，白细胞比例增加，血清免疫 IgA 浓度明显增加。甘露寡糖和果寡糖组的犬的血液、回肠流出液、粪便中的 IgA 浓度增加。

甘露寡糖可能改善机体的免疫系统的原理在于，其可以防止肠上皮细胞的凝集，以及增加犬血液中性粒细胞的活性。在 6 周龄幼犬的日粮中添加 0.2% 甘露寡糖，与一开始接种疫苗的对照组幼犬相比，其血液循环中的中性粒细胞数增加，在 14 天接种疫苗中性粒细胞多 28%，在 21 天接种疫苗中性粒细胞多 60%（O'Carra，1997）。并且，血浆 IgG 没有受到显著影响。程栋（2009）等对藏獒幼犬的日粮中添加寡聚糖、果寡糖等益生元，证明益生元有利于维持藏獒的肠道菌群平衡，提高肠道免疫功能，改善肠道健康。

第三节 宠物对糖类的消化、吸收和利用

一、糖类的消化

糖类的消化发生在整个消化道，包括物理性消化、化学性消化和微生物消化三种消化方式。由于犬猫的唾液中缺乏 α- 淀粉酶，淀粉的酶解并不在口腔中发生。胰腺分泌的酶在小肠腔内消化大部分淀粉和其他糖类，小肠黏膜刷状边缘的酶在糖类消化和吸收的最后阶段起着至关重要的作用。未在小肠消化的糖类，进入大肠进行微生物的消化。

（一）对淀粉的消化

淀粉最初由 α- 淀粉酶裂解，产生支链低聚糖、麦芽二糖和麦芽三糖。刷状边缘酶、麦芽糖酶、蔗糖酶和异麦芽糖酶将较大的葡萄糖链裂解为单个葡萄糖分子，然后被吸收。蔗糖酶也将蔗糖分割成葡萄糖和果糖单元。乳糖酶，另一种刷状边界酶，将乳糖分解成葡萄糖和果糖。通常，乳糖酶的活性在年轻的哺乳动物中很高，但在成年后往往会有所下降。而淀粉酶、麦芽糖酶和异麦芽糖酶显示出相反的时间模式，这些酶的浓度在哺乳期动物中较低，但在成年后较高。在幼犬中，淀粉酶和蔗糖酶的活性在出生后 21 天就会增加，到产后第 63 天进一步增加。这种模式表明，犬对食物中糖类的消化能力随着成长越来越强。

植物中的淀粉呈高度结晶状，当含有淀粉的食物被加热或加水烹调时，淀粉晶体被融化和水化，这一过程被称为糊化。糊化是淀粉重要的特性之一。淀粉颗粒被破坏和糊化的程度取决于许多因素，包括研磨、水分、烹饪时间和温度。通常，动物对淀粉的消化率随着淀粉的糊化程度的增大而增加。干性宠物食品生产的挤压蒸煮过程，通过使淀粉糊

化度增加从而提高谷物中淀粉的总体消化率；罐装宠物食品的热加工过程也会导致淀粉糊化。

所有谷物的淀粉几乎都在小肠中被消化，有研究表明生玉米淀粉被消化的程度与煮熟的大米淀粉相同（>94%的消化率）；犬对熟制的或生的大米、燕麦和玉米的消化率都大于90%。Washabau等（1986）报道，犬能够最有效地消化大米淀粉，而对小麦和玉米则有吸收障碍。然而，未煮熟的马铃薯（0%）和木薯淀粉（<70%）在小肠中的消化率很低。未煮熟的木薯淀粉随后导致了细菌发酵率的增加，结肠中大量的易溶于水的糖类（如木薯淀粉）增加了由气体和胀气引起过度发酵的风险，并破坏微生物菌群的平衡。未被消化的淀粉和抗性淀粉进入结肠并被后肠细菌发酵（Dreher等，1984；Washabau等，1986）。

因淀粉存在于植物性的原料中，不同的植物原料因淀粉的种类和纤维含量的不同，会影响淀粉的消化。用于犬日粮中的21种植物原料的消化能率在72%~96%之间，这些原料包括整粒磨碎小麦、大麦粉、薄片玉米、精制面粉、全麦麸、饲用燕麦粉和小麦胚芽粉（Kendall和Holme，1982）。

猫对糖类的消化程度备受争论。众多的研究者报告，猫消化大分子量糖类的能力有限（Hore和Messer，1968；Kienzle，1993），但Morris等（1997）测量了猫对糖类的表观消化率，结果却很高，糊精为97.6%，淀粉为94.2%。这些数值与采食谷物犬的淀粉消化率相近（Murray等，1999）。食品加工提高了猫对日粮中淀粉的消化率。研磨增进了猫对大麦淀粉（92%升到97%）和玉米淀粉（79%升到94%）的消化率（Morris等，1997）。烹饪提高了玉米淀粉的消化率，由79%升到88%（Morris等，1997）。熟制的玉米淀粉的消化率（72.3±16.7%，$n=3$）比起生的玉米淀粉（46.4±36.3%，$n=4$）的消化率高，这证明了烹饪对猫利用淀粉有利（Kienzle，1993）。Murray等（2001）发现，对总淀粉含量高（大于80%）的谷物（玉米、马铃薯、大米和高粱）进行高温挤压增加了可被快速消化的淀粉含量，降低了抗性淀粉的含量。犬猫对日粮中熟制的淀粉消化率系数通常都大于90%，因此，通常认为犬猫能够有效地消化谷物及副产品。但是，饲喂生木薯淀粉和生马铃薯淀粉，其消化率只有65%和0。因此，宠物食品中淀粉的糊化度是很重要的。相较于猫，犬对淀粉的利用能力更强。因为犬的直链淀粉酶活性更高，且对日粮中的淀粉水平敏感，直链淀粉酶的活性会根据淀粉水平而做出相应变化。若给犬饲喂富含糖类日粮，相较于无糖类组，其麦芽糖酶、异麦芽糖酶和蔗糖酶的活性显著提高。

（二）膳食纤维的消化

乳糖是唯一不被成年动物快速消化的二糖。Bennett和Coon（1966）给成犬饲喂含59%蔗糖或乳糖的日粮，采食含乳糖日粮后，出现了腹泻和扁平的血糖曲线，由此推测乳糖被犬消化的较少。

犬能够利用可发酵糖类的植物部分。膳食纤维在大肠主要进行微生物的消化，生成小分子脂肪酸。据报道，木质素、半纤维素和纤维素的消化率分别为33%、47%和18%（Visek和Robertson，1973）。含有高含量的纤维的小麦粉、发酵副产品、胡桃粉、杏仁粉、糖蜜甜菜浆和洋槐豆粉的消化率较低，只在34%~62%之间。

Swanson等（2001）在伴侣动物日粮中用体外发酵技术来估测纤维的利用程度。底物含有TDF为55%~86%，并且含有各种不同比例的可溶和不溶纤维。对应的发酵特征也变化较大。苹果酱、胡萝卜和亚麻籽有极高的发酵率，而葡萄浆、阿月浑子和水果混合物

（桃、杏仁、油桃和梅）的发酵程度较低。豌豆壳、土豆浆的发酵率处于中间水平。

Silvio 等（2000）给犬饲喂含 10% DF（100% 纤维素、100% 果胶或 66% 纤维素加 33% 果胶、33% 纤维素加 66% 果胶）的日粮，犬对干物质（81.3% ~ 88.3%）、ADF（48.8% ~ 94.1%）和 TDF（37.7% ~ 69.0%）的总肠道消化率，随着果胶浓度的增加而增加。

二、糖类的吸收

复杂的糖类经过消化变为单糖后被小肠吸收。游离单糖和糖醇可以直接被吸收。

葡萄糖和半乳糖通过使用特定载体蛋白和钠梯度的主动运输机制被吸收。果糖由一个单独的载体系统吸收，不依赖于钠。吸收发生在小肠黏膜上，覆盖绒毛的肠细胞含有糖类消化酶、运输蛋白和其他用于合成甘油三酯和乳糜微粒的酶。肠细胞可以利用吸收的糖类作为能量，也可以将糖类释放到门静脉血中，运输到肝脏和其他地方。消化酶的缺乏或依赖能量的运输系统的失败可能导致糖类不耐受或吸收不良。感染其他疾病引起的肠道黏膜损伤有可能导致二糖酶的缺乏。由此产生的结肠细菌对小肠下端的定植可能导致糖类消化酶的细菌蛋白水解。肠腔内未被吸收的糖类产生高渗透压，减少水和矿物质的吸收，并可能导致腹泻。此外，未吸收的糖类过度发酵会导致细菌过度生长，产生气体（二氧化碳、氢气和甲烷）和短链脂肪酸，导致胀气、腹胀和腹泻。

猫不能根据日粮中的糖类含量的变化来提高葡萄糖和果糖的转运活性（Buddington 等，1991）。或许，高剂量的单糖会超过小肠的吸收能力。木糖将通过被动扩散被吸收，犬对其吸收很少（Washabau 等，1986）。这些不可吸收的单糖可在大肠中进行发酵。因为结肠发酵，使单糖总消化率接近 100%。

三、糖类的利用

葡萄糖和来自食物的其他糖类通过门静脉血到达肝脏。肝脏在合成、储存、转化和释放葡萄糖供其他器官使用方面起着核心作用。胰岛素和胰高血糖素精细地控制着血糖的浓度。根据饮食中的糖类对血糖的影响进行排序。餐后血糖反应低的糖类的升糖指数较低，反之则高。葡萄糖耐量受损的动物应该食用相对较低升糖指数的糖类，改变糖类的来源或增加纤维可以调节升糖指数。

中枢神经系统和红细胞需要葡萄糖提供能量，而其他身体组织可以使用其他底物（例如肌肉使用脂肪酸）供给能量。一分子葡萄糖经糖酵解后生成两分子丙酮酸，然后进行柠檬酸循环有氧代谢，完全氧化成二氧化碳、水、ATP 和热量。能量从糖类到 ATP 的最终转移是通过电子传递链进行的。如果组织中的氧气不足，例如在激烈的运动中，一些 ATP 可以通过无氧代谢从葡萄糖中获得，在无氧代谢中，葡萄糖被代谢为丙酮酸（糖酵解），然后转化为乳酸。

如果葡萄糖超过目前的需要，可以储存为糖原。糖原合成酶将葡萄糖单位合成糖原，这种酶在肝脏和肌肉中尤为活跃。耐力赛运动员使用糖类负荷（即在比赛前几天吃大量的糖类）来最大化肌肉糖原的储存。运动犬的糖类负荷已经被实践过，但还没有被广泛研究。在糖原储存达到最大后，额外的食物糖类被转化为长链脂肪酸储存在脂肪组织中。在消化和吸收含糖类日粮后的几个小时内，肝和其他身体组织在胰高血糖素与胰岛素比率增加的影响下，从糖原储存转为糖原分解。这个比率也刺激脂肪分解，因此，整个身体的新陈代谢转向使用脂质作为能量。糖异生是生物体将氨基酸、甘油和乳酸等主要前体转化为葡萄糖或糖原，以维持血浆葡萄糖浓度的过程，这一功能对于向大脑提供充足的葡萄糖供应至关重要。肝脏和肾脏是糖异生的主要器官，而肌肉不是，因此，肌肉不能向血液中提供葡萄糖。

第四节 宠物对糖类的需求特点

一、犬对糖类的需求

（一）葡萄糖是必需的营养素

葡萄糖是犬猫维持生命活动必不可少的物质。中枢神经系统和红细胞都需要葡萄糖提供能量，和人一样，犬的大脑对葡萄糖也有强制需求，而其他身体组织可以使用其他底物（例如肌肉使用脂肪酸）供给能量。葡萄糖经生物氧化产生能量，维持犬的各种生命机能和体温，多余的部分则在肝脏和肌肉组织内转变为糖原贮存起来。

葡萄糖有 2 个来源，一是日粮中的糖类的降解，二是体内糖的异生，即将氨基酸和甘油合成葡萄糖。Belo 等（1976）发现，给犬饲喂含 62% 糖类、25% 蛋白质的日粮，其葡萄糖利用率（131 g/d）高于喂以含 27% 糖类、46% 蛋白质（84 g/d）的日粮。饲喂无糖类饲料的犬，葡萄糖利用率最低，为 60 ~ 80 g/d。这表明，犬能够根据日粮中的营养成分比例，自动调整他们对葡萄糖的利用速率，但是不管日粮组成如何，对葡萄糖都有一定的最低需求量。

（二）对日粮可消化糖类的需求

在日粮没有糖类的情况下，犬猫可以通过糖异生得到葡萄糖，因此日粮中可消化的糖类并不是日粮不可或缺的组成成分。只要日粮含有能提供可生糖氨基酸的足量蛋白质，各个生命阶段的犬猫就能通过糖异生途径合成满足代谢需求的足量葡萄糖。丙氨酸、甘氨酸和丝氨酸是犬的主要生糖氨基酸。如果日粮含有糖类，那么犬猫需要的可消化粗蛋白量降低；反之，如果日粮不含糖类，那么犬猫对蛋白质需要量增加。

成年犬的维持日粮每 100 kcal 代谢能（ME）来自 10 ~ 13.4 g 糖类（每天每 kcal ME 中的 37% ~ 53% 来自糖类）。然而老年犬（senior）每 100 kcal ME 有 11.8 ~ 17.6 g 来自糖类，或者每 kcal 有 29% ~ 62% 来自糖类（Burkholder，1999）。

妊娠和泌乳母犬对糖类的需要量取决于饲料中的蛋白质浓度。不含糖类的日粮会降低幼犬出生后的存活率，怀孕母犬需要糖类来达到最佳的繁殖性能和幼犬存活率（Romsos 等，1981）。Kienzle 等（1985）给妊娠和泌乳母犬喂不含糖类但蛋白质含量不同的日粮，实验结果表明，不含糖类但高蛋白的日粮，产仔数、出生重、存活率与含糖类日粮相比是相似的。但是，不含糖类且蛋白低的日粮会减轻出生重（减少 30% ~ 40%）和增大围产期死亡率（增加 75%）。

Romsos 等（1981）的另外数据表明，怀孕母犬需要葡萄糖。采食无糖类日粮的母犬表现为酮病，虽然犬有抗拒生酮病的能力，但酮病确实发生了。采食无糖类日粮的母犬与采食含糖类日粮的母犬相比，其葡萄糖的周转率要低 20% ~ 30%，体重降低（20%）。

（三）犬对膳食纤维的需求

糖类在盲肠的发酵对伴侣动物肠道健康具有重要的作用（Sunvold，1996）。RS、果寡糖和菊粉的发酵可使丁酸盐的比例增加，丁酸盐是犬盲肠肠道细胞的优先发酵底物，而且它对肠道细胞正常功能有重要作用，包括细胞的增殖、分化和新陈代谢。

膳食纤维最重要的作用是它影响动物粪便的重量。日粮纤维会通过稀释营养素浓度而减少能量的摄入，并且含纤维水平越高，越会影响犬的生长率（Delorme 等，1985）。仅有少量的数据阐述可发酵糖类对伴侣动物繁殖性能的影响。Visek 和 Robertson（1973）分别用添加 0、20%、40% 的干酒精槽（DBG）的玉米 – 大豆日粮来饲喂妊娠母犬，各日粮 NDF 含量分别为 23.8%、29.2% 和 31.9%。每窝产的幼犬数和出生时死亡的幼犬数量，在各处理间是相似的。而在含 20%DBG 的组别中，有更多的母犬在下崽时需要帮助，但在含 40%DBG 的试验组中，则没有出现。作者认为，DBG 对于妊娠母犬来说，是很有用的成分。

在伴侣动物的营养上，可溶性或不可溶性纤维均可用于限制能量摄入来控制体重。纤维能稀释日粮的能量浓度，可防止犬猫体重增加（Jewell 等，2000）。

Banks（1981）发现，年龄大的犬，比幼犬需要更多的时间将餐后的血糖浓度降低至基准值。纤维发酵会导致餐后血糖浓度变化不敏感，但增强了血液胰岛素的作用。尽管这种作用的潜在机制并不十分清楚，但膳食纤维也许对控制犬猫的轻微高血糖症有作用（Nelson，1989）。

益生元是不可消化的寡糖，能选择性刺激有限种类的结肠常驻有益菌的增殖和 / 或活性。益生性寡糖包括果寡糖、甘露寡糖、葡寡糖、半乳寡糖和木寡糖。Terada 等（1992）给犬每天提供 1.5 g 的乳蔗糖，这使得粪便中双歧杆菌的数目增加（$P < 0.05$），产气荚膜梭菌的数目减少（$P < 0.05$）。添加乳蔗糖也减少粪便中的腐败化合物（氨、酚、吲哚、粪臭素、乙苯酚）的浓度（$P < 0.05$）。德国牧羊犬采食含 1% 的果寡糖（饲喂基础）的日粮，小肠中需氧菌和兼性厌氧菌的数量降低（$P < 0.05$），这有助于抑制小肠中细菌的过度生长（Willard 等，1994）。果寡糖、木寡糖和甘露寡糖以占日粮 0.5% 的浓度添加到犬粮中时，粪便中埃希氏大肠杆菌和乳酸杆菌的浓度未受影响（Strickling 等，2000）。

随着宠物年龄的增长，机体脏器功能和适应能力逐渐衰退。比如，犬猫随着年龄的增长，其机体协调自身血糖浓度的能力下降（Mosier，1989；Sheffy 等，1985）。Banks（1981）发现，年龄大的犬，比幼犬需要更多的时间将餐后的血糖浓度降低至基准值。

（四）糖类对犬生长性能的影响

1. 糖类缺乏

犬对糖类的需要量受其他营养素的影响，脂肪少，糖类需要就多。当犬的糖类不足时，就要动用体内的脂肪，甚至蛋白质来供应热量。此时犬会消瘦，影响正常的生长和繁殖。当蛋白和能量满足需要的情况下，日粮中糖类水平对宠物体重的增加没有显著的影响，无糖类饮食对犬的餐后循环葡萄糖或胰岛素水平没有影响。

2. 糖类过量

当日粮的蛋白质和脂肪酸能够满足机体的需要，能量供应的部分可由糖类、脂肪和蛋白质满足，因此糖类没有上限限制。但因乳糖在成年阶段不被消化，因此需要限制乳糖的含量，乳糖过量会导致腹泻。膳食纤维，可促进肠道健康和粪便成型，但会降低营养物质的消化率，因此需要限制膳食纤维的含量。糖类过量如导致能量过剩，会沉积为脂肪导致肥胖。

二、猫对糖类的需求

（一）对葡萄糖的需要

猫从代谢上也需要葡萄糖，在日粮不提供糖类的情况下，猫会持续地进行葡萄糖异生过程来维持其代谢需要，这也说明葡萄糖对猫科动物很重要（Kienzle，1993）。猫作为肉食动物，唾液中几乎不含有淀粉酶，即使饲喂不含糖类的日粮，猫的健康状态和血糖水平也不会受到影响。大多数动物在消化吸收所有的可溶性膳食糖类后才会进行糖异生作用，猫却与之相反，它利用生糖氨基酸合成葡萄糖，维持血糖水平，持续地进行着糖异生，且速率恒定。猫的肝脏糖异生酶总是维持着较高的活性，将过高的膳食氨基酸转化为葡萄糖，无法根据膳食蛋白质的浓度调整酶的活性。由于猫的葡糖激酶和肝转换酶活性（在其他动物中随血糖浓度而变化）较低，所以猫对葡萄糖利用率较低（Ballard，1965）。Drochner 和 Muller-Schlosser（1980）及 Kienzle（1989）报道，猫的糖尿中含有日粮中 25% 的葡萄糖。因此，即使猫可很好吸收糖类，其葡萄糖利用率依然较低。

葡萄糖进入体内后，需要先转变为 6- 磷酸葡萄糖后才能进入体内循环，被氧化利用。动物体内通常依赖葡萄糖激酶和己糖激酶催化这一反应，当肝脏接收到的葡萄糖量少时，己糖激酶处于活性状态；而当肝脏从门静脉接收到大量葡萄糖时，葡萄糖激酶开始起作用。猫的肝脏内虽然含有活性已糖激酶和葡萄糖激酶，但葡萄糖激酶的活性非常低，即肝脏葡萄糖激酶发挥作用的速率非常低，在猫大量摄入糖类时，也无法上调该酶的活性。此外，猫的肝糖原合成酶活性也非常低，这些都严重限制了猫从日粮中摄入大量葡萄糖后快速降低血糖水平的能力。因此，在饲喂高含量半乳糖日粮后，猫会产生半乳糖血和半乳糖尿。Kienzle（1994）发现，在健康成年猫中饲喂含有 39% 半乳糖的日粮（干物质基础）会产生半乳糖血和半乳糖尿。作为绝对肉食动物，猫有数种独特的代谢适应表现，这能让猫从氨基酸的糖异生分解作用持续获得葡萄糖，从而维持正常的血糖浓度。猫有相对较长的血糖排除时间（Mansfield 等，1986；Kienzle，1994）。

（二）对糖类的需要

成年猫维持日粮每 100 kcal ME 中有 4.5 ~ 10.9 g 来自糖类（占 kcal 的 16% ~ 37%），老年猫的日粮每 100 kcal ME 有 6.4 ~ 11.3 g 来自糖类，或者有 22% ~ 40% 的总能来自糖类（Burkholder，1999）。日粮中糖类可以节约对蛋白质的需要。

（三）对膳食纤维的需要

猫的肉食性与其结肠有关，猫没有功能性盲肠，表明其不能像其他单胃动物利用 DF 那么彻底（Kienzle，1993；Maskell 和 Johnson，1993）。但是，Kienzle（1993）注意到，猫采食生玉米淀粉后，淀粉后肠微生物发酵增强，其大肠养分和粪便的 pH 降低。

不同程度的纤维会影响粪便的含水量和质量。Sunvold 等（1995）报道，与无纤维的对照组饲粮（湿重 12 g/d，58% 粪便含水量）相比，猫采食含 9.5% 纤维的饲粮（来自甜菜浆，湿重 34 g/d，75% 粪便含水量），其粪便量和粪便水分都提高了（$P < 0.05$）。然而，含 9.5% 纤维（来自纤维素）的日粮并不影响湿粪便量（18 g/d）或者粪便含水量（53%）。这些纤维对粪便的黏度和每天排便次数并没有显著的影响。在相同的研究中，采食含 9.5% 纤维（来自快速发酵混合物，35% 柑橘果胶、30% 豆角胶、20% 卡罗布胶和 15% 瓜尔胶）的日粮时，猫表现为排稀便、湿粪增加、粪便水含量增加和每天排便次数增加（$P < 0.05$）。这三种日粮的不同之处，归因于各自具有不同的发酵特性：柑橘果胶和树脂

发酵快速，甜菜浆适度发酵，纤维素发酵不充分。

纤维的发酵作用能影响养分消化率的测定，而且因微生物发酵作用的增加，使微生物蛋白在粪便中的排泄数量增加，从而降低了粗蛋白质的消化率。

与此结果类似，Terada 等（1993）报道，每天喂给猫 175 mg 的乳蔗糖，能减少粪便中的梭菌浓度（$P<0.05$），但增加乳酸菌（$P<0.05$）和双歧杆菌的浓度（$P<0.05$），这表明其对结肠微生物区系有改善作用。

Sparkes 和 Coworkers（1998）报道，添加果寡糖对猫有积极的影响。日粮中的果寡糖（0.75%，DM 基础）增加粪便中乳酸杆菌的浓度（164 倍，$P<0.05$），增加拟杆菌的浓度（13.2 倍，$P<0.05$），并减少粪便中埃希氏大肠杆菌的浓度（75%，$P<0.05$），减少产气荚膜梭菌的浓度（98%，$P=0.08$）。含 0.75% 的果寡糖的日粮（DM 基础）并不影响健康猫中十二指肠的细菌浓度（Sparkes 等，1998）。

本 章 小 结

详见数字课程 e。

复习思考题

一、名词解释

糖类、低聚糖、多糖、淀粉、非淀粉多糖、膳食纤维、粗纤维、无氮浸出物、抗性二糖、抗性淀粉、血糖指数

二、问答题

1. 糖类对宠物有哪些营养作用？
2. 宠物血液中葡萄糖不足时，机体自身通过哪些方式补充葡萄糖？
3. 简述糖类的特性。

三、开放性讨论

1. 宠物对糖类没有最低限量要求，为什么宠物食品中还要加糖类？
2. 犬猫在对糖类的消化吸收和代谢上有哪些异同？

第五章

脂质的营养

本章提要

脂质是指由脂肪酸与醇脱水缩合生成的酯及其衍生物，是一类不溶于水而能被乙醚、氯仿、苯等非极性有机溶剂抽提出的有机物。脂质与蛋白质和糖类构成产能的三大营养素，在供给机体能量方面起着重要作用。脂质也是机体细胞组织的组成成分，如细胞膜、神经髓鞘。脂质中的必需脂肪酸能够提高犬猫皮毛的质量、减少炎症反应、提高犬猫机体免疫力、有利于改善繁殖性能。脂质在犬猫体内的消化、吸收和代谢是一个复杂的过程，脂质的消化的吸收均在小肠中进行，脂质被消化后，经被动扩散、易化扩散和主动转运等方式被犬猫机体吸收，在机体内进行代谢供能。犬猫对脂类和必需脂肪酸的需要量因品种、年龄、生理结构等的不同而有差异。本章主要介绍脂质的概念、分类、作用、消化和犬猫对脂质的需要量。

知识导图

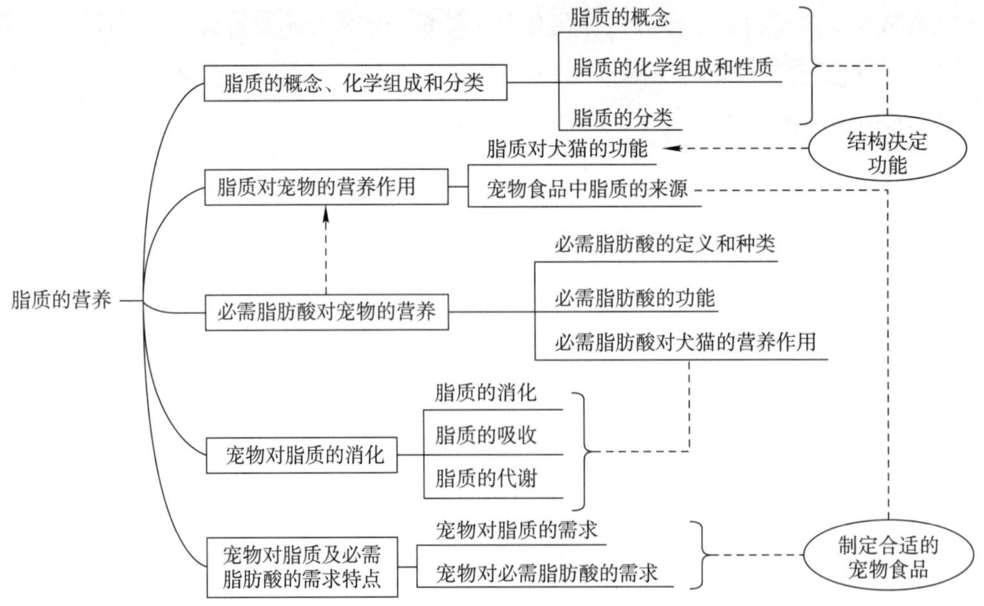

第一节 脂质的概念、化学组成和分类

一、脂质的概念

脂质（lipid）是指由脂肪酸与醇脱水缩合生成的酯及其衍生物，是一类不溶于水而能被乙醚、氯仿、苯等非极性有机溶剂抽提出的有机物。脂质包括脂肪（fat）和类脂（lipoid）。脂肪是指由甘油和脂肪酸组成的三酰甘油（中性脂肪）。类脂包括磷脂、糖脂、固醇类、脂蛋白等。

二、脂质的化学组成和性质

（一）组成脂质的元素

脂质的主要组成元素是碳、氢、氧。脂质包括多种多样的分子，其特点是主要由碳和氢两种元素以非极性的共价键组成。由于这些分子是非极性的，和水不能相溶，因此是疏水的。严格地说，脂质不是大分子，因为它们的分子量不如糖类、蛋白质和核酸的那么大，而且它们也不是聚合物。

（二）脂肪的性质

1. 溶水性

脂肪一般不溶于水，易溶于乙醚、石油醚、氯仿、二硫化碳、四氯化碳和苯等有机溶剂。碳原子数在 6 以下的低级脂肪酸构成的脂肪则能在水中溶解，如丁酸易溶于水。脂肪的相对密度小于 1，故可浮于水面上。脂肪虽不溶于水，但经胆酸盐的作用而变成微粒，就可以和水混匀，形成乳状液，此过程称为乳化作用。

2. 熔点

脂肪的熔点各不相同，熔点的不同决定了其在常温下的状态。所有植物油在室温下均呈现液体，但几种热带植物油除外，如棕榈果、椰子和可可豆的脂肪在室温下是固体。动物性脂肪在室温下是固体，并且熔点较高。脂肪的熔点决定于脂肪链的长短及其双键的多寡。脂肪酸的碳链越长，则脂肪的熔点越高。带双键的脂肪酸能显著降低脂肪的熔点。含有不饱和脂肪酸越多的脂肪其熔点越低。

3. 吸收光谱

脂肪酸在紫外和红外区显示出特有的吸收光谱，这可用来对脂肪酸进行定性、定量及结构研究。饱和脂肪酸和非共轭酸在 220 nm 以下的波长区域有吸收峰。共轭酸中的二烯酸在 230 nm 附近、三烯酸在 260 ~ 270 nm 附近、四烯酸在 290 ~ 315 nm 附近各显示出吸收峰。测定吸光度，就能算出脂肪酸含量。

红外线吸收光谱可有效地应用于测定脂肪酸的结构。它可以区别有无不饱和键、是反式结构还是顺式结构、脂肪酸侧链的情况以及检出过氧化物等特殊原子团。

4. 皂化作用

脂肪内脂肪酸和甘油结合的酯键容易被氢氧化钾或氢氧化钠水解，生成甘油和水溶性的肥皂，这种水解被称为皂化作用。通过皂化作用得到的皂化价（皂化 1 g 脂肪所需氢氧化钾 mg 数），可以求出脂肪的分子量。

$$脂肪的分子量 = 3 \times 氢氧化钾分子数 \times 1\,000 / 皂化价$$

5. 加氢作用

脂肪分子中如果含有不饱和脂肪酸，其所含有的双键可因加氢而变为饱和脂肪酸，人造黄油就是一种加氢的植物油。

6. 加碘作用

脂肪分子中的不饱和双键可以加碘，每 100 g 脂肪所吸收碘的克数称为碘化价。脂肪所含有的不饱和脂肪酸愈多，或不饱和脂肪酸所含的双键愈多，碘价愈高。根据碘价高低可以判断脂肪中脂肪酸的不饱和程度。

7. 氧化和酸败作用

脂肪分子中的不饱和脂肪酸可被空气中的氧和各种细菌、霉菌所产生的脂肪酶和过氧化物酶所氧化，形成一种过氧化物，最终生成短链酸、醛和酮类化合物，这些物质能使油脂散发刺激性的臭味，这种现象被称为酸败作用。

酸败过程能使油脂的营养价值遭到破坏，使大部分或全部脂肪转化为有毒的过氧化物，蛋白质在其影响下发生变性，维生素亦同时遭到破坏。酸败产物在烹调过程中不会被破坏。长期食用变质的油脂，机体会出现中毒现象，轻则会引起恶心、呕吐、腹痛、腹泻，重则使机体内几种酶系统受到损伤，或患肝疾。

脂质的多不饱和脂肪酸在体内亦容易氧化而生成过氧化脂质，它不仅能破坏生物膜的生理功能，导致机体的衰老，还会伴随某些溶血现象的发生，促使贫血、血栓形成、动脉硬化、糖尿病、肝肺损害等疾病发生，也是蛛网膜下出血引起脑血管挛缩，使大脑供血不足而导致死亡的重要原因之一。

三、脂质的分类

(一)按结构划分

脂质按结构复杂的程度，划分为简单脂质、复合脂质和衍生脂质。

1. 简单脂质

简单脂质（simple lipids）是指脂肪酸与各种不同的醇类形成的酯，在水解时产生脂肪酸和醇，包括酰基甘油酯和蜡。酰基甘油酯又称脂肪，是以甘油为主链的脂肪酸酯。蜡（waxes）是不溶于水的固体，是高级脂肪酸和长链一羟基脂醇所形成的酯，或者是高级脂肪酸甾醇所形成的酯。常见有真蜡、固酯蜡等。真蜡是一类长链一元醇的脂肪酸酯，固酯蜡是固醇与脂肪酸形成的酯，如维生素 A 酯、维生素 D 酯等。

2. 复合脂质

复合脂质（complex lipids）是指含有其他化学基团的脂肪酸酯，动物体内主要含磷脂（phospholipid）和糖脂（glycolipid）两种复合脂质，水解时产生三种或更多产物。磷脂是生物膜的重要组成部分，其特点是在水解后产生含有脂肪酸和磷酸的混合物，根据磷脂的主链结构分为磷酸甘油酯和鞘磷脂。糖脂是一类含糖类残基的复合脂质，是化学结构各不相同的脂质化合物，且不断有糖脂的新成员被发现。糖脂亦分为两大类：糖基酰甘油和糖鞘脂。糖鞘脂又分为中性糖鞘脂和酸性糖鞘脂，重要的糖鞘脂有脑苷脂和神经节苷脂。

3. 衍生脂质

脂与其他生物分子形成的复合物，如糖脂、脂蛋白等。糖脂是指糖与脂质通过糖苷键连接起来的化合物（共价键），如霍乱毒素。脂蛋白是指脂质与蛋白质在肝脏内通过非共价结合形成的产物，如血液中的几种脂蛋白［极低密度脂蛋白（VLDL）、低密度脂蛋白

（LDL）、高密度脂蛋白（HDL）、乳糜微粒（chylomicron，CM）]，它们是脂质的运输方式。

（二）按功能划分

根据美国国立卫生研究院（NIH）2003 年的脂质分类系统，脂质分为八大类：

1. 脂肪酸类

脂肪酸（fatty acids）是由碳、氢、氧三种元素组成的一类化合物，是中性脂肪、磷脂和糖脂的主要成分。

（1）按长度划分　分为短链脂肪酸、中链脂肪酸和长链脂肪酸。短链脂肪酸（short chain fatty acids，SCFA），其碳链上的碳原子数小于6，具有挥发性。中链脂肪酸（midchain fatty acids，MCFA），其碳链上碳原子数为 6 ~ 12。长链脂肪酸（longchain fatty acids，LCFA），其碳链上碳原子数大于 12。

（2）按饱和程度划分　分为饱和脂肪酸（saturated fatty acids，SFA）、单不饱和脂肪酸（monounsaturated fatty acids，MUFA）和多不饱和脂肪酸（polyunsaturated fatty acids，PUFA）。饱和脂肪酸，是指碳氢链上没有不饱和键，全部都是饱和键。直链饱和脂肪酸的通式是：$C_nH_{(2n+1)}COOH$。单不饱和脂肪酸，其碳氢链有 1 个不饱和键。多不饱和脂肪酸，其碳氢链上有 2 个或 2 个以上的不饱和键。

2. 甘油酯类

甘油酯（glycerolipids）通常指由甘油和脂肪酸（包括饱和脂肪酸和不饱和脂肪酸）经酯化生成的酯类。根据分子中脂肪酸的数目可分为甘油一（脂肪）酸酯 $C_3H_5(OH)_2(OCOR)$、甘油二（脂肪）酸酯 $C_3H_5(OH)(OCOR)_2$ 和甘油三（脂肪）酸酯 $C_3H_5(OCOR)_3$（图 5–1）。

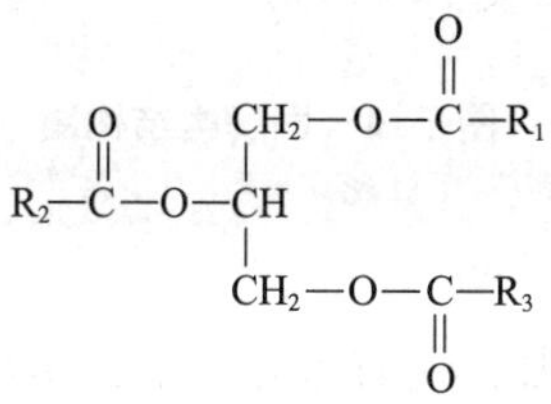

图 5–1　甘油三酯结构图

3. 甘油磷脂类

甘油磷脂（glycerophospholipids）是机体含量最多的一类磷脂，是细胞膜双层膜结构的重要组成成分之一，并参与细胞膜对蛋白质的识别和信号传导。甘油磷脂基本结构是磷脂酸和与磷酸相连的取代基团（X），甘油磷脂由于取代基团的不同又可以分为许多类，例如胆碱、心磷脂、肌醇等（图 5–2）。

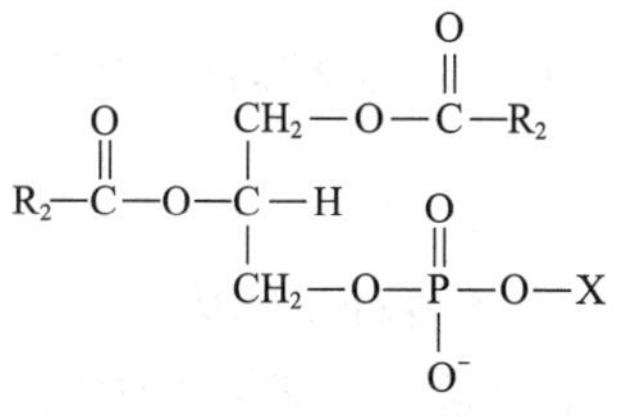

图 5–2　甘油磷脂结构图

4. 鞘脂类

鞘脂类（sphingolipids）脂质由一分子长链脂肪酸、一分子鞘氨醇或其衍生物及一分子极性头醇组成。鞘脂的极性头基与鞘氨醇的羟基结合，而脂肪酸部分则与其氨基形成酰胺键。因此，鞘脂具有 1 个极性头基和 2 个非极性尾（脂肪酸和鞘氨醇的长烃链），属极性脂类，是仅次于磷脂的第二大类膜脂（图 5–3）。

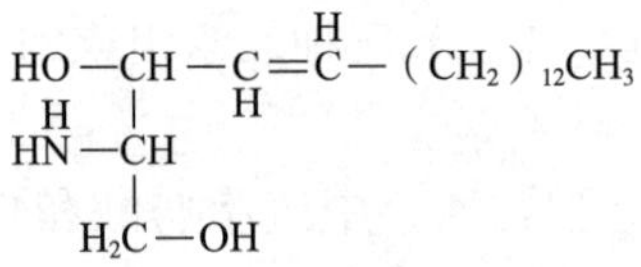

图 5–3　鞘脂类结构图

5. 固醇脂类

类固醇（sterol lipids）是广泛分布于生物界的一大类环戊稠全氢化菲衍生物的总称。又称类甾体、甾族化合物。类固醇化合物不含结合的脂肪酸，是非皂化性脂质，这类化合物属于类异戊二烯物质，是由三萜环化再经分子内部重组和化学修饰而生成的。类固醇包括固醇、胆汁酸和胆汁醇以及类固醇激素等（图 5–4）。

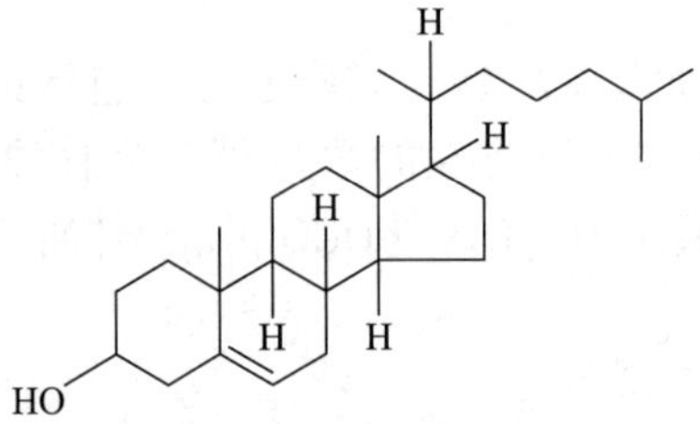

图 5–4　固醇类结构图

6. 孕烯醇酮脂类

孕烯醇酮脂（prenol lipids）由五碳前体异戊烯二磷酸和对二甲丙烯基二磷酸合成。孕烯醇酮脂和其磷酸化衍生物在细胞膜间寡糖的转运过程中具有重要作用。孕烯醇酮也是一种激素原，涉及孕酮、盐皮质激素、糖皮质激素、雄激素以及雌激素等类固醇激素的生成（图 5–5）。

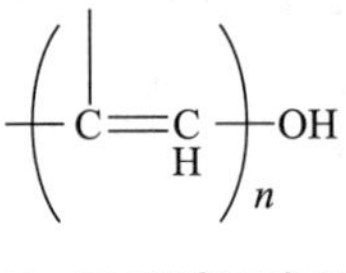

图 5–5　孕烯醇酮类结构图

7. 糖脂类

糖脂（saccharolipids）广泛存在于各种生物体中，自然界中的糖脂可按其组分中的醇基种类分为两大类：甘油糖脂和鞘糖脂。糖基化的甘油醇脂类称为甘油糖脂，存在于动物的神经组织、植物和微生物中，是植物中的主要糖脂，亦是某些细菌，尤其是革兰氏阳性菌菌膜的常见组成成分。鞘糖脂由非脂的糖基部分与神经鞘氨醇相连构成，可以作为病毒和细菌毒素的受体（图 5–6）。

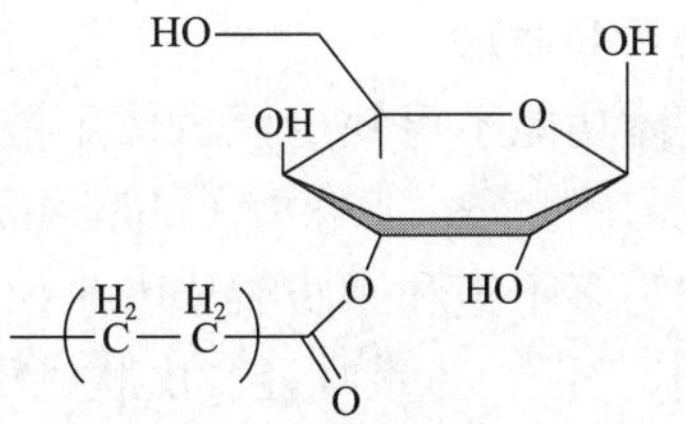

图 5-6 糖脂结构图

8. 多聚乙烯类

多聚乙烯（polyketides）结构繁多，多聚乙烯和其衍生物是许多抗细菌、真菌以及抗癌药物的重要组成成分，例如红霉素、四环素、制霉菌素等。自然界中许多天然多聚乙烯本身具有毒性，将有毒性的多聚乙烯进行生物工程改造也是生物制药的重要环节（图 5-7）。

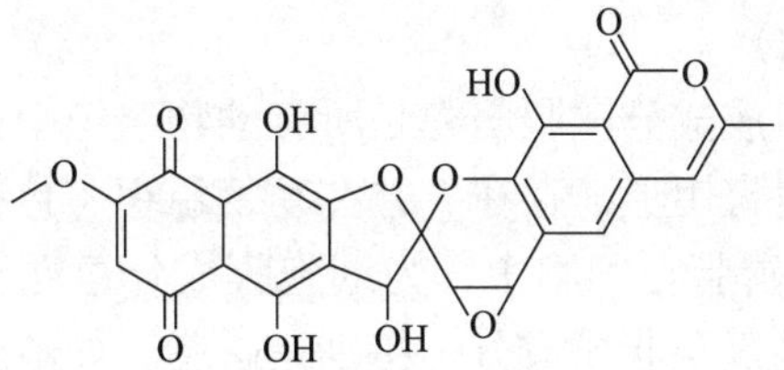

图 5-7 多聚乙烯类结构图

第二节 脂质对宠物的营养作用

脂质在宠物的营养中发挥着许多重要功能。不同于畜禽以糖类作为主要的能量来源，脂质是犬猫非常重要的供能物质，尤其对猫而言，脂肪提供的能量占比更大，甚至在不提供糖类的情况下，猫可以主要依靠脂肪满足其能量的需要。除了供能之外，脂肪还提供必需脂肪酸，在犬猫健康中发挥着重要的作用。

一、脂质对犬猫的功能

脂质是犬猫体内重要的营养物质，参与体内多种营养代谢过程，其多方面的功能影响犬猫的健康。

（一）犬猫重要的能源物质

脂肪的主要作用是提供能量。在日粮中的三大供能营养素中，脂肪的能量浓度最高，蛋白质和糖类的总能分别约是 5.65 kcal/g 和 4.15 kcal/g，但脂肪的总能能达到 9.4 kcal/g。

脂肪是犬猫体内重要的储能物质，脂肪主要积聚部位是皮肤下方（作为皮下脂肪）、关键器官周边和肠道黏膜内。在肥胖的犬猫身上可以很容易看到这类脂肪在上述部位积聚，犬体内脂肪的含量为其体重的 10%～20%。脂肪组织中储存着甘油三酯（TG），大部分组织可以利用 TG 的分解产物供给能量。当机体需要能量的时候，先将 TG 水解，生成甘油和脂肪酸，然后把脂肪酸转运到相应组织供能。在这个过程中，酰基肉碱可以协助脂肪酸进出线粒体进行运输和代谢，以氧化产生能量。

（二）提供犬猫所需要的必需脂肪酸

必需脂肪酸是指对维持机体功能不可缺少但机体不能合成，必须由食物提供的脂肪酸，包括亚油酸（linoleic acid，LA）、α- 亚麻酸（alpha-linolenic acid，ALA）和花生四烯酸（arachidonic acid，AA），均为多不饱和脂肪酸（PUFA）。LA 是皮肤神经酰胺的关键成分，缺乏亚油酸会导致动物生长停滞、体重减轻、皮肤成鳞状并使肾脏受损。必需脂肪酸还起到保护动物机体结构（细胞膜的成分）和代谢（是生物活性物质的前体）的作用，犬猫和其他动物一样，日粮中需要必需脂肪酸来满足机体所需。

ALA 和 LA 存在于动物来源或植物来源的食物中，而 AA 只存在于动物来源的原料中，当 LA 在日粮中含量充足时犬可以合成 γ- 亚麻酸（gamma-linolenic acid，GLA）和 AA。但是，与犬不同的是，猫由于肝脏中 Δ-5 脱氢酶活力低且缺少 Δ-6 脱氢酶，因此不能合成足够的 AA。所以，猫日粮中必须含有 LA 和 AA 以保证机体健康和正常功能。猫日粮中高水平的脂肪（尤其是富含必需脂肪酸的脂肪）可提高日粮的适口性和改善皮毛状况。

（三）生物膜的组成成分

复合脂质是生物膜的组成成分。胆固醇是所有动物组织中普遍存在的成分，其中大部分位于细胞膜中。胆固醇以自由形式存在，并在动物组织（包括血浆脂蛋白）中酯化成长链脂肪酸脂（胆固醇酯）。磷脂在细胞中作为细胞膜成分建立渗透屏障。一般认为，胆固醇的主要功能是通过与膜的复杂脂质成分（特别是磷脂，如磷脂酰胆碱和鞘磷脂）相互作用，通过促进“液体有序相”增加有序程度，来调节膜的流动性。磷脂酰乙醇胺也是膜的主要成分，尤其在细菌中，其头基小，氢键能力强，具有独特的物理性质。鞘磷脂是迄今为止动物组织中最丰富的鞘磷脂。除了作为关键细胞代谢物的来源，它也是细胞膜的重要组成部分，和它的甘油酯类似物磷脂酰胆碱一样，往往在细胞的质膜中最丰富。另外，饱和脂肪酸、单烯脂肪酸和多不饱和脂肪酸之间的平衡对于维持膜的最佳流动性具有重要意义。

（四）信号传递

脂质还可以起到信号传递的作用。未酯化的脂肪酸可以作为外部细胞信号转译所需的第二信使。磷脂酸通常是细胞的一个次要成分，但它是所有其他磷脂生物合成的关键中间体，众所周知，它在动物细胞中具有信号传递功能，主要通过与特定蛋白质的特异性结合。磷脂酸在高等植物中可能更为重要，在高等植物中，它是在对各种压力作出反应时迅速形成的。神经酰胺在细胞信号传导方面也有重要作用，特别是在细胞凋亡和细胞分化、转化和增殖的调控方面。

（五）其他功能

脂质的功能非常广泛复杂，除上述功能外，脂质还在很多方面发挥作用。比如，脂质是构成犬猫体细胞、细胞膜和组织的重要组成成分，特别是磷脂和固醇类等类脂；能作为脂溶性维生素的载体（如作用于维生素 A、D、E、K 的运输和吸收）、提高适口性和改善食物质地、神经纤维的绝缘体、帮助神经信号传导、防止皮肤水分流失或外来生物的侵入。

脂肪酸的生理机能也和动脉硬化性疾病、糖尿病、癌症等疾病有很大关联。油酰乙醇酰胺是一种内源性的食物摄入调节剂，有潜在的抗肥胖药物的潜力，棕榈酰乙醇酰胺是一种抗炎剂，而硬脂酰乙醇酰胺是一种促凋亡剂。低糖基神经酰胺是免疫防御系统的重要组成部分，既是细胞免疫原，也是抗原。鞘糖脂硫酸盐是一种高度极性的酸性分子，在犬猫组织中对钠、钾离子的运输和渗透调节起重要作用。

二、宠物食品中脂质的来源

（一）动物油脂和动物原料

宠物食品中的脂肪主要是来自陆地、水产动物中储存的脂质和植物油脂。动物油脂因其适口性好和熔点高，在宠物食品中应用广泛。常见的油脂有禽油（如鸡油、鸭油）、牛油、猪油、羊油、鱼油等。牛油和鸡油因具有极佳的适口性和供应充足等优点，在实际生产中应用较为广泛。来源于海洋生物的脂肪，如鱼、浮游生物以及其他水生植物，与陆地哺乳动物相比，明显含有更丰富的 ω-3 型脂肪酸。其中，鱼类脂肪的组成会因品种、饲粮、季节、生活环境的不同而有所不同。一些品种除含有高水平 ω-3 系列脂肪酸之外，还含有较多的长链单不饱和脂肪酸和饱和脂肪酸。这些不同来源的脂肪在同等数量的情况下，其缺乏的脂肪酸的种类和数量不同，如对最终动物产品中特定的 ω-3 型脂肪酸的类型和含量有一定预期的情况下，应该合理的选择不同的脂肪，使其脂肪和必需脂肪酸的含量和比例满足犬猫的需要。

犬猫日粮中脂肪的其他来源有时会被忽视，如动物性原料，包括鸡蛋、瘦肉和动物内脏，而它们是宠物食品加工中典型的原料，日粮中全部的脂肪酸组成主要依赖于所有原料中的脂肪酸，一些用于犬猫食品生产中的普通原料，如鸡肉副产品粉、鱼粉、蛋黄粉和羊肉粉等，虽然不是主要的饲粮脂肪来源，却也是饲粮中脂肪酸的来源之一。

（二）植物来源

大量植物种子中储存着油脂，从植物籽实中浸出的油脂为植物油，主要有大豆油、花生油、玉米油、葵花籽油、芝麻油、椰子油、橄榄油、棕榈油等。从植物中获得的油脂主要由甘油三酯组成，并且主要存在于籽实中（如大豆、玉米），以及少量存在于鲜果实中（如橄榄、棕榈）。陆生植物的叶片组织中包含大量的 ALA，但这些植物原料脂类的总含量较低，一般来说不是犬猫粮中的主要脂肪来源。籽实油脂在脂肪酸的组成上差异很大，并且特定的脂肪酸往往存在于特定的植物中。因此，籽实油脂可能会富含 18 碳 ω-6 脂肪酸和 18 碳 ω-3 脂肪酸，有时会含有不同数量的以上两种脂肪酸。ω-6 型 PUFAs 易从陆地动物和植物种子中获得，如富含 LA 的葵花籽油、玉米油、大豆油等，ω-3 型 PUFAs 能从如鱼类、浮游植物和其他海洋植物等海洋生物资源中发现，如 EPA 和 DHA 主要来源于鱼油，陆生植物的叶片组织中也含有 ALA，但这些组织本身脂肪含量低，因此不能作为犬的主要日粮脂肪来源。当脂质中含有较多的 LA（如大豆油、玉米油、葵花籽油和红花油）或 ALA（如亚麻籽油）时，组织脂质中就会有较高水平的多不饱和脂肪酸。

第三节 必需脂肪酸对宠物的营养作用

一、必需脂肪酸的定义和种类

（一）必需脂肪酸的定义

大部分脂肪酸可以在犬猫体内通过生理生化反应自己合成，但并不是全部。犬猫自己不能合成的，必须通过食物摄入的脂肪酸统称为必需脂肪酸。非必需脂肪酸可以在犬猫体内合成，不需要在日粮中额外提供。必需脂肪酸包括：亚油酸（linoleic acid，LA）、α-亚麻油酸（alpha-linolenic acid，ALA）和花生四烯酸（arachidonic acid，AA）。犬猫最需要的必需脂肪酸是亚油酸形式的 ω-6 脂肪酸，犬类可以用亚油酸合成足够量的花生四烯酸。但是，猫维持正常妊娠和新生儿的生长与发育需要预先提供花生四烯酸，然而关于亚麻油酸在犬猫中的必需性的确定研究还没有进行。AAFCO 提供了犬食品中亚油酸的最小含量和猫食品中亚油酸和花生四烯酸的最小含量。

（二）ω-6 和 ω-3 脂肪酸结构特点及其相互转化

膳食脂肪酸可分为饱和脂肪酸、单不饱和脂肪酸和多不饱和脂肪酸。多不饱和脂肪酸（PUFA）可根据分子的甲基末端的第一个双键的位置进一步分类为 ω-6 或 ω-3。描述脂肪酸时，通常使用基于脂肪酸链中碳的数目、脂肪酸中的双键数目以及脂肪酸是 ω-6 还是 ω-3（如果适用）的速记符号。例如，亚油酸（LA）含有 18 个碳和 2 个双键，第一个双键出现在结构的甲基端第 6 个碳原子之后，命名为 18：2*n*-6。鱼油 ω-3 脂肪酸是长链 PUFA，包括 EPA（20：5*n*-3）和 DHA（22：6*n*-3）。这些脂肪酸的特点是有 5 或 6 个双键，第 1 个双键出现在距离脂肪酸链的甲基端第 3 和第 4 个碳之间。

某些 ω-6 和 ω-3 脂肪酸之间能够相互转化。理论上，EPA 和 DHA 可以从另一种 ω-3 脂肪酸 ALA（18：3*n*-3）中提取。ALA 存在于植物产品中，如亚麻籽油，可以通过去饱和（在脂肪酸链上增加双键）和延长（在脂肪酸链上增加偶数个碳）转化为 EPA 和 DHA。然而，在哺乳动物中，ALA 不能有效地转化为 EPA 和 DHA。在人体中，ALA 转化为 EPA 和 DHA 的比率被认为低于 10%，而且在犬猫中也被认为相当有限。

二、必需脂肪酸的功能

（一）维护犬猫皮肤健康

亚油酸是表皮角化细胞内被称为神经酰胺的细胞磷脂的成分之一，能够维持皮肤表皮的保水性。角化细胞以版层颗粒的形式将神经酰胺挤入细胞间隙，起到黏合细胞、形成有效保水屏障的功能。

对犬的研究显示，通过饲粮添加不同的脂肪可以改变血清和表皮的脂肪酸成分。有研究表明，犬食用含有 18：3*n*-3 的日粮后，毛发更有光泽，但不显著，表皮的水损失要少。另有研究表明，在日粮中添加富含 LA 或 LA+ALA 的陆生含油种子补充物，犬的皮肤和毛发评分得到了短期改善。同样在现有的饲粮中添加 LA、锌或者两者的混合物来估测犬皮肤和毛发的质量，结果表明，在 9 周的测试期间，犬的毛发光泽变好并且表皮水损失显著下降。

（二）调节炎性反应和过敏反应

由亚油酸产生的最重要的 LCPUFA 是花生四烯酸（AA），AA 是细胞膜的主要脂肪酸，也是某些类型类花生酸的前体物质。类花生酸是一组多样的二十碳物质，当出现物理或化学损伤时，细胞膜会产生和释放类花生酸，这类物质在免疫反应和炎性反应里发挥局部作用。类花生酸的 4 种主要类型是前列腺素、环前列腺素、血栓素和白细胞三烯。AA 的含量通常占皮肤细胞膜磷脂内总脂肪酸含量的 20%，会被转化为前列腺素系列 2（前列腺素 E_2）和白细胞三烯系列 4（白细胞三烯 B_4）。这些类花生酸是促炎因子，是炎性反应和过敏反应的重要调节因子。

虽然亚油酸在犬体内可以有效地转化为 AA，因猫 Δ-6 去饱和酶活性有限，因此在猫中亚油酸转化为 AA 不足。

α- 亚麻酸主要作为亲本脂肪酸被用来合成 EPA 和 DHA。由 EPA 产生的重要类花生酸包括前列腺素系列 3（前列腺素 E_3）和白细胞三烯系列 5（白细胞三烯 B_5）。与由 AA 产生的类花生酸相比，这些类花生酸是效力较小的炎性介质，用 EPA 代替 AA 后，能有效减少炎性反应和过敏反应，如骨关节炎和胃肠道、肾脏、皮肤的炎症，这是用 ω-3 脂肪酸来管理某些炎性皮肤病和其他炎性疾病的基础。

从鱼油或其他水生资源中得到的长链 *n*-3PUFAs 似乎更容易改变炎症反应和免疫反应。在同等重量的基础上，如果 *n*-3 脂肪酸只来源于 ALA 或 LA 和鱼油的混合物，在产生炎症和免疫反应方面，并没有同等的功效。其中一个原因是，ALA 转化成 EPA 的效率太低。

（三）保护胎儿的神经和视觉发育

神经组织的细胞膜包含有大量 DHA，它在视网膜内也是含量最多的脂肪酸之一。在胎儿和新生儿时期，要让神经和视觉正常发育，DHA 不可或缺。非常年幼的动物能将 α- 亚麻酸转化为 DHA，而成年动物的转化效率较低。也有证据表明成犬能将日粮内的 α- 亚麻酸转化为一种脂肪酸中间产物——DPA，在循环系统内的血浆磷脂里有这种物质。犬的视网膜能够将 DPA 转化成 DHA，有理论提出肝脏产生的循环 DPA 是这种转化作用的基质。与此类似，成猫能够在肝脏内将少量 α- 亚网膜和神经组织提供 DHA，但未知转化生成的量能否满足各个生命阶段的生理需求。至少在胎儿生长和生命早期，通过日粮提供少量的 DHA 能更有效地满足需要。

（四）繁育能力

研究者研究了猫科动物在繁殖期对饲粮 AA 的需求量。在交配前和妊娠期间，给猫饲喂 3 组饲粮，分别为：含有 1% 玉米油和 9% 氢化椰子油（经计算，含有大约 2%ME 的 LA；按重量计算，含有 10% 的总脂肪）、3% 玉米油、1% 玉米油加 0.02%AA。所有的试验动物都成功怀孕，但含 1% 玉米油组中的猫出现先天性缺陷和低存活率的概率比较高。相比而言，含 3% 玉米油而不含 AA 的饲粮有助于繁殖。这个研究表明，当日粮中包括 LA 在内的 PUFAs 含量低时，猫不能有效繁殖；添加少量 AA 后可以恢复。然而，添加 3% 玉米油而不含 AA 的饲粮仍然可以维持繁殖，饲喂了 AA 的母猫生产的新生幼猫可以由标记过的 LA 前体物合成 AA。Morris 等（2001，2002）也证实了公猫饲喂含 LA 而没有 AA 的饲粮生育能力未受影响，断奶后母猫饲喂无 AA 的饲粮后生育能力也未受影响。

第四节　宠物对脂质的消化、吸收和代谢

饲粮脂质的消化、吸收和代谢包括多个步骤，需要肠腔、黏膜和分泌腺（进入毛细血管或淋巴循环）等的内在协调。

一、脂质的消化

脂质消化主要在小肠上段进行，是一个在几种脂化酶共同作用下的综合过程。虽然食物中的大多数三酰基甘油是通过胰脂肪酶水解的，但这个过程仍依赖于胃脂肪酶、脂肪酶辅酶及其他几个因子的共同作用。

（一）脂质在胃中的消化

脂质首先在唾液和胃脂肪酶作用下被机体消化。成年犬唾液脂肪酶的活性很小，新生

幼犬是否具有更高的唾液脂肪酶活性并不清楚，到目前为止，已证明猫唾液脂肪酶没有活性。犬猫胃脂肪酶都具有活性。犬胃脂肪酶活性在胃贲门区域及胃大弯区最高，在胃窦和小弯区域最低。有证据表明，哺乳幼猫的胃黏膜上存在具很强活性的脂肪酶，只要幼猫还在吸乳，活性就一直保持，但是目前没有发现关于断奶猫和成年猫存在胃脂肪酶的相关证据。

犬猫的胃脂肪酶在胃中可水解三酰甘油。

（二）脂质在小肠中的消化

脂质的乳化能使脂肪的消化率更高。存在于小肠中的胆汁盐和脂质分解的产物（即甘油一酯和甘油二酯）共同参与了甘油三酯的乳化作用。甘油二酯同三酰甘油一样，是胰脂肪酶适合的生理底物。另一个研究发现，与摄食相同数量的未乳化的脂质相比，摄食乳化日粮后，日粮中的三酰甘油在体内水解的数量增加。

游离脂肪酸通过胃进入小肠时，十二指肠黏膜刺激胆囊收缩素的释放，在胆盐和辅酯酶的作用下脂肪酸和三酰甘油形成混合微团，胆固醇、胆甾醇酯、其他的酯（如视黄醇酯）和磷脂参与微团的形成，从而形成合适的活性培养基供胰脂肪酶将甘油三酯水解为游离脂肪酸和单酯或甘油二酯。

除胰脂肪酶外，胰腺也分泌其他几种脂肪酶，包括胰辅脂酶以及羧酯水解酶等。胰辅脂酶以多种形式存在，分泌出来的最初形式是胰辅脂酶原，胰辅脂酶原进入十二指肠后，在胰蛋白酶的作用下，经有限的蛋白酶 N 端和 C 端水解后转化为活性形式。被激活的胰辅脂酶的主要作用是修复被胆盐刺激的胰脂肪酶的活性。随时间的延长，胰脂肪酶的活性随乳糜微粒中的三酰甘油浓度的变化而变化。从根本上来说，当胆盐从它与乳化底物的分界面释放出胰脂肪酶时，辅脂酶在胆盐存在的情况下定位于胆盐的表面进而发挥作用。

胆甾醇酯的水解过程由胆甾醇酯酶调控，胆甾醇酯酶存在于犬的胰腺分泌物和胰液中。研究者推测脂肪酶的作用首先依赖于胰腺脂肪酶参与的三酰甘油的水解作用，其产物为下一步进行的胆甾醇酯酶的作用营造了良好的物理环境。通过这种方式，环境变得非常适合于胆甾醇酯酶分解胆甾醇酯和视黄醇酯。

二、脂质的吸收

犬猫对脂质的吸收过程包括将肠腔内被消化的营养素转移到血液内或淋巴系统内，再运送到全身各个组织中，大部分吸收过程都在小肠中完成。

脂质的水解产物（主要是游离脂肪酸和单甘油酯）以胶束的形式转移到肠上皮细胞刷状边缘的微绒毛，通过上皮细胞膜扩散到肠黏膜细胞。在肠黏膜细胞中，游离脂肪酸和单甘油酯重组形成甘油三酯，然后与磷脂、游离和酯化胆固醇以及载脂蛋白 B48 结合形成乳糜微粒。乳糜微粒是负责脂质转移的脂蛋白类，主要含有甘油三酯，在肠内细胞内形成后，首先进入淋巴，然后进入血液循环，在那里它们从循环的 HDL 分子中获得载脂蛋白 C 和载脂蛋白 E。载脂蛋白 C-Ⅱ暴露在乳糜微粒表面，激活附着在脂肪和骨骼肌组织毛细血管床上的脂蛋白脂肪酶，然后将甘油三酯水解成游离脂肪酸和甘油。

三、脂质的代谢

脂质代谢可分为两个基本途径：

（一）外源性途径

游离脂肪酸进入肌肉细胞，用于生产能量；进入脂肪细胞，重新酯化成甘油三酯储存。富含胆固醇的剩余颗粒（乳糜微粒的残余），将其载脂蛋白 C-Ⅱ分子返回到 HDL，并被特定的肝载脂蛋白 E 受体识别，这些受体通过内吞作用迅速将其从循环中移除。在残留物中发现的胆固醇可用于脂蛋白（VLDL）或胆汁酸的形成，或以胆固醇酯的形式储存。

（二）内源性途径

VLDL 甘油三酯（VLDL 残余物）水解后残留的 VLDL 分子可被肝脏从循环中去除，还可通过脂蛋白脂肪酶或肝脏脂肪酶进一步转化形成 LDL。

HDL 主要在肝脏中合成，作为载脂蛋白 C、载脂蛋白 E 和循环中其他脂蛋白的供体和受体发挥重要作用。它们在胆固醇的反向转运途径中也起着关键作用，通过这一途径，胆固醇从外周组织转移到小的循环盘状 HDL 分子，从而将它们转化为新生的 HDL3 分子。然后，高密度脂蛋白胆固醇通过 LCAT 的作用被酯化，由此产生的胆固醇酯转移到高密度脂蛋白分子的核心，从而允许更多的游离胆固醇被吸收到其表面。通过 LCAT 持续吸收游离胆固醇和随后的酯化反应，导致形成更大的、富含胆固醇酯的 HDL2。

在犬体内，由于缺乏血浆脂质转运蛋白酶，HDL2 分子不断获得胆固醇酯，从而形成独特的 HDL1 分子。在 HDL1 上，胆固醇酯从组织转移到肝脏进行处理或再利用，而不是转移到 LDL 或 VLDL 分子，后者将胆固醇转移到外周组织。

第五节 宠物对脂质的需求特点

一、宠物对脂肪的需求

（一）犬对脂肪的需求特点

1. 需要量和供给量

犬粮一般有较大的脂肪浓度范围。但是，当犬粮中的总脂肪水平很高时，就必须注意保证蛋白质、矿物质和维生素的最适采食量。因此，包含脂肪的适宜日粮配方需要根据日粮的高能值进行适当的调整。犬类可以适应含有不同类型脂肪和含量变化范围很大的饲粮。不同生长阶段的犬对脂肪的需要量不同，饲粮中所提供的脂肪含量也有所不同。

（1）生长期　青年犬的生长对饲粮中脂肪的需要量高于成年犬的维持需要，但仍小于幼犬吮吸的奶中的数量。但是，幼犬的总脂肪安全上限和成年犬是相近的。生长期犬的需要量介于犬奶中的养分量与成年犬的维持量之间。当设定将乳中总脂肪含量乘以影响因子 0.30 时，其结果与前面报道的生长期总脂肪需要量相一致。因此，生长期推荐供应量与之前的估计量一致，为 8.5%DM（相当于 18%ME）。

（2）成年期　成年犬每日每千克体重需要脂肪量 1.0 ~ 1.1 g，按饲料干物质计算，NRC 推荐的需要量是 9%。饲料性脂肪能提供大量能量，必需脂肪还可改善适口性，为供应适当能量起见，以含 12% ~ 14% 脂肪更切合实际。虽然大多数犬能耐受含脂肪 50% 以上的日粮，但高脂肪日粮不理想，会导致犬摄取的蛋白质、矿物质和维生素减少。

也有研究表明，成年犬饲粮总脂肪的推荐供应量为 11.7%ME（含有 4 000 kcal/kg DM 的饲粮中占 55%DM）。总脂肪的最小需求量可能会低于此值，但目前还没有测定其具体值。如果这样，在总采食量没有受到影响的情况下，总脂肪的适宜采食量可低至 4%DM。

饲粮总脂肪的安全上限大约为70%ME或825 g/1 000 kcal ME。许多健康犬的实际饲粮中总脂肪含量为22～60 g/1 000 kcal ME，远低于安全上限。当这个值超过825 g时，在含4 000 kcal/kg ME的饲粮中，蛋白能量比是个问题，因此实际饲粮中的脂肪含量都不会高于安全上限。

（3）妊娠与泌乳期　犬妊娠与泌乳期对饲粮总脂肪的需要远大于最小需求量。但是，目前并没有研究成果能精确确定总脂肪的最小需求量值。有数据表明，7.7%的总脂肪可维持正常的繁殖性能，并且这个值为确定适宜采食量提供了基础。

2. 缺乏或过量的表现

（1）脂肪缺乏　脂肪易供给不足，饲料中缺乏脂肪可引起犬严重消化障碍以及中枢神经系统机能障碍，使犬出现倦怠无力、被毛粗乱、脱屑、缺乏性欲、睾丸发育不良或母犬发情异常等现象，同时会加速蛋白质的消耗，出现消瘦。当不饱和脂肪酸缺乏时，易引起黄色脂肪症，皮肤形成结节状，有痛感。

EFA缺乏症主要表现在皮肤，因为其是机体的最大器官之一，而且因为LA在表皮水屏障中有重要作用。幼犬采食脂肪含量极低的饲粮（占0.01%ME），其毛发变得粗糙、干燥，腹部先开始出现表皮脱落，然后在大腿，最终在肩胛区。随着时间的推进，皮肤变油变痒，而且变得易于感染，这是因为表皮脂类和细菌区系改变以及引起的继发性细菌不同程度的侵入，更严重时，皮肤呈角质化或角化不全。

除了皮肤受损外，通过实验诱导产生的EFA缺乏症在生长期鼠、犬猫上的表现为：肾脏和繁殖异常、生长速度减缓、免疫机能异常、毛发稀少、秃头、皮肤萎缩、表皮血管脆弱、青肿趋向增加、伤口更难恢复、脂肪增生和表皮水损失增加。同样也发现了很多其他器官的退化，细胞膜变得更加脆弱。因摄入ALA不足而使n-3脂肪酸缺乏症的临床表现更加敏感，包括神经系统异常如视觉灵敏度降低、视网膜电流描记异常、多发性神经病和学习能力下降。

（2）脂肪过量　脂肪贮存过多，会引起肥胖，同样也会影响犬的正常生理机能，尤其对生殖活动的影响最大，还会引起多种疾病。肥胖症多发于成年犬，幼犬肥胖表现为脂肪细胞数目增加和体积增大；成年犬发生肥胖，仅为脂肪细胞体积增大。肥胖常并发心脏病、脂肪肝、糖尿病、骨关节病等。当采食高脂肪日粮或糖类含量较低的日粮后，犬体内脂肪形成加强，导致进入肝脏的脂肪和脂肪酸过多。此外，必需脂肪酸缺乏及大量进食胆固醇也可引起脂肪肝。脂肪摄入过多也会引发酮症，酮症发生的原因是脂肪大量动员，肝生成酮体的速度超过肝外组织利用酮体的能力，此时血中酮体浓度升高（酮血症），尿中出现血酮体（酮尿症），在饥饿、糖尿病或高脂肪摄食时均可发生酮症。除此之外，高脂饮食还会造成高脂血症及动脉粥样硬化。

（二）猫对脂肪的需求特点

1. 需要量和供给量

野生大型猫可以从脂肪中获得60%的能量，并且可以有效地利用脂肪含量为67% ME的饲粮。给家猫饲喂了来自动物性或植物性来源的高脂肪纯合日粮，脂肪含量为25%～30%，蛋白质含量为30%～40%。相比之下，干性猫粮含脂肪8%～13%DM。

猫平衡饲粮中的最大脂肪含量可能很高而且没有不良影响。目前多数的猫粮中，来源于脂肪的能量占总能的50%以上。一些成年猫日粮因适度降低了蛋白质的量，脂肪的含量可达到70%ME以上。虽然在实际的日粮中，总脂肪的范围很宽，为22%～55%ME，但饲粮总脂肪推荐的安全上限约为 70%ME（82.5 g/1 000 kcal）。与犬相似，不同生长阶段的猫对饲粮中脂肪的需求量也不同。

（1）生长期　猫生长期对饲粮总脂肪的需要量大于成年猫的最小需求量。这个值可能在哺乳猫的需要量和母猫的最小需求量之间。另外，当乳总脂肪含量乘以因子 0.3 后，其值接近于之前的生长期脂肪的推荐供应量。因此，猫生长期对总脂肪的推荐供应量应为 9%DM（假设能量为 4000 kcal/kg DM）。

（2）成年期　除了一些 AA 需要量的数据，关于猫的总脂肪和其他 EFAs 的最小需求量的研究鲜有报道。目前仅确定了猫对日粮脂质的适宜采食量和推荐供应量。推荐的成年猫最小需求量为 9% 的脂肪（DM）。

（3）妊娠与泌乳期　以 ME 为基础母猫妊娠与泌乳期总脂肪推荐供应量与成年猫最小需求量近似。但是，前者的绝对摄入量要高一些，因为总能量的需要增加了。因此，总脂肪的推荐供应量依然为 9%DM。

2. 缺乏或过量的表现

多不饱和脂肪酸缺乏症见于营养不良的猫或食用劣质食物的猫，症状是皮肤干燥、毛发暗沉和角质脂溢（皮肤油腻）紊乱。通过给猫饲喂含植物油的半纯合饲粮，Rivers 和同事做了一系列有关猫科动物脂肪酸代谢的试验，发现猫的肝脏缺乏催化由 LA 合成 AA 及由 ALA 合成 EPA 的 Δ-6 脱饱和酶。患必需脂肪酸缺乏症的猫其被毛干燥无光泽、有皮屑、行为不活跃，还伴有肝脏脂肪渗透；此外，其饲料利用率下降而体增重保持不变、肾脏轻度矿化和血小板凝集改变；同时伴有脂肪肝增大和肾脏脂肪组织渗透。

二、宠物对必需脂肪酸的需求

（一）犬对必需脂肪酸的需求特点

1. 需要量和供给量

目前，ω-3 脂肪酸被用于治疗多种疾病，包括肿瘤、皮肤病、高脂血症、心血管疾病、肾脏疾病、胃肠疾病和骨科疾病，还可能对一些其他的疾病有益，包括神经系统疾病、哮喘和行为问题。鱼油的治疗效果在别处也有讨论。如果观察到不良反应，很可能是依赖于剂量的。有必要了解 ω-3 脂肪酸的用量，以了解需要补充多少鱼油，或推荐 ω-3 补充剂时的膳食浓度。ω-3 脂肪酸的供给可以表示为每千克体重 ω-3 脂肪酸总量的毫克数；如每千克 EPA 和 DHA 的毫克数克体重或代谢体重；以每能量为基础的膳食量（每 100 或 1 000 千卡的克或毫克）；或以每重量为基础的膳食量（以饲料或干物质为基础的每 100 克膳食的克数或毫克数）。ω-3 脂肪酸的含量也可以表示为 ω-6∶ω-3 脂肪酸的比例，或表示为“功能性”脂肪酸（LA＋AA∶EPA＋DHA）的比例。同样的酶也参与了 ω-6 和 ω-3 脂肪酸的代谢，导致了这些脂肪酸在进入细胞膜和其他生物特性方面的竞争。因此，膳食中 LA 相对于 ALA 的过量或不足可能影响下游产品的转化率。由于这个原因，膳食中 ω-6 与 ω-3 脂肪酸的含量通常表示为膳食中 ω-6∶ω-3 与绝对含量的比值。但 ALA 并不等同于 EPA 和 DHA，单凭总 ω-6∶ω-3 比值并不能准确描述日粮中脂肪酸组成。一种总 ω-3 脂肪酸浓度高的产品可能含有高浓度的 ALA，高浓度的 EPA 和 DHA，或这些脂肪酸的组合。由于与富含 EPA 和 DHA 的饮食相比，含有 ALA 的饮食具有不同的效果，ω-3 脂肪酸的类型是至关重要的信息，缺乏对这些脂肪酸的区分可能会影响早期研究结果。

不幸的是，所有药物、膳食补充剂或保健品都有潜在的副作用。尽管有上述益处，但使用 ω-3 脂肪酸仍有潜在的风险。医生应该了解补充 ω-3 脂肪酸可能产生的不良影响，应该在评估潜在风险的同时评估潜在益处。NRC（2006）指出，EPA+DHA 结合量的安全上限为 2 800 mg/1 000 kcal，这相当于一只 10 kg 重的犬摄入 2 080 mg。目前，没有足够的已发表的数据可用来设定猫的安全上限。

2. 缺乏或过量的表现

必需脂肪酸缺乏主要表现在皮肤损伤，主要症状包括鳞状皮肤、皮屑增多、皮脂腺肥大与皮脂黏度增加、伤口愈合力下降以及表皮水分损失增加、皮肤形成脓皮症，脱毛、水肿，外耳道、趾间出现湿性皮肤炎。

此外，必需脂肪酸缺乏的临床症状还包括发育不良、繁殖异常、免疫机能异常等其他器官的退化。因摄入 α- 亚麻酸不足导致 ω-3 型多不饱和脂肪酸缺乏症的临床表现更加敏感，如视觉灵敏度下降、视网膜电流扫描异常、多发性神经病和学习能力下降等。亚麻酸可以在动物体中转化为 EPA 和 DHA，但如果亚油酸摄入过量，会导致亚麻酸无法吸收。亚油酸代谢产物过多可引起炎症、过敏等；补充过量亚麻酸代谢产物（EPA/DHA）则引起免疫力低下，伤口不容易止血。

（二）猫对必需脂肪酸的需求特点

1. 需要量和供给量

猫日粮推荐至少含占干物质 0.5% 的亚油酸和 0.02% 的花生四烯酸用于生长、繁殖和成年动物的维持。为了确保满足这些脂肪酸的需要，提高日粮的适口性，保证脂溶性维生素的运输和提供日粮充足的能量，AAFCO（2021）推荐日粮中脂肪的最小添加量为 9%（以干物质为基础）。早期的研究表明，猫能耐受日粮非常高的脂肪水平，当给猫饲喂脂肪含量为干物质 64% 的日粮时，未对消化道和心血管造成不良影响。猫日粮中高水平的脂肪（尤其是必需脂肪酸）常用于提高日粮的适口性和改善皮毛状况。猫是高密度脂蛋白哺乳动物，能够表达抗动脉粥样硬化的特性。因此，它们能够耐受高脂肪浓度的饲粮。

2. 缺乏的表现

（1）影响被毛健康生长，不利于猫的正常生长发育

猫如果缺乏必需脂肪酸，会生长不良、无精打采，增加被疾病感染的风险。据报道，成年猫缺乏亚油酸会倦怠、被毛干燥有皮屑、易感性增强。猫作为伴侣动物，皮毛亮泽是其健康的重要指标，日粮中应提供体内不能合成或合成不足的不饱和脂肪酸（亚油酸），但不饱和脂肪酸的含量不能过高，否则易造成猫黄脂肪病。

（2）影响机体内某些器官正常功能的发挥并引发疾病，危害猫健康

缺乏必需脂肪酸还会导致猫出现肝肿大、脂肪肝、肾功能不正常和肾矿化等现象，严重危害猫的健康生长。

（3）其他症状

其他的必需脂肪酸缺乏症包括食物利用率下降、鳞状皮肤、皮肤失水。猫缺乏花生四烯酸会对血小板功能产生不利影响，包括血小板聚集和血小板减少，另外还会有不能生育、体况差、皮肤鳞化等表现。

本 章 小 结

详见数字课程 e。

复习思考题

一、名词解释

脂质、脂肪酸、必需脂肪酸、多不饱和脂肪酸

二、问答题

1. 简述脂质在犬猫体内的消化过程。
2. 简述必需脂肪酸对犬猫的营养作用。
3. 脂质在犬猫体内是如何被消化吸收的？其代谢过程是怎样的？
4. 犬猫对必需脂肪酸有什么需求特点？在饲喂过程中应该注意哪些问题？

三、开放性讨论

1. 实际应用中，如何充分发挥脂质的功能，使其对犬猫的营养作用发挥到最大？
2. 脂质在皮肤病治疗中起什么作用及如何应用？

第六章

矿物质的营养

本章提要

宠物正常生命活动的维持离不开矿物质，矿物质分常量矿物元素和微量矿物元素。矿物元素不仅参与机体的组成（如骨骼、牙齿），还作为酶的成分参与生物代谢过程，并对维持机体酸碱平衡起重要作用，是其他任何一种营养素都无法替代的。本章阐述了矿物质的概念、分类、功能、缺乏症、吸收和代谢以及宠物对矿物元素的营养需要和利用特点。

知识导图

- 矿物质营养
  - 矿物质的概述
    - 宠物体内矿物质的种类
    - 矿物质的消化吸收和代谢
    - 矿物质的主要功能
    - 矿物质的缺乏和过量
    - 矿物质吸收利用率的评估
    - 食物和水中的矿物质
  - 常量矿物质元素（Ca、P、Mg、K、Na、Cl）
    - 体内含量与分布
    - 吸收与代谢
    - 生理功能
    - 缺乏症与过量危害
    - 需要与供给
  - 微量矿物质元素（Fe、Zn、Cu、Mn、I、Se等）
    - 体内含量与分布
    - 吸收与代谢
    - 生理功能
    - 缺乏症与过量危害
    - 需要与供给

第一节 矿物质的概述

一、宠物体内矿物元素的种类

动物体内有60多种矿物元素，其总量不超过体重的4%~5%，是构成体组织和骨骼的成分，同时具有调节机体代谢、促进生长发育等生理作用。对犬猫而言，大约有12种矿物质元素是必需的。必需矿物元素是指对犬猫的正常生长发育及繁殖有明确的生理功能，必须由食物提供，其不足或过量都会引起机体代谢紊乱或出现异常，及时补充则缺乏症消失，这类矿物元素被称为必需矿物元素。在犬猫的营养和日粮供应中，我们需要特别关注这些必需矿物元素。

矿物元素根据其在体内含量分为常量矿物元素和微量矿物元素。常量矿物元素（macroelement）是指在动物体内含量高于0.01%的元素，主要有钙（Ca）、磷（P）、镁（Mg）、钠（Na）、钾（K）、氯（Cl）和硫（S）元素。

微量矿物元素（microelement）是指在动物体内含量低于0.01%的元素，包括铁（Fe）、铜（Cu）、锰（Mn）、锌（Zn）、碘（I）和硒（Se）等6种。其他元素如钴（Co）、铬（Cr）、钼（Mo）、硼（B）和氟（F）等是否为犬猫的必需矿物元素尚无定论。

犬猫体内矿物元素的存在形式多种多样，但主要是以与蛋白质及氨基酸相结合的形式存在，也有以游离状态的形式存在。矿物质的量在体内随年龄增加而增加，但元素间比例变化不大。矿物质在体内分布极不均匀，如钙、磷主要存在于骨骼和牙齿中，铁集中于红细胞，碘在甲状腺中，钴集中于造血器官，锌存在于肌肉组织等。

二、矿物质的消化吸收和代谢

矿物质与有机营养素不同，它们既不能在犬猫体内合成，也不会在体内的代谢过程中消失，但可通过粪尿排出体外。矿物元素在体内不断地进行着吸收和排出、沉积和分解，重复利用，从而保持动态平衡，维持动物重要的生理功能。矿物质缺乏和过量都会对动物机体产生损害，导致某些疾病。

大多数矿物质在消化道中以离子形式被机体吸收，十二指肠为矿物元素吸收的主要部位。矿物元素溶解成离子形态后，主要与肠黏膜上的蛋白载体结合，以主动吸收的方式进入血液。幼龄动物主要以离子扩散形式进行被动吸收，随年龄增加，转为以主动吸收为主。矿物质吸收率受机体中元素化学形态、元素含量、肠道内环境等多种因素影响，一般在10%~80%。矿物元素间存在相互作用，某种元素的缺乏或过量会影响其他矿物元素的吸收、代谢和功能，因此矿物元素之间应该有合适的比例，如钙与磷，铁、锌、锰、铜间等。

三、矿物质的主要功能

不同矿物元素分布在体内不同组织和器官中，发挥不同的生理功能，主要生理功能有：

（一）构成机体组织的重要成分

钙、磷和镁是骨骼和牙齿的重要成分，对维持骨和牙齿的硬度有重要作用，磷还是构成组织蛋白的成分。

（二）维持体内渗透压平衡和酸碱平衡

钠、钾和氯离子在细胞内外液中与蛋白质一起调节细胞膜的通透性、控制水分、维持着细胞内外的渗透压平衡。通过酸性离子（氯、磷）和碱性（钠、钾、镁）无机离子的适当配合，维持机体酸碱平衡。

（三）维持神经、肌肉兴奋性

一定比例的 K^+、Na^+、Ca^{2+}、Mg^{2+} 是维持神经肌肉兴奋性、细胞膜通透性以及细胞正常功能的必要条件。如 K^+ 和 Na^+ 可提高神经肌肉的兴奋性，而 Ca^{2+} 和 Mg^{2+} 则可降低其兴奋性，还可以充当第二信使，并具有传递细胞信号功能。

（四）作为酶的成分参与代谢活动

矿物元素通过与某些蛋白质结合，构成酶的辅基及激素的活性因子，参与体内物质和能量代谢、免疫、激素调节和基因表达的调控等重要生理功能。

（五）参与核酸代谢

磷、锌、锰、铜等矿物元素在 DNA 和 RNA 代谢中发挥重要作用。

四、矿物质的缺乏和过量

矿物质在动物体内不断进行周转代谢，并始终保持动态平衡，维持动物正常生理机能。矿物质的缺乏和过量都会对动物机体产生损害，导致某些疾病。犬猫矿物质的缺乏可通过试验的方法诱发产生，饲喂了配制不正确的“家制食物”的犬猫，会出现矿物元素营养缺乏的临床症状。此外，一些在饲粮中有利于犬猫健康的必需元素摄入过量时，也可引起临床异常反应。表 6–1 列出不同矿物元素缺乏症和过量可能造成的危害。

表 6–1 矿物元素的不足引起的缺乏症和过量的危害

矿物质	缺乏症	过量后果
钙	佝偻病、骨质软化症、产后瘫痪	骨骼发育障碍；导致元素缺乏
磷	与缺钙相似	导致缺钙
镁	软组织钙化，长骨断端膨大、神经肌肉过敏	
铁	小细胞低色素性贫血	根据需要调节吸收，过量少见
铜	贫血，骨骼生长障碍，脱毛	遗传性铜代谢紊乱引发肝脏疾病
锌	皮肤病、毛发脱发、生长迟缓、繁殖障碍	导致缺乏钙和铜
锰	骨骼生长受损，繁殖障碍	过量少见
碘	甲状腺肿、生长迟缓、繁殖障碍	甲状腺肿

引自：Case 等，2020

五、矿物元素吸收利用率的评估

不同来源的矿物元素在宠物体内的消化吸收率存在很大的差异，同一种元素不同来源（植物、动物或矿物质），犬猫对其消化和吸收也完全不同，如犬猫对植酸磷中磷的利用率为 30%，而对动物骨粉和磷酸盐中磷的利用率在 80% 以上。

（一）矿物元素消化吸收率

通过饲养试验测定某种元素采食量和粪便排出量之差，可以计算出该元素的表观消化率。由于矿物元素的消化吸收受消化道内源排泄量影响很大，必须排除内源干扰得到真消化率。

某元素消化率（%）=（食入某元素量 – 粪中某元素量）/ 食入某元素量 ×100%（表观消化率）

某元素吸收率（%）=［食入某元素量 –（粪中某元素量 – 内源某元素量）］/ 食入某元素量 ×100%（真消化率）

矿物元素的消化道内源量很难测定，一般测定矿物元素的净利用率，即将含有某元素的化合物（原料）按高低两个水平处理试验动物，测定两组动物粪中该元素的排出量，两组沉积量的差比进食量的差的百分比即为该元素的净利用率。

（二）矿物元素相对利用率

将两种含同一元素的化合物（原料）按该元素总量为同一剂量分别饲喂两组动物，根据两组动物的生长反映或某一生理生化指标的变化，比较该元素的相对利用率。

$$相对利用率 = G_2/G_1 \times 100\%$$

G_2、G_1 分别代表两种化合物某生理生化指标的变化。

六、食物和水中的矿物元素

（一）犬猫常用原料中的矿物元素

植物原料中矿物元素取决于生长环境中的土壤和水，不同的植物品种中微量元素含量也存在极大的差异。土壤和水中的矿物元素含量、存在形式、植物的吸收力是影响植物矿物元素含量的主要因素。表 6–2 列出了犬猫常见食品原料中矿物元素含量。

1. 豆类

豆类中的矿物元素比较丰富，锌、铁、锰等矿物质元素含量较高。但因其与“植酸”等抗营养因子结合，导致微量元素吸收利用率较低。

2. 谷物类

谷物类主要表现为钙少磷多，钠少钾多，微量元素含量与其生长环境略有差异。

3. 蔬菜类

蔬菜的水分太多，微量元素含量比较低，但如按照干物质含量来计算的话，钾、镁等元素含量较高，也有丰富的铁、锌、锰、硒等元素。一般来说，蔬菜的颜色越深，微量元素含量越多。

4. 肉类

肉类是铁和锌的良好来源，其中铜、锰、硒等微量元素也比较丰富。肉类当中含有的血红素铁最易吸收，可以直接用来合成机体的血红蛋白。肉的颜色越红，所含血红素铁越多，肝脏、心脏、肾脏和红色瘦肉均为良好的铁源。

5. 水产类

水产类是几乎所有微量元素的优质来源，贝类、软体动物类等的微量元素含量最高，海产品中的碘和硒含量特别丰富。每周喂给一次海鱼或其他海鲜，可在一定程度预防宠物微量元素的缺乏。

表 6-2 犬猫常见原料中矿物元素含量

	干物质 /%	钙 /%	磷 /%	镁 /%	钾 /%	钠 /%	氯 /%	铜 /（mg·kg^{-1}）	铁 /（mg·kg^{-1}）	锰 /（mg·kg^{-1}）	硒 /（mg·kg^{-1}）	锌 /（mg·kg^{-1}）
熏制猪肉	68.4	0.01	0.14	0.01	0.15	0.73		0.64	6	0	0.25	12
牛肉	40.6	0.49	0.32	0.02	0.28	0.06		0.56	57	0	0.21	36
鸡肉	38.2	0.01	0.17	0.02	0.2	0.07		0.74	10	0	0.14	12
鸡蛋	96.6	0.22	0.82	0.04	0.49	0.52		1.96	68	1	1.2	53
家禽副产物	93.5	3.5	2.05	0.21	0.58	0.35	0.55	14	470	11	0.78	120
鱼粉	91.2	4.87	2.78	0.18	0.68	0.62	0.75	6.41	518	29	2.06	102
玉米	89.3	0.01	0.23	0.11	0.3	0.03	0.04	3.11	29	6	0.13	21
大米	88.1	0.01	0.1	0.04	0.08	0.01		1.3	4	12	0.15	8
小麦粉	89.7	0.03	0.01	0.14	0.41	0.01		3.82	39	38	0.71	29
全脂烤豆粉	96.2	0.19	0.48	0.37	2.04	0.01		22.21	58	21	0.08	36
豆粕	89.1	0.35	0.63	0.28	1.98	0.03	0.08	19.75	162	31	0.19	50

（二）饮水中的微量元素

不同地区水中的矿物元素含量存在差异，饮用水中适量且平衡的矿物质对动物的健康和生产具有重要意义。当水中矿物质含量超标时，会危害机体健康。水中最容易出现中毒的矿物元素是动物需要量极低或不需要的元素，如硒、砷、铅、汞、氟等。因此，保证水质对宠物营养也是非常重要。

第二节 常量元素的营养作用

一、钙

（一）体内分布及状态

钙（Ca）是体内含量最多的矿物质元素，平均占体重的 1.5% ~ 2.0%。幼犬出生时 Ca 含量接近体重的 0.6%，成年时增加到约为体重的 1.2%；猫幼年时与犬差不多，成年时稍高一点，大概为体重的 1.5%。体内 99% 的钙集中在骨骼和牙齿当中，主要以羟基磷灰石的形式存在，少量为磷酸钙，磷酸钙是羟磷灰石的前体。体内其余的钙以游离或结合形式贮存在体液和软组织中，并与骨骼钙保持动态平衡。血钙几乎全部存在于血清中，含量较为稳定。血钙与骨骼钙维持的动态平衡为维持体内细胞正常生理状态所必需。犬血钙的正常参考值范围为 212 ~ 310 mmol/L。

（二）生物学功能

钙具有多种生物学功能，主要有：

1. 作为骨骼和牙齿的成分

钙与磷一起形成起羟磷灰石，是构成骨骼、牙齿的主要成分，起到支持和保护作用。

2. 维持神经肌肉兴奋性

钙离子参与骨骼肌和心肌的收缩，维持神经肌肉兴奋性。

3. 调节酶的活性

钙对体内某些酶（三磷酸腺苷酶、琥珀酸脱氢酶、脂肪酶、蛋白质分解酶等）的活性有调节作用。

4. 促进激素分泌

钙促进一些激素（如胰岛素、儿茶酚胺、肾上腺皮质固醇等）的分泌。

5. 促进凝血

钙参与凝血过程，维持体液酸碱平衡以及细胞内胶质稳定性等。

（三）吸收与代谢

1. 吸收和排泄

食物中钙在胃酸的作用下转变为游离 Ca^{2+}，随后在 1，25-（OH）$_2$D$_3$ 的参与下与小肠肠黏膜细胞内蛋白形成钙结合蛋白质（Calcium binding protein，CaBP），经主动吸收进入细胞膜内，少量以螯合形式或游离形式吸收。钙磷化合物必须在肠道刷状缘细胞上溶解后才能被吸收。钙吸收率一般在 20% ~ 60%，当体内缺钙或生理需钙量增加时，吸收率会有所增高。钙主要在十二指肠吸收，通过粪和尿两个途径排泄。

2. 影响犬猫对钙磷吸收的因素

（1）钙浓度 犬猫对钙的吸收利用率随钙浓度的增加而降低。给 13 ~ 25 周龄的迷你贵妇犬饲喂钙浓度为0.33%、1.10%和3.30%的混合干性饲粮，钙吸收率分别为70%～90%、28%～53%和37%～50%（Nap等，1993）。对14～26周龄的大丹犬的研究发现，犬粮中钙浓度分别为5.5 g/kg、11 g/kg和23 g/kg（DM基础）时，钙的真吸收率分别为70%～97%、45%～66%和23%～43%（Hazewinkel等，1991）。同犬科动物相比，猫科动物对钙吸收的数据资料较少。分别给幼猫饲喂含钙0.67%和1.23%（DM基础）的饲粮，幼猫钙平均表观吸收率分别为45%和24%。

（2）肠道的环境　肠道中pH降低（如乳糖发酵）、食物成分中蛋白质和氨基酸充足、维生素D_3增加等，都能促进钙和磷的吸收。其他碱性药物，如抗酸药、四环素、肝素等可使胃肠道pH升高，降低钙的吸收。肠道内与钙形成不溶性复合物的物质均干扰钙的吸收，如草酸盐、植酸盐以及脂肪酸都能与钙结合成难于吸收的钙盐，降低钙吸收。其他矿物元素如磷、铁、镁、铝与磷形成难溶性钙盐而影响其吸收。

（3）食物中钙磷比例　钙磷比例会影响钙磷的吸收，过量的钙会与磷结合，产生不溶性的复合物，降低磷的吸收率，反之，食物中高水平的磷会抑制钙的吸收。犬猫钙磷的比例一般在1∶1～2∶1之间。高钙和高磷都会导致钙磷比例失衡。

3. 代谢

体内钙代谢的平衡主要由甲状旁腺素（parathormone，PTH）、1,25-$(OH)_2D_3$和降钙素调节。甲状旁腺素通过促进成骨和溶骨的双重作用升高血钙。小剂量PTH可促进成骨作用，而大剂量则可促进溶骨作用。PTH还能增加肾近曲小管对Ca^{2+}的重吸收，降低肾磷排泄阈并抑制肾小管对磷的重吸收。其结果使尿钙减少，尿磷增多，最终使血钙升高，血磷降低。

1,25-$(OH)_2D_3$可促进小肠对钙、磷的吸收，还可在促进肾对钙磷的吸收。1,25-$(OH)_2D_3$对骨亦有溶骨和成骨的双重作用。在钙、磷供应充足时，1,25-$(OH)_2D_3$主要促进成骨；当血钙降低或肠道钙吸收不足时，主要促进溶骨，使血钙升高。1,25-$(OH)_2D_3$可促进肾小管对钙、磷的重吸收。

降钙素（Calcitonin，CT）直接抑制破骨细胞的生成，加速破骨细胞转化为成骨细胞，增强成骨作用，抑制骨盐溶解，降低血钙和血磷浓度。CT直接抑制肾小管对钙、磷离子的重吸收，使尿磷，尿钙排出增多，同时还可通过抑制肾α-羟化酶而减少1,25-$(OH)_2D_3$的生成，间接抑制肠道对钙、磷的吸收率，使血浆钙、磷水平下降。当犬猫血钙降低时，刺激贮存的PTH释放，促进骨基质及骨盐溶解，动员骨中钙进入血液；PTH还可促进肾小管对钙的重吸收，抑制磷的重吸收；同时刺激肾脏合成活性维生素D（1,25-$(OH)_2D_3$），间接促进小肠对钙、磷的吸收。

活性维生素D还可与PTH共同作用，增加破骨细胞活性，动员更多的骨钙。当血液钙含量偏高时，通过负反馈机制抑制PTH分泌，同时释放出降钙素，增加成骨细胞活性，降低破骨细胞活性和血钙水平。在正常犬猫体内，通过PTH、CT、1,25-$(OH)_2D_3$三者的相互制约，相互协调，保持血钙浓度的相对恒定。

（四）缺乏与过量

1. 钙缺乏症

当犬猫饲喂以肉类为主的自制犬猫粮时，肉类和内脏器官含磷较高但缺乏钙，它们的钙磷比例为1∶15～20，钙磷比例严重失衡，更易导致钙缺乏。饲粮中钙缺乏导致营养性继发甲状旁腺机能亢进（NSHP），流入细胞外液的钙减少，导致钙离子的浓度降低，进而刺激 PTH 分泌。血浆中 PTH 浓度的增加，促进骨化三醇的形成，促进骨骼钙重吸收，使钙离子循环恢复到正常浓度水平。长期慢性钙缺乏使骨沉积矿物质含量严重降低，引起骨骼异常，容易骨折。钙缺乏的典型症状有佝偻病、骨软化症和产后瘫痪。

（1）佝偻病　为幼龄动物缺乏钙的典型症状，主要表现为生长发育迟缓，血钙含量下降，骨结构异常，骨钙化不良，骨骼变形。藏獒育成犬在矿物质营养代谢中最常发生的是犬的 Ca、P 代谢紊乱和不足，出现佝偻病，这种现象多发生在 2～3 月龄的育成犬。

（2）骨软化症　多出现在成年动物，主要表现为肋骨和其他骨骼因大量的沉积矿物质分解而形成蜂窝状，容易造成骨折、骨骼变形等。

（3）产后瘫痪　妊娠犬猫怀孕的最后几周，身体体形急剧变化，钙、磷以及其他的矿物元素的需求量剧增，在生产和哺乳期钙的需求量变成原来的 2～3 倍，磷的需求量增加 5～8 倍，如供应不足，极易造成妊娠犬猫钙磷缺乏症——产后瘫痪症。

试验表明饲喂含钙为 0.55% 的干饲料的大丹犬幼犬出现了 NSHP 的几个严重的症状，包括病理性骨折；幼犬 8 周龄时开始饲喂到 5 月龄时临床症状变得严重，出现轻度软骨病（Hazewinkel 等，1991）。以平均含钙 0.66%（2.2 g/1 000 kcal ME）的饲粮喂几种中型或大型犬（包括英国赛特种猎犬、德国牧羊犬、拉布拉多猎犬和爱斯基摩犬）5～10 周后，发现它们生长缓慢，饲料利用率降低。

猫的钙缺乏症也可通过饲喂缺钙日粮诱导，给幼猫饲喂主要由生牛心组成的饲料（约含钙 0.30% DM 基础），试验幼猫骨骼变薄，尤其是腰椎易弯曲，其次是骨盆易碎；X 射线显示其骨骼有明显矿物质损失。当饲喂含钙 1.0% 和磷 0.5% 的饲料时，幼猫钙缺乏的临床症状可得到改善并消失。

2. 钙过量与中毒

摄入过量钙可引起严重的骨骼异常，尤其是对处于生长阶段的大型犬的幼犬在自由采食的情况下，饲喂大丹犬幼犬含钙量为 2.04% 的犬粮，到 1 岁时出现了病理性骨骼变化，包括软骨病、骨周转效率低、骨沉积增加等。给大丹犬幼犬喂含钙 3.3% 的犬粮，出现软骨病、骨弯曲和生长受阻（Hazewinkel 等，1985）。因此，给生长犬摄入过量的日粮钙，可引起临床骨异常。钙摄入过多增加了肾结石的危险性；高钙血症还可引起奶碱综合征；高钙摄入还会干扰其他矿物质如锌、铁的生物利用率。

给小猫饲喂高浓度钙（如 1.23%）的猫粮，猫的采食量降低，生长减缓，血清中离子钙和总钙浓度升高，钙的表观利用率下降，骨骼矿物质密度增加。

（五）需要量和供给

1. 犬对钙的需要量

幼犬一昼夜需要钙为 528 mg/kg 体重，成年犬为 264 mg/kg 体重。犬猫在喂给富含肉制品的食品时需要补充钙。生长期幼犬钙的最小需要量（MR）因其品种和体型大小的不同而存在很大差异，为满足不同体型品种的幼犬，其钙 MR 为 2.0 g/1 000 kcal ME（含钙 0.82%）；钙的推荐供给量（RA）为 3.0 g/1 000 kcal ME（含钙 1.2%）。成年犬钙的推荐供给量（RA）为 1.0 g/1 000 kcal ME（含钙 0.4%），妊娠期和哺乳后钙的推荐供给量（RA）分别为 1.6 g/1 000 kcal ME（含钙 0.64%）和 1.9 g/1 000 kcal ME（含钙 0.8%）。

2. 猫对钙的需要量

相比于犬科动物，猫对钙需要量在种属间差异较小，猫对钙的需求随年龄增长而降低，当钙磷比适中时，幼猫的钙需求为 200～400 mg/d，钙的推荐供给量（RA）为

2.0 g/1 000 kcal ME（含钙 0.8%）。成年猫一般处于钙平衡，尿钙损失和内源粪钙损失低（分别为 1 mg/kg BW 和 20 mg/kg BW），成年猫钙的推荐供给量（RA）为含钙 0.2% ~ 0.3%（DM）即能满足成年猫对钙的需求。哺乳母猫钙的推荐供给量（RA）为 2.7 g/1000 kcal ME（含钙 1.0%）。

3. 钙的供给

不同食物来源中钙的含量存在差异，骨、奶副产品、豆类植物含大量钙，谷类和肉类及内脏组织含钙量极少。奶和奶制品是最佳的钙来源，发酵的酸奶更有利于钙的吸收。水产品、豆制品含钙也很丰富，谷类及肉类含钙较低。

宠物食品中常用的钙源包括：肉骨粉（10% Ca）、骨粉（31.0% Ca）、磷酸氢钙（22% Ca）、磷酸二氢钙（16.4% Ca）、碳酸钙（39.4% Ca）、葡萄糖酸钙、乳酸钙、甘氨酸钙、柠檬酸钙等。

二、磷

（一）体内分布及状态

磷（P）是体内除钙外含量最多的矿物质元素，新生幼仔犬体内的磷浓度约为体重的 0.47%，成年时增加到 0.59%。新生幼猫和成年猫体内磷的浓度分别为体重的 0.38% 和 0.91%。体内 80% 的磷集中在骨骼和牙齿中，10% ~ 15% 的磷与蛋白质、脂肪、糖等有机物结合参与构成软组织，分布于几乎所有组织细胞中，约一半在肌肉。血磷、骨磷、细胞的无机磷酸盐以及细胞代谢的有机磷化合物均处于动态平衡中，血磷浓度不及血钙稳定，肾脏对磷的稳定有重要调节作用，甲状旁腺素、1,25-（OH）$_2$D$_3$ 和降钙素对磷的平衡有重要作用。

（二）生物学功能

磷具有多种生物学功能：

1. 构成骨骼、牙齿及软组织的重要成分；

2. 参与构成 ATP 及磷酸肌酸组成，调节能量代谢；

3. 是许多维持生命的重要化合物的成分，如磷脂、磷蛋白、核酸（DNA 和 RNA）、激素的第二信使环腺苷单磷酸（cATP）、环鸟苷单磷酸和多磷酸肌酸等；

4. 是体内多种酶的重要成分，如硫胺素焦磷酸酯（TPP）、黄素腺嘌呤二核苷酸（FAD）及烟酰胺腺嘌呤二核苷酸（NAD^+）等；

5. 通过磷酸盐组成缓冲体系参与调节体内酸碱平衡。

（三）吸收与代谢

犬猫食品中的磷主要以无机磷酸盐和有机磷酸盐两种形式存在，磷主要通过离子形式被肠道吸收，有机磷需水解释放出无机磷后被吸收。犬猫对磷的吸收决定于饲粮中钙含量和钙磷比，高钙含量可显著降低磷的吸收率，生长期大丹犬含磷 0.82% 以及含钙 1.04% 或 3.11% 的饲粮，磷的表观吸收率分别为 65% ~ 70% 和 25% ~ 50%。生长期德国牧羊犬饲喂含磷 0.17% ~ 0.53% 的饲粮，其对磷的表观吸收率为 30% ~ 76%。不同来源的磷对猫的吸收率有很大的影响，无机矿物磷高于动物源性磷，后者又高于植物源性磷。犬猫对植酸磷的表观吸收率范围为 13.5% ~ 26%。年龄对磷吸收率也有影响，年龄愈小吸收愈高。

（四）缺乏与过量

犬猫食品中一般都含有丰富的磷，一般不会缺乏。在严重磷缺乏和磷耗竭时可发生低磷血症，表现为厌食、贫血、骨痛、佝偻病和骨软化等。饲喂足够的钙而磷不足也会影响钙的吸收率，长期饲喂这种日粮将发生骨质松质、疼痛，有时会发生骨折和瘫痪。已有报道给幼犬饲喂低磷日粮（磷 0.3% 和钙 0.6%），幼犬血磷和骨粉磷浓度降低，体重停止生长甚至下降，食欲差，前肢和髋关节突出肿胀。猫出现磷缺乏的报道仅有一例，成年猫饲喂含磷 0.21% 且含钙 0.83% 的饲粮，可导致磷缺乏，表现为溶血性贫血，运动系统障碍和代谢性酸中毒。

摄入磷过量可发生高磷血症，影响骨骼中骨细胞与破骨细胞的形成，造成骨萎缩性危害，同时还会引起非骨组织的钙化。而当磷的摄入远多于钙时，会影响钙的吸收。过量的维生素 D 和钙磷水平会导致骨骼过分钙化，使牙齿变态和使软组织矿化。

（五）需要与供给

幼犬一昼夜磷的需要量为 440 mg/kg 体重，成年犬为 220 mg/kg 体重。将幼犬饲喂标准生长日粮（如干性食品）磷的吸收率设定为 50%，生长期幼犬磷的推荐量为 2.2 g/1 000 kcal ME（0.82% DM）。成年犬和泌乳期犬的需要量分别为 0.75 g/1 000 kcal ME（0.3% DM）和 1.2 g/1 000 kcal ME（0.6% DM）。磷的需要量与钙有关，一般钙磷比值在 1：1～1.5 之间最佳。

幼猫一昼夜磷的需要量为 400 mg/kg 体重。经研究幼猫磷的供应量为 1.2 g/kcal ME（0.5% DM）；如钙含量过高，成年猫的磷需要量为 1.8 g/1 000 kcal ME（0.9% DM），后者可视为幼猫磷的推荐量（RA）。成年猫和泌乳猫的需要量分别为 0.35 g/1 000 kcal ME（0.15% DM）和 1.9 g/1 000 kcal ME（0.75% DM）；如钙含量过高，成年猫的磷需要量为 0.64 g/1 000 kcal ME（0.22% DM）。

犬猫食品中磷的来源广泛，一般都能满足。尽管谷类种子中磷因植酸的存在而难于利用，但瘦肉、蛋、奶、肝、肾中磷含量都很高，是磷的重要来源。海带、紫菜、花生、干豆类、坚果和粗粮等含磷也很丰富。鲜肉制品、动物骨架含有较高的钙磷比，可作为猫粮和犬粮中磷的来源，如肉骨粉含磷 4.46%；鱼粉含磷 3.05%；骨粉含磷 12.86%；磷酸氢钙含磷 16.0%。

三、镁

（一）含量和分布

镁（Mg）是机体细胞的重要阳离子，初生幼猫和成年猫中镁含量分别为体重的 0.2% 和 0.4%，在新生犬中镁含量为体重的 0.1%，60%～70% 的镁以磷酸盐和碳酸盐的形式存在于骨骼和牙齿中，骨镁 1/3 以磷酸盐形式存在，2/3 吸附在矿物质元素结构表面。30%～40% 的镁存在于软组织中，以肝和肌肉浓度最高。镁在细胞内主要存在于线粒体中，仅次于钾和磷，在细胞外液仅次于钠和钙。

高钙高磷会降低小肠对镁的吸收。含量过高时，会与镁形成不溶解的磷酸镁盐，通过粪便排出体外。当这些镁盐在肾脏中形成时，会导致尿道结石，镁是否会在公猫尿道中形成尿结石（磷酸镁、磷酸铵）取决于尿液酸碱度，当公猫尿液 pH 高于 6.4 时，镁会增加尿结石的形成，当尿液呈碱性时尿结石的形成与日粮镁的含量成正比。在尿液 pH 低于 6.1 时，无论日粮镁浓度如何都不会形成尿结石。

（二）生理功能

1. 参与骨骼和牙齿组成

镁以磷酸盐、碳酸盐的形式参与骨骼和牙齿组成。镁与钙既有协同又有拮抗作用，当钙摄入不足时，适量的镁可代替钙，但是当镁摄入过量时会阻止骨骼的正常钙化。

2. 镁参与体内能量代谢，催化和激活 300 多种酶体系

作为酶的活化因子或直接参与酶组成，如磷酸酶、氧化酶、激酶、肽酶和精氨酸酶等，起到抗脂质过氧化作用，增强脂类代谢。镁离子是机体中各种酶反应的基本要素，与能量生产和肌肉神经的激活有关，参与血压调节、体温维持和葡萄糖代谢等活动。

3. 参与 DNA、RNA 和蛋白质合成

镁离子浓度降低到一定程度会影响脱氧核苷酸的合成和细胞生长，使蛋白质合成与利用减少，血清蛋白和免疫球蛋白的含量也降低。

4. 维持体液酸碱平衡和调节神经肌肉兴奋性

镁是细胞内液主要的阳离子之一，与钙、钠、钾一起维持体内的酸碱平衡和神经、肌肉的兴奋性。如血清镁浓度降低，会出现神经肌肉兴奋性增强、易激动、惊厥等症状。

5. 保护心血管

镁作用于周围血管系统会引起血管扩张，它能拮抗其他有害因素的毒性作用，维持心肌细胞的完整性和正常心率，大剂量镁可降低血压，减少心血管发病率和猝死率。

6. 利尿和轻泻作用

镁有促进胆汁分泌、中和胃酸、解痉挛的作用。

（三）吸收与代谢

镁主要在空肠末端和回肠吸收，吸收率一般为 30%。饲喂商品湿粮的成年犬，添加乳糖后镁的表观吸收率从 23% 增加到 30% ~ 36%；添加 10 g/kg 的果寡糖后镁吸收率由 14% 增加到 23%，原因可能是回肠的 pH 降低，镁的可溶性和吸收率增加。另外，食物中乳糖和氨基酸等可促进镁的吸收；高磷食物、草酸、植酸和食物纤维等降低镁的吸收；食物中含钙、磷过多则妨碍镁的吸收。在成年猫中，当饲粮中磷的含量从 2.8 g/kg 增加到 16.9 g/kg 时，镁（含镁 340 mg/kg）的表观吸收率从 46.15% 降低到 19.18%。随着猫年龄增加，镁的表观吸收率降低。

镁的排泄主要是通过肠道和肾脏，60% ~ 70% 的镁从粪便排出。

（四）缺乏与过量

镁缺乏症包括肌肉颤动、软弱、沮丧和高度过敏等。动物缺镁主要表现为厌食、生长受阻、过度兴奋、痉挛和肌肉抽搐，严重的导致昏迷死亡，血钙、血镁和血钾降低，胰岛素敏感性降低、骨质疏松症和心血管疾病等症状。

镁的缺乏在犬猫中非常少见。给刚断奶的杂种幼犬饲喂未添加镁的纯合干粮，可诱导镁缺乏的症状，幼犬表现为腕关节伸展过度，并且后腿瘫痪；而饲喂含镁 0.24% 的日粮后症状很快消失。给断奶杂种幼犬或比格犬饲喂含镁少于 0.14% 的纯合干粮 3 ~ 6 周，幼犬表现为厌食、体重减轻、腕关节过度伸展和后段运动失调。给比格犬饲喂含镁 0.136% 的饲粮，4 周后比格犬出现了镁缺乏的临床症状，包括跛脚和腕关节伸展过度（Stahlman 等，2000）。

猫的镁缺乏症也可通过饲喂低镁日粮诱导出来，通过给生长期幼猫饲喂含镁 42 mg/kg 的饲粮 3 周，引起其镁缺乏症，表现为生长缓慢和肌肉抽搐并导致腕部过度伸展。当给幼

猫饲喂含镁 85 mg/kg 的饲粮时，没有临床缺乏症状，而且生长速度正常，但是血清镁浓度比正常饲粮的幼猫低。成长期幼猫饲喂低镁日粮（0.01%）时血清镁离子减少，尿肌酸、尿镁浓度和 pH 降低。

（五）需要与供给

成年犬一昼夜需要镁 11 mg/kg 体重、幼犬需要镁 22 mg/kg 体重，妊娠和泌乳犬的需要量提高 2 倍。成年犬猫饲粮至少含镁 0.04%。试验发现导盲犬在冬季血清 Mg^{2+} 降低，夏季升高。

宠物食品的许多原料成分是镁的来源。粗面粉、大豆、谷类、奶和鱼粉含有大量的镁，肉类和淀粉类食物及牛乳中镁含量中等。在干物质基础上，肌肉含 0.1% 的镁，肉骨粉含镁 1.9%。各种谷物产品镁含量为 0.1% ~ 0.6%，豆粕镁含量约 0.3%。犬猫食品通常不需补充镁，从饮水中也可获得少量镁，硬水中含有较高的镁盐。

四、钠、钾与氯

（一）体内分布

钾（K）和钠（Na）是动物体内除钙外含量最多的阳离子，氯（Cl）是哺乳动物体内含量最高的阴离子，超过细胞外液和血浆中的阴离子总和的 2/3。新生幼犬猫体内钾、钠和氯含量分别为 0.21%、0.19% 和 0.16%；成年犬猫体内约为 0.23%、0.14% 和 0.13%。按无脂干物质计算钾、钠、氯含量分别为 0.3%、0.15% 和 0.1% ~ 0.15%。三种元素主要分布在体液和软组织中，钾主要存在于神经和肌肉细胞内；钠主要分布在细胞外的体液中；氯在细胞内外均有。

（二）生理功能

1. 钠、钾和氯通过参与细胞内外的活动，调节酸碱平衡，维持渗透压的稳定。

2. 细胞内的钾离子和细胞外的钠离子联合作用，可激活 Na^+–K^+–ATP 酶，维持神经肌肉的应激性和正常功能。

3. 钾离子维持心肌的正常功能和降低血压；氯离子参与胃中盐酸的形成和稳定神经细胞膜电位。

（三）吸收与代谢

犬猫对钠、钾和氯的吸收率高达 80% ~ 100%。钾和氯元素大部分在小肠吸收，而大约 80% 的钠是在结肠进行吸收。钠主要伴随糖和氨基酸的吸收而吸收。吸收的钾通过钠泵转入细胞内，使细胞内保持高钾。三种离子也可通过简单扩散吸收。

进入体内的钾和钠，主要通过肾脏、血液内环境（血管加压素、活性肽）等调节。交感神经系统也可调节肾脏控制钠滞留和排泄。体内 90% ~ 95% 的钠、钾和氯经尿排出，少部分经过粪便、汗腺和皮肤排出。

（四）缺乏与过量

以植物性原料为主的犬猫食品中钠易缺乏，其次是氯，钾一般不缺。以动物性食物为主时，一般不会发生钠缺乏。如过量出汗、严重腹泻、使用利尿剂等均可造成体内钠含量降低引起钠缺乏。犬猫饲喂低钠或低钾的纯化饲粮可诱导钠或钾缺乏症。给幼犬饲喂含钾 0.01% 的纯化饲粮，几周内幼犬出现生长缓慢并变得不安宁，第 7 周出现了颈部肌肉麻痹，导致头前侧屈曲，全身虚弱等症状，当日粮中钾浓度提高到 0.335% 时，临床症状消失，生长速度增加。幼猫饲喂含有钠 0.01% 的纯合饲料，出现了钠缺乏症状，包括有厌食、生长障碍和多尿；还出现血液浓缩，尿液比重降低，血浆醛固酮浓度增加等代谢变化，当换成含钠 0.2% 的食物时，幼猫异常现象全部消失。给成年比格犬饲喂含钠 0.016%（DM 基础）的饲粮，数天后出现犬心率增加、不安宁、水摄入量增加、尿排泄量增加、血细胞比容增加、血红蛋白浓度增加以及干性黏膜。

钠在体内不蓄积，过量钠摄入可引起高钠血症，出现口渴、面部潮红、烦躁不安、精神恍惚、昏迷等症状。成年犬饲喂钠含量约 1% 的饲粮显著增加血浆的容量，导致负钾平衡，如给足饮水，犬能代谢性适应钠摄入量的变化。然而，如果饲粮中钠含量为 2.9%，则适口性太差，甚至引起犬呕吐。急性过量摄入食盐，可引起急性钠中毒，出现水肿、血压上升、血浆胆固醇升高、胃黏膜上皮细胞破裂等症状，甚至死亡。钠中毒的最好治疗方法是饮用干净新鲜的水。

（五）需要与供给

成年犬一昼夜钾需要量为 220 mg/kg 体重（BW）、幼犬需要钾 440 mg/kgBW。犬猫食品最低钾含量为 0.6%。成年犬一昼夜需要氯 180 mg/kg BW、钠 60 mg/kg BW、氯化钠 375 mg/kg BW，犬猫对氯的需要量是钠的 1.5 倍，成年犬饲料至少含 0.06% 钠和 0.09% 氯，幼犬的需要量是这个量的 5 倍。幼猫粮至少含 0.2% 钠和 0.3% 氯，许多宠物食品中盐的含量高于这个量。AAFCO 在哺乳期的宠物食物的食盐推荐含量为 0.6% ~ 0.8%。氯化钠（食盐）在日粮中的最高耐受限为 2%。

钾的来源很广泛，大部分食物都含有钾，其中蔬菜和水果是钾的最好来源。钠和氯存在于所有的食物，但含量没有钾丰富。通过添加食盐可补充钠和氯的不足，还可以提高风味，提高日粮的适口性。

水果和蔬菜中的钠浓度很低，一般低于 1 g/kg（DM 基础）。在未加工的肉制品和乳制品中钠浓度较高，大约为 3 g/kg（DM 基础）或更高。加工产品，包括一些肉制品和奶酪，通常含有很高浓度的钠（Penning-ton，1998）。矿物盐通常含有非常高浓度的钠，氯化钠（食盐）含钠 39%；碳酸钠含钠 37%；碳酸氢钠含钠 27%；磷酸一氢钠含钠 16%。氯化钠和氯化钾是猫和犬的矿物质预混料中的主要成分。

第三节　微量元素的营养作用

一、铁

（一）机体含量与分布

动物体内含铁（Fe）约 30 ~ 70 mg/kg，平均 40 mg/kg。新生犬和成年犬体内的铁含量分别为 76 mg/kg BW 和 100 mg/kg BW。大约 67% 的铁存在于血色素中，27% 在巨噬细胞中，4% 在肌肉的肌细胞素中，其余的则存在于不同的酶中（细胞色素、细胞色素氧化酶、过氧化氢酶和过氧化物酶等），其余铁为储存铁，以铁蛋白和含铁血黄素形式存在于肝、脾、骨髓中。

（二）生理功能

1. 血红蛋白、肌红蛋白的成分

吸收进入体内的铁约 60% 在骨髓中合成血红蛋白。血红蛋白、肌红蛋白参与组织中氧气、二氧化碳的转运和交换过程。铁是血液红细胞的主要组成成分，缺铁性贫血是最常见的营养问题。

2. 促进组织呼吸活动和生物氧化

二价或三价铁激活糖类代谢的各种酶，参与细胞色素氧化酶、过氧化物酶、过氧化氢酶、黄嘌呤氧化酶的组织呼吸过程，促进生物氧化还原反应的进行。铁也是体内很多重要氧化还原反应过程中的电子传递体。

3. 生理防卫机能

转铁蛋白、乳铁蛋白在肠道能把游离铁离子结合成复合物，防止被大肠杆菌利用，有利于乳酸杆菌发挥作用，预防动物腹泻，促进抗体产生。

4. 其他功能

铁参与脂类在血液中的转运，参与药物在肝脏中的解毒过程，参与嘌呤和胶原的合成；促进 β- 胡萝卜素转化为维生素 A。强化铁营养对爆震性听力损伤有明显的防治作用。

（三）吸收与代谢

犬猫消化道对铁的吸收只有 5% ~ 30%，在缺铁情况下可提高到 40% ~ 60%，与机体的铁营养状态、食物中铁的含量和存在形式有关。十二指肠是铁的主要吸收部位，胃也能吸收相当数量的铁。大多数铁以螯合或以转铁蛋白结合的形式被主动吸收。食物来源铁分为血红素铁和非血红素铁，血红素铁可直接被肠黏膜细胞摄取，不受食物因素影响；非血红素铁必须先由三价铁转化为二价铁，或与有机酸形成络合物后才可被吸收。动物性食品中的铁较易吸收，吸收率可达 20%，植物性食品因含植物酸而影响铁的吸收，吸收率一般在 5% 左右。

犬猫饲喂干性宠物食品时铁的表观吸收率估计为 30%，成年犬饲喂牛肉和大豆铁的表观吸收率在 6.2% ~ 14.8% 之间变化，这取决于铁存在的形式、铁的状态、饲粮铁浓度和一些其他因素。亚铁的利用率比三价铁高，氧化铁和碳酸铁利用率极低；亚铁血红素和氨基酸亚铁等有机铁的吸收利用率比无机形态的铁高。铁的表观吸收率会被食物中植酸盐、各种纤维如亚麻和胶质降低，也与食物中其他养分，如钙、磷、锌、铜的浓度呈负相关。钙添加剂可将食物中铁的表观吸收率从 20% 降低至 5% ~ 10%。

进入体内的铁与转运蛋白中的转铁蛋白结合，参与铁的运输。当铁贮存在组织时，转铁蛋白与铁蛋白和铁血红素结合，参与调控铁的吸收和转运。大多数动物能有效保存铁，铁是矿物质元素中流失量最低的。红细胞分解代谢产生的血红蛋白内的铁基本能回收利用，经肾脏排出铁极其微量。因此，当发生异常失血，如分娩、大手术、受伤、寄生虫感染时，铁的需要量会急剧增加。

（四）缺乏与过量

缺铁的典型症状是贫血，其次是代谢紊乱和免疫功能降低。血红蛋白质的含量可以作为判定贫血的标识，当血红蛋白质低于正常值 25% 时表现出贫血，低于正常值 50% ~ 60% 时则可能表现出生理功能障碍。补铁即可防止贫血现象，某些微量元素如铜可抑制铁吸收，造成低色素小红细胞性贫血。

铁的缺乏可导致犬猫血色素和红细胞减少、生长减慢、软弱、免疫力降低。临床症状有生长缓慢、黏膜苍白、嗜睡、虚弱、便血和黑粪。妊娠猫铁不足将导致哺乳期的幼猫缺铁，而在哺乳期的猫粮中补充铁不会增加乳中铁的含量，因而不会改变幼猫缺铁的状况。新生幼犬体内含铁量较低易发生铁缺乏。

正常情况下，犬猫铁中毒很少见。通过胶囊投喂或强饲法可引起过量铁中毒。如每天口服按每千克体重含铁 12 mg 的硫酸盐会导致胃肠轻微的损伤，达到 600 mg 将使犬致命。猫投递铁的口服剂 128 mg/kg 体重一小时后猫发生呕吐。以七水硫酸铁形式，猫口服药剂的 LD5（半数致死量）为 500 mg/kg 体重。当仅摄入少量铁时，铁与蛋白质紧密结合，形成去铁蛋白和转铁蛋白等，当大量摄入铁时，体内游离铁就产生毒性。游离铁在体内非常活跃，能催化导致组织受损的氧化反应。

（五）需要与供给

犬一昼夜铁需要量为 1.32 mg/kg BW，NRC 建议犬猫日粮铁含量为 80.00 mg/kg。

尽管牛奶中缺乏铁元素，但其他宠物食品原料中却含有大量铁元素，包括肉粉，肉骨粉和谷类食品。动物性食物中如肝脏、动物血、肉类和鱼类所含的铁为血红素铁，血红素铁也称亚铁，能直接被肠道吸收。植物性食品中的谷类、水果、蔬菜、豆类及动物性食品中的牛奶、鸡蛋所含的铁为非血红素铁，这种铁也叫高铁，以络合物形式存在，此种铁须先在胃酸作用下与有机酸分开，转化为亚铁离子，才能被肠道吸收。所以动物性食品中的铁比植物性食品中的铁容易吸收。铁强化剂有硫酸亚铁、乳酸亚铁、葡萄糖酸亚铁、柠檬酸铁、富马酸亚铁、甘氨酸亚铁、氨基酸亚铁等。一水硫酸亚铁和含铁的蛋白化合物或螯合物是宠物首选的铁添加剂形式。

二、锌

（一）体内分布及状态

锌（Zn）在新生犬和青年犬体内的含量为体重的 23 mg/kg BW（湿重），在新生幼猫体内的含量为 18 mg/kg BW，成年猫则增加到 30 mg/kg BW。锌在体内遍布于全身许多组织，但分布不均衡，骨骼肌中的锌约占体内总锌 50% ~ 60%，皮和毛中锌含量随动物种类不同而变化较大，其他组织器官含锌较少。毛发中的锌浓度能客观反映日粮中的锌水平变化情况。性成熟时，前列腺中锌含量特别丰富，精液中也含有较多的锌。

（二）生理功能

1. 参与体内酶的组成和激活酶的活性

锌参与体内 6 大类约 200 种酶的构成。有 300 多种酶的活性与锌有关。如 DNA 聚合酶、碱性磷酸酶、碳酸酐酶、乳酸脱氢酶、谷氨酸脱氢酶、超氧化物歧化酶等，其中碳酸酐酶是人类发现的第一个含锌酶。锌通过这些酶的作用参与体内糖类、脂肪、蛋白质和核酸的代谢。

2. 促进生长发育与基因表达

锌广泛参与核酸和蛋白质代谢，对细胞分化和复制等基本生命过程产生影响。

3. 促进食欲

唾液中每分子味觉素（gustin）含有 2 个锌离子，对味蕾和口腔黏膜提供营养，缺锌时味觉敏锐度减退、发生口腔炎；缺锌因减少唾液中磷酸酶的分泌使味蕾功能减退；缺锌引起黏膜增生和角化不全，阻塞味蕾小孔。

4. 维持上皮细胞和皮毛的正常生长

锌参与胱氨酸和黏多糖代谢，缺锌使这些代谢受影响，从而使上皮细胞角质化和脱毛。锌缺乏还会影响骨骼和牙齿的正常钙化。

5. 维持生物膜的正常结构和功能

防止生物膜遭受氧化损害和结构变形，锌对膜中正常受体的机能有保护作用。

6. 参与免疫过程

锌能直接影响胸腺细胞的增殖，使胸腺正常分泌，锌还对T细胞的功能产生影响。

7. 促进性器官正常发育

锌促进性器官发育，维持性功能正常。

（三）吸收与代谢

幼犬锌的表观吸收率为25%～34%。成年犬妊娠和泌乳期锌的生物利用率为25%～40%。动物性来源的锌吸收率较高，可达35%～40%；植物性来源的锌吸收率较低，10%～20%。植酸、纤维和过量的钙、铜、铁会降低锌的吸收。有机酸、氨基酸等低分子量配位体可与锌形成螯合物促进锌吸收。利用其他的生理参数如毛发生长、毛发锌浓度和血浆锌浓度来估计各种锌化合物的生物利用率。含锌氨基酸和锌多聚糖等有机酸比硫酸锌或氧化锌的生物利用率高。

锌主要在小肠中吸收，在肝脏进行代谢，锌代谢周转速度较快。锌主要随胰液和胆汁排泄入肠腔，由粪便排出，部分锌可从尿及汗中排出。

（四）缺乏与过量

各种动、植物食物中含有不同浓度的锌。犬猫粮中锌过低或钙过高，也会引起锌缺乏。断奶幼犬使用含锌量为20～35 mg/kg和含钙26.4 g/kg DM的饲粮，血清锌浓度和相关酶活性均下降，幼犬出现锌缺乏临床症状，包括生长缓慢、皮肤受损、发生足垫。幼猫在饲喂低浓度锌饲粮时，幼猫的血清和肝锌浓度降低，猫产生口周围皮肤受损和角化不全。公猫饲喂含锌15 mg/kg的饲粮，睾丸的生精小管显著退化，饲喂8个月的低锌饲粮引起的睾丸受损。成年动物缺锌主要表现为皮毛和被毛的健康变化，年轻动物还伴有食欲不振、生长障碍和其他健康问题。如免疫力低下、生长缓慢、毛发枯燥、繁殖性能下降。通常犬的锌缺乏症是脱毛，毛发干燥，面部、嘴和腿的皮肤收缩，环绕嘴、下额、眼和耳周围的皮肤被损害，脚垫磷状化。补充锌几周通常可以缓解这些症状。某些有遗传疾病的品种（如锌吸收功能障碍）可能引起锌缺乏症。

锌过量一般不会发生，但在用锌制品盛装、运输和喂给食物时易发生锌中毒。在个别犬不慎摄入了过量锌（如摄入宠物误食镀有高浓度锌的玩具、螺母、螺栓和便士等锌金属制品）的案例中，临床症状包括急性胃肠炎、溶血性贫血和嗜睡。锌过量常可引起贫血和免疫器官及免疫功能受损等，如果过量补充锌还可能导致铜和铁的缺乏。

（五）需要与供给

成年犬一昼夜锌需要量为0.11 mg/kg BW、幼犬0.2 mg/kg BW。犬猫锌的吸收率在5%～40%。遗传因素影响犬对锌的吸收，阿拉斯加的爱斯基摩犬对锌的吸收率低，由这些犬育成的后代需要补充较多的锌。犬猫对锌需要量见表6-3，饲粮中锌添加水平一般在100～300 mg/kg之间。

贝壳类海产品、肉类、动物内脏是锌的极好来源，豆类、小麦、干果、谷类胚芽和麦麸等含锌较多，粗制米、谷类中锌含量低。植物性食品中的蔬菜、面粉含锌量少，且难吸收。高品质的氧化锌、硫酸锌和含锌的蛋白质化合物、螯合物或氨基酸复合物是最佳的伴侣动物锌添加剂原料。

表 6-3 犬猫饲粮建议锌的需要量

生长阶段	最小需要量 / (mg · kg^{-1})	最大需要 / (mg · kg^{-1})
幼犬	120	1 000
成年犬	120	1 000
雪橇赛犬	150（最佳）	300
幼猫	75	2 000
成年猫	75	2 000

三、铜

（一）体内分布

初生犬和成年犬的体内铜（Cu）含量分别为 3.8 mg/kg BW 和 7.3 mg/kg BW，幼猫和成年猫体内的含铜量均为 2 ~ 3 mg/kg BW。大多数铜在肝脏与金属硫蛋白结合，肝中铜约占体内总铜量的一半，其次为肌肉、胰、脾、毛和骨骼。血浆中 80% 的铜结合在血浆铜蓝蛋白中，分布在其他组织器官中的铜也是以与蛋白质相结合的形式存在，如肝铜蛋白、血球铜蛋白、脑铜蛋白等。

（二）生理功能

1. 参与铁代谢和红细胞生成

动物体内铁的吸收和运输、血红蛋白的生成都必须有铜参与。铜蓝蛋白催化 Fe^{2+} 氧化为 Fe^{3+}，形成运铁蛋白、铜蓝蛋白，还与细胞色素氧化酶一起促进血红蛋白的合成。机体缺铜时，血红蛋白合成减少，导致贫血。

2. 参与金属酶组成部分，保护细胞免受超氧离子的毒害

铜是细胞色素氧化酶、尿酸氧化酶、氨基酸氧化酶、酪氨酸酶、赖氨酰氧化酶、苄胺氧化酶、二胺氧化酶、过氧化物歧化酶和铜蓝蛋白质等的组成成分。

3. 参与蛋白质交联和骨形成

铜是骨细胞、胶原和弹性蛋白形成不可缺少的元素。缺铜引起组织中胺氧化酶活性下降，造成弹性蛋白和胶原蛋白合成障碍。

4. 维护毛发的正常色素

含铜的硫氨基氧化酶有维护毛发正常结构及防止其角质化的作用。

（三）吸收与代谢

日粮中铜主要在十二指肠吸收，犬猫的胃、小肠其他部位也有少量吸收。铜的吸收率都很低（5% ~ 10%），有机铜吸收率稍高。植物原料中有机酸（抗坏血酸、植酸等）、日粮中矿物元素，如钙、硫、磷、钼、锌、汞、镉、铅、银、镍、硼等，都会影响铜的吸收。

铜从肠道吸收后，与血浆蛋白中的蛋白质结合，经门静脉被运输到肝脏，金属硫蛋白与铜结合，参与调控铜转运进入肝脏。铜贮存在肝脏中，合成供机体使用的铜蓝蛋白和其他蛋白质。体内的铜可以被反复利用，排出量极少，主要经胆汁由肠道排泄（每昼夜可达 70 μg）。

（四）缺乏与过量

犬猫饲养中一般不会发生铜缺乏。铜缺乏导致犬猫贫血、生长异常、胎儿畸形、骨骼

异常，缺铜引起的黑色素不足会形成毛发脱色症。5周龄幼犬饲喂含铜0.2 mg/1 000 kcal DE的饲粮，4个月后导致了幼犬的铜缺乏症状，表现为被毛褪色、趾骨末端伸展过度（Zentek和Meyer，1991）。对于德国牧羊犬等竖耳犬种，铜缺乏会影响耳的软骨生长，使幼犬出现竖耳推迟，即耷耳现象。

猫不易发生铜中毒，但犬容易发生。急性铜中毒表现出生长受阻、呕吐、腹泻、贫血、肌肉营养不良和繁殖障碍等。慢性铜中毒可能与肝硬化的发生有关。贝灵顿犬和西部高地白梗易发生铜在肝内累积并导致肝炎，德国杜宾犬因铜在肝的累积也易发生肝炎。慢性铜中毒的典型症状是精神萎靡、呕吐、黄疸、失重。犬一次性误食大量铜盐（硫酸铜，165 mg/kg BW）时，可引起急性中毒，一般在24 ~ 48 h内死亡。醋酸锌可缓解犬的慢性铜中毒。

（五）需要与供给

正常中型成年犬体内含铜总量约为80 mg。成年犬的维持需要量为0.06 mg/kg BW，幼犬为0.16 mg/kg BW，妊娠、泌乳犬、幼犬的需要量稍高。美国NRC标准中犬对铜的需要量是7 mg/kg DM，生长期和哺乳期间的需要量是它的两倍；生产上成犬粮铜为19 ~ 25 mg/kg，幼犬粮铜为40 ~ 45 mg/kg。

动植物原料均含有铜，肝、鱼粉、谷物和豆类是铜的良好来源，大多数的海产食品，如虾、蟹含铜较多。豆类、果类、乳类含铜较少。

四、锰

（一）体内分布

一只成年犬的体内锰（Mn）含量约为3 ~ 15 mg/kg BW，体重为4 kg猫的体内含锰约2.3 mg。锰均匀分布于机体各组织中，骨头和肝脏中的含量稍高一些，骨骼中锰占总体锰量的25%，主要沉积在骨骼的无机质中，有机质中含有少量。

（二）营养生理作用

1. 促进代谢

锰是多种细胞酶的组成成分，催化糖类、脂类、蛋白质和胆固醇等多种物质的代谢反应。锰参与线粒体中丙酮酸羧化酶、精氨酸酶等的构成。

2. 促进骨的生成

锰可活化硫酸软骨素合成的酶系统，促进成骨作用。

（三）吸收代谢

锰主要在犬猫的十二指肠被吸收。母犬和幼犬对锰的生物利用率为10% ~ 20%，硫酸锰和氯化锰的生物利用率相近，蛋氨酸锰或螯合蛋白锰的生物利用率较高。

进入机体内的锰以游离或与蛋白质结合形成复合物的形式转运到肝脏。氧化态锰与转铁蛋白结合后再进入循环，由肝外细胞摄取。肝和血液中的锰在激素控制下保持动态平衡。锰主要经胆汁和胰液从消化道排泄，少部分经小肠黏膜上皮和肾排出。

（四）缺乏与过量

关于犬猫锰缺乏的临床或试验性报道很少，但其他哺乳动物报道较多，锰缺乏会引起新生和生长动物的骨骼发育迟缓、前肢弯曲，软骨发育受到抑制，表现为关节变大、运动功能障碍和共济运动失调。锰缺乏可能引起羊的关节弯曲和禽骨结构异常。

锰过量可引起动物生长受阻、贫血和胃肠道损害，有时可引起神经症状。在犬猫还没有发现锰的毒性问题。

（五）需要与供给

成年猫粮锰含量为 7.50 mg/kg，犬食品锰含量为 5.0 mg/kg。宠物食品成分含有一定数量的锰，植物性食物含锰量多，动物产品（肉蛋鱼等）含锰量稍低；硫酸锰和含锰的蛋白化合物或螯合物是补充锰的常用来源。

五、硒

（一）体内分布

体内含硒（Se）为 0.05 ~ 0.2 mg/kg。肌肉中总硒含量最多，肾肝中硒浓度最高，体内硒一般与蛋白质结合成“含硒蛋白”。

（二）营养生理作用

1. 抗氧化作用

硒是谷胱甘肽过氧化物酶（GSH-px）的重要组成成分，对体内氢或脂过氧化物有较强的还原作用，保护细胞膜结构完整和功能正常。硒与维生素 E 一起参与机体抗氧化作用，具有保护细胞膜，增强免疫功能等作用。

2. 防止胰腺萎缩，保证肠道脂肪酶活性

促进乳糜微粒正常形成，促进脂类及其脂溶性物质的消化吸收。

3. 解毒功能

在体内与汞、甲基汞、镉和铅等重金属结合形成金属硒蛋白复合物，使金属排出体外。

4. 保护心血管，维护心肌健康

硒有很强的抗氧化作用，能阻止脂质过氧化物对心肌细胞的损害，促进心肌的修复和再生。

5. 抗肿瘤作用

提高血中硒的含量可以降低肝癌发病率，故硒成为最有抗癌前景的元素之一。

（三）吸收与代谢

硒主要吸收部位是十二指肠，少量在小肠其他部位吸收。宠物食品中硒的生物利用率为 20% ~ 50%，植物来源的硒比动物来源的硒更易利用，罐装宠物食品的硒生物利用率为 30%。硒的代谢比较复杂，一切形式的硒都必须先转变成负二价硒才能起营养生理作用。大部分硒经尿排出，少量硒随胆汁、胰液、肠液分泌到肠腔，未被吸收的硒经粪排出。

（四）缺乏与过量

硒缺乏的病例在犬中有发现，但在猫中发现很少。各种品种和年龄的犬均可发生，但以大型犬发病率较高，如马士提夫、圣伯纳、藏獒和大丹等，且尤以幼犬发病较多。成年犬硒缺乏可发现腰部肿大、骨骼肌苍白、并带有分散的白色条纹，肠道肌肉褪色至黄褐色，肾脏皮质延髓的交界处有白色沉积物。心肌肉组织中局部心内膜坏死和肠道脂褐质沉积以及肾脏矿物化。临床症状包括厌食症、精神不振、呼吸困难和昏迷。幼犬缺硒可表现出轻微的骨骼肌病。

硒的毒性较强，生活在高硒地区或摄入大剂量的硒可导致硒中毒。硒缺乏（0.03 mg/kg）、硒充足（0.1 ~ 0.31 mg/kg）和硒中毒（5 mg/kg）之间的水平范围非常窄（NRC，1985）。长期摄入 5 ~ 10 mg/kg 硒可产生慢性中毒，其表现是消瘦、贫血、关节强直、脱毛和影响繁殖等。犬摄入硒过多（含硒 5.0 mg/kg 的饲粮）可导致红细胞和血红蛋白缺乏性贫血，肝严重受损包括坏死和硬化。

（五）需要与供给

NRC 建议犬猫日粮中硒添加量为 0.3 mg/kg。

原料中硒含量易受当地水土含量的影响。动物性饲料原料如肝、肾、肉类及海产品是硒的良好来源，水果、蔬菜等含硒量较少。高蛋白原料如谷类和肉类产品是硒的良好来源。硒可来源于某些富硒产品，如富硒酵母、富硒麦芽、富硒藻类、富硒粮食、富硒蛋与硒牛奶；也可添加人工合成富硒产品，如硒代蛋氨酸、硒代胱氨酸、硒代半胱氨酸、亚硒酸钠等。

六、碘

（一）体内含量

健康犬猫体内只含有几毫克的碘（I），碘主要以蛋白结合的形式存在于甲状腺（70%～80%）。甲状腺内的碘经过生物氧化以后生成甲状腺激素，包括三碘甲腺原氨酸（T_3）和四碘甲腺原氨酸（T_4）。血中碘以甲状腺素形式存在，主要与蛋白质结合，少量游离存在于血浆中。

（二）营养生理作用

1. 参与甲状腺组成

碘通过甲状腺素来调节代谢、维持体内热平衡，促进分解代谢、产生能量，保持体温。

2. 对繁殖、生长发育、红细胞生成和血液循环等起调控作用

甲状腺素促进体内一些特殊蛋白质（如皮毛角质蛋白质）的代谢和胡萝卜素转变成维生素 A。

（三）吸收代谢

宠物体内 80%～90% 的碘来自食物，碘在消化道各部位都能吸收，食物中无机碘极易被吸收，吸收率可高达 100%。吸收后的碘被迅速转运至血浆，遍布全身各组织，仅在甲状腺中的碘可被合成甲状腺素。碘以 I^- 形式存在，在甲状腺内先氧化成 I，再与甲状腺球蛋白质中的酪氨酸残基结合成碘化甲状腺球蛋白质，最后经水解释放出具有激素活性的 T_3、T_4，通过血液循环进入其他组织起作用。约 90% 碘主要由肾经尿排泄，但进入肠道的碘一部分又被重新吸收，约 10% 随粪便排出。

（四）缺乏与过量

动物缺碘会导致血中甲状腺素浓度和细胞氧化能力下降，基础代谢率降低，生长受阻，繁殖力低下。碘缺乏的典型症状有：甲状腺肿大、脱毛、全身性皮毛干燥、稀疏以及体重增加。

摄入含碘量高的食物或过量的碘剂能导致碘中毒，甲状腺激素合成分泌过多，表现为过度兴奋、易激动、基础代谢率升高、突眼、多饮多食、进行性消瘦等甲亢症状。

（五）需要与供给

成年犬一昼夜碘需要量为 0.03～0.06 mg/kg 体重，成年猫食品含碘 0.35 mg/kg、犬食品含碘 1.54 mg/kg。

含碘量较高的食物主要是海产品，如海带、紫菜、海产鱼、虾、蟹和海盐，其中海带

和紫菜含碘量最为丰富。动物性原料的含碘量高于植物性原料，蛋、乳类含量较高，其次为肉类和淡水鱼类。加碘盐是目前防治碘缺乏病的最简便、最有效的方法。在宠物食品中，也可添加碘化钾、碘酸钙等含碘的添加剂，进行补充。

七、其他微量元素

（一）钴

钴（Co）是维生素 B_{12} 的重要组成成分，除反刍动物外，动物本身不能把钴直接合成维生素 B_{12}。维生素 B_{12} 参与造血过程，促进胃肠道内铁的吸收，促进血红蛋白的合成；参与核酸、胆碱、蛋氨酸的合成及脂肪代谢，有降脂作用，对肝脏和神经系统的功能也起重要作用。含有维生素 B_{12} 组成的酶参与肝中蛋氨酸循环和叶酸代谢。

缺钴会引起宠物的巨噬细胞性贫血，并影响蛋白质、氨基酸、辅酶及脂蛋白的合成。钴用于治疗感染性贫血和肾脏疾病，可获得一定疗效。但钴过量可引起红细胞过多症，还可引起胃肠功能紊乱、耳聋、心肌缺血。体内钴主要经尿排泄，胆汁排泄部分钴。钴在海产品、肉食、肝和蜂蜜中含量较多。绿色植物含钴丰富，乳制品和谷类一般含钴较少。

（二）铬

铬（Cr）一直被视为是人体必需的微量元素，对其他物种研究资料不多。铬包括无机形式的铬（如氯化铬）和有机形式的铬（如烟酰胺和甲基吡啶铬），不同形式的铬其生物利用率不一致，对于人类和动物铬的表观吸收率为 0.4% ~ 3%，铬主要通过空肠吸收。无机铬主要有二价、三价和六价三种形式，二价铬不稳定，可很快被氧化为三价铬，六价铬对机体有毒害作用，只有三价铬具有生物化学效应。有机铬主要有甲基吡啶铬和烟酸铬。

铬主要以甲基吡啶铬的形式在犬的葡萄糖代谢、胰岛素敏感性、繁殖及生长和免疫反应中发挥作用。铬与烟酸、甘氨酸、谷氨酸、胱氨酸形成有机螯合物（也叫葡萄糖耐受因子），具有类似胰岛素的生物活性，对调节糖类、脂肪和蛋白质代谢有重要作用。铬还可通过减少血清皮质酮和增加免疫球蛋白质含量来抵抗应激。铬通过调节瘦素和胰岛素等激素含量，促进肌肉生长和脂肪消耗。

铬缺乏致使动物对葡萄糖耐受力降低，血循环胰岛素水平升高，生长受阻，繁殖性能下降，甚至表现出神经症状。动物对铬的耐受力都较强，一般不易中毒。犬饲粮中添加 0.3 mg/kg 铬显著降低犬的血糖含量，但对免疫功能没有影响，目前犬猫还没有确定推荐量。

（三）氟

体内氟（F）主要存在于犬猫的骨和齿中，60% ~ 80% 的氟以氟磷灰石形式沉积于骨与齿中。其余少量氟广泛分布于各种软组织中。氟主要在胃中吸收，吸收速度较快且吸收率较高，一般为 75% ~ 90%。

氟的主要生理功能是保护牙齿健康，在牙齿表面形成一层抗酸性腐蚀、坚硬的氟磷灰石。其次，通过形成氟磷灰石预防骨松症和增加骨强度，维护骨骼的健康。氟能抑制胆碱酯酶活性，使神经兴奋的传导性增强。

犬猫一般情况下不易出现缺氟的现象，当氟摄入量很低时，机体可以通过增加肾脏的重吸收来减少氟排泄。氟缺乏使犬猫的牙釉质因失去氟磷灰石的保护而易被微生物、有机酸和酶侵蚀，发生龋齿，还可导致骨质疏松症。氟摄入过多可影响机体细胞酶系统的功能，破坏钙、磷代谢，使犬猫骨膜增厚、损害牙齿。

一般犬猫粮中含氟量较少，氟的主要来源为饮水。天然水源均含有一定量的氟化物，地下水一般比地面水的含氟量高。通过饮水而进入机体的氟占摄入总量的 50 % 以上。

（四）钼

体内含钼（Mo）约 1.5 mg/kg。钼吸收率约 30%，钼的主要营养功能是作为黄嘌呤氧化酶或脱氢酶、醛氧化酶和亚硫酸盐氧化酶等的组成，参加体内氧化还原反应。内源代谢后的钼经肾、胆汁、肠道排泄。尽管没有犬猫钼缺乏的报道，但已经确定钼对犬猫有一定的生理作用。猫的每日需要量可能少于 60 μg/kg BW，而且宠物食品中钼的含量（如豆粕中含钼 10 mg/kg，谷物含钼 0.2 ~ 0.4 mg/kg）足以满足动物的需要量。

（五）镍

动物体内含镍（Ni）量非常低，镍通过肠道吸收的量很少，超过 90% 的镍通过粪排出，被吸收的镍经尿排泄。血清中镍与清蛋白、胞浆素结合存在。镍的主要生物学作用是作为酶的结构成分或活化因子，还可增强胰岛素的作用，也可能在体内作为生物配体的辅助因子。镍缺乏表现生长降低和繁殖性能降低，红细胞比容下降，血糖浓度下降，肝亚细胞结构异常。镍的毒性一般表现为生长缓慢、毛皮粗糙以及胃肠不适等（如腹泻和黑粪症）。有关犬猫镍的需要量的相关资料不足。

（六）钒

钒（V）有调整钠泵、磷酸转移酶、腺苷酸环化酶以及减少 NADH 氧化的功能，还能改变胰岛素的活性来调节葡萄糖的代谢。此外，还能调节胞内钙的代谢，促进骨头和牙齿的钙化。大多数食品中的含量很低；水果和蔬菜的钒含量低于 1 ~ 5 ng/g，海产品、肉类和乳产品的含量低于 5 ~ 30 ng/g。动物对钒的需求量极低，目前尚无犬猫钒供应量的报道。有其他动物钒中毒的报道，当钒的含量为 25 ng/g 时，可导致鸡的生长缓慢，如果含量增加 2 倍可能引起死亡。

尽管环境中有大量其他的矿物质元素，如钒、钼、砷、硅、硼、镍、锂等，并且某些可能在其他物种中是必需的，但却没有确切的证据表明它们对犬猫的代谢功能是必需的。但未来的研究可能会发现某种矿物元素是犬猫必需的养分。

本章小结

详见数字课程。

复习思考题

一、名词解释

必需矿物元素、常量元素、微量元素、生物利用率

二、问答题

1. 常量元素有哪些？简述其主要生理功能和营养作用。
2. 微量元素有哪些？简述其主要生理功能和营养作用。
3. 宠物对矿物元素的利用有什么特点？

4. 怎样预防犬猫的矿物元素缺乏症？

三、开放性讨论

1. 临床上如何判断犬猫的微量元素缺乏？
2. 在含肉量高的犬猫粮中如何预防矿物质的缺乏？

第七章

维生素的营养

本章提要

维生素既不是身体的结构物质，又不提供能量，但维生素作为酶的成分参与体内的代谢活动，促进蛋白质、脂类和糖类及能量的代谢；如缺乏会产生缺乏症，有些脂溶性维生素过多也会造成中毒。维生素按溶解特性分为水溶性和脂溶性两类，每种维生素都具有特定的营养作用。本章主要讲述了维生素的概念、分类、作用、缺乏和中毒的症状，并阐述了犬猫对维生素的需要量以及加工贮存对维生素的破坏情况。

思维导图

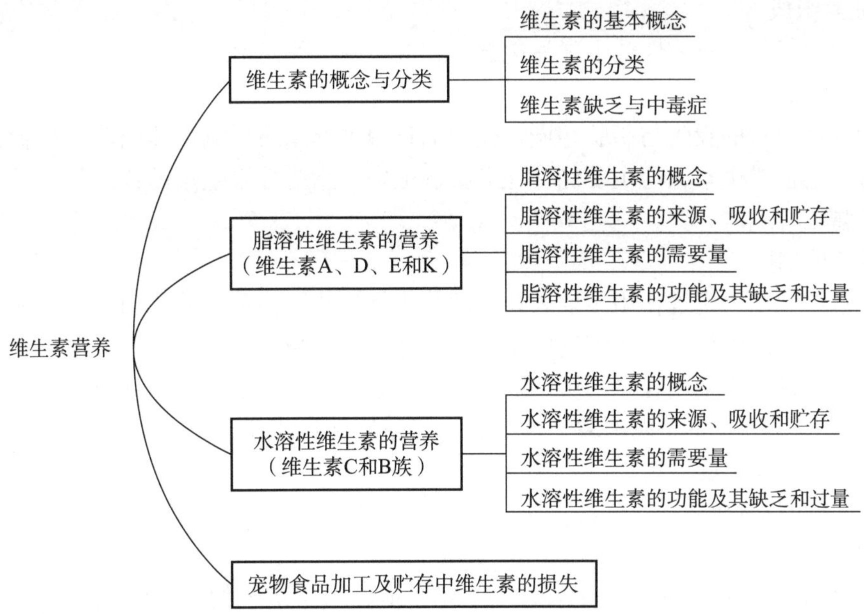

第一节 维生素的概念与分类

维生素（vitamin）在犬猫营养中发挥着重要作用。犬猫对维生素的需要量很少，但如果缺乏会导致出现缺乏症，有些维生素过量会导致中毒，因此保证犬猫维生素的合适供应非常重要。

一、维生素的基本概念

维生素是维持犬猫生命和健康必不可少的一类有机物质，虽然维生素既不是能量来源，也不是构成犬猫机体的组织物质，但作为酶、酶前体或辅酶的重要成分，维生素通过参与犬猫体内蛋白质、脂肪、糖类和无机盐等物质的代谢过程，以维持犬猫正常的生长发育和生理机能。

二、维生素的分类

常见的维生素有 14 种。按溶解性差异，可将维生素分为脂溶性维生素和水溶性维生素。脂溶性维生素包括维生素 A、维生素 D、维生素 E 和维生素 K；水溶性维生素包括维生素 C 和 B 族维生素。

（一）脂溶性维生素

1. 概念

脂溶性维生素（lipid-soluble vitamin）是溶于有机溶剂而不溶于水的一类维生素，由长的碳氢链或稠环组成的聚戊二烯化合物，包括维生素 A、维生素 D、维生素 E 和维生素 K。

2. 元素组成

在化学组成上，脂溶性维生素只包含碳、氢和氧三种元素。

3. 吸收和贮存

脂溶性维生素的吸收与脂肪相同，受犬猫日粮中的脂肪影响。体内能贮存脂肪的组织均可贮存脂溶性维生素，但主要储存在犬猫肝脏中。脂溶性维生素的代谢物主要经由胆汁通过粪便排出。

4. 生理作用

脂溶性维生素的生理作用主要表现在调节机体某些结构单元的代谢，且每种维生素显出一种或多种特定的作用。脂溶性维生素缺乏症与其本身的功能有关，存在典型的犬猫缺乏症状。脂溶性维生素因在体内可以贮存，在一段时间内缺乏不会表现出缺乏症，只有当体内的贮存耗尽后，才表现出缺乏的症状。过量脂溶性维生素（尤其是维生素 A 和维生素 D）会引起犬猫中毒。

（二）水溶性维生素

1. 概念

水溶性维生素（water-soluble vitamin）是指能在水中溶解的一类维生素。大多数水溶性维生素作为辅酶的组成部分来发挥作用。

2. 种类

水溶性维生素有 10 种，包括 B 族维生素和维生素 C 两大类。B 族维生素包括硫胺素

（维生素 B_1）、核黄素（维生素 B_2）、烟酸（维生素 B_3、尼克酸或维生素 PP）、胆碱（维生素 B_4）、泛酸（维生素 B_5）、维生素 B_6（吡哆醇）、生物素（维生素 B_7、维生素 H 或辅酶 R）、叶酸（维生素 B_{11}）和钴铵素（维生素 B_{12}）。

3. 元素组成

在化学组成上，水溶性 B 族维生素除了含有碳、氢、氧外，还含有氮、硫及其他元素。

4. 吸收和贮存

水溶性维生素不具有维生素原。水溶性维生素的吸收过程较为简单，其随肠道吸收水的过程一同进入血液。在高浓度时，水溶性维生素通过被动扩散方式被吸收，但是当浓度较低时依靠 Na^+ 的腺苷三磷酸酶活性转运系统被吸收。

5. 生理作用

水溶性维生素的作用主要与三大有机物（蛋白质、脂肪和糖类）及能量代谢有关。缺乏症很难与其本身的功能相联系，多数情况下不具有典型的水溶性维生素缺乏症。除了钴胺素外，犬猫体内不能储存水溶性维生素，因此过量的水溶性维生素会被排出体外，一般不会引起中毒。

三、维生素缺乏症与中毒症

因机体维生素摄入不足或吸收障碍等原因所致的一类营养性疾病，称为维生素缺乏症。犬猫日粮中添加相应维生素可缓解缺乏症。

因过多服用维生素制剂、过量食用富含维生素的食物或大剂量使用维生素药品而导致的机体中毒，称为维生素中毒症。维生素中毒症主要由摄入过量脂溶性维生素引起。在犬猫营养中，应注意维生素的供应，不要盲目在犬猫饮食中添加大量维生素制剂或富含维生素的食物，避免造成维生素的中毒。

犬猫常见维生素的缺乏、过量和主要来源见表 7–1。

表 7–1　维生素缺乏、过量和主要饮食来源

维生素	缺乏	过量	来源
维生素 A	生长受损，生殖障碍，上皮细胞完整性的丧失，皮肤病	骨骼功能异常，感觉功能异常	鱼肝油、牛奶、肝脏和蛋黄
维生素 D	佝偻病，骨软化症，营养继发性甲状旁腺功能亢进	高钙血症，骨吸收，软组织钙化	肝脏、部分鱼和蛋黄；充足日照
维生素 E	繁殖障碍，猫全身脂肪组织炎	无毒；可能会增加对维生素 A 和维生素 D 的需求	小麦胚芽、玉米和大豆油
维生素 K	凝血时间延长，出血	没有记录	绿叶植物、肝脏和部分鱼肉食物
硫胺素（维生素 B_1）	中枢神经系统功能障碍，厌食症，体重减轻	无毒	肉类和小麦胚芽
核黄素（维生素 B_2）	中枢神经系统功能障碍，皮炎	无毒	牛奶、脏器食物和蔬菜

续表

维生素	缺乏	过量	来源
烟酸（维生素 B_3、尼克酸或维生素 PP）	黑舌病	无毒	肉类、豆类和谷物
胆碱（维生素 B_4）	神经功能障碍，脂肪肝	腹泻	蛋黄、脏器食物、豆类和乳制品
泛酸（维生素 B_5）	厌食症，体重降低	没有记录	肝脏、肾脏、乳制品和豆类
维生素 B_6	小细胞低色素性贫血	没有记录	脏器食物、鱼和小麦胚芽
生物素	皮炎	无毒	鸡蛋、肝脏、牛奶和豆类
叶酸	贫血症，白细胞减少	无毒	肝脏、肾脏和绿叶蔬菜
钴铵素（维生素 B_{12}）	贫血症	无毒	肉类、鱼类和家禽
维生素 C	犬不会缺乏，猫在应激状态下可能缺乏	无毒	柑橘类水果和深绿色蔬菜

引自：Case 等，2020

犬猫对某种维生素是否处于缺乏状态及其严重性可通过以下程序进行评估：

1. 测定犬猫体液或组织（如血浆或肝脏）中某种维生素的浓度，来判断其缺乏程度；

2. 给予犬猫口服维生素，并测定尿液中该维生素或其代谢产物浓度，作为机体组织中该维生素饱和度指数；

3. 分别在提供和不提供前体物的情况下，测定体液中需要该维生素来完成其代谢功能的复合物，例如亚氨甲基谷氨酸和甲基丙二酸分别被用来评估机体内叶酸和钴胺素的状况；

4. 测定酶促反应的速率，例如红细胞谷胱甘肽还原酶活性试验被用作诊断核黄素缺乏、转羟乙醛酶试验被用作诊断硫胺素缺乏以及转氨酶刺激试验被用作诊断维生素 B_6 缺乏。

第二节 脂溶性维生素的营养

一、维生素 A

（一）概念

维生素 A（vitamin A）是含有 β- 白芷酮环的多烯基结构，且具有视黄醇活性的一大类物质。图 7-1 为维生素 A 的化学结构式。维生素 A 包括视黄醇、视黄醛和视黄酸等多种物质，其中视黄醇活性最高。

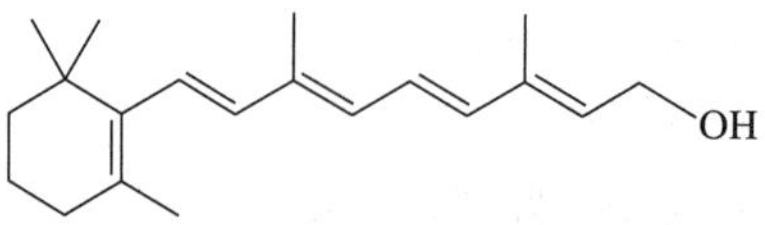

图 7-1 维生素 A 化学结构式

维生素 A 主要以脂肪酸酯的形式存在，常见的是维生素 A 乙酸酯（分子量为 328.5）和维生素 A 棕榈酸酯（分子量为 524.9）。1 IU 的维生素 A 等于 0.3 μg 的晶体维生素 A 醇，或等于 0.344 μg 的维生素 A 醋酸酯，或等于 0.55 μg 的视黄醇棕榈酸盐。

（二）维生素 A 的来源、吸收和贮存

1. 来源

维生素 A 只存在于动物体中，植物中不含维生素 A，但植物体中含有维生素 A 的前体——胡萝卜素。在自然界中发现的多种胡萝卜素中又以 β- 胡萝卜素活性最高且分布最广。植物组织中的维生素 A 原需经动物肠道或肝脏代谢才能形成视黄醇。

猫不能将 β- 胡萝卜素或其他类胡萝卜素转化为维生素 A，因此猫的日粮中应额外添加维生素 A。相对于猫，犬有利用维生素 A 前体的能力。研究结果显示，给犬饲喂添加有 150 g 新鲜胡萝卜的基础日粮会导致犬肝脏和肾脏中维生素 A 浓度高于只饲喂基础日粮的犬，但其和饲喂添加鱼油的基础日粮的犬肝脏和肾脏中维生素 A 浓度相似（Turner，1934）。

维生素 A 主要存在于动物肝脏中，其中以鱼类肝脏中含量最高，尤其是鳕鱼、鲨鱼及金枪鱼等。此外，全乳、肉类和蛋黄等也含有丰富的维生素 A。

2. 吸收和贮存

当日粮脂肪含量在 1%～26% 时，以血浆中维生素 A 浓度表示的吸收量与日粮脂肪含量水平呈正相关，表明脂肪能促进维生素 A 的吸收（Gershoff 等，1957）。类胡萝卜素和来源于食物中预先形成的视黄醇经肠黏膜以混合微团的形式被吸收到肠壁细胞后，在胡萝卜素酶的作用下，一分子的 β- 胡萝卜素迅速生成两分子具有活性的维生素 A，然后大部分维生素 A 转变成混合酯。在犬猫中，40%～99% 的血浆维生素 A 是以视黄醇酯的形式存在（Schweigert 等，1990；Freytag 等，2003）。

犬猫肝脏是维生素 A 的主要储存场所。猫的肾脏中包含了比其他部位浓度更高的维生素 A，但其肾脏中维生素 A 储存量低于肝脏储存量。当犬猫靶器官需要维生素 A 时，贮存的维生素 A 会被水解为视黄醇，转运到相应靶器官中发挥作用。

（三）犬猫对维生素 A 的需要量

脂溶性维生素 A 是第一个人为在犬中造成缺乏症的维生素（Mellanby，1918），但目前还未利用纯化的维生素 A 来进行犬对维生素 A 需要量的定量研究，也未对犬肝脏中维生素 A 浓度进行测定。NRC（2006）在推敲的基础上推荐生长幼犬的需要量为 303 RE/1 000 kcal。关于成年犬的需要量尚未有推荐值。上述日粮浓度相当于 40 RE/（kg $BW^{0.75}$·d）以满足成年犬的维持需要，80 RE/（kg $BW^{0.75}$·d）满足幼犬的生长需要。目前尚未有关于妊娠和哺乳犬对视黄醇需要量的公开研究资料，所以推荐与生长幼犬相同浓度以满足妊娠和哺乳母犬的需要。

猫的维生素 A 需要量是以微克为单位给出的，而不是 RE。研究推荐种用母猫的维生素 A 需要量是 300～600 μg/d（Scott，1971），这相当于日粮（代谢能为 4 kcal/g）中维生素 A 含量为 2 667～5 334 μg/kg。NRC（2006）建议生长猫的视黄醇用量为 1 mg/kg 日粮（5 kcal/g）或 200 μg/1 000 kcal。自该推荐标准被提出后，目前未见新的相关研究。该标准被建议作为生长和维持需要量的适宜摄入量。对于怀孕和泌乳阶段的猫，建议供给量为 400 μg/1 000 kcal。日粮中视黄醇浓度为 200 μg/1 000 kcal，对于维持状态的成年猫相当于摄入 20 μg/（kg $BW^{0.67}$），是相同基础上生长猫需要量的 2 倍。

关于日粮中的适宜供给量见第十章关于维生素需要量的论述。

（四）维生素 A 的功能及其缺乏和过量

1. 功能

（1）维护视觉功能　维生素 A 对维护犬猫视觉非常重要，犬猫的视觉功能与维生素 A 的代谢产物 11– 顺 – 视黄醛密切相关。11– 顺 – 视黄醛是视觉细胞中感受弱光的视紫红质的组成成分，与暗视觉有关。因为类维生素 A 在影响视觉的过程中能够有效地循环利用，所以视觉过程所需要的维生素 A 只占日粮维生素 A 需要量的很小一部分。

（2）维持黏膜健康　9– 顺 – 视黄酸能促进呼吸道、胃肠道和生殖道的柱状黏液分泌细胞的分化，进而维持黏膜健康。

（3）维持生长发育　视黄酸可维持生长但不参与视觉功能，也不参与大多数品种的繁殖功能。低剂量的视黄酸虽可维持大鼠的生长，但当供给停止之后，1 ~ 2 d 内大鼠就会发生因食欲减退而引起的生长停滞。据此推测，由维生素 A 缺乏导致的犬猫生长发育不良也归因于同样的机理。维生素 A 对于维持皮毛和黏膜的健康以及骨骼和牙齿的发育是必需的。维生素 A 的产物视黄酸也与胚胎发育密切相关，类维生素 A 可以诱导胚胎发育，但在过量的情况下会导致胚胎发育异常。

2. 缺乏

（1）夜盲症　维生素 A 不足导致的视紫质合成缺乏会引发犬猫对弱光的敏感度降低，进而产生夜盲症。

（2）影响生殖功能　维生素 A 的缺乏影响公犬猫发情及精子的形成，出现明显的输精管发育不全和无精现象；影响母犬猫的发情周期，妊娠期间可能导致胎儿被吸收、死胎和畸形胎等。

（3）影响骨骼发育　维生素 A 的缺乏会对犬猫的骨骼发育产生明显影响，引起骨骼异常变形，进而可能压迫神经，甚至犬可因神经受到损坏导致耳聋。

（4）影响上皮细胞健康　上皮组织在犬猫体内广泛分布，包括皮肤、呼吸道黏膜和胃肠道黏膜。上皮细胞的增殖、分化及分泌黏液，都需要维生素 A 的参与。犬猫维生素 A 缺乏导致上皮细胞分层、角质化，无法发挥上皮细胞的正常作用，引发继发感染。维生素 A 缺乏的症状还包括：厌食、体重减少、共济失调、眼干燥症、结膜炎、角膜浑浊和溃疡、繁殖力受损、皮肤损伤、支气管上皮组织变性、肺炎和传染病敏感性增加等。研究发现，饲喂纯合日粮 6 个多月后，猫出现了气管和支气管变形以及肺脏感染等症状，部分猫的结膜和唾液腺感染，胰腺腺泡组织酶原减少且细胞质嗜碱性物质丢失（Gershoff 等，1957）。

3. 过量

犬猫维生素 A 过多症的发生几乎是由采食大量肝脏所引发（Seawright 等，1970）。犬日粮中维生素 A 水平过高会导致外生骨疣和关节僵硬，典型症状是骨痛。因为猫的肠黏膜不能调节维生素 A 吸收，长时间过多摄入维生素 A 可导致猫中毒。猫维生素 A 中毒可引起骨代谢异常，甚至骨生长改变和脊柱弯曲，症状包括疼痛，运动和转头困难等。

二、维生素 D

（一）概念

维生素 D（vitamin D）是能呈现胆钙化固醇生物活性的所有类固醇的总称，包括胆钙化醇（维生素 D_3）和麦角钙化醇（维生素 D_2），参与机体的钙磷调节。

（二）维生素 D 的来源、吸收和贮存

1. 来源

维生素 D_2 主要来自于植物。植物中不含维生素 D，但含有大量的维生素 D 原，也就是麦角固醇。维生素 D 原经过日光或人工紫外线照射后转变为维生素 D_2。天然干燥的干草、酵母、番茄、胡萝卜和青菜等均含有一定的维生素 D（或维生素 D 原）。维生素 D_3（胆钙化醇）主要来自于动物。维生素 D_3 与维生素 D_2 的结构相似，但少了一个甲基和一个双键，会因光或氧气而变化，但比维生素 D_2 更为稳定。动物的皮肤含有维生素 D 原（7- 脱氢胆固醇），只要经过直接或反射的日光照射或人工紫外线辐射，7- 脱氢胆固醇就可转化为维生素 D_3。对于大多数物种，维生素 D_3 的效价大于或等于维生素 D_2。犬猫对维生素 D_2 的利用率比维生素 D_3 低，而且将皮肤中 7- 脱氢胆固醇转化为胆钙化固醇的能力有限，因此犬猫主要是从日粮中获得并利用维生素 D_3。

2. 吸收和贮存

日粮中的维生素 D 在犬猫消化道内与脂肪和胆盐一起形成乳糜微粒被小肠吸收入血。日粮中吸收的维生素 D 在肝脏中经 25- 羟化酶作用，形成 25- 羟维生素 D（25-OHD）。25-OHD 是循环系统中维生素 D 的主要代谢物，其水平是评估动物个体维生素 D 营养状况（正常或中毒）的检测指标。25-OHD 与维生素 D 结合蛋白结合，从肝脏转运至肾脏，发生第 2 次羟基化作用，转化成生物活性很强的 $1\alpha,25-(OH)_2D$。日粮中含钙高时，肾中 $1\alpha,25-(OH)_2D$ 生成量下降，从而减少对钙的吸收。反之，肾中 $1\alpha,25-(OH)_2D$ 生成量增加，促进钙的吸收。维生素 D 主要在犬猫血液、肝脏和肾脏贮存，其代谢产物主要经粪便排出。

维生素 D 经挤压、干燥和包被后的存留率比维生素 A 高，且贮存损失较少。维生素 D 的单位常以 IU 表示，1 IU = 0.025 μg 维生素 D_3，或 40 IU = 1 μg 维生素 D_3。维生素 D_3 通常以微胶囊的形式添加到商品化犬粮和猫粮中。

（三）犬猫对维生素 D 的需要量

由于在犬中维生素 D_2 对维生素 D_3 的取代度还未确定，所以维生素 D 需要量以维生素 D_3 的形式给出。NRC（2006）推荐生长幼犬维生素 D 需要量为 2.75 μg/1 000 kcal。目前还没有对成犬和妊娠哺乳母犬的适宜推荐量，一般推荐 2.75 μg/1 000 kcal，即 0.36 μg/（kg $BW^{0.75}$ · d）能满足成年犬维持需要。

NRC（2006）推荐生长幼猫的维生素 D 供给量为每千克日粮 6.25 μg（1.4 μg/1 000 kcal）。这个浓度也能满足妊娠哺乳猫的维生素 D 需要。因为尚未有对成年猫的维持需要进行研究，所以 1.4 μg/1 000 kcal ME 的维生素 D_3 能满足成年猫的维持需要。

（四）维生素 D 的功能及其缺乏和过量

1. 功能

（1）促进肠道吸收钙和磷　维生素 D 的重要功能是促进肠道吸收钙和磷，这也是骨骼正常钙化所必需的。

（2）维持钙和磷平衡　维生素 D 和另外 2 种肽类激素（甲状旁腺素和降钙素）共同作用调节体内钙平衡。钙平衡对一系列生理过程，包括肌肉收缩、血液凝固、神经传导和细胞内信号转导等具有影响。维生素 D 在磷平衡的调节中也发挥着重要作用。

2. 缺乏

（1）幼犬佝偻病和软骨病　生长期幼犬经历了快速骨骼钙化的过程，比成年犬更需要

大量的钙磷进行骨骼的钙化。维生素 D 可促进骨骼钙化，维生素 D 和钙缺乏会造成幼犬的佝偻病和软骨病，具体表现为趴蹄、前肢不直外撇、关节肿大、腿软和站立不稳等症状，若不及时治疗将影响犬的终身健康。

（2）成犬软骨病　维生素 D 在成年犬中的缺乏会导致骨软化，典型症状为骨不易钙化（变软）和长骨易骨折等。

（3）妊娠哺乳犬产后瘫痪　妊娠期和哺乳期犬若缺乏维生素 D 可能导致母犬低血钙症。低血钙症可能造成母犬产后抽搐和产后癫痫等症状。母犬低血钙临床症状表现无先兆，突然发病。病初表现为不安、兴奋、呻吟、流涎、肌肉震颤、全身肌肉痉挛、站立困难和呼吸急促，此症状发病急，很容易因窒息而死亡。此外，妊娠哺乳犬缺乏维生素 D 导致的钙缺乏不仅影响母犬健康，也会影响幼犬健康，可能造成胎儿的先天性骨骼畸形。

（4）猫的骨质疏松　维生素 D 缺乏症可引起成年猫骨质疏松。若伴随着钙和磷缺乏或不平衡，猫的主要症状表现为骨不钙化和长骨易折。维生素 D 缺乏的猫还表现为不愿运动，不能保持自身清洁，甚至神经错乱。

3. 过量

维生素 D 过量也会产生各种不利于犬猫健康的中毒症状。犬维生素 D 中毒会导致血钙升高，软组织、肺、肾脏和胃钙化以及骨损伤。犬对维生素 D 的需要量主要取决于钙和磷的沉积、日粮中钙磷比、生理阶段、性别和品种。猫维生素 D 中毒可导致血钙增多，软组织尤其是血管的钙化。猫的维生素 D 需要量取决于日粮中钙和磷的浓度和比例以及猫的生理状态和性别。

三、维生素 E

（一）概念

维生素 E（vitamin E）又称生育酚，是一类化学结构近似并具有生育酚生物活性的化合物的总称。维生素 E 含苯并二氢呋喃结构，包括生育酚类和三烯生育酚类。属于维生素 E 的各种化合物差别仅在于甲基数量和位置的不同，其中 α，β，γ，δ- 生育酚较为重要，又以 α- 生育酚活性最强，分布最广。α- 生育酚的 C5、C7 和 C8 上具有甲基；β- 生育酚的 C5 和 C8 上具有甲基；γ - 生育酚的 C7 和 C8 上具有甲基；δ- 生育酚只有 C8 上具有甲基。维生素 E 不稳定，暴露于氧、紫外线、碱、铁盐和铅盐中即遭破坏。维生素 E 酯化后可提高其稳定性，其中最常用的是乙酸酯。图 7-2 为维生素 E 的化学结构式。

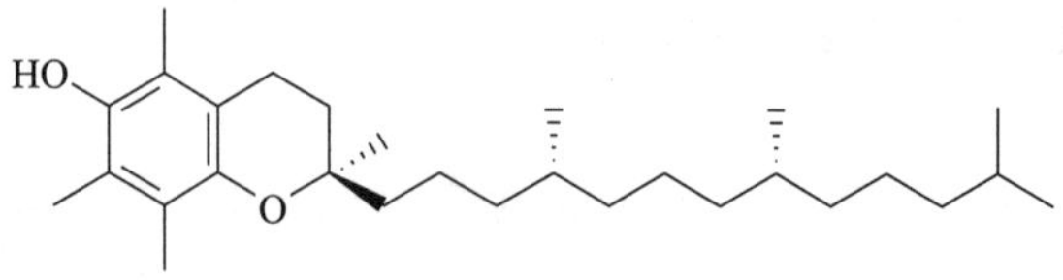

图 7-2　维生素 E 化学结构式

日粮中维生素 E 的需要量取决于日粮中脂肪浓度和不饱和脂肪酸比例（表 7-2）、脂肪酸发生过氧化反应程度以及其他抗氧化剂的存在。

表 7-2 由某些常见不饱和脂肪酸而增加的对维生素 E 最小需要量的估测

脂肪酸	符号	双键数	维生素 E 需要量（每克脂肪酸中 RRR-α- 生育酚的量）
油酸	C18：1*n*-9	1	0.09
亚油酸	C18：2*n*-6	2	0.60
γ- 亚油酸	C18：3*n*-6	3	0.90
α- 亚油酸	C18：3*n*-3	3	0.90
二高 γ- 亚油酸	C20：3*n*-6	3	0.90
花生四烯酸	C20：4*n*-6	4	1.20
二十碳五烯酸	C20：5*n*-3	5	1.50
二十二碳六烯酸	C22：6*n*-3	6	1.80

来源：Muggli，1994

（二）维生素 E 的来源、吸收和储存

1. 来源

维生素 E 在自然界分布很广，主要存在于植物性饲料原料中。植物油是维生素 E 的丰富来源，另外，大多数青绿饲料、酵母、豌豆和菜籽等均是维生素 E 的良好来源。维生素 E 在动物性饲料原料中含量极少。犬猫体内不能合成维生素 E。

2. 吸收和贮存

食入的维生素 E 在犬猫小肠黏膜细胞内部与脂肪酸结合成酯后，以乳糜微粒的形式被吸收入淋巴组织和血液，再转运至各靶器官组织；还有部分乳糜微粒在淋巴组织中被降解，随后进入肝脏。犬的肝脏中可大量储存维生素 E，胆汁和单酸甘油酯有利于维生素 E 的吸收。维生素 E 主要经粪便排出犬猫体外。

（三）犬猫对维生素 E 的需要量

NRC（2006）为生长幼犬提供的维生素 E 的推荐量为 22 IU/kg（3.67 kcal/g），且日粮中要求不超过 1% 的亚油酸和至少 0.2 mg/kg 的硒。在未有其他数据的情况下，建议该值作为生长幼犬、成年犬及妊娠哺乳犬的维持需要量。

由于日粮的营养结构差异，猫对维生素 E 的缺乏比犬敏感。以鱼类，特别是以金枪鱼为主要原料的猫粮，含有比犬粮更多的脂肪。鱼类含有更多的长链多不饱和脂肪酸，更容易发生过氧化反应，因此不能在日粮中补充单一的最小需要量的维生素 E。NRC（2006）建议在含相对较低脂肪（小于 10%）且含有抗氧化剂和适量的硒（0.12 mg/kg）的日粮中添加 30 mg 的 α- 生育酚，这代表日粮中维生素 E 的浓度达到 6 mg/1 000 kcal 为充足摄入量。多不饱和脂肪酸含量高的日粮（特别是含有易发生过氧化反应的鱼油）中可能需要 120 ~ 150 mg/kg 的维生素 E，用以预防脂肪炎症。为了能在日粮中使用更高水平的多不饱和脂肪酸，建议 α- 生育酚（mg）和多不饱和脂肪酸（g）的比例至少为 0.6。

（四）维生素 E 的功能及其缺乏和过量

1. 功能

（1）抗氧化作用　维生素 E 通过中和过氧化反应链形成的游离基，并阻止自由基生成，使氧化链中断，从而防止因细胞膜中不饱和磷脂过氧化而引起的一系列损害。

（2）提高免疫力 维生素 E 和硒共同作用提高犬猫的免疫力和对疾病的抵抗力。

（3）参与机体代谢 参与细胞 DNA 合成，调节磷酸化反应、维生素 C 和泛酸的合成以及参与含硫氨基酸和维生素 B_{12} 的代谢等。

（4）其他 促进前列腺素合成；降低重金属元素和有毒元素毒性；减少缺硒带来的影响；作为细胞色素还原酶的辅助因子。

2. 缺乏

犬缺乏维生素 E 的临床症状包括骨骼肌退化、肌肉衰退以及雄性（睾丸上皮退化导致雄犬不能产生精液）和雌性繁殖障碍（不能妊娠或营养不良以至幼犬死亡）。饲喂缺乏维生素 E 的日粮会使犬视网膜退化。缺乏维生素 E 的犬还会出现皮下水肿、厌食、精神萎靡和呼吸困难等症状。

猫的维生素 E 缺乏症大多由维生素 E 饲喂量不足或大量饲喂多不饱和脂肪酸所引起，尤其是饲喂鱼油。猫缺乏维生素 E 表现为精神萎靡、厌食、腹前部触觉敏感和脂肪组织结节。在病理学上脾增大和出现全身性脂肪组织发炎（黄脂病）是猫维生素 E 缺乏症最主要症状，显微镜检测显示脂肪组织出现相关性脂肪炎、中性白细胞浸润以及脂肪细胞蜡样色素积聚成小滴或环状。缺乏维生素 E 的猫还会出现间质性心肌炎、骨骼肌肌炎和肝脏门静脉单核浸润等症状。

3. 过量

虽然高浓度维生素 E 会干扰其他脂溶性维生素的吸收，但维生素 E 中毒在犬猫体内通常不会发生，大多数动物能耐受需要量 100 倍以上的维生素 E 剂量。

四、维生素 K

（一）概念

维生素 K（Vitamin K）是 2- 甲基 -1,4 萘醌及其衍生物的总称，包括维生素 K_1、K_2 和 K_3，各种维生素 K 化合物的区别是侧链不同。

（二）维生素 K 的来源、吸收和储存

1. 来源

虽然维生素 K 是 4 种脂溶性维生素中最晚发现的一种，但其代谢作用却比维生素 A、维生素 D 和维生素 E 要明确得多。维生素 K 分为两大类：一类是从绿色植物中提取的维生素 K_1（叶绿醌）和来自腐败鱼粉和微生物代谢的维生素 K_2（甲基萘醌）；另一种维生素 K 的形式是人工合成的，包括维生素 K_3（亚硫酸氢钠甲萘醌）和维生素 K_4（乙酰甲萘醌）。其中最重要的是维生素 K_1、维生素 K_2 和维生素 K_3。维生素 K_3 的活性最高，维生素 K_1 和维生素 K_2 的活性相当。图 7-3 为维生素 K_1 和维生素 K_3 的化学结构式。

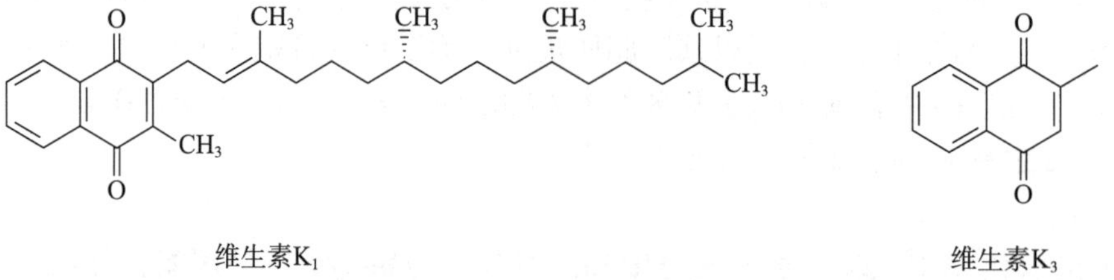

图 7-3 维生素 K_1（左）和维生素 K_3（右）化学结构式

维生素 K 在自然界分布广泛，鱼粉、蛋黄和动物肝脏等均是维生素 K 的主要来源。但动物源性饲料原料中维生素 K 的含量较低。大多数绿叶植物中都含有丰富的维生素 K，如大多数籽实、豆科和水果等，但谷物类饲料和块根饲料中缺乏维生素 K。犬猫肠道微生物合成的维生素 K 可满足机体的部分需求。

2. 吸收和贮存

维生素 K_1 和维生素 K_2 属于脂溶性维生素，在犬猫空肠被吸收，入血后随 β- 脂蛋白一起转运。维生素 K_3 和维生素 K_4 属于水溶性维生素，在脂肪含量较低的情况下也能被机体吸收。维生素 K_2 是犬猫体内维生素 K 的主要存在形式，维生素 K_1 和维生素 K_3 均需要在肝脏中转化为维生素 K_2 才能发挥作用。

机体对维生素 K 的吸收受多种因素影响，比如胆盐、日粮脂肪水平和抗生素药物等。此外，肝脏疾病、饲料霉变、双香豆素以及寄生虫等因素均会影响犬猫对维生素 K 的吸收和利用。维生素 K 的贮存量较少，因此需要经常供给，过多的维生素 K 会随犬猫尿液和粪便排出。

（三）维生素 K 的需要量

犬对维生素 K 的需求已经确定，NRC（2006）推荐量为成犬 22 μg/（kg BW · d），生长幼犬 44 μg/（kg BW · d），而对妊娠哺乳犬尚未有明确推荐量。

目前市场上一般销售的猫粮中都不额外添加维生素 K，因为饲料原料中含有量加上肠道合成量即可满足猫的需要。但当给猫饲喂有大量鱼类的日粮时，需要额外添加维生素 K 以满足自身肠道微生物合成的不足。

（四）维生素 K 的功能及其缺乏和过量

1. 功能

维生素 K 的主要作用是促进凝血。维生素 K 为合成凝血酶原、因子Ⅶ、因子Ⅸ和因子Ⅹ所必需，而这些蛋白质为正常凝血所必需。凝血因子在肝脏中合成，反应发生在肝微粒体部分的富含羧化酶类的粗面内质网内侧，以无生物学活性的前体形式存在。通过维生素 K 的独特功能，这些前体被转化为有生物活性的化合物，并由特定的酶促羧化作用使之激活。维生素 K 的独特功能就是促进这些前体中谷氨酸残基的羧化作用，进而使前体被激活，而生成的羧化谷氨酸残基是血凝所必需的钙离子强螯合剂。

2. 缺乏

缺乏维生素 K 或存在抗凝血化合物会减少羧化谷氨酸残基数量，导致血凝时间延长，出血不止。维生素 K 来源广泛，植物性和动物性原料中都含有大量维生素 K。犬猫肠道微生物也可合成维生素 K，所以维生素 K 一般不会缺乏，除非因各种原因引起肠道微生态紊乱或犬猫正在接受口服抗生素治疗。猫误食含双香豆素的鼠药可导致凝血时间延长。维生素 K 缺乏症包括脂肪肝、内脏发炎、肝炎、肠炎以及脂质的吸收障碍。

3. 过量

维生素 K_1、维生素 K_2 及其衍生物无毒性，维生素 K_3 虽然对皮肤和呼吸道有毒性，但其亚硫酸盐衍生物无毒性。犬猫对大剂量维生素 K_3 有很好的耐受性，但长期大剂量服用维生素 K_3 可产生贫血和卟啉尿等症状。

第三节　水溶性维生素的营养

一、硫胺素

（一）概念

硫胺素（Thiamine）又称维生素 B_1 和抗神经炎素，是第一个被发现的水溶性维生素。硫胺素在动物体内主要以盐酸硫胺素或单硝酸硫胺素的形式被利用。图 7–4 为硫胺素的化学结构式。

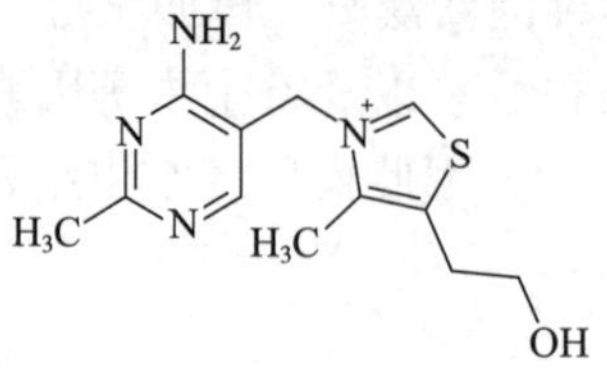

图 7–4　硫胺素化学结构式

（二）硫胺素的来源、吸收和储存

1. 来源

硫胺素广泛存在于动物和植物器官中。在肝、肾、瘦猪肉、蛋黄等动物源性饲料和酵母中含量丰富，但在肉骨粉中硫胺素含量很低。各类糠麸、米糠、谷物、油饼、饼粕和麦麸等原料中硫胺素含量较多。根茎类饲料中含量较少，木薯淀粉和精米中含量很低。犬猫消化道微生物也能合成硫胺素。大多数植物组织中的维生素 B_1 都是以非磷酸化形式存在，然而在动物组织中更多以二磷酸硫胺素形式存在。

犬猫日粮可能包含具有抗维生素 B_1 特性的化合物，如硫胺酶，但抗维生素 B_1 特性的化合物具有热不稳定性。硫胺酶主要存在于一些淡水鱼内脏及海鱼和某些细菌中，它们含有的硫胺酶被划分为硫胺素酶Ⅰ，能催化硫胺素中嘧啶部分亚甲基的亲核置换。鲤鱼和鲱鱼含有硫胺素酶Ⅰ，但鲈鱼、鲶鱼、斑点鱼和鲳鱼不含硫胺素酶Ⅰ。一些细菌中存在硫胺素酶Ⅱ，可催化硫胺素水解。硫胺素酶Ⅰ和硫胺素酶Ⅱ通过烹饪即可失活。其他种类的抗硫胺素因子具有热稳定性，包含正位和对位酚类，如单宁酸，但这些物质在犬猫食品中含量不多。

当 pH 小于 5 时，硫胺素在热条件和有氧环境均下比较稳定；但当 pH 大于 5 时，硫胺素随温度和 pH 的升高而失活。犬猫食品的加热过程可使大量硫胺素损失。罐装犬猫食品通常包含胶化剂，从而增加了食物的 pH，又由于加工过程中的持续加热，导致了硫胺素大量损失。

2. 吸收和贮存

硫胺素在小肠中被吸收，浓度高时（大于 2 μmol/L）通过被动扩散吸收，浓度低时（小于 2 μmol/L）通过主动转运吸收，需要钠离子参与，在肠黏膜被磷酸化。乌本（箭毒）苷能阻断 ATP 酶抑制主动吸收，这时需要特殊的硫胺素载体。游离硫胺素运转到肝脏用以合成辅酶或在其他组织少量贮存。大部分以二磷酸盐的形式存在，少部分以三磷酸盐和单盐酸酯的形式存在。硫胺素在肝、肾、心脏、骨骼、肌肉和大脑中的浓度高于其在血液中的浓度。过量硫胺素会很快以游离或其代谢物形式随尿排出，而粪便中则很少出现。

（三）硫胺素的需要量

NRC（2006）建议对于生长犬，日粮中的硫胺素推荐含量为270 μg/1 000 kcal ME（1.08 mg/kg，日粮能量为4 kcal/g），目前还没有对妊娠哺乳犬的硫胺素推荐量标准，但是目前建议采用450 μg/1 000 kcal ME作为其维持需要量。日粮中含5 mg/kg的硫胺素（能量大约为4.7 kcal/g）适合于幼猫生长所需要，此需要量可扩展到不同生理阶段猫的日粮中，如维持、妊娠和泌乳。

需要注意的是，以上的数量和浓度是指能被犬猫摄入的量。考虑到热加工处理、抗硫胺素因子和储存期损耗对硫胺素的破坏，建议商业化犬猫食品中添加充足的硫胺素，以确保满足犬猫需求。

（四）硫胺素的功能及其缺乏和过量

1. 功能

硫胺素参与糖类的代谢，与能量代谢密切相关。在动物体内硫胺素经过硫胺素激酶催化，与ATP作用转化成二磷酸硫胺素。二磷酸硫胺素是催化丙酮酸或α-酮戊二酸氧化脱羧反应的辅酶，所以又称为羧化辅酶。丙酮酸在丙酮酸脱氢酶系催化下，经脱羧和脱氢生成乙酰辅酶A，进入三羧酸循环，因此，硫胺素与糖类代谢密切相关，利用糖类产能，并参与把糖类转化为脂肪、脂肪酸、核酸、类固醇和某些氨基酸的代谢过程中。

2. 缺乏

硫胺素缺乏时，血中丙酮酸和乳酸浓度增加可用来评定硫胺素的状况。因糖类是神经系统的能量来源，硫胺素缺乏会影响神经系统功能。硫胺素缺乏的犬猫一般表现为食欲不振、消化不良、腹泻、步态不稳和体温降低，并且出现生长停滞、体重降低、体弱、肌肉衰弱和心功能衰竭，严重时出现神经性问题或突然死亡。

3. 过量

硫胺素几乎无毒，多余的硫胺素通过尿液排出，动物摄入高于需要量的数百倍甚至上千倍时可能出现中毒。

二、维生素B_2

（一）概念

维生素B_2（Vitamin B_2），又称核黄素，是一种含有核糖醇基的化合物。核黄素的外观呈橙黄色针状晶体或结晶状粉末，稍具臭味，易溶于稀碱，稍溶于水，在水中呈现黄绿色荧光。在酸溶液中加热很稳定，但在碱性溶液中很快分解，特别是在曝光情况下。对光，特别是紫外线辐射敏感，易分解失活。犬猫食品的热处理过程中核黄素比硫胺素更稳定。图7-5为核黄素的化学结构式。

图7-5 核黄素化学结构式

（二）核黄素的来源、吸收和储存

1. 来源

黄素单核苷酸（FMN）和黄素腺嘌呤二核苷酸（FAD）是自然存在的具有核黄素活性的两个主要形式。FMN 和 FAD 可由饲料供给，也可在机体细胞中形成。核黄素广泛存在于生物体中，一般在动物性饲料原料中含量较高，如心、肝、肾、乳制品、肉粉、血粉和蛋等。大麦、小麦、马铃薯、水果、胡萝卜、甘蓝、木薯粉和南瓜等植物均含较为丰富的核黄素，但谷物、块根和块茎中核黄素的含量较低。大多数核黄素含量高的原料，同时也富含其他的 B 族维生素，而核黄素缺乏也影响其他维生素的利用，包括叶酸、吡哆醇、烟酸、维生素 K 和维生素 D。

2. 吸收和贮存

在犬猫饲粮中，核黄素大多数以辅酶形式存在，需要在肠道中先被水解再被吸收。核黄素在肠段上部通过主动机制被吸收，这是一个饱和过程且该过程与钠离子有关，且有 ATP 酶的参与。当核黄素缺乏时，犬猫小肠刷状缘膜囊会加强对核黄素的吸收。吸收的核黄素在机体细胞中发挥生理作用，而过量的核黄素主要以游离及其辅酶衍生物形式从尿液中排出，少量经胆汁排出。犬的核黄素几乎全部通过尿液排出。

（三）核黄素的需要量

Cline 等（1996）应用红细胞谷胱甘肽还原酶活性系数进行了成年犬核黄素需要量的试验，推荐成年犬核黄素的维持需要量为 67 μg/（kg BW · d），并推荐成年犬日摄入量为 70 μg/（kg BW · d），对于维持来说，相当于 1.05 mg/1 000 kcal。对于幼犬和妊娠哺乳母犬，推荐相同的日粮浓度，即 1.05 mg/1 000 kcal。NRC（2006）推荐猫的日粮核黄素需要量为 800 μg/1 000 kcal（4 mg/kg 日粮，能量为 5.0 kcal/g），同时建议把这一需要量作为维持、生长和哺乳期猫的适宜摄入量。

（四）核黄素的功能及其缺乏和过量

1. 功能

（1）传递氢原子　核黄素在体内主要以辅酶 FMN 和 FAD 的形式发挥作用，与特定的酶蛋白结合形成多种黄素蛋白酶，具有可逆的氧化还原特性，在生物氧化过程中起传递氢原子的作用。

（2）参与机体代谢　核黄素与糖类、脂肪和蛋白质代谢密切相关。

（3）其他　核黄素还能强化肝脏功能，调节肾上腺素分泌，防止毒物侵袭，并影响视力。

2. 缺乏

核黄素缺乏的犬猫表现为发育不全、呼吸困难、肌肉萎缩、体重减轻、皮肤损害、被毛生长不良、眼睛损害、睾丸退化和尿分泌物减少。

3. 过量

核黄素的中毒剂量是需要量的数十倍到数百倍，一般不容易中毒。

三、维生素 B_6

（一）概念

维生素 B_6（Vitamin B_6）是对 3- 羟基 -2- 甲基吡啶派生物的通称，是易于相互转化的三种吡啶衍生物（吡哆醇、吡哆醛和吡哆胺）的总称。最早发现维生素 B_6 是由于吡哆醇在治疗大鼠皮炎中起作用。维生素 B_6 外观呈白色晶体，对热和酸非常稳定，但易氧化，易被碱和紫外线所破坏且易溶于水。三种吡啶衍生物中，吡哆醇更耐加工和贮藏。图 7–6 为维生素 B_6 的化学结构式。

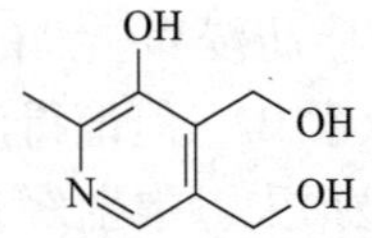

图 7–6 维生素 B_6 化学结构式

（二）维生素 B_6 的来源、吸收和储存

1. 来源

维生素 B_6 在一般动物源性饲料原料中含量很少，但在蛋白、牛乳、肝、鱼粉、瘦肉及肉类副产品中含量很高。维生素 B_6 广泛分布于植物性饲料原料中，在绿叶植物、谷物籽实、植物性蛋白饲料、玉米、燕麦、胚芽和豌豆中含量很高，但在块根和块茎类饲料中含量很少。犬猫消化道微生物能够合成维生素 B_6。

2. 吸收和贮存

维生素 B_6 在大多数饲料中以吡哆醇、吡哆醛和磷酸吡哆胺的蛋白质复合体形式存在，在肠腔内被水解。吡哆醇以非饱和形式被吸收，且比其他两种形式吸收率更高。维生素 B_6 均以简单扩散的方式进入细胞。肝脏是维生素 B_6 代谢的主要器官，生成磷酸吡哆醛和磷酸吡哆胺，随后进入血液循环以供应其他体组织利用。在血浆中，由肝脏合成和释放的磷酸吡哆醛和白蛋白相结合，这能保护其在到达各种体组织之前不被水解。一般认为，细胞摄入维生素 B_6 发生在细胞表面，磷酸吡哆醛的磷酸基团在磷酸酶作用下被水解，然后维生素 B_6 被细胞吸收。大多数维生素 B_6 以糖原磷酸化酶的成分存在于肌肉中。在犬猫大量运动和能量缺乏的条件下，肌肉可能会释放维生素 B_6，导致磷酸吡哆醛在血液循环中的增加。维生素 B_6 经磷酸化作用转变为相应磷酸酯，最后以吡哆酸的形式随尿液排出体外。

（三）维生素 B_6 的需要量

生长犬足量摄取维生素 B_6 含量为 1.1 mg/kg（3.67 kcal/g）日粮可以满足需求。这一日粮浓度对幼犬相当于 84 μg/（$kgBW^{0.75}$ · d），对成年犬相当于 39 μg/（$kgBW^{0.75}$ · d）。鉴于进一步信息的缺乏，假定满足成年犬的日粮浓度能够满足妊娠期和哺乳期母犬的需要。

由于猫日粮中蛋白质含量较高且猫肠道微生物发酵功能较差，猫对维生素 B_6 的需要量相比于犬更大。如把高蛋白日粮的蛋白质含量设定为大约 500 g/kg，则对于猫的一切生理阶段，吡哆醇最小需要量为 2 mg/kg 或者 500 μg/1 000 kcal。这种日粮浓度可提供成年猫的维持需要量，为 49 μg/（kg $BW^{0.67}$ · d）。

（四）维生素 B_6 的生物学功能与其缺乏症

1. 功能

（1）参与辅酶形成　吡哆醛是血浆中主要的维生素形式，它与白蛋白紧密结合在一起。吡哆醛是辅酶磷酸吡哆醛的组成成分之一。磷酸吡哆醛是许多氨基酸酶系统，包括转氨酶、脱羧酶、脱氢酶、合成酶和消旋酶的重要辅助因子。维生素 B_6 与蛋白质的代谢密切相关，日粮蛋白水平越高，对维生素 B_6 的需要量越大。

（2）调节中枢系统功能　维生素 B_6 在中枢神经系统的功能中起关键作用，它参与为神经递质和神经抑制剂的合成所必需的氨基酸衍生物的脱羧作用。

2. 缺乏

维生素 B_6 的缺乏会导致犬猫食欲减退和体重下降，严重缺乏维生素 B_6 会导致抽搐、共济失调、昏迷和死亡。维生素 B_6 缺乏的典型特征是感觉神经元的外周髓磷脂和轴突退化、小红细胞低色素性贫血及肝脏被脂肪浸润。犬的维生素 B_6 需求随饲料中蛋白质水平的升高而增加。猫粮中一般富含维生素 B_6，但值得注意的是，吡哆醇及吡哆胺遇热不稳定，加热过程会引起维生素 B_6 的明显损失。维生素 B_6 缺乏会加剧草酸合成及尿中分泌物产生，从而影响猫尿道健康。犬猫体内的维生素 B_6 一般不会过量，多余的会排出体外。

四、烟酸

（一）概念

烟酸（nicotinic acid）也称为尼克酸、维生素 B_3 或维生素 PP，是具有烟酰胺生物活性的一类维生素统称，包括烟酸、烟酰胺和一系列吡啶核苷酸结构体。烟酸和烟酰胺都是无色的结晶状物质，不被光、氧、热、酸或碱破坏，且生物活性相同。图 7–7 为烟酸的化学结构式。

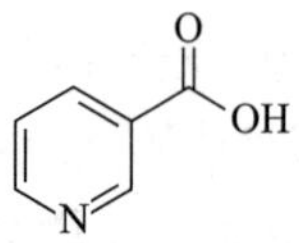

图 7–7　烟酸化学结构式

（二）烟酸的来源、吸收和储存

1. 来源

烟酸在自然界中分布广泛。烟酸在肝、肾、肉骨粉和鱼粉等动物源性饲料原料中含量丰富。烟酸在一些植物源性饲料中含量也较为丰富，如玉米、稻米和麦类等，但在谷物中，烟酸处于结合状态，不易被吸收利用。犬猫肠道微生物能够合成部分烟酸。犬可将色氨酸转化为烟酸，但猫不具备把色氨酸转化为烟酸的能力，因此猫需要从日粮中获得烟酸。

2. 吸收和贮存

烟酸和烟酰胺在胃部和小肠上端以简单扩散的形式迅速被机体吸收。烟酸在小肠黏膜中被转化为尼克酰胺，经血液运输到相应组织，然后在组织中与蛋白质结合形成两种辅酶，分别是烟酰胺腺嘌呤二核苷酸（NAD）和烟酰胺腺嘌呤二核苷酸磷酸（NADP）。烟酸代谢产物主要经尿液排出。

（三）烟酸的需要量

NRC（2006）建议对于含有最小量色氨酸的日粮，成年犬的烟酸日需要量应为 225 μg/（kg BW · d），生长期犬为 450 μg/（kg BW · d）。由于目前进一步信息的缺乏，建议对所有犬提供 3.4 mg/1 000 kcal ME 的烟酸。对妊娠期和哺乳期犬还没有制定其烟酸需要量，但由于该阶段采食量增加的生理特点，应当提供足量的日粮烟酸以供其利用。ABGE（1989）建议 200 μg/（kg BW · d）用以维持需要，450 μg/（kg BW · d）用于生长和繁殖需要。

NRC（2006）建议猫日粮中烟酸最小需要量为 8.0 mg/1 000 kcal ME（日粮中含烟酸

40 mg/kg，能量为 5.0 kcal/g）。这一日粮浓度为平均每天摄取 0.8 mg/（kg $BW^{0.67}$ · d）。在计算犬猫食物中的烟酸含量时，应忽略谷类原料的烟酸贡献量，或给出其可利用值，一般不超过总烟酸量的 1/3。

犬对烟酸的需要量受日粮中色氨酸含量的影响，这是因为犬能将色氨酸合成烟酸满足自身一部分需要。但这种转化在猫中不存在，这是因为色氨酸的分解反应程序有两个，而在猫体内负责转化到烟酸的酶活性较低，负责转化到另一个途径的酶活性很高，所以色氨酸的代谢中间产物一旦生成就迅速被转化为其他物质，使烟酸生成量几乎为零。因此猫对烟酸的需要必须从日粮中得以满足。

（四）烟酸的生物学功能及其缺乏症

1. 功能

（1）参与能量代谢 NAD 和 NADP 这两种从烟酸中获取的天然吡啶核苷酸辅酶是糖类、脂肪和蛋白质代谢所必需的，尤其是在体内供能代谢中起重要作用。这两种辅酶通常以脱氢酶－还原酶的形式在氧化还原酶系统中发挥作用。NAD（H），即 NAD 的还原态，在能量消耗反应中发挥重要作用，而 NADP（H）是包括能量储存在内的许多合成反应的基础。NADP（H）通过降解由 $NADP^+$，即氧化态 NADP，经磷酸戊糖途径还原生成。NADP（H）为脂肪酸合成和氧化谷胱甘肽再生提供了还原条件。

（2）参与非氧化还原反应 烟酸辅酶同样参与非氧化还原反应，包括单或多聚腺苷二磷酸－核糖反应。

2. 缺乏

犬的典型烟酸缺乏症为黑舌病，症状为口腔发炎和溃疡，伴随着唾液带血和呼吸不正常。犬缺乏烟酸同样会发生血性腹泻，肠道对水分、葡萄糖、钠和钾的吸收减少。缺乏症如未得到缓解将导致脱水、衰弱和死亡。猫缺乏烟酸表现为口腔炎症和溃疡，有黏稠和充满血污的唾液从口中淌出，并且呼吸恶臭。

3. 过量

烟酸摄入量过多，会对犬产生毒害作用，引起犬的发热反应。

五、泛酸

（一）概念

泛酸（pantothenic acid）因在自然界分布广泛，又称遍多酸，也称为维生素 B_5。游离的泛酸不稳定，易吸湿，加热或过酸过碱都容易破坏泛酸的结构，对氧化剂和还原剂极为稳定。犬猫食品中常用的泛酸是以泛酸钙的形式存在，1 mg 泛酸等于 1.087 mg 泛酸钙。与泛酸的钠盐相比，钙盐不易吸潮。泛酸是辅酶 A 的组成成分，约占辅酶 A 分子质量的 10%。辅酶 A 为糖类、脂肪和蛋白质的能量代谢过程所必需。图 7-8 为泛酸的化学结构式。

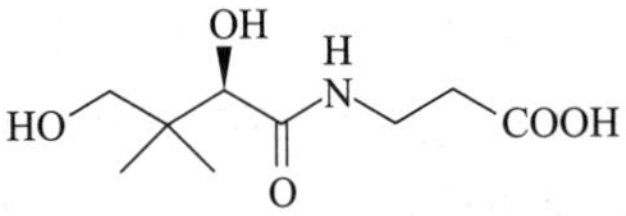

图 7-8 泛酸化学结构式

（二）泛酸的来源、吸收和储存

1. 来源

各种饲料原料中通常含有充足的泛酸，因此泛酸一般不易缺乏。食物中的泛酸以各种形式存在，如辅酶 A、酰基辅酶 A 合成酶以及酰基载体蛋白等。几乎所有的动物源性饲料原料都含有泛酸，尤其是鱼粉、酵母、蛋黄、肝、乳制品等含量丰富。各种植物源性饲料原料中也都含有泛酸，其中籽实类含量较多，块根和根茎类含量较少。犬猫肠道微生物能合成泛酸，但合成的量不能满足机体需要。

2. 吸收和贮存

从宠物食品中摄取的辅酶 A 在肠道内被水解为泛酸，并由钠依赖性转运系统转运，在肠道上皮细胞中被吸收，通过小肠黏膜进入门脉循环。血中主要以游离形式泛酸存在，红细胞和其他组织以辅酶 A 形式存在。大多数细胞在钠离子辅助下吸收泛酸。过多的泛酸经尿排出体外，不会引起犬猫中毒。

（三）泛酸的需要量

NRC（2006）推荐生长犬对泛酸的需要量为 2.7 mg/1 000 kcal ME。根据现有的研究结果，建议在犬各生命阶段的日粮中添加 3 mg/1 000 kcal ME，这相当于为成年犬提供 0.39 mg/（kg $BW^{0.67}$ · d）以满足其维持需要。猫对泛酸的需要量低于犬的需要量。NRC（2006）总结指出，泛酸对大部分动物耐受量为 20 g/kg。

（四）泛酸的生物学功能及其缺乏和过量

1. 功能

泛酸是辅酶 A 的辅基，所以辅酶 A 的功能即泛酸的生物学功能。辅酶 A 和其他含泛酸盐的分子参与两种类型的化学反应：酰基族转化和聚缩反应。辅酶 A 在能量代谢的糖酵解，脂肪酸氧化和三羧酸循环中起到主要作用。草酰乙酸盐和乙酰辅酶 A 缩合形成柠檬酸盐，导致循环中的二碳残余物质氧化。琥珀酸又转化为琥珀辅酶 A，进而生成糖原。脂肪酸和许多主要化合物的合成需要依靠辅酶 A。辅酶 A 也参与蛋白质的乙酰化。因此，泛酸对能量、蛋白、脂肪和糖类代谢均起到重要作用。

2. 缺乏与过量

犬猫泛酸缺乏几乎不会发生，但缺乏时会导致厌食、体重下降和生长受阻。其他的缺乏症包括脂肪肝、胃肠道紊乱（包括溃疡、痉挛）、昏迷甚至死亡。目前还未见关于犬猫泛酸过量中毒的相关报道。

六、生物素

（一）概念

生物素（biotin），又称维生素 B_7、维生素 H 或辅酶 R，在羧化、脱羧中起辅酶作用，能与蛋白质和核酸共价结合。生物素与硫胺素都是含有硫元素的环状化合物。生物素存在 8 种立体异构体，其中只有 D- 生物素才有活性。生物素的化学结构包括两个五元杂环和一个含有五个碳原子的羧基侧链。生物素的外观为长针状结晶粉末，干燥的 D- 生物素对空气、光和热十分稳定，但能被紫外线破坏。在犬猫体内，生物素作为参与二氧化碳固定功能的几种酶的辅助因子，直接或间接参与犬猫体内糖类、脂肪和蛋白质的代谢。图 7-9 为生物素的化学结构式。

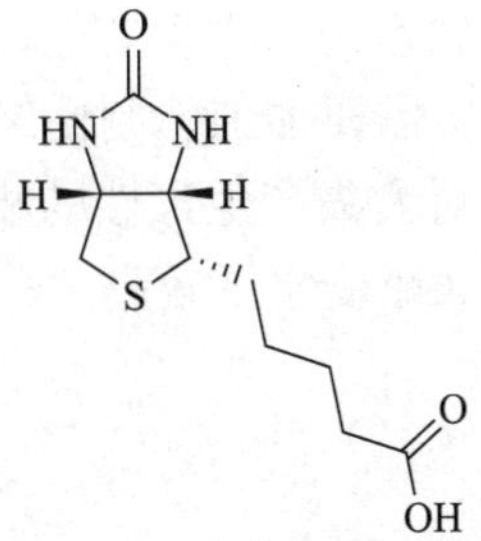

图 7–9　生物素化学结构式

（二）生物素的来源、吸收和储存

1. 来源

生物素广泛存在于植物性饲料原料中，如小麦、玉米、马铃薯和香蕉等。动物性饲料原料中，生物素在肝脏、肾脏、蛋和鱼肉中含量丰富。虽然生物素存在于大多数常用的犬猫食品原料中，但是相较于其他水溶性维生素，生物素浓度较低，且不同原料间的生物学效价差异较大，动物来源生物素的利用率较植物来源更高。犬猫消化道中的微生物也能合成生物素。

2. 吸收和贮存

生物素被犬猫吸收后，随血液进入到机体组织细胞中。生物素不会在犬猫机体组织沉积，过量的生物素可被代谢或随尿排出。目前还未有关于犬猫对生物素的具体吸收位置和转运的相关研究。

（三）生物素的需要量

鸡蛋富含生物素，但蛋清中抗生物素蛋白（包含糖蛋白卵白素）可与生物素紧密结合，使生物素失去活性。犬猫对生物素有具体的代谢需要，但当犬猫食物中不含有抗生物素蛋白和抗生素时，日粮生物素需要量不能确定。正常情况下，犬尿中生物素的浓度为 7 pg/mL ~ 13 pg/mL。ABGE（1989）推荐犬的生物素维持需要为 2 μg/（kg BW · d），生长和繁殖犬的需要量为 4 μg/（kg BW · d）。纯合日粮含有生物素 60 μg/kg（4 kcal ME/g）可满足妊娠哺乳期母猫和正常生长期幼猫的需要，该浓度相当于为成年猫的维持提供大约 1.5 μg/（kg $BW^{0.67}$ · d）的充足的生物素。

（四）生物素的生物学功能及其缺乏和过量

1. 功能

（1）参与机体代谢　在犬猫体内，生物素以辅酶形式直接或间接参与蛋白质、脂肪和糖类的代谢过程。其在犬猫体内的主要生物学功能为：作为丙酮酸羧化酶和丙酰辅酶 A 羧化酶的一部分，在糖异生和丙酮酸循环中起重要作用；参与蛋白质合成中嘌呤形成，以及氨基酸降解与合成过程；参与长链脂肪酸合成等。

（2）影响皮肤和毛发　生物素对于维持犬猫皮肤和毛发角质化结构的完整性是必要的。

2. 缺乏和过量

缺乏生物素会导致犬猫生长迟缓、皮肤损害、皮炎和被毛脱落。饲喂正常食物的犬猫不易发生生物素缺乏症，这是因为肠道菌群合成的生物素可以满足犬猫大部分需要，只有在使用抗生素引起生物素合成减少或者宠物食物中含有生鸡蛋蛋白时，犬猫才容易出现生物素缺乏症。但值得注意的是，生鸡蛋蛋白中含有的能够与生物素形成的络合物对热相当敏感，所以在给犬猫饲喂生蛋白时，需要加工熟制使络合物失活。

目前还未有由于生物素过多而对犬猫产生毒性的相关报道，因为过量生物素能经犬猫尿液排出，所以犬猫对生物素的最大耐受水平较高。

七、叶酸

（一）概念

叶酸（folic acid）又称维生素 B_{11}，是一种由蝶啶、对氨基苯甲酸及谷氨酸残基组成的水溶性 B 族维生素，它是包括了具有叶酸活性的一组化合物。叶酸最初是从菠菜叶中分离提取出来的，故得名“叶酸”。叶酸分子式是 $C_{19}H_{19}N_7O_6$。叶酸辅酶形式是四氢叶酸的一些衍生物，在一碳基团代谢中起作用。犬猫体内不能合成对氨基苯甲酸，也无法使谷氨酸与蝶啶环结合。叶酸通常是以谷氨酸共价结合物的形式存在于自然界中。提纯的叶酸是橙黄色的结晶粉末，无臭无味。叶酸的结晶态对热和空气稳定，受光和紫外线辐射会发生降解，酸、碱、氧化剂和还原剂对叶酸均有破坏作用。图 7-10 为叶酸的化学结构式。

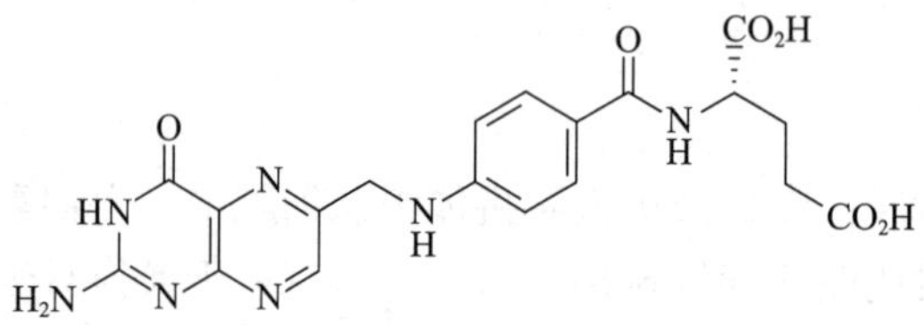

图 7-10　叶酸化学结构式

（二）叶酸的来源、吸收和储存

1. 来源

叶酸主要存在于肝脏、肾脏、鱼粉和乳制品等动物性饲料原料中，以及绿色植物的叶、玉米和花生等植物性饲料原料中。犬猫肠道微生物也能合成一定量的叶酸，且吸收率较高。犬猫食品中游离叶酸含量较少，主要以蝶酰多谷氨酸衍生物的形式存在。

2. 吸收和贮存

在小肠中，蝶酰多谷氨酸衍生物可被小肠上皮细胞分泌的叶酰多聚谷氨酸水解酶水解为单谷氨酸形式。只有单谷氨酸形式的叶酸才可被吸收进入犬猫肠道细胞中。大部分叶酸在肠黏膜经过叶酸还原酶的催化，被还原为四氢叶酸，进而被甲基化为 5- 甲基四氢叶酸。血浆中叶酸盐以 5- 甲基四氢叶酸的形式循环，大部分叶酸在肝脏中贮存。在犬猫肝脏中，叶酸被释放到循环系统中或被转化为多聚谷氨酸衍生物。叶酸经尿液、粪便和汗液排出体外。

（三）叶酸的需要量

NRC（2006）建议犬的叶酸需要量为 54 μg/1 000 kcal ME 时，能满足各个生理阶段需求。该日粮浓度提供的满足成年犬的维持需要量为 7 μg/（kg $BW^{0.67}$ · d），生长犬的需要量是该浓度的 2 倍。NRC（2006）推荐猫的需要量为 38.2 μg/MJ ME。

（四）叶酸的生物学功能及其缺乏和过量

1. 功能

（1）运送一碳基团　叶酸主要是以四氢叶酸的形式发挥其生物学作用，四氢叶酸是传递一碳基团（甲基）的辅酶，在多种代谢反应中运送一碳基团。叶酸参与犬猫体内丝氨酸向甘氨酸转化、高半胱氨酸向蛋氨酸转化以及苯丙氨酸向酪氨酸转化的过程。

（2）促进脱氧核糖核酸合成　叶酸是参与合成DNA的胸腺嘧啶的组成部分，当叶酸缺乏时，就不会合成足够的DNA，影响细胞的生长和成熟。

2. 缺乏

叶酸在犬猫体内进行一碳基团的转运，所以其缺乏会引起一碳化合物代谢紊乱，包括丝氨酸、嘌呤、甲基和嘧啶的合成。叶酸是胸腺嘧啶脱氧核苷合成反应的必需成分，而胸腺嘧啶脱氧核苷是DNA的必需成分，所以叶酸缺乏可导致DNA缺乏，进而妨碍骨髓中原始红细胞的成熟，因此叶酸的典型缺乏症是贫血和白细胞减少。叶酸缺乏会影响免疫系统功能，表现为厌食和免疫功能下降等症状。由于犬猫食品中各种动物源原料可为犬猫提供足量叶酸，且肠道微生物能合成部分叶酸供犬猫利用，叶酸缺乏症在犬猫上并不多见。

3. 过量

目前没有资料表明叶酸的过量摄入对犬猫有不良反应，推测叶酸的安全浓度是推荐需要量的1 000倍。

八、钴铵素

（一）概念

钴铵素（cobalamin），即维生素 B_{12}，是一种含钴的类咕啉的总称。钴铵素是作为动物蛋白因子被发现。钴铵素分子中含有大约4.5%的微量元素钴，是唯一含有金属元素的维生素。钴铵素也是唯一一种可以由确定微生物合成的维生素，包括犬猫在内的所用动物均依赖于微生物合成钴铵素。钴铵素化学结构的主要成分是一个以钴元素为中心的卟啉环，如果钴与羟基结合，则是普遍存在于自然界中的钴铵素形式——羟钴铵素；如果钴与氰基结合，则是商业生产的、来源于发酵的钴铵素形式——氰钴铵素。钴铵素在犬猫食品中较为稳定。

（二）钴铵素的来源、吸收和储存

1. 来源

一般植物性饲料原料中不含钴铵素，动物性饲料原料是钴铵素的主要来源，如肝脏、鱼粉、蛋粉、肉粉和奶制品等。商用钴铵素由微生物发酵生产。犬猫肠道微生物能合成钴铵素，但其利用率较差，且大多随粪便排出。

2. 吸收与贮存

犬猫食品中钴胺素通常与蛋白质结合，在胃酸环境中经胃蛋白酶作用而被释放。犬猫食物中钴胺素的吸收需要内因子的参与，其是一种糖蛋白，不会受体内细菌破坏，但不耐热。内因子由人类胃黏膜细胞或猪十二指肠黏液腺所分泌，但犬猫对内因子的合成能力不足。犬猫的胰腺是内因子的主要合成器官。

与其他哺乳动物在回肠中吸收钴胺素不同，空肠是犬猫吸收钴胺素的主要部位。但也有研究指出，只有犬的回肠中存在具有免疫反应的内因子 - 钴胺素受体，并且胃和胰腺的纯化内因子在回肠中的结合率高于空肠。内因子 - 钴胺素与受体结合后，以复合物的形式黏附于小肠黏膜，在小肠释放酶的作用下，释放出游离钴胺素，通过胞饮作用进入细胞。在人类血液中，钴胺素以甲钴胺的形式被钴胺素传递蛋白Ⅰ与钴胺素传递蛋白Ⅱ转运。犬猫血液中不含钴胺素传递蛋白Ⅰ，大约3/4的血浆钴胺素通过钴胺素传递蛋白Ⅱ转运。钴胺素贮存于肝脏等组织，不能与血清结合蛋白结合的钴胺素会以游离形式经尿液与胆汁排出。

（三）钴铵素的需要量

犬是被广泛用于研究钴胺素吸收与转运的动物模型，但目前还未有关于犬钴胺素需要量的相关研究。NRC（2006）推荐 7 μg/1 000 kcal ME 钴胺素能够满足所有生理阶段犬的需要。该日粮浓度，即 0.92 μg/（kg $BW^{0.67}$・d），相当于用以满足成年犬维持需要时的钴胺素摄入量。当犬胃肠机能受损时，对于钴胺素的需要量会增加。在纯合日粮中，20 μg/kg（约 4.5 μg/1 000 kcal ME）能够维持妊娠哺乳期母猫和生长期幼猫的正常血红蛋白浓度（Kang 等，1987）。

（四）钴铵素的生物学功能及其缺乏和过量

1. 功能

（1）以辅酶形式发挥生理作用　钴胺素以两种辅酶形式发挥生理作用，分别是腺苷钴铵素和甲基钴铵素。这两种辅酶参与超过 12 种酶系的功能，但在犬猫体内只含有 2 种酶，分别是依赖于腺苷钴铵素的甲基丙二酰辅酶 A 变位酶和依赖于甲基钴铵素的甲基四氢叶酸高半胱氨酸甲基转移酶（现称蛋氨酸合酶）。

（2）参与机体代谢　钴胺素参与糖类、脂肪和蛋白质的代谢过程。与叶酸类似，钴铵素也在一碳基团代谢中发挥重要作用，如丝氨酸与甘氨酸的互相转化以及高半胱氨酸转化为蛋氨酸。

（3）其他　钴铵素辅酶参与髓磷脂的合成过程，因此在神经组织中起重要作用；钴铵素对血红蛋白合成具有重要意义，可以缓解贫血。

2. 缺乏和过量

与其他的过量水溶性维生素可以随尿液排出体外不同，过多的钴胺素能够储存在犬猫的肝、肌肉、骨和皮肤中，所以在短时间内缺乏钴胺素时，犬猫可通过动用贮存的钴胺素来满足较低的需求。短时间内缺乏症与叶酸缺乏症相似，但其特征也有因髓磷脂的产生不足，进而造成的神经损伤，会出现伴随着神经性退化的恶性贫血。

目前还未见关于犬猫采食高剂量钴胺素中毒方面的报道。

九、胆碱

（一）概念

胆碱（choline）又称维生素 B_4，是磷脂和乙酰胆碱等物质的组成成分。胆碱的需要量远超“微量有机营养素”对维生素的定义，但仍然将其归属于水溶性 B 族维生素之列。胆碱为无色粉末，味苦，具有强碱性，易溶于水，在空气中极易吸潮。犬猫食品中的添加形式为氯化胆碱或二氢柠檬酸胆碱。图 7–11 为胆碱的化学结构式。

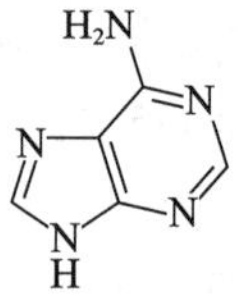

图 7–11　胆碱化学结构式

（二）胆碱的来源、吸收和储存

1. 来源

在犬猫食物中，胆碱以游离形式存在。动物性饲料原料中含有丰富的胆碱，如肝脏、蛋粉、鱼粉和肉类等。一些植物性饲料原料中胆碱含量较为丰富，如花生、菠菜和谷物副产品等，但胆碱在木薯淀粉和玉米中含量较少。犬猫在肝脏中可利用S-腺苷甲硫氨酸提供的甲基团，通过乙醇胺的甲基化作用来合成胆碱。当叶酸和钴铵素含量充足时，犬猫可利用丝氨酸和蛋氨酸合成胆碱。

2. 吸收和贮存

食物中含有的胆碱与体内合成的胆碱均易被犬猫吸收。胆碱的主要吸收部位是肠道，关于肠道对胆碱吸收率的研究较少。犬猫肠道微生物可将胆碱代谢为三甲胺。被吸收的胆碱随血液进入肝脏或其他组织发挥功能。胆碱在犬猫体内分布广泛，以游离形式（三甲基乙醇胺）或磷脂形式（卵磷脂）存在。

（三）胆碱的需要量

目前缺少关于犬猫胆碱需要量的最新研究。NRC（2006）推荐340 mg/1 000 kcal ME日粮浓度的胆碱适用于所有生理阶段的犬。该浓度为成年犬提供大约45 mg/（kg $BW^{0.75}$·d）的胆碱用于维持需求。NRC（2006）推荐510 mg/1 000 kcal ME日粮浓度的胆碱适用于所有生理阶段的猫。该浓度为成年猫提供大约45 mg/（kg $BW^{0.67}$·d）的胆碱用于维持需求。

（四）胆碱的生物学功能及其缺乏和过量

1. 功能

胆碱在代谢过程中不做催化剂，这与其他B族维生素不同。胆碱在犬猫体内的功能主要体现在以下三个方面：

（1）乙酰胆碱的组成成分　胆碱是乙酰胆碱的主要组成成分，在神经冲动的传递中起到重要作用。

（2）卵磷脂的成分　胆碱是卵磷脂的成分，在脂肪代谢过程中促进脂肪酸以卵磷脂的形式运输；胆碱可以提高肝脏利用脂肪酸合成卵磷脂的能力，从而防止脂肪的过度累积。

（3）甲基的供体　胆碱是甲基的供体，可以为甲基化反应提供活性甲基基团。在犬猫体内，不稳定的甲基可与其他物质生成化合物，如参与高半胱氨酸转化为蛋氨酸，参与胍乙酸生成肌氨酸，还可以合成肾上腺激素等。胆碱与蛋氨酸、甜菜碱有协同作用，在甲基的转移反应中，蛋氨酸和甜菜碱有代替部分胆碱的作用。

2. 缺乏和过量

胆碱的缺乏会使犬猫的采食量和体增重降低、生长迟缓、运动不协调、红细胞减少和血红蛋白降低。胆碱缺乏还会引发脂肪代谢障碍，导致犬猫脂肪肝综合征。目前关于胆碱过量对犬猫影响的报道较少。

十、维生素C

（一）概念

维生素C（Vitamin C），也称抗坏血酸，是具有抗坏血酸生物活性的所有物质的总称，是一种水溶性抗氧化剂。自然界中具有活性的是L-抗坏血酸。维生素C为白色粉末，易溶于水，具有酸性和强还原性，遇光、热、空气和碱性物质等可加速其氧化。图 7-12 为维生素 C 的化学结构式。

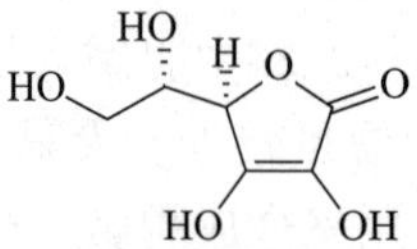

图 7-12　维生素 C 化学结构式

（二）维生素 C 的来源、吸收和储存

1. 来源

在植物性饲料原料中，维生素 C 主要存在于绿色植物、水果及马铃薯、番茄等。动物性饲料原料中的维生素 C 含量较少。犬猫可以利用葡萄糖合成正常代谢所需要的维生素 C。

2. 吸收和贮存

维生素 C 被犬猫小肠迅速吸收并进入血液循环，进而被组织吸收利用。大部分维生素 C 在犬猫体内被分解代谢为终产物二氧化碳和草酸，草酸会随尿液排出体外。当血浆中抗坏血酸水平超过犬猫肾脏对抗坏血酸的阈值时，抗坏血酸会直接由尿液排出。

（三）维生素 C 的需要量

犬猫日粮中不需要额外添加抗坏血酸作为营养物质，但当犬猫处于应激状态（免疫注射、疾病恢复、长途运输、断奶和大量运动等）时，应额外添加维生素 C 以增强犬猫抗应激能力。值得注意的是，在人类中，长时间大量使用抗坏血酸可能导致草酸盐尿和尿道草酸盐结石，但高剂量抗坏血酸的摄入是否会导致犬猫的草酸盐尿和尿道草酸盐结石尚不清楚。

（四）维生素 C 的生物学功能及其缺乏和过量

1. 功能

（1）参与氧化还原反应　维生素 C 既可作为供氢体，也可作为受氢体，在氧化还原反应中发挥重要作用。维生素 C 作为电子供体，参与叶酸氢化为四氢叶酸的过程。

（2）提高铁的吸收利用　维生素 C 可与铁和 ATP 形成活性复合物，将三价铁还原为二价铁，提高铁的吸收利用率。

（3）促进胶原蛋白合成　维生素 C 也可作为脯氨酸酸化酶的辅酶，参与脯氨酸羟基化作用，促进胶原蛋白的合成，而胶原蛋白为结缔组织、软骨和骨等生长所必需。

（4）其他　维生素 C 对犬猫伤口愈合和抗体反应具有积极作用。

2. 缺乏和过量

犬不需要日粮添加来补充维生素 C。猫体内能够合成部分维生素 C，正常情况下不易产生维生素 C 缺乏症。但当猫处于患病或应激状态时，体内合成维生素的效率会有所下降，可能导致维生素 C 缺乏。目前尚不清楚维生素 C 过量对犬猫的影响。

第四节　宠物食品加工及贮存中维生素的损失

加工和贮藏会对宠物食品中的维生素产生较大影响，因此需要采取方法来减少维生素的损失。具体方法有：①修饰维生素的化学结构使其变为更稳定的化合物，如视黄醇的酯类、抗坏血酸磷酸盐代替抗坏血酸；②维生素可制成微胶囊使维生素具有更好的稳定性，并增强维生素的分散性。微胶囊可通过美拉德反应或其他化学方式变成交叉连接的微胶囊，以进一步增强加工过程中对维生素的保护作用；③喷雾干燥可增强许多 B 族维生素的稳定性，形成流动粉末。

在加工过程中，宠物食品的挤压膨化过程会造成维生素失活；温度、加工和自由金属离子会造成罐头食品中维生素的失活。在贮藏过程中，水分、温度、pH 和活性金属离子均会影响维生素的损失率。

NRC（2006）总结了膨化宠物食品经过挤压膨化和干燥处理后，维生素的回收率和贮藏过程的损失率（表 7-3）。不同维生素经过加工处理后的回收率有很大不同，比如烟酸的回收率较高，而维生素 A 的回收率较低。在膨化宠物食品的贮藏过程中，脂溶性维生素的损失率高于 B 族维生素，而硫胺素单硝酸酯和叶酸在 B 族维生素中损失率最高。

表 7-3　膨化宠物食品中添加的维生素和类胡萝卜素的回收率以及贮藏损失率

活性形式	化学形式	产品形式	加工处理后的回收率 /%			月贮藏损失率 /%
			典型	低	高	
视黄醇	视黄醇醋酸盐	交联微胶囊	81	63	90	6
		微胶囊	65	40	80	30
胆钙化醇	胆钙化醇	喷雾干燥微胶囊	85	75	90	4
维生素 E	所有消旋 -α- 生育酚醋酸盐	吸附物	45	30	85	1
		喷雾干燥微胶囊	45	30	85	1
	RRR-α- 生育酚	油	40	10	60	10
维生素 K	亚硫酸氢钠甲萘醌混合物	晶状粉末	45	20	65	17
	甲萘醌烟酰胺亚硫酸盐	晶状粉末	56	40	75	11
	二甲基嘧啶醇亚硫酸甲奈醌	晶状粉末	50	30	70	12
硫胺素	硫胺素单硝酸酯	晶状粉末	90	30	95	4
	氢氯化硫胺素	晶状粉末	80	50	85	4
核黄素	核黄素	喷雾干燥微胶囊	82	70	90	3
吡哆醇	氢氯化吡哆醇	晶状粉末	75	70	90	3
D- 泛酸	D- 泛酸钙	晶状粉末	85	75	95	2
烟酸	烟酸	晶状粉末	80	64	90	2
生物素	生物素	喷雾干燥微胶囊	88	60	95	2
叶酸	叶酸	喷雾干燥微胶囊	90	65	95	< 1

续表

活性形式	化学形式	产品形式	加工处理后的回收率 /%			月贮藏损失率 /%
			典型	低	高	
维生素 C	抗坏血酸 -2- 聚磷酸酯	喷雾干燥微胶囊	96	85	100	< 1
	抗坏血酸	晶状粉末	40	0	60	37
叶黄素	叶黄素	喷雾干燥微胶囊	72	50	80	2
番茄红素	番茄红素	喷雾干燥微胶囊	64	40	75	2
β- 胡萝卜素	β- 胡萝卜素	微胶囊	34	20	50	2

来源：NRC，2006

本 章 小 结

详见数字课程 e。

复习思考题

一、名词解释

维生素、脂溶性维生素、水溶性维生素、维生素缺乏症、维生素中毒症

二、问答题

1. 维生素分几类，各包含哪些维生素？
2. 与犬猫骨骼和牙齿发育有重要关系的维生素有哪些？缺乏的典型症状是什么？
3. 影响犬猫皮毛健康的维生素有哪些？
4. 哪些维生素在犬猫体内作为辅酶发挥作用？

三、开放性讨论

如何减少犬猫食品中维生素在加工、贮藏和使用过程中的损失？

第八章

水的营养

本章提要

水对宠物有许多重要的作用，占身体的50%~80%。宠物体内水的来源有三种途径：食物水、代谢水和饮水。宠物通过粪、尿、汗液、眼、鼻和耳等分泌物及呼吸等途径将体内水排出。宠物通过神经-内分泌调节机制维持体内水的平衡。宠物的年龄、用途、日粮组成和环境温度等因素影响其需水量。宠物饮用水质量应符合人饮用水卫生标准。宠物水缺乏和过量都会对宠物健康带来危害。

知识导图

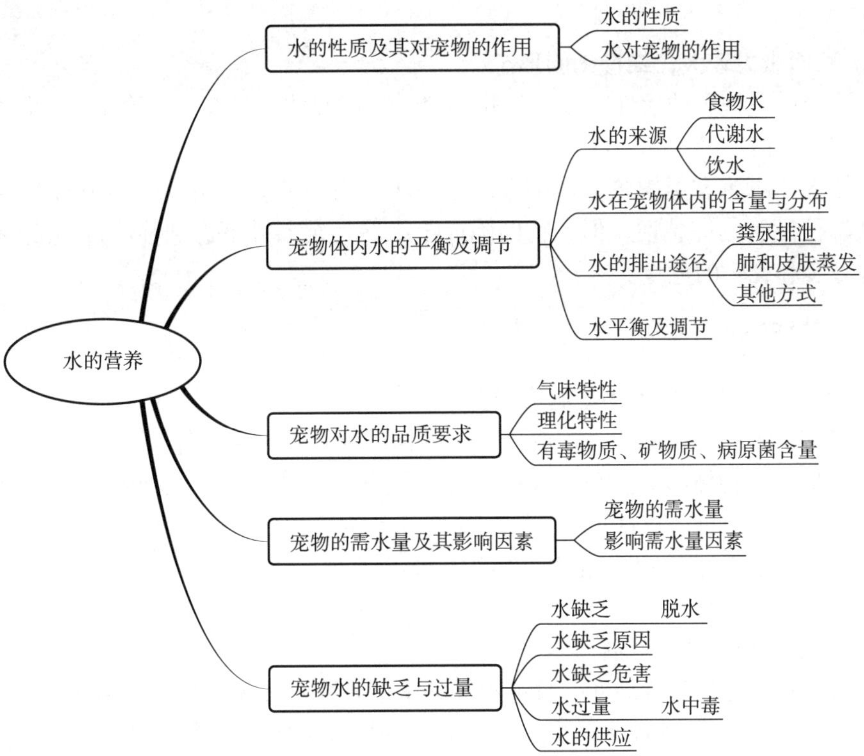

水是最廉价、最容易得到、也是最容易被忽略的重要养分。事实上，水是宠物（如犬猫、鸟、鱼等）最重要的营养物质之一。水虽然不是能量的来源，但对宠物乃至整个动物机体至关重要。水对宠物体内营养物质的消化、吸收、转运和废物排泄有着重要的作用，对调节体温和维持宠物体温稳定有重要意义。宠物丢失大多数体脂和一半的体蛋白还能生存，但损失 10% 的体内水就可引起严重的疾病。宠物缺水，会导致食欲减退、消化不良、抗病力和免疫力下降，严重时出现新陈代谢紊乱，甚至死亡。只有充分及时地供给宠物清洁卫生的饮用水，才能维持宠物正常的生理活动，保证宠物的健康和长寿。

第一节　水的性质及其对宠物的作用

一、水的性质

（一）比热容大，蒸发热高，易于保持体温

水的比热容高于同量的液体和其他固体。1 g 水从 14.5℃上升到 15.5℃需要 4.184 J 的热量，这对宠物体内热平衡的调节及保持体温稳定有重要作用，体内即使热量增加或减少也不会引起体温的过大变化。

在 37℃时蒸发 1 g 水可以吸收 2 260 kJ 热量，宠物尤其是犬主要靠肺脏的呼吸将多余热量散发出去，呼吸运动通过水汽散发大量热量对于犬体温调节尤为重要。

（二）具有流动性，运输和排泄物质

水具有流动性大的特征，使其成为体液循环的运输物质。水在宠物体内作为血液主要组成成分，将氧气和营养物质运输到全身各组织器官，并把代谢的废弃物通过尿液和粪便排出体外。

（三）表面张力较大，维持细胞形态

水与蛋白质或糖类的活性基以氢键相结合，形成胶体，具有一定稳定性，保证组织细胞具有一定的形态、弹性和硬度。

宠物体内与细胞和组织蛋白质结合的水，不能自由移动，-40℃ ~ -30℃也不会结冰，保证了低温下细胞的完整性，但宠物细胞或组织在特定条件下遇到强冷过程或解冻不慎，则有细胞破裂和死亡的危险。

二、水对宠物的作用

（一）水是宠物体组织的主要组成成分

水是宠物组织细胞成形的必需成分，宠物体内含水量大致占体重 2/3 左右，且随体重的增加而减少。宠物体内大部分水往往与蛋白质形成胶体，使组织细胞具有一定的形态、硬度和弹性，以维持机体正常形态。随着宠物年龄增长，含水量下降，幼龄宠物含水量高达 84%，成年宠物含水量 60% 左右。体组织部位不同，含水量也不同，血液含水多，脂肪组织含水少。

（二）水是一种理想的溶剂

由于水具有可溶性和流动性，且有很高的电解常数，故很多化合物易在水中溶解、电解，是养分和代谢产物等的理想溶剂。水在宠物胃肠道中是食糜的媒介，是血液、组织液、排泄物等的载体。宠物体内各种养分的吸收和转运必须溶于水才能进行。

（三）水是物质转运和交换的载体

作为宠物血液的主要成分，水是重要的运输媒介。水把氧气和养分运输到各组织，把二氧化碳和代谢废物排出体外。

（四）水是一切生化反应的介质

宠物体内几乎所有的生化反应均在水中进行，如体内的消化、吸收、分解、合成、氧化还原及细胞呼吸过程。水既是宠物体内生化反应的原料，也是生化反应的产物，水使体细胞代谢发生复杂的化学反应成为可能。猫采食干粮（含水量为5.7%）后的胃排空时间，比采食罐头食品（含水量为75%）的长，并且前者的胃排空时间随着水的增加而缩短。

（五）水参与体温调节

水具有比热容大、导热性好、蒸发热高的特点，因此水既能蓄热（不至于体温过快上升）和迅速传导热能，又可较快蒸发散热。这对于宠物体温调节有非常重要的作用。宠物不会因为环境温度的降低而迅速降低体温，环境温度过高则会通过辐射、蒸发等方式散热。排汗和呼吸是高效的蒸发散热形式，因为犬猫无汗腺，所以在炎热的夏季，犬张口喘气就是通过急促的呼吸来增强散热，通过足底出汗散热。水的导热性好，有助于深部组织热量的散发，防止由于肌肉长时间剧烈运动引起的温度升高。

（六）其他作用

水在宠物体内作为滑液、水垫、传音介质等。例如，宠物体关节囊内、体腔内和各器官间的组织液中的水，可以减少关节和器官间的摩擦力，起到润滑作用。水在脊髓液中起缓冲作用；水在耳蜗管内起传音作用。口腔中的唾液和食道中的黏液可以湿润食物，使宠物易于吞咽。泪液防止眼球干燥。水可以调节宠物体内渗透压，维持组织器官的正常形态和功能。

（七）特殊作用

水不仅是观赏鱼的最重要的营养物质之一，而且更重要的是，水是其生存的唯一环境。

第二节 宠物体内水的平衡及调节

宠物通过调节水的来源和排泄保持水的平衡。人们经常推荐给犬猫提供新鲜饮水，但是犬猫对水的需求量因日粮类型和环境条件的不同而有很大差异。犬每千克体重的饮水量比猫多，这与猫已经进化成为耐旱动物有关。猫比犬或人更能浓缩尿液，同时能够淡化饮用的海水。与犬相比，猫开始进行饮水的时间更长，或用于饮用足够水的时间需要的更长。当犬脱水时，将会在 1 小时内补充相当于其体重 6% 的水，而猫饮用相同的水却需要 24 小时。猫对饮水没有很强烈的渴望，猫每采食 1 g 干粮仅饮用大约 2 mL 的水，这与进食富含水分的食物，如含水量 78%～82% 罐装食品相比，不可避免地增加了猫患尿结石的风险。当犬猫饲喂含水量 67%～73% 的肉或鱼时，在不饮水的情况下，仍然能维持体内水分的平衡（Caldwell，1931；Danowski 等，1944；Prentiss 等，1959）。但是，当肉类食物的含水量下降到 61% 时，就不能维持身体的水分平衡（Prentiss 等，1959），这可能与排泄尿素需要一定量的尿液有关。每克干物质（DM）需要 2 mL 水的比例，与猎物的比例相似。有趣的是，在实验室中用罐装食品饲喂猫来测定猫的饮用水量时（Kane

等，1981），猫在2天内将停止饮水；事实上，可以认为猫通过进食罐装食物，摄入的水导致了猫的多尿。其他动物的多尿也可能是因为食物中增加钠所引起，当日粮中氯化钠含量达到2%～4%时，会导致猫的饮水量增加（Anderson，1982）。由于高盐摄入可能会带来的不利影响，因此，增加食物含水量（即在食物中加水）是增加水分摄入的最常用方法（Anderson，1982），这种做法甚至还可以防止尿结石的产生（Hamar，1976）。犬一般只会在白天饮水，除非它们处于脱水的状态，而猫饮水不分昼夜（Kane等，1981）。

一、宠物体内水的来源

宠物体内水的来源有三种途径：饲料水、代谢水和饮水。

（一）食物中的水

食物中的水是宠物获取水的一个重要来源。宠物获取水的多少与宠物食品中的含水量有关。不同的宠物食品含水量不同。干粮含水量一般在6%～12%之间，一些罐头类食品含水量在60%～88%，在一定范围内，食物中含水量越高，采食量越大，饮水量越少。研究表明，当食物中含水量达到67%时，宠物犬猫不用另外饮水就可以维持体内水的平衡，根据饲料中水的含量不同，犬能够精确调节饮水量，猫虽然也具有同样的调节功能，但是猫似乎更能够忍受缺水的情况。

（二）代谢水

代谢水是宠物体内蛋白质、脂肪和糖类等营养物质氧化分解或合成过程中产生的水，也称为氧化水。如：

$$C_6H_{12}O_6 + 6O_2 \rightarrow 6CO_2 + 6H_2O$$

代谢水约占宠物总摄水量的10%，其产量取决于宠物的代谢率和日粮类型。不同营养成分代谢产生代谢水量不同（表8-1）。同等质量条件下，脂肪在宠物体内氧化降解产水多于蛋白质和糖类；同等能量条件下，糖类代谢产水多于蛋白质和脂肪。糖类代谢产水可以减少宠物饮水需要，也避免水分流失，是非常重要的代谢水来源。对于有汗腺的宠物和蛋白质代谢产物主要是尿素排泄物的宠物，水需要量大，代谢水不能满足失水的需要，犬猫主要以尿素的形式排出；对于蛋白质代谢产物主要以尿酸或胺形式为排泄物的宠物，需水少，代谢水基本可以满足需要。

表8-1 三大营养成分的代谢水

营养成分	氧化后代谢水/g	含热量/（kJ·100 g^{-1}）	代谢水/（g·kJ^{-1}）
100 g淀粉	60	1 673.6	0.036
100 g蛋白质	42	1 673.6	0.025
100 g脂肪	100	3 765.6	0.027

引自：许振英，1987

（三）饮水

饮水是指直接饮用天然的水，饮水是宠物获得水的主要来源，宠物可根据自己的渴觉，自由饮水以满足机体对水的需要。宠物饮水的多少与宠物的生理状况、健康、日粮类型或成分、环境温度及运动强度等有关。当环境温度升高或运动增加时，水分需求增加，饮水量增加。当日粮能量摄入增加时，机体代谢废物增加，代谢产热增加，机体需要更多的水分通过尿液来排出废物和热量，促使宠物增加饮水量。宠物饮水量与其采食量有密切关系，在环境温度适宜时，饮水量随着采食量的增加而直线上升。

二、水在宠物体内的含量与分布

水是宠物体的主要组成成分。通常情况下，宠物体内含水量大致占体重的 2/3 左右。初生时含水量最高，约为 84%；生后初期水分快速下降；稍后下降速度变缓；至成年时，含水量相对稳定，为 60% 左右。宠物体内的水分和溶解于水中的各种溶质称为体液，体液分为细胞内液和细胞外液两部分。分布于细胞内的液体称为细胞内液，约占宠物机体总水量的 50%。分布于细胞外的液体包括血液、组织间液、淋巴液等称为细胞外液，约占宠物机体总水量的 20%，其中血液约占 5%，组织间液占 15% 左右。细胞外液构成宠物机体内环境，通过血液与组织液的水分交换，宠物体液渗透压和 pH 得以保持稳定。不同体组织，含水量不同。肌肉、内脏和血液中含水量多，可达 70%～90%；脂肪组织含水量少，仅为 10% 左右。

三、宠物体内水的排出途径

宠物体内的水通过复杂的代谢过程后，主要通过粪、尿的排泄及肺和皮肤的蒸发，以及乳汁分泌等途径排出体外。由于犬猫无汗腺，所以体内的水主要通过呼吸和粪尿排出。

（一）粪和尿的排泄

粪便排水量受动物种类和宠物食品性质的影响。犬猫等宠物粪便比较干，由粪便失水比较少。当宠物食入不易消化的食物或发生腹泻时，粪便失水量增多。宠物由尿排出的水受总摄水量的影响，摄入量越多，尿液排出越多。排尿量也受环境温度和动物活动量的影响，环境温度越高，动物活动量越大，由尿排出的水量越少。通常情况下，随尿排出的水量可占总排水量的 1/2 左右。宠物的最低排尿量取决于机体必须排出的溶质的量及肾脏浓缩尿液的能力。猫有较强的尿液浓缩能力，尿排水量少，但易诱发尿石症。

（二）肺脏和皮肤的蒸发

在热环境下，宠物借助肺的扩张及广泛密布的毛细血管，从热空气中吸取氧气，同时水分也扩散蒸发到肺腔中，进而散失到空气中，会导致呼吸失水。肺脏以水蒸气形式呼出的水量，取决于动物活动量和环境温度。动物活动量大，环境温度高，呼吸频率加快，排水量增多。宠物犬猫由于没有汗腺，因而肺部呼吸失水是体温调节中散热的重要方式。然而犬猫通过呼吸散热效率不同。在 40℃或更高气温的热应激下，犬的呼吸速率增加 12～20 倍，而猫的呼吸速率仅增加 4～5 倍。犬通过这一途径失去大部分（57%）热量，而猫散失热量不到 10%。皮肤表面失水包括血管和体液中的水分简单扩散到皮肤表面蒸发和通过排汗失水两种方式。无汗腺宠物，如犬猫，不能通过皮肤排汗失水。在特殊情况下，犬也可以通过脚趾散发少量热量并排出少量水分。猫在脚垫和脚掌区域的指间皮肤上有汗腺，可排出少量的水分。有汗腺宠物，如马，在适宜环境温度条件下，排汗失水不多，在温度升高时，会通过排汗而散发大量的热，排出大量的水。

（三）其他方式失水

哺乳宠物在泌乳期间乳汁分泌也是失水的一个重要途径。对于犬猫，流涎和舔舐也可以失水，在猫上更加突出。随着气温的升高，猫会分泌唾液，不断舔舐身体的所有部位，直到唾液滴落，通过水分蒸发降温。患病动物可能通过出血、呕吐、腹泻大量丢失水分。还有眼和鼻分泌物失水。

四、宠物体内水平衡及调节

（一）宠物体内水平衡

宠物体内的水分布于全身各组织器官及体液中，细胞内液约占2/3，细胞外液约占1/3，两者不停地进行着水和物质交换，维持体液的一种动态平衡。不同宠物体内水分周转代谢的速度也不同。水分周转速度与环境温度和湿度、采食饲粮类型和组成及宠物是否腹泻等因素有关。采食饲粮盐分过多，饮水量增加，水的周转代谢加快。

（二）宠物水平衡的调节

宠物主要通过两种途径维持体内水的平衡，一种是通过中枢神经系统控制水的摄入，一种是通过肾脏控制水的排出。水平衡通过神经－内分泌机制共同调节。

宠物水摄入量与机体水的缺乏成一定比例。损失0.5%体重的水，会刺激宠物的自主摄水反应。当宠物体内失水过多或饮水不足时，细胞外液渗透压升高，下丘脑渗透压感受器兴奋，刺激大脑皮层产生渴觉，引起宠物饮水反应，水摄入量增加。反之，水摄入量减少。

宠物体内水的排出主要通过肾脏调节排尿量来完成。当宠物失水过多或饮水不足时，血浆渗透压上升，刺激下丘脑渗透压感受器，促使加压素分泌增加，肾小管水分重吸收作用增强，尿液浓缩，尿量减少。反之，饮水过多时，血浆渗透压下降，加压素分泌减少，水分重吸收减弱，尿量增加。肾上腺皮质分泌醛固酮激素在增加钠离子吸收的同时，也会增加水的重吸收。醛固酮激素的分泌受肾素－血管紧张－醛固酮系统以及血钾、血钠离子浓度对肾上腺皮质作用的调节。和人类相比，猫可能获得较大的尿渗透浓度，可有效保留水分，耐缺水能力强。

通过上述两个方面的调节，宠物体内水保持相对的动态平衡。

第三节 宠物对水品质的要求

水的质量是影响宠物饮水量和健康的重要因素，评价宠物饮水品质要考虑的主要指标包括：气味特性、理化特性、有毒物质含量、矿物质含量和病原微生物含量等。宠物饮用水标准应符合中华人民共和国生活饮用水水质标准。

一、气味特性

我国饮用水水质标准规定，人的生活用水不得有异味和臭味，宠物饮水品质也应符合相应标准。

二、理化特性

动物饮水理化特性主要指pH、总可溶固形物TDS、总溶氧、硬度等。TDS指溶解在水中的总无机盐含量，是评价水质的常用指标，当TDS的含量在1 000 mg/L时对宠物是安全的，过高的TDS会导致腹泻及饮水量增加。硬度通常用钙和镁含量的总和表示，水中的阳离子也会对硬度产生影响，如果硬度太高会导致动物体内结石。

三、有毒物质含量、矿物质含量、病原微生物

宠物饮水中需格外注意水中的有害物质、矿物质和细菌含量，保证宠物饮用水干净卫生。一些被污染的水源是不可以让宠物喝的，这些水中常含有一些有毒元素，如铅，汞等重金属，对宠物健康有很大危害。一般来说，人能饮用的水，宠物就能饮用。宠物饮用水应达到我国的人饮用水卫生标准，分别参见表 8-2、表 8-3。

表 8-2 中华人民共和国生活饮用水质量标准

项目	限值	项目	限值
感官性状和一般化学指标		毒理学指标	
色	色度≤15 度，无异色	氟化物	1.0（mg/L）
浑浊度	≤3 度	氰化物	0.05（mg/L）
气味	不得有臭味和异味	砷	0.05（mg/L）
肉眼可见物	不得有可见物	硒	0.01（mg/L）
pH	6.5 ~ 8.5	汞	0.01（mg/L）
总硬度（以碳酸钙计）	450（mg/L）	镉	0.01（mg/L）
铝	0.2（mg/L）	铬	0.05（mg/L）
铁	0.3（mg/L）	铅	0.05（mg/L）
锰	0.1（mg/L）	银	0.05（mg/L）
铜	1.0（mg/L）	硝酸盐（以氮计分）	20（mg/L）
锌	1.0（mg/L）	氯仿	60（μg/L）
挥发酚类（以苯酚计）	0.002（mg/L）	四氯化碳	3（μg/L）
阴离子合成洗涤剂	0.3（mg/L）	苯并芘	0.01（μg/L）
硫酸盐	250（mg/L）	滴滴涕	1（μg/L）
氯化物	250（mg/L）	六六六	5（μg/L）
溶解性固体	1000（mg/L）	细菌学指标	
放射学指标		细菌总数	100（CFU/mL）
总 α 放射性	0.1（Bq/L）	总大肠菌群	0（个 /100 mL）
总 β 放射性	1（Bq/L）	粪大肠菌群	0（个 /100 mL）

表 8-3 饮用水源中有害物质的最高容许浓度（mg/L）

项目	标准	项目	标准
乙腈	5.0	甲苯	0.7
丙烯腈	2.0	二甲苯	0.5
乙醛	0.05	乙苯	0.3
三氯乙醛	0.01	氯苯	0.03
甲醛	0.5	二氯苯	0.02

续表

项目	标准	项目	标准
丙烯醛	0.1	二硝基苯	0.5
二氯甲烷	0.02	硝基氯苯	0.05
1,2-二氯乙烷	0.03	二硝基氯苯	0.5
环氧氯丙烷	0.02	三氯苯	0.02
二硫化碳	2.0	三硝基甲苯	0.5
苯	0.1	硫化物	0
四氯苯	0.02	黄磷	0.003
六氯苯	0.05	钼	0.07
异丙苯	0.25	钴	1.0
苯乙烯	0.02	铍	0.002
苯胺	0.1	硼	0.3
三乙胺	3.0	锑	0.05
己内酰胺	3.0	镍	0.02
丙烯酰胺	0.0005	钡	0.7
氯乙烯	0.005	钒	0.05
三氯乙烯	0.07	钛	0.1
四氯乙烯	0.04	铊	0.0001
二乙基己基邻苯二甲酸酯	0.008	马拉硫磷（4049）	0.25
氯丁二烯	0.002	内吸磷（E059）	0.003
水合肼	0.01	甲基对硫磷（甲基 E605）	0.02
四乙基铅	0	对硫磷（E605）	0.03
石油（包括煤油、汽油）	0.3	乐果	0.08
吡啶	0.2	林丹	0.002
松节油	0.2	百菌清	0.01
苦味酸	0.5	西维因	0.05
丁基黄原酸盐	0.005	溴氰菊酯	0.02
活性氯	0		

第四节　宠物的需水量及其影响因素

对于宠物来说，水是最重要的营养素。因此，满足宠物水的需要对宠物的健康至关重要。

一、宠物需水量

宠物需水量受宠物种类的影响。不同宠物需水量不同。由于猫具有较强的尿液浓缩能力，因此其忍受缺水能力比较强，需水量要低于犬及其他宠物。宠物在不同生命阶段对水的需要量不同，宠物生长、妊娠和哺乳期对水的需求量估计应高于成年宠物的维持需要量。哺乳期的犬需要摄入更多的水来满足产奶的需要。运动和环境应激也会影响宠物对水的需要量。运动量大，宠物水分损失多，便会增加对水的需要量。不利的环境条件，特别是热应激，会影响宠物对水的最小需求量。宠物机体耗散的过多热量在很大程度上是由喘气产生的蒸发水而带来的，热应激导致水损失过多，水的需求量随着热应激程度不同而变化。但是，寒冷似乎并不影响水的需求量。

宠物水的维持需要量可通过摄取水的复合形式，包括自由饮用的水（自由水）、作为食物组成部分的水（结合水）或在含能养分代谢过程中产生的内源水（代谢水）来满足。直接来自食物的水量取决于食物的类型。干性犬粮的含水量一般是 8% ~ 10%，而罐头食品的水分有时超过 75%。因此，动物每天采食 212 g 干粮将只能得到约 21 mL 的水，但可从相同的罐头食品获得 636 mL 的水。这个值加上普通代谢水，可满足犬的最小日水需要量。因此，犬在吃罐头食品时可能不会自愿饮用自由水。

宠物维持需水量估算有两种方式。一种是基于体重估算，用这种方法估算的水需求量为每千克代谢体重需水为 50 ~ 60 mL。另一种是基于采食量进行估算，由于宠物水需求量似乎与采食量高度相关，其他基于采食量的估算方法，比仅基于体重考虑到了更多因素。一般粗略的估计，宠物的需水量是其采食的干物质量的 2 ~ 3 倍。宠物日需水量与能量摄入量（每千卡代谢能基础）呈 1 : 1 的比例。根据这个方法，同样的犬会每天消耗约 742 kcal ME（该方法中 $ME = 132\ BW^{0.75}$），因此也将每天需要 742 mL 水。

大多数宠物饮水量都多于其需水量。

二、影响宠物需水量的因素

宠物需水量受宠物种类及年龄、饲粮、环境温度、用途和健康状况等因素影响。

（一）宠物种类

不同种类的宠物，因其生理和营养物质特别是蛋白质代谢终产物不同，机体水的流失及对水的需要也不同。鸟类需水量通常低于哺乳动物。宠物犬与猫的饮水行为不同，犬通常只在白天饮水，只有在严重缺水的情况下才会在晚上饮水，而猫在晚上和白天都会饮水。细胞水的流失与体液渗透浓度的增加同等重要，当体液低渗且细胞外水减少时，犬猫都会在缺乏 NaCl 的情况下继续饮水。然而，犬在脱水时似乎比猫表现出更完整和有效的饮水反应。犬能在几分钟内准确地补充高达体重 8% 的水分，而猫不能立即补充少至体重 4% 的水分。猫对饮水没有很强烈的渴望，猫每采食 1 g 干粮仅饮用大约 2 mL 的水，这与进食富含水分的食物（如含水量 78% ~ 82% 罐装食物）相比，会增加猫患尿结石的风险。

（二）年龄

年龄小的宠物，单位体重需水量较年龄大的宠物多。

（三）食物类型或成分

饲粮蛋白质、矿物盐或粗纤维是影响宠物需水量的重要因素。采食过多的蛋白质或糖类（但不是脂肪）既会增加采食量也会增加水的存留量。需水量随猫日粮蛋白质浓度的升高而增加。摄入高盐（氯化钠）后犬的自由饮水量增加 4 倍，而限盐的话，可减少平常水消耗的 20%。为了排出多余的矿物盐（如食盐）和蛋白质代谢尾产物（如尿素、尿酸），宠物需要较多的水来溶解、稀释矿物盐和蛋白质代谢尾产物，以利排出体外。日粮粗纤维含量增加，也会提高需水量。宠物需水量也与宠物饲粮含水量有关，采食罐头食物的宠物从其食物中获取更多的水分，因此其饮水量较采食干食物的宠物少得多。当犬猫饲喂含水 67%～73% 的肉或鱼时，在不饮水的情况下，仍然能维持体内水分的平衡。但是，当肉类食物的含水量下降到 61% 时，就不能维持身体的水分平衡，这可能与排泄尿素需要一定量的尿液有关，水需要量增加。

（四）环境温度

高温下，宠物需水量可增加 2～3 倍。低温下，宠物需水量减少。

（五）用途

如赛犬、猎犬需水量较玩赏犬多。泌乳母犬需水量较非泌乳母犬多，可增加 2～3 倍。宠物在工作期间饮水，既能凉爽身体，又可使体内葡萄糖更有效地氧化供能。一项研究表明：宠物在工作期间饮水，工作效能可提高 80%。

（六）健康情况

宠物身体不适时，停止饮水。但同时，发热或其他疾病又会大大增加需水量。这种情况下，宠物就会很快发生脱水。补液是治疗宠物疾病最重要的一个方面。先尽量鼓励宠物多饮水。若鼓励没有效果，则通过静脉或皮下补液。一些疾病如肾病或多尿症可引起动物饮更多的水，并尿频。

（七）其他因素

饥饿可造成宠物饮水量显著减少，虽然摄取量随着脱水时间延长逐渐增大，但总摄入量只有正常的 1/5～1/3。禁食但允许自由摄水的犬的脱水，虽然没有禁食禁水犬或禁水犬的严重，但消耗的蛋白质（氮平衡所必需的）过多，需水多。采食行为本身也有利于促进摄取水。进食后饮水可能是由于胃液和其他流体进入胃肠道而刺激的。进食后几个小时后才饮水，会减少犬 24 小时的水摄入量。

综上所述，理想的供水方案是给宠物创造如下条件：宠物根据自己的需水量随时能饮到清洁的水。

第五节　宠物水的缺乏与过量

一、水缺乏

（一）水缺乏的原因

只要犬或猫在任何一段连续时间内不能得到充足水的情况下，就会发生缺水。虽然宠物在水充足的情况下，可以忍受较高的钠含量（可高达饲粮的 13%），但宠物的缺水仍被称作“食盐中毒”。犬从细磨盐中大量摄入钠，会引起癫痫或高钠血症，严重时会导致死亡。因为犬猫的体内含水量很高，应当为幼犬或幼猫提供充分的饮用水以避免脱水。

水缺乏大多是由于饲养管理落后，如供水中断、被污染或因其他原因不能饮水。不能补偿因一些无意识活动而损失的水分（如热应激或运动增加时）可能也是一个原因。水缺乏也有可能由于疾病或由于动物无力接触和消耗水而减少了摄水量，或是由于呕吐、腹泻或出血增加了液体流失。

（二）水缺乏的危害

对于大多数养分，在出现很明显的临床缺乏症之前，可能需要数周、数月甚至更长的时间。并且在体内储存的许多物质几乎消耗殆尽时，才会使生命受到威胁。相反，水的临床缺乏症出现很快，在缺水几天之内就会出现。当体内水分减少 1%～2% 时，开始有口渴感，食欲减退，尿量减少；水分减少 8% 时，会出现严重口渴感，食欲丧失，疾病抵抗能力和机体免疫力降低；体内水分丧失 10% 就会引起代谢紊乱；失水 20% 时即可引起死亡。

宠物短期缺水会造成生产力下降，幼龄宠物生长受阻，增重缓慢，成年哺乳宠物产乳量减少；长期饮水不足，会影响组织器官的功能甚至导致宠物死亡。水缺乏会导致宠物脱水。脱水最主要的初步临床症状，是皮肤的弹性降低。当所有身体组织都缺水，其早期的反应是牺牲细胞内的水来维持血容量。缺水时组织有可能成为高渗，对组织功能造成不良影响。缺水还会导致宠物唾液的分泌和食欲降低。虽然这会抑制水和其他营养物质的摄入，但也可以减少因消化食物和排出废物等无意义的损失。当脱水程度增加时，血液最终变稀、容量降低和循环受损，导致并发性的电解质和其他物质的损失，这反过来又进一步影响重要器官如心脏、脑、肺和肾的功能。“盐毒”在某些物种中主要产生神经系统症状，有时会导致宠物多器官功能衰竭而死亡。

二、水中毒

宠物一般有自我调节水消耗量的能力，但极口渴的情况下也可能会有快速、过度地摄取水分的行为。这最有可能发生在长期脱水、剧烈运动或长期的热应激造成细胞内失水之后。随后的快速补水可导致膨压增加或破坏细胞，尤其是在大脑中。因此，宠物大部分的水中毒症状与神经系统有关，如步态不稳、躁动、癫痫发作和昏迷，也有可能发生宠物体内红细胞溶解，造成溶血性贫血及血红蛋白尿。

三、水的供应

计算宠物犬猫对水的最小需要量在大多数实际情况下不可行，因此，应该保证使任何条件下（不同品种、生理阶段、环境条件、运动情况、饲粮类型或其含水量）的宠物实现自由饮水。但是，如果不是给宠物连续供水，需要计算需水量，保证宠物日需水量与能量摄入量（每千卡代谢能基础毫升数）呈 1∶1 的比例。若环境温度高时适当增加水的供应量。考虑到所有可能的突发情况，应该给宠物提供各个生命阶段、预期环境和工作条件下估计需求量的 2 倍的水。美国联邦条例法典第 9 条要求，在实验室条件下的犬猫每天最少要有 2 小时的时间能够自由饮水。总之，宠物要尽可能获得自由饮水的机会（如在实际中能保证饮用水充足）。在任何情况下，要保证宠物饮用水的卫生，水质需符合人饮用水卫生标准，水容器需干净卫生。

宠物摄水受宠物生理状态与日粮类型的影响差别很大，可根据不同特点进行水的供应。在某些情况下，宠物（尤其是猫）很少主动喝水。持续流动的水对许多宠物来说是不可抗拒的，尤其是猫。可以采用流水满足水的供应。另外，用罐装食品饲喂猫来测定猫的饮水量时，猫在 2 天内将停止饮水，表明猫通过进食罐装食物，摄入的水满足其需水量。因此，增加食物含水量是增加水分摄入的最常用方法，这种做法甚至还可以防止尿结石的产生。对于健康的宠物，保持水的新鲜和凉爽可增加其摄水量。患病的宠物可通过增加日粮中钠含量或添加调味剂以增加摄水量。

总之，水的缺乏和过量都会对宠物造成不利的影响，在饲养过程中应全天供应清洁卫生的水，保证宠物自由饮水，避免宠物脱水和水中毒。

本章小结

详见数字课程。

复习思考题

一、名词解释

饲料水（食物水）、代谢水、饮水、水的平衡、水缺乏、水中毒

二、问答题

1. 水对宠物有哪些重要的作用？
2. 简述水在宠物体内的分布特点与缺乏后果。
3. 简述水在宠物体内的出入途径与水平衡调节机制。
4. 简述影响宠物需水量的因素及水的供应方式。
5. 简述动物饮水品质的评价指标。

三、开放性讨论

1. 如何让猫在采食干粮的情况下摄入足够的饮水？
2. 夏天如何保证犬猫水的平衡，减少失水现象？
3. 犬猫不爱喝水，怎样鼓励饮水？
4. 有什么措施可以减少犬猫的水中毒现象？
5. 探究水与猫下泌尿道健康的关系及怎样减少尿结石发生？

第九章

能量代谢

本章提要

犬猫的正常生命活动需要能量来驱动，能量不是物质，它是机体做功的能力。能量来源于脂肪、糖类和蛋白质中的化学能，在体内经过分解代谢释放出能量。本章阐述了能量的概念和来源，能量在宠物体内转化和利用、宠物食品中能量的评估、犬猫不同阶段对能量的需要量以及能量供应不足和过量对犬猫健康的危害。

知识导图

- 能量代谢
  - 宠物能量的概念、来源与代谢
    - 能量的概念
    - 宠物能量的来源
    - 能量在体内的消化和代谢
  - 宠物食品能量的评估
    - 犬猫食品的能量测定
    - 根据营养成分表格中数值估算
    - 利用预测方程进行食物能量评估
  - 宠物的能量需要与能量平衡
    - 犬猫能量需要的相关定义
    - 犬的能量需要
    - 猫的能量需要
    - 犬猫能量平衡与失衡
  - 影响宠物能量需要的因素
    - 动物本身的影响
    - 营养状况
    - 环境的影响

能量可用于满足宠物的维持、生长、繁殖、泌乳和机体运动的代谢需求。当能量缺乏时，宠物的生长和体况会受到影响。能量来源于脂肪、蛋白质和糖类，不同形式的能量可相互转化，并遵守能量守恒定律。本章着重介绍能量的概念、来源、测定方法及其在犬猫体内的转化和利用效率。

第一节　宠物能量的概念、来源与代谢

一、能量的概念

能量（energy）是指维持生命活动所需的从外界摄入的自由能，是做功的能力。能量本身并不是一种营养物质，但可以从食物中的营养物质糖类、脂肪和蛋白质中获得，是脂肪、糖类和蛋白质三种营养物质含能的总体现。

食物能量的大小以热量单位来表示，可用氧弹式测热器进行直接测定，或通过食物中化学成分含量进行推算。传统的热量单位为“卡”，1 卡（cal）相当于将 1 g 水从 14.5℃加热到 15.5℃所需要的热量。国际营养科学协会及国际生理科学协会确认以焦耳（J）作为统一的能量单位，动物营养学中常采用千焦耳（kJ）和兆焦耳（MJ）作为能量单位。北美洲地区的能量单位一般用 kcal，欧盟一般用 kcal 和 kJ。根据中国国务院 1984 年 3 月 3 日公布的法令，热量以 J 和 kJ 为单位。cal 与 J 可以相互换算，换算关系如下：

$$1\ \text{kcal} = 1\ 000\ \text{cal} = 4\ 184\ \text{J} = 4.184\ \text{kJ};\quad 1\ \text{kJ} = 1\ 000\ \text{J} = 0.239\ \text{kcal}$$

宠物食品中的能量定义为食品在氧弹式测热器中被完全燃烧后所释放的总化学能。其能值大小取决于食物中糖类、蛋白质和脂肪三大养分的含量。食物进入体内后，所蕴含的化学能可以转化为热能（由脂肪、葡萄糖或氨基酸氧化而来）或机械能（肌肉活动），能量也可以体脂、体蛋白及糖原的形式蓄积在体内。

二、宠物能量的来源

宠物所需的能量主要来自食物中糖类、脂肪和蛋白质，这三大养分的化学键中贮存着动物所需要的化学能。食物被犬猫采食后，三大养分经消化吸收进入体内，在三羧酸循环或氧化磷酸化和糖酵解过程中释放出能量，能量最终以 ATP 的形式满足机体需要。

脂肪是宠物食品中主要的能量来源，脂肪通过水解成脂肪酸，进入血液后运送到肝脏和肌肉等部位进行氧化利用，脂肪酸经 β- 氧化形成乙酰辅酶 A，通过三羧酸循环彻底氧化成 CO_2 和水，并释放能量。脂肪是机体储存能量的重要形式，动物运动时，贮存的脂肪可经血液运送到骨骼肌，供给肌肉舒张所需的能量。有机物中脂肪的能值一般为 8.7～9.5 kcal/g，能值大小随着脂肪链长度的增加而增加，随着不饱和度的增加而降低。宠物食品中多含有长链、部分不饱和的脂肪，因此，宠物食品中脂肪总能值一般为 9.40 kcal/g，即 39.32 kJ/g。

蛋白质在体内的功能主要是构成体蛋白，特殊情况下也可供应动物能量，蛋白质是猫重要的能量来源。蛋白质在体外充分燃烧氧化的总能为 5.65 kcal/g，即 23.64 kJ/g。由于蛋白质在体内分解成氨基酸，进而再分解成非氮物质和氨基，非氮物质进入三羧酸循环被氧化利用，氨基则形成氨或尿素随尿排出。因此，蛋白质的部分能量以尿氮形式排出体外，其量相当于 5.05 kJ/g。

糖类（包括非淀粉多糖 NSPs）在消化道内分解成葡萄糖或挥发性脂肪酸，进入体内氧化成 CO_2 和 H_2O，供给机体能量，过多的葡萄糖或挥发性脂肪酸以糖原和体脂肪的形式贮存能量。无氮浸出物（NFE）和粗纤维的总能值约为 4.15 kcal/g，即 17.36 kJ/g。木质素总能通常在 4.1 ~ 7.0 kcal/g，由于宠物体内缺乏分解木质素的酶，因此，木质素不是宠物食物中纤维的主要成分也不提供能量。

宠物能量主要来源是食物中的脂肪、蛋白质和糖类，脂肪的有效能值约为糖类的 2.25 倍，糖类在常用植物性饲料中含量最高，并且来源丰富。当动物处于绝食、饥饿、产奶等状态时，食物来源的能量难以满足需要，可依次动用体内贮存的糖原、脂肪和蛋白质，以应一时之需。

三、能量在体内的代谢

饲粮中的总能被动物采食后，经消化、代谢、热增耗等一系列过程变为可以被犬猫利用的净能的过程，称为能量的代谢（图 9-1）。

（一）总能

饲粮中有机物质被完全氧化燃烧生成二氧化碳和水时释放的全部能量，称为总能（gross energy，GE），又称热能，或燃烧热。GE 主要为食物中糖类、粗蛋白质和粗脂肪能量的总和。

（二）消化能

动物摄入食物后，食物中有机物质在消化道内被消化吸收提供能量，这部分能量称为消化能（digestible energy，DE）；另外未被吸收的部分通过消化道排出体外，这部分能量称为粪能（fecal energy，FE）。FE 中除了未被消化吸收的饲料养分外，还包括消化道微生物及其代谢产物、消化道黏膜脱落细胞及其分泌的代谢产物均可提供能量，通常将这部分能量称为代谢粪能（FmE）。总能减去粪能得到的消化能为表观消化能，如果把粪能中内源的部分（FmE）去掉，得到真消化能（TDE）。

$$DE = GE - FE \quad TDE = GE - FE + FmE$$

（三）代谢能

通过消化道吸收后的营养物质经过机体代谢后，部分通过尿液排出，尿液所含的能量称为尿能（urine energy，UE）；另外，营养物质经消化道发酵产生气体，造成能量的损耗，这部分能量称为气体能（gas energy，E_g）。因此，DE 减去 UE 和发酵气体损失的能量（E_g）就称为代谢能（metabolizable energy，ME）。UE 是尿中所含有机物的总能，主要来自于蛋白质的代谢产物，如尿素、尿酸、肌酐等。UE 的损失与采食的蛋白质的质量及数量有关，如果蛋白质品质差或数量过剩，未用于蛋白质合成的氨基酸被降解，所含的氮从尿中排出，引起尿中能量增加。犬猫尿能损失按采食的可消化蛋白质（Digestible Crude Protein，DCP）估算，犬尿能 5.23 kJ/g DCP，猫的尿能 3.76 kJ/g DCP。犬猫因消化道发酵产生的气体较少，而且不易测定，一般可以忽略不计。

$$ME = GE-FE-Eg-UE = DE-E_g-UE = DE-UE$$

按上式得到的代谢能为表观代谢能，因为没有去除 FmE 和内源尿能（UE_e）。UE_e 是给犬猫饲喂无氮饲粮时随尿排出的含氮物质（体组织分解产生）所含的能量。

$$TME = GE - (FE - FmE) - (UE - UE_e) = TDE - (UE - UE_e) = TDE - UE + UE_e$$

在犬猫营养中，采用的是代谢能体系，能量的需要量和犬猫食品中的能量都用代谢能表示。但代谢能并不是完全可以被犬猫利用的能量，能被犬猫利用的能量是净能。

（四）净能

动物摄入食物后短时间内体内产生的热量，称为体增热（heat increment，HI），又称为特殊动力作用或食后热增耗。体增热主要指动物对营养物质进行消化、吸收和代谢所增加的以热的形式散失的热量。食物中代谢能减去食物在体内的 HI 后剩余的那部分能量称为净能（net energy，NE），或者指一只动物用来维持机体组织和器官正常的生命和生产活动（细胞生长、妊娠和哺乳等）所需求的能量。净能的含量受 HI 的影响。

$$NE = ME - HI$$

HI 的来源有：①消化过程产热，例如：咀嚼食物，营养物质的主动吸收和将食物残余部分排出体外时的产热；②营养物质代谢做功产热。体组织中氧化反应释放的能量不能全部转移到 ATP 上被动物利用，一部分以热的形式散失掉。例如：葡萄糖（1 mol）在体内充分氧化时 31% 的能量以热的形式散失掉；③与营养物质代谢相关的器官肌肉活动所产生的热量；④肾脏排泄做功产热；⑤饲料在胃肠道发酵产热。

热增耗所产生的能量约占能量消耗的 10% 左右。热增耗对于处在冷应激环境中的动物是有益的，可用于维持体温。但在炎热条件下，热增耗将成为动物的额外负担，必须将其散失，以防止体温升高；而散失热增耗，又需消耗能量。

总之，能量在体内代谢发生一系列转化。目前，犬猫普遍采用 ME 体系。食物能量在体内的消化代谢的形式和过程见图 9–1。

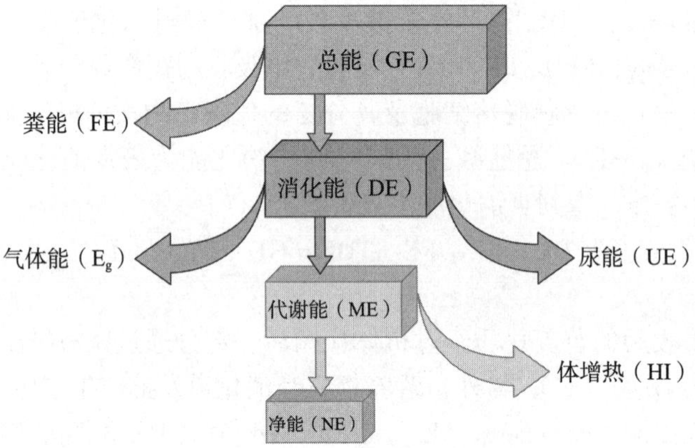

图 9–1　宠物能量代谢

（引自：NRC，2010）

第二节　宠物食品能量的评估

宠物食品的能量浓度，又称能量密度，指一定重量或体积的食物所提供的能量值，一般以代谢能值表示。能量浓度是决定一只宠物每日采食量的最重要因素，也直接影响宠物摄入的所有其他必需营养素的量。犬猫的能量体系多用代谢能。因此，表达食物内必需营养素水平也可以 ME 为基础进行表示。宠物食品中能量评估方法包括：①动物试验法，采用饲喂试验或消化试验进行测定；②采用日粮中的蛋白质、脂肪和糖类的含量进行计算；

③根据纤维含量利用公式进行预测。

一、宠物食品的能量测定——消化试验法

宠物食品的消化能或代谢能可通过动物消化试验测定，通过选择6只1岁以上的健康犬猫，一定时间内收集粪和尿液样品，利用燃烧测热计测定采食食物的总能和每天排出粪样和尿样的能量，计算出食入每千克食物的消化能或代谢能，具体测定方法见第十一章。

如果不收集尿液，尿能也可利用可消化蛋白质（DCP）进行预测。对于犬用1.25 kcal/g DCP，即5.23 kJ/g DCP，对于猫用0.86 kcal/g DCP，即3.76 kJ/g DCP来计算尿能。

二、根据营养成分表格中数值估算

宠物食品所含能量也可通过分析宠物食品中营养水平或原料成分标准表格值计算得到。

1. 根据原料营养成分表格中数值进行ME估算

对于包含常规原料的宠物食物，可以从原料营养成分表中查到各种原料的DE或者ME数据，但目前中国的发布的饲料成分表中并没有犬猫的ME值，美国NRC给出了一些常规饲料的ME值。根据配方中各原料的比例，把各种原料的DE或ME相加就能得到食物总的DE或ME。这种评估方法并没有考虑营养物质之间的相互作用和加工处理的影响，但能很好地应用于家制和半纯合的试验日粮。不推荐将这种方法应用于配制好的宠物食品，因从消费者的角度，饲料配方是未知的（只有生产商知道），不清楚具体饲料原料的配比，且没有考虑加工过程对消化率的影响，因此很难准确计算出ME。

2. 根据可消化成分含量进行估算

根据可消化营养成分的能量含量（即养分的燃烧热乘以消化率）计算得到DE，再通过可消化蛋白的能量校正因子计算尿能，DE减去尿能就可计算出ME。这个推算公式需要知道消化率的数值，才能计算出DE。

三、利用预测方程进行食物能量评估

（一）利用阿特沃特（Atwater）系数进行预测

1. Atwater系数

利用宠物食品中营养成分含量和各自的燃烧值、消化率以及尿中蛋白质与尿能损失的相关性，通过预测方程进行宠物食品中代谢能的评估。常用Atwater系数进行预测。

Atwater系数是根据已知的总能值（4.1 kcal/g糖类、9.4 kcal/g脂肪、5.7 kcal/g蛋白质）和尿能损失计算系数（犬用1.25 kcal/g DCP，猫用0.86 kcal/g DCP），再按照糖类消化率为98%，脂肪消化率为96%和蛋白质消化率为90%而得出的预测方程（表9-1）。预测方程中每个营养成分前的预测系数称为Atwater系数，该系数最早由Atwater（1902）修订，它以4 kcal/g蛋白质、9 kcal/g脂肪和4 kcal/g糖类（无氮浸出物，NFE）作为预测犬粮代谢能的系数。

$$犬粮\ ME（kcal）=4\times 蛋白质含量+9\times 脂肪含量+4\times NFE\ 含量$$

当待测食物的消化率接近于得出这些方程的食物的消化率时，这些方程就能很准确地预测代谢能。Atwater系数适用于如肉、动物下脚料（除去骨和骨粉）、家禽、鱼、高度纯化的淀粉产品、奶制品甚至巧克力，在这些食物中，无氮浸出物（NFE）大部分为糖或淀

表 9–1　三大营养物质能量消化率和转换系数

营养成分	食品消化率和尿能损失系数	折算系数	食品消化率和尿能损失系数	折算系数
糖类	98%	16.72 kJ/g	85%	14.63 kJ/g
蛋白质	90%	16.72 kJ/g	80%	13.38 kJ/g
脂肪	96%	37.62 kJ/g	90%	35.53 kJ/g

粉；也可用于高消化率的产品，如奶替代品和有利于肠营养的液体。当公式用于非淀粉多糖含量较高的食物，如豆类、色拉、水果或高纤维谷类产品时，就会产生差异。Atwater 系数不能很好地用于猫粮，因为猫对脂肪的消化率通常低于犬。如果供给煮熟的淀粉食物，可用糖类系数（4 kcal/g）、蛋白质系数（4 kcal/g）和脂肪系数为 8.5 kcal/g 来预测猫粮 ME。

$$猫粮\ ME（kcal）= 4 \times 蛋白质含量 + 8.5 \times 脂肪含量 + 4 \times NFE\ 含量$$

2. 矫正的 Atwater 系数

当 Atwater 系数应用于加工过的标准犬猫粮时，代谢能含量被高估。因此，犬粮和猫粮的 Atwater 系数调整为 3.5 kcal/g 蛋白质、8.5 kcal/g 脂肪和 3.5 kcal/g 糖类。Atwater 系数适用于 20 世纪 80 年代早期市场上的典型标准犬粮，也可用于预测干性和半湿性食物的能量。目前市场上宠物配方食品的能量消化率差异很大，从小于 70% 到大于 90%，因此同一个公式、同一套系数不适用所有的宠物配方食品的能量计算。另外，不同类型的产品（干的、湿的、半湿的）消化率也存在很大的变异性，因此，即使同一种产品的不同类型采用不同的公式也不能准确预测所有常量营养物质的能量。一般而言，预测公式利用总能量或者纤维含量（粗纤维、总膳食纤维或总纤维）来预测能量消化率，使用粗纤维含量来预测能量消化率适用于大部分商品犬粮和猫粮。

NRC 犬的营养需要（1985）提出犬对食物中蛋白质、脂肪和无氮浸出物的消化率分别为 80%、90% 和 85%，代谢能估测值为

$$ME（kcal/100\ g）= 3.5\ CP + 8.5\ EF + 3.5\ NFE$$

$$或\ ME（kJ/100\ g）= 14.63\ CP + 35.53\ EF + 14.63\ NFE$$

3. 根据标签标示值计算商品犬猫粮的能量含量

宠物食品的标签中都会标出水分、粗蛋白质、粗脂肪、粗灰分、粗纤维的含量，根据标示含量可计算出 DE 或 ME 值。

例如：一袋犬干粮（100 g）上的成分分析保证值如下：粗蛋白不低于 26%，粗脂肪不低于 15%，粗纤维不高于 5%，灰分通常 5% ~ 8%。计算其 ME 含量。

计算的第一步：估计食品内无氮浸出物含量

$$无氮浸出物（NFE）\% = 100\% - 粗蛋白\ \% - 粗脂肪\ \% - 粗纤维\ \% - 粗灰分\ \% - 水分\ \%$$

$$= 100\% - 26\% - 15\% - 5\% - 7\% - 10\% = 37\%$$

第二步：计算 ME

$$ME（kcal/100\ g）= 3.5 \times 蛋白质含量 + 8.5 \times 脂肪含量 + 3.5 \times NFE\ 含量$$

$$ME（kcal/100\ g）= 3.5\ CP + 8.5\ EF + 3.5\ NFE = 3.5 \times 26 + 8.5 \times 15 + 3.5 \times 37 = 348\ kcal/100\ g$$

这袋（100 g）犬粮中 ME 为 348 kcal，或者每 kg 食品提供 3 480 kcal ME。

用宠物的每日能量需要量除以日粮的能量浓度，就能估计出需提供的食物量。

例如，如果一只成年犬需要 ME 1 100 kcal/d，饲喂的犬粮的 ME 为 3 480 kcal/kg。那么每日应饲喂的食物量约为 316 g。实际饲喂时还应根据每只犬猫的个体情况，调整宠物的每日需要量，使幼年犬猫获得最佳生长状态，使成年犬猫保持健康的体重和体况。

（二）利用纤维含量进行预测

鉴于目前市场上宠物配方食品的能量消化率差异很大，从小于 70% 到大于 90%。NRC（2006）提出利用总能量或者纤维含量（粗纤维、总膳食纤维或总纤维）来预测能量消化率。使用粗纤维含量来预测能量消化率（表 9-2 和表 9-3），再计算 ME 值。

宠物食品的能量计算公式如下：

GE（kcal/g）=（5.7× 蛋白质质量）+（9.4× 脂肪质量）+4.1×（NFE+ 纤维质量）

DE（kcal/g）= 总能 × 能量消化率 /100

ME（kcal/g）= 消化能 −1.04× 蛋白质质量

表 9-2　犬代谢能预测

应用	公式
未加工的或者人类的食物，如肉、动物下脚料、奶产品、煮熟的淀粉食物；高消化的特殊产品，如奶替代品或者用于肠内营养的食物	ME（kcal）=4× 蛋白质质量 +9× 脂肪质量 +4×NFE 质量
商品犬粮	第一步：用氧弹式测热器测定总能或用下面的公式计算总能 GE（kcal）=（5.7× 蛋白质质量）+（9.4× 脂肪质量）+［4.1×（NFE+ 纤维质量）］ 第二步：能量消化率（%）=91.2−（1.43× 干物质中粗纤维百分含量） 第三步：DE（kcal）=（GE× 能量消化率 /100） 第四步：ME（kcal）=DE−（1.04× 蛋白质质量） 示例： 食物组成为 80% 水分、7% 蛋白质、4% 脂肪、3% 灰分、1% 粗纤维和 5%NFE 第一步：GE（kcal）=5.7×0.07+9.4×0.04+4.1×（0.01+0.05）=1.02 第二步：能量消化率（%）=91.2−（1.43×1/20×100）=84.05% 第三步：DE（kcal）=1.02×84.05/100=0.86 第四步：ME（kcal）=0.86−1.04×0.07=0.79

引自：NRC，2010

表 9-3　猫代谢能预测

应用	公式
未加工的或者人类的食物，如肉、动物下脚料、奶产品、煮熟的淀粉食物；高消化的特殊产品，如奶替代品或者用于肠内营养的食物	ME（kcal）=4× 蛋白质质量 +9× 脂肪质量 +4×NFE 质量

续表

应用	公式
商品猫粮	第一步：用氧弹式测热器测定总能或用下面的公式计算总能 GE（kcal）=（5.7× 蛋白质质量）+（9.4× 脂肪质量）+4.1×（NFE+ 纤维质量） 第二步：能量消化率（%）=87.9–（0.88× 干物质中粗纤维百分含量） 第三步：DE（kcal）=（GE× 能量消化率 /100） 第四步：ME（kcal）=DE–（0.77× 蛋白质质量） 示例： 食物组成为 80% 水分、7% 蛋白质、4% 脂肪、3% 灰分、1% 粗纤维和 5%NFE 第一步：GE（kcal）=5.7×0.07+9.4×0.04+4.1×（0.01+0.05）=1.02 第二步：能量消化率（%）=87.9–（0.88×1/20×100）=83.5% 第三步：DE（kcal）=1.02×83.5/100=0.85 第四步：ME（kcal）=0.85–0.77×0.07=0.80

引自：NRC，2010

NRC（2010）犬猫营养需要利用粗纤维和总纤维来预测能量消化率，但当宠物食品粗纤维含量大于 8% 时，预测方程会出现很的误差，所以，宠物食品或原料中粗纤维含量大于 8% 时不适用本方程，需要进行动物试验测定。

第三节　宠物的能量需要与能量平衡

一、宠物能量需要的相关定义

对于单个动物来说，我们需要知道它精确的能量需要，才能提供给它合适的能量及日粮，满足其对能量的需要，使能量既不缺乏也不过量，动物才能保持健康。

（一）基础代谢率

1. 基础代谢率

基础代谢率（basic metabolic rate，BMR）是指动物每天维持体重的能量最小需要量，它不包括增加能量消耗的因素，如运动、食物消耗或者低温环境等消耗的能量。因此，基础代谢率也被定义为动物在营养被吸收后（理想的状态是在前一天晚上饥饿之后）机体维持平衡的能量需求，要求动物静卧、清醒、环境温度保持在适宜温度区。考虑到测定的难度和实际操作可行性，一般采用一个可替代的指标—静止代谢率（resting metabolic rate，RMR），RMR 指动物处于吸收后（空腹）状态，其他条件都满足基础代谢要求下测得的能量代谢，又称为绝食代谢或空腹代谢。一般来说，进食食物后产热量增加，RMR 和 BMR 之间的区别主要在于食物热增耗或者食物的热效应。食物的生热作用主要包括两部分：一是与食物的摄取、消化、吸收和转化过程（热增耗或食物特殊动力作用）相联系的必需部分；二是与自律神经系统的激活相联系的偶发活动部分。

2. 基础代谢率和静止代谢率的测定

基础代谢率（BMR）指单位时间内动物基础代谢所消耗的能量。基础代谢率表示单位为：kJ/kg · h 或 MJ/kg · d。

犬的 BMR 测定大都采用被麻醉且神志清醒的犬，用间接测热器进行测定。大多测定结果表明，麻醉犬的体重与 BMR 之间呈抛物线关系，当转化为指数关系时，得出 BMR 为（76 ± 23）kcal/kg $BW^{0.75}$。犬的成熟体重涵盖范围很大，为 1 ~ 90 kg，甚至更大。从生理学的角度看，动物的能量需求并不直接与体重相关，而与体重的 b 次方（BW^b，b 是由试验得出的指数）关系紧密，因此，动物体重的 b 次方（BW^b，b 一般为 0.75）或者将 $BW^{0.75}$ 称为代谢体重。犬的基础代谢率可用回归公式 $Y = 70 \times BW^{0.75}$（kcal）计算。

不同品种和体重的犬不存在几何相似性，如随着体尺的增加，犬的肩高相对增加而臀部相对变窄。随着成熟体重的增加，大脑和内脏器官都相对变小，血液量和心脏重量甚至心率随着犬体尺的变化而变化。代谢体重建议指数用 0.67 ~ 0.75 来预测 BMR。

当猫处于最佳体况或瘦体况时，代谢体重为 $BW^{0.67}$；当猫超重或肥胖时，建议代谢体重为 $BW^{0.40}$。

基础代谢是维持能量需要中比较稳定的部分，各种动物都有自己的最低能量代谢强度。测定基础代谢时，受试动物应处于完全安静、清醒而舒适的状态下，这对于人以外的动物很难实现。因此，在实际研究中，测定较多的是绝食代谢。

3. 静止代谢率的测定

动物绝食到一定时间，达到空腹条件时所测得的能量代谢叫绝食代谢。即健康正常动物在适温环境条件，处于空腹和安静状态下的基础代谢率，又称静止代谢率（RMR），它代表动物处于休眠状态下，动物维持体内各系统内环境稳定的能量需要。动物绝食代谢的水平一般比基础代谢略高。

大量资料的统计分析表明，犬按单位代谢体重（$BW^{0.75}$）表示，猫按单位代谢体重（$BW^{0.67}$）表示。动物绝食代谢产热可近似用公式 $RMR = aBW^b$ 计算。

如：犬绝食代谢（kJ/d）$= aBW^{0.75}$

猫绝食代谢（kJ/d）$= aBW^{0.67}$

式中 a 值随动物品种、年龄、性别而异，BW 为体重。

宠物绝食代谢所耗的能量大约占每天消耗能量的 60% ~ 70%，影响绝食代谢的因素包括性别、年龄、生理状况、体组成、体表面积、营养状况、甲状腺和内分泌调节功能。对不同种类或同一种类不同个体动物之间的差异，在此基础上单独考虑，单位代谢体重的绝食代谢产热量随宠物年龄的增加而减少。

（二）体增热

体增热（heat increment，HI）是指动物因进食而伴随的产热量增加，这一现象又称为“食物特殊动力作用”。这部分增加的产热量是因进食后营养物质的消化、吸收、代谢和贮存而引起的。体增热与进食的总热量无关，而与食物的种类有关。

食物中蛋白质产生的体增热最大，热能损耗相当于基础代谢的 30% 左右；糖类则少得多，占产热能的 5% ~ 6%；脂肪则更少，占 4% ~ 5%。宠物一般采食高蛋白混合日粮，体增热约占总热量的 10%。

当给犬猫饲喂 2 种 ME 含量的食物时，通过产热量的变化除以 ME 摄入的变化来确定热增耗。热增耗通常被表示为 ME 的百分数，并随食物的采食量和组成成分的改变而改变。如葡萄糖在摄入之后立刻被利用，生热作用较小，蛋白质的热增耗较高。不同营养水平的同种营养物质也存在差异，在低于维持水平时蛋白质、脂肪和糖类的热增耗分别为23%、2%和6%；在高于维持水平时，蛋白质、脂肪和糖类的热增耗分别为36%、15%和22%。当犬采食低于维持水平的犬粮时，热增耗为15%；高于维持水平的犬粮时热增耗为30%。表明正常的成年犬，RMR比BMR高15%，在生长发育、妊娠和泌乳动物中两者的差异更大。

（三）随意活动

随意活动（voluntary muscular activity）是指在绝食代谢基础上，动物为了维持生存所必须进行的肌肉活动。随意活动的能耗是宠物能量消耗中变异最大的部分，它决定于活动的强度和持续时间，但对犬猫从事活动的能量代谢效率是一致的。此外，随意活动的能耗还依赖于个体体重，在行走、追跑和跳跃活动中，体重大的个体需要更多能量。因此，宠物随意活动的能耗不仅决定于活动的强度和持续时间，还取决于个体的体重和大小。对于中等活动量的个体，随意活动的能耗约占一天消耗的总能量的30%左右。

二、犬的能量需要

宠物在24 h内进行各种活动所需要的能量，即为能量需要量。宠物能量需要量主要包括维持能量需要量和用于生产活动的能量需要量，如生长能量需要、繁殖和泌乳能量需要、工作犬的工作能量需要，维持加上生产活动的能量需要即为总能量需要。

（一）维持能量需要

维持是指动物生存过程中的一种基本状态，如成年动物保持体重不变，体内营养素的种类和数量恒定，分解和合成代谢处于动态平衡的一种状态。宠物的维持能量需要量（maintenance energy requirement，MER）是指一段时间内维持体内能量平衡（ME摄入量等于产热量）的能量需求。MER包括绝食代谢的能量（BMR）、体增热和随意活动增加的能量，及抵抗不利气候和应激环境所需能量的总和。

不同动物种类、不同品种和不同体重的家犬因个体和体重相差较大，很难确定出一个准确的能量需要表达式。犬的体重从1 kg的吉娃娃犬（Chihuahua）到90 kg的圣伯纳犬（St. Bernard），绝对产热量相差极大。犬维持能量需要通常以基础代谢率为基础，体增热和随意活动增加的能量需要量也以代谢体重$BW^{0.75}$为基础，通过增加或减少的百分比表示，表示为下式（$A \times BW^{0.75}$）中A值的差异。一般体内脂肪组织的代谢活性比瘦肉组织低，所以，肥胖犬比正常体型犬的A值低，如正常体重的比格犬（含25%的脂肪）的A值为（130 + 6）kcal/kg $BW^{0.75}$，饲喂一段时间使体内脂肪含量达到38%时，其能量需求降低为（107 + 7）kcal/kg $BW^{0.75}$。

一般来说，对小型和中型成年犬每天的维持能量需要计算公式为：

MER（kJ/kg）$= A \times BW^{0.75} = 552 \times BW^{0.75}$

A值为一常数，其范围在420～670之间变动（低活动量时A = 420，中等活动量时A = 550，高活动量时A = 670）（NRC，2006）。

成年犬的维持需要可用公式$552 \times BW^{0.75}$（kJ）表示。对于犬舍内活泼的年龄较小的试验犬是非常有效的。在相同的条件下个体差异也都在平均值加减2倍标准差的范围内（表9–5）。

表 9–5　成年犬维持代谢能需要量估测

犬类型	计算公式	计算示例
不活跃	$MER = 420 \times BW^{0.75}$	例：体重 = 22.7 kg，$EMR = 420 \times BW^{0.75} = 420 \times 22.7^{0.75} = 4\ 130$（kJ/d）
活跃	$MER = 670 \times BW^{0.75}$	体重 = 22.7 kg，$EMR = 670 \times BW^{0.75} = 670 \times 22.7^{0.75} = 5\ 654$（kJ/d）

引自：NRC，2010

近年来，不少学者对不同活动量和不同体型成年犬的维持需要量使用更精确的估测公式，对估测系数和代谢体重的参数提出更精确的估测方法，认为 A、B 的数值在不同条件下有所不同。如 Heusner 等认为 $BW^{0.67}$ 更能准确估测不同体型成年犬的维持需要量，因此，不同体型成年犬的维持能量需要可用下式表示，

$$MER（kcal/kg）= K \times BW^{0.67}$$

因此，宠物的代谢能需要量（MER，kJ/d）与代谢体重成正比，公式为：

$$MER = A \times BW^{B}（A 为转化系数）$$

不同估测犬维持能量需要的常用方法，所测得结果仅仅是特定群体每天的能量需要量，对单个宠物犬的维持能量需要可能相差 25% 左右。

品种、年龄和环境对犬能量需要有较大的影响。如品种间消化能力的差异、年龄和其他影响因素，通过宠物活动水平及机体瘦肉组织的差异而引起的。其能量需要通过适当增加或减少一定的百分数来校正需要量值。如年老犬的能量需要值减少 20%。阉割犬可能因瘦肉组织含量相对下降而降低维持需要。疾病和损伤可能使能量需求增加 1 倍。

（二）生长犬的能量需要

生长的能量需要主要是宠物组织器官的生长及机体脂肪和蛋白质的沉积的能量需要。每单位增重的能量需要量变化较大，它取决于增重内容中蛋白质和脂肪的数量和比例。宠物幼年时，每日蛋白质的沉积较多，接近体成熟或成年后，则开始沉积脂肪，宠物成年后，氮沉积量相对稳定，供应的能量除一部分用来保证蛋白质沉积，额外的能量则作为脂肪沉积，过多的能量供应将造成动物过于肥胖。

生长犬的能量需要量以同品种成年动物的维持需要来计算，出生犬崽的能量需要量为 25 kcal/100 gBW，生长犬崽的能量需要按单位体重计算是同品种成年犬的 2 倍；幼犬在达到成年体重的 40% 前喂给 1.6 倍维持需要的能量，到成年体重的 80% 时降低到 1.2 倍维持需要的能量（表 9–4）。幼犬到达成年体重的 40% 或 80% 时，因品种和成年体型差异较大，一般小型犬在 3 ~ 4 月龄即可达到成年体重的 40%，而大型可能要到 8 月龄甚至 10 月龄。

犬的活动量对于生长发育的能量需要的影响与对维持需要的影响相近。按照生长推荐值进行饲喂时，宠物犬（假设活动力比犬舍的犬低）的能量摄入量较低，实际能量摄入量按 132 kcal/kg $BW^{0.75}$ 降低 10% ~ 20%。对于生长犬因能量不足造成的生长迟缓，将在后期得到补偿，但从断奶到体成熟前，过多的能量摄入将导致与骨骼发育不协调的较快的生长（Hedhammar 等，1974）。

（三）妊娠能量需要

母犬妊娠期间 20% ~ 25% 的增重主要发生在怀孕 28 天之后，一窝犬崽的总体重平均占分娩后母犬体重的 13.5%。母犬体重增加的 2/3 来源于仔犬的重量、胎盘（约占仔犬重

表 9-4 犬猫不同生活阶段的能量需要

阶段	能量需要 / (kcal · kg^{-1} · d^{-1})
犬	
断奶幼年犬	ME = 2 × MER
40% 成年体重	ME = 1.6 × MER
80% 成年体重	ME = 1.2 × MER
怀孕后期	ME = 1.25 × MER
哺乳期	ME = 3 × MER
长期体力活动	ME = 2 ~ 4 × MER
低环境温度	ME = 1.2 ~ 1.8 × MER
猫	
断奶后幼猫	ME = 250 × BW
20 周龄	ME = 130 × BW
30 周龄	ME = 100 × BW
怀孕后期	ME = 1.25 × MER
哺乳期	ME = 3 ~ 4 × MER

来源：Linda P C，2000

量的 22%）和子宫内液体。且犬崽在子宫内的生长并不与时间呈线性相关，胎儿大部分的增重发生在妊娠 40 天后。母犬的子宫外组织在妊娠 40 天以前已经开始增长，建议从交配后 4 周开始补充能量。一般做法是在妊娠前 4 周采用成年维持能量需要量，4 周后逐渐增加能量需要约 1.25 倍，至妊娠结束时达 1.5 倍维持能量需要。

母犬妊娠的能量需要也可根据母犬的维持需要加妊娠需要量确定。母犬妊娠 4 周后能量需要为 26 × BW（kcal/kg BW · d）（Meyer 等，1985）。

妊娠母犬能量需要（ME）=（维持 + 妊娠）需要 = 130 $BW^{0.75}$ + 26 × BW（kcal/kg BW · d）

妊娠母犬能量需要也可按犬的维持能量需求的百分比来表示。以维持需要（130 kcal/kg BW^{075}）为起点，体重 5 kg 母犬妊娠时的能量需求约为维持需要的 130%，而体重为 60 kg 母犬妊娠时的能量需求为维持需要的 160%。

（四）泌乳能量需要

泌乳期间母犬的能量需要包括母犬维持和产乳的能量需要，为保证母犬长期良好的繁殖性能，必须使泌乳期体增重损失减少到最小程度。一般母犬的哺乳期至少 6 周，产奶高峰出现在泌乳第 4 周。泌乳期前 4 周能量需要，用前 4 周日均产奶量的百分数来表示，第 1 周为 75%、第 2 周为 95%、第 3 周为 110%、第 4 周为 120%。泌乳第 4 周之后，母犬的哺乳行为表现出明显的个体差异。一般幼犬补食最早在 2.5 周龄，最晚不超过 4 周。在 4 周龄时，乳汁的数量和营养含量已不能满足幼犬的营养需要。

产乳量和乳中能量含量是影响泌乳能量需要的重要因素。母犬的产乳量约为体重的 8%，乳中能量约为 1.45 kcal/g 湿重。哺乳幼崽头数是决定泌乳能量需要的另一重要因素，对于一窝产 1 ~ 4 只犬崽的母犬，日产奶量的增加几乎是线性的，每增加 1 只犬崽，增加的产奶量约占母犬体重的 1%。当一窝中的犬崽多于 4 只，这种增加不再是线性的。当一窝产 5 ~ 8 只犬崽时，每多 1 只犬崽，增加量约占母犬体重的 0.5%。当一窝的产仔数超过

8 只，随产仔数的增加日产奶量不再显著增加。

乳的营养成分含量除了初乳期，犬乳的能量含量几乎没有变化。每克奶的净能（NE）约为 1.45 kcal，产奶时的代谢能利用率 60%。因此，生产 1 g 奶所需的代谢能为：

ME（kcal/g）= 产奶量 × 1.45 kcal/0.60 = 产奶量 × 2.42（kcal/g）。

对于产 1 到 4 只仔犬的母犬，平均每只仔犬的乳需要量为母犬体重的 1%；

每只仔犬产奶的代谢能需要 = 10（g/kg BW）× 2.42 kcal/kg BW 母犬体重

= 24 kcal/kg BW 母犬体重

当一窝产 5 到 8 只仔犬时，平均每只仔犬的乳需要量为母犬体重的 0.5%，每只仔犬产奶所需的代谢能 = 5 × 2.42 kcal/kg BW，母犬体重 = 12.1 kcal/kg BW 母犬体重维持能量需求必须单独考虑，1 只母犬抚养 1 窝犬崽相当活跃，能量需要大。维持需要量为 145 kcal/kg $BW^{0.75}$。因此，母犬泌乳的营养需要可用下式表示：

母犬泌乳 ME = 维持 + 产乳 = 145 kcal/kg BW^{075}+ 产仔数 × 24 kcal/kg BW（产仔 1 ~ 4 只）

母犬泌乳 ME = 维持 + 产乳 = 145 kcal/kg BW^{075}+ 产仔数（4）× 24 kcal/kg BW+ 产仔数（N–4）× 12 kcal/kg BW（N 为产仔 5 ~ 8 只）

（五）工作和不利条件下犬的能量需要

犬在工作期间和应激环境下能量需要增加，短期超负荷工作可能引起少量的能量需要量增加，但长时间工作可能导致能量需要增加为维持需要量的 2 ~ 4 倍。宠物的工作范围从宠物家庭内简单活动到雪橇犬的剧烈运动，其能量需要存在巨大差异，很难设计出满足巨大差异的能量需要方案，既有仅提供维持需要水平以保持合理体型的能量需要，也有为竞赛犬提供高于维持水平 10% ~ 20% 的能量需要。而工作在两极的雪橇犬为了减少体重的损失，可能需要 2 ~ 4 倍的维持能量需要。

处于冷热环境条件下，同样增加能量需要量，在低温条件下，工作犬可能需要 1.2 ~ 1.8 倍的维持能量来维持体温恒定。与应激小的环境相比，工作在潮湿高温环境下同种动物可能要增加 50% ~ 100% 的能量需要。在 –20℃有风环境中，处于休息状态下，雪橇犬每天能量需要为：

ME（kJ/d）= 900 $BW^{0.75}$（Campbell 和 Donaldson，1981；Hinchcliff 和 Reinhart，1996）

在 –10℃ ~ –35℃环境中平均每小时行走 7 公里，雪橇犬每天能量需要为

ME（kJ/d）= 4 200 $BW^{0.75}$（Hinchcliff 和 Reinhart，1996）

三、猫的能量需要

测定猫的能量需要可追溯到 19 世纪中期，Bidder 和 Schmidt 在 1852 年通过喂给猫牛肉，分析了牛肉蛋白质和脂肪的含量，计算出猫的代谢能需要量。后期学者对猫的维持能量需要量、生长能量需要、繁殖和泌乳的能量需要进行了大量的研究。

（一）猫的维持能量需要

家猫的成年体重从 2 kg 到 4 kg，家养猫代谢体重的指数为 0.67 ~ 0.75。因其体型和体重相差不大，猫的维持能量需要不会因其体重的差异而造成较大的误差。家猫的维持能量需要可直接用体重进行估测。

对体型较瘦的猫每天维持需要：

MER = 100 $BW^{0.67}$（kcal/kg）= 418 $BW^{0.67}$（kJ/kg）或者

MER = 70 BW（kcal/kg）= 292 BW（kJ/kg）

对体型超重的猫每天维持需要：

MER = 130 $BW^{0.4}$（kcal/kg）= 544 $BW^{0.67}$（kJ/kg）

家猫的适宜温度区是35℃～38℃。生活在温暖环境下的家养猫，具有较低的能量代谢率。猫属于肉食动物，蛋白质占食物的很大部分，而且猫少食多餐，其体增热较犬和人的食物生热作用（代谢能的10%）高得多。

品种、年龄、活动程度对猫能量需要的影响还不确定。随着年龄的增加猫对能量需要是增加或减少尚无一致的结果，可能与体内脂肪或瘦肉组织增长量有关。绝育去势对猫的能量需求也不确定，这可能与去势时间、荷尔蒙浓度、体内脂肪沉积量等因素有关。但疾病和外伤可能使能量需求加倍增加。

（二）猫的生长能量需要

同维持需要的估测一样，猫的生长需要也可用其体重来表示。对于新出生处于哺乳阶段的幼猫，代谢能需要量为250 kcal/kg·d；至20周龄时代谢能需要可下降到130 kcal/kg·d。

（三）妊娠能量需要

在妊娠和哺乳期间，母猫和母犬体重的变化模式有很大的不同（图9–2）。母猫在妊娠期间体重增加，不仅是胚胎、胎盘和相关组织的增长，还有为泌乳做准备的净体组织增长。妊娠期间体重增长为40%～50%，妊娠母猫代谢能的需要量范围大约为140 kcal/kg $BW^{0.67}$。能量需要量在平均水平以下的母猫，虽然吃得更少，但却可以满足其哺乳期的体重需要。

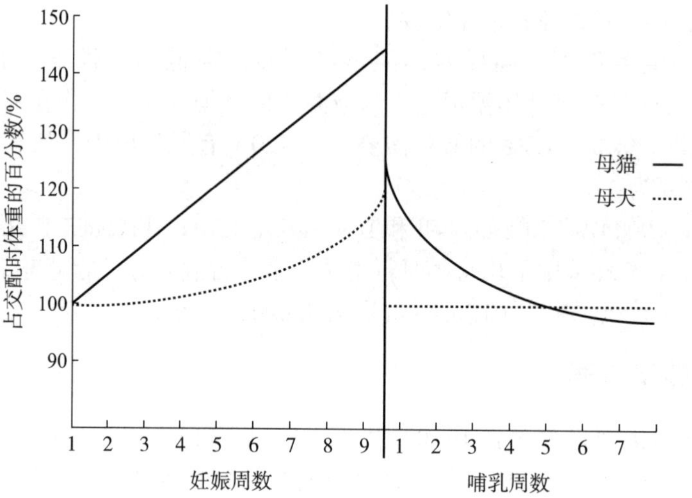

图9–2 母猫与母犬在妊娠期和泌乳期间体重变化的比较

（引自：Meyer等，1985；Loveridge，1985）

（四）哺乳能量需要

母猫哺乳期通常为7～9周，从分娩到哺乳4周的产奶量会一直上升，随后下降。哺乳高峰期的产奶量大概是体重的1.5%～8%。哺乳1～2只幼猫的母猫产奶量约为体重的2%；哺乳3或4只幼猫的母猫产奶量达到体重的5%～6%；哺乳6只幼猫的母猫的产奶量最大可达到体重的8%。母猫在泌乳第1周的产奶量是峰值的85%，第2周大概95%，

3～4 周为产奶高峰，之后第 5、6 和 7 周分别下降至峰值的 85%、75% 和 60%。因此，补饲猫粮最早可在幼猫出生后的 2.5 周，最晚在哺乳的第 4 周，此时母乳的量和乳中营养成分含量已经不能满足幼猫的正常生长需要。奶产量和奶中的能量含量是估测产奶阶段能量水平的重要因素。

在哺乳期猫奶中的能量（NE）逐渐从 1 kcal/g 升高到 1.3 kcal/g，猫用于产奶的代谢能转化为净能的效率为 60%，根据哺乳幼猫数计算产奶量、奶中能量含量和代谢能转化效率可计算出产奶的能量需要。

产奶生产的总需要还包括维持需要。哺育一窝幼猫可能使母猫变得更加活跃，并在哺乳期逐渐变瘦。所以，母猫维持需要为 100 kcal/kg $BW^{0.67}$。

将维持需要和产奶需要相加即为总能量需要，但其高于饲养试验得出的值。所以母猫能量需要还应减去体重损失（如怀孕期间从生殖组织中得到的能量）需要的能量。一般哺乳一只体重为 3 kg 的猫（平均失重 700～800 g），通过利用体内储备的脂肪，损失 20 g 的体重能转化为 50 kcal ME/（kg BW · d），对于产仔 4 只以上的母猫来说，在计算能量需要时要减去 50 kcal/kg BW；对于产仔 3～4 只的母猫来说，只需减去 40 kcal/kg BW；对于产仔数小于 3 的母猫就损失更少。或者根据经验，哺育多于 2 只幼猫的泌乳母猫，其能量需要是怀孕前维持需要的 2～2.5 倍，食物中能量含量达到每克干物质 4 kcal ME，且母猫自由采食。猫用于产奶的能量需要是奶中的能量除以 60 再乘以 100。

四、犬猫能量平衡与失衡

宠物能量的营养状况通过能量的平衡、失衡与肥胖而体现，当犬猫的每日能量消耗量大于或小于其每日需要量时，就发生了能量不平衡，导致生长速率、体重和体组成发生变化。宠物通过摄食获取能量以满足机体能量需要，当宠物摄入的能量等于其能量消耗时即达到能量平衡（energy balance）。此时宠物精神活跃、机体保持健康状态。若摄入能量超过其能量消耗时，能量为正平衡，相反，则为负平衡。能量正平衡时，对处于生长和妊娠阶段的动物体内肌肉组织沉积增加；对成年动物，则体内脂肪沉积增加。若长期能量摄入过剩，无论生长和成年动物都会导致体脂肪组织异常增多，发生肥胖。若动物每日摄入的能量不足，能量呈负平衡时，机体会运用自身储备的能量甚至消耗自身组织以满足生命活动，动物生长发育停滞或消瘦。

宠物能量营养状况可通过体况评分表（见第一章）进行评定，1～3 分偏瘦，4～5 分为最理想，7～9 分偏胖。对动物而言，能量缺乏或过剩都对机体不利。

与能量缺乏相比，犬猫摄入过多能量的发生率更高。成年犬猫摄入过多能量后，会引发肥胖症及其并发症。此外，已发现在生长期摄入过多能量会对犬产生多种损害作用，特别是对大型犬或巨型犬。给生长中的幼犬过量饲喂均衡、高能量的食品，可让幼犬获得最大的生长速率和体增重，生长幼犬获得最大生长速率后，会显著增加软骨病和髋关节发育不良等骨骼疾病的发生。另外一个问题是，生长期能量过剩会引发脂肪细胞增生，导致机体产生过多数量的脂肪细胞，使动物成年后更易发生肥胖症，动物肥胖易造成关节运动失调、糖尿病等疾病。

第四节 影响宠物能量需要的因素

不同因素通过影响基础代谢率、体增热和随意活动量等能量消耗，来影响宠物的能量需要量，主要包括动物本身的因素、营养状况和环境因素等。

一、动物本身的影响

（一）宠物的种类、品种和体型

不同的宠物种类，因其消化生理特点、生化代谢机制及内分泌特点不同，对能量需要量也不同。同种动物不同品种间也有明显差异，如工作犬每天的能量需要比其他犬高数十倍。同一种类，不同品种的宠物对能量要求也不同，这可能与其性情有关，性情不同导致运动量的不同。不同品种皮毛的热量保存能力、热量损失程度不同。同一品种的不同个体也因生理状态、体内激素和代谢活动的不同，能量需要也不同。

（二）性别和年龄

性别不同对能量需要也存在差异，一般雄性动物比雌性需要的能量高；去势动物的绝食代谢率比未去势动物低。

除了哺乳期和工作及运动时的强制活动外，年龄应该是对家养犬能量需要影响最大的因素。一般来说，随着年龄的增长，动物绝食代谢率逐渐降低，其维持能量需要减少。犬的成年阶段大致可分为三个阶段：1～2岁犬、普通成年犬（3～7岁）和7岁以上的老年犬。2岁以下的幼犬处在发育阶段，性情活跃，需要更多的能量；老年动物所需能量有所减少，7岁以上的犬比3～7岁的犬能量需要大约减少10%～15%。不同年龄犬的活动量有所不同，一般以7岁作为分界点。青年犬更活跃，随着年龄的增长不仅会导致犬运动量减少，同时也因皮下脂肪增加和体温降低导致对热量需求减少。

（三）皮毛类型和健康状况

皮厚毛多的动物，在冷环境条件下维持需要明显比皮薄毛少的动物少。健康状况良好的动物维持需要明显比处于疾病状态下的动物低。

（四）活动类型和活动量

好动活泼型动物的维持需要明显较高，活动量的大小对维持能量需要的影响同样较大，其相差可达到20%～50%。比如犬猫在站立状态下会比躺卧状态下多消耗40%的能量。活动较少的单独饲养的犬每日的能量需求或可低至292 kJ ME/kg $BW^{0.75}$。当其与其他犬饲养在同一犬舍并具有很多相互作用时，会刺激其产生活动，能量需要可能会上升超过602.5 kJ/kg $BW^{0.75}$（NRC，2006）。

对于宠物而言，运动量与主人的饲养方式也有极大关系。有数据显示，大约有1/4的主人对狗的锻炼时间不足每周3小时。因此，为了避免过度肥胖，应当考虑多种因素，从而精确计算宠物的代谢能。

二、营养状况

（一）日粮组成

宠物进食的蛋白质含量越高，热增耗明显增加，引起能量需要增加。宠物配合日粮三大有机营养素的绝对含量和相对比例不同，热增耗也不同。

（二）饲喂水平

宠物营养状况越好，饲喂水平越高，体增热增高，维持需要的能量增加。日粮 ME 浓度增加也增加维持需要。

三、环境的影响

（一）环境温度

环境温度对维持需要影响最大，动物体温、体产热都受环境温度影响。体内营养物质代谢强度与环境温度直接相关，环境温度每变化 10℃，营养物质代谢强度将提高 2 倍。宠物处于凉爽的环境会增加动物的能量消耗，饲养在户外的犬冬天需要消耗比夏天多 10%～90% 的能量。动物被暴露在炎热环境中，基础代谢率无法被降低。如果环境温度高于最高临界值，动物就必须通过增加表皮血流量（血管舒张）或增强水蒸气蒸发（呼吸）来消耗热量。当环境温度等于直肠温度时，血管舒张失去散热作用。成年犬的最高临界温度为 30℃～35℃（NRC，2006）。

动物处于其等温区范围内能量消耗最小。不同物种与品种的等温区不同，动物保存能量的性能越强，等温区越低。据估计，长毛犬的等温区在 15℃～20℃，短毛犬在 20℃～25℃，阿拉斯加和哈士奇的等温区可以低至 10℃～15℃。

（二）应激状态

宠物所进食的食物变化、所处环境的改变、情绪的变化都会影响能量需要量的改变。宠物饲养的环境主要分为：完全室内饲养、半室内饲养以及完全室外饲养。饲养环境的不同导致动物对环境适应以及自身调节所消耗的热量不同。完全室外饲养的犬猫需要适应环境变化，因此，代谢能的需要量与室内外饲养有很大关系。

单独饲养以及群体饲养也影响能量需要。虽然集群饲养时动物聚集在一起可以减少热量损失的速度，这种行为对于新生个体十分重要。但成年群体饲养的犬猫由于相互作用，运动量会增加，或在相互刺激下产生其他活动。因此其维持能量需要会上升很多。

除了饲养环境问题，饲喂日粮的种类不同，代谢能也不同。湿粮中含有的代谢能低，干粮中含有的代谢能高。湿粮中具有更多的蛋白质与脂肪，干粮中含有更多的糖类以及纤维。不同原料做成的饲粮，其消化率也有所不同。这些差异也给统一预测方程造成困难。

综上所述，影响犬猫代谢能的因素有很多，绝育手术、体型、习性、驯化程度、空气流动和湿度都影响能量需要。经济动物以其系统化的饲养模式以及长时间的育种工作，个体差异较小，体况更加统一，在代谢能方面具有更成熟的研究以及资料参考。但是犬猫因主人的喜好、饲养用途、饲养方式、饲喂模式等差异，个体和体况差异较大，给犬猫代谢能的估计带来更大的困难。

本章小结

详见数字课程。

复习思考题

一、名词解释

总能、消化能、粪能、尿能、代谢能、热增耗、基础代谢、代谢体重、维持需要、基础代谢率、体况评分

二、问答题

1. 简述食品能量在体内的转化过程和转化形式。
2. 简述不同能量体系的特点及犬猫采用代谢能体系的原因。
3. 试述影响犬猫能量需要的因素。

三、开放性讨论

1. 犬猫常用的原料有哪些？如何进行其含有能量的评估与计算？
2. 以某品种犬或猫为例，如何测算每个阶段的代谢能需要量？
3. 如何根据体况评分进行犬猫代谢能需要的评估？

第十章

犬猫的营养需要量

本章提要

营养需要量一般是以数据表格的形式，给出犬猫不同生命阶段对能量、蛋白质、氨基酸、脂肪、矿物质、维生素等各种营养素的最低需要量、最适需要量及最高上限。了解营养需要量对于生产全价而均衡的宠物食品，保障宠物健康是非常重要和必要的，只有在确定了科学的营养需要量的基础上，才能生产出优质的宠物食品。本章主要阐述营养需要量的概念及指标体系、犬猫各生命阶段的营养需要以及营养需要量的研究方法。

知识导图

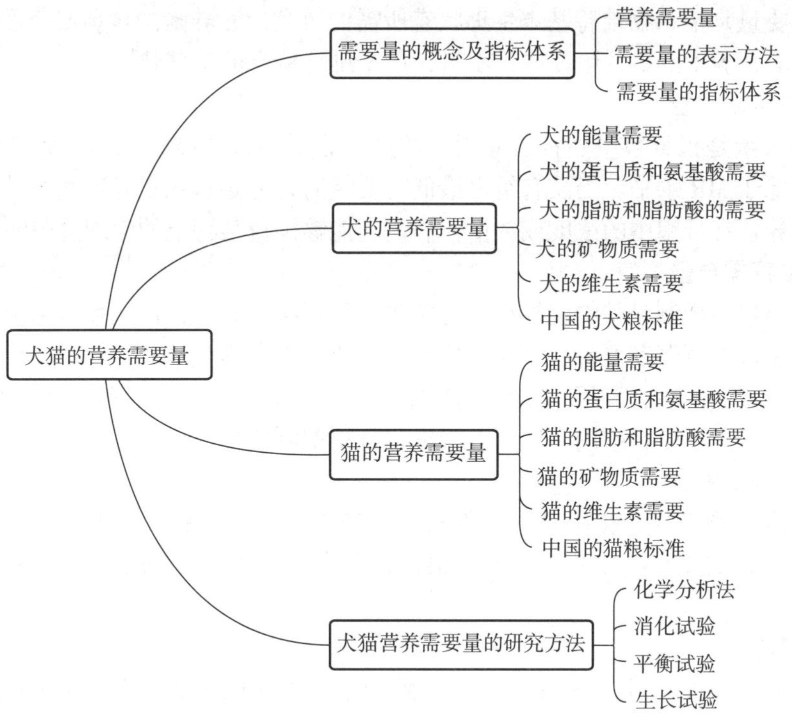

第一节　需要量的概念及指标体系

要维持犬猫的健康离不开营养全价而均衡的宠物食品，因为宠物食品中含有维持犬猫生命活动所需要的能量和各种营养素。全价而均衡的宠物食品的配制和生产，首先需要了解犬猫的营养需要量。营养需要量一般是以数据表格的形式，给出犬猫不同生命阶段对能量、蛋白质、氨基酸、脂肪及必需脂肪酸、矿物质、维生素等各种营养素的最低需要量、最适需要量和安全上限。因此，只有了解营养需要量，才能配制出营养全价均衡的宠物食品，保障宠物的健康。不同权威机构发布的犬猫需要量的表示形式不同，但基本内容大致相同。目前比较权威的营养需要量数据有美国国家研究委员会（NRC）在2006年发布的《犬猫营养需要量》，美国饲料管理协会（AAFCO）在2021年发布的犬猫粮营养指标概要，欧洲宠物食品工业联合会（FEDIAF）在2021年发布的犬猫全价和补充宠物食品营养指南，以及中国在2014年发布的《GB/T 31216-2014 全价宠物食品　犬粮》和《GB/T 31217-2014 全价宠物食品　猫粮》。

一、营养需要量

营养需要量（nutrient requirement）是指为满足动物生长代谢需要，供给动物必需营养素的量。营养需要量反映的是一种营养素的最低平均摄入量，随着时间的推移，这种摄入量足以维持犬猫所需的生化和生理功能。犬猫的营养需要量包括最低需要量（minimal requirement，MR）、充足摄入量（adequate intake，AI）、推荐需要量（recommended allowance，RA）和安全上限值（safe upper limit，SUL）。

（一）最低需要量

最低需要量是指动物维持基本生理状态所需的可利用营养素的含量或密度。最低需要量为可利用的营养素的最低浓度或最小量，用于维持特定的生理状态。

（二）充足摄入量

充足摄入量是指日粮中一种营养素的浓度或含量可以维持动物给定生活期的正常状态，并且不低于MR水平。当没有给出最低需要量时，充足摄入量是动物维持特定生理阶段所需要营养素在日粮中的浓度或数量，假定它能够维持某特定的生理阶段的需要。

（三）推荐需要量

推荐需要量指配制日粮中能够维持特定生理阶段某一营养素的浓度或数量，推荐营养需要量是基于最低营养需要量且在实际应用中考虑到营养素生物利用率的不确定性，在应用时要考虑营养素的生物利用率。在无法确定MR的情况下，RA是基于AI的。因此，推荐需要量是在考虑了生物利用率后可直接进行日粮配制的量。

（四）安全上限值

安全上限值指犬猫日粮中某种营养素不会产生副作用的最大浓度或最大量。安全上限不会对动物造成不良的影响。然而，很多营养素的SUL都未确定，尤其是矿物质和维生素。

（五）日粮

日粮（daily ration）是指特定种类、年龄和生活方式或活动的宠物每天摄入的特定宠物食品的平均总数量，以满足其所有能量和营养素需求。对于犬猫个体来说，每天摄入的食物的总量即为日粮，包括全价宠物食品、宠物营养补充剂和宠物零食的数量总和。某一只犬或猫的日粮数量的确定是基于这只犬或猫的能量需要量和日粮中的能量浓度，用能量需要量除以日粮的能量浓度乘以这个能量浓度的质量，即可计算出饲喂量。

二、需要量的表示方法

宠物营养中营养素需要量有三种表示方式，具体如下：

（一）干物质需要量

干物质（dry matter，DM）是指宠物食品中除水分以外的物质，包含除水分外的五大营养素。干物质需要量表示为日粮中每千克 DM 所含的营养素的量，前提是假定每千克干物质含有 4 000 kcal 的代谢能（ME）。这种表示方式是以每千克 DM 代谢能为 4 000 kcal 给出的各种营养素的最低需要量、推荐供给量和最高限量。一般设计配方时常用到这种表示方法。然而，用 DM 方式表示时，营养需求量会随着日粮的能量浓度变化而变化，需要根据实际的能量含量对其他营养素进行矫正，当宠物食品配方能量大于 4 000 kcal ME/kg DM 时，应该校正能量浓度；当宠物食品配方小于 4 000 kcal ME/kg DM 时，不应该做能量校正（AAFCO，2021；FEDIAF，2021）。另外，一般食品中的含水量不会是 0，比如干宠物食品一般含水量在 6%～10%，湿粮一般在 60%～90%，因此，在配制日粮配方时，需要把 ME 和各营养素指标矫正成特定含水量下的营养素值，再进行配方的计算。

（二）以代谢能为基础的营养素含量

一般表示为每 1 000 kcal ME 日粮所含的营养素的量，这种表示方法使营养素与能量之间建立了直接的联系。当日粮的能量浓度是 3 500 kcal ME/kg DM 时，用每 1 000 kcal ME 所含的营养素的量乘以 3.5（3 500/1 000），就得到 3 500 kcal ME 下的各营养素的需要量，换算起来比较方便。当配制日粮时营养素需要量表示成相对于 DM 和 ME 的量是最方便的，即表示成 1 kg 或 100 g 宠物食品中含有的能量和营养素的数值。

（三）代谢体重所需的营养素的量

对于单只犬猫对能量和营养素的需要量的评估，需要用到代谢体重，代谢体重乘以一个系数即得到能量和各营养素的量。犬的代谢体重为体重的 0.75 次幂（$BW^{0.75}$），猫的代谢体重为体重的 0.67 次幂（$BW^{0.67}$）。可以根据犬猫的代谢体重换算出其需要的能量和各种营养素的量，这种表示方法对于单只犬或猫更方便实用。宠物主人可以根据犬猫的体重带入公式计算出这只犬或猫的能量及营养素的需要量。

三、需要量的指标体系

（一）能量

NRC（2006）、AAFCO（2021）和 FEDIAF（2021）都以犬猫的代谢能作为能量指标，其他营养素的含量都以代谢能为基础，其设定犬猫日粮的能量浓度为每千克饲料 DM 中含 4 000 kcal 的代谢能（ME）。在此基础上给出其他营养素的需要量。犬猫营养素推荐量采用 ME 的表示方式，因为 ME 决定了一只犬或猫为了维持体重和体况而应该摄入的食物量，即动物都有为能而食的特性，犬猫采食食物首先是为了满足其对能量的需要。有资料表明，很多营养素的需要量，也随代谢体重的变化而变化，偏瘦犬的代谢体重为 $BW^{0.75}$，猫的代谢体重为 $BW^{0.67}$。代谢能是宠物营养需要量数据的基础，只有精确测定代谢能值，才能准确评价其他营养素的需要量。

（二）蛋白质和氨基酸

粗蛋白和必需氨基酸需要量是宠物营养需要量中非常重要的指标。NRC（2006）犬猫营养需要量给出了犬猫各生命阶段的粗蛋白和必需氨基酸的需要量，氨基酸包括：精氨酸（Arg）、组氨酸（His）、异亮氨酸（Ile）、蛋氨酸（Met）、蛋氨酸 + 胱氨酸（Met+Cys）、亮氨酸（Leu）、赖氨酸（Lys）、苯丙氨酸（Phe）、苯丙氨酸 + 酪氨酸（Phe+Tyr）、苏氨酸（Thr）、色氨酸（Try）和缬氨酸（Val），在猫的需要量中还有牛磺酸（Tau）。牛磺酸在NRC（2006）中被列到氨基酸的类别中，而在 AAFCO（2021）和 FEDIAF（2021）中都被列到维生素类似物中。另外，在 NRC（2006）幼猫的需要量中给出了谷氨酸（Glu）的安全上限值，其他非必需氨基酸未列出安全上限值。

氨基酸需要量指标以必需氨基酸作为基础，但指标体系与必需氨基酸的种类又有些不同。胱氨酸是必需氨基酸，但指标中是以蛋氨酸 + 胱氨酸的形式出现，因为蛋氨酸在动物体内可以转化成胱氨酸，蛋氨酸有工业化的蛋氨酸添加剂，可以外源添加，而胱氨酸没有工业化产品，不易获得，因此外源添加蛋氨酸满足犬猫对蛋氨酸 + 胱氨酸总需要量，同时满足胱氨酸的需要。酪氨酸的需要量没有体现，以苯丙氨酸 + 酪氨酸总量出现，也是因为苯丙氨酸在动物体内可转化成酪氨酸，因此总量满足需要就可以满足酪氨酸的需要。其他的非必需氨基酸可以由必需氨基酸转化而来，因此在满足粗蛋白和必需氨基酸的情况下，非必需氨基酸可以得到满足。

（三）脂肪和脂肪酸

宠物营养需要量指标体系中包括了总脂肪的含量，同时也包括了一些必需脂肪酸的含量。总脂肪需要量在各种体系中都没有差异，因为脂肪提供给犬猫能量和必需脂肪酸。

必需脂肪酸指标在各营养需要量中大体相同，略有差异。NRC（2006）指标中包括亚油酸（linoleic acid，LA）、α- 亚麻酸（alpha-linolenic acid，ALA）、花生四烯酸（arachidonic acid，AA）、二十碳五烯酸（eicosapentaenoic，EPA）和二十二碳六烯酸（docosahexaenoic acid，DHA）4 个指标。AAFCO（2021）中包含 LA、ALA、EPA+DHA 的指标，同时包含（LA+AA）:（ALA+EPA+DHA）的比例，也就是总 ω-6 脂肪酸与总 ω-3 脂肪酸的比例，不包含 AA 单独的指标，但以总 ω-6 脂肪酸的含量强调了总 ω-6 与总 ω-3 比例的重要性。FEDIAF（2021）中包含了 LA、ALA、AA、EPA+DHA 等 4 个指标，与 NRC（2006）一致。

（四）总纤维和粗纤维

在 NRC（2006）、AAFCO（2021）和 FEDIAF（2021）中都没有列出总纤维（total fiber，TF）和粗纤维（crude fiber，CF）的需要量。但在全价犬粮的标签标示中，一般需要列出粗纤维的含量，而粗纤维和总纤维的含量也用于进行代谢能的估算。总纤维（TF）是膳食纤维（diet fiber，DF）与功能纤维（functional fiber）的总和。DF 是指能抵抗肠道消化酶水解的可食性植物细胞壁多糖、木质素和一些相关物质的残余物（Trowell 等，1976）。功能纤维是指人为分离出不可消化但对机体生理有益的多糖，不限于植物来源，其常被加入食物中作补充剂。各种纤维的定义和涵盖的范围一直是有争议和有点模糊的概念，还需要不断的完善和划定清楚的界限。

粗纤维是最常见的纤维的指标，各标准对粗纤维的含量一般是没有最低需要量要求的，但有些国家犬猫粮标签中需要以小于等于的形式标出，中国的全价犬猫粮的标准中，给出了纤维含量最高值为 9%。因为纤维本身不被犬猫消化，会影响主要营养物质的消化率，因此对其含量进行限制。但有些膳食纤维对犬猫肠道健康和粪便成型有一定的益处，因此需在饲粮中适当补充膳食纤维。

（五）矿物质

在列出的矿物质含量中，包括常量元素和微量元素，常量元素包括钙、磷、镁、钠、钾、氯；微量元素包括铁、铜、锌、锰、硒、碘。

（六）维生素

维生素包括维生素 A、维生素 D（胆钙化醇）、维生素 E（α- 生育酚）、维生素 K（甲萘醌）、维生素 B_1（硫胺素）、维生素 B_2（核黄素）、维生素 B_6（吡哆醇）、烟酸（维生素 B_3）、泛酸（维生素 B_5）、维生素 B_{12}（钴胺素）、叶酸（维生素 B_9）、生物素（维生素 B_7）和胆碱。

犬猫维生素的最低推荐量是指日粮中所有可利用维生素的总和（包括天然成分和维生素预混料）。由于一些天然形式的维生素的生物利用率很低，因此当维生素主要来源于维生素预混料时，推荐量才是适当的。但如果维生素主要来源于日粮成分，应该根据维生素的生物利用率对营养素需要量表中所列的最低需要量进行修正。

第二节　犬的营养需要特点

一、犬的能量需要

（一）犬的能量需要

截止到 2021 年 12 月，世界犬业联盟（Fédération Cynologique Internationale，FCI）认可的犬品种有 354 个；美国养犬俱乐部（American Kennel Club，AKC）在 2021 年认可的犬品种有 282 种。犬按体型分为小型犬、中型犬、大型犬和巨型犬，成年体重从 500 g 到 100 kg，生命阶段分断奶前幼犬期、断奶后幼犬期、成年期（成年前期、成年后期）、老年期、妊娠期和哺乳期等，对于如此众多的品种和不同的生命阶段，确定犬的能量需要比较困难。即使是饲养于相同条件下的犬群体，犬个体的能量需求差异也相当大，这是由动物个体间年龄、品种、体型大小、身体状况、活跃度、环境、毛被的隔离特性、体温、健康状况、集体状况和疾病等方面的差异导致的。同时，周围温度和窝舍条件等环境因素也可会引起能量需求的差异。

从喂养单只的犬来说，了解犬的能量需要是非常重要的，只有了解犬的能量需要，才能根据犬的能量需要和犬粮中的能量含量，确定犬的日粮喂食量，满足它每日的能量需要，既不能因为饲喂量不足没有满足其能量需求而导致瘦弱，也不能因为能量过剩而导致肥胖。因此，准确评估单只犬的能量需要非常重要。各年龄段犬能量需要量的评估见第九章第三节。

（二）犬粮中代谢能含量的测定

犬猫日粮中代谢能的测定方法主要有动物试验法和营养成分预测法两种。

1. 动物试验法

AAFCO（2021）和 FEDIAF（2021）都给出了测定犬粮代谢能的试验方法。通过动物试验收集粪便测量消化能，再减去尿液中的能量，确定代谢能。具体的计算方法见第九章第二节犬猫食品能量评估。

2. 营养成分预测法

营养成分预测法指先测定出犬日粮中粗蛋白、粗脂肪、粗纤维和无氮浸出物的含量，再根据预测公式进一步计算出犬粮中的代谢能含量。计算公式见第九章第二节犬猫食品能量评估。

二、犬的蛋白质及氨基酸需要

（一）按代谢体重计算犬的蛋白质和氨基酸需要

从饲养宠物的主人及犬粮制造商角度考虑，都需要知道不同年龄阶段、品种和体重的犬对蛋白质和氨基酸的需要量，需要根据代谢体重对蛋白质和氨基酸的需要量进行计算。NRC（2006）给出了按代谢体重计算营养物质需要量的方法（表 10–1）。

表 10–1 中 4 ~ 14 周的幼犬以 $BW^{0.75}$ 计算得到的蛋白质和氨基酸数值只用于成年理想体重为 35 kg 的 5.5 kg 幼犬；如果幼犬体重或理想体重与此不一致，则用代谢体重计算得到幼犬的能量需要量，然后乘以 4 000 kcal ME（表 10–2）中蛋白质和氨基酸数值，再除以 4 000，就得到在此能量下的蛋白质和氨基酸的需要量。表 10–1 中有 3 个指标，最低需要量、推荐营养需要量和安全上限值。最低需要量为可利用的营养素的最低浓度或最小量，这里是指可被机体利用的量，日粮中营养素的含量不是可利用的量，是没有考虑消化率和利用率的总的营养素含量。日粮中的蛋白质含量乘以消化率得到可消化蛋白质含量，乘以利用率得到可利用蛋白质含量，可利用蛋白质含量应该满足最低含量的要求。因为动物对蛋白质的消化率和利用率不可能为 100%，因此，配制日粮时不能以最低含量来配制，要以推荐营养需要量来配制，推荐营养需要量是基于最低营养需要量，并且在实际应用中考虑到营养素生物利用率的不确定性，给出的一个可以满足可利用量的饲料中的供给量。AAFCO（2021）和 FEDIAF（2021）给出的数据都是推荐营养需要量，考虑了生物利用率的情况，因此可以直接用于配制日粮。安全上限值是超过这个值就会对犬产生不良影响的数值，表 10–1 没有给出蛋白质最高上限，因此，目前没有数据表明高蛋白会对健康犬产生有害的影响。对患有肾病和肝病的犬要考虑蛋白质的特殊需要。

在不同的生命阶段犬对蛋白质的需求有很大的差异，随着年龄的增加犬对蛋白质的需要逐渐下降，在成年维持阶段对蛋白质的需要量极大降低。成年维持以 $BW^{0.75}$ 计算的粗蛋白推荐营养需要量是 4 ~ 14 周幼犬的需要量的 21%，是 14 周以上幼犬的 27%。母犬妊娠晚期和产乳高峰期粗蛋白需要量最高，是 4 ~ 14 周幼犬需要量的 157%，是 14 周以上幼犬的 202%，是成年维持的 750%。

犬对氨基酸的需要与蛋白质类似，随着年龄的增加逐渐下降。几种氨基酸有特殊功能，需要量可适当调整，如需毛色更黑亮，酪氨酸的需要量应为表 10–1 所列的 1.5 ~ 2 倍。精氨酸作为尿素循环的一个中间体，精氨酸的需求量会随蛋白质含量的增加而增加。当 4 ~ 14 周龄的幼犬粗蛋白最低营养需要量和推荐营养量超过 180 g/kg DM 和 225 g/kg DM 时，每克粗蛋白中需添加 0.01 g 精氨酸；当大于 14 周龄的犬粗蛋白最低营养需要量和推荐营养需要量超过 140 g/kg DM 和 175 g/kg DM 时，每克粗蛋白中需添加 0.01 g 精氨酸。另外，在幼犬阶段，赖氨酸有最高限量，当赖氨酸大于 1.39 g/kg $BW^{0.75}$ 会对幼犬造成伤害。赖氨酸和精氨酸都是碱性氨基酸，两者具有拮抗作用，赖氨酸含量高必然增加对精氨酸的需要。

表 10–1　根据代谢体重计算犬的蛋白质和氨基酸需要量（g/kg $BW^{0.75}$）

营养素	4～14 周成长中幼犬			14 周及以上成长中幼犬			成年维持需要犬			母犬妊娠晚期和产乳高峰期		
	最低营养需要量	推荐营养需要量	安全上限值	最低营养需要量	推荐营养需要量	安全上限值	最低营养需要量	推荐营养需要量	安全上限值	充足摄入量	推荐营养需要量	安全上限值
粗蛋白	12.5	15.7		9.7	12.2		2.62	3.28		24.6	24.6	
精氨酸	0.44	0.55		0.37	0.46		0.092	0.11		1.23	1.23	
组氨酸	0.22	0.27		0.14	0.17		0.048	0.062		0.54	0.54	
异亮氨酸	0.36	0.45		0.28	0.35		0.098	0.12		0.87	0.87	
蛋氨酸	0.19	0.24		0.15	0.18		0.085	0.11		0.38	0.38	
蛋氨酸 + 胱氨酸	0.39	0.49		0.29	0.37		0.17	0.21		0.76	0.76	
亮氨酸	0.72	0.90		0.45	0.57		0.18	0.22		2.46	2.46	
赖氨酸	0.49	0.61	> 1.39	0.39	0.49	> 1.39	0.092	0.11		1.11	1.11	
苯丙氨酸	0.36	0.45		0.28	0.35		0.12	0.15		1.02	1.02	
苯丙氨酸 + 酪氨酸	0.72	0.90		0.56	0.70		0.19	0.24		1.51	1.51	
苏氨酸	0.45	0.56		0.35	0.44		0.11	0.14		1.28	1.28	
色氨酸	0.13	0.16		0.10	0.13		0.036	0.046		0.15	0.15	
缬氨酸	0.38	0.47		0.31	0.39		0.13	0.16		1.60	1.60	

编自：NRC，2010

表 10–2　犬日粮中蛋白质和氨基酸的需要量（g/kg DM）（ME=4 000 kcal）

营养素	4～14 周成长中幼犬			14 周及以上成长中幼犬			成年维持需要犬			母犬妊娠晚期和产乳高峰期		
	最低营养需要量	推荐营养需要量	安全上限值	最低营养需要量	推荐营养需要量	安全上限值	最低营养需要量	推荐营养需要量	安全上限值	充足摄入量	推荐营养需要量	安全上限值
粗蛋白	180	225		140	175		80	100		200	200	
精氨酸	6.3	7.9		5.3	6.6		2.8	3.5		10.0	10.0	
组氨酸	3.1	3.9		2.0	2.5		1.5	1.9		4.4	4.4	
异亮氨酸	5.2	6.5		4.0	5.0		3.0	3.8		7.1	7.1	
蛋氨酸	2.8	3.5		2.1	2.6		2.6	3.3		3.1	3.1	
蛋氨酸 + 胱氨酸	5.6	7.0		4.2	5.3		5.2	6.5		6.2	6.2	
亮氨酸	10.3	12.9		6.5	8.2		5.4	6.8		20.0	20.0	
赖氨酸	7.0	8.8	＞20	5.6	7.0	＞20	2.8	3.5		9.0	9.0	
苯丙氨酸	5.2	6.5		4.0	5.0		3.6	4.5		8.3	8.3	
苯丙氨酸 + 酪氨酸	10.4	13.0		5.0	10.0		5.9	7.4		12.3	12.3	
苏氨酸	6.5	8.1		1.4	6.3		3.4	4.3		10.4	10.4	
色氨酸	1.8	2.3		4.5	1.8		1.1	1.4		1.2	1.2	
缬氨酸	5.4	6.8			5.6		3.9	4.9		13.0	13.0	

编自：NRC，2010

（二）犬粮中的蛋白质和氨基酸需要

根据每千克 DM 中营养素的含量配制犬日粮比较方便，表 10–2 是假定每千克 DM 中 ME 为 4 000 kcal 时蛋白质和氨基酸的需要量。如果要变为百分含量，除以 10 即可。

从推荐的蛋白质营养需要量数据看，从幼犬到成犬，蛋白需要量逐渐下降，4 ~ 14 周为 22.5%，14 周以上幼犬为 17.5%，成年犬为 10%，妊娠哺乳犬为 20%，其中蛋白质需要量最高为幼犬，说明如果蛋白质含量超过 22.5%，就可以满足犬所有生命阶段的蛋白质需要量。

表 10–2 中给出的是每千克 DM 中蛋白质和氨基酸的克数，不是百分含量，如换算成百分含量，在此数值基础上除以 10 就得到百分含量。在计算配方时，用百分含量进行计算比较方便。AAFCO（2021）是以百分数给出蛋白质和氨基酸需要量指标，而 FEDIAF（2021）按 100 g DM 中蛋白质和氨基酸的推荐量克数，与百分含量的数值一致。AAFCO（2021）和 FEDIAF（2021）推荐的蛋白质和氨基酸需要量见表 10–3。

表 10–3　犬日粮中蛋白质和氨基酸的最低推荐量（g/100 g DM）

营养素	FEDIAF（2021）						AAFCO（2021）	
	＜14 周幼犬和繁育犬	＞14 周及以上幼犬	安全上限值	成年维持需要犬			生长和繁育期	成犬维持期
				95 kcal/kg$^{0.75}$	110 kcal/kg$^{0.75}$	安全上限值		
粗蛋白	25.00	21.00		21.00	18.00		22.50	18.00
精氨酸	0.82	0.74		0.60	0.52		1.0	0.51
组氨酸	0.39	0.25		0.27	0.23		0.44	0.19
异亮氨酸	0.65	0.50		0.53	0.46		0.71	0.38
蛋氨酸	1.29	0.80		0.95	0.82		1.29	0.68
蛋氨酸 + 胱氨酸	0.88	0.70		0.46	0.42		0.90	0.63
亮氨酸	0.35	0.26		0.46	0.40		0.35	0.33
赖氨酸	0.70	0.53	2.80	0.88	0.76		0.70	0.65
苯丙氨酸	0.65	0.50		0.63	0.54		0.83	0.45
苯丙氨酸 + 酪氨酸	1.30	1.00		1.03	0.89		1.30	0.74
苏氨酸	0.81	0.64		0.60	0.52		1.04	0.48
色氨酸	0.23	0.21		0.20	0.17		0.20	0.16
缬氨酸	0.68	0.56		0.68	0.59		0.68	0.49

编自：FEDIAF，2021；AAFCO，2021

AAFCO（2021）和 FEDIAF（2021）给出的都是最低推荐营养需要量。在生命阶段的划分上，FEDIAF（2021）更细化一些，幼犬分成 2 个阶段，与 NRC（2006）相似，把繁育犬的需要与小于 14 周的幼犬合并，这个阶段的幼犬粮与妊娠哺乳母犬粮可以使用一个标准，因此 1 款粮食可以适用于 2 个阶段的犬。AAFCO（2021）更简洁一些，幼犬与繁育犬合并成一个标准，成年犬一个标准，两个标准涵盖了犬所有生命阶段，这些营养需要量数值都是基于 100 g 干物质，如果按实际的饲喂基础（as feed，AF）进行日粮配制的话，需要根据含水量进行矫正，给出具体的某一款粮食在实际含水量下的蛋白质和氨基酸的量。

不论 NRC（2006）、AAFCO（2021）还是 FEDIAF（2021），幼犬和繁育犬日粮蛋白质含量最高为 25%，成犬日粮蛋白质含量为 21% 就可以满足其对蛋白质的需要。目前市场上销售的犬粮的蛋白质含量大部分在 25% 以上，蛋白质基本满足犬的营养需求。

蛋白质营养实际是氨基酸营养，在满足蛋白质需要的同时，还要满足各种氨基酸特别是必需氨基酸的需要，各种标准之间有差异，但差异不大。幼犬的赖氨酸需要量有一个上限，NRC（2006）为 2.0%，FEDIAF（2021）为 2.8%，超过这个值对幼犬的生长会造成损害。中国推荐的犬粮蛋白质需要量与 AAFCO（2021）的值一致，氨基酸只推荐了赖氨酸的需要量，没有推荐其他氨基酸需要，可以借鉴 AAFCO（2021）的推荐值。另外，建议犬粮精氨酸含量随粗蛋白质含量增加而增加。

表 10–4　犬粮精氨酸随蛋白质变化的推荐量

蛋白质含量 /% DM	成年期 /（g·100 g DM^{-1}）	生长期 /（g·100 g DM^{-1}）	生长早期 /（g·100 g DM^{-1}）
18	0.52	–	–
20	0.54	0.69	–
22.5	0.57	0.72	0.79
25	0.59	0.74	0.82
30	0.64	0.79	0.87
35	0.69	0.84	0.92
40	0.74	0.89	0.97
45	0.79	0.94	1.02
50	0.84	0.99	1.07
55	0.89	1.04	1.12

引自：FEDIAF，2021

三、犬的脂肪及脂肪酸需要量

（一）干物质表示的需要量

NRC（2006）、AAFCO（2021）和 FEDIAF（2021）给出的幼犬脂肪的推荐供给量（8.5%）和成犬脂肪的推荐供给量（5.5%）都是一致的（表 10–5）。NRC（2006）在犬的各生命阶段都限定了脂肪的最高含量为 33%。AAFCO（2021）和 FEDIAF（2021）没有给出脂肪的最高限量。AAFCO（2021）认为，尽管粗脂肪本身的真实需求量没有建立，其最低值是基于粗脂肪作为必需脂肪酸来源、脂溶性维生素的载体，增加适口性及提供充足的能量浓度。FEDIAF（2021）认为饲喂犬（如雪橇犬）含正常蛋白质水平的饲料能够耐受非常高的脂肪含量，然而蛋白水平很低的高脂肪食物将会对犬产生不良影响。

表 10-5　犬脂肪和脂肪酸的需要量（g/100 g DM）（ME=4 000 kcal/kg DM）

来源	NRC（2006）						AAFCO（2021）			FEDIAF（2021）			
营养素	断奶后幼犬		成年犬		母犬妊娠晚期和产乳高峰期		生长和繁育期最低值	成犬维持期最低值		＜14 周幼犬和繁育犬	＞14 周及以上幼犬		成年维持需要犬
	推荐营养需要量	安全上限值	推荐营养需要量	安全上限值	推荐营养需要量	安全上限值	推荐营养需要量	推荐营养需要量	安全上限值	推荐营养需要量	推荐营养需要量	安全上限值	推荐营养需要
脂肪	8.5	33	5.5	33	8.5	33	8.5	5.5		8.5	8.5		5.5
亚油酸	1.3	6.5	1.1	6.5	1.3	6.5	1.3	1.1		1.3	1.3	6.5	
α- 亚麻酸	0.08		0.044		0.08		0.08	0		0.08	0.08		
花生四烯酸	0.03				0.03					0.03	0.03		
二十碳五烯酸+二十二碳六烯酸	0.05	1.1	0.044	1.1	0.05	1.1	0.05	0			0.05		
（亚油酸+花生四烯酸）:（亚麻酸+EPA+DHA）									30：1				

编自：FEDIAF，2021；AAFCO，2021

各标准在幼犬和繁育犬上都推荐了亚油酸（LA）和α-亚麻酸（ALA）的含量，推荐值相同，NRC（2006）和FEDIAF（2021）给出了亚油酸的最高限量为6.5%，而AAFCO（2021）并没有给出最高限量。FEDIAF（2021）指出，在犬的妊娠期和出生后的早期阶段，犬可利用DHA和花生四烯酸，使其在大脑和视网膜中选择性地积累，但是很难利用ALA和LA，尽管非常小的幼犬能够将部分ALA转化成DHA，但断奶后此项能力丧失，因此，在妊娠期和哺乳期补充ALA和LA对于增加奶水中DHA和AA含量无效。此外，视网膜电流图显示，幼犬在从母体内到断奶时一直采食富含多不饱和长链脂肪酸的食物，能显著改善视力。因此，FEDIAF（2021）建议在未成年犬和繁殖期犬的食物中添加少量DHA或者EPA以满足新生幼犬的营养需要。NRC（2006）和AAFCO（2021）给出了成年犬LA的含量为1.1%，FEDIAF（2021）没有LA的建议值，NRC（2006）给出LA最高值为6.5%。NRC（2006）认为ALA的需要量随日粮中LA含量不同而不同；LA和ALA的比例应该在2.6~16之间；注意NRC（2006）给出的ALA为0.08 g/100 g DM，与AA为1.3 g/100 g DM比较，比值接近16，所以已经接近最小推荐量。AAFCO（2021）认为当最低需求量未确定时，ω-3脂肪酸的充足量有必要符合ω-6：ω-3脂肪酸比值的最大值，即30：1。ω-3脂肪酸的作用大小取决于ω-6脂肪酸和ω-3脂肪酸的比例，相对过高的ω-3脂肪酸水平会降低细胞的免疫力，尤其是在ω-6脂肪酸含量很低时。NRC（2006）和FEDIAF（2021）在幼犬上都给出了AA和DHA+EPA含量，基本一致。NRC（2006）认为DHA应占到DHA+EPA总量的50%~60%，EPA占到40%~50%。AAFCO（2021）没有给出AA最低需求量，认为ω-3脂肪酸的充足量有必要符合ω-6：ω-3脂肪酸比值的最大值，即30：1。因此在必需脂肪酸的含量上，AA、ALA和DHA+EPA总量比较重要，而在比例上，ω-6：ω-3脂肪酸比值比较重要。成年犬脂肪酸的营养需要只要满足AA和ω-6：ω-3脂肪酸比值就可以。

（二）按代谢体重计算的脂肪和脂肪酸需要量

按代谢体重计算的脂肪和脂肪酸需要量见表10-6。

表10-6　根据代谢体重计算的犬的脂肪和脂肪酸需要量（g/kg $BW^{0.75}$）

营养素	断奶后幼犬		成年犬		母犬妊娠晚期和产乳高峰期	
	推荐营养需要量	安全上限值	推荐营养需要量	安全上限值	推荐营养需要量	安全上限值
脂肪	5.9	23.0	1.8	10.8	10.5	40.6
亚油酸	0.8		0.36	2.1	1.6	8.0
α-亚麻酸	0.05	4.5			0.1	0
花生四烯酸	0.022		0.03		0	0
二十碳五烯酸+二十二碳六烯酸	0.036	0.77	0.036	0.37	0.06	1.40

编自：NRC，2010

表 10-7　断奶后幼犬的矿物质需要量（ME=4 000 kcal/kg DM）

营养素	最低营养需要量			充足摄入量			推荐营养需要量			安全上限值		
	/kg DM	/1 000 kcal ME	/kg $BW^{0.75}$	/kg DM	/1 000 kcal ME	/kg $BW^{0.75}$	/kg DM	/1 000 kcal ME	/kg $BW^{0.75}$	/kg DM	/1 000 kcal ME	/kg $BW^{0.75}$
钙 /g	8	2	0.56				12	3.0	0.68	18	4.5	1.25
磷 /g				10	2.5	0.68	10	2.5	0.68			
镁 /mg	180	45	12.5				400	100	27.4			
钠 /mg				2 200	550	100	2 200	550	100			
钾 /g				4.4	1.1	0.3	4.4	1.1	0.3			
氯 /mg				2 900	720	200	2 900	720	200			
铁 /mg	72	18	5				88	22	6.1			
铜 /mg				11	2.7	0.76	11	2.7	0.76			
锌 /mg	40	10	2.7				100	25	6.84			
锰 /mg				5.6	1.4	0.38	5.6	1.4	0.38			
硒 /μg	210	52.5	13.7				350	87.5	25.1			
碘 /μg				880	220	61	880	220	61			

编自：NRC，2010

表 10–8 成年犬的矿物质需要量（ME=4 000 kcal/kg DM）

营养素	最低营养需要量			充足摄入量			推荐营养需要量			安全上限值		
	/kg DM	/1 000 kcal ME	/kg $^{0.75}$	/kgDM	./1 000 kcal ME	./kg $BW^{0.75}$	./kg DM	/1 000 kcal ME[b]	/kg $BW^{0.75}$	/kg DM	/1 000 kcal ME	/kg $BW^{0.75}$
钙 /g	2	0.5	0.059				4	1	0.13			
磷 /g				3	0.75	0.1	3	0.75	0.1			
镁 /mg	180	45	5.91				600	150	19.7			
钠 /mg	300	75	9.85				800	200	26.2	> 15 g		
钾 /g				4	1	0.14	4	1	0.14			
氯 /mg				1 200	300	40	1 200	300	40	23.5 g		
铁 /mg				30	7.5	1	30	7.5	1			
铜 /mg				6	1.5	0.2	6	1.5	0.2			
锌 /mg				60	15	2	60	15	2			
锰 /mg				4.8	1.2	0.16	4.8	1.2	0.16			
硒 /μg				350	87.5	11.8	350	87.5	11.8			
碘 /μg	700	175	23.6				880	220	29.6	≥4 mg		

引自：NRC，2010

四、犬的糖类及纤维需要

NRC（2006）、AAFCO（2021）和 FEDIAF（2021）都没有给出犬对糖类的最低需要量，在满足蛋白质和脂肪的需要后，剩余没有满足的能量就可以通过糖类来满足，对粗纤维的需要没有最低值，也没有给出限量。中国的标准中给出犬粗纤维的最大值为 9%。

五、犬的矿物质需要

表 10–7 给出了幼犬的矿物质需要量，假定代谢能为每千克 DM 中含有 4 000 kcal。矿物质最低需要量是犬能够利用的量，是排除各种影响消化吸收和利用的因素，最后可被利用的量，是日粮中的矿物质含量乘以利用率得到的，因此日粮中的量要高于这个量才能满足最低需要量的需求。最低需要量具有理论意义，是其他需要量的基础。充足摄入量是考虑了利用率的问题，日粮中按这个量提供就可以满足动物对该营养素的需要。推荐营养需要量是配制日粮时参考的量，按推荐营养需要量进行日粮的配制和供给，考虑了一定的保证系数。如果该营养素的含量大于最高限量，会对宠物造成危害。例如，钙的最低需要量为 0.8%，适宜供给量为 1.2%，最高限量为 1.8%，那么我们配制日粮的时候设定钙在 1.2% ~ 1.8% 之间比较合适。

AAFCO（2021）（表 10–9）和 FEDIAF（2021）（表 10–10）都是从日粮配制的角度给出犬的矿物质推荐供给量，没有最低需要量，因此可以直接用于日粮配制。

表 10–9　犬的矿物质需要量（ME=4 000 kcal/kg DM）

营养素	单位 DM 基础	生长和繁育期最低值	成犬维持期最低值	最高值
钙	%	1.2	0.5	2.5（1.8）
磷	%	1	0.4	1.6
钙：磷		1：1	1：1	2：1
钾	%	0.6	0.6	
钠	%	0.3	0.08	
氯化物	%	0.45	0.12	
镁	%	0.06	0.06	
铁	mg/kg	88	40	
铜	mg/kg	12.4	7.3	
锰	mg/kg	7.2	5	
锌	mg/kg	100	80	
碘	mg/kg	1	1	11
硒	mg/kg	0.35	0.35	2

编自：AAFCO，2021

钙的最大值 1.8% DM 适用于大型犬幼犬（成犬体重达 31.75 kg 或以上）的食品配方，对于其他生命时期，包括非大型犬生长期，钙的最大值为 2.5%DM。钙磷需要量还需要考虑钙磷的比例，范围为 1～2：1。微量元素需要量主要考虑基础日粮中的含量和利用率，以及额外以添加剂形式添加的物质的利用率。

表 10–10　每 100 g DM 中犬的矿物质最低建议添加水平（ME=4 000 kcal/kg DM）

养分	单位	成年犬（基于维持能量需要 MER）		幼犬早期（＜14 周龄）& 繁殖犬	幼犬后期（≥14 周龄）	最大添加水平（L= 法定上限，N= 营养上限）
		95 Kcal/kg$^{0.75}$	110 Kcal/kg$^{0.75}$			
钙	g	0.58	0.5	1	0.8[a]　1.00[b]	成年犬：2.5（N） 幼年犬早期：1.6(N) 幼年犬后期：1.8(N)
磷	g	0.46	0.4	0.9	0.7	成年犬：1.6（N）
钙 / 磷比例				1：1		成年犬：2/1 幼年犬早期：1.6/1 幼年犬后期：1.8/1 or 1.6/1
钾	g	0.58	0.5	0.44	0.44	–
纳	g	0.12	0.1	0.22	0.22	
氯化物	g	0.17	0.15	0.33	0.33	
镁	g	0.08	0.07	0.04	0.04	–
微量元素	–	–		–	–	–
铜	mg	0.83	0.72	1.1	1.1	2.8（L）
碘	mg	0.12	0.11	0.15	0.15	1.1（L）
铁	mg	4.17	3.6	8.8	8.8	68.18（L）
锰	mg	0.67	0.58	0.56	0.56	17.0（L）
硒（湿粮）	μg	27	23	40	40	56.8（L）
硒（干粮）	μg	22	18	40	40	56.8（L）
锌	mg	8.34	7.2	10	10	22.7（L）

引自：FEDIAF，2021

a. 犬猫全价和补充宠物食品营养指南对于成年体重达到 15 kg 的犬，在整个生长后期（＞14 周），钙的含量为 0.8%。

b. 对于成犬体重大于 15 kg 的幼犬，至 6 个月左右，钙的含量保持在 1.0%，在此之后，钙含量可降至 0.8% 每 100 g DM（2 g/1000 kcal 或 0.48 g/MJ），钙磷比可提高至 1.8：1。

FEDIAF（2021）给出法定最大值（L）是强制性的，营养最大值（N）是不应造成任何有害影响的最高水平，除非指明了生命阶段，否则它适用于所有生命阶段。科学数据表明，钠含量高达 1.5% DM 和氯含量高达 2.35% DM 对健康犬是安全的。更高的水平可能仍然是安全的，但没有科学数据支持。

微量元素都给出了上限值，因此需要注意添加量，即不能不足，也不能过量。需要更多的研究来了解不同来源和矿物质之间相互作用的影响。表 10–9 是每千克 DM 中矿物质

表 10-11 断奶后幼犬的维生素需要量（ME=4 000 kcal/kg DM）

营养素	充足摄入量			推荐营养需要量			安全上限值		
	/kg DM	/1 000 kcal ME	/kg $BW^{0.75}$	/kg DM	/1 000 kcal ME	/kg $BW^{0.75}$	/kg DM	/1 000 kcal ME	/kg$BW^{0.75}$
维生素 A/RE	1 212	303	84	1515	379	105	15 000	3 750	1 044
胆钙化醇 /μg	11	2.75	0.76	13.8	3.4	0.96	80	20	5.6
维生素 E（α- 生育酚）/mg	24	6	1.7	30	7.5	2.1			
维生素 K（甲萘醌）/mg	1.3	0.33	0.09	1.64	0.41	0.11			
硫胺素 /mg	1.08	0.27	0.075	1.38	0.34	0.096			
核黄素 /mg	4.2	1.05	0.27	5.25	1.32	0.37			
吡哆醇 /mg	1.2	0.3	0.084	1.5	0.375	0.1			
烟酸 /mg	13.6	3.4	0.94	17	4.25	1.18			
泛酸 /mg	12	3	0.84	15	3.75	1.04			
钴胺素 /μg	28	7	1.95	35	8.75	2.4			
叶酸 /μg	216	54	15	270	68	18.8			

引自：NRC，2010

表 10–12 成犬的维生素需要量（ME=4 000 kcal/kg DM）

营养素	充足摄入量			推荐营养需要量			安全上限值		
	/kg DM	/1 000 kcal ME	/kg $BW^{0.75}$	/kg DM	/1 000 kcal ME	/kg $BW^{0.75}$	/kg DM	/1 000 kcal ME	/kg $BW^{0.75}$
维生素 A/RE	1 212	303	40	1 515	379	50	64 000	16 000	2 099
胆钙化醇 /μg	11	2.75	0.36	13.8	3.4	0.45	80	20	2.6
维生素 E（α– 生育酚）/mg	24	6	0.8	30	7.5	1			
维生素 K（甲萘醌）/mg	1.3	0.33	0.043	1.63	0.41	0.054			
硫胺素 /mg	1.8	0.45	0.059	2.25	0.56	0.074			
核黄素 /mg				5.25	1.3	0.171			
吡哆醇 /mg	1.2	0.3	0.04	1.5	0.375	0.049			
烟酸 /mg	13.6	3.4	0.45	17	4.25	0.57			
泛酸 /mg	12	3	0.39	15	3.75	0.49			
钴胺素 /μg	28	7	0.92	35	8.75	1.15			
叶酸 /μg	216	54	7.1	270	67.5	8.9			

引自：NRC，2010

的含量，而表 10–10 是 100 g DM 中矿物质的含量，在做比较时，注意进行换算。

六、犬的维生素需要

NRC（2006）没有给出犬维生素最低需要量，而直接给出了充足摄入量、推荐营养需要量和安全上限（表 10–11，表 10–12）。NRC（2006）的维生素 A 的需要量用视黄醇当量（retinol equivalents，RE）表示，1 RE = 1 μg 全反式视黄醇，1 IU 维生素 A = 0.3 RE，安全上限值用 μg 视黄醇表示。而 AAFCO（2021）和 FEDIAF（2021）用 IU 表示。因维生素 A 和 D 过量会对犬造成伤害，因此设定了上限值。NRC（2006）给出的幼犬和成犬的维生素 A 的最低需要量为 5 050 IU/kg DM，幼犬安全上限为 50 000 IU/kg DM，成犬的安全上限为 213 333 IU/kg DM；AAFCO（2021）幼犬和成犬的维生素 A 的最低需要量为 5 000 IU/kg DM，安全上限为 250 000 IU/kg DM；FEDIAF（2021）幼犬维生素 A 最低需要量为 5 000 IU/kg DM，成犬在维持需要为 110 kcal/kg $BW^{0.75}$ 情况下的最低需要量为 6 060 IU/kg DM，安全上限为 400 000 IU/kg DM，远高于 NRC（2006）和 AAFCO（2021）推荐量。维生素 D 的单位，NRC（2006）用 μg 表示，1 μg 胆钙化醇 = 40 IU 维生素 D_3。NRC（2006）幼犬和成犬的维生素 D 的最低需要量为 13.8 μg/kg DM，相当于 552 IU/kg DM，安全上限为 3 200 IU/kg DM；FEDIAF（2021）和 AAFCO（2021）幼犬和成犬都推荐维生素 D 为 3 000 IU/kg DM，与 NRC（2006）基本一致。犬对维生素 K 有代谢需要，如果饲喂天然食物时，需求量未知，肠道细菌合成的维生素 K 可满足犬的需要，维生素 K 允许量用其前体物质甲萘醌表示。若日粮中不含生鸡蛋中的蛋清白蛋白，肠道细菌合成的生物素可能足够需要，当日粮中含有抗生素时则需要额外补充。

表 10–13　犬的维生素需要量（ME=4 000 kcal/kg DM）

营养素	单位 以干物质计	生长和繁育期最低值	成犬维持期最低值	最高值
维生素 A	IU/kg	5 000	5 000	250 000
维生素 D	IU/kg	500	500	3 000
维生素 E	IU/kg	50	50	
维生素 B_1	mg/kg	2.25	2.25	
维生素 B_2	mg/kg	5.2	5.2	
维生素 B_5（泛酸）	mg/kg	12	12	
维生素 B_3（烟酸）	mg/kg	13.6	13.6	
维生素 B_6	mg/kg	1.5	1.5	
维生素 B_9（叶酸）	mg/kg	0.216	0.216	
维生素 B_{12}	mg/kg	0.028	0.028	
胆碱	mg/kg	1 360	1 360	

引自：AAFCO，2021

AAFCO（2021）推荐的维生素 E 国际单位与多不饱和脂肪酸（PUFA）克数的比值 > 0.6 : 1。食物中维生素 E 的含量若为 50 IU，则 PUFA 应少于 83 g。食物中含有超过 83 g

的 PUFA，则应增加超出克数每克 0.6 IU 的维生素 E。

表 10-14　犬的维生素最低建议添加水平（ME=4 000 kcal/kg DM）（/100 g DM）

养分	单位	成年犬（基于维持能量需要，MER）		幼犬早期（＜14 周龄）& 繁殖犬	幼犬后期（≥14 周龄）	最大添加水平（L= 法定上限，N= 营养上限）
		95 kcal/ $kgBW^{0.75}$	110 kcal/ $kgBW^{0.75}$			
维生素 A	IU	702	606	500	500	40 000（N）
维生素 D	IU	63.9	55.2	55.2	50	227（L）320（N）
维生素 E	IU	4.17	3.6	5	5	
维生素 B_1（硫胺素）	mg	0.25	0.21	0.18	0.18	
维生素 B_2（核黄素）	mg	0.69	0.6	0.42	0.42	
维生素 B_5（泛酸）	mg	1.64	1.42	1.2	1.2	
维生素 B_6（吡哆醇）	mg	0.17	0.15	0.12	0.12	
维生素 B_{12}	μg	3.87	3.35	2.8	2.8	
维生素 B_3（烟酸）	mg	1.89	1.64	1.36	1.36	
维生素 B_9（叶酸）	μg	29.9	25.80	21.6	21.6	
维生素 B_7（生物素）	μg	–	–	–	–	
胆碱	mg	189	164	170	170	–
维生素 K	μg	–	–	–	–	

编自：FEDIAF，2021

研究维生素的需要量需要考虑加工和贮存对维生素的影响，不同的加工工艺对维生素活性的影响不同。犬粮的保质期一般在 1 年以上，也要充分考虑贮存对维生素的影响，保证在犬摄入食物的时候，其中的维生素含量能满足需要。

七、中国犬粮标准

中华人民共和国国家标准《GB/T31216-2014 全价宠物食品　犬粮》给出了全价犬粮的营养指标（表 10-15）。

表 10-15　中国犬粮营养指标

项目	指标（以干物质计）/%		试验方法
	幼（年）犬粮、妊娠期、哺乳期犬粮	成（年）犬粮	
粗蛋白质	≥22.0	≥18.0	GB/T 6432
粗脂肪	≥8.0	≥5.0	GB/T 6433
粗灰分	≤10.0	≤10.0	GB/T 6438
粗纤维	≤9.0	≤9.0	GB/T 6434

续表

项目	指标（以干物质计）/%		试验方法
	幼（年）犬粮、妊娠期、哺乳期犬粮	成（年）犬粮	
钙	≥1.0	≥0.6	GB/T 6436
总磷	≥0.8	≥0.5	GB/T 6437
水溶性氯化物（以 Cl^- 计）	≥0.45	≥0.09	GB/T 6439
赖氨酸	≥0.77	≥0.63	GB/T 18246

引自：GB/T31216–2014 全价宠物食品　犬粮

中国全价犬粮的营养标准给出了常规营养指标的含量，规定了粗灰分和粗纤维的上限值，同时给出赖氨酸的含量。

第三节　猫的营养需要特点

国际爱猫联合会（The Cat Fanciers' Association，CFA）在 2021 年认可的纯种猫品种有 45 种，比犬的品种要少很多。猫分家猫和野猫、纯种猫和杂种猫、长毛猫和短毛猫。猫的生命阶段分：幼猫（kitten），出生到 1 岁；成年早期（young adult），1 ~ 6 岁；成年后期（mature adult），7 ~ 10 岁；老年期（mature adult），10 岁以后。还有妊娠期（妊娠前期、妊娠后期）和哺乳期等不同的生理阶段，猫各生命阶段有不同的生理特点和营养需求。

一、猫的能量需要

生长期幼猫的能量需要以体重（body weight，BW）为 800 g 幼猫每日消耗 180 kcal 代谢能（ME）为标准。成年猫维持能量需要以体重为 4 kg 成年猫每日消耗 250 kcal ME 为标准。妊娠和哺乳期母猫的能量需要以哺乳 4 只幼猫的体重为 4 kg 母猫在泌乳高峰期每日消耗 540 kcal ME 为标准。这些能量需要量等式的获得是基于家养的已达体成熟（体重为 2.5 ~ 7 kg）的猫的能量需要量；对于处于维持状态并且体况得分≤5（共 9 分级）的猫，每天的能量需要量用每千克代谢体重（$BW^{0.67}$）的 ME 来表示；对于体况得分 > 5 的猫，每天的能量需要量用每千克代谢体重（$BW^{0.4}$）的 ME 来表示；对于妊娠期间的母猫，每天的能量需要量用每千克代谢体重（$BW^{0.67}$）的 ME 来表示；对于处于泌乳期的母猫，能量的需要量与单位代谢体重（$BW^{0.75}$）和体重（BW）以及哺乳的猫崽数有关系；处于生长期的猫，每天能量的需要量是在维持需要的基础上乘以实际体重与预期成熟体重的比值。猫能量需要量的计算公式见第九章第三节。

二、猫的蛋白质和氨基酸需要

（一）按代谢体重计算的猫的蛋白质和氨基酸需要

可按代谢体重计算出幼猫、成猫和妊娠后期及泌乳期猫的蛋白质、氨基酸的需要量（表 10–16）。

表 10-16　根据代谢体重计算的猫的蛋白质和氨基酸需要量（g/kg $BW^{0.67}$）

营养素	NRC（2006）								FEDIAF（2021）
	幼猫			成猫			母猫妊娠后期	母猫泌乳期	成猫
	最低营养需要量	推荐营养需要量	安全上限值	最低营养需要量	充足摄入量	推荐营养需要量	推荐营养需要量	推荐营养需要量	推荐营养需要量
粗蛋白	9.4	11.8		3.97		4.96	7.4	16.1	6.25
精氨酸	0.4	0.5	1.83		0.19	0.19	0.52	0.81	0.25
组氨酸	0.14	0.17	> 1.15		0.064	0.064	0.15	0.39	0.08
异亮氨酸	0.23	0.29	> 4.54		0.11	0.11	0.27	0.64	0.12
蛋氨酸	0.18	0.23	0.68	0.033		0.042	0.17	0.32	0.29
蛋氨酸 + 胱氨酸	0.37	0.46		0.067		0.084	0.31	0.56	0.09
亮氨酸	0.53	0.67	> 4.54		0.25	0.25	0.63	1.07	0.04
赖氨酸	0.35	0.44	> 3.03	0.067		0.084	0.38	0.75	0.09
苯丙氨酸	0.21	0.27	> 1.51		0.099	0.099			0.12
苯丙氨酸 + 酪氨酸	0.8	1	3.55		0.38	0.38	0.66	1.03	0.44
苏氨酸	0.27	0.33	> 2.66		0.13	0.13	0.31	0.58	0.15
色氨酸	0.069	0.084	0.89		0.032	0.032	0.066	0.1	0.04
缬氨酸	0.27	0.33	> 4.54		0.13	0.13	0.35	0.64	0.15
谷氨酸			3.92						
牛磺酸	0.017	0.021	> 0.46	0.007 9		0.009 9	0.018	0.018	0.05（湿粮）0.03（干粮）

编自：NRC，2010；FEDIAF，2021

猫是肉食动物，对蛋白质需要比犬高，NRC（2006）对猫各生命阶段蛋白质都没有给出安全上限值。一般来说，高蛋白对健康猫没有害处。猫对牛磺酸和精氨酸有特殊的需求，AAFCO（2021）和 FEDIAF（2021）分别给出了湿粮和干粮中牛磺酸的需要量，精氨酸需要根据蛋白质含量的变化而变化。对于幼猫，各必需氨基酸都给出了最高限量，并且给出了非必需氨基酸谷氨酸的最高限量，因此，在配制幼猫日粮时要注意氨基酸平衡及最高限量。成猫和繁育猫没有给出必需氨基酸的上限值。

（二）猫粮中的蛋白质和氨基酸需要

配制猫粮时，以每千克干物质（DM）中含有的营养素含量或百分含量进行计算比较方便（表 10-17）。

表 10-17　猫粮中蛋白质和氨基酸的需要量 [g/kg DM (ME=4 000 kcal)]

营养素	幼猫			成猫			母猫妊娠期			母猫泌乳期		
	最低营养需要量	推荐营养需要量	安全上限值	最低营养需要量	充足摄入量	推荐营养需要量	最低营养需要量	充足摄入量	推荐营养需要量	最低营养需要量	充足摄入量	推荐营养需要量
粗蛋白	180	225		160		200	170		213	240		300
精氨酸	7.7	9.6	35		7.7	7.7		15	15		15	
组氨酸	2.6	3.3	> 22		2.6	2.6		4.3	4.3		7.1	15
异亮氨酸	4.3	5.4	> 87		4.3	4.3		7.7	7.7		12	7.1
蛋氨酸	3.5	4.4	13			1.7		5	5		6	12
蛋氨酸 + 胱氨酸	7	8.8		1.35		3.4		9	9		10	6
亮氨酸	10.2	12.8	> 87	2.7	10.2	10.2		18	18		20	10.4
赖氨酸	6.8	8.5	> 58			3.4		11	11		14	20
苯丙氨酸	4	5	> 29	2.7	4	4						14
苯丙氨酸 + 酪氨酸	15.3	19.1	68		15.3	15.3			19.1	15.3	0.82	
苏氨酸	5.2	6.5	> 51		5.2	5.2		8.9	8.9		10.8	19.1
色氨酸	1.3	1.6	17		1.3	1.3		1.9	1.9		1.9	10.8
缬氨酸	5.1	6.4	> 87		5.1	5.1		10	10		12	1.9
谷氨酸			75									12
牛磺酸	0.32	0.4	> 8.9	0.32		0.4			0.53	0.42		0.53

编自：NRC，2010

NRC（2006）给出的猫的蛋白质和氨基酸含量是每千克 DM 中的克数，如果变成百分含量，需要除以 10，与 FEDIAF（2021）（表 10-18）和 AAFCO（2021）（表 10-19）猫的蛋白质和氨基酸需要量才具有可比性。

表 10-18　猫粮蛋白质和氨基酸最低建议添加水平（g/100 g 干物质）

营养成分	单位	成年猫（基于维持能量需要，MER）		幼猫 & 繁殖猫	最大添加水平（L= 法定上限，N= 营养上限）
		75 kcal/kg$^{0.67}$	100 kcal/kg$^{0.67}$		
最低添加水平					
蛋白质	g	33.3	25	28.00/30.00	
精氨酸	g	1.3	1	1.07/1.11	幼猫：3.5（N）
组氨酸	g	0.35	0.26	0.33	
异亮氨酸	g	0.57	0.43	0.54	

续表

营养成分	单位	成年猫（基于维持能量需要，MER）		幼猫 & 繁殖猫	最大添加水平（L= 法定上限，N= 营养上限）
		75 kcal/kg$^{0.67}$	100 kcal/kg$^{0.67}$		
最低添加水平					
亮氨酸	g	1.36	1.02	1.28	
赖氨酸	g	0.45	0.34	0.85	
蛋氨酸	g	0.23	0.17	0.44	幼猫：1.3（N）
蛋氨酸 + 胱氨酸	g	0.45	0.34	0.88	
苯丙氨酸	g	0.53	0.4	0.5	
苯丙氨酸 + 酪氨酸	g	2.04	1.53	1.91	
苏氨酸	g	0.69	0.52	0.65	
色氨酸	g	0.17	0.13	0.16	幼猫：1.7（N）
缬氨酸	g	0.68	0.51	0.64	
牛磺酸（罐头食品）	g	0.27	0.2	0.25	
牛磺酸（干饲料）	g	0.13	0.1	0.1	

引自：FEDIAF，2021

表 10–19　猫粮蛋白质和氨基酸营养成分表（基于干物质）

营养成分	单位（基于干物质）	成长期和繁殖期最小值	成年维持期最小值	最大值
粗蛋白	%	30	26	
精氨酸	%	1.24	1.04	
组氨酸	%	0.33	0.31	
异亮氨酸	%	0.56	0.52	
亮氨酸	%	1.28	1.24	
赖氨酸	%	1.20	0.83	
蛋氨酸	%	0.62	0.20	1.5
蛋氨酸 + 胱氨酸	%	1.10	0.40	
苯丙氨酸	%	0.52	0.42	
苯丙氨酸 + 酪氨酸	%	1.92	1.53	
苏氨酸	%	0.73	0.73	
色氨酸	%	0.25	0.16	1.7
缬氨酸	%	0.64	0.62	
牛磺酸（挤压食品）	%	0.10	0.10	
牛磺酸（罐装食品）	%	0.20	0.20	

编自：AAFCO，2021

对于蛋白质需要量，NRC（2006）推荐幼猫为22.5%；AAFCO（2021）推荐为30%；FEDIAF（2021）推荐为28%和30%，对应2个精氨酸的含量；中国的猫粮标准也推荐幼猫为28%。对于成猫蛋白质需要量，NRC（2006）推荐为20%；AAFCO（2021）推荐为26%；FEDIAF（2021）推荐在能量需要为100 kcal/kg $BW^{0.67}$的情况下为25%；中国的猫粮标准也推荐25%。NRC（2006）推荐妊娠猫蛋白质需要量为21.3%，哺乳猫为30%；AAFCO（2021）推荐繁殖期与幼猫相同为30%；FEDIAF（2021）推荐妊娠猫为28%，哺乳猫为30%。对于蛋白质无论哪个生命阶段的猫都没有给出安全上限。

对于幼猫氨基酸需要，NRC（2006）给出各种必需氨基酸的安全上限，另外，还给出了非必需氨基酸谷氨酸的安全上限。因此，在配制幼猫日粮时注意各氨基酸的值是否超过了上限值。AAFCO（2021）和FEDIAF（2021）给出个别氨基酸的安全上限值。

牛磺酸是猫特别需要的氨基酸，NRC（2006）给出了猫牛磺酸的推荐需要量。幼猫和成猫牛磺酸推荐量为0.04%，妊娠和哺乳猫为0.053%。对于高消化率的纯化日粮来说，牛磺酸的推荐量是0.4 g/kg日粮，对于干粮和罐装日粮牛磺酸推荐量分别为1.0 g/kg DM和1.7 g/kg DM。FEDIAF（2021）推荐幼猫和繁育猫罐头食品牛磺酸含量为0.25%，干猫粮为0.10%。AAFCO（2021）推荐幼猫和繁育猫及成猫的湿宠物食品牛磺酸含量为0.20%，干猫粮为0.10%。

猫对精氨酸缺乏敏感，当蛋白质营养需要量超过200 g/kg DM时，每增加1 g粗蛋白应加入0.02 g精氨酸（NRC，2006）。FEDIAF（2021）建议根据日粮蛋白质含量的增加，精氨酸含量需要同步增加。如需使毛色更黑亮，酪氨酸的需要量应为推荐量的1.5～2倍。

FEDIAF（2021）给出了精氨酸随蛋白质含量变化的精氨酸需要量表（表10–20）。

表10–20　猫粮随粗蛋白质含量变化的精氨酸推荐量

蛋白质/% DM	精氨酸/（$g\cdot 100\ g\ DM^{-1}$）
25	1.00
28	1.06
30	1.10
35	1.20
40	1.30
45	1.40
50	1.50
55	1.60
60	1.70

引自：FEDIAF，2021

三、猫脂肪和必需脂肪酸需要

成年猫对脂肪和脂肪酸的需要量见表10–21。猫对粗脂肪的实际需求量目前尚未建立标准，在设定粗脂肪的最低浓度值时，将粗脂肪作为提供必需脂肪酸的来源，以及作为

表 10-21　猫脂肪和脂肪酸的需要量（g/100 g DM）（ME=4 000 kcal/kg DM）

来源	NRC（2006）				AAFCO（2021）				FEDIAF（2021）		
营养素	幼猫		成年猫	妊娠后期和泌乳期	生长和繁育期最低值			成猫维持期最低值	幼猫 & 繁殖猫	成猫 75 kcal/kg$^{0.67}$	成猫 100 kcal/kg$^{0.67}$
	推荐营养需要量	安全上限值	推荐营养需要量	安全上限值	推荐营养需要量	安全上限值	推荐营养需要量	推荐营养需要量	推荐营养需要量	推荐营养需要量	推荐营养需要量
脂肪	9.0	33	9.0	33	9.0	33	9.0	9.0	9.0	9.0	9.0
亚油酸	0.55	5.5	0.55	5.5	0.55	5.5	0.6	0.6	0.55	0.67	0.5
α- 亚麻酸	0.02				0.02		0.02	ND	20	8.0	6.0
花生四烯酸	0.01		0.006	0.2	0.02		0.02	0.02	0.02		
二十碳五烯酸 + 二十二碳六烯酸（g）	0.05	1.1	0.01		0.01		0.012	ND	0.01		

编自：NRC，2010；FEDIAF，2021；AAFCO，2021

脂溶性维生素的载体，脂肪还可以提高猫粮的适口性，并提供足够的能量。NRC（2006）、AAFCO（2021）和 FEDIAF（2021）给出的猫脂肪的推荐供给量是一致的，幼猫和成猫均为 9%。NRC（2006）对猫各生命阶段都限定了脂肪的最高含量为 33%。而 AAFCO（2021）和 FEDIAF（2021）没有给出猫脂肪和脂肪酸的最高限量（表 10–21）。

四、猫的糖类及纤维需要

NRC（2006）、AAFCO（2021）和 FEDIAF（2021）没有给出猫对糖类的最低需要量。在满足蛋白和脂肪的需要后，剩余没有满足的能量可通过糖类来满足。猫对粗纤维的需要没有最低值，但在配制猫粮时会考虑粗纤维的含量，因粗纤维对肠道和粪便的形成有好处。《GB/T31217–2014 全价宠物食品　猫粮》给出猫粮粗纤维上限值为 9%。

五、猫的矿物质需要

在自由喂食的条件下，如果尿液的平均 pH 不低于 6.4，则随猫粮中镁含量的增加，患上鸟粪石尿结石的风险也会随之增加。当猫粮中添加了碳酸盐或氧化物时，由于碳酸盐或氧化物中铁的生物利用率低，因此，在确定猫粮铁的最低营养浓度时，不计入以碳酸盐或氧化物中所含的铁。表 10–22 给出了幼猫的矿物质需要量（NRC，2006）。幼猫钙的最低需要量为 0.52%，适宜供给量为 0.8%，没有给出最高限量。钠的上限值为 1.0%，其他微量元素没有给出上限值。

成猫对钙的最低需要量为 0.16%，推荐营养需要量为 0.29%，没有上限值（表 10–23）。不同形式的微量元素利用率不同，因此，在配制猫粮时要考虑微量元素的添加形式。

AAFCO（2021）和 FEDIAF（2021）都是从日粮配制的角度给出猫矿物质的推荐供给量，没有最低需要量，因此可以直接用于日粮配制（表 10–24、表 10–25），碘给出了最高值。

FEDIAF（2021）与 AAFCO（2021）给出了猫粮钙磷含量和钙磷比例以及微量元素建议添加量和上限值。

六、猫的维生素需要

猫需要所有的脂溶性和水溶性维生素。猫不具有把 β– 胡萝卜素转化为维生素 A 的能力，因此必须提供以维生素 A 的活性形式来满足猫对维生素 A 的需要。猫也不能把色氨酸转化为烟酸，因此烟酸的添加对猫也非常重要。因维生素 A 和 D 过量会对猫造成伤害，因此设定了上限值。NRC（2006）推荐幼猫和成猫的维生素 A 的最低需要量为 3 333 IU/kg DM，幼猫安全上限为 266 667 IU/kg DM，成猫的安全上限为 333 333 IU/kg DM；AAFCO（2021）推荐幼猫维生素 A 最低需要量为 6 668 IU/kg DM，成猫维生素 A 最低需要量为 3 332 IU/kg DM，安全上限为 333 300 IU/kg DM，安全上限高于 NRC（2006）；FEDIAF（2021）推荐幼猫维生素 A 最低需要量为 9 000 IU/kg DM，成猫在维持需要为 100 kcal/kg $BW^{0.67}$ 情况下的维生素 A 最低需要量为 3 330 IU/kg DM，安全上限非繁殖期为 400 000 IU/kg DM，繁殖期为 333 330 IU/kg DM。维生素 D 的单位，NRC（2006）用 μg 表示，1 μg 胆钙化醇 = 40 IU 维生素 D_3。NRC（2006）推荐幼猫和成猫的维生素 D 最低需要量为 5.6 μg/kg DM，相当于 224 IU/kg DM，安全上限为 30 000 IU/kg DM；AAFCO（2021）推荐幼猫和成猫维生素 D 需要量为 280 IU/kg DM，安全上限为 3 080 IU/kg DM；FEDIAF（2021）推荐

表 10-22　幼猫的矿物质需要量（ME=4 000 kcal/kg DM）

营养素	最低营养需要量			充足摄入量			推荐营养需要量			安全上限值		
	/kg DM	/1 000 kcal ME	/kg $BW^{0.67}$	/kg DM	/1 000 kcal ME	/kg $BW^{0.67}$	/kg DM	/1000 kcal ME	/kg $BW^{0.67}$	/kg DM	/1000 kcal ME	/kg $BW^{0.67}$
钙 /g	5.2	1.3	0.274				8	2	0.41			
磷 /g	4.8	1.2	0.251				7.2	1.8	0.372			
镁 /mg	160	40	8.3				400	100	20			
钠 /mg	1 240	310	65				1 400	350	74	> 10 g		
钾 /g	2.68	0.67	0.14				4	1	0.209			
氯 /mg	760	190	42				900	225	46.5			
铁 /mg	70	17	3.2				80	20	4.2			
铜 /mg	4.5	1.1	0.23				8.4	2.1	0.44			
锌 /mg	50	12.5	2.6				75	18.5	3.9			
锰 /mg				4.8	1.2	0.25	4.8	1.2	0.25			
硒 /μg	120	30	6.23				300	75	15.8			
碘 /μg				1 800	450	93	1 800	450	93			

引自：NRC，2010

表 10–23　成年猫的矿物质需要量（ME=4 000 kcal/kg DM）

营养素	最低营养需要量			充足摄入量			推荐营养需要量			安全上限值		
	/kg DM	/1 000 kcal ME	/kg $BW^{0.67}$	/kgDM	/1 000 kcal ME	/kg $BW^{0.67}$	/kg DM	/1 000 kcal ME	/kg $BW^{0.67}$	/kg DM	/1 000 kcal ME	/kg $BW^{0.67}$
钙 /g	1.6	0.4	0.04				2.9	0.72	0.071			
磷 /g	1.4	0.35	0.035				2.6	0.64	0.063			
镁 /mg	200	50	4.9				400	100	9.5			
钠 /mg	650	160	16				680	170	16.7	> 15 g		
钾 /g				5.2	1.3	0.13	5.2	1.3	0.13			
氯 /mg				960	240	23.7	960	240	23.7			
铁 /mg				80	20	1.98	80	20	1.98			
铜 /mg				5	1.2	0.119	5	1.2	0.119			
锌 /mg				74	18.5	1.9	74	18.5	1.9	> 600		
锰 /mg				4.8	1.2	0.119	4.8	1.2	0.119			
硒 /μg				300	75	6.95	300	75	6.95			
碘 /μg	1 300	320	31.6				1 400	350	35			

编自：NRC，2010

表 10–24 猫的矿物质需要量（ME=4 000 kcal/kg DM）

营养素	单位（干物质）	生长和繁育期最低值	成犬维持期最低值	最高值
钙	%	1	0.6	
磷	%	0.8	0.5	
钾	%	0.6	0.6	
钠	%	0.2	0.2	
氯化物	%	0.3	0.3	
镁	%	0.08	0.04	
铁	mg/kg	80	80	
铜（干粮）	mg/kg	15	5	
铜（罐装）	mg/kg	8.4	5	
锰	mg/kg	7.6	7.6	
锌	mg/kg	75	75	
碘	mg/kg	1.8	0.6	9
硒	mg/kg	0.3	0.3	

编自：AAFCO，2021

表 10–25 猫的矿物质最低建议添加水平（每 100 g DM）（ME=4 000 kcal/kg DM）

养分	单位	成年猫（基于维持能量需要，MER）		幼猫 & 繁殖猫	最大添加水平（L= 法定上限，N= 营养上限）
		75 kcal/kgBW$^{0.67}$	100 kcal/kgBW$^{0.67}$		
常量矿物质					
钙	g	0.53	0.4	1	
磷	g	0.35	0.26	0.84	
钙 / 磷比例	g	1∶1			幼猫：1.5/1（N）成猫 2/1（N）
钾	g	0.8	0.6	0.6	
纳	g	0.1	0.08	0.16	成年猫 0.80（N）
氯化物	g	0.15	0.11	0.24	
镁	g	0.05	0.04	0.05	
微量元素					
铜	mg	0.67	0.5	1	2.80（L）
碘	mg	0.17	0.13	0.18	1.10（L）
铁	mg	10.7	8	8	68.18（L）
锰	mg	0.67	0.5	1	17.00（L）
硒（湿粮）	μg	35	26	30	56.80（L）
硒（干粮）	μg	28	21	30	56.80（L）
锌	mg	10	7.5	7.5	22.70（L）

引自：FEDIAF，2021

表 10-26 幼猫的维生素需要量（ME=4 000 kcal/kg DM）

营养素	最低营养需要量			充足摄入量			推荐营养需要量			安全上限值		
	/kg DM	/1 000 kcal ME	/kg $BW^{0.67}$	/kg DM	/1 000 kcal ME	/kg $BW^{0.67}$	/kg DM	/1 000 kcal ME[b]	/kg $BW^{0.67}$	/kg DM	/1 000 kcal ME	/kg $BW^{0.67}$
维生素 A/μg 视黄醇				800	200	42	1 000	250	52	80 000	20 000	4 180
胆钙化醇 /μg	2.78	0.7	0.14				5.6	1.4	0.29	750	188	39
维生素 E（α- 生育酚）/mg				30	7.5	1.6	38	9.4	2			
维生素 K（甲萘醌）/mg				1	0.25	0.05	1	0.25	0.05			
硫胺素 /mg	4.4	1.1	0.23				5.5	1.4	0.29			
核黄素 /mg				3.2	0.8	0.17	4	1	0.21			
吡哆醇 /mg	2	0.5	0.1				2.5	0.625	0.13			
烟酸 /mg				32	8	1.7	40	10	2.1			
泛酸 /mg	4.6	1.15	0.24				5.7	1.43	0.3			
钴胺素 /μg				18	4.5	0.9	22.5	5.6	1.18			
叶酸 /μg	600	150	31				750	188	39			
生物素 /μg				60	15	3.1	75	18.75	3.9			
胆碱 /mg	2 040	510	107				2 550	637	133			

编自：NRC，2010

表 10–27 成猫的维生素需要量（ME=4 000 kcal/kg DM）

营养素	最低营养需要量			充足摄入量			推荐营养需要量			安全上限值		
	/kg DM	/1 000 kcal ME	/kg $BW^{0.67}$	/kg DM	/1 000 kcal ME	/kg $BW^{0.67}$	/kg DM	/1 000 kcal ME[b]	/kg $BW^{0.67}$	/kg DM	/1 000 kcal ME	/kg $BW^{0.67}$
维生素 A/μg 视黄醇				800	200	19.8	1 000	250	24.7	100 000	25 000	2 469
胆钙化醇 /μg				5.6	1.4	0.14	7	1.75	0.17	750	188	19
维生素 E（α-生育酚）/mg				30	7.5	0.74	38	10	0.94			
维生素 K（甲萘醌）/mg				1	0.25	0.025	1	0.25	0.025			
硫胺素 /mg				4.4	1.1	0.11	5.6	1.4	0.14			
核黄素 /mg				3.2	0.8	0.079	4	1	0.099			
吡哆醇 /mg	2	0.5	0.05				2.5	0.625	0.06			
烟酸 /mg				32	8	0.79	40	10	0.99			
泛酸 /mg	4.6	1.15	0.11				5.75	1.44	0.14			
钴胺素 /μg				18	4.5	0.44	22.5	5.6	0.56			
叶酸 /μg	600	150	15				750	188	19			
生物素 /μg				60	15	1.5	75	18.75	1.9			
胆碱 /mg	2 040	510	50				2 550	637	63			

编自：NRC，2010

表 10-28　妊娠哺乳猫的维生素需要量（ME=4 000 kcal/kg DM）

营养素	最低营养需要量			充足摄入量			推荐营养需要量			安全上限值		
	/kg DM	/1 000 kcal ME	/kg $BW^{0.67}$	/kg DM	/1 000 kcal ME	/kg $BW^{0.67}$	/kg DM	/1 000 kcal ME[b]	/kg $BW^{0.67}$	/kg DM	/1 000 kcal ME	/kg $BW^{0.67}$
维生素 A/μg 视黄醇				1 600	400	85	2 000	500	107	100 000	25 000	5 333
胆钙化醇 /μg				5.6	1.4	0.3	7	1.75	0.37	750	188	40
维生素 E（α-生育酚）/mg				30	7.5	1.6	31	7.8	1.67			
维生素 K（甲萘醌）/mg				1	0.25	0.18	1	0.25	0.18			
硫胺素 /mg				5	1.25	0.27	6.3	1.56	0.32			
核黄素 /mg				3.2	0.8	0.17	4	1	0.21			
吡哆醇 /mg	2	0.5	0.1				2.5	0.625	0.11			
烟酸 /mg				32	8	1.71	40	10	2.1			
泛酸 /mg	4.6	1.15	0.25				5.75	0.19	0.31			
钴胺素 /μg				18	4.5	0.8	22.5	5.6	1			
叶酸 /μg	600	150	27				750	187	33			
生物素 /μg				60	15	2.7	75	18.75	3.3			
胆碱 /mg	2 040	510	91				2 550	637	113			

编自：NRC，2010

幼猫维生素 D 为 280 IU/kg DM，成猫在维持需要为 100 kcal/kg $BW^{0.67}$ 情况下维生素 D 的最低需要量为 250 IU/kg DM，法律安全上限（L）为 2 270 IU/kg DM，营养上限（N）为 3 000 IU/kg DM。其他维生素没有安全上限。

表 10–29　猫的维生素需要量（ME=4 000 kcal/kg DM）

营养素	单位	生长和繁育期最低值	成猫维持期最低值	最高值
维生素 A	IU/kg	6 668	3 332	333 300
维生素 D	IU/kg	280	280	3 080
维生素 E	IU/kg	40	40	
维生素 K	mg/kg	0.1	0.1	
硫胺素	mg/kg	5.6	5.6	
核黄素	mg/kg	4	4	
泛酸	mg/kg	5.75	5.75	
烟酸	mg/kg	60	60	
吡哆醇	mg/kg	4	4	
叶酸	mg/kg	0.8	0.8	
生物素 k	mg/kg	0.07	0.07	

编自：AAFCO，2021

表 10–30　猫的维生素最低建议添加水平（单位 /100 g PM）（ME=4 000 kcal/kg DM）

养分	单位	成年猫（基于维持能量需要，MER）		幼猫 & 繁殖猫	最大添加水平（L= 法定上限，N= 营养上限）
		75 kcal/kg $BW^{0.67}$	100 kcal/kg $BW^{0.67}$		
维生素 A	IU	444	333	900	非繁殖期：40 000（N） 繁殖期：33 333（N）
维生素 D	IU	33.3	25	28	227（L）3 000（N）
维生素 E	IU	5.07	3.8	3.8	
硫胺素	mg	0.59	0.44	0.55	
核黄素	mg	0.42	0.32	0.32	
泛酸	mg	0.77	0.58	0.57	
维生素 B_6（吡哆醇）	mg	0.33	0.25	0.25	
维生素 B_{12}	μg	2.35	1.76	1.8	
烟酸	mg	4.21	3.2	3.2	
叶酸	μg	101	75	75	

续表

养分	单位	成年猫（基于维持能量需要，MER）		幼猫 & 繁殖猫	最大添加水平（L= 法定上限，N= 营养上限）
		75 kcal/kg $BW^{0.67}$	100 kcal/kg $BW^{0.67}$		
生物素	μg	8	6	7	
胆碱	mg	320	240	240	

编自：FEDIAF，2021

每千克猫粮中每多 1 g 鱼油，应在最低浓度基础上额外添加 10 IU 的维生素 E。除非猫粮中含有 25% 以上（以干物质计算）的鱼类成分，否则没有必要添加维生素 K。加工处理会导致维生素 B_1（硫胺素）流失，最高流失量可达 90%，因此，应保证加工后的猫粮配方满足最低营养浓度标准。除非猫粮中添加了抗生素或抗维生素成分，否则没有必要添加生物素。

七、中国猫粮标准

中华人民共和国国家标准《GB/T31217–2014 全价宠物食品　猫粮》给出了全价猫粮的营养指标（表 10–31）。

表 10–31　中国猫粮营养指标

项目	指标（以干物质计）/%		试验方法
	幼（年）猫粮、妊娠期、哺乳期猫粮	成（年）猫粮	
粗蛋白质	≥28	≥25	GB/T 6432
粗脂肪	≥9.0	≥9.0	GB/T 6433
粗灰分	≤10.0	≤10.0	GB/T 6438
粗纤维	≤9.0	≤9.0	GB/T 6434
钙	≥1.0	≥0.6	GB/T 6436
总磷	≥0.8	≥0.5	GB/T 6437
水溶性氯化物（以 CL^- 计）	≥0.3	≥0.3	GB/T 6439
牛磺酸	≥0.1	≥0.1	GB/T 18246
	≥0.2（湿粮）	≥0.2（湿粮）	

中国猫粮的营养标准给出了常规营养指标的含量，规定了粗灰分和粗纤维的上限值，并给出了干粮和湿粮的牛磺酸推荐量。

第四节　犬猫营养需要量的研究方法

一、化学分析法

宠物营养学研究常需对饲料原料、饲料添加剂、宠物食品、动物组织、动物排泄物（粪尿）及血液中的常量营养素、微量营养素以及一些特殊的营养物质进行定性、定量分析。常用的化学分析方法有比色法、光谱分析及色谱分析等。

通过有关化学成分的测定，可为犬猫营养物质需要量的确定、犬猫饲料原料、饲料添加剂和宠物食品营养价值评定提供基础数据，为机体营养物质缺乏症的早期诊断提供重要参数。在确定犬猫营养需要和评定宠物饲料营养价值时，都需要对六大营养素进行化学分析和测定。在消化和代谢试验中，还需要测定粪便和尿液中的营养物质，用于营养物质消化率、消化能、代谢能及尿结晶的计算。基于饲料安全和卫生的角度，需要对宠物饲料卫生标准中列出的指标进行检测。

（一）饲料成分分析

宠物食品常规养分分析的指标主要有干物质、水分、粗蛋白、粗脂肪、粗纤维、粗灰分、钙、磷、食盐的分析，可通过计算算出无氮浸出物的含量。有时还要测定真蛋白（true protein，TP）、氨基酸、常量矿物质和微量元素、维生素、各种脂肪酸、总纤维、中性洗涤纤维、酸性洗涤纤维、酸性洗涤木质素、纤维素、半纤维素、木质素、单糖、寡聚糖、淀粉等指标，一些卫生指标的测定也需要纳入考虑的范畴，如真菌及霉菌代谢产物（黄曲霉毒素、呕吐毒素等）、生物碱、酶以及其他有毒有害物质（如犬猫饲料卫生标准中标出的指标）等也纳入了分析的内容。通过上述各化学成分和卫生指标的分析，可对饲料的营养价值和卫生指标作出初步的评定。

（二）粪便成分分析

消化试验和平衡试验需要收集粪便。测定粪便中水分、粗蛋白、粗纤维、粗灰分、粗脂肪等养分和总能含量，可用于可消化养分及消化能的估计，也可用于测定氨基酸和脂肪酸以及其他代谢物的成分，用于不同的研究目的。研究矿物质元素的代谢时，由于每日内源矿物质的排泄量大，粪样分析用于测定矿物质元素的吸收率有较大误差，与同位素示踪法相结合能够获得更加可靠的结果。

（三）尿成分分析

尿中含有各种无机及有机成分，它们大都是动物体新陈代谢的产物。虽然尿成分的含量受许多因素影响，但正常情况下各种成分都有一定的含量范围，所以通过某些尿成分分析可了解体内代谢和机体营养状况是否正常。有些维生素是以辅酶的形式参与体内物质代谢，其缺乏可导致相关酶促反应的中断，使尿中一些代谢中间产物积累和终产物减少，所以检查这些物质在尿中的排泄量可反映机体的营养状况。例如，叶酸缺乏，尿中亚胺甲基谷氨酸（FIGLV）排泄增加；烟酸缺乏，尿中 N- 甲基烟酰胺减少；维生素 B_6 缺乏，尿中黄尿酸的含量增加。另外，测定尿液的 pH、容重、一些离子的浓度对于诊断尿道健康和尿结石具有重要意义。

（四）动物组织和血液成分分析

常用于检测的组织有肝、肾、心、骨骼肌、骨（胫骨）、毛发以及全血、血浆、血清和红细胞，甚至整个机体样品，测定的成分包括组织中各种营养物质及其代谢产物和相关酶（活性）。动物组织和血液成分是确定各种营养物质需要量的重要依据，也是评价机体维生素、微量元素等营养状况常采用的标识。结合饲养试验、平衡试验，可确定宠物对各种营养物质的需要量。

常用作标识的功能酶及相应的微量元素和维生素有血浆谷胱甘肽过氧化物酶（GSH-Xp）——硒，血清碱性磷酸酶（ALP）——锌，血浆铜蓝蛋白氧化酶（CPO）——铜，血浆黄嘌呤氧化酶（XO）——钼，血浆中以焦磷酸硫胺素为辅酶的酶——硫胺素，红细胞中含黄素腺嘌呤二核苷酸（FAD）的谷胱甘肽还原酶——核黄素，红细胞或血浆中酪氨酸和天门冬氨酸转氨酶——维生素 B_6，血浆丙酮羧化酶——生物素等。用酶活力作为评价机体某些微量元素和维生素的营养状况是较灵敏的指标，缺点是有些酶活力的测定较困难，且对样品的保存和测定条件要求严格。

有关动物组织、血液和尿中维生素和微量元素含量、相关酶活性及其代谢产物的水平大多数都不是鉴别缺乏症或确定需要量的唯一指标，对某一种或某些动物敏感的指标，不一定适用于另一种或另一些动物。因此，常常把组织、血液或尿中的含量，结合酶活力以及生长反应进行综合评定。

二、消化试验

化学成分分析只能说明宠物食品中各种养分的含量，而不能表明它们能被犬猫消化利用的程度。从理论上讲，凡是被犬猫采食的食物经消化后被吸收进入体内的养分，如果其数量和比例与犬猫的需要完全一致，其利用率应当为100%。实际上总有一部分营养物质（一般占食入总量的20%~30%）不能被吸收，随同消化道分泌物和脱落的肠壁细胞以粪便的形式排出体外。因此，准确测定宠物食品中可消化（可利用）养分的含量具有重要意义，也是评定宠物食品营养价值的重要方法。

一般将被吸收的养分占食入养分的百分比定义为消化率。养分及能量消化率的测定是通过消化试验来实现的。随着营养学研究的深入，消化试验也不断改进完善。考虑营养物质或能量吸收后，一部分经体内代谢从尿排出，因此，在消化试验的基础上，再增加尿液的收集，测定尿中排泄的养分和能量，即称代谢试验，一般用于饲料的代谢能或养分的代谢率的测定。由于代谢试验只是在消化试验的基础上增加尿液的收集和分析，其他类似消化试验，故不做专门介绍。

（一）体内消化试验

用动物测定饲料养分经过其消化道后的消化率称体内（*in vivo*）消化试验。体内消化试验常分为全收粪法（常规法）和指示剂法。因收粪的部位不同，全收粪法又可分为肛门收粪法和回肠末端收粪法。指示剂法也可分为内源指示剂法和外源指示剂法，进一步仍可分为肛门收粪法和回肠末端收粪法。

1. 全收粪法

常采用肛门收粪法，是从肛门收集动物的全部粪便。

2. 指示剂法

指示剂法的优点在于减少收集全部粪便带来的麻烦，省时省力，尤其是在收集全部粪便较困难的情况下，采用指示剂法更具优越性。用作指示剂的物质必须是不为动物所消化、吸收，而且能均匀分布并有很高的回收率。根据指示剂的来源又分为外源指示剂和内源指示剂。三氧化二铬（Cr_2O_3）是常用的外源指示剂。内源指示剂一般采用 2 mol HCl 或 4 mol HCl 不溶灰分，故又称为盐酸不溶灰分法。

（1）外源指示剂法　外源指示剂是加入饲粮的指示物质。如 Cr_2O_3 作指示剂，从预试期开始就将 Cr_2O_3 加入饲粮中混匀饲喂。指示剂法除每日只收集部分粪样外，其他与全收粪法相同。粪样收集期结束后将一只动物所有收集的粪样混匀，再取样分析粪中营养成分和 Cr_2O_3 含量。营养物质的消化率用下式计算：

$$饲粮营养物质消化率 = 100\% - \frac{饲粮中指示剂含量}{粪中指示剂含量} \times \frac{粪中养分含量}{饲粮中养分含量} \times 100\%$$

粪的干湿对计算无影响，但 Cr_2O_3 和营养物质含量必须来自同一粪样。外源指示剂的缺点是很难找到回收率很理想的指示剂物质。Cr_2O_3 的回收率一般在 90% 以上。为了达到一定的可靠程度，要求指示剂的回收率在 95% 以上。

（2）内源指示剂法　内源指示剂是指用饲粮或饲料自身所含有的不可消化、吸收的物质作指示剂，如盐酸不溶灰分。内源指示剂可减少将指示剂混入饲料中的麻烦，而且用此法测定饲料消化能和蛋白质消化率与全收粪法无显著差异。但是，由于此方法是测定饲料和粪中的盐酸不溶灰分，粪的收集绝不可污染含有不溶灰分的砂粒等杂质。

（二）犬猫全收粪法消化试验流程

1. 试验动物的准备和要求

犬猫的消化试验一般采用 1 岁以上的体重、性别尽量一致的健康成年犬猫 6 只。在采集阶段动物被单个饲养。一般开始试验的时候为 8 只，以保证在试验的过程中最多淘汰 2 只，最后剩下的合格的动物应该在 6 只。

2. 饲喂过程

饲喂过程需要被标准化。饲喂包括两个阶段。

第一个阶段预采集期间，犬至少 3 天，猫至少 5 天，目的是为让动物适应待测食物，必要时调整食物摄入量，以维持动物体重。

第二个阶段全采集阶段，粪便和尿液收集时间，犬至少 4 天（96 小时），猫至少 5 天（120 小时）。

3. 测试食物的准备

用于测试的宠物食品（饲料）要一次备齐，按每日每头饲喂量称重分装，并取样分析干物质和养分含量。按消化试验的目的配制全价待测食物。日饲喂量以动物能全部摄入为原则，一般为体重的 3% ~ 5%。体重愈大，饲喂量占体重的比例愈小。

食物的信息（如食物类型、营养指标、生产日期、原料组成、味道等）以及采食量需要被记录。在测试期间食物来源应保持不变，最好一次备齐预饲期和试验期的总采食量的食物。

4. 食物定量

目前供给每只动物的食物数量为达到维持体重或者估计的每日所需能量需求所需要的食物数量。对于犬，按 110 ~ 115 kcal（460 ~ 480 kJ）ME/kg $BW^{0.75}$ 计算能量需要；对于猫，按 60 ~ 70 kcal（250 ~ 293 kJ）ME/kg $BW^{0.67}$ 计算能量需要，再根据食物中的 ME 含量，计算出每只试验动物的每天的采食量，再根据每天的采食量计算出预饲期和正式试验期总的采食量，用于确定本次试验的食物总数量。

5. 饲喂时间

试验犬猫每天至少饲喂一次，并且要在固定的时间饲喂，预饲期和正式期的饲喂时间要一致，这样可以判断犬猫排粪的时间，以确定最佳的收集粪便的时间。应随时供应清洁的饮水。饲喂后应该收回剩余的食物，并称量记录。

6. 预试验结束

在预采集阶段，如果试验犬猫连续拒绝采食被测食物或者大部分动物的采食量达到最低，试验应该终止。如一切正常，应记录相关数据。

7. 粪便采集

需要用双倍的标签或其他可替代编码标记清楚所有的收集容器。标签内容须包括动物编号、测试食物编号和粪便收集日期。犬至少收集 4 天粪便，每天至少 1 次，一般推荐收集 2 次；猫至少收集 5 天粪便，每天 1 次。每次应尽全力收集到所有的粪便，不能遗漏，如果动物 1 天排泄 2 次粪便，应全部被收集。收集粪便时，注意不要误收毛发等污染物，并把沾到粪便上毛发及其他污染物去除。具体方法如下：

①称量收集容器的重量并记录。②单独放置每只动物每天收集的粪便，尽量收集到定量的粪便。③将收集物放置在冷冻储藏库中。④粪便处理：每天给粪便和容器称重并记录，测定粪便的湿重。如果收集的粪便体积很大，需把粪便的一半进行干燥处理。每日需要把收集到的粪便的全部或一半进行干燥处理，利于保存和后续的分析。如不进行干燥处理需要冷冻贮存，以防粪便发酵导致氮和碳的损失。正式期结束后每只犬需要把正式期收集到的所有粪便混合在一起，搅拌均匀，进行后续的分析测定。

8. 样品制备

（1）食物　食物应混合均匀，并且确保有充足数量用来完成整个的试验过程。在试验的过程中需保留充足的试样样本，并需要冷冻保留，一直保留到消化试验得到确定的测定结果之后。

（2）粪便　收集每只试验动物每天全部的粪便并混合均匀，用于后续测定。一只犬或猫在试验期间的粪便样品应混合均匀，用每只犬猫试验期间的混合均匀的粪便试样进行测试分析。每只犬猫原则上只测定一个粪便样本，这个样品来源于这只犬或猫试验期间全部粪便的均匀混合物。应保留每只犬猫充足的粪便样品，粪便样品应被冷冻保存，一直保存到得到正确的测定结果，否则需要重新测定样品的数据。

（3）尿样　如果要收集尿液，收集尿液需和收集粪便在同一试验期进行。收集尿液需保证尿液被污染的程度最小，尿样应该被收集到装有硫酸的容器中以稳定尿样并且防止氮的流失。在采集阶段收集的每只动物的尿样应该被冻干和收集在一起，以便保证有足够尿量用来做总能和其他成分的测定。需要每天测定尿液 pH，并定期进行尿液显微镜观察，观察尿结晶的情况。

9. 分析测定

准备好所要进行分析的样品，包括食物样品、粪便和尿液。根据试验目的，测定食物、粪便和尿液（如果有收集）中的总能（氧弹测热仪器）以及粗蛋白及其他营养成分，用于计算消化能、代谢能、粗蛋白和其他营养物质消化率。

10. 消化能和可消化养分的计算

消化能（DE）等于总能（GE）与粪能（FE）之差。

$$\text{DE（/g 食物）}=\text{（GE}-\text{FE）/ 消耗食物的量（g）}$$

DP（食物中百分比）=［（食物中的 CP- 收集粪便中的 CP）/ 消耗食物的量］×100%

DP 表示可消化蛋白，可消化脂肪、粗灰分和干物质含量与可消化蛋白的计算方法相同。

11. 代谢能的计算

代谢能（ME）等于 GE 减去粪能（FE）和尿能（UE），UE 可用氧弹测热法测定或通过 DP 计算得出。

（1）没有尿液收集情况下 ME 的计算

ME =［（食物中的 GE- 收集粪便中的 GE）-（蛋白质消耗总量 - 粪便中蛋白质的量）× 尿能损失校正因子］/ 消耗食物的量

尿能损失校正因子（Kienzle *et al*，1998）：

对于犬：1.25 kcal 或 5.23 kJ/g

对于猫：0.86 kcal 或 3.60 kJ/g

举例：犬食物中总能为 4.35 kcal/g 或 18.2 kJ/g，消耗食物的量 1 250 g，粪便中的 GE 按 1.65 kcal/g 或 6.90 kJ/g 计算，粪便收集的量 600 g，食物中蛋白质 24%，粪便中蛋白质 9%，校正因子（犬）1.25 kcal/g 或 5.23 kJ/g，求此食物中的代谢能。

$$\text{ME}=\frac{(a\times b)-(c\times d)-[(b\times e)-(d\times f)]/100\times g\times 1\,000}{b}$$

$$\text{ME（kcal/kg）}=\frac{(4.35\times 1\,250)-(1.65\times 600)-[(1\,250\times 24)-(600\times 9)]/100\times 1.25\times 1\,000}{1\,250}$$

$$\text{ME（MJ/kg）}=\frac{(18.2\times 1\,250)-(6.9\times 600)-[(1\,250\times 24)-(600\times 9)]/100\times 5.23}{1\,250}$$

ME = 3 312 kcal/g 或 13.9 MJ/kg

（2）如果尿液被收集，按下面的方法计算 ME。

ME =［（食物中的 GE- 收集粪便中的 GE）- 收集尿液的 GE］/ 消耗食物的量

举例：食物中总能 4.35 kcal/g 或 18.2 kJ/g，消耗食物的量 1 250 g，粪便中的 GE 为 1.65 kcal/g 或 6.90 kJ/g，粪便收集的量为 600 g，尿液中的 GE 为 0.25 kcal/ml 或 1.05 kJ/ml，尿液体积为 1 230 ml，求该食物的代谢能。

$$\text{ME（kcal/kg）}=\frac{[(a\times b-c\times d)-e\times f]\times 1\,000}{b}$$

$$\text{ME（kcal/kg）}=\frac{[(4.35\times 1\,250-1.65\times 600)-(0.25\times 1\,230)]\times 1\,000}{1\,250}$$

$$\text{ME（MJ/kg）}=\frac{18.2\times 1\,250-6.9\times 600-1.05\times 1\,230}{1\,250}$$

ME = 3 312 kcal/g 或 13.86 MJ/kg

从上面的测定结果看，直接测定尿液的 ME 和用蛋白质含量进行估测得到的结果几乎是一致的。

（三）犬猫指示剂法消化试验流程

指示剂法用的试验动物和测定的规程与全收粪法一样，只在以下几点有差别。

1. 饲粮

在预试期和正试期，指示剂应该被均匀混合在充足数量的食物中。如果使用 Cr_2O_3，高纯度的 Cr_2O_3 中按大约含 0.25% 铬含量的 Cr_2O_3 混合在食物中。

2. 消化能、代谢能和可消化养分的计算

判定依赖于检测出的总能或消耗的粗蛋白减去粪中的能量或粗蛋白。

$$DE（cal或kJ/g）=\frac{[1-（粪中的总能\times食物中的Cr_2O_3百分比）]}{（食物中总能\times粪中的Cr_2O_3的百分比）}\times食物中的总能$$

$$DP（食物中百分比）=\frac{[1-（粪中粗蛋白百分比\times食物中Cr_2O_3百分比）]}{（食物中粗蛋白的百分比\times粪中Cr_2O_3百分比）}\times食物中粗蛋白$$

可消化干物质、粗脂肪、粗灰分、粗纤维用与消化蛋白同样的方法计算。

3. 代谢能计算

代谢能等于总能减去粪能和尿能。

如果尿液被收集：

$$ME（cal或kJ/g）=DE-尿中GE$$

如果尿液没被收集：

$$ME（cal或kJ/g）=DE-（DP\times尿能损失校正因子）$$

尿能损失校正因子（Kienzle *et al*，1998）：

对于犬：1.25 cal 或 5.23 kJ/g

对于猫：0.86 cal 或 3.60 kJ/g

三、平衡试验

研究营养物质摄入量与排泄、沉积或产品间的数量平衡关系的试验称平衡试验。平衡试验一般用于估计动物对营养物质的需要和饲料营养物质的利用率。但矿物质元素因受内源干扰大，B 族维生素受肠道微生物合成的干扰，平衡试验一般难以达到目的。平衡试验主要包括氮平衡试验、能量平衡试验和碳、氮平衡试验。

（一）氮平衡试验

氮平衡试验主要用于研究动物蛋白质的需要、饲料蛋白质的利用以及饲料蛋白质质量的比较。通过饲料粪氮和尿氮的测定，计算体沉积氮。

测定的方法除增加体氮的分析，其他与消化代谢试验相同。试验需在代谢笼（柜）中进行，粪尿分开收集。根据食入氮、粪氮和尿氮可进行如下计算：

$$氮的消化率=[（食入氮-粪氮）/食入氮]\times100\%$$

$$沉积氮=[食入氮-（粪氮+尿氮）]\times100\%$$

$$氮的总利用率=（沉积氮/食入氮）\times100\%$$

$$氮的生物学价值（BV）=（沉积氮/吸收氮）\times100\%$$

氮的沉积除了受动物的性别、年龄和遗传因素的影响外，另一重要影响因素是饲粮蛋白质的数量和质量。通过氮平衡试验确定蛋白质的需要应注意的是，试验饲粮蛋白质水平能满足需要，必需氨基酸的数量足够、比例恰当以及其他营养物质适量，使动物能充分发挥遗传潜力。如果要测定某个饲料或饲粮蛋白质的利用率，则采用限食，原则是食入蛋白质（氨基酸）的量不超过或稍低于动物所需要的量。

（二）能量平衡试验

能量平衡试验用于研究机体能量代谢过程中的数量关系，从而确定动物对能量的需要和饲料或饲粮能量的利用率。能量平衡实试验也是研究能量代谢的方法。估计能量平衡途径有两种：一种是根据摄入饲料能量的去向，分为粪、尿、脱落皮屑、毛、营养物质沉积（生长肥育）、产品（奶、毛）和维持生命活动的机体产热几个部分。只要取得各个组分的能值，能量的需要和各阶段利用率即可算出。除维持机体活动的产热，其他组分的能值都可直接燃烧测定；另一途径是通过碳、氮平衡，因动物能量的来源都是含碳和氮的有机物，只要知道了食入饲料碳、氮的去向，根据碳、氮化合物的产热（常数）也可估计出动物对能量的需要和饲料能量的利用率。

能量平衡试验根据动物机体产热估计方法的不同，常分为直接测热和间接测热法。

1. 直接测热法

将动物置于测热室中，直接测定机体产热。将食入饲料、粪、尿、脱落皮屑和气体（甲烷）进行收集，取样测其燃烧值。其他步骤同消化试验和氮平衡试验。根据一段时间（一般测定 24 h）能量的摄入和排出情况，可估计动物一个昼夜的能量需要和能量的利用率。犬猫的皮屑和气体产热可以忽略。直接测热法原理很简单，但测热室（柜）的制作技术却很复杂，造价也很昂贵。世界上采用直接测热法测定机体产热的并不多。

2. 间接测热法

间接测热法是根据呼吸熵（RQ）的原理进行测定。因糖类和脂肪在体内氧化产热与它们二者共同的 RQ 有一定的函数关系，所以，不管糖类和脂肪各自氧化的比例如何，只要测得吸入 O_2 的消耗量和排除 CO_2 的体积，就可求得 RQ。O_2 、 CO_2 可通过呼吸测热室（柜）测定。机体蛋白质分解的产热可从尿氮生成量推算。

目前一般通过解方程组分别求得每消耗 1 L O_2 和每产生 1 L CO_2 各自的产热量，并考虑甲烷的产热量和扣除蛋白质氧化不完全的尿氮损失，然后用下式估计其总产热量：

$$总产热量（kJ）= 16.18 \times O_2（L）\times CO_2（L）+ 2.17CH_4（L）-5.99N（g）$$

宠物无甲烷产生，甲烷产热量可以忽略。

3. 碳、氮平衡法

碳、氮平衡试验用于估计动物对能量的需要或饲料能量的利用率，需测定食入食物、粪、尿、 CH_4 和 CO_2 的碳和氮的含量。采用此法是假设能量的沉积和分解只有脂肪和蛋白质。

四、生长试验

生长试验也称饲养试验，是通过饲喂给动物已知营养物质含量的食物，对其生产性能、理化指标和健康状况等进行测定，有时也包括观察缺乏症状出现的程度，确定动物对养分的需要量或比较不同食物的优劣。在犬猫上面主要看对增重、健康的影响。生长试验是动物营养研究中应用最广泛，使用最多的综合试验方法，但由于影响试验结果的因素很多，试验条件难于控制得很理想，试验准确实施较困难。

（一）试验设计

可根据试验的目的和条件，按统计学的原理和方法进行试验设计。在营养研究中，生长试验常采用的设计有以下几种。

1. 对照（对比）试验

在营养研究中，如需考察某一营养因素或非营养因素对动物的影响，可采用对照试验。将所有动物按随机化原则分成两组，其中一组为对照组，饲喂基础饲粮（based diet），另一组为处理组（基础饲粮加被考察的因子）。对照试验是最简单的设计。

2. 配对试验

为了使对照组和处理组的试验动物尽量一致，常选择各方面条件相同的动物，双双配成对，再将每对动物随机分到处理和对照组，更确切地讲是互为对照。当需比较两品种或品系的动物或两种饲料的差异时，适合用配对试验。在动物营养研究中，配对试验与对照试验的适用范围并无多大差异。在动物起始体重、血缘难一致时，也可按体重或血缘配对。

3. 单向分类试验设计

与对照试验和配对试验相比，单向分类试验一般不设对照组，而设多个处理组。例如，要研究生长犬赖氨酸的需要，一般将饲粮赖氨酸设多个水平，犬生长状况最好（增重、料肉比）时的赖氨酸水平即为最佳水平。

4. 随机化完全区组设计

在上面研究生长犬赖氨酸需要的试验中，如果试验犬来自三个养犬场，尽管犬品种、年龄、体重和以前的饲粮都基本一样，但为了考察不同养犬环境、水质等是否会给试验带来影响，就可把三个养犬场作为三个区组，采用随机化完全区组设计。

5. 复因子试验的设计

在营养研究中，往往在研究某种营养物质的需要量的同时，又想确定另一种或两种营养物质的需要量或适宜比例，这时需采用复因子设计。例如，在研究生长犬对赖氨酸的需要时，又想确定适宜的能量水平，就可将赖氨酸的需要和能量各设计几个水平。如果还要进一步考虑环境温度的影响，可再设几个温度水平。在生长试验中超过三个因素以上的复因子试验是很少的。考察的因子愈多，条件愈难控制，统计分析较为复杂，结果也不一定与预期相同。

6. 拉丁方设计

拉丁方设计常用于犬短期的试验以及饲料养分消化率或代谢率的测定。因试验时间短，同一动物或同一试验组的动物可在不同时间接受多种处理。

（二）试验结果的分析

在进行需要量的研究和饲料养分生物效价评定时，除采用上面的一些方法对饲养试验获得的结果，用方差分析进行统计处理外，也常需对结果作线性分析处理，以达到试验目的。常用的线性分析法有下面几种。

1. 确定养分的需要量

（1）拆线法　该法根据剂量与所测指标间的数量对应关系，选择效应基本稳定的几个点，建立一条与横坐标平行的回归直线，即斜率为零的直线，然后将效应随剂量反应变化大的点，即斜率比较稳定的点建立一条回归直线，两条直线交点所对应的剂量即为需要量。该法的缺点是试验点要求较多，选点数控制不好，难以达到目的。

（2）曲线法　曲线法基于大多数剂量－效应关系都是曲线，以试验结果拟合曲线，求拐点值为最低需要量，约为最高需要量的70%。该法不足之处是，如有异常点会影响结果的准确性。

2. 评定养分生物效价

（1）斜率比法　将标准（营养）物质和拟定的物质分别各设几个水平，基础饲粮相同。测得各自的效应指标值，建立两条回归线，即 $y_s = a + b_s x$ 和 $y_t = a + b_t x$，当 $y_s = y_t$ 时，$x_s/x_t = b_t/b_s$。b_t/b_s 即为斜率比，表示测定物质相当于多少标准物质。这显然是一种相对生物学效价。

（2）平行线法　标准物质和被测物质各设数个水平，分别测得效应指标值。剂量 x 取对数得 y（标准物质效应值）$= a_s + b_s \log_{10} x$ 和 y_t（被测物质效应值）$= a_t + b_s \log_{10} x$。如果两条线直线斜率相等，即 $b_s = b_t = b$，且当 $y_s = y_t$ 时，则有 $\log_{10}(x_s/x_t) = (a_t - a_s)/b$，$(a_t - a_s)/b$ 的反对数即为被测物质相当于标准物质的相对生物效价。

（3）三点法　在标准物质的剂量－效应关系已很明确的情况下，不必像斜率比法或平行线法需设多个标准物质水平（点），设两点即可，而被测物质只要一点。被测物质的相对生物效价即为相当于同等效应时所需标准物质的量。

（4）标准曲线法　是介于斜率比法或平行线与三点法之间的一种方法。标准物质仍需设多个点，建立一条标准曲线（直线）；被测物质只需一点。被测物相当于标准物的相对生物效价的估计同三点法。

（三）试验动物、环境、饲粮及记录

1. 试验动物

生长试验中最困难的是试验动物的一致性。按统计学的原则，遵循“唯一差异原则，除被考察的因子外，其他条件应完全一致，才能提高试验的准确性，以达到预期的目的。在营养研究中，由于试验的效应是以动物的生长变化和饲料养分的利用率来反映的，而动物自身的遗传特点、性别、年龄、体重和健康状况则是影响效应的重要因素。因此，选择条件一致的试验动物对于保证试验成功具有重要的意义。然而，如果没有一个比所需数量多得多（至少是 1 倍以上）的猫群或犬群时，很难做到这一点，特别是当试验所需动物较多时，要选择各方面条件一致性要求则更高。解决办法可适当增加重复，但最好是从母犬和母猫配种时就考虑其血缘、体况的一致性及时间的同步性，同时保证有足够数量的母犬猫配种，以便提供较多的、条件较一致的可供选择的动物。

2. 试验环境

要使试验获得成功，试验的环境条件如温度、湿度、气流速度及空气的清洁度等是否一致也要考虑。除了尽可能创造理想的试验条件外，在安排处理组试验动物时，尽可能在犬猫舍的不同部位，即不同的小气候区，如靠近门窗与犬猫舍中央、笼子的上层与下层等，都应尽可能设置每个处理的 1 ~ 2 个重复。

3. 饲粮

试验饲粮的配合要求也很严格，除必须明确试验目的和影响试验的一切营养及环境因素外，凡用作试验饲粮的原料也必须标准，并要测定所需的各种营养成分的含量，以保证试验饲粮尽可能符合设计要求。不容易测准确的指标，如氨基酸等可多测两次。如果试验期较长，试验饲粮需配几次，饲料原料应一次备齐，并妥善保存，天热应放冰柜或冻库中。

4. 试验记录

试验指标的准确记录也十分重要。根据试验目的，一般都要观察、测定一些指标，而增重和饲料消耗几乎在任何生长试验都必须测定。因此，体重和饲料消耗必须尽可能准确，并作好记录。一般是早上空腹称重，每次称重都应是在同一时刻。饲料的消耗统计要做到绝对准确是有困难的。在动物自由采食情况下，饲料难免有所损耗。

采用颗粒料有利于提高试验的精确性。掉在料槽外面的饲料，应尽量不受粪、尿污染，而且要便于收集。

5. 群饲与单饲

在生长试验中，动物可群饲（几个动物同圈饲养）或可单饲（一个动物单独饲养）。群饲的优点是动物吃食有竞争，可能采食量较多，生长得更快，也节省设备和减少工作量。缺点是单个动物实际消耗的饲料无法进行统计，只能获得平均数。在个别动物健康状况不佳或死亡时，对其饲料消耗难于作出准确估计。群饲对于小动物较适合，可多设重复。在要求限制采食的试验中，群饲有可能使弱小动物采食不足，增大组内动物体重间的差异。单个饲养能避免群饲的缺点，但动物可能会减少采食量，从而影响试验结果。在试验动物体重均匀度不够理想时，将增加组内误差，影响处理间差异的显著性。犬猫的试验一般采用单饲。

6. 任食与限食

任食是指动物自由接触饲料，任意采食也称自由采食。限食则是对动物的采食进行一定的限制。生长试验常涉及任食与限食。评定动物的营养需要、比较饲料或饲粮的差异以及环境温度和其他非营养因素对生产性能的影响，为使动物都有同等的机会，充分发挥动物和饲料的最大潜力以达到试验目的，任食则是必要。限食多用于评定饲料的利用率和考察受采食量影响因素，如动物生长速度、能量和蛋白质沉积与采食量的关系。

7. 纯合饲粮和试验动物

使用纯合饲粮和试验动物是近代营养研究的两大重要特点。在确定人和动物必需营养因子的研究中，几乎都是用试验动物和纯合饲粮完成的。在确定最低需要量时，也常使用纯合饲粮。

（1）纯合饲粮　纯合饲粮是指配制饲粮时不用天然饲料，所有成分都是由纯的营养素组成，如合成氨基酸、纯化的淀粉、葡萄糖或蔗糖、维生素和微量元素等。这样易于配制除被考察的营养因子外，其他营养物质都适量的试验饲粮。但饲粮全部由纯化物质组成，成本高昂。因此，只要能满足试验要求，可半纯合饲粮，即采用部分天然饲料，部分纯化饲料。在确定犬猫最低营养需要量的研究中，常采用纯合饲粮。

（2）试验动物　做犬猫的消化试验和饲喂试验一般采用犬猫作为试验动物。研究发现，公鸡的氨基酸消化率与犬有相似的结果。

本章小结

详见数字课程。

复习思考题

一、名词解释

营养需要量、最低需要量、充足摄入量、推荐营养需要量、安全上限值、日粮、干物

质、代谢体重、全收粪法、指示剂法、平衡试验、纯合日粮

二、简答题

1. 犬猫蛋白质的需求有何区别？高蛋白对犬猫有害吗？
2. 犬猫脂溶性维生素的需求有何特点？
3. 研究宠物营养需要量的方法有哪些？
4. 你认为应该怎样正确使用犬猫的营养需要量？
5. 犬猫对精氨酸的需要有什么特点？

三、扩展题

根据市场需要确定一款幼犬干粮、一款成年猫粮的营养指标。

第十一章

宠物食品

本章提要

本章阐述了宠物食品的概念、分类和加工工艺，以及宠物食品的适口性、质量控制及国内外的法规。宠物食品分全价宠物食品、宠物营养补充剂和宠物零食。宠物食品根据含水量分为：干、半干（半湿）、湿宠物食品。也可根据形态、加工工艺、功能进一步细分。宠物食品的适口性非常重要，本章阐述了适口性的概念、影响因素、评价方法。宠物食品的质量和安全是人们非常关注的指标，阐述了宠物食品质量控制的概念、指标体系及操作方法。法规是规范和指导宠物食品生产的规范性文件，本章介绍了中国、美国及欧盟的宠物食品法律法规体系。

知识导图

- 宠物食品
  - 宠物食品的概念、分类和工艺
    - 宠物饲料（食品）的概念
    - 全价宠物食品的概念、分类和工艺
    - 添加剂预混合饲料的概念、分类和工艺
    - 宠物零食的概念、分类和工艺
    - 处方食品
    - 家制宠物食品
  - 宠物食品的适口性
    - 适口性的定义
    - 影响适口性的因素
    - 最佳适口性的特征
    - 适口性的测试
  - 宠物食品的质量控制
    - 质量控制的概念
    - 质量控制的方法
  - 宠物食品法规
    - 中国的宠物食品法规
    - 美国的宠物食品法规
    - 欧盟的宠物食品法规

第一节 宠物食品的概念、分类及工艺

一、宠物饲料（宠物食品）的概念

宠物饲料，是指经工业化加工、制作的供宠物犬猫食用的产品，也可称为宠物食品，包括宠物配合饲料（全价宠物食品）、宠物添加剂预混合饲料（宠物营养补充剂、补充性宠物食品）和其他宠物饲料（宠物零食）。

二、全价宠物食品的概念、分类和加工工艺

（一）定义

宠物配合饲料，也称全价宠物食品，是指为满足宠物不同生命阶段或者特定生理、病理状况下的营养需要，将多种饲料原料和饲料添加剂按照一定比例配制的饲料，单独使用即可满足宠物全面营养需要。

宠物食品一般要求粘贴相应的标签，使消费者从标签上就可以看出这种产品是属于什么类型的食品。根据农业农村部发布的20号令所称的宠物配合饲料标签，是指以文字、符号、数字、图形等方式粘贴、印刷或者附着在产品包装上用以表示产品信息的说明物的总称，按照农业农村部第20号公告附件3——宠物食品标签的规定执行。

宠物配合饲料的通用名称应当标示“宠物配合饲料”或“宠物全价饲料”或“全价宠物食品”或者“全价”字样，并标示适用动物种类和生命阶段。适用动物种类可以具体至犬猫品种或者体型，如不标示则默认为适用于所有品种和体型；生命阶段包括幼年期、成年期、老年期、妊娠期、哺乳期等，如不标示则默认为适用于所有生命阶段。为满足宠物特定生理、病理状态下营养需要生产的宠物配合饲料，其通用名称应当标示“处方”字样。

各国对不同宠物食品的标签都做了明确的规定，使生产商和消费者能够明确的确定产品的类型和使用规范。

全价宠物食品可按含水量、物理性状、生命阶段、加工工艺进行分类。

（二）按含水量分类

按含水量分为固态（干）、半固态（半干）、液态（湿）三类。

1. 固态宠物配合饲料

含水量 <14% 的为固态宠物饲料，也称为干粮（dry pet food）。

干性宠物食品一般含有 6%～12% 的水分，分为粗粉食品、颗粒食品、粗磨食品、挤压膨化食品和烘焙食品等种类。干性宠物食品主要用谷物类、谷物副产品、豆类制品、动物产品、动物副产品（包括奶副产品）、脂肪、维生素和矿物质配合而成（图 11-1）。

图 11-1 干宠物食品

固态膨化饲料一直是干膨化食品中的主要产品，膨化固态全价宠物食品工艺流程如下：投料→除杂→配料→混合→除铁→粉碎→过筛→二次混合→调制膨化制

粒→烘干→冷却→喷涂→过筛→计量装袋→金属探测→封口装箱或装袋→入库。

2. 半固态宠物配合饲料

含水量大于等于14%（≥14%），小于60%（<60%）的宠物饲料，为半固态宠物配合饲料，也称半湿粮（semi-moisture pet food）（图 11-2）。

图 11-2　半干（湿）宠物食品

半固态全价宠物食品工艺流程为：投料→除杂→配料→混合→除铁→粉碎→过筛→二次混合→调制膨化制粒（或其他加工工艺）→烘干→冷却→喷涂→过筛→计量装袋→金属探测→封口装箱或装袋→入库。

3. 液态宠物配合饲料（湿粮，moisture pet food）

含水量≥60% 的为液态宠物配合饲料，也称为湿粮（图 11-3）。

液态全价宠物食品工艺流程：领料→小料预混合→配料→混合→乳化、均质→高温灭菌→灌装→包装→打码→装箱→入库。

图 11-3　湿宠物食品

犬猫干粮、半干粮和湿粮的营养指标见表 11-1。

表 11-1　干犬食品、半湿犬食品和罐装犬食品的主要营养成分

宠物食品类型	营养指标	以喂食时为基础（As-Fed basis）	以干物质为基础（DM basis）
干食品	水分 /%	6 ~ 14	0
	粗脂肪 /%	7 ~ 22	8 ~ 24
	粗蛋白 /%	16 ~ 55	18 ~ 60
	糖类 /%	41 ~ 70	46 ~ 75
	代谢能 /（$kcal \cdot kg^{-1}$）	2 800 ~ 4 250	3 000 ~ 4 600

续表

宠物食品类型	营养指标	以喂食时为基础（As-Fed basis）	以干物质为基础（DM basis）
半湿食品	水分 /%	15 ~ 30	0
	粗脂肪 /%	7 ~ 10	8 ~ 14
	粗蛋白 /%	17 ~ 20	20 ~ 28
	糖类 /%	40 ~ 60	58 ~ 72
	消化能 /（$kcal \cdot kg^{-1}$）	2 550 ~ 2 880	3 000 ~ 4 000
湿食品	水分 /%	60 ~ 90	0
	粗脂肪 /%	5 ~ 11	20 ~ 32
	粗蛋白 /%	6 ~ 16	28 ~ 55
	糖类 /%	4 ~ 15	18 ~ 57
	代谢能 /（$kcal \cdot kg^{-1}$）	855 ~ 1 350	3 500 ~ 5 000

（三）按物理性状分类

1. 颗粒状

外观为不同形状的颗粒，如圆形、三角形、骨头形、梅花形、三叶型等（图 11–4）。

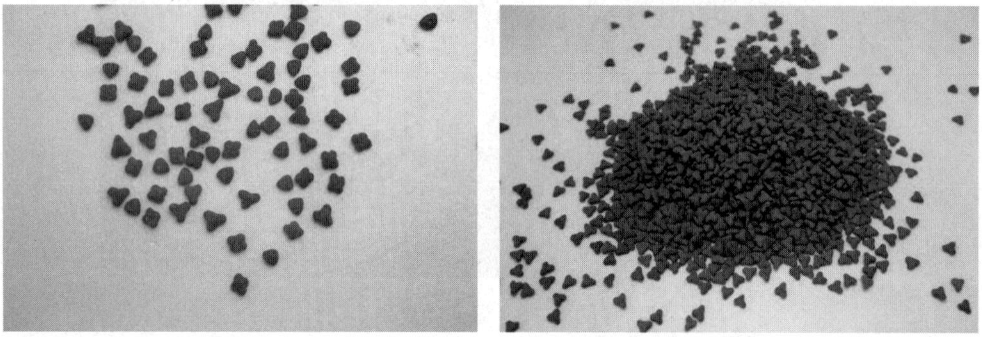

图 11–4 颗粒状全价宠物食品

2. 粉末状

粉末状宠物食品，外观呈现粉末的状态，有不同粒度，如 20 目、40 目、60 目、100 目等（图 11–5）。AAFCO（2002）对粉（meal）的定义是：一种已被磨碎或是用其他方式减小颗粒大小的成分。粉状宠物食品为具有一定质地结构的粉末状食品，它是一种粉状混合物，包括加热调质后的谷物（经过压片或挤压）粉碎后的粉末、蛋白补充剂、维生素、矿物质、氨基酸及类似物质，是一种混合的粉末状的全价宠物食品。

3. 粗磨宠物食品

粗磨宠物食品的加工方式与烘焙产品相似，但它不是将生面团做成独特的形状后烘焙，而是将原料简单地切成薄片再烘焙。烘焙后的薄片被破裂成小块，过筛除去粉末，再包装。粗磨食品通常和生肉或熟肉混合构成宠物的全价日粮配方。粗磨食品与动物蛋白类的肉类和植物蛋白进行适当的配方设计，粗磨食品可以成为一种全面而均衡的日粮。目前这种产品在市场上比较少见。

4. 软膨化（软性干）宠物食品

软膨化（软性干）宠物食品通过挤压方式生产，一般含有 27%～32% 的水分。这类食品和半湿食品在某些方面很相似，它们都含有相对高含量的肉类副产品，比干膨化食品含有更高含量的脂肪和油脂。软膨化食品和半湿食品的不同点在于软膨化食品呈现出膨化的外观形态。

5. 膏状宠物食品

膏状宠物食品外观为粘稠的膏状，水分在 40% 以上，如全价的营养膏等（图 11–6）。

图 11–5　粉末状全价宠物食品

图 11–6　膏状全价宠物食品

6. 全价罐头食品

罐装宠物食品可设计成单独饲喂的全价而均衡的罐头日粮。罐装宠物食品含有较高的水分，通常为 60%～90%，含有更高含量的新鲜或冷冻肉类、禽肉或者鱼产品和动物副产品。以肉为基础的配方可能含有 25%～75% 的肉类或肉类副产品。许多罐装宠物食品可能含有大量的组织蛋白（以大豆或小麦面筋为基础的蛋白），这些蛋白具有和肉类蛋白相似的结构，从本质上可作为肉类的替代物，有些也含有薯类、谷类和蔬菜水果等。

灌装宠物食品可以是半固态的肉糜饼，也有是汤水中含有肉块和（或）薯类及谷物类（图 11–7）。

图 11–7　全价罐头食品

（四）按生命阶段分类

犬猫的生命阶段划分为：幼年期（哺乳期幼犬猫、断奶后的幼犬猫）、成年期（成年前期、成年后期）、老年期、妊娠期、哺乳期。犬全价宠物食品也分为全价幼年期犬粮、全价成年期犬粮、全价老年期犬粮、全价妊娠期犬粮、全价哺乳期犬粮、全价全生命阶段犬粮等。猫全价宠物食品分为全价幼年期猫粮、全价成年期猫粮、全价老年期猫粮、全价妊娠期猫粮、全价哺乳期猫粮、全价全生命阶段猫粮等。

（五）按生产加工工艺分类

1. 挤压膨化类

采用膨化工艺（extrusion/extruding）生产的犬猫粮为膨化犬粮。膨化（puffing）是指使处于高温、高压状态的物料迅速进入常压，物料中的水分因压力骤降而瞬间蒸发，导致物料组织结构突然膨松成为海绵状的过程。挤压膨化是生产全价犬猫干粮最常见的加工工艺，是物料经螺杆推进、增压、增温处理后挤出模孔，使其骤然降压膨化，制成特定形状的产品（图 11–8）。采用膨化工艺生产出的有全价的犬猫干粮和软膨化（软性干）宠物食品。

图 11–8　全价膨化宠物食品

膨化干粮一般是颗粒状的，采用常规的膨化加工技术制造而成。通常颗粒状食品中的谷类都经过加热处理以提高淀粉的利用效率，在制粒前要经过蒸汽调质，然后进入膨化机高温高压膨化。常规的膨化工艺包括：按照饲料配方对各种原料进行称重，一般通过中控控制系统进行电脑自动配料，然后粉碎，混合均匀，蒸汽调质，膨化制粒，冷却，喷涂动物脂肪、植物油和（或）风味物质，最后冷却包装。

软膨化食品制作过程中的基本挤压参数和干膨化食品的很相似。但是，软膨化食品所用的原料成分和半湿食品所用成分更相似，同样也加入了保湿剂以控制食品的水活性。一般软膨化宠物食品含有 27%～32% 的水分。软膨化食品通常和干膨化食品、半湿食品混合，以形成具有更好适口性的食物，其质地也更吸引宠物主人。

2. 高温杀菌类

经过 121℃或以上高温杀菌工艺为主而制成的产品，如软包罐头、马口铁罐头、铝盒罐头等，均为高温杀菌类的产品。

其加工过程为肉类和脂肪成分先和一定量的水混合均匀，再加入适量的干成分，如维生素、矿物质、氨基酸及其他添加物质并混合均匀。如果混合后的食品有好的质感则将其碾磨成非常黏稠的浆液。碾磨的混合物可能经过加热蒸煮也可能直接填充装罐。有些产品直接用切成块状的肉类（有些加一些薯类和蔬菜块），与其他添加的物质混合在一起。罐用双缝盖子密封并干馏。干馏过程实际是一个加热加压的蒸煮过程，这过程能灭活食品中的病原菌。现代技术已经能够将罐装食品装在柔软的小袋或其他新型容器中进行干馏。因此，这种食品也被称为湿宠物食品。

3. 焙烘加工类

（1）定义　以焙烘工艺（roasting/toasting）为主制造而成的产品，如饼干、面包、月

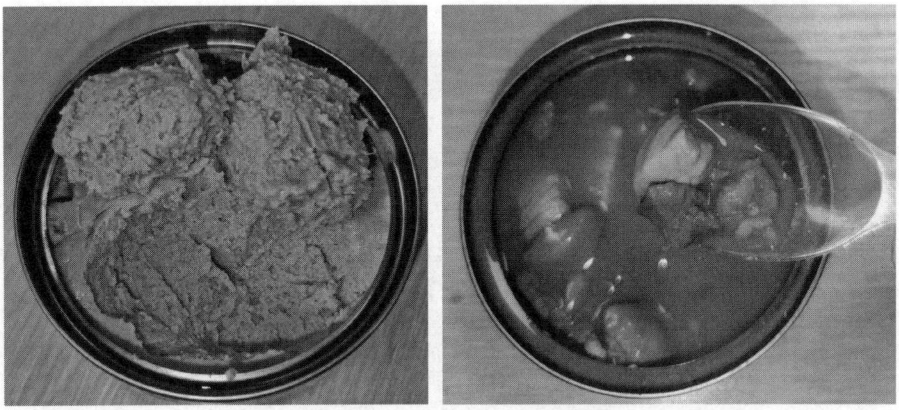

图 11-9 高温杀菌全价罐头食品

饼、低温烘焙粮等，称为烘焙粮，如果其营养符合全价宠物食品的概念，也被称为全价的烘焙宠物食品。

（2）工艺 烘烤（roasting/toasting）是指物料置于火、热气、电或微波等加热环境中，进行烘焙、干燥，以提高消化率、加深颜色或减少天然抗营养因子的过程。烘焙也分热风干燥、风干、低温烘焙等不同的加工过程。

① 热风干燥类：是指以在烘箱或烘干室内吹入热风使空气流动加快的干燥方法制造而成的产品，如全价干燥的犬猫粮、肉干、肉条、肉缠绕类等。

② 风干类 风干粮有的采用自然风干，有的采用低温干燥和高风速的条件下进行快速脱水干燥。风干粮在制作过程中，要先将原材料粉碎搅拌，在不添加谷物等黏合剂的情况下成型。成型过程中，还需要对原材料进行低温处理，有效消除沙门氏菌及李斯特菌等致病菌，并提高营养素的消化率。所以宠物风干粮的制作周期长、制作成本较高。关键是细菌的杀灭和营养素的消化率。

③ 烘焙粮 是采用烘焙工艺，进行制作的粮食。采用不同的温度使食物熟化和烘干，达到熟化淀粉和降低水分的作用。温度一般在 80℃ ~ 120℃下进行烘烤、干燥脱水，让食品缓慢熟成，烘焙成型后，颗粒松脆，表面不喷油、不喷调味剂，表层干燥不油腻，颗粒内无气室。烘焙宠物食品采用传统方法制作，具体为调制面团、形状切割或冲压、烘箱烘焙。烘焙宠物食品中含有高含量的谷物（ > 50%），限制了可加入的湿的肉类副产品或是其浆液的量。烘焙食品经过冷却、过筛后包装。一些烘烤好的产品也可以进行进一步地涂上风味物质以增强其适口性。因为很少在烘焙后再喷涂油脂，所以产品中一般只含有 3% ~ 6% 的粗脂肪。与挤压法相比这种方法可以生产精密外形的产品，这些产品都做成骨头形状或其他形状来吸引消费者购买，这就使得这种方法可以生产高档品。然而，如果要保持饲料的外形和坚硬度的话，配方的灵活性就受到了限制，烘烤饲料不可以含有高的脂肪含量，但挤压法可以。然而，因为烘烤过程不能在食品中加入空气，烘烤宠物食品的密度和坚硬度都较高。

4. 高温制粒

制粒（pelleting）是将粉状物料经（或不经）调质，挤出压模模孔，制成颗粒的过程。高温制粒（granulation），通过高温制粒处理以获得特定粒度和均匀度的过程。在制粒前一般通过蒸汽调质过程，能使淀粉显著的糊化。颗粒状食品中的谷类都经过加热处理以提高

图 11-10　烘焙类全价宠物食品

淀粉的利用效率，高温制粒不是用膨化的方法，只是高温处理然后压粒，因此蓬松度不如膨化食品，硬度和比重比膨化食品大。

5. 低温冷压干粮

低温冷压干粮先将原材料处理、粉碎，然后在约 45℃状态下将原料压制成型，经过缓慢烘烤脱水，之后进行杀菌包装，冷压粮就制成了。

宠物低温冷压粮原材料的处理方法一般有两种，第一种是将原料（肉类等）蒸煮熟化，之后再将所有原辅料一起进行粉碎，之后冷压制作；第二种是将原料进行生物发酵酶解处理，先改善原料的品质和提高营养价值，再进行冷压制作。

6. 蒸煮 / 蒸炒 / 熟化

蒸煮 / 蒸炒 / 熟化（cooking）在指在特定设备中对物料进行特定时间的湿热或加压处理，使淀粉糊化、蛋白变性和灭菌。采用蒸煮工艺制作的宠物食品，主要是肉类含量比较多，或模拟人类食品的制作方法来制作宠物食品，也有加入薯类和谷类，制成全价的宠物食品。

图 11-11　蒸煮 / 蒸炒 / 熟化全价宠物食品

7. 冷冻干燥类

冷冻干燥是指利用真空升华的原理使物料脱水干燥而制成的产品，如冻干全价犬猫粮，将畜禽肉、鱼肉、水果蔬菜等按配方制成全价宠物食品，然后进行冷冻干燥处理，形成全价冻干粮。

8. 碾磨 / 磨碎 / 磨制 / 研磨产品

碾磨 / 磨碎 / 磨制 / 研磨产品（grinding/milling），是通过干法或湿法加工减小固体颗粒粒度的过程。膨化出来的犬猫粮颗粒或通过其他工艺加工出来的颗粒，通过研磨工艺减小粒度二次形成的不规律的颗粒产品。

9. 挤出成型类

以挤出成型加工工艺为主制造而成的产品，零食类如咬胶类、肉类、洁齿骨等，如果营养成分符合全价宠物食品的要求，就是挤出成型类的全价宠物食品。

图 11-12 冷冻干燥类全价宠物食品

图 11-13 挤出成型类全价宠物食品

10. 酶解反应类

以酶解反应工艺为主制造而成的产品，如营养膏、舔食、用酶解肉粉制作的全价宠物食品等。酶解粮就是利用天然的蛋白水解酶先将动物蛋白质原料进行催化酶解，使蛋白质分解成小分子蛋白肽及氨基酸成分，提高其营养价值、更利于宠物吸收，同时美拉德反应中产生大量的挥发性的肉类香气物质，增强肉类食品风味。利用酶解反应生产的原料，进行科学的配方，制作的全价宠物食品，属于这类宠物食品的类型。

图 11-14 酶解反应类全价宠物食品

11. 保鲜储存类（生食）

（1）定义 保鲜储存类（生食，raw diet）是指以保鲜储存工艺为主，采用保鲜处理措施而制成的保鲜食品，如冷鲜肉、冷鲜肉与蔬果混合食品等，如营养成分达到全价的标准，可称为全价保鲜宠物食品，也称生宠物食品或生食。

AAFCO 给出生肉粮（raw diet）的定义：大多数生的（或未煮熟的）宠物食品，包括

图 11-15　生宠物食品

肉、碎骨头、内脏、生鸡蛋、蔬菜或水果和一些奶制品。生肉粮就是未经过加热处理的宠物食品，直接采用生的食物制作而成。由于这些原料未经过加热处理，人们越来越担心沙门氏菌等致病细菌对人类的交叉污染。这些细菌可能对家庭成员构成危险，尤其是儿童、老人和免疫系统差的人。虽然犬猫可能对这些细菌有更强的抵抗力，但它们没有免疫力，可能会患上重病。

世界小动物医院联盟营养委员会（WSAVA global nutrition committee），给生肉为主的日粮（raw meat based diets for pets）定义如下：以未煮熟的肉、骨头和内脏（器官肉类）为基础的食物。这些饮食往往脂肪含量较高，糖类含量较低，易于消化，但生食（类似于熟食）并不都是一样的，它们的成分、能量含量和营养成分各不相同，因为不同动物的肉、内脏及肉的不同的部位及生食的配方不同，因此营养差异很大。高脂肪、低纤维的饮食（生的，也可以煮的）可能对很多宠物来说是可以接受的，但其他的宠物会出现胃肠道问题，比如腹泻，甚至胰腺炎。越来越多的证据表明，喂养生肉对宠物和主人的健康都有风险。

（2）生肉粮带来的一些风险如下：

1）生肉可能含有各种细菌，包括病原体。对宠物和人来说，食源性感染可能是严重的，甚至是致命的（如大肠杆菌、沙门氏菌、耶尔森氏菌、弯曲杆菌、单核增生李斯特菌、牛分枝杆菌）。

2）宠物护理人员和其他家庭成员可能会因处理食物或宠物的粪便而感染。免疫系统受损的人（如幼儿、孕妇、老年人和患病或服用某些药物的人）即使不主动喂食宠物，也更有风险。

3）食用生食的宠物也可能是门诊其他兽医患者的风险因素，因为它们可能携带和散发致病菌。冷冻、脱水或冷冻干燥并不能杀死食物中的所有细菌。

4）提供给宠物的骨头是为了享受和感知牙齿的好处，然而，它们可能会导致断牙、肠或食道阻塞和便秘。

5）喂养骨骼并不会减少牙周炎引起的牙菌斑或牙齿脱落的风险。

6）以家庭烹饪和生肉为主的饮食可能存在严重的营养缺乏和过剩。

7）不均衡的饮食对幼犬和小猫尤其有害，它们可能会遭受骨骼疾病和病理性骨折的痛苦。

8）以生肉为基础的饮食中可以发现寄生虫，一些（如弓形虫）也可以感染人类。孕妇患病的风险尤其大，因为弓形虫病会影响胎儿。

9）犬还可以将食物来源的寄生虫传播给家畜。

（3）生肉粮的优点　生肉粮虽然有上述的缺点，但生肉粮的也具有如下优点：

1）对蛋白质消化率的影响　有研究通过体外测定消化率发现，无论是在消化率还是蛋白质的生物利用率上，鲜肉都显著优于肉粉，肉粉提供的可溶性蛋白质含量也显著低于鲜肉。

2）对肠道菌群的影响　有研究表明生肉饮食对宠物肠道微生物群落有正向作用，主要体现为促进梭杆菌的生长，但这类菌株对宿主的代谢和生理影响尚不清楚。还有研究者发现，高动物蛋白质和脂肪的饮食能够促进肠道中对氨基酸和脂质有降解功能微生物群落的生长和丰富。使用生肉饲喂的猫的肠道微生物表现出更丰富的多样性。

3）对适口性的影响　有研究表明，相比于添加肉粉的猫粮，添加鲜肉的犬猫粮适口性更佳。

欧盟提出一些关于制作生食物的建议。无论是准备家庭餐还是宠物食品，细菌总是一个需要关注的问题，采取适用于生动物产品的安全厨房食品处理规范，来减低细菌的污染。例如，一个装满生汉堡的狗碗引起了几个需要考虑的问题，孩子们能够得到狗食吗？没吃完的生汉堡会放回冰箱吗？碗曾经洗过和清洁过吗？这些问题都需要认真处理以避免潜在的细菌污染风险。

12. 冷冻储存类

冷冻储存类是指以冷冻储存工艺为主，采取冷冻处理措施（–18℃以下），如冷冻肉类、冷冻肉类与蔬果混合类等。市场的冻鲜骨肉就是用这种工艺制作的，一般放在超市的冷冻柜中售卖。

图 11–16　冷冻宠物食品

冷冻处理措施（–18℃以下）会抑制微生物的繁殖，当化冻后仍然有细菌污染的风险，因此参考鲜粮的处理措施控制污染，保证安全。

三、添加剂预混合饲料的定义、分类和工艺

（一）定义

宠物添加剂预混合饲料，是指为满足宠物对氨基酸、维生素、矿物质微量元素、酶制剂等营养素饲料添加剂的需要，由营养性饲料添加剂与载体或稀释剂按照一定比例配制的饲料，也称为宠物营养补充剂、补充性宠物食品。

宠物营养补充剂，顾名思义它不能提供全价而均衡的营养，不能作为主粮进行日常

的食用，只能作为补充性的食品来补充宠物缺乏的一些营养素，如钙、磷、铁、铜、锌、锰、镁、维生素A、D、E、B族等维生素、氨基酸、蛋白酶、益生菌、果寡糖、硫酸软骨素等。对于每日的食用量有一定的限定，按产品的含量和动物的需要量以及最高限量，推荐食用的数量，并与宠物日常的日粮搭配食用。

为了明确营养补充剂的产品与其他类型产品的区分，必须在产品包装上附有标签，明确标识出产品的属性。宠物添加剂预混合饲料的通用名称应当标示“宠物添加剂预混合饲料”、“补充性宠物食品”或者“宠物营养补充剂”，并标示适用动物种类和生命阶段。适用动物种类可以具体至犬猫品种或者体型，如不标示则默认为适用于所有品种和体型；生命阶段包括幼年期、成年期、老年期、妊娠期、哺乳期等，如不标示则默认为适用于所有生命阶段。宠物添加剂预混合饲料的通用名称中，也可以标示产品中的氨基酸、维生素、矿物质微量元素、酶制剂等营养性饲料添加剂，标示时可以使用营养性饲料添加剂的品种名称或类别名称。

（二）产品分类

1. 按含水量分类

按含水量分为：固态、半固态、液态三类。

（1）固态添加剂预混合饲料（补充性宠物食品，宠物营养补充剂） 含水量<14%的为固态宠物营养补充剂，如片剂、粉剂、颗粒剂等（图11-17）。

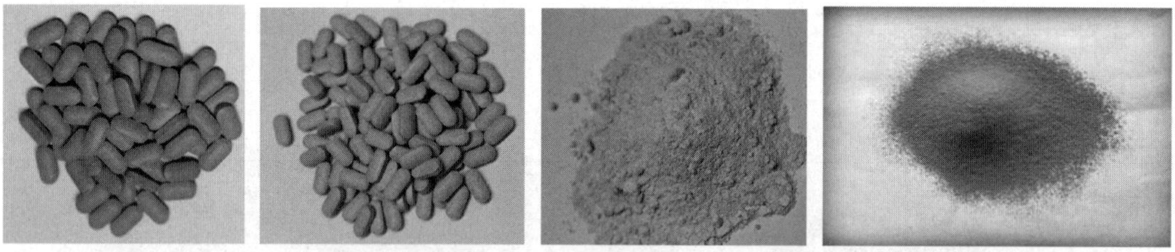

图11-17 固态宠物营养补充剂

（2）半固态宠物添加剂预混合饲料 含水量（14%≤水分<60%）为半固态宠物营养补充剂，如水分小于60%的营养膏、软颗粒营养补充剂。

图11-18 半固态宠物营养补充剂

（3）液态宠物宠物添加剂预混合饲料 含水量≥60%的为液态宠物宠物营养补充剂，

如水分大于60%的营养膏、液态的钙、液态的氨基酸、液态的维生素等。

2. 按产品形态分类

（1）片剂　采用粉末制片、颗粒压片工艺生产制成的圆形或异形的片状宠物营养补充剂，如钙片、微量元素片、多种维生素片、氨基酸片等。

（2）粉剂　采用粉碎、均匀混合工艺生产制成的干燥粉末状或均匀颗粒状的宠物营养补充剂，如钙磷粉、维生素粉、微量元素粉、益生菌粉、氨基酸粉、蛋白粉等。

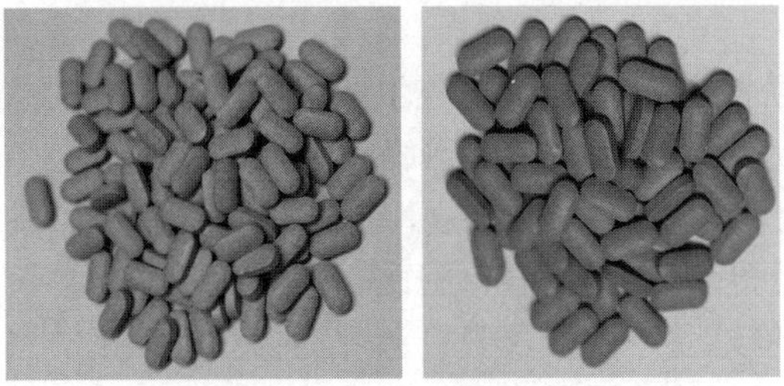

图11-19　片剂宠物营养补充剂

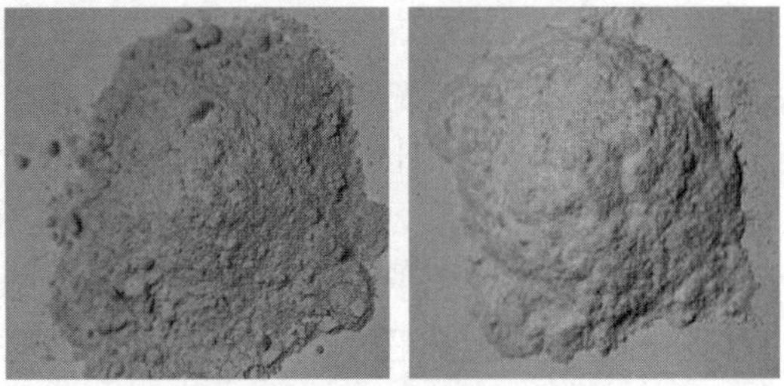

图11-20　粉剂宠物营养补充剂

（3）膏剂　采用均质乳化工艺生产制成的半固态软膏状宠物营养补充剂，如综合营养膏、维生素膏、钙膏、微量元素膏等。

（4）颗粒剂　采用粉碎、均匀混合或挤出等工艺生产制成的干燥均匀的固态颗粒的宠物营养补充剂，如卵磷脂颗粒、海藻颗粒等。

图11-21　膏剂宠物营养补充剂

图11-22　颗粒剂宠物营养补充剂

（5）液体制剂　采用杀菌灌装工艺生产制成的液态宠物营养补充剂，如液态钙、液体氨基酸口服液、液体维生素B等。

3. 按生命阶段分类

犬猫的生命阶段分为：幼年期、成年期、老年期、妊娠期、哺乳期。犬猫营养补充剂也分为幼年期、成年期、老年期、妊娠期、哺乳期、全生命阶段营养补充剂等。

4. 按功能分类

（1）补充矿物质

补钙磷类：以补充钙或磷为主的营养补充剂，如补充钙的钙片、钙粉、钙膏等，补充钙磷的钙磷片，钙磷粉、钙磷膏等。

补充微量元素类：主要补充铜、铁、锰、锌、碘、硒、铬等微量元素，如宠物营养补充剂——多种微量元素片、粉、膏、水剂，补铁片，补锌片等。

补充电解质类：补充钠、钾、氯、碳酸根、硫酸根等电解质的产品。

（2）补充维生素　补充脂溶性或水溶性维生素的产品，如宠物营养补充剂多种维生素片、粉、膏、水剂等。

（3）补充氨基酸　以补充氨基酸为主的营养补充剂，如宠物营养补充剂多种氨基酸片、粉、膏、水剂，可含有赖氨酸、蛋氨酸、小肽、牛磺酸等氨基酸等。

（4）补充酶制剂　以补充酶制剂为主的营养补充剂，如补充蛋白酶、脂肪酶、植酸酶等。

（5）补充微生物　补充微生物的营养补充剂，即我们常说的益生菌，可用于宠物的微生物包括：地衣芽孢杆菌、枯草芽孢杆菌、两歧双歧杆菌、粪肠球菌、屎肠球菌、乳酸肠球菌、嗜酸乳杆菌、干酪乳杆菌、德式乳杆菌乳酸亚种（乳酸乳杆菌）、植物乳杆菌、乳酸片球菌、戊糖片球菌、产朊假丝酵母、酿酒酵母、沼泽红假单胞菌、婴儿双歧杆菌、长双歧杆菌、短双歧杆菌、青春双歧杆菌、嗜热链球菌、罗伊氏乳杆菌、动物双歧杆菌、黑曲霉、米曲霉、迟缓芽孢杆菌、短小芽孢杆菌、纤维二糖乳杆菌、发酵乳杆菌、德氏乳杆菌保加利亚亚种（保加利亚乳杆菌）等。

（6）补充多糖和寡糖　由一些多糖和寡糖组成的营养补充剂产品，如果寡糖、甘露寡糖、低聚半乳糖、低聚木糖（木寡糖）、低聚壳聚糖、半乳甘露寡糖、β-1,3-D-葡聚糖（源自酿酒酵母）、低聚异麦芽糖（IMO），这些物质也常被称为益生元。

（7）补充其他特殊营养素　用其他可应用于犬猫的添加剂制成的营养补充剂，如苜蓿提取物（有效成分为苜蓿多糖、苜蓿黄酮、苜蓿皂苷）、天然类固醇萨洒皂角苷（源自丝兰）、天然三萜烯皂角苷（源自可来雅皂角树）、二十二碳六烯酸（DHA）、硫酸软骨素、共轭亚油酸、紫苏籽提取物（有效成分为α-亚油酸、亚麻酸、黄酮）、植物甾醇（源于大豆油/菜籽油，有效成分为β-谷甾醇、菜油甾醇、豆甾醇）、透明质酸、透明质酸钠、乳铁蛋白、酪蛋白磷酸肽、酪蛋白钙肽（CPP）、二十碳五烯酸（EPA）、二甲基砜（MSM）等。

（8）补充多种营养素　补充多种营养素的保健品，包括2种以上不同种类的营养素，如维生素微量元素复合片、粉、膏等。

（三）工艺流程

1. 片剂工艺流程

（1）湿法制粒压片工艺流程：领料→小料预混合→配料→混合→湿法制粒→干燥→整粒→总混合→压片→内包装（铝塑、装瓶等）→打码→装箱→入库。

（2）粉末直接压片工艺流程：领料→小料预混合→配料→混合→压片→内包装（铝塑、装瓶等）→打码→装箱→入库。

2. 粉剂工艺流程

领料→小料预混合→配料→混合→包装（袋、瓶、罐等）→打码→装箱→入库。

3. 膏剂工艺流程

领料→小料预混合→配料→混合→乳化、均质→高温灭菌→灌装→包装→打码→装箱→入库。

4. 颗粒剂工艺流程

领料→小料预混合→配料→混合→制粒→干燥→整粒→总混→内包装（装袋、装瓶、装罐等）→打码→辐照→装箱→入库。

四、宠物零食的概念、分类和工艺

（一）概念

宠物零食在宠物饲料（食品）分类中被称为其他宠物饲料，是指为实现奖励宠物、与宠物互动或者刺激宠物咀嚼、撕咬等目的，将几种饲料原料和饲料添加剂按照一定比例配制的饲料。宠物零食的营养不全面，也不刻意强调某些营养素的补充，是一种日常的奖励食品或用于某种目的食品，比如狗咬胶、磨牙棒、饼干、肉条等。

宠物零食与全价宠物食品的区别是，全价宠物食品营养全面，可满足宠物的日常营养需求，可长期使用，能保证宠物的健康，不会产生缺乏或中毒。而宠物零食营养不全面，宠物不能以零食为生，如长期食用不能保证宠物的健康，会造成营养缺乏或过剩。营养补充剂强调含有某些特殊的营养素，营养素的含量一般都要高于全价宠物食品，如钙片，宠物一天的钙的需要量可浓缩在几片钙片中，它强调的是特定营养素的含量和其带来的营养作用。而零食就不会强调营养素的作用。

宠物零食产品需要在包装上附上标签，以确定它的产品属性。宠物零食的名称，可按下列的例子进行标识，如宠物零食肉棒、宠物零食幼犬饮料、宠物零食幼犬牛肉粒、宠物零食幼犬洁齿磨牙棒、宠物零食泰迪犬咬胶等。

（二）分类

1. 按含水量分类

按含水量分为：固态（含水量<14%）、半固态（14%≤水分<60%）、液态（含水量≥60%）三类。

（1）固态宠物零食　含水量<14% 的为固态宠物零食，如饼干、肉条、肉棒、磨牙棒、蔬菜棒、冻干的肉类（图 11-23）。

图 11-23　固态宠物零食

（2）半固态宠物零食　含水量在 14%～60% 之间的为半固态宠物零食，如营养不全价的营养膏、软颗粒等零食。

（3）液态宠物零食：含水量≥60% 的为液态宠物零食，如罐头、宠物饮料等。

2. 按加工工艺分类

（1）热风干燥类　指以在烘箱或烘干室内吹入热风使空气流动加快的干燥方法制造而成的产品，如肉干、肉条、肉缠绕类等。

（2）高温杀菌类　以经过 121℃或以上高温杀菌工艺为主而制成的产品，如软包罐头、马口铁罐头、铝盒罐头、高温肠等。

（3）冷冻干燥类　是指利用真空升华的原理使物料脱水干燥而制成的产品，如冻干禽肉、鱼肉、水果蔬菜等。

（4）挤出成型类　以挤出成型加工工艺为主制造而成的产品，如咬胶类、肉类、洁齿骨类等零食。

（5）烘焙加工类　以烘焙工艺为主制造而成的产品，如饼干、面包、月饼、蛋糕、比萨、派、塔、脆脆酥、月饼、慕斯、甜甜圈等。

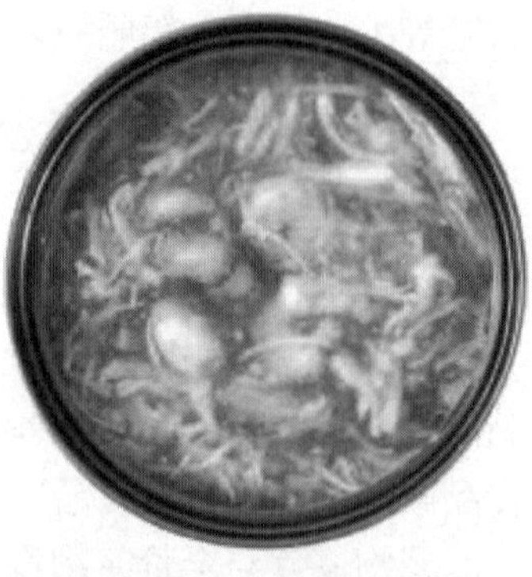

图 11-24　液态宠物零食

图 11-25　热风干燥类宠物零食

图 11-26　冷冻干燥类宠物零食

图 11-27　挤出成型类宠物零食

图 11-28　烘焙加工类宠物零食

（6）蒸煮 / 蒸炒 / 熟化　在特定设备中对物料进行特定时间的湿热或加压处理而制成的零食。采用蒸煮工艺制作的宠物食品，主要是肉类含量比较多，或模拟人类食品的制作方法来制作宠物食品，也有加入薯类和谷类。

（7）冷冻干燥类　指利用真空升华的原理使物料脱水干燥而制成的产品，如冻干肉块、冻干的蔬菜等宠物零食。

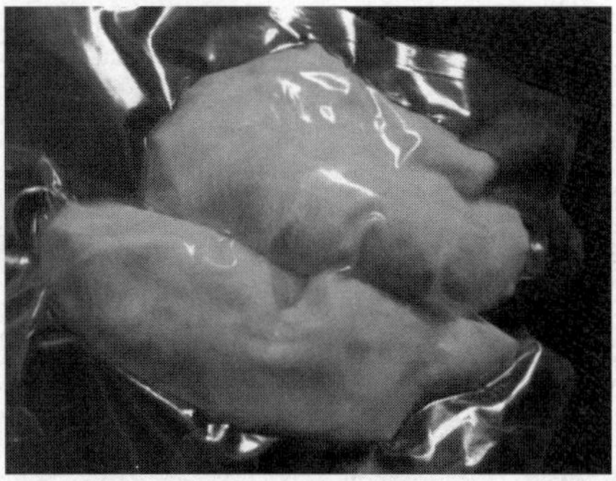

图 11-29　蒸煮 / 蒸炒 / 熟化宠物零食

图 11-30　冷冻干燥类宠物零食

（8）挤出成型类　以挤出成型加工工艺为主制造而成的产品，零食类如咬胶类、肉类、洁齿骨等。

图 11-31　挤出成型类宠物零食

（9）酶解反应类　以酶解反应工艺为主制造而成的宠物零食，如膏类、酶解的肉粉类制作的零食等。

五、处方食品

处方饮食是专门为帮助患有特定疾病的动物而配制的饮食，它们可以单独使用，也可以与药物一起使用。按照美国的要求，处方食品只能通过动物诊所购买，而且必须按照兽医的建议喂食。处方粮的种类很多，针对不同的疾病，有相应的处方粮，如减重处方粮、皮肤敏感处方粮、肠道处方粮、心脏病处方粮、肾病处方粮、胰腺炎处方粮、关节处方粮等。

六、家制宠物食品

（一）家制宠物食品的概念

随着宠物主人对自身健康及天然新鲜等原材料的关注，基于让宠物更健康长寿的思想，某些宠物主人更喜欢给他们的爱宠饲喂自制的家制食品。家制宠物食品，就是指宠物主人自己在家里利用各种原料给宠物制作各种宠物食品，来饲喂宠物，既有零食也有相当于全价宠物食品的猫食物和犬食物。家制食品经常使用从超市买来肉类、蔬菜、水果、薯类以及谷物，来按照一定的比例配制。如果宠物主人乐于了解更多宠物营养需求方面及食材方面的知识，能够做出全价而均衡的食品配方的话，这也是一个很好的选择，且自制食物的适口性很好，原料新鲜更能满足宠物口味的需要。但遗憾的是绝大多数人的自制食品并不能满足宠物的营养需求，存在某些营养素缺乏而某些营养素过剩的问题，长期适用很容易导致营养缺乏症或某些中毒症状。

图 11–32　家制宠物食品的原料

图 11–33　家制宠物食品

（二）家制宠物食品的优点

家制宠物食品既有优点也有缺点。家制宠物食品的优点如下：

1. 原料新鲜

一般采用与人类食品一样的原料，如肉类、蔬菜、水果、油脂、谷物、薯类和其他的人类食物的食材，比较新鲜，原料没有经过加工处理，处于原始新鲜的状态。

2. 制作工艺多样

宠物主人可以根据人类食品的制作工艺来制作宠物食品，比如采用蒸、煮、炖、炒、烤等多种各种工艺进行制作，即可制作肉干类的零食，也可以制作当主食吃的全价犬猫饭。

3. 外观多样

宠物主人可以根据自己的喜好制作多样具有吸引力的外观的宠物食品。如条状、块状、肉糜状、烘焙成不同的形状等。

4. 适口性好

家制宠物食品，一般新鲜制作，做完就喂给宠物食用，贮存时间短，适口性好。

5. 不添加保鲜和防腐的添加剂

因新鲜制作直接食用，不需要考虑货架期，避免一些抗氧化剂、防霉防腐剂等添加剂的添加。

6. 经济

如果宠物主人能合理搭配原料，控制成本，也可以达到经济实惠的目的。

7. 增进人宠交流和感情

有的宠物主人，用人类的食物原料和加工方法给犬猫做食物，因此这种食物可以做到人宠共食，但有些没有加工的生肉和加工程度不足以杀灭致病微生物的食物，不适合人类食用。在制作宠物食品和饲喂宠物食品的过程中可以加强人宠之间的互动，增进感情。

（三）家制宠物食品的缺点

1. 营养很难均衡

许多为自己宠物制作食品的人认为自制的食品更新鲜、更营养，但是，自制的食品营养很难做到均衡，可能是有些营养素过量，而有些营养素却是缺乏的。因肉的种类、部位的不同，营养素特别是蛋白和脂肪含量存在巨大的差异，制作出来的宠物食品差异巨大。

很多自制食品的配方蛋白质和磷过量，但是能量、钙、维生素（维生素 A、维生素 D、维生素 E 及 B 族维生素）和微量元素（锌、锰、碘、）不足。主要看配方的原料和比例，根据缺乏的营养素进行补充才能达到平衡。

2. 制作繁琐

从原料处理，到加工制作及后期的分装保存，都需要花费大量的时间和劳动，如果一次制作的量比较大，还需要装成品的器具及比较大的冰箱用来贮存。

3. 有细菌污染的风险

鲜肉及其制品含水量多、活度高，营养物质丰富，非常适宜微生物生长，因此有害微生物的污染一直是鲜肉的主要安全风险，尤其是生肉。

4. 软质的食物需要清洁牙齿

软质的食品宠物吃了需要经常清洁牙齿，以保持牙齿的健康。

5. 不易保存

做好的宠物食品在 0 ~ 4℃下一般贮存 2 ~ 3 天，最多 4 ~ 5 天。

很多自制的犬粮含有过量的肉，远远超过了宠物对蛋白质和磷的需求；宠物主人自制的猫粮往往缺乏脂肪，且能量浓度较低，或者脂肪的来源单一，因此家制宠物食品的营养均衡和卫生指标显得非常重要。

第二节 宠物食品的适口性

一、适口性的定义

适口性（palatability）是食物的气味、味道和质地及外观等特征的总和，是动物在觅食、定位和采食过程中视觉、嗅觉、触觉和味觉等感觉器官对食物的综合反应。

Forbes（1986）认为适口性是“动物接受到来自食物总的感官印象”。Young（1988）把适口性定义为“动物对饲料的气味、味道、质地及外观等特征的反应”。在 Bailliere 的综合兽医学词典中，适口性被定义为食物良好的口味，非口感因素（如气味、外形）引起的动物更倾向采食某种食物而不采食其他食物的偏好。根据 Webster 字典，适口性是指味道和因此而感到的美味和愉悦——这是一种有机体对食物产生的愉悦反应。

因此适口性是一个比较复杂的概念。宠物食品的适口性在宠物食品中扮演非常重要的角色。

二、影响适口性的因素

影响适口性的因素有三个方面：动物、食物和环境因素。

（一）动物因素

1. 动物的种类

通过观察动物发现，当让它们在两种日粮之间进行选择时，它们会表现出选择、拒绝或不表现出喜好的情况。犬猫对食物有不同的爱好。犬喜欢甜的食物，而猫喜欢酸的食物。给小猫更换新的日粮时，一般会选择湿的日粮而不是干的日粮，但也有一些动物会选择它们熟悉的商品干粮而不是不熟悉的罐装日粮。相对于冷的或热的日粮来说，猫偏好温度适中的食物（Bradshaw 和 Thorne，1992）。因此，把放在冰箱里的食物拿出来加热一下再喂给猫吃是非常重要的。当要改变日粮时，最好逐渐将新的日粮加到以前的日粮中混合饲喂，这样饲喂几次之后再完全的更换成新的日粮。

2. 年龄、品种对适口性的影响

幼犬猫对食物的适口性不如成年犬猫敏感。小型犬与大型犬比起来，更喜欢多样性的味道，而大型犬更喜欢天然的味道。

3. 采食经历对适口性的影响

早期日粮的特殊风味和质地会对犬猫对以后日粮的选择产生影响。Kuo（1967）的经典研究表明，当连续 6 个月给小犬喂食单一风味的日粮（如大豆日粮）时，它们就不会采食其他的新日粮了。如果给小犬饲喂的是混合的日粮，它们就会采食混合日粮中出现过的任何一种的食物。如果长时间的给猫饲喂某种风味的日粮，猫就会对这种风味“情有独钟”，从而给人留下挑食的不好印象。但是如果猫的日粮经常变换的话，它们似乎就不会出现对某种类型或风味的日粮产生挑食的现象。而 Murford（1977）的研究表明，适应性比较好的健康成年犬猫会选择新的口味而不是选择它们小时候就吃的那种日粮（普通商品粮）。有研究表明，经常给猫犬调整日粮的话他们就会喜新厌旧，也就是说在喂给同种口味的日粮一段时间后，它们会选择新的口味。这种对熟悉口味的排斥现象，通常被认为是由于饲粮的“单调”或风味“疲劳”引起的，这对于那些非常社会化并生活在舒适环境下的任何品种的动物来说，都是很普遍的现象。

4. 行为因素

影响宠物选择食物的宠物行为决定因素包括：生物学/遗传学因素、区域因素、个体之间的差异。

（1）生物学和遗传学方面的因素　生物学和遗传学包含宠物的生理状态及认知食物的能力。食物的喜好可能是由于先天遗传体质差，而后又由于生存经验而改变的结果。野外生活的野犬群大多是群体捕猎，在短时间内可以进食大量食物，由于犬类属于杂食性动物，在缺乏食物的环境下也可以进食其他动物的粪便、果实等；猫是严格意义上的食肉动物，猫的进食行为仍然受到野生动物饮食习惯的影响猫。野猫只捕猎小猎物，每天需要几个猎物满足他们的能量需求。家猫每天有 7 ~ 20 顿小餐，野猫大多单独进行狩猎捕食，一旦成功即迅速吃掉，特别是体型不大的老鼠。猫的嗅觉异常灵敏，但主要不是用来进行定位狩猎，而是确定食物的新鲜安全性。

（2）区域和文化差异　地区和文化的差异也可以影响宠物主人饲喂的食物类别。宠物喜爱的美味食物也可能是他们的主人完全不会接受因而不会成为食物的组成部分。虽然不是直接由于动物本身的反应，但是地区差异会直接影响动物所接受的食物，因此我们必须考虑这个因素。

（3）宠物个体的选择

宠物个体选择食物的关键因素包括：恐惧感、条件性的厌恶和好奇。恐惧感是指对于新食物的恐惧或者是抵触，这种恐惧甚至包含由环境条件所引起的恐慌，比如提供食物的周围环境的变化。就食物滋味和摄取食物的形态学后果之间的联系而言，对于新食物的恐惧和固定的滋味联系起来的能力对其选择食品起到更进一步的作用。这种厌恶形成的结果就是动物立即对于有害或者是营养缺乏的食物产生抵触。因而这种对于新食物的恐惧提供了一个避免其采食有潜在毒害食物的方法。某种动物以前没有吃过的异常食物将不会引起它们的兴趣，反之，它们曾经吃过的食物则会被接受和尝试。这种行为准则是动物了解食物、选择食物的基础。宠物个体的食物喜好是在实际生活经验中形成的。任何特定食物的适口性和新鲜度以及犬猫的饥饿和紧张的程度，对它们在特定时间里对某种日粮的接受和选择都是非常重要的。

5. 感官因素

动物判别是否接受或放弃食物的主要依据都是感官性质的。主要包括视觉、听觉、嗅觉、口味、化学刺激和触觉。影响食物偏好的感官因素有：口味、气味、口感和消化性。

（1）口味和气味　猫对于甜味不敏感。在哺乳动物中，咸和酸普遍都能感觉到，而对苦和甜感觉则差异很大。对于滋味敏感的功能是由舌头上的味蕾细胞来实现的，所以对于滋味是否符合口味是由品尝食物的物种或个体所决定的。嗅觉比味觉提供的信息复杂得多，气味在宠物选择食物的过程中是非常重要的，通过改变采食食品的气味很可能改变宠物采食行为。

（2）触觉刺激　食物的形状、质地以及黏性对适口性也有很大影响，触觉刺激是动物在其口中对于食物物理特性认知的反应。“口感”通常被用来描述这种感觉。对于猫和犬而言，他们更喜好的食物很大程度上取决于，牙齿和口腔里的软组织的敏感性以及分泌唾液的相互影响。食物消耗的难易程度和食物的形状对于触觉刺激和食物喜好都被认为是有重要的意义。

就猫而言，牙齿在动物是否接受食物上的作用更明显。猫与犬的牙齿不同。猫有专门食肉的齿系代替了一般动物撕碎肉食的前臼齿。由于缺乏臼齿，猫不能磨碎食物。猫可以消耗硬质的粗制宠物食品，但是它们不能充分磨碎食物。猫的牙齿说明了为什么猫对于罐装和半湿食品的强烈喜好。另外关于触觉刺激的一个方面是食物的形状和结合程度。猫喜欢在一次进食时吃掉一小块食物，因而猫可以采食类似于星形这样的不规则块状食物，因此猫对于食物形状的特别喜好更多的是由于牙齿和咀嚼的原因，而不是其他原因。

食物的结合程度是猫粮适口性的另外一个重要属性。任何过分刺激猫敏感的口腔组织的东西都会对食物的适口性产生负面影响。总之，食物的接触属性在其美味性上起了重要的作用。增强口味的添加剂可以很大程度上提高宠物食品的适口性，但是它不能完全补偿由于营养不均衡，质量低劣等因素损害的食物的适口性。

（二）日粮因素

影响宠物适口性的日粮因素包括：原料的种类和品质、物理形态、营养水平等。

1. 原料种类和品质

配料的选择对适口性有很大的影响。高质量和高新鲜度的原料会提高适口性。肉类原料与植物原料相比，会提高宠物适口性，动物脂肪也会提高适口性。一般宠物食品中添加酶解的肉汁和酶解的调味粉来增加宠物的适口性。

2. 物理性状

宠物食品的颗粒质地是干性食物适口性的最重要的参数之一。颗粒大小、形状、质地对适口性有影响。

3. 营养水平

（1）能量和脂肪　能量含量高意味着里面含有更高含量的脂肪，脂肪会提高犬猫日粮的适口性。但氧化酸败的脂肪会降低适口性。在烘干的颗粒表面喷涂脂肪可以增加产品风味。众所周知，优质的脂肪的游离脂肪酸和过氧化物含量应较低且没有焦煳味、粪臭味和哈喇味。添加在食品中的脂肪应以轻度或无酸败为目标。质量控制和脂肪种类是非常重要的，因为劣质脂肪会导致严重的适口性问题。

（2）蛋白质和氨基酸　当供给不同蛋白水平的饲粮时，犬会根据蛋白质的种类、饲粮中糖的数量以及先前饲粮的蛋白质含量，来选择25%～30%能量由蛋白质提供的日粮（Romsos和Ferguson，1983；Torres等，2003）。而猫在选择低蛋白或适宜蛋白饲粮的同时，它也不会拒绝无蛋白质的饲粮（Cook等，1985，1996）。因此，与营养的适宜性相比，影响适口性的正面因素，像氨基酸、肽和饲粮的质地，对猫的影响比犬的更大。纯合蛋白质本身的味觉是温和的，但是，肽和游离氨基酸却有各种不同的味道，有苦的（苯丙氨酸、色氨酸、精氨酸、亮氨酸）、酸的（谷氨酸和天门冬氨酸）、甜的（甘氨酸、苏氨酸）、涩的（谷氨酸钠）以及它们的混合味道。D-氨基酸通常有不同的味觉，例如，D-色氨酸比蔗糖甜很多倍。犬猫对氨基酸的味觉是否跟人一样，这一点还不清楚，然而，猫对氨基酸如亮氨酸的选择，以及犬猫不同的视神经反应表明，说明猫对氨基酸的味觉有差异。

（3）纤维　犬猫不能很好地消化纤维素，纤维对宠物食品适口性有负面影响。多数商业化犬粮中添加不多于5%的纤维以维持肠道健康。

（4）水分　一般含水量越高，适口性越好。湿粮的适口性好于半湿粮，半湿粮的适口性好于干粮。

4. 加工工艺

在挤压前进行预处理可以有助于淀粉糊化。预处理包括对原料的粉碎和混合，这还能改善颗粒质地和适口性。挤压过程使成品具有更好的形状和质地，从而改善了适口性。宠物食品的最终含水量也非常重要（干膨化食品应当小于9%）。如果成品含水量过高易使宠物食品发霉，导致的宠物拒食会影响适口性。干燥过程也非常重要，如果颗粒内部还没有烘干而外部却已经硬化，会影响适口性。在烘干的颗粒表面喷涂脂肪既可以增加产品风味，又可作为能量来源。在颗粒表面喷涂风味剂，如水解蛋白，酶解肉类的汁、粉及一些肉味香精都可以提高适口性。因犬猫的口味不同，因此可以根据犬猫的特殊需求进行口味定制。定制化在最大程度上优化了食物中的成分和口味之间的相互作用，使产品具有区别其他产品的特殊气味和口味。

（三）环境因素

如果把同样的犬猫放在陌生的环境里或用某种手段让它们感到紧张，它们对新鲜事物就会变得不喜欢，它们拒绝任何新口味而选择它们熟悉口味的饲粮（Bradshaw 和 Thorne，1992）。有些宠物会形成一些特殊的位置偏好，比如喜欢左边的食盆而不喜欢右边的食盆。

三、最佳适口性的特征

我们制作宠物食品都希望具有最佳适口性（optimal palatability factor characteristics）。一般来说，理想的适口性应具有以下特征：

1. 宠物的接受性提高

通过适口性测试，宠物接受宠物食品的接受度高，即首选和采食率提高。

2. 刺激动物反应

好的适口性的食品能够刺激宠物进行采食，提高采食的欲望。

3. 配方自由度高

好的适口性的产品，可以进行多种配方的配制，不因配方的变动而影响适口性。

4. 应用便利

提高适口性的汁或粉应用起来比较方便，而不会对宠物食品生产造成额外的负担。

5. 无不良气味

好的适口性的产品不应该有一些不良的气味，如发霉变质、氧化及一些其他不良气味。

6. 产品安全

保证产品的卫生指标和水活度合格，不会造成产品的污染变质。特别是添加汁类添加剂，因含水量大，大量的添加会导致含水量的增加，影响水活度，造成霉菌污染。

7. 性质和特点一致，性质稳定

产品生产出来后及贮存的过程性质稳定，不会造成适口性的变化和理化及卫生指标变化。

8. 成本效益

适口性的提高需要考虑成本因素，因适口性本身有时并不会提高营养指标，过高的成本也是一种压力，因此不能过度追求适口性。

9. 具有营销优势

适口性高会给营销带来益处，会促进营销。特殊的适口性和更为会为企业创造竞争优势。

10. 优化加工条件

根据适口性的需要优化加工条件，创造能增加适口性的设备和优化工艺，保证适口性的同时，保证产品的营养指标和卫生指标。

四、适口性测试

适口性的测试方法，概括起来可分为两大类——非消费性测试和消费性测试。

（一）非消费性测试

非消费性测试是不让动物实际吃到食物，而是测试动物看到闻到食物后的反应，如“机械性反应”（instrumental responses）和“自律性反应”（巴甫洛夫的唾液分泌试验）。

（二）消费性测试

消费性测试主要是让动物采食食物，根据采食食物的数量来判断适口性的好坏。一般采用单盆法和双盆法测定食品的适口性。

1. 单盆法

单盆法是在不同的时间段给宠物不同的食品，可以将宠物分成2组，每组10～20只左右。如第1组动物在第1阶段（2～5天）每天饲喂一次食物A，在接下来第2阶段（2～5天）每天饲喂一次食物B。第2组动物的饲喂顺序正好相反，在第一阶段（2～5天）每天饲喂一次食物B，在接下来第2阶段（2～5天）每天饲喂一次食物A。饲喂的时间可以不同，看试验的设计和动物的数量。单盆法将两种食物的平均消费量进行比较，如果有明显的差距，我们就可以认为两种食物的适口性或可接受程度不同，人们也可以通过计算那些采食量低于一定量的动物的比例，来做出推论（表11–2）。

表11–2　单盆法试验设计

犬/猫	第一阶段	第二阶段
组1	食物A	食物B
组2	食物B	食物A

2. 双盆法

双盆法是目前使用最普遍的方法，通常比较2种食物的适口性差异，两种食物分别表示为A和B日粮。每个食盆中装了不同的食物，同时放在动物面前一定时间，犬通常有20～60 min接触碗，而猫可以有2～24 h。在双盆法中动物处于“自由选择”环境中，犬猫可以同时吃到两种食物，可以根据自己的喜好自由地选择吃何种食物，两种食物在相对采食量上的不同被看作是证明宠物对消耗量较多的那种食物有潜在偏爱的证据，同时我们应该确保相对消耗量的不同是由于动物对食物的偏爱而不是其他原因造成的。

在适口性测试时还必须考虑以下因素：

（1）测试时宠物的饱食程度，不同盆中提供的食物数量，整个测试持续的时间。如果在测验开始的时候，宠物处于极度饥饿状态，两种食物的相对采食量将会趋于一致。因为在高度饥饿的情况下，控制动物行为的意识是“填饱肚子”而不是“吃更好吃的那种食物”。同样地，如果在测验开始的时候，宠物处于高度饱食状态，测试时动物对两种食物的适口性都不关心。

（2）食盆的左右位置　两天的测试中，食盆A和食盆B的左右位置要更换，因为有点宠物有位置偏好，因此调换食物的位置可以避免位置偏差（表11–3）。

表 11-3 双盆法试验设计

犬 / 猫	第 1 天	第 2 天
所有动物	食物 A（左边） 食物 B（右边）	食物 B（左边） 食物 A（右边）

3. 测试过程

（1）试验动物：一般选择健康的成年犬猫，年龄在 1 岁以上，品种不限。10 只动物一组，一般采用 2 组 20 只动物进行，单栏饲养、尽量平衡性别差异。

（2）预试验：确保试验动物具有能够分辨出日粮的适口性的能力，一般要有一个预饲期 1 ~ 2 天。

（3）试验期：试验期一般为两天，测试过程如下：

1）对两碗分别进行标记，标记为 A 和 B，且每一碗的日粮量应超过其采食量的 20% ~ 30%；

2）称量测试日粮 A、B 到 A、B 碗中；

3）给试验犬猫饲喂两种日粮（能量水平相同）；

4）记录首选粮（first choice，FC）、称量剩余量、记录采食量数据

（4）计算采食率（intake ratio，IR）IR = A/（A+B）*100% 或 IR = B/（A+B）*100%

（5）测试指标

首选率（first choice ratio，FCR）：首先日粮是试验动物在采食前通过嗅觉感知食物气味，并首先做出选择的日粮。根据首选日粮计算出首选率。

$$\text{首选率（FCR，日粮 A/B）} = \frac{\text{日粮 A/B 的首选次数}}{\text{总选择次数（A+B）}} \times 100\%$$

采食率（IR）：采食率是指采食的试验日粮量与总采食量的比率，表示采用试验日粮占总采食量的情况。计算每个动物每天的 IR，把每一个 IR 值的平均值作为试验组动物的 IR 值。

$$\text{采食率（IR，日粮 A/B）} = \frac{\text{日粮 A/B 采食量}}{\text{总采食量（A+B）}} \times 100\%$$

对首选率进行卡方检验判断是否存在差异显著，对采食率进行 T 检验判断是否差异显著，最后来判断 A 和 B 日粮是否存在适口性的差异。

第三节 宠物食品的质量控制

优质的宠物食品需要进行质量控制，从原料、配方、加工过程到成品的检验，以及动物试验来验证宠物食品的营养质量、卫生质量、加工质量及适口性、消化性和全价均衡性。

一、概念

（一）质量

质量是一种物质本身固有品质的优劣程度。饲料质量一般是用来阐述饲料和饲料加工

的优劣程度，包括营养指标、加工指标和卫生指标。优质的宠物食品必须：1）能提供犬猫充足的养分；2）能使犬猫获得良好的发育和健康。同时，优质的饲料还必须保证食品安全和适口性。

（二）宠物食品安全

宠物食品安全是指对动物、环境和人类的安全。它包括 3 个方面：

（1）宠物安全　宠物安全对指宠物食品对宠物是安全的，不会对宠物造成伤害。

（2）环境安全　环境安全是指对环境不会造成损害，包括低碳、磷和氮、重金属、抗生素对环境的排放等，降低对环境的危害。

（3）人类安全　人类安全是指宠物食品不会对人类造成伤害。

二、质量控制

质量控制是保证宠物和提高宠物食品质量的重要手段。质量控制是指利用科学的方法对产品质量实施控制，预防生产不合格的产品，使产品达到规定的质量标准的目的。

质量控制涉及原料、加工过程、成品及贮存过程中的质量控制，预防生产出不合格的产品，涉及以下几个方面：

①原料和饲料添加剂的质量检测；②加工过程的质量检测和指标；③成品的质量检测和指标；④适口性试验；⑤消化试验；⑥饲喂试验。

通过上述指标的测定，保证宠物食品的营养质量、卫生质量、加工质量、适口性、消化性、全价（全营养）均衡性及功能性。

三、质量控制的方法

（一）营养指标的测定

1. 测定的营养指标

饲料原料、饲料添加剂和宠物食品（全价宠物食品、营养性补充剂、宠物零食），首先要进行营养指标的控制。宠物食品的原料和成品质量存在很大的差异，通过营养指标的测定能够确定其营养成分，判断其质量。不仅不同的原料和宠物食品存在很大的差异，即使同一原料因品种、产地、气候、加工方式的不同，质量存在很大的变异。宠物食品的成品因原料、配方、加工工艺和卫生指标的差异，也存在很大的变异。所以饲料分析和质量监控就显得非常重要。另外对于成品来说，需要备案产品质量标准，通过营养指标的检测可以判断它是否达到产品标准中规定的营养指标。

全价宠物食品需要测定的指标包括：水分、粗蛋白、粗脂肪、粗纤维、粗灰分、钙、磷、食盐及赖氨酸（犬）和牛磺酸（猫），对于标识在标签上的这些指标需要进行测定。另外，也可以测定其他成分，如氨基酸、脂肪酸、微量元素和维生素等指标。宠物营养补充剂必须测定水分，其他的指标根据标签上标示的成分进行测定。宠物零食必须有水分指标，其他指标根据标签上的标识进行测定。另外，所有的宠物食品需要根据宠物饲料卫生标准进行卫生指标的测定和监控。

2. 饲料质量的检测方法

（1）显微镜检测　根据外表特征或细胞特征，对单独或混合的原料和杂质进行鉴别和评价。

（2）点滴试验和快速检测　主要用来检测某种物质的存在，看是否存在某种物质，是定性的检测，不是定量的。

（3）化学分析方法　常规成分分析、能量测定、18 种氨基酸、维生素、微量元素、有毒有害物质等，能够测出含量数据，是定量的检测。

（4）近红外光谱分析　快速测定饲料中的有机成分。

（5）生物学分析　酶联免疫吸附法（ELISA），聚合酶链式反应等方法测定毒素的含量。检测的具体方法参考国家发布的相关标准进行测定。

（二）标准化

1. 概念

标准化是指以具有重复生产特征的事物为对象，以实现最佳经济效益为目标，有组织地制定、修改和贯彻各种标准的整个活动过程。饲料工业标准化包括原料标准、产品标准、检测方法标准、通用技术要求标准、饲料加工机械标准和管理标准。

宠物食品工业的标准化包括以下方面：

（1）可用的原料和添加剂范围　饲料原料目录及补充目录和饲料添加剂品种目录及补充目录中可用于宠物食品的原料和饲料添加剂；这些原料和添加剂可用于宠物食品，不在范围内的不能使用，如需使用需要上报批准才能使用。

（2）原料和饲料添加剂的标准　每种可用的原料和添加剂都应有对应的质量标准，可参考中国发布的原料标准和饲料添加剂标准，制定自己企业的原料标准和添加剂标准。

（3）成品标准　根据相关文件的要求，制定自己的企业产品标准，并进行备案。根据企业标准中的指标来指导生产和质量控制。

（4）检测方法的标准　每个检测的指标都有国家制定的检测方法，按通用技术要求标准进行指标的检测。

（5）饲料加工机械标准　参考国家制定的加工机械的标准采购设备，保证加工质量。

（6）管理标准　根据国家发布的关于宠物食品的法规及相关标准，进行质量控制。如中国发布的针对宠物食品的相关法规。

2. 标准的等级

标准分四级，如下：

（1）国家标准　是在全国范围内统一的技术要求，由国务院标准化行政主管部门制定，如宠物饲料标签标准和卫生标准。

（2）行业标准　是在没有国家标准的情况下，需要在某个行业范围内统一的技术要求，由国务院有关。当公布了国家标准，行业标准即废止。

（3）地方标准　是在没有国家标准和行业标准的情况下，需要在省、自治区和直辖市范围内的工业产品安全、卫生要求，并报国务院标准化行政主管部门和国务院有关行政主管部门备案。

（4）企业标准　是企业依据已有国家标准或行业标准，制定的严于国家标准或行业标准或在没有国家标准或行业标准情况下，企业制定的标准，主要包括产品标准和检测方法标准，仅适用于企业内部。

标准有强制性和推荐性的。强制性的标准，如卫生标准和标签标准必须执行，推荐性的标准可参考执行。宠物食品企业根据情况参考前 3 个标准制定企业标准，并进行标准备案。

（三）加工指标的测定

宠物食品加工过程的质量控制非常重要，包括从原料投料开始到成品的一系列加工过程。宠物食品因品类繁多，加工工艺多样，因此应根据设备和工艺情况，确定加工过程的控制的关键点和指标。对于每一个产品需要建立一套加工工艺参数，进行加工过程的质量控制。加工指标包括以下指标：

1. 外观指标

原料和成品都要求色泽一致、无发霉、变质、结块、异味及异臭。成品的形状也需要根据标准测定内部控制，以防大小不均，批次差异巨大。

2. 水分指标

原料含水量一般不高于 14%，成品根据产品的备案标准进行控制。如膨化全价干宠物食品，根据企业备案的标准进行控制，国家要求不超过 14%，如企业备案的标准是不大于 10%，就应该控制 10% 以下。罐头产品，如果备案的企业标准是小于 78%，就应该控制在 78% 以下。

3. 加工指标

原料粉碎粒度、混合均匀度、膨化的工艺参数、烘干的温度、喷涂的均匀度、称量的准确定等指标都需要进行控制。

4. 成品的指标

成品的指标主要包括产品的形状、颜色、容重、硬度、表面的均匀度、水活度等。

（四）卫生指标的测定

按农业农村部发布的 20 号公告中关于宠物食品的卫生指标，进行卫生指标的控制。

（五）动物试验

1. 适口性试验

宠物食品的适口性扮演着非常重要的角色，如果产品各项营养指标和卫生指标都合格而适口性不佳，也不能获得宠物主人的喜爱，因此，需进行适口性试验验证其适口性。一般采用单盆法或双盆法进行适口性的验证。

2. 消化试验

原料按饲料配方通过不同的设备和工艺制成了成品，成品存在不同的消化性。食品中的营养素只有被消化吸收才能被机体利用，因此消化率是非常重要的。我们需要测定犬猫采食食物后粪便的质量（粪便评分）和营养物质消化率，因此，我们需要进行消化试验进行验证。

3. 饲喂试验

可以根据不同的试验目的，来验证产品的饲喂效果，如是否具有某种特殊的功能（营养补充剂或功能性的添加剂），饲喂试验也常用来验证产品的全价（全营养）和均衡性。按 AAFCO 的推荐的饲养方案，要验证一个产品的全价均衡性需要进行 183 天的饲喂试验。

第四节　宠物食品法规

一、中国的宠物食品法规体系

中国发布宠物食品的标准和法规见下表 11–4。

表 11–4 中国发布的宠物食品的标准和法规

序号	标准的名称	标准编号	发布时间（年 / 月 / 日）
1	全价宠物食品 – 猫粮	GB/T 31216	2014/9/3
2	全价宠物食品 – 犬粮	GB/T 31217	2014/9/3
3	宠物食品 – 狗咬胶	GB/T 23185	2008/12/31
4	农业农村部公告 2018 年第 20 号		2018/4/27
5	农业农村部公告 2018 年第 21 号		2018/4/27
6	农业农村部公告 2018 年第 22 号		2018/4/27
7	饲料原料目录		
8	饲料添加剂目录		
9	宠物配合饲料（全价宠物食品）标准综合体团体规范	T/CGAPA002—2019	2019/08/
10	宠物营养补充剂标准综合体团体规范	T/CGAPA003—2019	2019/08/
11	宠物零食标准综合体团体规范	T/CGAPA001—2019	2019/08/
12	饲料和饲料添加剂管理条例		国务院令 2011 年第 609 号、2013 年第 645 号、2016 年第 666 号、2017 年第 676 号修订
13	饲料质量安全管理规定		农业部令 2014 年第 1 号、2017 年第 8 号修订

（一）农业农村部公告 2018 年第 20 号文件

1. 20 号文件的基本框架

农业农村部在 2018 年发布了 2018 年第 20 号文件，它是关于宠物食品的管理的第一个专门的法规。其内容框架包括:《宠物饲料管理办法》《宠物饲料生产企业许可条件》《宠物饲料标签规定》《宠物饲料卫生规定》《宠物配合饲料生产许可申报材料要求》和《宠物添加剂预混合饲料生产许可申报材料要求》。其对生产许可、生产管理、食品标签规定、宠物食品卫生标准都进行了规定。20 号文件对下列内容进行了阐述。

（1）概念定义　对宠物饲料的概念和分类进行了定义。

（2）生产许可　《全价宠物食品》和《营养补充剂》，需要按要求取得生产许可。产品按含水量取得相应的许可证，分固态、半固态、液态。

（3）原料和添加剂使用　使用的原料必须在饲料原料目录和补充目录中，饲料添加剂应是允许宠物使用的饲料添加剂，并按《饲料和饲料添加剂管理条例》执行限量要求，不能超量使用。

（4）标签按《宠物饲料标签规定》 进行标签的写作和设计。

（5）卫生标准　按《宠物饲料卫生规定》执行。

（6）产品生产　按《饲料质量安全管理规范》组织生产，对生产过程实施有效控制并实行生产记录和产品留样观察制度。

（7）生产许可证的申报表格。

下面主要介绍下宠物食品的卫生标准和标签标准。

2. 宠物食品的卫生标准

农业农村部发布的20号文件中关于宠物饲料卫生标准的规定，其具有如下特点：

（1）强制标准 卫生标准是强制性标准，必需符合要求，有一项不符合，就视为不合格。

（2）适用范围 不管是境内生产还是境外进口的，都应当符合饲料卫生标准的要求。所有的宠物饲料都在监管的范围，全价、营养补充剂、零食。

（3）指标体系 卫生标准的指标体系包括无机化合物和含氟、真菌毒素、天然植物毒素、有机氯污染物、微生物污染物等，都给出的不同类型的宠物食品的限量要求。

（4）标签上的标识 在宠物饲料标签上必须写上《本产品符合宠物饲料卫生规定的要求》。

（5）监管 国务院农业行政主管部门和县级以上地方人民政府饲料管理部门，应当以卫生指标为重点，根据需要定期或者不定期组织实施宠物饲料产品监督抽查。

3. 宠物标签标准

宠物饲料标签是指以文字、符号、数字、图形等方式粘贴、印刷或者附着在产品包装上用以表示产品信息的说明物的总称。在中华人民共和国境内生产、销售的宠物饲料产品的标签应当按照规定要求标示产品名称、原料组成、产品成分分析保证值、净含量、贮存条件、使用说明、注意事项、生产日期、保质期、生产企业名称及地址、许可证明文件编号和产品标准等信息。因此标签要求必须有13项内容。

宠物饲料产品名称应当位于标签的主要展示版面并采用通用名称。通用名称应当使用一致的字体、字号和颜色，不得突出或者强调其中的部分内容。在标示通用名称的同时，可以标示商品名称，但应当放在通用名称之后或者之下，字号不得大于通用名称。

物饲料产品标签应当在醒目位置标示“本产品符合宠物饲料卫生规定”字样，并以粘贴或者印刷等形式附具产品质量检验合格证。宠物食品的标签标准对其13项内容做了详细的说明。

（二）饲料质量安全管理规范

农业部令2014年第1号，发布了《饲料质量安全管理规范》，要求饲料企业包括宠物食品企业按饲料质量安全规范进行生产。

1. 目的：为规范饲料企业生产行为，保障饲料产品质量安全。

2. 全程管理：实现从原料采购到产品销售的全程质量安全控制。

3. 内容框架：原料采购与管理、生产过程控制、产品质量控制、贮存与运输、产品投诉与召回、培训、卫生和记录管理。

4. 年度备案和饲料统计义务 企业应当及时收集、整理、记录本规范执行情况和生产经营状况，认真履行年度备案和饲料统计义务。

5. 实施形式：各项制度、流程、记录表单的形式进行管理，定期培训进行贯彻。

6. 实施的监督：县级以上人民政府饲料管理部门应当制定年度监督检查计划，对企业实施本规范的情况进行监督检查。

因此企业要按照饲料管理规范的要求进行各项记录，来规范宠物食品生产的管理，保证产品的质量。

二、美国的宠物食品法规

美国有很多机构管理宠物食品的营养标准、生产、销售和安全。

（一）美国国家科学研究委员会

美国国家科学研究委员会（NRC）下属的动物营养委员会犬猫营养特别委员会，负责制定犬猫的营养需要量。最新一版的犬猫营养需要量为2006版的《犬猫营养需要量》，里面给出了犬猫不同生命阶段的能量、营养物质的最低需要量、推荐供给量、最高限量。并给出了营养需要量的配套的表格和一些原料的营养指标，对其数据的来源和科学性进行了诠释，是基于科学的一套数据表格，为其他标准的制定奠定了基础数据和科学支撑。

（二）美国饲料管理协会

美国饲料管理协会（AAFCO）是管理宠物商品粮的最重要的机构，于1909年建立，是一个由州和联邦饲料管理部门组成的一个协会，是一个民间协会，并非政府机构。AAFCO每年都会推出官方出版物（OP），包括一部分的宠物食品法规，规定了定义和术语、标签格式、商标和产品名称、营养保证声明、可用的原料成分和添加剂、能量含量声明以及商品粮可食用或包括的描述性的术语。AAFCO管理宠物食品的营养素含量、原料命名和大多数的标签声明。AAFCO给出犬猫粮的营养标准，这个标准可以直接用于生产犬猫粮。AAFCO还制定宠物食品法规，包括《AAFCO宠物食品和特殊宠物食品标签指南》手册，帮助宠物食品具有统一的标签和营养充足性。AAFCO给出了证明营养适当性（全价而均衡）的定义和验证方法。如果在宠物食品的标签上写“complete and balanced nutrition”即“全价而均衡”的声称必须符合AAFCO的规定。AAFCO还给出代谢能测定的饲喂方案。

（三）美国食品和药品管理局

美国食品和药品管理局（U.S. food&drug administration，FDA）隶属于美国卫生部，负责宠物食品的洲际贸易和安全法规的制定。FDA强制执行联邦食品、药品和化妆品法案（federal food，drug and cosmetic act，FFDCA），该法案规定宠物食品与人类食品一样，需要清洁健康、安全、可食用和不含有毒有害物质，同时标签声明真实可信。FDA还出台了动物饲料安全体系（animal feed safety system，AFSS）草案框架，目的是加强动物饲料和宠物食品的安全。FDA负责管理宠物食品标签中涉及健康的声明。

（四）美国农业部

美国农业部（U.S. department of agriculture，USDA）负责保证食品标签的准确性。USDA的职责包括监督宠物食品使用的肉类成分是否经过合适的加工，并保证这些成分不进入人类的食品线；USDA还负责管理和调查科研机构，检查其研究用的猫舍、犬舍是否满足USDA对犬舍、猫舍的建筑结构、动物饲养条件、护理条件和卫生条件的要求。USDA与FDA及洲立饲料机构提供宠物食品安全卫生指南、法规和监管，用来保证宠物食品的安全卫生。

（五）宠物食品协会

宠物食品协会（pet food institute，PFI）是由宠物食品公司组成的一个商业机构，作为美国宠物食品制造商的代言人，与AAFCO的委员会合作，共同评估现有的法规，并提出建议。但PFI对宠物食品的生产、检测和标签声明没有直接的管理权。PFI致力于：①倡导立法、法规和技术，支持国内生产和全球销售安全、优质的宠物食品，并为消费者提供选择；②促进宠物食品在生产和处理实践方面的安全创新；③提供有关影响宠物食品制造商、供应商和分销商、宠物爱好者和其他相关利益相关者的问题的信息；④向广大公众宣传养宠物的好处。

三、欧盟的宠物食品法规

欧盟审查委员会（FEDIAF）是代表欧洲宠物食品行业的贸易组织。有来自18个国家的成员和5家公司成员。FEDIAF完全致力于促进负责任的宠物饲养，促进宠物的福祉，发挥宠物重要的社会作用，尊重可持续发展。FEDIAF着眼于添加剂和不良物质；饲料安全及卫生；产品交流；营养与分析科学；饲料原料及贸易；环境和可持续性；特殊营养用途等方面。

FEDIAF定期发布《事实与数据2020欧洲概况》（FACTS & FIGURES 2020 European Overview），对欧洲养宠情况和宠物食品工业的情况进行阐述；定期发布《全价及补充性犬猫食品营养指南》（Nutritional Guidelines For Complete and Complementary Pet Food for Cats and Dogs），给出不同生命阶段的犬猫的营养需要量数据及代谢能测定流程及相关的营养说明。在2018年发布《宠物食品安全生产良好规范指南 》（Guide to Good Practice for the Manufacture of Safe Pet Foods）及《宠物食品标签规范》（Code of Good Labelling Practice for Pet Food），对宠物食品的生产和标签进行规范。

本 章 小 结

详见数字课程 e。

复习思考题

一、名词解释

宠物食品、全价宠物食品、补充性宠物食品、宠物零食、适口性、采食率、首选率、食品安全、宠物食品标签、宠物食品安全、质量控制

二、简答题

1. 全价宠物食品是如何分类的？
2. 宠物添加剂预混合饲料是如何分类的？
3. 宠物零食是如何分类的？
4. 家制宠物食品有哪些优缺点？
5. 鲜粮存在哪些优缺点？
6. 影响犬猫适口性的因素有哪些？
7. 如何评价犬猫的适口性？

三、扩展题

1. 根据网上的宠物食品资料，阐述目前中国市场上存在的宠物食品有哪些种类？有什么特点？
2. 如何去评价一个宠物食品的质量？

第二篇

宠物饲养学

第十二章

犬

本章提要

犬是人类最早驯化的动物，从最初的狩猎助手到人类最流行的伴侣动物，犬在人类社会中扮演着许多重要角色。通过学习犬科动物的品种特征、生物学特性和遗传进化史，不仅可以了解犬的生理特性及其自然历史，还可以获知人类的文明史，促进人、犬、环境的和谐发展。

知识导图

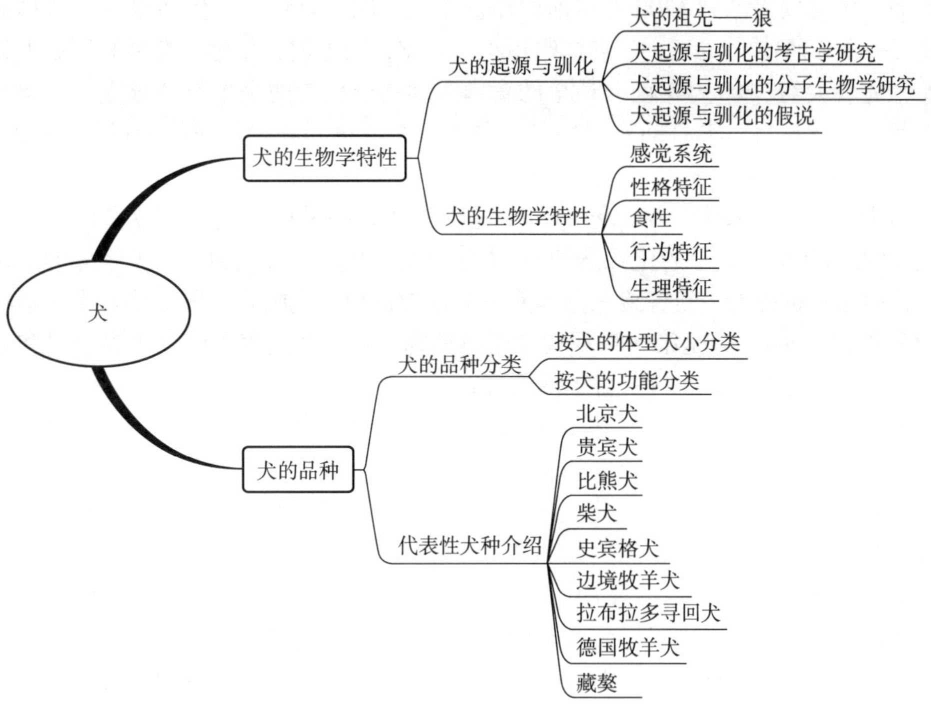

现代家犬已有超过400个品种，都是人类在驯化后通过杂交育种得来。早在狩猎采集时代，人们就已驯养犬为狩猎时的助手。犬是人类最早驯养的家畜，驯养的理由主要是犬的各项生物学特性十分特殊。例如犬的嗅觉灵敏度位居各畜之首，主要表现两个方面：一是对气味的敏感程度；二是辨别气味的能力，敏感度会因味道的种类而有所差别。犬的听觉感应力可达12万赫兹，是人类的16倍，它能听到的最远距离大约是人的400倍，犬对于声音方向的辨别能力也是人类的2倍，能分辨32个方向，犬对于人的口令和简单的语言，可以根据音调音节变化建立条件反射。犬的晶状体是人类的两倍厚，它的眼的调节能力只及人的1/5到1/3，静态视觉距离只有50 m，但运动的目标则可看到八百多米远的距离，但是在色彩分辨方面，犬无法像人一样分辨各种色彩。

第一节　犬的生物学特性

犬（*Canis lupus familiaris*）属脊索动物门、脊椎动物亚门、哺乳纲、真兽亚纲、食肉目、裂脚亚目、犬科。犬与马、牛、羊、猪、鸡并称“六畜”。在2021年的《国家畜禽遗传资源品种名录》中，犬被定义为伴侣动物而被排除在畜禽之外。经过一个多世纪的争论，现在已经达成共识，世界范围内的所有家犬，无论是古代还是现代，都起源于灰狼（*Canis lupus*）。但关于家犬的直系祖先，以及驯化最早发生在何时何地，仍然存在很大争议。

一、犬的起源与驯化

犬的历史可以追溯到4200万年前的始新世。在四千万年前，生活着一种最早的食肉类动物——麦牙西兽（*Miacis*）。它体躯短小，善跑，会上树，是熊、浣熊和所有犬科动物的原始祖先。大约3700万年前，最早的食肉类动物分化为两个主要的分支：猫型亚目和犬型亚目。在始新世，犬科动物很快又细分为三个亚科，分别是现代犬亚科（*Caninae*），古犬亚科（*Hesperocyoninae*）和恐犬亚科（*Borophaginae*）。犬科动物中最早和最主要的分支是古犬亚科。黄昏犬（*Hesperocyon*）是古犬亚科的早期成员。黄昏犬化石至少可以追溯到3700万年前，最早的化石达到3974万年前。有研究者认为，家犬祖先的进化路线是：麦牙西兽—黄昏犬—新鲁狼—汤氏熊—分化为各种现代的狼、狐、貉等犬科动物。由黄昏犬分化的*Leptocyon*是第一种现代犬亚科动物，生活在北美大陆。古犬亚科和恐犬亚科先后灭绝，只有现代犬亚科一直生活到现在。

犬和其祖先狼属于犬科。犬科动物现存的34个物种被分为4个支系：赤狐形分支、南美洲分支、狼形分支，以及灰狐和岛狐组成的分支。目前，犬属下面又分为7个种。犬属动物大约在600万年前出现在北美洲。400万年前，与其他一些食肉动物物种一起通过白令大陆桥迁移到欧亚大陆，随后在300万年前扩展到非洲。考古记录表明，现代灰狼大约在中更新世末期（3～4百万年前）迁移到欧亚大陆，大约最晚更新世（500 000年前）再次进入北美洲。家犬是由狼驯化而来的，这一论点已经得到行为学、考古学、细胞生物学和分子生物学等方面的证实。但是，狼驯化成家犬的具体时间、地点和方式、方法，目前仍然无从考证。

更多内容详见数字课程 e。

二、犬的生物学特性

（一）感觉系统

1. 犬的嗅觉灵敏

犬的鼻黏膜上布满嗅神经，嗅黏膜面积达 160 cm^2，其内有 2 亿多个嗅觉细胞，为人类的 40 倍；能够嗅出浓度为 1.0×10^{-7} mol/L 的有机酸，犬的嗅觉能力是人的 1 200 倍。犬在辨别食物时，总是首先表现为嗅觉行为，如丢给犬食物时，犬总是先嗅几遍，然后才确定是否吃掉。初生仔犬也是依靠嗅觉来寻找母乳的。

2. 犬的听觉敏锐

犬具有敏锐的听觉系统，是人的 16 倍，可听到 5.0 ~ 5.5 Hz 的声音，可分辨极为细小与高频的声音，且对声源的分辨能力也很强。

3. 犬的视觉不发达

犬的视力比人类差三到四倍。对于固定目标，犬在 50 m 以外就不能辨别主人的动作；对于运动的目标，犬可以感觉到 820 m 远的距离。犬在辨别黄绿色、黄色、橙色或红色，以及蓝绿色和灰色方面存在问题。与人类相比，犬对灰色色调的差异不那么敏感，但犬的暗视能力发达，在夜晚微弱光线下，辨别物体的能力很强。老年犬一般会出现白内障。

（二）性格特征

犬的神经类型分为活泼型、安静型、不可抑制型、弱型 4 种。犬喜欢接近人，易与人建立亲和关系，有学习能力，其智力相当于 3 岁小孩。通过后天学习，可使先天本能得以完善，进而产生灵活性好、应变性强、适应性更高的新行为。犬的学习方式有多种多样，如条件反射、印记、模仿、惯化等，工作犬的训练主要是通过条件反射进行。犬的记忆力很强。比如定时饲喂，每到喂食时间，犬都会自动来到喂食的地方，表现出异常的兴奋；犬对主人和住所，甚至主人的声音都有很强的记忆能力，对主人的忠诚和依恋是任何其他动物所无法比拟的，犬对主人绝对服从，有强烈的责任心，总是千方百计地完成主人交给的任务。犬天生具有顺从和忍让的气质，对主人的顺从和忍让是主动的，但与人的亲和感是后天培育的。犬一旦失去主人，就会感到不安和惊恐，心理失去平衡。

（三）食性

犬为食肉动物，但由于长期驯化，已适应杂食或素食，习惯于啃咬骨头，喜吃肉类，进食时总是囫囵吞下，咀嚼不完全；消化道短、食物通过消化道的时间也短；靠嗅觉选择食物。以及适应于一饥一饱的饲喂模式。因此，对成年犬可以一天只喂一顿。

（四）行为特征

犬善于奔跑，猎取欲强，对活动的物品感兴趣。犬是群居动物，群内有首领和序位排列，序位的高低往往要经过斗争决定。归家性很强，能从很远处自行归家。有攻击性，不合理的饲养及粗暴对待，可使其恢复野性。犬有领土行为，喜欢在其领地周围用尿做记号，经常在街道、树木、墙角等处撒尿作标记。主人的家或犬舍周围，都视为其领土范围，有陌生人或动物进入领土或侵害主人时，犬会作出反应。犬有肢体语言，如活动耳朵、摇尾夹尾、相互嗅闻、吠叫低吟、眼神、身体姿势、面部表情等。犬有定点排便的习惯，爱好清洁、厌恶潮湿，因此它不在吃住的地方排便，喜欢排在墙角、潮湿、荫蔽、有粪便气味处。

（五）生理特征

犬的寿命一般为 10 ~ 20 岁，最高记录达 34 岁。2 ~ 5 岁时为壮年时期，7 岁后开始衰老、10 岁时生殖能力停止。犬的体温调节方式有三种：毛发形成隔离层、脚底汗腺、呼吸道的蒸发作用。有独特的自我防御能力，吃进有毒食物后，能引起呕吐反应而把有毒食物吐出来。

第二节 犬的品种

一、犬的品种分类

犬品种的分类比较复杂，体型外貌千差万别，形成历史较为久远。用途、表型性状或生物学特性各有所异。因此，国际上目前还没有科学统一的犬品种的分类方法。1576 年在《品种论述》一书中，凯厄斯列举了 30 个犬品种，根据耳朵的形态进行分类：立耳、半立耳、垂耳、半垂耳。之后，卡维尔按头盖骨进行分类。19 世纪中期，皮埃尔和梅格尼将犬分为 4 类：狼犬、波音达犬、马士迪夫犬、灵提。英国休达尔奇尔按用途将犬分为 5 类：猎犬、普通用犬、工作犬、看门犬、陪伴犬。《中国畜禽遗传资源志》按体型大小分为 3 类：小型犬、中型犬、大型犬。

（一）按犬的体型大小进行分类

1. 小型犬

一般是指体高在 35 cm 以下的犬种。如北京犬（Pekingese）、贵宾犬（Poodle）、比熊犬（Bichon Frise）、吉娃娃犬（Chihuahua）、比格犬（Beagle）、英国可卡犬（English Cocker Spaniel）、德国博美犬（Pomeranian）等。另外小型犬也指成年体重在 10 kg 以下的犬。

2. 中型犬

一般是指体高在 35.1 ~ 54.9 cm 的犬种。如柴犬（Shiba Inu）、史宾格犬（Springer Spaniel）、边境牧羊犬（Border Collie）、马里努阿犬（Belgian Malinois）、杜宾犬（German Doberman Pinscher）、阿拉斯加雪橇犬（Alaskan Mountain dog）、萨摩耶犬（Samoyed）等。另外中型犬也指成年体重在 10 ~ 25 kg 的犬。

3. 大型犬

一般是指体高在 55 cm 以上的犬种。如拉布拉多寻回犬（Labrador Retriever）、德国牧羊犬（German Shepherd dog）、藏獒（Tibetan mastiff）、罗威纳犬（Rottweiler）、大丹犬（Great Dane）、阿富汗犬（Afghan Hound）、金毛寻回猎犬（Golden Retriever）等。另外大型犬也指成年体重在 25 ~ 45 kg 的犬，成年体重在 45 kg 以上的称巨型犬。

（二）按犬的功能进行分类

世界犬业联盟（FCI）将犬分为十类，美国养犬俱乐部（AKC）将犬分为七类，英国养犬俱乐部（KC）将犬分为六类。如 FCI 的十类主要包括：牧羊犬和牧牛犬（瑞士牧牛犬除外）组；杜宾犬和雪纳瑞类、獒犬、瑞士山地犬和瑞士牧牛犬组；㹴犬组；腊肠犬组；尖嘴犬和原始犬种组；嗅觉猎犬和相关品种组；指示猎犬组；寻猎犬、搜寻犬、水猎犬组；伴侣犬和玩具犬组；视觉猎犬组。

FCI 成立于 1911 年，创始会员国为德国、奥地利、比利时、法国和荷兰，现有 99 个国家及地区的会员组织（每个国家或地区仅限一个）。截止到 2021 年 12 月，FCI 认可的品种有 354 个。

AKC 成立于 1884 年，是致力于纯种犬事业的非营利组织，由美国各地 530 多个独立的养犬俱乐部组成。截止到 2021 年 12 月，AKC 认可的品种有 282 种。

KC 成立于 1873 年，是英国最大的致力于犬健康、福利和培训的组织。截止到 2021 年 12 月，KC 认可的品种有 222 种。

二、代表性犬种介绍

（一）北京犬

1. 品种起源

北京犬（Pekingese），又称宫廷狮子犬，最初是由中国古代皇室所培育的几个品种之一。起源日期不详，但至少在 1300 年前，类似北京犬的犬种就已经在中国的名贵犬中占有一席之地了。1860 年，英国军队入侵北京，一位陆军上尉带着一只北京犬回到英国，作为礼物送给维多利亚女王，从那以后这一品种很快在英国流行起来。到 19 世纪 90 年代末，北京犬传到了美国。

2. 体型外貌

北京犬头顶骨骼粗大、宽阔且平，头顶高。面颊宽阔，宽而低的下颌和宽宽的下巴组成了其面部结构。下巴、鼻镜和额部处于同一平面。其鼻子呈黑色、宽而短，鼻子上端正好处于两眼间连线的中间位置。眼睛大、黑而圆、有光泽，眼圈黑色，当其向前直视时，看不见眼白。面部有皱纹隆起、覆毛，皱纹将面部分成上半部分和下半部分。一侧的面颊皮肤皱褶经过一个倒 V 形延伸到另一侧面颊。皱纹挤满整个脸，但不会遮住鼻子和眼睛而影响视线。口吻非常短且宽，配合高而宽的颧骨。下颌略向前突。嘴唇平，且当嘴巴闭合时，看不见牙齿和舌头。耳朵心形，位于头部两侧。任何颜色犬的鼻镜、嘴唇、眼圈都是黑色的。

北京犬颈部非常短、粗。躯干紧凑。前躯发达，肋部扩张；胸宽，胸部向后变细与腰部相连，背线平。尾根位置高，尾翻卷在后背中间。直长而丰厚的饰毛垂在一边。前肢短粗、骨骼粗壮、略弯。肩的角度良好，平贴于躯干。肘部总是贴近身体。前足爪大而平、略向外翻，为八字形腿。后躯骨骼比前躯轻，后膝和飞节角度柔和，从后面观察，后腿适当靠近、平行。前、后躯协调。被毛长而直、竖立、丰厚柔软的底毛覆满身体，颈和肩部周围有鬃毛，比身体其他部分的被毛稍短，在前腿和大腿后边、耳朵、尾巴、脚趾上有长长的饰毛。被毛颜色有黑色、白色、黄色、狼青色。

3. 品种特征

北京犬从容高贵，聪明灵慧，跑动时肩部向后略显扭动，弯曲八字形的前肢、宽而重的前躯、直平的后肢，走起路来以细腰为支点扭动，步态流畅、轻松，平衡良好。身材矮胖，肌肉发达，身体结构紧凑，前躯重而后躯轻（图 12–1）。公犬的体高 22 cm ~ 24 cm，母犬 18 cm ~ 22 cm；公犬的体重 5 kg ~ 6 kg，母犬 4 kg ~ 5.5 kg。主要用于玩赏、伴侣，预期寿命 12 ~ 16 岁。

图 12–1　北京犬

（引自：FCI）

（二）贵宾犬

1. 品种起源

贵宾犬（Poodle）是法国的国犬，但据说这一品种起源于德国的一种猎鸭犬。在德国，“pudelin”一词指的是在水中泼水。首先出现的是贵宾犬标准型，然后被培育成微型品种和玩具品种。贵宾犬优雅、敏锐的头脑和英俊的外表使它们成为欧洲皇室成员的最爱。

2. 体型外貌

贵宾犬头部突出，轮廓分明，既不重也不太细；颅区头骨宽度小于头部长度的一半，从上面看，整个头骨呈椭圆形，从侧面看，略有凸起。头骨和口吻的轴线略有分叉，眉弓适度突出，覆盖着长毛。额部皱纹在两眼之间较宽，向枕骨方向收窄，非常明显。面部鼻子发达，轮廓垂直，鼻孔开放。黑色、白色和灰色的贵宾犬多为黑色鼻子，棕色犬多为棕色鼻子，淡黄褐色（杏色/红色）犬鼻子应该是黑色或棕色，具体取决于淡黄褐色的强度。贵宾犬口吻上侧面完全笔直，其长度大约是头骨长度的9/10，下颚的分支几乎是平行的，口吻的下轮廓是由下颚决定的，而不是由上嘴唇的边缘决定的。唇适度发育、紧致、中等厚度，上唇完全位于下唇上，不盖住下唇。黑色、白色和灰色贵宾犬的唇为黑色，棕色犬的唇为棕色，橙褐色（杏色）贵宾犬和红褐色贵宾犬的唇可为或多或少的深棕色或黑色。嘴角不明显，颊不显著，由脸颊骨勾勒出形状，下眼眶轮廓分明，很轻微地内陷，颧骨略微拱起。目光敏锐，眼与额段在同一水平线上，稍稍倾斜；眼睛杏仁型，黑色或深棕色，棕色贵宾犬的眼睛也可为深琥珀色。黑色、白色以及灰色的犬只眼眶为黑色，棕色犬只眼睛为棕色，浅褐色犬只眼眶大多为深色。耳朵很长，沿脸颊两边下垂，位于从鼻子上端开始经过外眼角下方的直线的延长线上，耳朵扁平，从根部外逐渐变宽，耳尖圆，覆有很长的卷毛。耳朵的皮肤在向前拉伸时应达到嘴角。

贵宾犬颈部结实，颈背之后略微拱起，中等长度，比例协调。足够使头部能高高昂起。颈部无垂肉，颈部相交处椭圆；颈部长度小于头部的长度。躯干比例良好。身长通常长于肩高。背线和谐并且整齐，肩部适度发育，肩高与臀部上部到地面的长度相等。后背短，腰部结实且肌肉发达，臀部圆润但是不倾斜。胸部到达肘部，宽度等于胸深的2/3，前胸胸骨的末端略突起并且位置很高。对于标准贵宾犬，胸部的参数从肩部后面测量，应当比肩高长10 cm。椭圆形交叉的部分，背部宽阔。下线和腹部上收但不过度收紧。

贵宾犬的尾部位于腰部水平位置相当的高处；其皮肤柔软，不松弛，有色素沉着。毛发有卷曲的被毛和灯芯绒被毛。颜色包括黑色、白色、棕色、灰色、褐色。四肢方面，前腿非常直，相互平行，肌肉发达，骨骼良好，肘到地面的高度是肩高的一半稍多。从后侧看后肢是平行的，肌肉发达并且明显。后足很小、结实、短、椭圆形。脚趾良好并紧凑，脚垫坚硬并且厚实。

3. 品种特征

贵宾犬是中等比例的犬，有卷曲或绳索的卷曲皮毛特征，聪明且时刻保持警觉和活跃，体态和谐，给人一种优雅和自豪的印象。体型上，标准贵宾犬肩高45 cm ~ 60 cm；中型贵宾犬肩高35 cm ~ 45 cm；迷你贵宾犬肩高28 cm ~ 35 cm；玩具贵宾犬肩高24 cm ~ 28 cm（理想体型25 cm）。微型贵宾犬必须显示出缩小的中型贵宾犬的外观，尽可能保持相同的比例，并且没有任何矮小的迹象。贵宾犬有几个特殊的比例，包括口吻的长度约为头骨长度的9/10，身体的长度（肩胛－坐骨）略大于肩胛骨的高度，肩胛骨的高度实际上等于臀部的高度，肘部的高度是肩胛骨高度的 5/9（图 12–2）。贵宾犬是一种以忠诚、有学习能力和接受训练而闻名的犬，因此它是一种特别令人愉快的伴侣犬。预期寿命 10 ~ 18 岁。

图 12–2 贵宾犬
（引自：FCI）

（三）比熊犬

1. 品种起源

比熊犬（Bichon Frise）是在文艺复兴时期从意大利带到法国的。因为它看起来像一只非常小的 Barbet，所以它被命名为“barbichon”，然后缩写为“bichon”。在 17 世纪和 18 世纪，许多著名画家描绘了这些陪伴国王、贵族和其他名人的小犬。在拿破仑三世的统治下，这一品种重新流行起来，当时被称为“Téné Riffe”，然后在比利时和法国普及并受欢迎。在两次世界大战之后，比熊犬几乎消失了。幸得一些法国和比利时饲养者的饲养热情，种群才得以恢复。第一只在比利时注册的比熊犬是 Pitou，于 1932 年在比利时 studbook（LOSH）注册。现在的比熊犬法语名字 Bichonà poil frisé 是 1978 年给出的，被认为是法国 – 比利时品种。

2. 体型外貌

比熊犬头骨圆，眼睛圆，呈黑色或深棕色，位于头骨内，直视前方，眼圈是黑色的，眼睛下面有轻微的凿痕，但不会造成虚弱或流鼻涕的前脸。耳朵下垂，覆盖着长长的飘逸的毛发，当向鼻子方向伸展时，皮毛的长度大约为口吻长度的一半，其高度略高于眼睛，并且在头骨上相当靠前，这样当比熊犬保持警觉时，就可以用来勾勒出脸部的轮廓。下巴很强壮。鼻子突出，呈黑色。口吻呈黑色，从不下垂。

比熊犬颈部较长，呈弓形，并平滑地融入肩部。颈部从枕骨到肩胛的长度约为前胸到臀部距离的三分之一。背线水平，除腰部有一个轻微的肌肉拱。身体 – 胸部发育良好，足够宽，胸部的最低点至少延伸到肘部。胸腔适度弹起，向后延伸至短而肌肉发达的腰部。前胸非常明显，略向前突出肩部。下划线有一个适度的收拢。尾巴有很好的羽状毛，与背线平齐，优雅地弯曲在背上，这样尾巴的毛可就落在背上了，当尾巴向头部伸展时，至少到达肩胛骨的一半。

比熊犬前躯的肩部肩胛骨、上臂和前臂的长度大致相等。肩部向后倾斜，接近 45 度角。上臂向后延伸，因此从侧面观察时，肘部直接位于肩胛骨下方。腿部中等骨骼笔直，前臂或手腕无弓或弯曲。肘部紧贴身体。脚骨与垂直方向略有倾斜。脚又紧又圆，像猫一样，直指前方，既不内翻也不外翻。黑色脚垫，指甲短、黑色为宜。后躯骨骼中等，与肌肉发达的大腿成良好角度，间距适中。大腿上部和下部的长度几乎相等，膝关节弯曲良好。从飞节到脚垫的腿垂直于地面。爪子又紧又圆，有黑色的垫子。

被毛柔软致密，外层毛粗糙卷曲。两者的结合给人一种柔软而坚实的触感，类似于毛绒或天鹅绒，拍打后会弹回来，颜色多为白色。耳朵周围或身体周围可能有淡黄色、奶油或杏色的阴影。

3. 品种特征

比熊犬温文尔雅、敏感、顽皮、深情，步态活泼，白色的卷发非常松散。尾巴优雅地弯曲在背部。比熊犬长度大于身高，身体的长度（从肩部到臀部）大于肩胛的高度，身体呈矩形，头骨长度与口吻长度之比为 3：2（图 12–3）。胸部的深度等于从地面到肘部的高度，体高 24 cm ~ 29 cm，体重 5 kg ~ 8 kg，预期寿命 14 年 ~ 15 年。

图 12–3 比熊犬

（引自：FCI）

（四）柴犬

1. 品种起源

柴犬（Shiba Inu）是日本土生土长的品种，从公元前 300 年就开始存在了。柴犬是根据其在日本崎岖的山上打猎的历史而命名的；“Shiba”在日语中的意思是“灌木丛”，“Inu”的意思是“犬”。根据饲养地区的不同，品种也略有不同。1868—1912 年，随着英国赛特犬和英国指示犬等从英国进口，狩猎在日本成为一项运动，柴犬与那些英国犬杂交变得流行，纯种柴犬变得罕见，因此到 1912—1926 年，仅限于这些地区的纯种柴犬变得极其稀少。从 1928 年左右，猎人和其他受过教育的人开始关注纯种柴犬的保存，最终在 1934 年统一了品种标准。1937 年，柴犬被指定为“天然纪念物”，此后，该品种被培育和改良，成为今天所知的品种，现在是日本的头号伴侣动物。

2. 体型外貌

柴犬头部大小适中，与身体比例适中。额头宽阔平坦，稍有皱纹。眼睛呈三角形，深陷，向上倾斜，向耳朵外侧倾斜。虹膜是深棕色的，眼圈是黑色的。耳朵是三角形的，扎得很牢，很小，但与头部和身体的大小成比例。耳朵分开放置，直接向前倾斜，耳朵的后部倾斜，跟随着颈部的拱形。口吻坚固、饱满、圆润，下颚从丰满的脸颊突出，鼻子黑色，牙齿坚固、排列均匀。颈部粗壮，呈中等长度，背线笔直，与尾巴底部水平。肌肉发达，前胸发育良好，肋骨适度伸展。腹部结实，收拢良好，腰部强壮。尾巴厚实有力，呈镰刀状或卷曲状从背部抬起。松散的卷曲或镰刀形尾巴有力地指向颈部，与背部几乎平行。

前躯的肩胛骨和上臂角度适中，长度大致相等。肘部贴近身体，既不内翻也不外翻。前腿和脚的间距适中、笔直、平行。胫骨略微倾斜，脚像猫一样，脚趾紧紧地贴合在一起，脚垫厚。后躯的角度适中，与前躯的角度平衡。后腿强壮，站姿自然宽广。大腿上部较长，下部较短，但发育良好。

被毛双层，外层被毛硬而直，内层被毛柔软而厚实。皮毛很短，脸部、耳朵和腿上的毛发都很均匀。尾毛稍长，竖立状。底毛颜色是奶油色、浅黄色或灰色。

3. 品种特征

柴犬是日本本土犬中体型最小的品种，最初是为了在日本山区茂密的灌木丛中通过视觉和嗅觉进行狩猎而培育的。机警敏锐，活跃专注，也是优秀的看门犬和伴侣犬。身体结实，肌肉发达（图 12–4）。公犬和母犬在外貌上有着明显的差异：公犬具有阳

图 12–4 柴犬

（引自：FCI）

刚之气而不粗糙，母犬具有阴柔之气但没有结构上的脆弱。柴犬对陌生人保持沉默，但对那些赢得他尊重的人却表现忠诚和深情。柴犬体高 34 ~ 42 cm，体重 8 ~ 10 kg，预期寿命 13 ~ 16 岁。

（五）史宾格犬

1. 品种起源

史宾格犬（Springer Spaniel）原产于英国，是许多猎犬的祖先。1880 年在美国成立猎犬俱乐部，按犬的大小进行分类，体重超过 12.70 kg 的犬都被归为史宾格犬。1924 年英国史宾格犬野外狩猎测试协会成立后，人们才更多地了解史宾格犬。在开始野外狩猎测试之后 3 年（1927），英国史宾格犬野外狩猎测试协会改为英国史宾格犬俱乐部。1902 年英格兰养犬俱乐部承认史宾格犬为独立的品种。2000 年我国公安部门从欧洲大批引进该犬，现分布于全国各地。

2. 体型外貌

史宾格犬头约与颈等长，额宽。眼大小适中、呈椭圆形，虹膜颜色与毛色协调，褐白花犬的虹膜为深褐色，黑白花犬的虹膜为黑色或深棕色。眼睑紧而带有小窝。耳长、宽而薄，靠近脸颊下垂，长约达鼻尖，耳根与眼平齐。颅骨长而宽，顶部平坦，侧面和后面略圆，额鼻中间沟明显，在到达额的上部消失，额鼻阶发达。鼻梁、额微凸，眼至鼻镜前缘距离与到枕骨距离等长，约为颅宽的 1.5 倍。侧面观，颅顶线和吻约与地面平行，颊方形，眼下部轮廓鲜明。颌长、斜而强壮，上唇完全覆盖下颌线。鼻直，鼻为肝色或黑色，鼻孔宽。牙坚硬、整齐，剪状咬合。颈长适度、强健，躯干强壮、紧凑，肋骨与关节短，胸深、与肘平齐，前胸发达。肋骨长，肋骨的终端逐渐变细，下线与肘平齐。腹部侧面轻微向上弯曲，背直平，腰短、强壮而微拱。臀圆，向尾基倾斜，尾自然下垂。肩胛平坦，肩胛和上臂等长，约成 90° 角。前腿直，骨强壮，粗细适中。掌短、强壮而微斜，脚紧凑、拱起，呈圆形或微椭圆形，中等大小，厚垫，趾间有饰毛。大腿宽而强健，膝关节强壮。后掌强壮，骨质良好，小而紧凑。

被毛有光泽，有外层毛和下层绒毛。外层毛中等长、平坦或波浪状，下层绒毛短、柔软而致密，耳、胸、腿和腹覆有中等长度的毛，头部、前肢前面和后肢前面、飞节下面的毛短而精细。毛色为黑白花色或褐白花色，被毛上的任何白色部分可以带斑点。

3. 品种特征

史宾格犬整体紧凑、匀称、结实，被毛适中，背平、强健、轻松自如，四肢、耳、胸部有饰毛，垂耳，胸深。腿强壮有力，肌肉发达，运动灵活，善快跑，兴奋性高而持久（图 12-5）。史宾格犬体高公犬 41 cm ~ 47 cm，母犬 40 cm ~ 46 cm；体重公犬 15 kg ~ 20 kg，母犬 12 kg ~ 18 kg；预期寿命 12 ~ 14 岁。

图 12-5　史宾格犬

（引自：FCI）

（六）边境牧羊犬

1. 品种起源

边境牧羊犬（Border Collie）原产于英国，早期苏格兰群岛上苏格兰牧羊人用其看管羊群，在当地崎岖的地理环境中，人们依靠这种犬帮助集合、驱赶以及看牧牲畜，所以人们把它称作“边境牧羊犬”。现在该犬分布于世界各地，我国民间养犬爱好者在20世纪80年代后期从欧美一些国家引进该犬。

2. 体型外貌

边境牧羊犬体型中等，身躯轮廓平滑协调；头阔，后枕骨不突出，吻略短而钝。鼻端略细，鼻色与身体主要颜色相称，鼻孔发达。牙齿剪状咬合，眼中等大、呈卵形，间距较宽，为褐色。耳中等大，间距较宽，竖立或半立。颈长度恰当，肌肉发达，略拱，向肩部方向逐渐变宽。背平，腰部后方略拱，胸深达到肘部、宽度适中，肋骨开张良好。腰肌发达，略拱，不上提。臀向后逐渐倾斜。前肢骨骼发达，两前肢平行，肘既不内弯也不外翻。足紧凑，脚趾适度圆拱。后躯宽阔、肌肉发达。后肢骨量充足、直，足与前肢相同。

被毛分粗毛和短毛两种类型，柔软浓密。粗毛型犬毛长中等，略呈波浪状。脸部毛短而平滑，前肢有羽状饰毛，后脚腕的毛可以被剪短。随着年龄的增加，被毛逐渐变成很大的波浪状。短毛型犬毛很短，前肢可能有饰毛，胸部毛丰满，颜色多种且式样和斑纹不一。最普通的颜色是黑色和褐色，带有斑纹或无斑纹。尾位置低、中等长、低垂，尾骨延伸到飞节，兴奋时尾上举到背部。

3. 品种特征

边境牧羊犬是一种平衡良好的中等大小的运动型犬，优雅、有力、敏捷。边境牧羊犬非常聪明，其敏锐、警觉的表情是该品种的一个非常重要的特征。边境牧羊犬具有非常独特的工作方式，即以广泛的奔跑收集和抓取牲畜，然后用强烈凝视，再加上一种跟踪式的动作来控制牲畜群。该犬具有非凡的本能和不可思议的推理能力，最大的优点是不需要命令就能在主人的视线之外工作，基于这种工作能力的繁育使这一品种成为世界上首屈一指的牧羊犬（图12–6）。边境牧羊公犬体高48 cm ~ 54 cm，母犬44 cm ~ 48 cm；公犬体重18 kg ~ 22 kg，母犬14 kg ~ 18 kg；预期寿命12 ~ 15岁。

图12–6　边境牧羊犬

（引自：FCI）

（七）拉布拉多寻回犬

1. 品种起源

人们普遍认为拉布拉多寻回犬（Labrador Retriever）起源于加拿大的纽芬兰海岸，那里的渔民利用拉布拉多犬敏锐的取回本能帮助他们捕鱼和取回猎物。相对而言，拉布拉多寻回犬并不是一个古老的品种，它的品种俱乐部成立于1916年，黄色拉布拉多俱乐部成立于1925年。拉布拉多寻回犬最初是在19世纪末由彼得·霍克上校（Col Peter Hawker）和马尔梅斯伯里伯爵（Earl of Malmesbury）引入纽芬兰海岸的，因在野外试验中表现突出而成名。

2. 体型外貌

拉布拉多寻回犬头部呈楔形，头骨宽，和前额在平行的平面上，长度大致相等。颅骨的骨质结构在眼睛下面凿成轮廓，脸颊没有突出的地方。成年犬的枕骨不明显。嘴唇向喉咙呈弧形下垂，口吻既不长而窄，也不短而粗。鼻子宽，鼻孔发达，呈黑色或者棕色。牙齿坚固整齐，有剪状咬合；下牙在后方，但接触上门牙的内侧。耳朵适度靠近头部，与头骨成比例，向前拉的时候耳朵要伸到眼睛的内侧。脖子有适当的长度，肌肉发达，颈部从肩部抬起适度的拱度。站立或移动时背部结实，背线水平。

肋骨弹性好，逐渐变细，胸部适度宽。腰部短、宽和强壮；延伸到发育良好、强壮的后躯。从侧面看，拉布拉多猎犬的前胸发达，但并不夸张。尾巴是该品种的一个显著特征，它的底部非常厚，向尖端逐渐变细，中等长度，延伸不超过飞节。尾巴没有羽毛，周围厚厚地披着短密的皮毛，这样就有了被描述为类似水獭尾巴那种特殊圆形外观。尾巴在静止或运动时跟随背线。前躯肌肉发达，协调良好，与后躯保持平衡；肩膀放松，长而倾斜，与上臂形成一个约 90° 的角度，这使得犬可以轻松地移动前腿，有力地向前伸展。理想情况下，肩胛骨的长度等于上臂的长度。前腿从前面看是笔直的，骨骼强壮；从侧面看，肘部在肩胛骨的正下方，前腿垂直于地面，并在身体下方，肘部靠近肋骨。脚结实紧凑，脚趾呈拱形，脚垫发达。后躯宽阔，肌肉发达，从臀部到飞节都发育良好。从后面看，后腿是笔直平行的；从侧面看，后腿和前腿的角度是平衡的。后腿骨骼结实，肌肉发达，大腿有力，轮廓清晰。飞节结实放松，在运动或站立时不会滑倒或过度伸展。站立时，后脚趾仅略微位于臀部后方。被毛短、直、非常浓密，给人一种坚硬的手感。底毛柔软，起到保护作用。毛色为黑色、黄色和巧克力色。

3. 品种特征

拉布拉多猎犬最显著的特征是其短、密的皮毛和“水獭”一样的尾巴。此外，拉布拉多猎犬具有良好的平衡能力，使其能够轻松地在表演场上活动或在野外工作。拉布拉多犬主要是用来工作的猎犬，现在也多为伴侣犬（图 12–7）。拉布拉多公犬体高在 57 ~ 62 cm 之间，母犬在 55 cm ~ 59 cm 之间。体重，公犬在 29 kg ~ 36 kg 之间，母犬在 24 kg ~ 31 kg 之间；预期寿命 10 ~ 12 岁。

图 12–7　拉布拉多寻回犬

（引自：FCI）

（八）德国牧羊犬

1. 品种起源

德国牧羊犬（German Shepherd dog）原产于德国，于 1880 年在德国基本被固定下来，1899 年成立德国牧羊犬俱乐部。第一次世界大战时，德国牧羊犬作为优秀的军用犬随德军作战，表现突出，后来输出到美国及英国，于 1920—1950 年因相继在电影中出现而名声大振。德国牧羊犬曾称狼犬，是极具才能的工作犬种。在世界各地曾任警卫犬、搜查犬、导盲犬、牧羊犬等。同时，还是极受欢迎的家庭犬，忠于饲养者，可与主人建立亲密关系，被誉为“天然警犬”。现在世界大多数国家和地区皆有分布。我国公安部门和军队在 20 世纪 80 年代后，多次从德国引进该犬，民间也通过各种渠道从欧洲引进相当数量的种犬。目前，德国牧羊犬在全国各地都有分布，公安部沈阳、南京、南昌、昆明四大警犬繁育基地都有该犬，军队也有几个大型繁育基地，已建立了比较稳定的核心种犬群。

2. 体型外貌

德国牧羊犬整体外貌结实、敏捷，肌肉发达，体魄强健，警惕且充满活力。平静站立时，前后躯非常和谐。体长略大于体高，理想的比例为 10∶8。体躯深，身体轮廓的平滑曲线胜于角度。身躯坚固而匀称，不论在休息时还是在运动中，综合素质都良好。慢步时有弹性、非常轻松、平滑而有节奏，步幅大而频率很低；小跑时整体步幅大，有力、轻松，动作协调且平衡稳固。足爪在向前伸展或向后蹬地时，都离地面非常近。传动平滑、流畅，背线保持平稳，头部线条简洁、结实，侧看吻呈楔形。眼睛中等大小、杏仁形，位置略微倾斜，不突出，颜色深。耳略尖，与头比例匀称，关注前方时，耳朵直立。从前面观察，耳朵的中心线相互平行，且垂直于地面。吻长而结实，其轮廓线与头的轮廓线相互平行。鼻镜黑色。嘴唇合适，颌部坚固。牙齿 42 颗（上颌牙齿 20 颗，下颌牙齿 22 颗），呈剪状咬合。

颈部结实、肌肉发达，轮廓鲜明且相对较长，与头部比例协调，没有松弛的皮肤。其在关注或兴奋时，颈部抬起，头部高昂。在运动时显示凶猛无比。背线肩隆位置最高，向后倾斜，过渡到平直的后背。后背直而短，非常稳固，没有下陷或拱起。胸深而宽，向前突出，胸骨突在肩胛之前。肋骨开张良好且长，适当向后，使腰部显得相对较短。腰部宽且强壮。臀部长，逐渐倾斜。尾巴平滑地与臀部结合，位置低。尾毛浓密、长过飞节，休息时，尾巴垂直下垂，略微弯曲，呈马刀状。在兴奋时或运动中，曲线会加强，尾巴突起，但不会卷曲到超过垂直线。

前躯肩胛骨长而倾斜，上臂与肩胛骨构成一个直角，肩胛与上臂肌肉发达。不论从什么角度观察，前肢都是笔直的，骨骼呈卵形而不是圆形。散骨结实而有弹性，与垂直线成 25° 角。足爪短，脚趾紧凑且圆拱，脚垫厚实而稳固，趾甲短、暗黑色。后躯从侧面观察，大腿肌肉发达稳固，上半部分大腿骨与肩胛骨平行，而下半部分大腿骨与上臂骨平行。跖骨（飞节与足爪之间的部分）短、结实且结合紧密。后肢足爪与前肢相同。

被毛为中等长度的双层被毛。外层毛浓密、毛直、粗硬，且平贴着身体，略呈波浪状的被毛通常是刚毛质地的毛。头部（包括耳朵内、前额）、腿和脚掌上都覆盖着较短的毛，颈部毛长而浓密。前肢和后腿后方毛略长，分别延伸到骹骨和飞节。毛色多种，但以黑背、黄腹为好，浓烈的颜色为首选。

3. 品种特征

德国牧羊犬给人的第一印象是强壮、敏捷、肌肉发达、警觉和充满活力。平衡良好，前后协调发展，体高且长，身体深沉，呈现出平滑的曲线轮廓，结实而不纤细，无论是休息还是运动，都给人一种肌肉健康和灵活的印象（图 12-8）。德国牧羊公犬体高 60 cm ~ 65 cm，母犬 55 cm ~ 60 cm；公犬体重 30 kg ~ 40 kg，母犬 22 kg ~ 32 kg；预期寿命 7 ~ 10 岁。德国牧羊犬主要用于护卫、刑侦、搜毒、搜爆、伴侣、看门、导盲、牧羊等，为万能工作犬。

图 12-8　德国牧羊犬

（引自：AKC）

（九）藏獒

1. 品种起源

藏獒（Tibetan mastiff）藏语名称 Duji，又称吐蕃獒、东方神犬、西藏獒犬。藏獒是既古老又特殊的犬种，其驯化演变历史至今还是个谜。据《尚书 · 旅獒》记载，周武王统一中国后，有西方诸国献獒，可能就是今天的藏獒。我国古代先民将狩猎剩余的动物驯化为六畜，而居住在青藏高原的少数民族古羌人，在 5 000 余年前将由 1 300 万年前的喜马拉雅巨型古犬演变而来的高原犬种驯化，这些犬与古羌人相依为命。至今藏獒作为藏族群众的忠实朋友，仍伴随牧民过着逐水草而居的传统放牧生活，保护着藏民族在雪域高原的千年文明和藏文化的传承。

2. 体型外貌

按藏獒的体型外貌可分为狮头型和虎头型。狮头型被毛长、丰厚，颈部饰毛发达，颇似雄狮；虎头型被毛短，颈部饰毛也短，头突出，颇似虎头，骨量大。

头额宽，头骨宽大。鼻和唇呈黑色，鼻孔圆形，鼻上部至头后部大而宽，鼻呈圆筒状、宽大，眼球为黑色或黄褐色，杏仁形或三角形，大小适中，眼眉上侧有对称的黄色圆点（俗称四眼犬）。耳呈三角形，自然下垂，较大，长宽比例接近，紧贴于面部。脸呈楔形，上嘴唇下垂，下嘴唇有微小皱褶，短而粗，分为平嘴、小吊嘴和包嘴。胸深、发育良好，肋骨开张。肩胛稍隆起，背腰平直而宽。四肢强壮、直立、强劲有力，腕部角度适中，飞节坚实，爪呈虎爪形，掌肥大，对称，从爪上部至腿后部长有绯毛。尾毛长，尾自然卷于臀上，呈菊花状，下垂时尾尖卷曲，可分为斜菊和平菊。被毛长 8 cm ~ 30 cm，按颈毛、尾毛、背毛、体毛、腿毛、脸毛的顺序递减。被毛呈双层，底层被毛细密柔软，外层被毛粗长。毛色较多，可分为黑色、棕红色、铁包金、纯白、黄色、狼青色（灰色）、虎皮色（狸色，为稀有种）等。

黑色獒：全身黑色，颈下方、胸前可有白色斑片（胸花）。铁包金獒：背黑，腿黄（或棕），两眼上方有两个黄（或棕）圆点，称四眼；毛色齐，胸花小为佳；黄（或棕）色獒，全身毛为金黄色、杏黄色、草黄色、橘黄色或棕色，毛色齐，胸花小为佳。白色獒：全身雪白，鼻镜呈粉红色，无杂色为佳。环境造就了藏獒毛量丰厚的被毛（绒毛、针毛两型毛）。

3. 品种特征

藏獒是一种体格健壮、外表庄重但和善的犬，通常因为高贵的气质而令人印象深刻。有结实、紧实的犬爪，给人一种警觉的外观，身体略长于高。这个品种的标志是头部和尾巴。头部宽阔，令人印象深刻，后颅骨坚固，眼睛深陷，呈杏仁状，略微倾斜，口吻宽阔，衬垫良好，外观呈方形。藏獒的典型表现是警惕，尾巴和腰部有很好的被毛，尾巴卷曲着放在后背上，落在腰部，平衡头部。被毛和鬃毛浓密且厚，有粗糙的防护毛和毛茸茸的底毛（图 12-9）。因生活环境特殊，藏獒在生理上和其他犬类差异很大，每年只在冬季屠宰牛、羊，食物丰盛时产仔，这是与其他犬类最大的区别。几千年来，藏獒主要被用作家庭和财产的守护者。藏獒对陌生人冷漠、警惕，对人、物具有高度的保护作用。

图 12-9　藏獒
（引自：AKC）

藏獒抗逆性强，耐高寒，不耐高温和高湿，适应高海拔，适应性强，善解人意，嗅觉、听觉、触觉器官发达，视力、味觉较差，记忆力强，对陌生人具有攻击性。喜欢食肉和带有腥膻味的食物，具有广食性、暴食性、护食性、领地性、社群性。藏獒公犬体高 66 cm ~ 74 cm，母犬 61 cm ~ 69 cm；公犬体重 41 kg ~ 68 kg，母犬 32 kg ~ 55 kg；预期寿命 10 ~ 12 岁。

本章小结

详见数字课程 e。

复习思考题

一、名词解释

犬、起源、驯化、品种、分类、行为特性、体型、外貌特征

二、问答题

1. 请简要描述犬的生物学特性。
2. 请简要介绍国际犬业组织和机构。
3. 请简要描述犬的一种代表性品种。
4. 三种基本的犬的起源与驯化假说是什么？是如何推断和论证的？
5. 犬有起源于欧洲、中东或东亚（中国）的三种假说，为什么一个都没有被广泛接受？

三、开放性讨论

1. 为什么犬类会有这么多品种？
2. 犬类的品种差异为什么这么大？
3. 你觉得犬的驯化是什么样的过程？
4. 你认为哪种关于犬的起源与驯化假说最令人信服？为什么？
5. 如果可以培育一个犬的品种，你希望它有什么品种特点？

第十三章

犬的饲养与管理

本章提要

犬在不同的生命阶段具有不同的生理特点，养犬时需要根据犬所处的生命阶段提供必要的营养物质和环境条件，满足其生长、发育和正常代谢的需求，并训练引导犬养成良好的生活习惯。同时做好疫苗接种、驱虫和体重控制等管理工作。科学地饲养与管理是保障犬健康生长的必要手段。本章从不同生命阶段犬的生理特点，分别介绍了哺乳幼犬、断奶幼犬、成年犬、老年犬和繁殖犬的具体饲养与管理方法。

知识导图

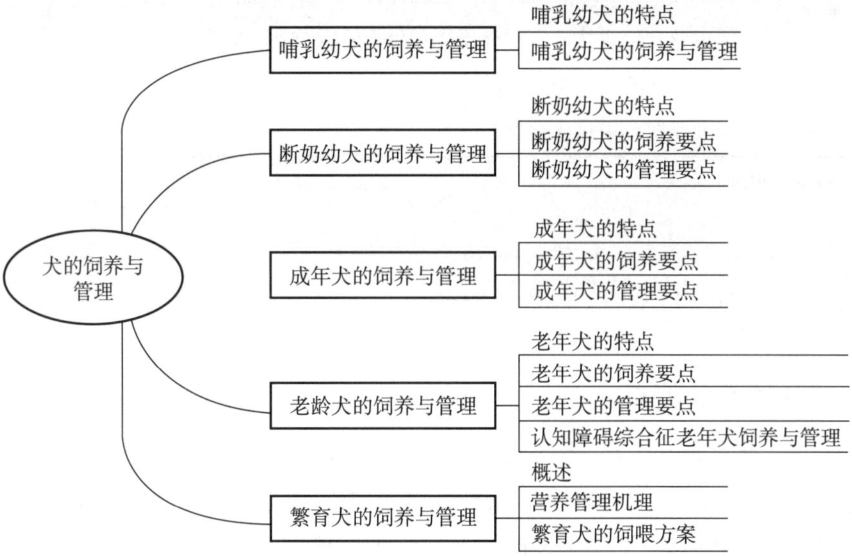

犬从出生到死亡经历了不同的生命阶段，在我国国家标准《GB/T 31216–2014 全价宠物食品　犬粮》中，根据不同犬体重和月龄划分为幼年犬和成年犬（表 13–1）。美国医院协会（AAHA）2019 发布的犬生命阶段指南认为，犬生命阶段的划分不应该参照人类的年龄当量，而应该根据年龄和特征来划分，指南中将犬的一生分为：幼犬（puppy），出生到 6 ~ 9 月龄；成年早期（young adult），6 ~ 9 月龄至 3 ~ 4 岁；成年后期（mature adult），3 ~ 4 岁至估计寿命的最后 25%；老年（senior），估计寿命的最后 25% 到生命结束；生命终止（end-of-life），任何年龄（表 13–2）。本书参考 AAHA 的生命阶段划分方法，并进一步将幼犬阶段划分为哺乳幼犬和断奶幼犬两个阶段。在不同的生命阶段的犬，其生理特点和需求也各不相同，因此根据犬的不同生命阶段进行饲养与管理，对于提高犬的健康和幸福感非常重要。

表 13–1　犬幼年期和成年期划分

成年时体重 /kg	幼年期 / 月龄	成年期 / 月龄
≤5	<9	≥9
5 ~ 20	<12	≥12
20 ~ 40	<18	≥18
≥40	<21	≥21

表 13–2　犬生命阶段划分

阶段	定义
幼犬	从出生到停止快速生长（6 ~ 9 个月，因品种和大小而异）
成年早期	大多数犬在 3 ~ 4 岁时停止快速生长，直至体成熟和性成熟
成年后期	体成熟和性成熟后，直至预估寿命的最后 25%（取决于品种和大小）
老年犬	预估寿命的最后 25% 到生命结束
生命终止	晚期（取决于具体病理）

引自：AAHA，2019

第一节　哺乳幼犬的饲养与管理

一、哺乳幼犬的特点

哺乳幼犬一般是指从出生至 45 日龄的犬。初生幼犬双目紧闭，耳不能闻，运动能力差，不能站立，依靠爬行实行移动，靠触觉感知周围事物并寻找母乳。在出生 10 天后方能站立，10 ~ 12 天睁眼，13 ~ 15 天有听力，20 天后视力及听力明显增强，25 天后可稳步行走。犬在母体子宫时，生活环境稳定适宜，不受外界各种有害因素影响。犬出生后，由母体进入外界环境，生活条件骤变，由通过胎盘进行气体交换转变为自主呼吸，由经胎盘获取养分和排泄废物变为自主采食和排泄废物。此外，哺乳幼犬新陈代谢旺盛，生长发育快，对营养物质的数量和质量要求较高，但各种生理机能还不完善，体温调节能力差，消化能力和免疫力低下，易得病，死亡率较高。因此，要做好哺乳幼犬的饲养与管理工作。

二、哺乳幼犬的饲养与管理

（一）做好接生

在通常情况下，母犬都可以自我接生，这是母犬的本能所致。但对于初胎母犬、母性差的母犬、年老体弱和胎儿过多的母犬，往往会发生不顺利分娩，即难产，此时应该根据难产的不同情况进行必要的人工辅助分娩。在幼犬出生后，应及时消除新生犬口腔与呼吸道中的黏液、羊水等，以防窒息。一般情况下母犬会舔净出生后幼犬身上的污染物，如果母犬未舔掉时，可用消毒毛巾擦净，一旦发生窒息，应及时进行人工呼吸。幼犬出生时母犬在咬破胎衣的同时会咬断脐带，脐带一般在 24 小时后即可干燥，1 周左右脱落。在此期间应注意观察脐带变化情况，阻止幼犬相互舔吮，以防感染发炎。如脐带发炎、化脓或流血，应立即消毒结扎并与其他哺乳幼犬隔离。幼犬出生后，母犬会舔舐幼犬肛门，以刺激其排便。当母犬不能主动刺激哺乳幼犬排便时，需主人用手轻轻刺激幼犬的肛门，以帮助排出胎粪。在以后的日常护理中，要诱使母犬舔舐幼犬肛门，以刺激其排便。

（二）吃足初乳

在母犬产后数小时，就可以给幼犬进行哺乳。母犬产后 3～5 天内分泌的乳汁被称为初乳，其成分与常乳（5 天后的乳汁）有很大不同。初乳含有较高的蛋白质、乳糖、脂肪、丰富的维生素和矿物质，具有缓泻作用，可促进胎便排出。初乳酸度强，有利于养分消化。此外，初乳含有多种抗体（母源抗体：IgG、IgA、IgM 等），由于初生幼犬免疫力低下，免疫机能不完善，所以初乳对于提高新生幼犬的抗病能力十分重要。试验表明，哺乳幼犬可从初乳中得到 77% 的免疫保护力。因此，应尽可能早地让哺乳幼犬吃到初乳。对于产后不泌乳或泌乳较少的母犬，要及时对乳房进行按摩和注射催乳素，促进乳汁分泌，以便哺乳幼犬尽快吃到初乳。

（三）注意保温

哺乳幼犬出生后，其体温调节机能尚不完善，体温会影响犬消化系统和免疫系统。因此，在冬季与早春，对哺乳幼犬要特别注意保温，以防其受凉、生病甚至冻死。常用保温设备有保温箱、红外线灯等。新生幼犬在 1 周龄内，要求环境温度为 29～32℃，第 2 周龄 26～29℃，第 3 周龄 23～26℃，第 4 周龄 20～23℃，每周约降 3℃。如果环境温度偏高或过高，哺乳幼犬会散开躺下，如果温度过低，哺乳幼犬则趴在一起并哀叫。要及时观察幼犬的状态，适时调整环境温度，使其维持在相对稳定的温度范围内。

（四）及时补饲

吮乳期是哺乳幼犬发育的基础阶段，母乳是哺乳幼犬生长发育的最佳营养源，一般乳汁可以支持健康的犬猫生长到 3～4 周，一般从 3 周开始补食。但当以我犬数量多和母犬乳汁分泌不足的情况下，从产后 11 天起，母犬泌乳量可能不能满足哺乳幼犬的营养需要量，此时需要给哺乳幼犬进行补饲。前期补饲可采用消毒的新鲜牛乳或羊乳，或用专用的宠物羊奶粉和牛奶粉冲调，用奶瓶饲喂，乳温控制在 37～40℃。在 10～15 日龄，每只哺乳幼犬每天补饲 50 g 牛乳或羊乳，15 日龄后可增至 100 g，到 20 日龄时应增至 200 g，每天分 3～4 次补饲。当哺乳幼犬睁眼后，就可把牛乳倒在小盘子里，让幼犬自己舔食。哺乳幼犬 20 日龄后，其补料可为牛乳或羊奶，也可以补食全价的羊奶粉以及糊状的全价食物。25 日龄后，其补料可为全价的糊状宠物食品，在家里也可以补充宠物牛乳加稀粥和浓肉汤，且添加量逐日增多，注意营养的全价性。35 日龄后，补充全价的宠物食品，可以用半流体的糊状宠物食品，或膨化宠物食品加牛奶或水浸泡，变软后食用。在家里也可用牛乳、鸡蛋、碎瘦肉、稀粥，另外再少放一点鱼肝油、骨粉等拌合在一起的半流汁混合物，喂量大致以吃完为准，但要保证食物中营养的全价均衡。每天喂给哺乳幼犬 4 ~ 5 次。母犬产后约 40 天基本停止产乳，开始躲避哺乳幼犬，不让其吮乳，甚至对要吮乳的哺乳幼犬实施威胁和假咬，这时要及时给哺乳幼犬断乳。

（五）做好代哺

母犬窝产仔数如果超过 8 只以上时，其母乳一般不能满足这些哺乳幼犬的营养需要。另外，母犬的乳头共有 4 ~ 5 对，其中产乳较多的只有后面的 3 对，而且当母犬侧卧给哺乳幼犬吮乳时，并不是所有的乳头都能供哺乳幼犬吮乳，因此留给母犬吮乳的哺乳幼犬数是有限的。在一般情况下，留给初产母犬吮乳的幼犬数最好不超过 6 只，留给经产母犬哺乳的幼犬数不能超过 8 只，多余的哺乳幼犬需要靠人工哺育。用专用的宠物羊奶粉或牛奶粉冲调成奶水，用奶瓶饲喂，人工乳每日喂量视哺乳幼犬日龄而定，需根据哺乳幼犬对人工乳的消化利用情况和生长发育状况，随时调整人工乳配方和日饲喂量。此外，还可将多余的哺乳幼犬寄养给产仔少且有哺乳能力的母犬，该母犬可称为保姆犬。保姆犬应具有性情温驯、母性好、泌乳量多等特点。寄养前用事先准备好的保姆犬乳汁和尿液涂在待哺育的幼犬身上，这样待哺育的幼犬就带有保姆犬身上的气味，使保姆犬将其误认为自己所产幼犬而进行哺育。寄养后要注意看管，为防止母犬撕咬或吞食幼犬，必要时可给母犬戴口罩，待其相融洽后再摘除。

（六）注意生长发育情况

饲养与管理人员要定期给哺乳幼犬称重，以了解哺乳幼犬的生长发育情况和母犬的泌乳机能，从而确定是否需要给哺乳幼犬补饲。母犬泌乳机能正常，窝哺乳幼犬数不超过 6 只的情况下，哺乳幼犬在生后 5 天内，日均增重不应少于 50 g。在生后 6 ~ 10 天内日均增重应达 70 g。一般情况下，哺乳幼犬到断乳时的体重，比初生重增加 8 倍。哺乳幼犬在生后 10 ~ 15 天时，才开始睁眼。哺乳幼犬睁眼前，切勿扒眼，否则将会造成严重后果。在哺乳幼犬睁眼时，应避免强光刺激损伤眼睛。哺乳幼犬在生后 20 ~ 25 天开始长牙，生后 30 天四肢开始显著增长，生后 40 天耳朵开始微微抬起。总之，对哺乳幼犬在吮乳期的发育状况和行为，主人都应及时了解掌握。一旦发现异常，要采取相应措施，必要时请兽医诊治处理，以防意外。

（七）疾病预防

哺乳幼犬常易患腹泻、溶血综合症、脐感染、败血症、毒乳综合症和毒血症等疾病。因此，应多注意观察哺乳幼犬健康状况，积极采取预防措施，对哺乳幼犬所处环境定期消毒。若哺乳幼犬有发病征兆，应及时请教兽医诊治。

（八）及时断奶

断奶是哺乳幼犬断绝母乳转入其他食物的过程，是其一生中重要的转折点。大量的试验表明，哺乳幼犬在 45 日龄前后断奶是较为科学的。根据实际情况，选择正确的断奶方法，对于母犬体况恢复和哺乳幼犬的生长发育都是十分有利。断奶的方法主要有以下几种：

1. 强行分离法

即到断奶日龄时，强行将哺乳幼犬和母犬分开。这种方法适用于哺乳幼犬生长发育的程度均匀，在过渡期内对采食饲料的适应性较好，并且母犬泌乳量并不十分充足的情况，具有断奶时间短，分窝时间早，有利于母犬身体健康的特点。

2. 分批断奶法

根据哺乳幼犬的发育状况，分批进行断奶。发育较好的哺乳幼犬可先断奶，体况较差的哺乳幼犬后断奶。该法虽然延长了母犬的哺乳期，但却有利于体弱哺乳幼犬的生长发育。

3. 渐进断奶法

这是采取逐渐减少哺乳次数的一种断奶方法。一般在断奶前的一周，将哺乳幼犬与母犬分离，定时让母犬进行哺乳，且哺乳次数逐渐减少，直至断奶。该法可避免突然断奶造成的应激，并可防止母犬乳房炎的发生。

第二节　断奶幼犬的饲养与管理

断奶幼犬一般指出生后 45 天至 9 月龄的犬，是犬生长发育的主要阶段。此阶段幼犬离开母亲，生活环境和食物都发生了改变，容易受到应激。由于断奶后母源抗体迅速消失，幼犬免疫力较为低下，如果管理不好，容易感染病毒导致疾病甚至死亡。此阶段也是犬性格和行为习惯的可塑时期，宠物主人应重视犬良好习惯的养成，避免成年后造成的困扰。

一、断奶幼犬的特点

（一）生长发育速度快

当幼犬到达 5 ~ 6 月龄时，体重已经达到成年犬的 50%。但不同品种的犬，其生长发育速度也不同，一般来讲，体型较小的犬达到成年犬体重的时间短，而体型较大的犬达到成年犬体重的时间晚。犬出生后前 3 个月主要生长躯体，这个时期主要是骨骼与肌肉生长。在 4 ~ 6 月龄，主要增加体长，增重也比前 3 个月快。犬 7 月龄后，主要增加体高。犬机体各组织器官生长顺序大体是：神经组织，骨骼，肌肉组织，脂肪组织。根据犬的生长发育规律，制定合理的饲养与管理方案，是该阶段犬健康生长发育的重要保障。

（二）好奇心强

该阶段的幼犬对外界事物充满好奇心，愿意尝试新鲜事物，要注意不要让犬触及对其有危害的食物和物品，以免造成意外损伤。此外，幼犬对人和其他动物戒备心不强，容易丢失或被盗走，需注意加以防范。

（三）学习能力强

该阶段也是犬习惯养成和学习动作、口令的关键时期。通过条件反射建立口令反射，训练学习一些动作，如趴下、坐、敬礼、侧滚和跳跃等动作。在这一时期，也要注意训练犬养成定时定点采食或大小便的习惯。经过有效的训练，可以为长大后的行为打下良好的基础，为宠物主人省去许多不必要的麻烦。

二、断奶幼犬的饲养要点

断奶后的幼犬正处于快速生长发育阶段，科学的饲养对幼犬健康成长尤为重要。良好的饲养条件，可促进断奶幼犬的生长发育，并能改善体型。反之，在饲养条件差的情况下，犬的骨骼和肌肉均发育不良，甚至直到成年时还仍保留幼犬的体型，即侏儒型犬，对犬的机体健康造成极大负面影响。

（一）饲养方法

断乳后的幼犬由于生活条件的突然改变，完全靠食物获取养分。在其发育的过程中，应供给充足且丰富的蛋白质、易消化的脂肪、糖类，还要满足钙、磷、维生素、微量元素、食盐等营养元素的需要供给。应按断奶幼犬的营养需要配制日粮，饲喂适合此生命阶段的全价宠物食品。并对断奶幼犬分阶段饲养，3～4月龄每天饲喂4次；5～6月龄每天饲喂3～4次；7～9月龄每天饲喂3次。

（二）饲养断奶幼犬时注意事项

1. 喂料定时、定量，不应剩料。食后应将食具拿走，否则易招来苍蝇，造成污染。

2. 食物原料必须新鲜优质，不应是剩菜剩饭，特别是肉、鱼类更要新鲜，以防发生胃肠疾病和中毒。

3. 食具用后洗净，放在日光下暴晒，或煮沸消毒，或用热水烫洗。

4. 细心观察犬吃食的表现，了解犬的健康状况、饲粮的适口性和喂量是否合适等。

5. 防止犬“偏食”，不可只喂肉、乳之类的食物，要使断奶幼犬逐步适应全价宠物食品。

6. 要保证其饮水的清洁卫生，24小时充分供应。

三、断奶幼犬的管理要点

科学地管理断奶幼犬，不仅能保证幼犬身体的正常发育，而且对犬良好生活习惯的形成也有直接的影响。对断奶幼犬的管理要做好以下几个方面的工作。

（一）断奶幼犬的环境温度与卫生

幼犬身体还在发育，体温调节能力相对较弱，幼犬一旦着凉很容易生病，因此要注意做好防寒保暖。断奶后的幼犬适宜温度为20～23℃。当温度较低时，犬窝要铺上垫子保暖，必要时可采用保温灯等设备进行供暖。

刚断奶的幼犬大小便没有规律，常出现随地大小便现象。因此，保持断奶幼犬的环境卫生，是断奶幼犬管理工作中的重要环节。为了保持幼犬所处环境干燥和清洁，每天至少打扫犬笼1次，发现粪便和脏物要随时清除，并定期消毒。要保持环境通风、干燥，勤刷勤晒犬床和垫子。要训练断奶幼犬在指定的地点大小便，养成良好的生活习惯。

（二）做好断奶幼犬体表的卫生

由于断奶幼犬皮肤薄，比较敏感，毛短而软，因此做犬身清洁时要轻刷、轻拭，使其有舒适感。每天最少给断奶幼犬擦拭1次。洗澡是清除皮肤、皮毛污垢的一种比较好的方法。洗澡次数视季节而定。夏季可常洗澡，春秋两季可选晴朗天气进行，冬季非特殊需要一般不给幼犬洗澡。如果气温在15℃以下时，应在室内用温水洗浴，冬季应有取暖设备。幼犬在洗澡开始时会因不习惯而挣扎躲避，这时要轻轻抚拍，使断奶幼犬感到舒适，慢慢使其适应。洗澡的水温要略高于幼犬体温，过高或过低的水温对犬都有不适感。洗澡前将消毒干燥的酒精棉球塞在幼犬耳道以免进水发炎。用清水冲净肥皂水后，用干毛巾擦干或热风吹干犬身，然后再轻刷一遍犬身。

（三）引导运动

适量的运动，不仅可增强断奶幼犬的体质及促进犬的神经活动，而且能使犬养成良好的习惯，有利于断奶幼犬的训练与调教。运动是断奶幼犬训练中非常重要的一项工作。2～3月龄时以自由运动为主。可让幼犬自由活动，或用物品逗引犬玩耍。随着犬长大，运动的时间应逐渐延长，由每次运动30分钟左右，逐渐增加到1小时，但要间歇地进行。4～5月龄时即可牵引犬到户外散步，熟悉环境。起初时，散步方式为常步，后渐渐改为快步，最后变成跑步。6～9月龄时犬的体力渐渐增强，运动量也要逐渐增多。早晚须带出户外运动，运动路程要增加，速度要加大。主人引导犬运动时，开始慢跑，后渐渐改为快跑、快奔，再恢复慢跑，如此反复几次，共行路程大约5 km为宜。

（四）驱虫

寄生虫对断奶幼犬的生长发育影响很大，轻则腹泻便血，重则引起贫血甚至死亡。因此，要定期粪检，定期驱虫，以保证犬体健康。要经常仔细检查犬的皮肤被毛是否有外寄生虫，如果有，要及时灭杀。对于犬，一般在20日龄时第1次驱虫；50日龄时第2次驱虫；90日龄时第3次驱虫，以后每2个月进行1次驱虫。在每次驱虫前须进行粪检，按所患寄生虫的种类选择相应的驱虫药。为了防止污染环境，驱虫后排出的粪便和虫体应做无害化处理以确保杀死寄生虫虫卵。

（五）防疫

断奶幼犬的抗病力较成年犬弱得多，易患多种传染病。对断奶幼犬危害最大的病毒性传染病，有犬瘟热、病毒性肠炎、狂犬病等。特别是近年来发现的犬细小病毒病发生率高，致死率有时高达100%，其中以4～16周龄的断奶幼犬发病率最高，经对症治疗抢救，死亡率也要占30%～40%。犬瘟也是发病率较高的疾病之一，一旦断奶幼犬染上此病，死亡率高达100%。目前对此病只能是以预防为主，尚未有有效的治疗方法。为防止犬传染病的发生，幼龄犬必须按免疫程序的要求，定期注射疫苗。目前幼犬常用的疫苗有六联苗或七联苗，主要用于预防狂犬病、犬瘟热、细小病毒病、钩端螺旋体病、副流感、冠状病毒病等。幼犬的免疫时间为，第1次接种时间于6～8周龄；第2次接种时间为，间隔2～3周；第3次接种时间为，再间隔2～3周。另外，务必要做好狂犬病防疫工作，以保障犬和主人健康。总之，对断奶幼犬的防疫工作千万不要忽视，要加强检疫，严格消毒和隔离制度，做好防疫注射，发现疫情抓早抓严，即争取早发现、早隔离、早治疗。

（六）训练

幼犬性格开朗，对新鲜事物兴奋性高，接受能力强，因此幼犬阶段是适宜对其进行基础训练的最佳时期。训练内容包括定时、定量喂餐、运动、定点排泄和纠正错误行为等内容。定时、定量喂餐可使幼犬形成条件反射，每到喂食时其胃液分泌和胃肠蠕动就有规律地增强，饥饿感加剧，食欲大增，对采食和消化具有促进作用。否则不仅影响采食和消化，还会引起消化道疾病。训练犬适量的运动对于增强体质和身体机能具有重要作用，主人需对幼犬进行正确引导，建立良好的运动习惯。养犬让宠物主人比较头疼的问题之一是犬随地大小便，因此训练犬定点大小便是非常重要的一项工作。幼犬约2小时就小便1次，一天大便达3～4次之多，且大多数幼犬具有在自己窝里大小便的习惯，或喜欢在椅垫上大小便。在实际训练时，可以运用纸盒或旧报纸涂抹一点幼犬粪便放到指定位置，诱导犬到指定位置排便。或是当幼犬出现到处闻、转圈等动作时，宠物主人即可带幼犬到指定位置排便，长此以往，就能使幼犬逐渐学会定点排便。对犬的错误行为，例如扑咬人、乱吠和撕扯物品等，一定要及时纠正，如果出现上述现象，要对幼犬进行严厉批评和惩罚，不能过于溺爱。只有养成良好行为习惯才是犬健康成长的有力保障。

第三节 成年犬的饲养与管理

一、成年犬的特点

犬生长到 9 月龄直至估计寿命的最后 25%（取决于品种和大小），性器官成熟，具有繁殖后代能力的生命阶段称为成年犬。犬成年后，身体各组织器官的生长速度从生长期的高速生长转变成逐渐减慢直至停止。在这一时期内，犬身体发育成熟，各项生理机均达到正常水平，处于一生中身体最强壮的时期。同时，又出现了发情、配种、妊娠、哺乳等一系列生理现象。因此，需要根据犬的品种、用途和所处的生理阶段，做好相应的饲养与管理，才能有效保证犬的健康状态。

二、成年犬的饲养要点

成年犬的饲养要根据成年犬的生物学特征与不同阶段的生理学特点制定具体的措施。

（一）制定科学的饲养方案

犬从食物中摄取能量和其他营养素，食物中营养素和能量含量是否均衡且能否满足需要对犬至关重。成年犬的品种、用途和生理阶段不同，其所需的营养物质也不同。应根据所饲养犬的实际状态，拟定一个合理科学的饲养方案，保证成年犬的各种营养素供给。日粮中营养素含量过高或过少均会对犬的健康状态产生不良影响。如日粮中能量含量太少，则会导致犬消瘦或妊娠母犬胎儿发育不良，而能量过高则会导致犬肥胖及并发症的产生。另外，成年犬的能量需要量取决于它的活动量，如果犬很好动，则需要摄入更多的能量，如果它很安静则需要摄入更少的能量。

（二）饲料原料要多样化

成年犬应选用多样性、适口性好、营养全面、容易消化吸收的饲料原料加工而成的全价宠物食品，可以是全价的膨化干粮、罐头或其他类型的全价制品。但因成年犬处于维持阶段，因此需要的营养物质比幼犬低，因此要防止发生营养不良或过剩的现象。

（三）喂食要定时定量

成年犬已经养成了定时和定量的饮食习惯。一到进食时间，犬的胃液分泌及胃肠蠕动都会有规律地加强，表现出饥饿、坐卧不安、食欲强烈的现象，此时给予食物，对成年犬的采食量和消化吸收都有好处。如果饮食时间不稳定，会使其形成的条件反射很快丧失，不仅影响犬的采食量，而且还会影响消化和吸收，引发消化道疾病。一般成年犬每日早晚各喂 1 次，或一天只喂 1 次。每日饲喂食物要定量，不能让犬饥一顿、饱一顿。

（四）保证良好的喂食环境

犬在采食时，要求有安静熟悉的环境，这样有利于犬的采食和消化吸收。如有陌生人、噪声、强光刺眼、其他动物干扰等，均会影响犬的采食情绪。

三、成年犬的管理要点

（一）关注犬的基本情况，及时调整喂养方案

周围环境或犬自身生理状态的改变，均会影响犬的营养需要和采食状态。要时刻关注犬的基本情况，如果犬很机警并且眼睛明亮，既不胖也不瘦，表明犬健康状况良好且营养

摄入均衡。如果犬正在变胖，可能因为采食过量，应减少食物供给量或调整日粮组成，防止犬过于肥胖。可定期去医院进行体况评分，看是否处于肥胖状态。

（二）充分运动，增强体质

运动可使成年犬新陈代谢旺盛、增进食欲、增强抵抗力，但喂食前后均不宜进行剧烈运动。此外，成年犬每天要通过晒太阳来调节体内钙磷的代谢。

（三）饮食和饮水器具要清洁卫生

对喂食、饮水用的食具应每周消毒 1 次，可将其煮沸 20 分钟，也可用 0.1% 新洁尔灭液浸泡 20 分钟，或用 2%～3% 热碱水浸泡，后用温清水洗净。每次食后的食具都要洗净，剩余的食物要倒掉，不能放在食盆里，以免发酵腐败。

（四）保证正常的饲喂，纠正偏食

犬进入成年期后，会变得挑食和偏食，这不利于犬的正常健康状态，应及时进行纠正。当犬出现挑食现象时，要注意严格做到定时定量喂食，喂食时间结束后，即将所有食物收起，不再喂食任何食品，耐心调教，纠正其挑食习惯。

（五）做好犬体卫生管理

主要包括梳毛、洗澡和修剪。梳毛可以除掉犬皮肤上的污垢，促进血液循环，防止寄生虫繁殖，并能及早发现皮肤病。因此，经常梳刷犬体，是不可缺少的保健措施之一。除每天坚持 1 次正常梳刷外，在风雨天或外出散放训练后，还要酌情补充梳刷，特别是在春秋换毛季节，更应增加梳刷次数。犬洗澡次数应根据季节和犬体污染情况而定，一般每月至少 2 次。此外，要注意修剪指甲和过长的毛发，特别是眼部周围的毛发，过长时会影响犬的视觉。

（六）疫苗接种和驱虫

犬接种的疫苗主要是犬的一些传染病，某些传染病疫苗在犬成年后仍需要进行接种，注意按照医生嘱托及时进行接种。此外，寄生虫病也是犬常见的疾病，要预防寄生虫病，必须定期给犬进行驱虫。成年犬每年驱虫 2 次，最好安排在春秋季。驱虫药物一般可选用左旋咪唑、噻咪唑或其他驱虫药物。

（七）体重管理

宠物主人对宠物的采食要进行合理的控制，目前有很多宠物主人对宠物过于溺爱，造成宠物体重超重，体型过胖的宠物犬已越来越多。所谓肥胖犬是指腹下、后腿内侧均有赘肉，背部平坦、腰部曲线消失、腹围肥大，喜躺卧地面不爱运动，稍微走动就气喘不停的患犬。体重超重会缩短宠物寿命，并会对其生活质量产生不利影响。超重与皮肤和呼吸系统疾病、肾脏疾病有关，并会增加患骨科疾病和某些类型癌症的风险。因此，需要对宠物进行必要的体重管理，将宠物的体重控制在合理范围内，防止出现健康风险。如果宠物已经出现了体重超重的现象，则需要进行减肥。减肥需要从以下两方面进行控制：

1. 饮食方面

可选用减肥粮食，一般宠物减肥食品脂肪含量较低，纤维含量较高，以此来降低能量浓度。食品中不溶性纤维会增加饱腹感，降低单位体积内能量含量。

2. 运动

对人类的研究表明，将减少热量与锻炼相结合，是成功和可持续减肥的最佳机会。运动和锻炼可保持瘦肌肉，增加热量消耗，消耗体内脂肪，促进肌肉收缩，有助于减肥。对于患有肥胖的犬，可以适当增加每天运动次数，运动量要逐渐增加，不宜直接进行高强度运动。当犬体型减到合适体重后，也要持续监测和维护，对犬的体重进行有效跟进和定期检测是减肥成功的关键组成部分。

第四节　老年犬的饲养与管理

老年犬指处于估计寿命的最后 25% 至生命结束阶段的犬，一般指在 7～10 岁以上的犬。犬随着年龄增长出现老化现象，但由于品种、环境和管理条件等不同，老化程度也有所差异。宠物主人需根据老年犬的生理特征进行科学的饲养与管理，以维持老年犬的身体健康状态。

一、老年犬的特点

一般家庭饲养的犬到了 10 岁以后开始逐渐衰老，此时犬相当于人类 60 岁的年龄。由于品种、环境和主人照顾的不同，犬老化的程度也有所差异。主要表现为发情期淡化、生殖能力完全停止，被毛粗糙无光泽，皮肤松弛起褶，眼睑下垂，身高体重下降。眼球晶体变得浑浊，口、鼻、耳周围的皮毛变白或变黄，牙齿脱落，视力和听力衰退，反应迟缓。身体很容易疲劳，对运动和玩耍失去兴趣，整天喜欢睡懒觉，尤其怕冷，冬季喜欢卧在有暖气或温暖的地方，另外有一些犬还会出现排泄失禁或乱排泄的现象。

在其身体机能方面，机体含水量减少，基础代谢能力随着年龄的增长呈逐渐下降趋势，每年大约降低 2%。由于代谢能力的下降，导致老年犬常会发生代谢性疾病，如血糖升高，且糖耐量低于成年犬，老年犬糖尿病患病率明显增高。此外，老年犬免疫力明显下降，对病原菌抵抗力减弱，进而导致对疾病易感性增加。

二、老年犬的饲养要点

老年犬的胃肠机能与身体的其他器官的机能变化一样，消化能力随年龄的增大而逐渐下降。所以老年犬的食物中营养水平要适宜，结合老年犬的生理和行为特点，日粮中各营养素要全面平衡。饲料原料多样化，并科学合理搭配，以发挥各种物质的互补作用，提高饲料的利用率和营养需求。

（一）蛋白质需求

老年犬相比成年犬有更高的蛋白质需求，这不仅是指食物中蛋白质的含量更高，同时对蛋白质的质量要求也更高。在老年犬食物中，应含有 18%～20% 的优质、易消化蛋白质，并保持蛋白质中各种氨基酸的比例适当。有些观点认为老年犬要减少蛋白质的摄入以防止对肾脏造成损伤，但到目前为止，并没有明确的试验证明过量的蛋白摄入会造成健康犬的肾脏功能紊乱。

（二）脂肪需求

老年犬饮食中能量供应要适当减少，防止出现肥胖及其并发症。但老年犬随年龄增加，往往体重呈现降低的趋势，所以要掌握好防止肥胖和保证能量供应之间的平衡关系。食物中脂肪含量在保证必需脂肪酸供应的条件下可以适当降低。

（三）纤维需求

老年犬消化功能减弱，肠道蠕动变慢，肠道排空时间较长，常发生便秘等消化道疾病。食物中添加一些含有膳食纤维的原料可以刺激肠道蠕动，改善肠道状态，对于维持老年犬消化道的健康状态具有积极作用。

（四）维生素需求

维生素是维持机体生命活动所必需的微量营养物质，主要以辅酶和催化剂的形式参与机体代谢。老年犬由于机体组织、器官功能减退，对维生素的需求更加重要。老年犬易患骨质疏松症，维生素 D 可以提高老年犬对食物中钙磷的利用，防止因钙磷缺乏导致的骨骼疾病。老年犬抗氧化能力下降是造成免疫力降低的原因之一。机体代谢所产生的活性氧造成的氧化损伤会造成多种疾病，维生素 C 的抗氧化能力对于改善老年犬抗氧化状态具有重要作用。此外，B 族维生素对改善老年犬神经系统、皮炎、被毛状态等均具有很好的促进作用。维生素是老年犬不可或缺的营养成分，需注意保持供应。

（五）矿物质需求

老年犬易发生骨质疾病，如骨质疏松、关节炎等疾病，食物中矿物质元素供应不足或元素之间比例失调是造成上述疾病的主要原因之一。钙磷是维持骨骼状态的最重要的两种矿物质元素。美国饲料管理协会（AAFCO）规定犬粮的钙磷比例在 1∶1 至 2∶1 之间。相关资料表明，犬粮钙磷最佳的比例在 1.2∶1 至 1.4∶1 之间。老年犬食物中磷的含量不宜过高，过高的磷摄入是导致慢性肾病的重要原因。高磷酸盐饮食会导致肾脏损伤，如肾小管坏死、钙化和细胞外基质增加等。矿物质元素的添加应该科学合理，切忌盲目添加，谨防矿物元素过量造成危害。

三、老年犬的管理要点

（一）适量运动

随着年龄增长，老年犬很容易疲劳，变得好静喜卧，运动减少。此时不要强迫它持续地运动，对老年犬应减轻训练和工作强度，散放或散步时间不宜过长，可选择凉爽的天气，以悠闲散步的方式最佳，应给它机会自己决定是继续活动还是停下休息。另外，肥胖、有心脏病的犬要注意呼吸与心跳速度，运动的程度更要控制。

（二）作息与互动

老年犬需要稳定、有规律、慢节奏的生活，要保证老年犬的作息时间。老年犬睡觉的时候，不要让它受到打扰，让它充分休息。老年犬的反应相比幼年犬和成年犬迟钝，互动时要注意动作和呼唤轻柔，避免犬受到惊吓。

（三）温度控制

老年犬由于皮肤变得干燥，被毛发生脱落而变得稀疏，使得老年犬对温度的适应力变低，过冷过热都容易引起不适。所以在炎热的夏季要做好防暑工作，应让犬待在阴凉而通风的环境中。在寒冷的季节，要做好保温工作，即使风和日暖的天气也不要让犬在外面待得太久。

（四）犬体卫生管理

对于老年犬洗澡时水温要适宜，时间要短，洗后一定要吹干，以免感冒而引起其他疾病。另外，无论长毛犬还是短毛犬，都要经常梳理被毛。梳理过程中，可以促进血液循环和皮毛健康，检查它的身体有无包块、淋巴肿大等健康问题，尤其是腋下、腿根等疾病多发部位，同时也可与犬增进感情。

（五）定期体检

老年犬的器官机能处于不断衰退的时期，定期体检对老年犬极其重要，尤其是对心脏、肾脏、肝脏、膀胱等重要器官的检查。对于出现健康问题的老年犬，一定要遵守宠物医生的建议，科学喂养和养护。

四、认知障碍综合征

犬认知障碍综合征（cognitive dysfunction symptom，CDS）是指犬随着年龄增大，在一段时间内，发生记忆、学习、感觉、意识等认知能力下降。认知障碍综合征引起犬行为改变，主要表现在5个方面，包括社交行为改变、室内如厕习惯改变、迷失方向、睡眠周期改变和活动量变化。患有CDS的犬神经病理学方面最明显的特征变化包括神经元缺失，脑膜钙化增厚，弥散性斑块形成，以及β-淀粉样蛋白沉积（β-amyloid，Aβ）。其中，Aβ沉积是最早出现的神经病变，是犬大脑衰老的标志。Aβ斑块可能是导致神经元和神经胶质细胞病变的原因，并导致犬认知能力逐渐下降，且其严重程度与认知障碍程度呈正比（图13-1）。此外，有许多研究发现，老年动物的认知障碍与大脑的氧化损伤之间有密切联系。细胞内90%以上的活性氧是在线粒体产能过程中生成的，随着线粒体的衰老，其产能效率下降，同时生成更多的氧化产物，而清除氧化产物的机制又受到衰老、疾病等因素的破坏，使得氧化产物过度累积，从而对核酸、脂质、蛋白质产生有害作用。脑组织由于需氧量大，脂质含量高，修复能力有限，故特别容易受到氧化应激的损伤；此外，氧化损伤也会促进生成Aβ，导致神经细胞功能障碍和死亡。

患有CDS的犬除了接受相应的药物治疗之外，还应该注意日常的喂养和养护，饲养与管理要点主要有以下两点：

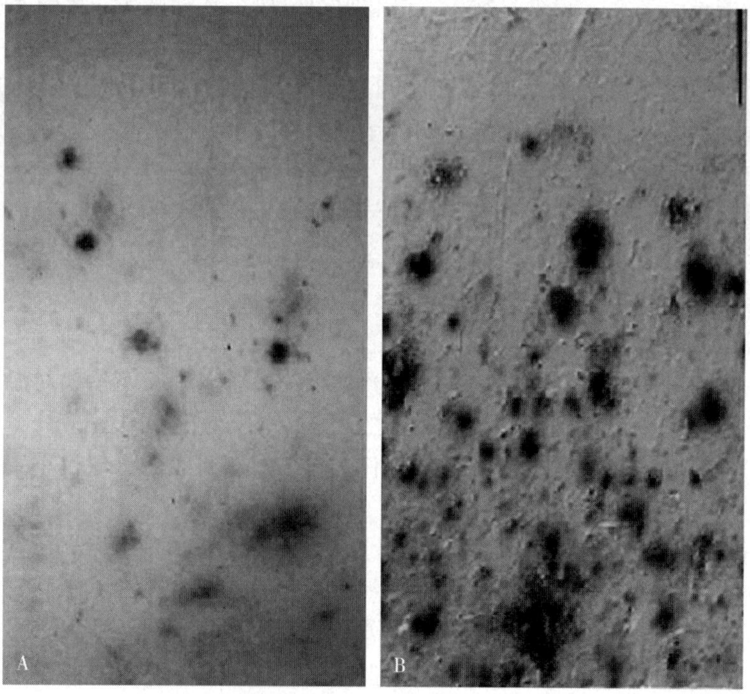

图13-1　Aβ斑块（引自：Cotman等，2002）

A：未受损的13岁比格犬前额叶皮层Aβ免疫染色；B：为严重受损的12岁比格犬前额叶皮层Aβ免疫染色

（一）营养管理

老年犬食物中添加抗氧化剂，有助于减缓 CDS 的进展，因为抗氧化剂可以减少氧化产物的生成，提高机体清除氧化产物的能力，降低氧化产物对脑组织的损伤，促进大脑健康。维生素 C 和维生素 E 能防止线粒体 DNA 的氧化损伤，并有助于防止细胞膜的损伤，中和自由基。中链脂肪酸也很重要，因为它们可以通过防止基础代谢减退改善老年犬的认知功能。中链脂肪酸可以增加血酮，为大脑提供了一种替代能源，以防老年犬大脑供能不足。此外，必需脂肪酸是大脑和神经组织发挥最佳功能所必需的，脂肪酸的缺乏会降低犬的学习能力，减少探索行为。另一种重要的补充剂是磷脂酰丝氨酸，该物质是脑组织浆膜的主要成分，有助于维护细胞膜流动性，这是神经细胞能正常发挥功能的先决条件，同时磷脂酰丝氨酸还具有促进神经递质合成以及信号转导等作用，对于维持神经系统功能具有重要作用。

（二）环境与行为调整

老年犬反应能力和环境适应能力随年龄增长而逐渐下降，环境的突然改变或一些行为刺激都会造成犬的应激反应。因此，主人应为老年犬营造温暖舒适的生活条件，保持稳定的作息、活动规律。有研究表明，通过训练、玩耍、锻炼等方式丰富犬的日常生活，不断地给予大脑新的刺激，有助于维持犬的认知能力。经常使用玩具、锻炼和与其他狗互动的老年狗在学习和记忆测试中表现更好，这突出了环境强化的重要性。

随着宠物生活质量的提高和医疗水平的发展，其寿命也在不断增长，越来越多的宠物犬进入老年期，面临认知障碍综合征的机率则越来越大。综合使用药物治疗和科学的饲养与管理是控制和改善 CDS 的有效手段，我们要秉持细心与耐心，照顾好宠物犬生命的最后阶段。

第五节 繁育犬的饲养与管理

一、概述

繁育犬是指配种、妊娠和哺乳的公犬和母犬。提升犬的繁育质量，除了要选择没有遗传病和身体健康的犬只外，营养均衡的饮食也是非常重要的。营养全面均衡的食物可维持犬的理想体重，提高犬的繁育能力。

二、犬繁育的营养管理机理

犬的妊娠期一般为 58 ~ 68 天，平均 62 天。目前妊娠期母犬营养需求的研究较少，更多关注妊娠的后三分之一时间段，在此期间必须注重主要的营养变化。

（一）能量

从发情的第 1 天到妊娠期第 42 天（从交配时间计算），精确地满足母狗在怀孕开始时的特定营养需求是非常重要的。在妊娠开始时保持母犬的理想体重至关重要。事实上，与母猫相反，母犬在怀孕的前三分之二时间里体重不会增加。繁育母犬体重过重的影响是多方面的，当母狗在怀孕期间获得过多能量时，会将其转化为脂肪储存肌肉中，特别是在子宫肌中，子宫肌层内脂肪的存在会降低子宫收缩的有效性。因此，增加了剖腹产计数以及与长时间喘息和胎儿痛苦相关的新生儿死亡率。因此，怀孕母犬的能量需求在怀孕的前

6 周内保持不变。孕期母犬的能量需求基于其在最佳体重下的维持要求。从妊娠第 6 周开始，每周增加 10% 的能量摄入，直到分娩。在第 6 周，必须使用奶糕等高能量食物进行过渡。

母犬妊娠期的首要目标是维持理想体重。这种“理想体重”的概念通常取决于育种者的喜好。饲养员往往会喜欢母犬体重过高（表演用犬通常会超重）或太低（工作犬则往往比较瘦），这种喜好会导致一个误区，即繁殖母犬的理想体重与表演母犬或工作母犬的理想体重有误差。一般大型犬和巨型犬母犬分娩时体重不超过理想体重的 25%，对于小型犬和中型犬母犬体重则不超过理想体重的 30%，并且在幼犬出生后不超过其最佳体重的 10%（图 13–2）。繁育母犬的体况评分不高于 6 或低于 4。

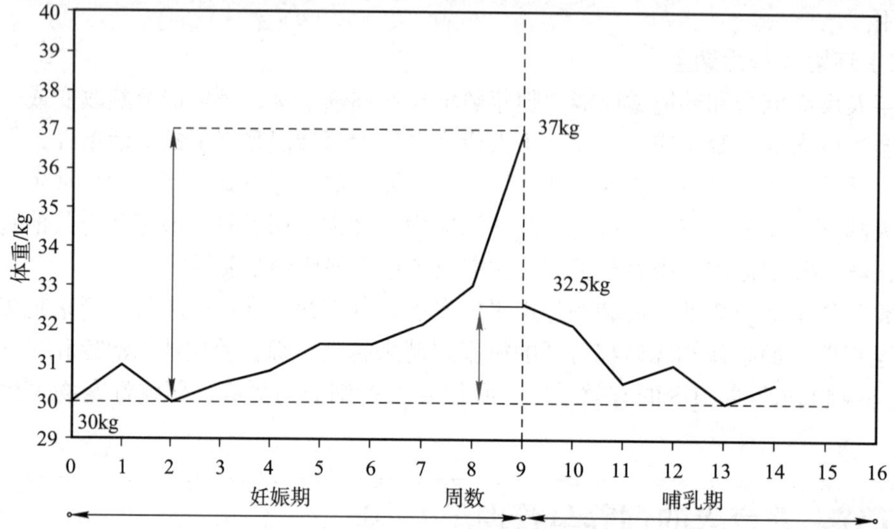

图 13–2　金毛猎犬母狗的良好体重曲线示例

（二）蛋白质和氨基酸

蛋白质对于实现最佳生殖功能至关重要，特别是对胎儿的发育。研究表明，食物中缺乏蛋白质会使妊娠母犬的产仔数下降，新生儿出生体重低，新生儿死亡率增加。AAFCO 建议在母犬妊娠期食物最低蛋白质含量应为 22%（干物质，DM），能量含量为 3 500 ~ 4 000 kcal/kgDM。为满足妊娠期和哺乳期的需求，怀孕母犬的饮食应富含易消化的蛋白和必需氨基酸，食物中蛋白质含量建议为 28% ~ 30%。

1. 酪氨酸

酪氨酸可以由必需氨基酸苯丙氨酸代谢生成。除了在蛋白质代谢和黑色素合成中的作用外，酪氨酸也是多巴胺、去甲肾上腺素和肾上腺素的前体。而多巴胺、去甲肾上腺素和肾上腺素则直接参与母犬的繁殖，对母犬发情及刺激性行为（特别是多巴胺）和卵泡的生长有重要影响。研究发现，雌性德国牧羊犬在补充酪氨酸后，更多母犬出现明显的阴道血性分泌物，母犬对公犬的接受能力也更强。

2. L– 肉碱

饮食中添加 L– 肉碱（50 mg/kg），已被证明有助于维持较高的瘦体重指数，并在狗减肥期间降低脂肪质量指数。L– 肉碱还具有确保氨基酸在线粒体中的运输，以满足肌肉的能量需求等作用。

（三）β- 胡萝卜素

β- 胡萝卜素，是犬体内维生素 A 的前体，具有抗氧化作用，可保护发育中的胎儿免受自由基的侵害。β- 胡萝卜素有利于排卵后母犬体内孕酮的分泌，促进孕激素和雌激素的合成。

雌激素能够合成性信息素，刺激子宫内膜细胞、血管和腺体的发育，刺激宫颈黏液的分泌，并有利于阴道细胞的角质化，以便在交配过程中保护黏膜。

（四）维生素

维生素 A（也称为视黄醇）及视黄酸参与胚胎的正常发育和生长。妊娠开始时，母犬血浆的维生素 A 含量低于非妊娠母犬，可能与胚胎的维生素 A 高需求有关。

维生素 C（抗坏血酸）在卵巢和睾丸组织中积聚，可以在配子的产生和受精中发挥抗氧化作用。

维生素 E 研究表明，妊娠期的高氧化应激会导致维生素 E 消耗增加。维生素 E 也集中在产生类固醇激素的某些组织中，例如胎盘，维生素 E 以与 β- 胡萝卜素相同的方式发挥作用，对细胞色素 P450 氧化酶起保护作用。

生物素参与许多生化反应，包括蛋白质和长链脂肪酸的合成作用、脂肪酸氧化、糖类转化等降解作用，还通过影响必需脂肪酸代谢和前列腺素合成参与子宫扩张。

叶酸是一种 B 族维生素，参与嘌呤和嘧啶碱基的生物合成，嘌呤和嘧啶碱基是核酸的重要组成部分，因此也是 DNA 和 RNA 的重要组成部分。在胚胎发生期间，快速的细胞分裂对叶酸需求显著增加。胎儿对叶酸需求较高，母犬很容易缺乏。除细胞分裂异常外，叶酸缺乏也是胎儿神经管发育畸形的原因。因此，在妊娠期间补充叶酸很重要，可以满足胚胎和胎儿的高需求并降低神经管畸形的风险。

腭裂和唇裂通常发生在母犬怀孕的第 33 天左右。在犬中，腭裂比唇裂更普遍（图 13-3）。发生腭裂的犬无法自主进食，死亡率也较高。在母犬妊娠第 25 ~ 28 天用叶酸竞争剂会导致幼犬出现腭裂，相反，在怀孕期间补充叶酸则可降低犬腭裂的发生率。

（五）矿物质

除钙和磷外，硒、铜、锌、锰或碘等许多矿物质在犬繁殖中起着重要作用，作用于性周期、卵泡成熟、排卵、受精等生理过程。当缺乏时，这些生理过程都会受到影响。

矿物质的螯合形式比无机形式作用效果好。在发情前至少三周，喂食含有螯合矿物质（锌、铜和锰）的母犬比喂食相同含量非螯合矿物质的母犬会生育更多的幼犬。

（六）EPA 和 DHA

二十碳五烯酸（EPA）和二十二碳六烯酸（DHA）在中枢神经系统的发育和生长（认知功能）以及胚胎和胎儿视力的发育和生长中起着至关重要的作用。

与成犬不同，幼犬可以在断奶前合成 EPA 和 DHA。但合成量较低，需要在妊娠期母犬饮食中额外补充。

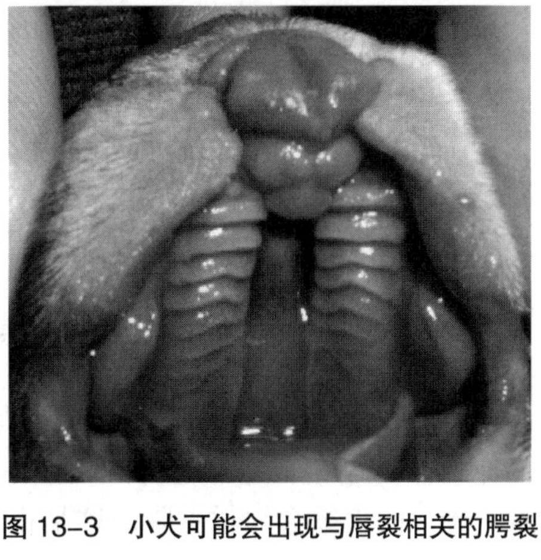

图 13-3　小犬可能会出现与唇裂相关的腭裂

三、繁育犬的饲喂方案

在怀孕母犬中，胎儿在怀孕前 5 周内的生长程度不到总体的 30%。母犬怀孕后，虽然胎儿发育迅速，但在为期 9 周的妊娠期内，在最后 1/3 妊娠阶段之前的胎儿都非常小（图 13–4）。因此，在妊娠的前 5 周，母犬的体重和总营养需求只略有增加（图 13–5 和图 13–6）。第 5 周后，胎儿会在剩余的 3 ~ 4 周妊娠期内迅速增加体重和大小。在妊娠第 40 ~ 55 天胎儿获得超过 75% 的体重和至少一半的体长。因此，在妊娠的最后几周确保胎儿的最佳生长发育尤为重要。

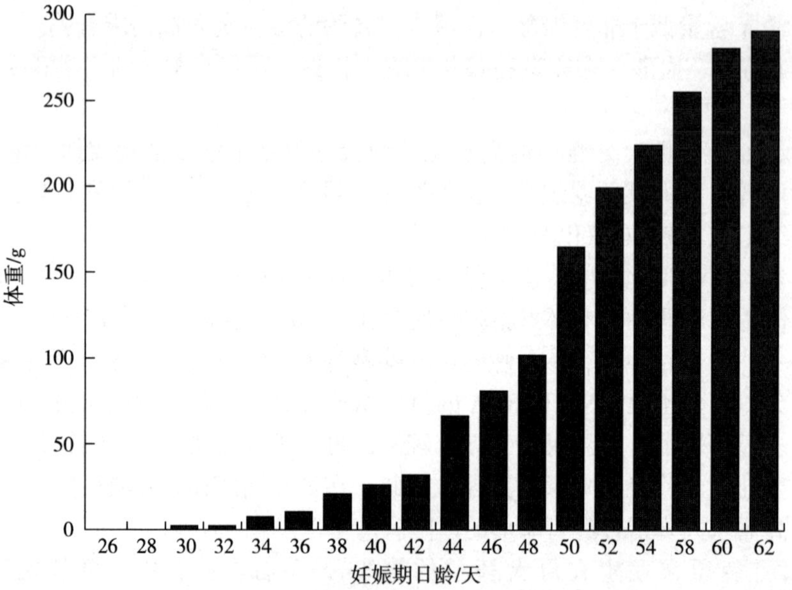

图 13–4　妊娠期犬胎儿的体重

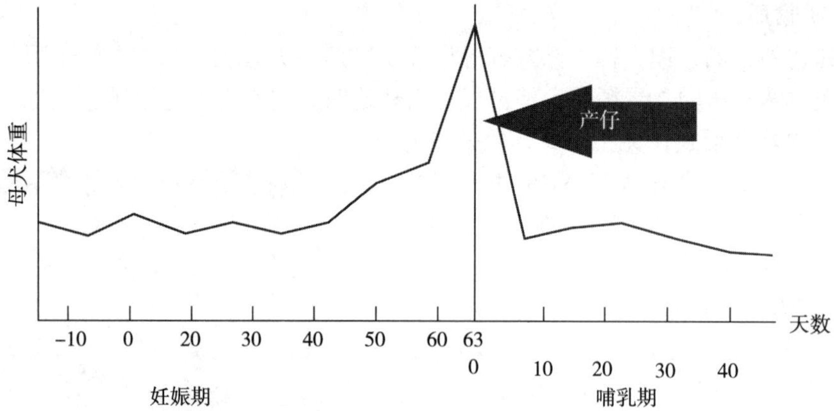

图 13–5　妊娠期和哺乳期母犬体重增加模式

如果母犬在配种时的体重理想，在妊娠第 5 周之前不需要增加母犬的摄食量。不应在配种后立即饲喂母犬更多食物，增加饲喂量反而会使母犬在怀孕期超重。在妊娠期约 3 周时，母犬的食欲会短暂下降，这是正常现象，通常不会影响母犬健康。在怀孕第 5 周或第 6 周后，应逐渐增加母犬的饲喂量。受窝产仔数和母犬的体型影响，母犬在分娩时的每日摄食量应增加至比维持期的正常需要量高 25%～50%。在分娩时，母犬的体重应增加 15%～25%。

随着胎儿的发育和增大，母犬可用来容纳餐后扩张的消化道腹部空间会缩小。因此，在妊娠期的最后几周，每天应让母犬少食多餐，避免腹部空间小限制母犬摄入食物总量。母犬在哺乳期内需要分泌大量乳汁，如果妊娠中晚期母犬的体重过低，可能难以维持哺乳期内的正常体况，因此，应给妊娠后期母犬提供营养充足的食物。同样，需注意不要过量饲喂母犬，避免胎儿过大过重，诱发分娩并发症。

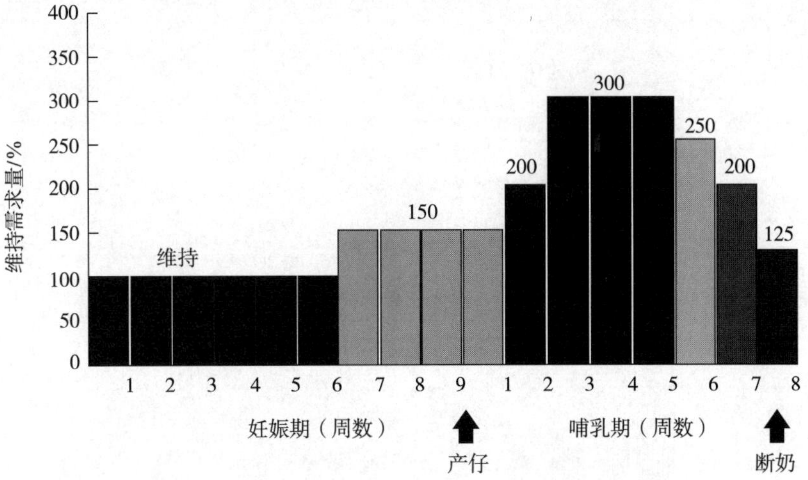

图 13-6　母犬妊娠期和哺乳期的营养需求

本 章 小 结

详见数字课程。

复习思考题

一、名词解释

初乳、犬认知障碍综合征、EPA、DHA

二、问答题

1. 简述犬断奶的几种方法。
2. 生长犬的特点有哪些？
3. 成年犬的饲养需要注意哪些问题？
4. 简述 β- 胡萝卜素对繁育犬的营养作用。

三、开放性讨论

1. 如何进行犬一生的健康管理？
2. 应关注老年犬的哪些变化并进行管理？

第十四章

猫

本章提要

猫，通常指家猫（*Felis silvestris catus*），属脊索动物门、哺乳纲、食肉目、猫科、猫亚科、猫属、猫种。现代家猫的起源与驯化时间、地点及具体方式仍无统一定论。基于考古学、遗传学和形态学证据，多数研究者认为猫 10 000—9 000 年前于西亚、北非地区的新月沃地（Fertile Crescent）从野猫驯化而来，这与农业的兴起和人类保护粮食免受啮齿动物侵害的需要相吻合。几个世纪以来，随着人类对猫陪伴功能的需求逐渐增加，猫成为了世界上最为普遍饲养的宠物之一。猫的专业化饲养与相关产业得到迅猛发展。了解猫的生物学特性、品种特征及猫业进展是促进猫、人类及社会和谐发展的基础。

知识导图

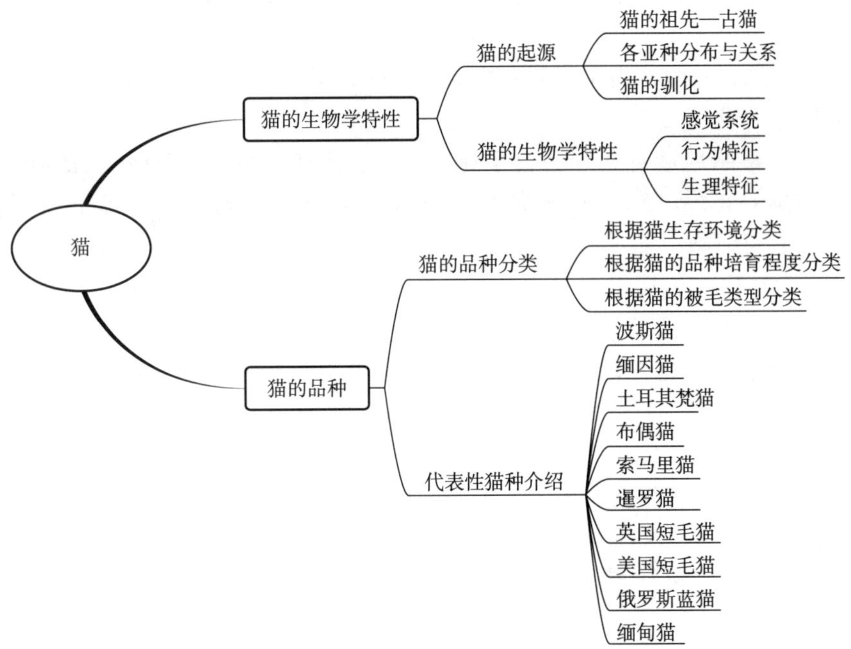

猫，属于猫科动物，一般分家猫、野猫，除南极洲无野生种外分布极广，是全世界家庭中较为广泛的宠物，视觉极好，在夜间都能看清事物；嗅觉和听觉都很灵敏，甚至能捕捉到啮齿动物发出的超声波；味觉感受力弱，此外无法感受到食物的甜味。行为特征主要为猫是夜行性动物，可以有效减少鼠类对青苗等作物的损害，由猫的字形“苗”可见中国古代农业生活之一斑。现代猫的远古祖先被认为是古猫，家猫据推测是由古埃及的沙漠猫、波斯的波斯猫驯化而来，但必须承认的是，古埃及并不一定是家养猫唯一的起源，因为许多地区如日本也有早期猫存在的证据。现有的研究还没有找到野生的猫变成家养的猫的具体转变时间点，并且转变的机制也很难去考究。猫已经被人类驯化了3500年，但仍未像狗一样完全被驯化，毕竟猫作为人类的伙伴相比狗来说要晚很多。

第一节　猫的生物学特性

一、猫的起源

生活在5 000万—4 000万年前的古猫（*Miacis*）被认为是现代猫的远古祖先，古猫的躯干长、尾长而腿短，栖息在森林中，擅攀爬，此技能也体现在现代家猫上。到3 400万—2 300万年前，一种名为始猫（*Proailurus*）的食肉哺乳动物被认为是所有现存和已灭绝的猫科动物的祖先，始猫出现在渐新世时期的欧亚大陆，其腿短，躯干及尾长，爪子可部分缩回，擅攀爬。大约2 000万年前，一种类猫科动物名为假猫（*Pseudaelurus*）出现，大小、体态皆与现代猫类相同，其着地行走，牙齿排列也与现代猫相同。上新世时期，假猫逐渐进化成卢那猫类（*Felis lunensis*），学界大多认为这是真正的现代猫科动物祖先。2007年，有学者对现存野猫和家猫的短串联重复序列（STR，微卫星DNA）和部分线粒体DNA联合分析表明，家猫的祖先是近东野猫（*Felis silvestris lybica*），有至少5个不同的母系在新月沃地被驯化，且家猫从古到今都保存着畏寒特点，推测其祖先源于温暖地带。2021年6月，有学者通过部分线粒体DNA和Y染色体联合分析，发现野猫和家猫之间存在父系渗透，然而，由于家猫和野猫之间时常进行基因交流，解析家猫和野猫的遗传结构十分具有挑战性。

各野猫亚种按照地域可划分为五个亚种：欧洲野猫（*Felis silvestris silvestris*）、近东野猫（*Felis silvestris lybica*）、亚洲野猫（*Felis silvestris ornata*）、南部非洲野猫（*Felis silvestris cafra*）和中国山猫（*Felis silvestris bieti*），其分布广泛，遍布非洲、欧洲、南亚和中亚的大部分地区，包括印度、中国和蒙古等地。在我国，中国山猫也被称为中国沙漠猫或中国草原猫，于1892年首次被描述为一个独立的物种。它在青藏高原有限分布，是中国唯一的野生猫科动物。有学者利用常染色体SNV分析方法，发现来自四川和青海的中国山猫核心区域的家猫携带约10%的野猫血统，表明从中国山猫到其同域家猫的广泛基因渗入。

关于猫的驯化，并未出现确凿的证据表明猫驯化的时间、地点和具体方式。早期猫科动物驯化的假说支持近东和埃及的古代社会可能在猫的驯养中发挥了关键作用。

更多内容详见数字课程 e。

二、猫的生物学特性

（一）感觉系统

1. 视觉

猫有极好的夜视能力，能看到的光线只有人类视觉所需的六分之一。猫的眼睛有一层透明膜，它将任何通过视网膜的光线反射回眼睛，从而增加了眼睛对昏暗光线的敏感性。大瞳孔是对昏暗光线的一种适应。家猫的瞳孔有裂缝，这使得它可以聚焦明亮的光线而不会产生色差。在弱光下，猫的瞳孔会扩大，覆盖大部分暴露的眼睛表面。然而，家猫的色觉相当差，只有两种锥体细胞，它们对蓝色和黄绿色的敏感度最高，区分红色和绿色的能力有限。

2. 听觉

家猫的听力在 500 ~ 32 000 Hz 的范围内最灵敏。它可以探测到非常宽的频率范围，范围从 55 ~ 79 000 Hz。它可以听到 10.5 个八度的音域，而人类和狗可以听到大约 9 个八度的音域。它的听觉敏感度因其巨大的可移动的外耳——耳廓——而得到增强，耳廓可以放大声音并帮助检测噪音的位置。它可以检测超声波，这使它能够检测到啮齿动物猎物发出的超声波信号。

3. 嗅觉

猫有敏锐的嗅觉，这归因于它们发育良好的嗅球和巨大的嗅黏膜表面（约为 5.8 cm^2），大约是人类的两倍。猫和许多其他动物的嘴里都有一个雅各布森器官（Jacobson's organ），用于采集周围环境或猎物的气味。猫对信息素很敏感，如 3– 巯基 –3– 甲基丁烷 –1– 醇，它们可通过尿液喷洒和香腺标记进行交流。70% ~ 80% 的猫对含有奈哌内酯的植物有强烈反应，特别是猫薄荷草（Catmint，*Nepeta cataria*）。其他植物也会产生这种反应，如银藤（Actiniine，*Lonicera japonica*）。这可能是因为这些植物的气味模仿了信息素，刺激了猫的社交或性行为。

4. 味觉

与人类相比，猫的味蕾相对较少（470 个左右，而人类舌头上的味蕾超过 9 000 个），家猫和野猫都有一个味觉受体基因突变，使它们的甜味蕾不能与糖分子结合，因而无法品尝甜味。猫的味蕾对酸、蛋白质和苦味有明显的反应，对食物也有明显的温度偏好，喜欢温度在 38℃左右的食物，与新鲜猎物的温度相似，通常拒绝冷藏或冷冻的食物（这会向猫发出信号，表明“猎物”已经死了，因此可能有毒或腐烂）。

5. 触须

为了帮助导航和感觉，猫的身体上，特别是脸上有几十个可移动的胡须（触须）。通过直接接触物体和感应气流，这些传感器提供有关缝隙宽度和黑暗中物体位置的信息，它们还会触发保护性的眨眼反射，以保护眼睛免受损害。

（二）行为特征

户外，猫白天和晚上都很活跃，且活动时间非常灵活多样。猫比大多数动物睡得多，用以保存能量。尤其是当它们长大后，每天的睡眠时间各不相同，通常在 12 ~ 16 h 之间，睡觉时，猫会经历短暂的快速眼动睡眠，通常伴有肌肉抽搐，这表明它们在做梦。

群体中的每只猫都有一个独特的领地，性活跃的雄性拥有最大的领地，大约是雌性猫的 10 倍，并且可能与多个雌性领地重叠。这些区域的特征是尿液喷洒、用面部腺体分泌物摩擦头部高度的物体以及排便。当猫变得具有攻击性时，它们会抬起皮毛、拱起背部、转向侧面、发出嘶嘶声或吐痰，试图让自己显得更大、更具威胁性。通常，耳朵背向下和向后指，以避免损伤内耳，并在向前集中注意力的同时潜在地倾听它们后面的任何变化。他们也可能大声发声并露出牙齿，试图进一步恐吓对手。打斗通常包括格斗，用前爪有力地拍打脸部和身体，还有咬伤。猫也会以防御的姿势扑倒在地，用有力的后腿扒对手的肚子。

家猫用许多叫声进行交流，包括咕噜声、颤音、嘶嘶声、咆哮声和几种不同形式的喵喵叫声。它们的肢体语言，包括耳朵和尾巴的位置、全身的放松和爪子的揉捏，都是情绪的指标。猫的尾巴和耳朵是特别重要的社会信号机制。竖起的尾巴表示友好的问候，扁平的耳朵表示敌意。翘尾巴还表明猫在群体社会等级中的地位，占优势的个体比从属个体翘尾巴的频率要低。野猫通常是沉默的。鼻子对鼻子的抚摸也是一种常见的问候方式，随后可能会进行社交打扮，其中一只猫前爪会抬起并歪着头。

猫会花相当多的时间舔它们的皮毛以保持清洁。猫的舌头有向后的刺，大约 500 μm 长，被称为乳突。乳突含有角蛋白，使其变得坚硬，所以乳突的作用就像一把梳子。一些猫，特别是长毛猫，偶尔会吐出毛球，这些毛球是在梳理毛发时聚集在胃里的。这些毛发通常是香肠形状，2 ~ 3 cm 长。

猫的脸颊的形状和结构不足以让它们用吸力来吸收液体。因此，当他们喝水的时候，他们用舌头搭在一起，把液体向上吸进他们的嘴里。猫以每秒四次的速度舔水，它将光滑的舌尖触碰到水面，并像开瓶器一样迅速将舌头缩回水面，向上吸水。

（三）生理特征

近几十年来，宠物猫的平均寿命有所延长。在 20 世纪 80 年代初，其寿命大约是 7 岁，1995 年上升到 9.4 岁，2018 年为 15.1 岁。雌猫通常在 1—3 月、5—8 月或 10 月份发情，持续 21 天，通常在 2 月初至 8 月间交配。

第二节　猫的品种

一、猫的品种分类

有关猫的分类各国标准不一，主要依据生存环境、品种培育和被毛长短的不同等三种方式进行分类。

（一）根据猫的生存环境分类

1. 家猫：是由野猫经过人类长期驯化饲养的猫，但家猫不同于其他家畜，它不完全依赖于人类，仍然保留着独立生存的本能，一旦脱离人的饲养，会很快野化。

2. 野猫：是家猫的祖先种群，生活在沙漠、山林等野外的环境中。

（二）根据猫的品种培育程度分类

1. 纯种猫

纯种猫指经过数年、数代由人们精心培育而成的猫种，并严格控制其繁殖程序，以避免品种退化，以及经过国际猫业组织认可的品种。这类猫的遗传特性很稳定，小猫与父母猫之间具有相似特性，而且每只猫都有血统纪录，包括性别、品种、体态特征及其祖先等数据。目前，国际猫业协会（TICA）一共标识出 71 个标准化品种，猫爱好者协会（CFA）

标识出 45 个品种，国际猫业联合会（FIFE）则标识出 43 个品种。

国际猫业协会成立于 1979 年，是世界上最大的纯种猫遗传注册机构，也是最大的家养宠物猫注册机构，致力于纯种猫的保护以及所有家猫的健康和福利。截止到 2021 年 12 月，TICA 一共标识出 71 个标准化品种。

猫爱好者协会成立于 1906 年，致力于通过爱、关怀和庆祝来改善所有猫的生活。截止到 2021 年 12 月，CFA 一共标识出 45 个标准化品种。

国际猫业联合会成立于 1949 年，是一个由国家成员组成的联合会，目前代表着 40 个国家，拥有 42 个正式成员。截止到 2021 年 12 月，FIFE 一共标识出 43 个标准化品种。

2. 杂种猫

杂种猫是未经人为控制，任其自然繁衍的猫。其后代的遗传性很不稳定，即使在同一窝猫中，也可能有几种不同的毛色，但是杂种猫并不完全是杂乱无章的，猫受地理等因素的制约，在一定范围内，经过数年，也可能形成具有一定特性的猫的品种。

（三）根据猫的被毛类型分类

1. 长毛猫：代表性的品种有波斯猫（Persian Cat）、缅因猫（Maine Coon）、土耳其梵猫（Turkish Van）、布偶猫（Ragdoll）和索马里猫（Somali）等。

2. 短毛猫：代表性的品种有暹罗猫（Siamese）、英国短毛猫（British Shorthair）、美国短毛猫（British Shorthair）、俄罗斯蓝猫（Russian Blue）和缅甸猫（Burmese）等。

3. 卷毛猫：德文卷毛猫（Devon Rex）、柯尼斯卷毛猫（Cornish Rex）、塞尔凯克卷毛猫（Selkirk Rex）、拉波卷毛猫（La Perm）、西伯利亚卷毛猫。

4. 无毛猫：斯芬克斯猫，有立耳和卷耳两种。

二、代表性的猫种介绍

（一）波斯猫

1. 品种起源

波斯猫（Persian Cat）是最古老的猫品种之一，其以阿富汗的土种长毛猫和土耳其的安哥拉长毛猫为基础，在英国经过 100 多年的选种繁殖，于 1860 年诞生的一个品种。1871 年，波斯猫在英国一猫展上首次亮相。自 19 世纪末，圆头、小耳、短鼻、大眼和粗壮的躯干逐渐成为挑选波斯猫的标准。自 1900 年，美国开始从英国进口波斯猫。从此，波斯猫在世界范围内的受欢迎程度渐渐增长。

2. 体型外貌

标准波斯猫头部形状呈圆顶形，脸颊丰满突出，下颌宽阔有力，耳朵有小而圆的尖端。波斯猫眼睛大、圆、饱满，鼻子长、宽相似，鼻孔微张，口部短、宽、饱满，颈部短、粗，肌肉发达。

波斯猫外形矮小，躯干整体结实，中部圆润；背部短而平，胸部深，肩部和臀部的重量相等，腹部和肋骨短而圆，骨骼粗大，肌肉发达。正视时，前腿短而直，从后面看，腿直；脚圆且大。尾巴短而直，与身体长度成正比。肌肉结实、发达，不过度肥胖。

波斯猫全身被毛长，浓密、饱满、柔软。其毛皮和密度有季节性变化。成熟猫的皮毛上留有较深的阴影区域（图 14-1）。

3. 品种特性

理想的波斯猫给人一种躯干结实、身体平衡、表情甜美、线条柔和、圆润的印象。又长又厚的皮毛软化了猫的线条，波斯猫天资聪明，反应灵敏，容易训练。

图 14-1 波斯猫

（引自：TICA）

（二）缅因猫

1. 品种起源

缅因猫（Maine Coon）是北美洲最古老的自然品种之一，围绕缅因猫的起源有许多观点。一种广为流传的观点认为其起源于半野生的家养猫和浣熊的杂交。如今，学界大多认为此品种起源于现有的某短毛猫和安哥拉长毛猫的杂交。

2. 体型外貌

缅因猫头部形状呈宽楔形，大小与身体成比例。缅因猫颧骨突出，口部断裂明显。眼大，略呈椭圆形，睁大时呈圆形；耳大，基部宽，外基部略比内基部靠后，下巴宽而深，鼻梁呈凹陷的曲线形。

图 14-2 缅因猫

（引自：CFA）

缅因猫躯干大、长、结实，成年雌性缅因猫体重为 12～–15 磅之间，但仍然比猫的平均体重大。成年雄性缅因猫体重更大，体重通常为 18～22 磅左右。肩部和臀部等宽；胸宽，肌肉结实、有力。腿中等长度，与身体形成矩形。缅因猫脚大，尾巴和身体等长，尾巴底部较宽，尖端逐渐变细，毛发丰满流畅。

缅因猫被毛长度不均匀，肩部被毛短，背部和两侧被毛长，腹部被毛长、丰满且蓬松，尾毛长、饱满且飘逸（图 14–2）。

3. 品种特征

缅因猫性情友好、聪明、温和。缅因猫有 60 余种被毛图案，毛色以纯色、条纹色、混合色为主，其中以红色、棕褐色、巧克力色、银白色为多见，有条状或块状的斑点。

（三）土耳其梵猫

1. 品种起源

自中世纪以来，土耳其梵猫（Turkish Van）作为一古老品种一直生活在与世隔绝的安纳托利亚地区，这种隔离状态有助于保存土耳其梵猫独特的特征，直到 20 世纪 50 年代中期，劳拉·卢辛顿（Laura Lushington）和索尼娅·哈利迪（Sonia Halliday）在土耳其旅行遇到了一些“头部和尾巴上有赤褐色（红色）斑纹的长毛白猫”，随后带走了两只没有血缘关系的一公一母小猫，从此土耳其梵猫走向世界。

2. 体型外貌

土耳其梵猫头部形状呈圆形，颧骨高，眼大，略倾斜；颜色呈琥珀色或蓝色，耳朵中等，位高；耳朵的内侧边缘略微向外倾斜，底部宽，尖端略微圆。下巴略圆，口吻整齐，鼻子略微向下弯曲。颈部中等短。

土耳其梵猫躯干粗壮、修长，胸部丰满，肌肉发达。雄性土耳其梵猫体型大，雌性体型较小。成熟的雄性土耳其梵猫在颈部和肩部肌肉发达，肩部和头部的宽度相似。前腿长度中等，后腿稍长。脚圆，尾巴呈中等长度（图 14–3）。

土耳其梵猫被毛半长，无底毛。该品种属于季节性被毛。夏季被毛较短，除了腹部和腿部有羽状毛外，外部呈现出短毛的外观，而且不那么柔软；冬季被毛更长、更厚，面部被毛短。被毛质地柔软，有羊绒的感觉，单根毛发细密、防水，并有轻微的悬垂感，尤其是在冬季。

图 14–3 土耳其梵猫

（引自：TICA）

3. 品种特征

土耳其梵猫传统上是纯白的，身上有一种被称为梵图案的独特彩色斑纹。雄性身材高大，气势磅礴，雌性中等到大型，身体平衡。土耳其梵猫爱交际、爱玩耍、聪明；属于大型猫。

（四）布偶猫

1. 品种起源

布偶猫（Ragdoll）的历史渊源很不明朗。20 世纪 60 年代，加利福尼亚的 Ann Baker 培育出了最早的布偶猫，其父亲是只名叫 Warbucks 的雄性伯曼猫（Birman），母亲是只名叫 Josephine 的白色非纯种长毛猫。随后 Ann Baker 成立了一个品种协会，但那时的布偶猫还没有得到其他协会的承认。在她的领导下，越来越多的人获得了特许经营权，布偶猫数量逐渐壮大，品种特征也越来越统一，最终被各大主流协会承认。

2. 体型外貌

布偶猫头部形状为宽阔的等边楔形，轮廓略圆，从正面观察头部时，两耳之间呈平坦的平面，头骨中等大小。耳朵呈中等大小，耳朵基部宽，尖端圆形，略微向前倾斜。眼睛为蓝色，呈椭圆形，两眼相距适中。下巴深度适中，与上唇和鼻尖形成一条垂直线。口吻圆形，中等长度，侧面看，鼻梁笔直，眉毛呈凹形。颈部与头部和躯干成比例（图 14–4）。

图 14–4 布偶猫

（引自：TICA）

布偶猫躯干呈中等长度，胸部宽阔，雄性体重可达 6.8 ~ 9.1 kg，而雌性体重一般为 4.5 ~ 6.8 kg，下腹有脂肪垫。腿骨骼丰满，与身体成比例，后腿略长于前腿，脚大而圆。尾巴与身体长度相等，肌肉发达，体重坚固。

布偶猫被毛半长，且有季节性变化；质地柔滑如丝，不是毛茸茸的，毛色均匀，大多为浅色，阴影少。

3. 品种特征

布偶猫性情温顺、安静、悠闲，对人友善，是非常理想的家庭宠物。

（五）索马里猫

1. 品种起源

索马里猫（Somali）形似阿比西尼亚猫，是最古老的家养猫品种之一阿比西尼亚猫的后裔，索马里猫以索马里命名，索马里与埃塞俄比亚（以前的阿比西尼亚）接壤，代表着他们之间的联系。也有资料称它是埃及神猫的直系后裔，因它与埃及壁画和文物中描绘的猫相似。

2. 体型外貌

索马里猫的头部从前面看呈楔形，鼻梁上升到前额，没有明显的断裂迹象，耳朵大而尖，底部呈杯状，向前拱起，仿佛在倾听。耳朵上的毛短而近，眼睛呈杏仁状，大且明亮，眼睛颜色有金色、铜色、绿色和淡褐色。从正面和侧面看，口吻呈现柔和的轮廓，下巴饱满，既不突出也不凹陷，呈圆形外观。

索马里猫身体躯干呈中等长度，成年体型约 2.7 ~ 4.6 kg，肌肉发达而不粗糙，肋骨呈圆形，没有扁平的侧面，背部略微呈拱形，看起来像一只即将跳跃的猫。腿修长、肌肉发达。脚呈椭圆形，紧凑，站立时，尾巴长且逐渐变细。

索马里猫被毛柔软，质地细腻，肩膀处被毛稍短。毛皮有褶边，被毛图案由深浅条纹交替（图 14–5）。

图 14–5　索马里猫

（引自：TIC）

3. 品种特征

索马里猫外表威严，活动轻盈，精力充沛，性情温和，易于操控。索马里猫最代表的特征是其光泽的被毛，深红色的毛色给索马里猫一种神秘的魅力。

（六）暹罗猫

1. 品种起源

暹罗猫（Siamese）起源于东方。来自暹罗（现在的泰国），古都阿育达的手稿记录了暹罗猫的存在。有关暹罗猫的诗可追溯到 1350 年，描绘了一只苍白的猫，其身着黑色的“面具”、尾巴、脚和耳朵。1871 年，伦敦水晶宫猫展上首次展出暹罗猫。1879 年，暹罗猫作为礼物由美国驻曼谷领事送给卢瑟福 · 海耶斯总统夫人。

2. 体型外貌

暹罗猫头部呈楔形，口吻细长，额头平。耳朵底部宽，眼睛杏仁形，中等大小，向鼻子倾斜，从内角到外角的一条线与耳根中心成一条直线；眼睛颜色以深色为最佳，金色次之；鼻尖与下巴在一条线上，颈部细长。

暹罗猫躯干长，成年雌性为 2.2 ~ 3.6 kg；成年雄性为 3.6 ~ 5.5 kg。肩部和臀部等宽，肌肉结实，腿长，后腿高于前腿；骨骼细腻，与身体长度和重量成比例；脚小，呈椭圆形，尾长，尾巴底部狭窄，然后逐渐变细至细尖，有弹性（图 14–6）。

暹罗猫被毛短、紧，质地细腻；颜色均匀，体毛色应与斑点色对比明显，斑点中应无交驻混杂毛色和白色，有海豹色、蓝色、巧克力色和紫丁香色斑点（淡紫色斑点）四种。

图 14–6　暹罗猫

（引自：TICA）

3. 品种特征

暹罗猫身材苗条、优雅，通身呈现一种长长的锥形线条。暹罗猫聪明，温顺，属于中型猫；暹罗猫的主毛是浅色的，面部和四肢是深色的，看起来像是穿着优雅的晚礼服，配有别致的黑色配饰和坦桑蓝色的眼睛。

（七）英国短毛猫

1. 品种起源

罗马人入侵欧洲时，随军队而来的埃及土猫与欧洲本地野猫杂交形成英国短毛猫（British Shorthair）。作为最古老的品种之一，几个世纪以来英国短毛猫几乎没什么变化。1914 年至 1918 年间，英国短毛猫与波斯猫杂交，引入了长毛基因。第二次世界大战期间，粮食短缺使英国短毛猫几乎全部消失。饲养者遂通过将其与俄罗斯蓝猫和波斯短尾猫等杂交，使这一品种恢复其活力。自那以后，英国短毛猫越来越受欢迎，多次在 TICA 获得冠军地位。

2. 体型外貌

英国短毛猫具有 3 个典型的圆形部位：宽圆的口吻，宽大的圆头和饱满圆润的脸颊。英国短毛猫颧骨宽，平滑地过渡到口吻，耳朵小到中等，眼睛大而圆，紧凑的下巴与鼻子成一条直线，颈部短、厚、肌肉发达，与脸颊融为一体，这一点在成熟的雄性猫身上表现得尤为明显。

英国短毛猫躯干呈半球状，小猫体重 1.3 ~ 2.7 kg，成年雌性 3.6 ~ 5.0 kg，成年雄性 4.5 ~ 7.3 kg。躯干宽而结实，肌肉发达。肩部宽而平坦，臀部等宽，后背呈水平。雌性体型按比例较小。腿从地板到腹部的长度略小于从腹部到背部的长度，圆脚；尾底部厚且直，略微变细至圆形尖端，是身体长度的三分之二。

英国短毛猫被毛笔直、浓密、长度均匀，有褶边，被毛浓密，在分开头发时很难看到皮肤。英国短毛猫最典型的颜色是蓝灰色（图 14–7）。

图 14–7　英国短毛猫

（引自：TICA）

3. 品种特征

英国短毛猫给人一种憨厚、甜美感觉，其圆润的脸颊和粗短的脖子融合成了一个结实的半球状，英国短毛猫性情安静、可爱、独立。

（八）美国短毛猫

1. 品种起源

美国短毛猫（American Shorthair）来源于一群由欧洲早期移民带到北美洲的猫种，早期的美国短毛猫强壮、耐寒，它们的狩猎技能在这里赢得了生存地位，很快它们的聪明才智和不同的颜色和图案也深受欢迎。在 1900 年的美国猫展上，美国短毛猫首次亮相。随着越来越多的短毛品种被引进，饲养者开始进行美国短毛猫的选择性育种。我们今天所知的美国短毛猫是通过选育的过程发展起来的。

2. 体型外貌

美国短毛猫头部形状宽、圆，呈中等大小，脸颊发育良好。耳朵中等大小，底部不大，宽，耳朵尖端呈圆形。眼睛呈圆形，中到大，宽幅，微角，圆孔，眼睛颜色与毛色一致，下巴丰满有力，口吻中短，呈方形。鼻子中短。

美国短毛猫躯干呈中等长度的长方形，胸部宽，尤其是公猫，母猫的躯干通常比公猫小。腿与身体比例适中。脚中等，呈圆形。尾巴中等长度，底部较厚，从丰满的臀部到圆形的尖端逐渐变细。肌肉紧实，坚硬，不柔软或松弛。

美国短毛猫被毛短而均匀，具有光泽、浓密、有弹性、粗糙且卷曲。最常见的是花斑猫（图 14–8）。毛色分 5 大类：单色、渐变色、混合毛色、烟色、斑纹色。

图 14–8　美国短毛猫

（引自：CFA）

3. 品种特征

美国短毛猫性情随和、友好、有好奇心，被毛颜色和图案以银色条纹最为名贵。

（九）俄罗斯蓝猫

1. 品种起源

俄罗斯蓝猫（Russian Blue）也被称为大天使猫，大天使的名字是以俄罗斯蓝猫的原产地（俄罗斯港口阿尔汉格尔斯克）命名的。19 世纪 80 年代，英国首次举办猫展，其中就包括俄罗斯蓝猫。战争对俄罗斯蓝猫的繁殖产生了消极影响。战后，饲养者通过将俄罗斯蓝猫与类似俄罗斯猫的猫科动物，如蓝色的英国短毛猫、蓝点暹罗猫杂交，以确保俄罗斯蓝猫在被毛、体型上的特点，从此恢复了其种群大小。

2. 体型外貌

俄罗斯蓝猫头部呈楔形，鼻子笔直，前额平坦，口吻呈中等长度。从鼻尖到下巴垂直；耳朵大，底部和高度一样宽，尖端略圆；耳朵分开很远，侧边和头顶一样长；外面覆盖着短而细的毛发，覆盖了大约 1/2 的内耳。眼睛大、圆，分开很远；成年猫的眼睛颜色是绿色的，幼猫眼睛从黄色变成绿色；脖子细长（但由于毛发浓密，可能看起来较短）。

俄罗斯蓝猫躯干长，雄性比雌性大；肌肉柔软、纤细；腿长，骨骼细，脚圆润，小巧；尾巴长而直，从相当粗的底部到细长的尖端逐渐变细。

俄罗斯蓝猫被毛短，呈质地细腻、柔软、丝滑，浓密的长毛绒双层毛皮（图 14–9）。

3. 品种特征

俄罗斯蓝猫微微上翘的嘴角给人一种甜蜜的微笑表情。它最突出的特点是它的皮毛短、丝滑且直立，呈中蓝色，并附有一层银色的光泽。银色尖端的毛发与纯蓝色的底色形成鲜明对比，鼻部呈炭灰色，爪垫呈玫瑰色。

（十）缅甸猫

1. 品种起源

缅甸猫（Burmese）起源于缅甸的寺院，被当作神而受到当地人的崇拜。缅甸猫是 20 世纪 30 年代初期由美国科学家 Dr. Joseph Thomson 带回美国并培育而成的。1936 年，缅甸猫被养猫协

图 14–9　俄罗斯蓝猫

（引自：CFA）

会承认，并制定出相应的标准。1955 年 3 月 29 日，第一只蓝色的缅甸小猫在英国出生。

2. 体型外貌

缅甸猫头部呈中等大小，呈圆形，脸部丰满，两眼之间有相当的宽度。耳朵呈中等大小，宽阔但不张开，微微前倾，眼大、圆、宽，与耳朵底部一致，呈金色。下巴结实，圆润；口吻呈圆形、短、宽，发达，侧面可见断裂。鼻子末端略微向下圆整；颈部发育良好，从短到中。

图 14–10　缅甸猫

（引自：TICA）

缅甸猫躯干呈中等大小，紧凑，胸部丰满。腿结实，比例适中，脚圆；尾巴中等长度，逐渐变细到钝的尖端。肌肉发达，体重较大。

缅甸猫被毛短，质地细腻，像缎子一样，紧贴身体。被毛具有光泽，以全身呈黑貂棕褐色为最理想（图 14–10）。

3. 品种特征

缅甸猫以全身呈黑貂棕褐色为代表性特点，且以圆而著称于世，缅甸猫性情温顺、活泼可爱。缅甸猫适应性强，一般环境下皆能生存。

本 章 小 结

详见数字课程 e。

复习思考题

一、名词解释

猫、起源、驯化、品种、分类、行为特性、体型、外貌特征

二、问答题

1. 请简要描述猫的生物学特性。
2. 请简要介绍猫的一种代表性品种。
3. 请简要介绍猫有哪些祖先？
4. 为什么说猫和人类的关系是共生关系？
5. 为什么猫的起源很难研究？

三、开放性讨论

1. 为什么猫不像犬类的品种差异这么大？
2. 你觉得猫是怎么变成宠物的？
3. 如果让你养一种猫，你选哪个品种？为什么？
4. 如果可以培育一个猫的品种，你希望它有什么品种特点？

第十五章

猫的饲养与管理

本章提要

猫的一生分幼猫、成年猫、老年猫及妊娠、哺乳等不同生命阶段，各生命阶段具有不同的生理特点和营养需求，需要进行不同的饲养与管理。新生幼猫和断奶后幼猫处于生长发育阶段，其饲养与管理至关重要，除了需向幼猫提供充足的营养物质外，新生幼猫的哺乳、断奶等护理工作也必须科学细致，幼猫要根据周龄进行驱虫、注射疫苗及相关免疫工作。幼猫和成年猫的行为训导和运动对于猫未来生活习惯的培养具有重要意义。随着经济社会发展，成年猫的饲养与管理分为家庭环境饲养和集体环境饲养，两者在营养供应、护理关怀等方面有很大的区别。猫的逐渐衰老会伴随着生理状态的改变和身体机能的衰退，如何进行护理和调整营养策略是当前亟需解决的问题。繁育猫的饲养与管理对于繁育的效率和小猫的健康和成活率起着至关重要的作用。

知识导图

- 猫的饲养与管理
  - 幼猫及生长期猫的饲养与护理
    - 新生猫的养护特点
    - 幼猫的营养特点
    - 幼猫的管理
      - 驱虫管理
      - 疫苗接种管理
      - 猫舍环境管理
      - 幼猫的行为与训练
  - 成年猫的饲养与管理
    - 成年猫营养特点
    - 饲喂方法
    - 饲养与管理
      - 绝育营养管理
      - 集体环境下成年猫的饲养与管理
      - 家庭环境下成年猫的饲养与管理
  - 老年猫的养护和管理
    - 老年猫衰老的生理变化
    - 老年猫的营养管理
    - 抗氧化剂与老年猫的健康
  - 繁育猫的饲养护理
    - 配种前和配种期猫的饲养与管理
      - 配种前饲养与管理
      - 配种期饲养与管理
    - 妊娠期猫的饲养与管理
      - 妊娠母猫增重特点
      - 妊娠母猫饲养与管理
    - 分娩期猫的饲养与管理
    - 哺乳期猫的饲养与管理
      - 营养需求的特点
      - 影响乳汁质量的因素
      - 哺乳猫的饲养与管理

第一节　新生幼猫的饲养与管理

猫的一生分为幼猫（1～12月龄）、成年猫（1～7岁）、老年猫（7岁以上）、妊娠、哺乳等生命阶段。各阶段具有不同的生理特点和营养需求，因此根据其生命阶段进行精细化的饲养与管理会使猫保持更加健康的状态。

猫的幼年阶段一般指从出生到12月龄，这个阶段猫的各器官都处于快速生长发育状态，尤其是初生幼猫，器官和功能的发育还不完全，免疫力低，抗病能力差，体温调节能力不强，对外界环境的表现较为敏感，需要细心照顾，否则极易死亡。母猫生产次数、幼猫体重、营养状况都与幼猫死亡有关。

幼猫分为断奶前幼猫和断奶后幼猫两个阶段。断奶前幼猫又称新生幼猫，主要以母乳作为食物，对外界环境敏感，容易出现问题，因此饲养与管理对幼猫的存活率至关重要。新生幼猫的生理特点是刚出生的仔猫全身皮薄毛稀，身体各器官发育还不完善，但是具有良好的嗅觉和味觉，听力和视力较差，体重一般为70～90 g（一胎多仔的仔猫会轻一些），体长10～16 cm，眼睛尚未睁开，耳朵倒闭，既不能听见又不能看见，不能行走，完全依靠母猫而生存。

一、新生幼猫的哺乳和饲养

刚出生的猫体温调节能力比较差，体温低，且皮薄毛稀，因此在生产中应注意幼猫的保温工作。随着日龄的增加，体温逐渐上升，趋于猫的正常体温。在新生幼猫的哺乳和饲养过程中，要根据新生幼猫的生理特点进行饲喂。

（一）新生幼猫的哺乳技术

处于哺乳期的母猫，需要更多的营养维持自身的能量代谢和哺育小猫，而刚刚出生的幼猫，也需要足够的奶水来维持自身健康以及成长。刚出生的幼猫体内不能产生抗体，机体抵抗能力弱，易受到细菌、病毒的侵害而患病。但是新生幼猫可通过吃初乳获得母猫的抗体，母猫在产下小猫后产生的这种富含抗体的乳汁称为初乳（colostrum）。新生幼猫的肠道容易吸收初乳中的抗体，提高新生幼猫的免疫能力，这对于保护新生幼猫的健康十分重要。因此，新生幼猫出生后应及时吃上初乳，否则容易导致抵抗力太弱而死亡。要想让新生幼猫尽快地吃到初乳，最好在新生幼猫出生后24 h内及时哺乳。如果时间过长，会影响新生幼猫肠道对母源抗体的吸收率。新生幼猫出生后，帮助其寻找乳头，吃母乳。若有体弱的新生幼猫，一定要让它吃上母乳。新生幼猫每天应达到饱食，才能安然入睡，并提高幼猫的生长速度。另外，还要注意给哺乳期幼猫提供适宜的环境，保持饲养环境的清洁、舒适。一般来说，每窝幼猫中有体重相对较大的，也有体重相对较小的，往往体重小的幼猫在吃奶时找不到或抢不上乳头，从而造成营养的缺乏。这时应该进行人工固定乳头，并将其放在泌乳量多的乳头上。初乳中含有丰富的免疫球蛋白，是新生幼猫获得免疫力的基础。小猫出生后几个小时就能通过乳汁吸收免疫球蛋白，这种通过母猫获得的免疫力会在几周之后逐渐下降。母乳中含有DHA，除此之外，在怀孕和哺乳母猫食物中添加ω-3脂肪酸也是有必要的。

在幼猫出生后2～3天内确定乳头，这样整窝幼猫能均匀生长。大概要进行3天左右的训练，就可达到固定乳头的目的，一旦吸乳位置固定后，幼猫间不会发生争抢乳头的现象。一般而言，若一窝幼猫数量多，则易发生营养不良，特别是一窝中体弱的猫经常因为营养不良而死亡。若一窝中有体重较大较为强势的猫长时间控制着奶头，就会加剧乳汁的缺乏和其他幼猫的营养不良。为此，应给较弱的幼猫加喂牛奶，同时加强哺乳母猫营养，也可采用人工哺乳方法，选用鲜牛奶或鲜羊奶等进行饲喂。在饲喂时，可在奶中加入适量的鱼肝油和葡萄糖以满足幼猫对各营养素的需要。人工喂乳后，用棉签或手指轻轻抚摸或擦拭幼猫的外生殖器，以刺激幼猫排便排尿。当幼猫开始排泄时，要及时将排泄物擦拭干净，以防感染。另外，母猫是通过气味辨别幼猫的，切忌让幼猫身上沾染异味，否则会使母猫拒绝哺乳幼猫。乳汁是幼猫在哺乳期最主要的营养来源，因此要加强母猫的饲养与管理，以提高泌乳量，给幼猫提供充足的乳汁，促进幼猫的生长发育。幼猫出生后，有些母猫死亡、无乳或发生疾病时，应及时寻找母性好泌乳量高的母猫来代养幼猫，这样才能给予幼猫充足的营养。

（二）幼猫猫舍温度控制

刚出生的幼猫体温调节能力比较差，因此应给幼猫提供温暖的环境。出生 24 h 以内的幼猫，最适宜的温度是 32℃；14 日龄内适宜的温度是 27℃；14 日龄以后最适宜的环境温度为 21℃。在炎热的夏天，猫的养殖温度不能过高，否则会导致幼猫中暑而死亡。应保持环境温度在 20℃ ~ 26℃，其中哺乳期幼猫温度需要略高。猫窝的温度应保持在 25 ~ 30℃。幼猫哺乳区温度应为：一周龄 30℃ ~ 32℃，二周龄 27℃ ~ 29℃，三周龄 27℃，四周龄 24℃，五周龄 20℃ ~ 22℃。环境相对湿度应控制在 40% ~ 70%，幼猫哺乳区域适宜湿度 60% ~ 65%，需要有阳光照射，避免潮湿环境导致细菌滋生，引发皮肤病如猫癣等。

二、新生幼猫的断奶技术

（一）新生幼猫的断奶过渡

出生后 2 周内，合适的饲养与管理对幼猫的大脑生长发育十分重要。幼猫食物应由稀到稠，逐渐采食固体食物。从母乳开始，过渡到半固体泥糊状食物，再逐步增加食物硬度和颗粒大小，最终过渡到固体干粮。出生后 12 小时内吃初乳，20 日龄后开始补饲，补饲量由每只 4 ~ 5 g/d，逐渐增加到每只 10 ~ 30 g/d，每天饲喂次数从 8 次到 2 ~ 3 次，40 ~ 45 日龄断奶。

新生幼猫纯母乳喂养至 3 周龄，3 ~ 4 周龄时开始断奶，通常在 6 周龄时完成营养性断奶，7 ~ 8 周龄时，可完全断奶。

（二）新生幼猫的应激反应

幼猫的应激反应（stress response of kittens，SRK）是指幼猫对各种内、外界刺激因素所做出的适应性反应的过程，它是一种全身性的适应性反应。轻微状态下，它有时是有利的，但更多时候是有害的。在医学上，应激是一种非特异性的全身反应，猫应激后，心跳加快，血压升高，肌肉紧张，胃肠松弛，同时体内的分解代谢加快。

能引起猫产生应激反应的刺激因素被称为应激原。应激原很多，幼猫或多或少都会有一些应激反应，比如到了新家、打完疫苗、洗澡后等等。应激反应的现象与症状包括：打喷嚏、感冒、眼睛发炎、拉稀，呼吸道感染等，有时候还有可能会绝食 1 ~ 2 d。

应激处理新生幼猫是一种新出现的饲养方法，它通过外接刺激加速中枢神经系统的成熟，进而对系统器官的发育有促进作用。其方法是，用手触摸猫 3 ~ 5 min，或用微电流刺激猫 20 ~ 30 s，或突然将仔猫暴露于十分恶劣的环境（如寒冷环境）中 1 min，从幼猫出生后第一天开始，每天刺激 1 次，连续 10 ~ 20 d。经应激处理后的幼猫，表现睁开眼睛时间早，很早就出现协调的运动，被毛长得快，体重增加快，抗病力强，健壮少病，有活力。

孤儿猫（orphan cats，OC）指出生后被母亲抛弃的或者母猫死亡的幼猫，没有母乳的喂养，新生幼猫很可能会快速死亡，这时就需要人工辅助喂养。对于新生的孤儿猫来说，合适的食物是其生存最基本的条件。孤儿猫日常饲养与管理主要应做到控制室温和人工喂奶。若孤儿猫在出生后 24 小时内就失去了母猫，则保持室内温度在 30℃ ~ 32℃。给孤儿猫进行人工喂奶关键要有耐心，最好的办法是帮它找个母性好、奶水充足的母猫进行喂养。但在将孤儿猫与另一窝小猫放在一起之前，首先要确定它们没有传染病。除此之外，母猫也不能喂养太多的孤儿猫，过多的小猫会让猫妈妈的营养不足。

第二节　断奶幼猫的饲养与管理

幼猫的成长过程可以分为快速生长期和快速成熟期。幼猫在断奶后，无论在生理上还是心理上，以及饲养与管理等方面都发生了明显的变化，因幼猫生长发育十分迅速，所需要的营养物质也较多，所以对这一时期的饲养与管理必须十分重视。这一时期的主要任务是促进幼猫的正常生长发育并减少疾病的发生。

一、幼猫的营养特点

幼猫的饲养要按照幼猫的生长发育特点进行。与成年阶段相比，幼猫需要更多的蛋白质、钙磷、微量元素和维生素，因此给幼猫提供易于消化吸收的高品质全价宠物食品非常重要。幼猫断奶后，经历了从母乳到固体食物的过程，需要逐渐从湿的食物过度到干的食物，补充的食物可以从液体的奶到湿的糊状食物和罐头，到湿粮与干粮搭配，最后可以过渡到干粮。对于猫，采食湿的宠物食品对其补充水分非常重要，采食干粮的时候也要保证其对水分的充分摄入，水分的充足摄入对于猫的尿道健康非常重要。猫采用少量多次饲喂，一天可以饲喂 8 ~ 24 次，如果是饲喂湿的宠物食品，每次饲喂后要清理剩余食物，消毒食盆，保持卫生，一天 24 小时都要保证清洁的饮水，让猫很容易喝到水。

从生长发育的角度，猫一般是最先生长骨骼，然后是肌肉，最后是沉积脂肪，因此促进骨骼和肌肉发育的营养素对幼猫的发育特别重要。钙、磷对猫骨骼生长尤为重要，且含量需保持在适宜水平，过高或不足均会导致骨骼发育异常，而且需要挑选适合猫吸收的钙磷，减少不易吸收的钙磷，以免造成钙的不当沉积。如果饲喂的是全价幼猫粮，则无须额外补充钙质，但猫的个体之间对营养素的需要存在差异，因此个别猫也可能出现钙的缺乏。如果猫出现钙缺乏症，及时就医，临床诊断为钙缺乏后，就要及时补充钙质。幼猫的采食量因年龄、体重、性情、品种的不同而有区别，随着年龄的增长要及时调整饲喂量。一般情况下，猫对食物有自我调节能力，不会采食过量。不应让幼猫养成偏食的习惯，尤其是鱼类和肝类食品，一般的商业猫粮都会根据猫的体重和猫粮的能量，给出合适的饲喂量。营养全价均衡是保证猫健康成长的关键，营养不足会造成发育不良，营养过剩会造成肥胖。

另外，还要做好护理工作，断奶后幼猫由于饲喂方式和营养发生了显著变化，使幼猫经常处于应激状态，为了让幼猫顺利地渡过断奶期，需要对其进行精心的照顾，缓解应激反应。除了给幼猫提供干粮之外，最好再为幼猫提供猫罐头湿粮，干湿粮搭配。

二、驱虫管理

幼猫要定期进行驱虫，以杀灭体内外的寄生虫。在幼猫断奶后第6、8、12周龄的时候，各服用一次驱虫药，6月龄以上的猫可每季度驱虫1次，驱虫包括体内和体外两个方面。一般情况下，体内驱虫从幼猫2个月开始，每月定期驱虫，有条件可以进行体检和粪便检查，1岁后，1个季度进行1次。体外驱虫一般从每年的3月份开始，直到11月份，都应该进行体外预防性驱虫，不能因为宠物猫不出门就不进行预防性驱虫，若已经发现蜱虫、跳蚤等体外寄生虫，驱虫药使用时，切记勿让猫舔舐，以防中毒。如果幼猫的毛发上有很多黑色颗粒状物质（跳蚤屎）和活的跳蚤，就要进行驱虫。幼猫在不良的饲养环境下容易滋生跳蚤，需要帮助幼猫清除跳蚤。跳蚤太小或不多的情况下可以用手捉或者用跳蚤梳梳理。在跳蚤多的情况可用喷雾驱虫，喷一点在手里抹在猫背上揉搓，注意避开眼睛、鼻子和口腔，确保跳蚤死亡。驱虫一天后，可用跳蚤梳检查是否还有跳蚤。如果跳蚤多，可以再用除虫喷剂重复驱虫的操作。

猫驱虫药一般分为内驱、外驱和内外同驱三种。内驱一般是针对蛔虫、绦虫等，外驱一般针对跳蚤、蜱虫等。选择猫驱虫药时，需要关注药物成分以及抗虫谱，驱虫范围最好能够覆盖常见寄生虫。常用的驱虫药物有丙硫苯咪唑、吡喹酮等，像配方中含有非泼罗尼、甲氧普烯、乙酰氨基阿维菌素、吡喹酮四大成分的博来恩等，可以实现内外同驱。

三、疫苗接种管理

生长期的猫由于器官发育未完全，免疫力低下，在此期间进行科学的营养免疫和主动免疫是十分重要的。幼猫对外来病原侵袭的抵抗力很弱，主要是因为从母猫中获得的母源抗体基本上已消失，而自身的免疫系统还没有完全建立起来，容易引发各种疾病。因此，应加强幼猫饲养与管理，冬季应防止天气寒冷而导致幼猫感冒，严重者会导致肺炎。发现幼猫有异常行为，如呕吐、多泪、瘙痒等应立即就医。

目前幼猫需要接种的核心疫苗包括猫三联疫苗及狂犬疫苗（表15–1）。猫三联疫苗目前一般是指可以同时预防疱疹病毒、杯状病毒、猫泛白细胞减少病毒的三合一疫苗。

表15–1 幼猫疫苗的注射流程

流程	猫三联疫苗	狂犬疫苗
8周龄	第一次注射	
12周龄	第二次注射	注射
16周龄	第三次注射	

幼猫在8周龄以后接种三联疫苗第一剂，之后每间隔4周接种一剂。狂犬病毒疫苗在12周以后接种一次。在猫接种疫苗时应注意，接种前后应避免洗澡，出去玩耍等。注射疫苗前要体检和驱虫，这样能获得较好的免疫效果。饲养在家中不外出的猫，也须注射疫苗。因为猫不外出，但猫主人需要外出，可能会携带病原，使猫感染并发病。注射疫苗要到正规的宠物医院，免疫前要进行体检，凡是出现改变生活环境、食欲不振、体温升高、处于疾病状态等情况，要推迟免疫，等到猫完全健康才可以进行。如果是从街上收养的流

浪猫，或是从领养中心领养的幼猫，为预防疾病发生，还需要打非常规疫苗，例如猫白血病毒疫苗、猫传腹病毒疫苗等。

引发猫癣的真菌最容易侵扰抵抗力低下的幼猫。幼猫刚离开母猫，到了陌生环境，往往因为外界环境的变化产生应激反应，抵抗力下降，十分容易发生猫癣。居住环境潮湿、常年缺乏阳光照射等也是诱发猫癣的因素。

四、猫舍环境管理

幼猫喂食场所干净、安静，对食盆等每天应及时清洗。在夏天温度较高时，容易导致食物腐败变质，应注意食具、水盆和猫舍、猫笼及周围环境的卫生，做到定期消毒，一周至少消毒一次，防止幼猫食物中毒。

日常管理猫舍应保持清洁，及时通风，冬季要防寒保暖，夏季要防暑降温，提供给猫充足的饮水。每周可用 0.1% 新洁尔灭或 2% ~ 3% 来苏水喷洒消毒。

应将猫砂盆放在安静、光线较暗和易发现的地方，在盆内可放些砂土或猫砂等垫料。选用吸水、除臭的猫砂。猫砂便盆应放置在通风、干燥处。驯导时，在猫窝旁边放便盆，当猫排便焦急时，将其引入到便盆边，诱导幼猫在盆里排便。

五、幼猫的行为与训练

（一）幼猫的行为发育

幼猫必须能够与他的主人形成和睦的关系，适应环境变化。幼猫出生之后就要与宠物主人进行沟通。刚出生的幼猫完全依赖母亲，出生时神经系统发育不完全，没有听觉和视觉。幼猫一周后开始行为发展（表 15-2）。成年猫的行为对幼猫的行为发育有很大影响，给幼猫提供良好的猫舍环境，也可以促进幼猫的行为发育。比如第 7 周龄之前形成裂唇嗅反应（flehmen response，FR），意指翻起上唇，是动物上唇翻起的特殊行为，目的就是为了让信息素与其他气味传递至犁鼻器。用于探索猫或者其他动物留下的气味。动物借此行为判断和解读当前的环境以及周围的情况，如发情期的出现、动物的生理机能状态或其他动物离去时间的长短。

表 15-2 猫的行为发育顺序

周龄 / 生理阶段	行为模式和特征
2 日龄	开始咕噜声
10 ~ 14 日龄	开始睁眼
2 周龄	母猫分离并产生恐惧
2 ~ 4 周龄	与其他小猫接触并产生镇定效果
第 3 周龄结束	幼猫开始通过视觉和嗅觉识别自己的母亲
3 周龄	母猫开始教授捕食行为
3 ~ 7 周龄	独生幼猫开始离开穴居处
3 ~ 4 周龄	常规社交嬉戏行为开始
4 周龄	幼猫开始接触其他物种（如犬等）
5 周龄	幼猫开始使用猫抓板

续表

周龄 / 生理阶段	行为模式和特征
3～5 周龄	幼猫开始进行社交并与人类活动
～6 周龄	视觉 / 嗅觉刺激的成猫样反应，包括成年猫尿液的反应
5～7 周龄	持续接触和与人类或者其他物种玩耍嬉戏
～7 周龄	裂唇嗅反应成熟
7 周龄	开始掩埋粪便和尿液

引自：Marcy，2015

（二）锻炼与训练

锻炼应该成为宠物猫日常生活的一部分，以保持幼猫心情愉快并维持它们良好的身体状况。在户外活动的猫往往比只待在室内的猫更活跃，室内的猫一般有更大的超重风险。对于一只健康的猫来说，每天大概应有 4 次 10 分钟的游戏时间。

训练应该被视为一种与宠物有效沟通的手段，让它们能够成功地与环境、人和其他动物进行互动。幼猫天生就有很强的学习能力，所以应该尽早开始训练。持续不断的训练对于培养幼猫的良好行为很重要，所以一定要在猫的生命进程中保持规律的训练。应与猫多玩游戏，增进感情，经常抚摸幼猫的耳朵和下颌，并且用语言鼓励幼猫，当猫进入疲倦状态，让猫保持充足的休息，否则会使猫受到惊吓而躲人，不敢接近人。当猫在吃食或排便时，不要打扰它。

对幼猫进行心理刺激也是让它们满足的重要因素。环境的改善可以为幼猫提供适当的心理刺激，还可以促进它们锻炼。许多为猫设计的互动式玩具可以起到心理刺激的作用。比如，使用交互式玩具的一个例子是利用互动式喂食器或漏食玩具来引导宠物的自然摄食行为。猫喜欢呆在高处，便于它们观察周围的环境。确保给猫提供足够的爬杆或爬架，以鼓励它们这样的自然行为。日常锻炼、环境的改进和持续训练的有机结合可以帮助减少猫的行为问题。

第三节　成年猫的饲养与管理

成年猫是指年龄在 12 月龄以上，生长发育基本成熟，可以进行繁育的猫。成年猫的体长一般为 40～50 cm，公猫体重 3.1～10 kg、母猫体重 3～6 kg。猫在 6 个月左右便性成熟，性成熟之后便可以配种。一岁以上的成年猫，通常已经具备生产的条件。猫的成年时间还取决于宠物猫的品种。

目前随着经济社会的发展和我国实际情况，宠物猫的饲养由农村看家抓老鼠的放养和散养转向了城市室内饲养。饲养策略由自由捕食加食物喂养补饲转为全部依靠人类提供的宠物食品或者家庭自制食物。生活或活动范围从园林庭院转变为家庭城市室内空间。我国平均城市楼房的建筑面积在 70～140 m^2，猫在有限的环境内完成其一生的生活。因此相比十年前，宠物猫的饲养与管理策略发生巨大的变化。

一、成年猫的营养特点

猫在成年后，饮食上也和幼猫不同。成年猫因生长发育停止，获取营养素只是为了维持的需要，因此对各种营养素的需要量下降。饮食上不能再按照幼猫的饮食标准来喂养，因幼猫粮营养成分、能量密度和钙磷含量都大于成年猫粮，使用幼猫粮则会导致成年猫营养过剩、采食量降低等问题，长期会导致肥胖。因此在猫达到成年后，应及时缓慢地更换为成年猫粮。

喂养成年猫的食物量应该基于其体型、体重、运动量和特殊营养护理考虑，按其体况评分和体重计算能量需要量，再根据食品的能量计算其采食量。宠物之间的日常活动水平差异巨大，并在决定热量摄入中发挥着重要作用，因此其采食量也会受到影响，要根据实际情况进行调整。平时要对成年猫体重进行监测，根据体况评分和体重及时调整饲喂量。应定期对猫的体况进行评分，如果超重会带来健康问题，就要对猫采取减肥手段，控制采食量及能量的摄入；如果体重不达标，就要增加饲喂量。

二、饲喂方法

成年猫每天喂食的次数也需要统一，宠物主人应按照猫的体重和每日活动量合理调节喂食量。一般来说成年猫每日喂食两次即可，不要过多喂食，否则容易导致猫过度肥胖。如果成年猫因为饮食而逐渐肥胖的话，宠物主人需要增加成年猫的运动量。

一般来说，无论幼猫还是成年猫，喂养的原则都是适量、保证健康、不造成肥胖。如果给猫喂食湿猫粮的话，猫会一次吃很多而且没有节制，并且也不像吃干猫粮那样多次往返进食，并且经常吃湿猫粮的猫喝水量也相应减少。所以应严格限制成年猫湿猫粮的采食，不宜过饱。成年猫喜欢采食与自身体温相近的食物。冷的食物不但影响猫的食欲，还容易引起消化功能紊乱。此外，在秋冬季猫的饮水也应保持温热，过量的饮水更容易引起猫的肠道不适。

三、绝育营养管理

绝育（sterilization operation，SO）是指将宠物猫的睾丸或者卵巢摘除，使猫失去繁育能力的手术。宠物绝育作为生理手术非常普遍，据报道在美国 80% 的家养猫被绝育，然而绝育却是导致肥胖的一个重要因素。绝育后的猫呈现持续而显著地长胖。绝育小猫的摄食量平均值高于未绝育小猫。

家庭环境饲喂的宠物猫由于主人宠爱，宠物食品和营养补充剂往往都是过量供给，另外加上缺乏运动，家庭饲养的猫容易出现肥胖问题。公猫比母猫更容易肥胖。绝育后，猫肥胖概率都有所提高，这可能是因为绝育后猫体内激素发生变化，采食量增加，活动减少，进而导致这种现象。绝育后的猫由于易于发生肥胖，故应当选择低能量的日粮。

四、集体环境下成年猫的饲养与管理要点

目前随着养宠人数的不断增多，宠物猫的饲养数量也日渐增多，对于猫的品种、血统优质的需求等越来越高。另一方面，宠物食品的科研水平越来越高，很多企业都建立了用于进行宠物食品安全性、适口性及营养特性的试验猫繁育基地。根据调研发现，日产 5 吨以上的主粮生产企业都配备有 20 ~ 50 只试验猫规模的饲养基地，大规模试验猫和商品猫

的饲养需求日渐强烈。大规模集体饲养的宠物猫无论是营养食品、免疫防护、日常护理等与家庭独立饲养的宠物猫存在很大的区别。

集体饲养的成年试验猫的饲养与管理不同于家庭环境的饲养与管理。在家庭饲养环境下，每只猫可能有1~2名家庭成员进行饲养和关怀，而在集约化饲养环境下，饲养员可能需要同时饲养和管理数十只甚至更多的试验猫。不同品种的猫发情时间不同、性格习性不同、品相特点也不尽相同，容易出现杂交猫或者基因不稳定的猫。母猫混养难以分辨发情时间、发情时期、适合配种时期，配种后打架容易造成流产。母猫进入生产期，猫舍管理人手少、理论素养缺乏，可能会导致猫出现各种问题，如配种率低、流产等。因此，在集约化条件下，需要根据不同品种的猫进行不同的饲养与管理。

（一）集体防疫和季节管理

对于不同的季节，应采取不同的饲养策略。春秋季天气变化很大，饲养员和工作人员应多注意试验猫的精神状况和营养状况，同时注意防疫和营养强化。这段时间应加强补充维生素和矿物质，补充B族维生素及锌、硒等矿物元素，选择片剂、粉剂的营养补充剂混入全价猫粮中，在完成营养补充的同时也降低了饲养与管理难度。

极端炎热或寒冷天气会增加猫对能量的需求。猫身体在保暖或保持凉爽的情况下会消耗额外的能量，因此猫舍要保持良好的温度和湿度。成年猫一般都有怕热喜暖的习惯，对寒冷有一定的抵抗力，一般来说，成年猫可在气温18℃~29℃和相对湿度40%~70%的条件下正常生活，最适合的气温为20℃~26℃，最适的相对湿度为50%。气温超过36℃可使成年猫食欲下降，容易诱发各种疾病。因此，当气温过高时，应采取降温措施，例如将成年猫饲养在通风凉爽的地方，室内多洒水或用电扇吹风，注意防暑。

（二）集体猫舍和用品器具

对于集体喂猫的地方和食具要固定，环境要安静且保持食具的清洁卫生。成年猫不喜欢在嘈杂和强光的地方吃食，对食具和环境的变换非常敏感，有时因换了地方和食具而引起拒食。另外要保持食具的清洁卫生，对于猫使用过的猫砂盆、玩具、猫舍及其他生活用具，要定时清理。

科学供水。首先，保证饮水清洁卫生，以免感染肠道病菌。要有充足的清水，让猫自由饮水，保证饮水量，不能用菜汤和淘米水等代替，而且每天都要换水和洗刷饮水器。如果饮水不足易发生呕吐和下痢性脱水。

强光、喧闹，有陌生人在场或有其他动物干扰等都会影响猫的食欲。疾病导致的食欲不振也是一个重要原因。这时要更加仔细观察、照料，发现疾病要及时请兽医诊治。

保持猫舍和食具用具的清洁卫生。无论是家庭养猫或专业户养猫，都必须有一套全面而严格的管理制度和方法，才能保障猫的健康。集体规模饲养的猫，要训练猫在固定的地点排便，便盆要经常清洗和更换垫物，保持清洁、无臭味，防止猫因感到便盆脏而更换便溺地点。猫舍及食具和便盆要经常清洗，定期消毒或在太阳下暴晒，这样可保持环境清洁卫生，预防疾病。猫舍的设计应考虑到防暑、防寒、通风、透光、干燥和卫生。猫舍垫料要经常更换，猫舍要经常用药物消毒。

五、家庭环境下成年猫的饲养与管理

家庭养猫一般是指家庭环境下养殖的伴侣性质的宠物猫，特点是活动范围有限，与主人共同生活在一个环境中，因此必须注意保持室内猫舍和食具用具的清洁卫生，这样才有利于猫和主人的健康。即使和主人的感情很深厚，只要主人开始疏远或粗暴地对待它，猫也会断然地躲避，甚至远离出走。因此，对于成年猫的饲养一定要有耐心，建立人猫融洽的关系，增进猫对主人的感情。

（一）家庭饲养宠物猫的要点

在家庭饲养中，宠物主人对于宠物饲养和宠物产品的考虑主要是以功能、质量好为主，饲养成本是次要的。宠物食品和用品在经济条件允许的情况下，尽量选择品质优异的产品。另外，体况管理非常重要，对于易胖品种、易发胖年龄、公猫去势、母猫绝育后等情况都要加强管理，防止出现肥胖倾向。肥胖症可降低宠物的生活质量，缩短宠物寿命。宠物主人需要持之以恒地做好宠物的饲养与管理，为宠物的健康保驾护航。

（二）人宠互动与人畜共患病预防

家庭环境下饲养护理都是由家庭成员完成，成年猫及其他生理阶段的猫与家庭成员的互动是十分高频的。因此需要注意人畜共患病的防治，包括猫狂犬病、弓形虫、钩端螺旋体病和巴氏杆菌病等人畜共患病以及跳蚤、虱子和螨虫等寄生虫感染。另外饲养猫会给主人带来许多快乐，也会产生深厚的感情，有的主人往往会表现出与宠物过分亲密的行为，如亲吻、放在手中喂食、同床共眠，可是宠物有时也会出现极端行为，被宠物咬伤特别是流浪猫咬伤人事件时有发生，因此要注意防范。另外，寄生虫对人类的危害也越来越受到重视，因此在日常的饲养中要多加注意。

在室内生活的家庭猫大约 30% 的时间在舔毛，以帮助其缓解应激和调节体温。但这种行为带来的问题是猫经常吞下脱落的毛发，室内生活的猫受到长年不变的温度及光照影响，导致其规律性脱毛，再加上其无法接触草地和缺乏捕食能力，使得无法刺激肠道自然排出毛球，这些毛发不易被肠道吸收，容易在体内聚集引起肠道梗塞。通常可以通过刺激肠道蠕动来排出自然脱落的毛发。

第四节　老年猫的饲养与管理

一、老年猫衰老的生理变化

猫的寿命一般都很长，大多数能活到我们认为的“老年”阶段。美国动物医院协会（AAHA）在 2021 年发布了猫生命阶段指南，将老年猫定义为 10 岁以上，但有些猫可能在 8 岁时被称为老年猫更合适，对于某些品种或具有遗传倾向的猫来说可能更早。“老年病”更像是健康状况的说明，并且没有明确的年龄关联。对于“衰弱”这一新概念，在老年猫的护理中发挥着巨大作用，在猫科医学中也变得越来越重要。

进入老年期，猫衰老是一个缓慢的过程，特征很不明显，但只要仔细观察，也不难觉察出猫衰老的现象。首先我们可以根据猫的牙齿来判断猫的年龄。另外，一般猫衰老后，不再像以前那样活泼好动、充满活力，而是变得懒惰、少动，每天睡眠的时间变长，而且爱在阳光下睡觉，听力和视力的敏锐性以及对事物的好奇心降低，随着年龄的不断增长，猫会出现一系列如记忆、学习、感觉、意识和认知能力下降的现象。同时，被毛变得粗硬，皮肤质量变差。免疫力降低，抗病能力减弱，常生病，而且症状较重，康复也较慢，老年猫肌肉萎缩对健康状况有重要影响（表 15–3）。

猫的寿命一般在 12 ~ 14 年，特殊的管理可以延长猫的寿命。所以对老龄猫应给予更

表 15-3　老年猫的可能的生理变化

项目	变化特征
听觉	听觉下降，声音变得不敏感
毛发	皮毛健康程度下降、毛色灰暗、无光泽被毛对比以前较为干涩，有分叉，脱毛严重
视觉和眼球	眼神逐渐失去灵敏的目光，眼球晶体变得浑浊，微显灰蓝、容易出现眼屎
运动与活力	好奇心降低，活动量减小、慵懒，运动机能减退，关节炎
口腔	出现蛀牙（牙周炎），会流口水，口臭
睡眠	睡眠时间变长，喜欢在阳光下睡觉
免疫能力	免疫能力降低，容易产生疾病、如肾脏病变、肝脏病变等

多的关心和照顾，让它们增加生活的信心。老龄猫活动不灵活，动作不灵敏并且肌肉、关节的配合以及神经的控制协调能力也明显下降，骨骼脆弱，因此为防止肌肉拉伤或骨折等，应避免高难度动作。

二、老年猫营养管理

老龄猫的各种生理机能都有不同程度的变化，良好的营养对老年猫非常重要，精心的饲养与管理会延长老年猫的寿命。

（一）蛋白质的选择

老年猫对食物的质量要求高，需要高质量的蛋白质，如鸡肉、鱼、蛋等。对于老年猫来说，牙齿退化的同时胃的消化能力也在逐渐下降，在选择猫粮的时候不能像成年猫那样随意。猫到了老年，营养流失较快，选择一些优质、蛋白质适宜的猫粮，过多的蛋白质会造成老年猫的肾脏负担，如果蛋白质含量过少，则会造成猫的免疫力下降。所以，质量低劣的猫粮是不适合老年猫的。试验证明，减少老年猫食物中的蛋白质营养并不能推迟肾的老化，反而促进了肌肉衰退和免疫能力的下降，因此应提供老年猫高品质而易于消化的猫粮。

（二）减少脂肪提高必需脂肪酸

不同于蛋白质的少而精，对于老年猫来说应该减少脂肪。因为老年猫不喜运动，摄入过多的脂肪会造成猫身体的肥胖。同时需要对老年猫提供充足的必需脂肪酸。必需脂肪酸有助于保持老年猫被毛柔软光滑。食物中必须加入对猫有吸引力的配料和香味，供给的食物既能提供高能量又易于消化。

（三）减少糖类

对于老年猫来说，易于消化的糖类会造成血糖的升高，因此从控制能量和血糖的角度，应控制易升糖糖类的量，不要给猫食用过多含有易升糖糖类的食物。抗性糊精是一种水溶性膳食纤维，具有降低血糖、调节血脂、改善肠道功能等多种生理功能特性，可以在一定程度上降低丙二醛（MDA）、提高免疫球蛋白 G（IgG）水平，对老年猫健康具有积极意义，但是目前尚未发现抗性糊精在猫粮方面的应用。

猫的代谢速度较慢，因此对能量的需求较少。很多人以为可以直接减少老年猫食物的份量，其实非常不恰当，因为老年猫的营养需求和成猫时期不同，需要增加一些营养素的量，如维生素、微量元素及牛磺酸。若只是减少份量把成年猫食品给老年猫，虽然可以达到限制蛋白质含量的目的，但会造成其他营养素的缺乏，因此，最好选择特别为老年猫设计的专用猫粮，以满足其特殊的营养需求。

三、抗氧化剂与老年猫健康

很多老年猫疾病的发生与抗氧化特性的降低和自由基浓度的升高有关。比如下泌尿道综合症的发生与氧化应激有显著的关系。抗氧化剂（anti-oxidant agent，AOA）就是任何以低浓度存在就能有效抑制自由基的氧化反应的物质，其作用机理可以是直接作用在自由基，或是间接消耗掉容易生成自由基的物质，防止发生进一步反应。

抗氧化剂分子的作用是打断自然氧化作用的连续反应。这一作用还可以延缓或者抑制自然氧化作用进程的继发阶段。随着科学不断地发展，抗氧化剂在宠物食品行业也得到研究和应用，抗氧化剂、抗自由基的概念也进入到了犬猫的生活。维生素 A、维生素 B、维生素 E、维生素 C 等对于猫来说是很好的抗氧化剂。很多植物提取物、功能性活性物质等都可以提高老年猫抗氧化能力。γ－氨基丁酸、酵母硒、甜菜碱等组成复合抗氧化剂作为宠物食品抗氧化剂使用，能够提高宠物食品的抗氧化特性，缓解热应激。除此之外，茶多酚、胡萝卜素、花青素、葡萄籽提取物等都可以作为抗氧化剂。

目前补充抗氧化剂的形式和方法很多，除了在全价配合饲料中补充抗氧化剂、营养补充剂，甚至宠物零食都可以作为抗氧化剂的重要来源。

第五节　繁育猫的饲养与管理

一、概述

繁育猫分公猫和母猫，母猫繁育期分为配种前期、交配期、妊娠期和哺乳期。有很多因素会影响繁育的效果，作为种用的公猫和母猫，从生长发育阶段就需要进行特别的饲养与管理，以保证它们作为种用的健康和没有遗传缺陷。影响繁育的因素有繁育动物的品种特点、健康状况（包括公猫和母猫）、营养管理、环境管理及繁育技术。在充分了解这些特点的基础上，才能繁育出优质健康的小猫，并提高小猫的成活率。

二、配种前猫的饲养与管理

（一）繁育猫应具备的条件

并不是任何的猫都可以作为种用来繁育后代，作为种用的公猫和母猫应具备下列特征：

1. 符合品种特征

截止到 2021 年 12 月猫爱好者协会（CFA）一共标识出 45 个标准化品种，在其网址上都有列出每个品种猫的特征。国际猫业协会（TICA）2021 年 12 月在其网址上一共标识出 71 个标准化品种，如果进行纯种猫的繁育，其品种应符合 TICA 和 CFA 的品种特征。

2. 健康、没有遗传缺陷

进行繁育的公猫和母猫都应该避免近亲繁殖，且都没有遗传缺陷，应该评估其体况、性情及健康状况，应让兽医进行全面的体检，包括血液生理生化指标、粪便的寄生虫检查及疫苗接种的情况。作为繁育的公猫和母猫，应该保持健康的体况，保持良好的体况评分，即不超重也不过瘦。如果母猫体况过瘦，可能在妊娠期间无法摄入足够的营养物质来保证自身和胎儿的发育，会导致出生小猫体重下降和成活率下降。如果母猫过胖，会出现胎儿过大而难产的情况。

（二）配种前的饲养与管理

1. 做好发情鉴定，选择最佳配种时间

猫的发情周期分为不排卵期（前情期和发情期）、以假孕或怀孕为结果的间情期及乏情期（无发情周期），并且母猫的发情期并没有准确时间，要结合实际情况，确定猫是否发情。因为个体差异，每只母猫发育成熟所需要的时间不同，通常母猫的最佳配种年龄在一岁或者一岁半以后，可以让母猫充分发育生长，以更好的体态哺育小猫。很多家养的动物都会由人类安排进行交配，或者说是配种，家猫也不例外。首先在年龄方面，公猫最好在一岁半以后，母猫大概在第 3 次发情以后，也就是一岁之前就可以满足配种的年龄。

2. 增加运动

健康的体魄对繁育猫来说很重要，过瘦、过胖都会带来不好的结果，猫过瘦容易造成母猫流产、死胎，母猫过度肥胖容易造成难产，威胁自身和胎儿生命健康。可以制定一个有规律的科学运动计划，按照计划对猫进行适量运动，运动时间可保持在 20 分钟以上，消耗猫体内热量，维持健康身材，减少肥胖。也可在闲暇时间利用玩具、零食等引起猫兴趣的东西和猫互动，增加运动量，维持健康体魄。

3. 饲养与管理

前期要给猫检查身体、洗澡、体内外驱虫、剪指甲，发情期一开始就联系公猫家，然后带着母猫熟悉的猫砂、猫厕所，猫粮、玩具等去公猫家，要给母猫在陌生环境中创造出熟悉的感觉，让猫知道它不是被抛弃了只是去暂住，以免引起猫应激。

母猫性成熟后会出现周期性的发情，发情周期为 14 天、21 天，持续 36 天。夏季天气过于炎热和冬季严寒时发情减少，所以自然条件下春秋季是猫的繁殖季节。公猫则没有母猫那样特有的发情期，性成熟后随时都可以进行交配。

母猫发情时活动增加，喜欢外出游荡，特别是在夜间，更是烦躁不安，发出特殊的粗大叫声以吸引公猫，谓之“叫春”。在家中，发情的母猫喜向人靠近撒娇，身体往人脚上、家具上频频磨蹭。此时若主人用手抚摸母猫颈背部和压低猫的背部，它会出现静止不动以及骨盆或后躯上提，尾巴上举摆动，后肢不停踏步的动作，即接受交配的姿态。母猫提前驱虫，剪指甲，准备好疫苗本，与公猫家庭沟通时间，配种时长，带好母猫爱吃的零食、过渡猫粮、伊丽莎白圈等，带去找公猫。母猫需要在公猫家待 3～5 天，彼此熟悉，如果猫过于紧张，不能完成配种，可以再延后 3～5 天。

在配种期间需要让公猫家庭至少提供 1～2 次配种视频，最好选择有监控的家庭。两只猫最好都是同样品种的猫，不要让不同品种的猫交配，这样不仅无法保证猫血统的纯正，还有可能导致母猫生产困难。在决定让猫配种前，一定要保证公猫的营养，平时可以多给公猫吃些营养膏或优质猫粮，保证猫精力充沛。

如果公猫已有后代，要看其后代的生长发育情况，体态外貌是否具有品种的优良特性，这也是公猫的遗传性状和繁殖能力的最好佐证。防止近亲交配。近亲交配成活率低，体型小，甚至出现死胎、畸形胎现象。配种应考虑公母猫体型相差不能太大，以防交配时相互攻击，如果公猫体型大，母猫体型小，容易造成难产。选择青壮年的猫进行配种，提高繁殖率以及后代的生活能力。严禁有相同缺点的公母猫进行交配，如果它们有相同的缺点，后代就会遗传缺点。

三、配种期的饲养与管理

（一）配种时间与场所

配种的时间大概在母猫发情的第 3 到第 5 天。母猫有择偶性，可能会对公猫挑剔，不愿让不喜欢的公猫靠近而导致打架和配种失败，因此应多准备几只母猫或公猫，同时操作者也应做好防范措施，避免受伤。猫配种的时间不宜超过 4 天，因为猫会连续交配，时间过长对于公猫来讲会比较疲惫，而对于母猫来讲，多次的受精容易造成多胎间隔时间较长，在生产的时候会有一定的难度。

配种的地点最好在公猫的场所，先让它们在同一环境下相处，共同生活 2～3 天，相互熟悉之后可以关到同一个笼子里，近距离相处有利于成功配种。环境要保持安静，避免噪音、人类活动等干扰因素。

在猫配种的过程中，会发现母猫有不让公猫趴在身上或不停挣扎的行为，出现这种情况多数是因为母猫没有经验所导致。如果配种完毕后，母猫立即攻击公猫并在地上摩擦、翻滚、舔舐阴部，说明配种过程是成功的。配种完成之后，主人应把母猫接回到家里，检查一下猫是否受伤。

（二）配种期饲养与管理

猫需要补充高蛋白高热量的食物。如果母猫自身没有任何疾病，乳腺正常。选择一款优质的猫粮足够满足身体的营养需要，再配合自制肉泥或者奶糕罐头以及保证摄入足够的水分即可。如果是生骨肉喂养，除了考虑定期驱虫外，也要考虑科学配比，营养均衡，并不是随便买来的生肉就可以代替猫粮满足猫的营养需要。

高蛋白高热量的食物可以增强体力，帮助猫完成交配，才能使母猫提供高质量卵子，使公猫提供高质量的精子，保证胎儿正常发育。

四、妊娠期的饲养与管理

猫属刺激性排卵动物，交配后 24 h 卵巢排卵，卵子在输卵管与精子相遇，完成受精过程。猫的发情表现持续 3～6 d 后消失。如交配未成功的母猫，维持发情 1 周左右，间隔 2～3 周又开始下一次发情。

母猫交配后 20 d 左右才能出现怀孕的症状，表现为乳头颜色逐渐变成粉红色，乳房增大，食量逐渐增加，喜欢静而不愿动，活动量减少，行动小心谨慎，不愿与人玩耍，睡觉的姿势一反常态，喜欢伸直身子躺着睡，睡觉时间增多，外阴部肥大，颜色变红，排尿频繁，不再发情。

怀孕 1 个月左右，母猫腹部开始明显增大，轻压其后腹部即能触摸到胎儿的活动。触摸检查要在空腹进行，用手掌托住后腹部，手指向腹内轻轻按压。切忌用力按压或挤压计数，以免引起流产。同时母猫的乳房明显膨胀，食欲旺盛，体重增加。此时对孕猫要增加营养，并精心护理，让其适量运动，避免受伤，还要选择产房，准备分娩。

（一）妊娠母猫的增重特点

猫在妊娠初期体重增加是正常的。妊娠母猫的体重在妊娠期的第 2 周左右就出现线性增长，在怀孕期前 1/3 时间段，体重增加是由于脂肪贮存量增加引起的，这些脂肪是为怀孕后期和哺乳期储备的。怀孕 40 天（6 周）后，体重的增加基本与仔猫的生长率相当。猫分娩后下降的体重只占怀孕期体增重的 40%，剩余 60% 的体增重在哺乳期会逐渐减少。由此得出，母猫能在妊娠期积累身体多余的能量储备，以此应对哺乳带来的过度能量消耗。

（二）妊娠母猫的饲养与管理

妊娠期母猫的能量需求会增加，平均每日 90 kcal/kg，比维持期能量需求每周增加 10%。母猫在妊娠期间的体重增加与其他物种不同，尽管有些母猫交配后食物摄入量会小幅减少，但体重增加在母猫排卵后便立即开始。从怀孕早期开始，就要给猫提供适当高能量高脂肪的食物，有助于提高胎儿出生的存活率。在怀孕期间饲喂母猫的食物不足，会对胎儿产生不良的后果，也会影响幼猫后期的生长。

食物要满足妊娠母猫的营养需要。在整个妊娠期内，每周的摄入量稳定增加 10%。相对应的，母猫在妊娠后期将比任何阶段都要增加 70% 的能量消耗。

在妊娠后期，日摄入量会有短暂的下降。妊娠后期，母猫的子宫增大，限制了胃的容积，食物摄入量会减少，此时，母猫则开始消耗其自身的营养贮备。

五、分娩期的饲养与管理

猫跟犬一样，都是多胎动物，一般一胎可以产 4 个左右，孕期平均在 65 天左右，正常分娩时间持续 2 ~ 6 个小时；偶尔也有一胎一个或者两个的，一般出现在第一次生产或者是高龄生产；正常情况下猫基本都可以自然分娩，但也会有早产、延迟生产、分娩延长、难产等异常现象。

需要在猫分娩前，准备好产房，产房需要单独布置在安静的空间，减少其他因素的干扰。产房内的垫布需要干净整洁，在垫布上再平铺一层一次性尿垫。猫生产中产生的羊水、血液等体液会造成污染，一次性尿垫可随时更换，保持产房清洁卫生，减少细菌滋生。新生幼猫体毛稀疏、抵抗力弱，身上带有羊水容易受风着凉，低温会造成幼猫死亡，因此需要准备电热毯、取暖器、空调等取暖设备。另外需要准备碘酒，剪刀、毛巾、吹风机等以防母猫经验不足不照顾小猫或体力下降无法照顾小猫时可以人工辅助接生小猫。

猫分娩会消耗大量能量，需要给猫提供高蛋白、高热量、高营养的食物，保证猫生产体力。主要是优质猫粮，可再搭配肉泥罐头、羊奶粉、营养膏等可以补充水分和能量的适口性高的食物。同时也要注意微量元素的补充，尤其是钙。可以在食物中添加微量元素粉、钙粉等，防止母猫产后抽搐。

六、哺乳期的饲养与管理

（一）营养需求特点

1. 能量

哺乳期母猫的每日能量需求 120 ~ 180 kcal/kg，与幼猫乳汁摄入量、产仔数和哺乳时间成正比。母猫可能无法满足哺乳期的高能量消耗，从而导致体重下降，这种现象很常见，高适口性且能量含量高的食物有助于母猫维持体重。

2. 脂肪

母猫体脂含量对哺乳期的乳脂含量有直接影响。通过食物摄入足够的脂肪会增加乳脂的含量，有利于哺乳幼猫的生长，特别是对于哺乳较多幼仔的母猫有利。低脂肪饮食对繁育周期会产生负面影响，而高脂肪含量的食物可以提高猫的繁殖性能。花生四烯酸对母猫的生殖周期至关重要，如果缺乏，可能导致流产和胎儿死亡，直接补充花生四烯酸，乳汁和幼猫器官中必需脂肪酸的含量会较高。EPA/DHA 除了满足怀孕母猫的需求，还有助于幼猫的大脑和视网膜发育正常，确保较好的认知发展。

3. L- 肉碱

肉碱是猫奶的正常成分，哺乳期母猫需利用体内储存的 L- 肉碱来维持乳汁中的 L- 肉碱含量。小猫根据猫奶 L- 肉碱含量，能够合成一部分 L- 肉碱，合成的 L- 肉碱不足以维持自己的需求，必需从母乳中获得。L- 肉碱能够帮助脂肪酸转移到线粒体，有助于小猫利用乳汁中的脂肪产生能量。建议在哺乳期的母猫食物中补充 L- 肉碱，以确保适当的乳汁 L- 肉碱含量而不会耗尽母猫自身的储备。

4. 牛磺酸

高水平的牛磺酸可确保母猫良好的生殖周期。母猫哺乳期牛磺酸摄入量越高，乳汁中牛磺酸的浓度就越高。这对需要牛磺酸以确保心脏和视网膜正常发育的哺乳期幼猫是有益的。

5. 益生元

果寡糖（FOS）是可发酵纤维，可抑制潜在的致病细菌（大肠杆菌、沙门氏菌、梭状芽胞杆菌）的繁殖，刺激有益细菌（乳酸杆菌、双歧杆菌）的生长，增强动物的免疫功能，有助于预防消化道传染病，还可改善动物消化功能和营养物质的吸收。

6. 抗氧化剂

维生素 C、维生素 E、叶黄素、牛磺酸等抗氧化剂有助于防止免疫功能的衰减。

（二）影响乳汁质量的因素

幼猫刚出生母猫便开始分泌乳汁，在最初的 36 小时内，母猫会分泌初乳，初乳富含免疫球蛋白，疫球蛋白会被完整吸收入小猫体内，使小猫获得先天性免疫力。36 小时后，母猫分泌的奶汁将成为幼猫生命最初几周内唯一的能量和营养素来源。

1. 影响乳汁质量的因素

母猫的乳汁成分受饮食、泌乳阶段、产仔数量和乳头位置的影响。

2. 乳汁的成分变化

乳汁中粗蛋白质含量在产后 3 周左右开始增加，并持续稳步上升，直到哺乳期结束。脂肪含量在哺乳期的第 3 周略有下降，然后逐渐增加，直到第 6 周，脂肪含量略高于初始水平（图 15–1）。乳糖水平会持续升高，直到第 4 周，然后在哺乳期的后期逐步下降。

3. 食物对乳汁质量的影响

采食高脂肪猫粮的母猫乳汁中干物质含量大于采食低脂肪猫粮的母猫乳汁，这种差异主要是由于高脂饮食使母猫的乳脂增加。低脂和高脂饮食母猫具有相似的乳汁蛋白质含量，但低脂肪饮食母猫的乳糖含量高于高脂饮食的母猫。

4. 产仔数对乳汁质量的影响

产仔数会影响乳汁中脂肪占比。一般来说，乳汁中脂肪占比会随着产仔数的增加而降低（图 15–2），可能是由于产仔数的增加导致了乳汁分泌量的增加，从而稀释了乳汁中的脂肪。

5. 乳头位置对乳汁质量的影响

位置靠后的乳头比靠前的乳头分泌的乳汁中含有更高的乳糖浓度。

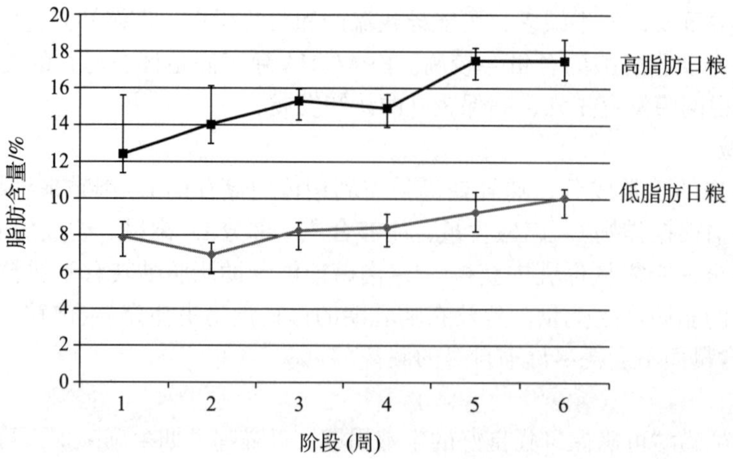

图 15-1　乳汁中脂肪含量

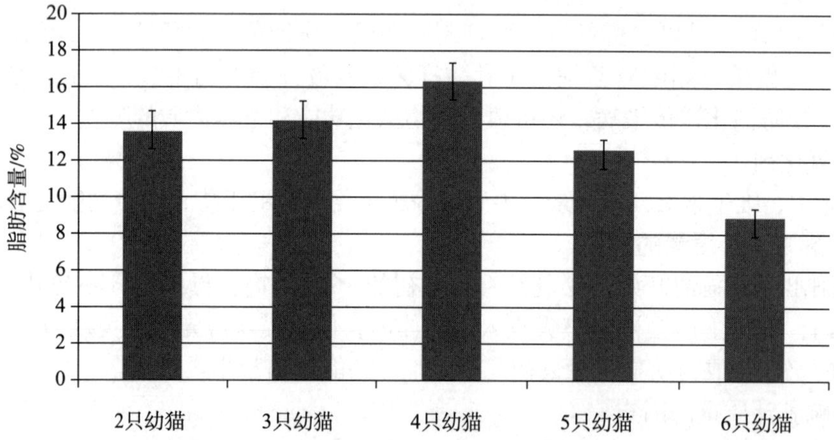

图 15-2　产仔数对乳汁中脂肪含量的影响

（三）哺乳猫的饲喂管理

幼猫出生后，必须饲喂母猫高能量高脂肪的食物。哺乳期间的食物供给要持续 5～7 周，该食物必须比维持期食物的能量密度更高。小猫每增加 1 g 体重需吸收 2.7 g 的乳汁，母猫需要将大量蛋白质转入母乳中，因此，哺乳期母猫食物必须比维持期食物含有更多的蛋白质。

母猫必须能够长时间喝到干净、新鲜的水。即使是轻微缺水，也会影响乳汁的分泌。乳汁的分泌量会随小猫数量的增加而增加。在哺乳的最高峰（第 3 周），如果有 1～2 只幼猫吃母乳，母猫每天产生的乳汁相当于其体重的 2%，如果有 5 只幼猫吃母乳，则母猫每天产生的乳汁相当于其体重的 8%。依此类推，窝仔数越多，每只幼猫得到的奶水质量就越差。如果小猫不能正常生长，最好人工哺乳，或者开始饲喂它们半固体食物。

本章小结

详见数字课程 e。

复习思考题

一、名词解释

幼猫、初乳、猫三联疫苗、成年猫、应激刺激、绝育、老年猫

二、问答题

1. 如何安排幼猫的驱虫管理?
2. 怎样安排幼猫的疫苗注射?
3. 简述新生幼猫哺乳的重要意义及方法。
4. 绝育后的猫的生理状态发生怎样的变化? 如何进行营养管理?
5. 老年猫在生理和行为上有哪些变化?
6. 如何进行妊娠和哺乳母猫的饲养与管理?

三、开放性讨论

1. 家庭环境下猫表现出怎样的行为特点?
2. 幼猫如何进行驱虫、免疫和营养增强?
3. 集约化养猫与家庭养猫有何区别?
4. 如何提高母猫的繁育效率?

第十六章

犬猫的临床营养与管理

本章提要

临床营养关注营养与疾病之间的相互作用，既包括犬猫在疾病状态下的营养需求特点，也包括科学的营养管理方案，以期在各种疾病治疗中起到辅助的作用。本章共分为十二节，探讨了犬猫在各种疾病状态下的营养管理，包括肥胖症、皮肤病、糖尿病、心脏疾病、肾脏疾病、肠道疾病、肝脏疾病、泌尿道结石、关节疾病、口腔疾病和肿瘤疾病 11 种疾病以及住院动物的营养管理，阐述了每种疾病概述、与营养相关的致病机理、营养特点及管理方案等方面内容。饮食是最大限度提高犬猫健康、激发良好行为、促进长寿和疾病预防的基石。世界小动物兽医协会已将营养筛查作为所有小动物标准体格检查的一部分，并对患病动物主人进行营养咨询，对患病动物优化营养，真正满足患病犬猫的健康需求，辅助疾病康复。通过本章的学习，读者将对犬猫的临床营养有一个全面的了解。

第一节　肥胖症的营养与管理

一、肥胖症概述

肥胖症（obesity）是指体内过多脂肪组织的积累，当犬猫的体重超过理想体重10%～20%时，一般定义为超重；而当体重超过理想体重20%以上时，则归类为肥胖症（图16–1）。肥胖症是全球范围内公认的宠物中最重要的医学疾病，也是犬猫上最常见的营养性疾病。虽然不同国家和地区调查的结果不同，但犬猫超重和肥胖的比例不断增加。据宠物肥胖预防协会（Association for Pet Obesity Prevention）报道，2018年美国有60%的猫和56%的犬存在超重或者肥胖。肥胖与多种健康问题有关，包括犬的骨关节炎、肾病、胰岛素抵抗和肿瘤形成，而在猫上，肥胖会增加患皮肤病、糖尿病，肿瘤和泌尿系统疾病的风险。

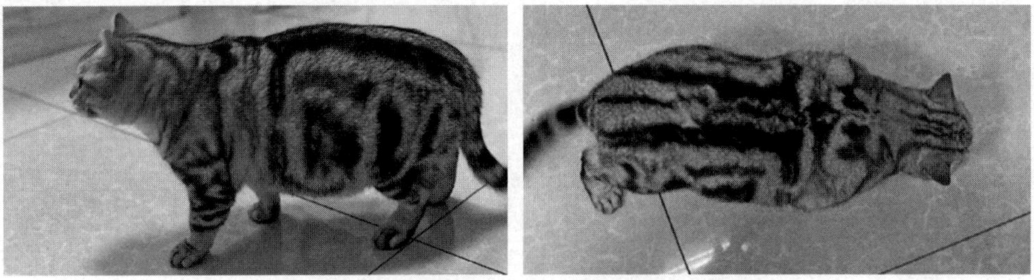

图16–1　肥胖猫的正面（左）和俯视图（右）

（病例图片来自金农动物医院）

二、导致肥胖症的原因

导致宠物肥胖的重要因素包括能量过剩、绝育和运动量不足。缺乏运动及大量摄入高适口性和高能量的食物是肥胖症的重要促进因素。

（一）遗传因素

在犬中，某些品种的肥胖率要高于其他品种，如拉布拉多犬、斗牛犬、骑士国王查尔斯猎犬、可卡犬、腊肠犬（尤其是长毛犬）等。尽管遗传学确实对肥胖的个体变异起着一定的作用，但肥胖率的急剧上升不能完全归因于遗传变化。

（二）能量过剩

能量过剩是导致肥胖的主要原因，沉积到体内的能量等于摄入的能量减去消耗的能量。饲喂高脂饮食会增加体内脂肪，尤其是采用自由采食的饲喂方式，因此控制能量的摄入，增加能量的消耗是减少能量沉积的主要途径。

食欲和食物摄入由中枢神经系统调节，其主要控制中心是下丘脑的弓形核。当一个机体获得过多的体内脂肪时，脂肪细胞就会释放出更多的瘦素。瘦素释放到下丘脑刺激降低食欲的神经元，以减少食物摄入并增加能量消耗。另一方面，如果正在减肥并且脂肪存储减少，则瘦素的浓度降低，阿黑皮素原（POMC）、可卡因和安非他明调节的转录物（CART）释放减少，食欲增加，代谢速度减慢。因此，瘦素可维持脂肪组织的恒定状态。

另外，瘦素会通过控制食欲来防止体重过多增加，但肥胖的犬猫往往具有更高的瘦素浓度，并且可以抵抗瘦素的作用。除了脂肪组织，胃肠道对于调控大脑食物摄取也至关重要（图 16–2）。

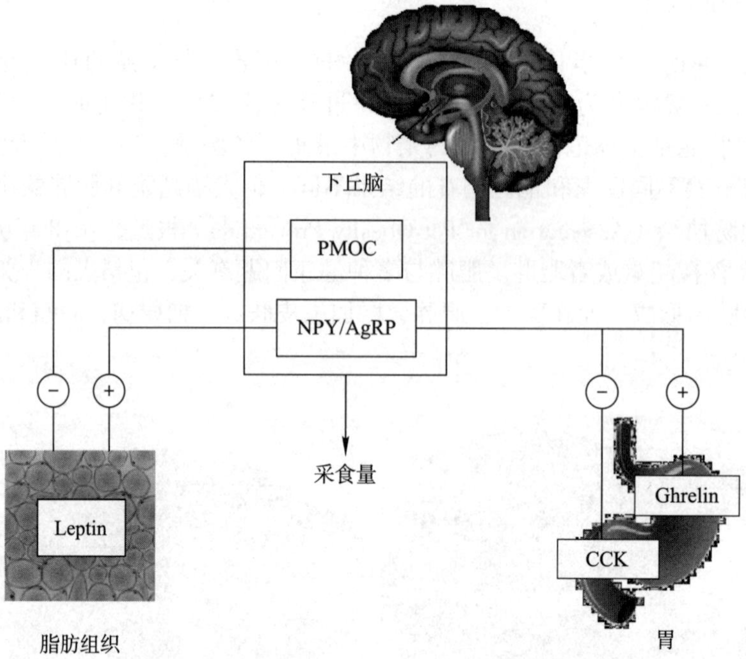

图 16–2　下丘脑和其他组织对采食量的调控

PMOC：阿黑皮素原；NPY：神经肽 Y；AgRP：刺鼠相关蛋白；Leptin：瘦素；Ghrelin：生长素释放肽；CCK：胆囊收缩素

（三）生活方式

犬猫肥胖症的增加也可能是生活方式变化的结果。大多数犬猫都可以轻松获得高适口性及高能量的食物，导致能量过剩，以脂肪的形式在体内沉积。提供能量的主要物质为蛋白质、脂肪和糖类，虽然猫可以在没有糖类的情况下利用蛋白质和脂肪供能，但高脂肪的食物能值高且适口性好，导致采食过量。目前尚无证据表明食物中糖类的含量会直接影响肥胖的风险或发展。此外，居住在室内缺乏运动导致能量消耗减少，也引起肥胖。

（四）绝育

绝育可以将维持能量需要（MER）降低 25% ~ 35%，并增加自发食物的摄入量；控制食物摄入量可以减少绝育宠物的肥胖症发展。

三、肥胖对健康的影响

超重和肥胖会影响犬猫的整体生活质量，并可能缩短寿命。肥胖会增加某些癌症、胰岛素 / 葡萄糖失调（包括猫的糖尿病）、以及关节 / 活动问题的风险。肥胖的宠物不太活跃，社交较少。此外，肥胖与其他合并症有关，例如尿路感染、高甘油三酯血症、心肺功能改变及潜在的肝功能障碍。肥胖引起的炎症和肠道微生物等的改变可能是其危害的潜在致病机理。

（一）肥胖的炎症作用

肥胖会导致一种全身性的慢性低度炎症，从脂肪组织释放的两种激素在全身炎症中起关键作用。随着脂肪量的增加，抗炎激素脂联素的浓度降低，而促炎激素瘦素的浓度则增加。瘦素通过先天免疫系统刺激炎性细胞因子的产生，例如IL-6、IL-12、IL-1和肿瘤坏死因子α（TNFα）。TNFα通过阻断胰岛素受体的活化来促进炎症反应并引起胰岛素抵抗。另外，瘦素还会刺激一氧化氮、环氧合酶2（COX2）和活性氧的产生。肥胖除了会改变脂肪因子的表达外，还会增强肾素-血管紧张素系统的活性，从而增加细胞内活性氧（ROS），线粒体功能障碍和DNA损伤。因此，慢性炎症状态会导致ROS过量产生和全身性氧化应激。氧化应激似乎是肥胖、胰岛素抵抗和多种健康问题之间的重要联系。

（二）肥胖对肠道微生物的影响

近年来的研究表明，肠道菌群与肥胖之间存在关联。与正常犬相比，肥胖犬的微生物群落的多样性较低。在正常犬的肠道菌群中，厚壁菌门的微生物占主导地位（85%）；然而，肥胖犬肠道微生物主要来自变形菌门（76%）。这些结果表明富含革兰氏阴性菌的微生物菌群可能与肥胖犬的慢性炎症状态有关。此外，肥胖犬肠道中放线菌属和玫瑰菌属（*Roseburia* sp.）明显增加。玫瑰菌属中某些成员是短链脂肪酸（SCFA）的生产者，可以发酵纤维形成SCFA。因此，与正常犬相比，某些肥胖犬中产生SCFA的细菌可能更丰富。

在减肥过程中，肠道微生物也发生了显著的变化。与肥胖犬相比，限制饮食达到理想体重后的犬减少了梭菌属、乳酸杆菌属和*Dorea*属的肠道菌群，同时增加了生物多样性。犬减肥的速率可能与肠道微生物组成及其代谢产物的产生有关，有利于生成SCFA的肠道微生物可能对犬的减重产生负面影响。同样，正常体况绝育的猫与肥胖猫相比厚壁菌门的丰度更高，而拟杆菌的丰度更低。能量限制后，肥胖猫肠道*Sarcina*属的丰度从4.54%降低到0.65%。

四、肥胖症的评估与诊断

肥胖测量包括定义身体成分或“身体各种生物成分的相对量”，要划分清楚脂肪量（fat mass）与瘦体重（lean body mass）。有多种技术用来测量身体成分，根据其适用性可以分为研究技术和临床技术（表16-1）。无论使用哪种方法，研究人员均应注意其准确性。

表16-1 肥胖评估常用的技术

研究技术		临床技术	
同位素	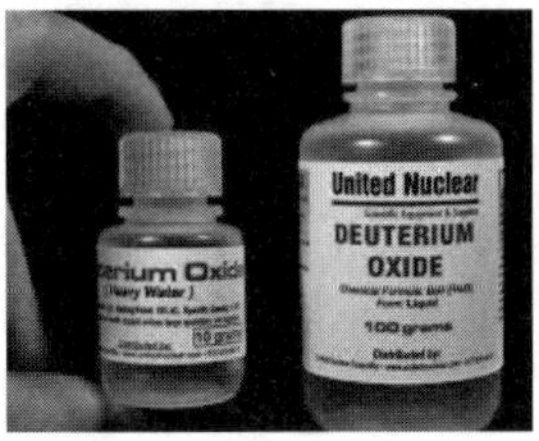	体重	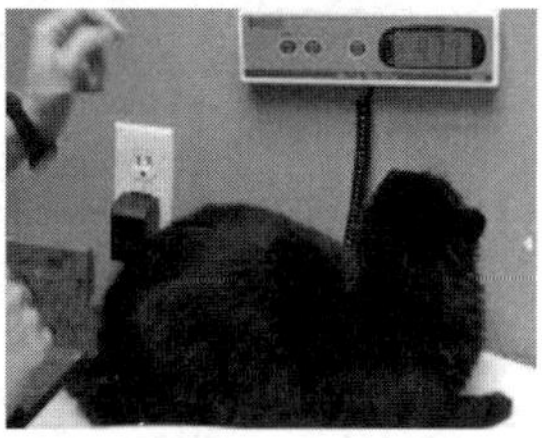

续表

研究技术		临床技术	
CT	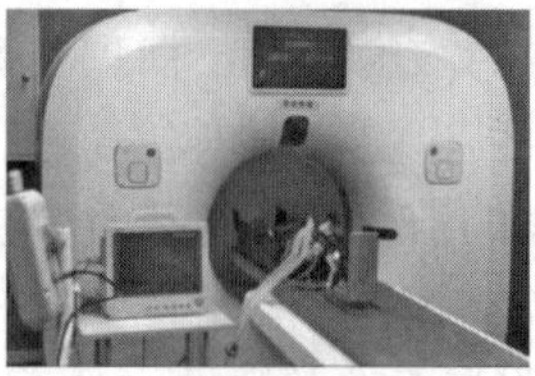	卷尺测量	
DEXA	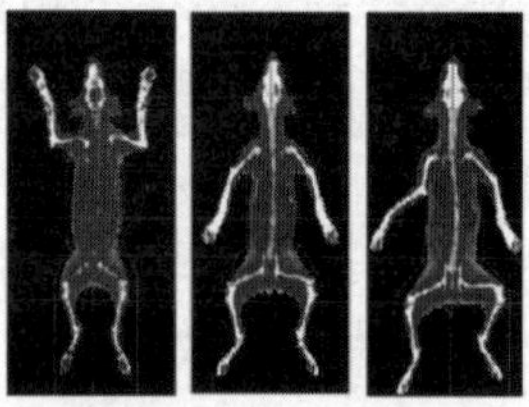	体况评分	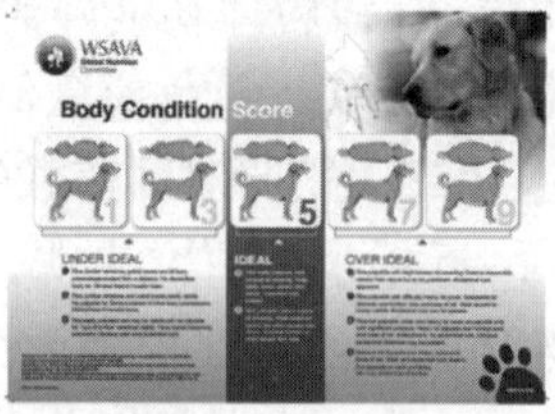
生物电阻		超声波	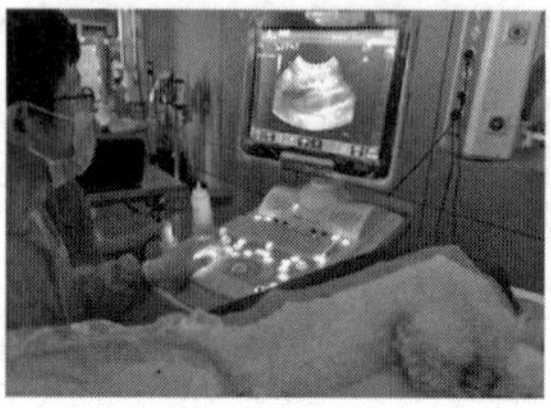

（一）DEXA 法

双能 X 射线吸收仪（DEXA）法使用两种能量的 X 射线来估算骨骼矿物质含量、瘦体重和脂肪量。在体重减轻的阶段里，利用 DEXA 可区分机体原有每个组织的数量情况，以检查和监测身体组成的变化情况。试验证明，DEXA 结果与犬猫机体的化学分析具有很好的相关性。然而，DEXA 法假设无脂肪物质的水合作用是恒定的，因此准确性会受到肌肉水合作用程度的影响。这种方法有如下缺点，如暴露于辐射、需要镇静、成本高和需要技术专长，因此限制了它的应用。

（二）体况评分法

体况评分法（BCS）是一种半定量的主观评估方法。有不同的评价体系，包括 5 分制、7 分制和 9 分制，其中最广泛接受的是 9 分制方案（图 16-3 和图 16-4）。所有体系都对皮下脂肪、腹部脂肪和浅表肌肉组织（例如胸腔、脊柱背侧棘突和腰部）相关的可视和可触特征进行评估。使用 9 分制 BCS 量表估算的体脂百分比是可重复的，并且与通过 DEXA 测量的体脂具有很好的相关性。但是 BCS 系统无法评估瘦体重。BCS 的优点是在临床上很容易运用，不仅可以用于肥胖诊断，还可以用于维持动物体重。

五、肥胖症的营养管理

体重控制策略主要包括营养管理和增加运动。但个体情况不同，为了改善疗效，临床医生必须制定个性化方案，设定适当的目标体重，以达到最终的目标。

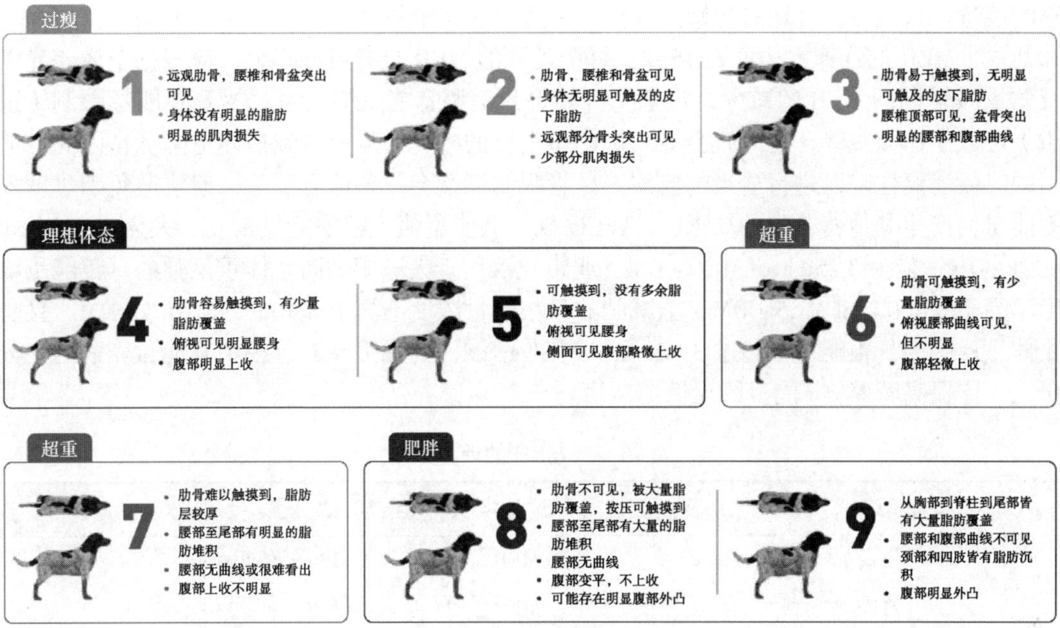

图 16-3　中型犬 9 分制体况评分标准

（引自：皇家宠物食品）

图 16-4　猫 9 分制体况评分标准

（引自：皇家宠物食品）

（一）营养管理

1. 能量限制

体重减轻的一个重要目标是减少脂肪的沉积，同时使瘦体重的损失最小化，这些均受日粮组成的影响。犬猫体重减轻首先需要建立能量负平衡，即摄入量小于消耗量。限制犬猫的能量摄入量时，合理的初始能量摄入量为当前体重的维持能量需要量（MER）的 60% 和 90%。MER 的计算方法见表 16-2。每个动物的 MER 差异可能很大，应根据个体差异以及体重减轻期间 MER 的减少，定期（例如每月）调整能量摄入量。尽管总能量限制（饥饿）可以使体重减轻，但同时会导致机体蛋白质的减少，从而导致瘦体重降低，因此，适当的时候需要住院以进行适当的监测。尽管限制能量会导致体重下降，但要避免因过度限制能量而产生其他营养素的缺乏。AAFCO 规定低能量值干粮中能量密度：犬为 3 100 kcal ME/kg DM，猫为 3 250 kcal ME/kg DM。通常建议用于犬减肥和防止体重反弹的日粮能量浓度不高于 3 400 kcal ME/kg DM，猫减肥的日粮能量浓度不高于 3 400 kcal ME/kg DM，且防止体重反弹的日粮能量不超过 3 800 kcal ME/kg DM。为保障减肥日粮中其他营养素的充分摄入，应提高营养物 / 能量的比例。

表 16-2　MER 的计算方法

类别	公式
公式 1	$MER_{犬}$（kcal/ 天）=130 × 体重（kg）$^{0.75}$
公式 2	$MER_{猫}$（kcal/ 天）=100 × 体重（kg）$^{0.67}$
公式 3	$MER_{肥胖猫}$（kcal/ 天）=130 × 体重（kg）$^{0.4}$

引自：Jayne，2019

2.　增加蛋白质

高蛋白饮食在控制宠物体重方面更有效，同时还能更好地保持瘦体重。一项研究表明，与摄入低蛋白质日粮的犬相比，摄入高蛋白质日粮能够消耗更多的能量，而减少的体重相同。日粮蛋白质的另一个好处是它的热增耗高于糖类和脂肪，即在与脂肪或糖类摄入相同能量时，蛋白质消耗的能量增加。另外，日粮蛋白质增加能增加动物的饱腹感，不同蛋白质来源对饱腹感的影响似乎没有差异。

犬猫减肥日粮中应分别至少含蛋白质 60 g/1 000 kcal ME 和 90 g/1 000 kcal ME。犬减重蛋白质含量至少为 25% DM，以防止瘦体重损失；防止体重反弹粗蛋白质含量至少为 18% DM。同样，猫减重和防止体重反弹粗蛋白质含量至少为 35% DM。

3. 提高纤维含量

除了高蛋白质含量外，许多治疗减肥的日粮还会利用高纤维含量来减少能量含量并产生饱腹感。添加纤维是用来稀释产品能量值的一种传统方法。肥胖犬猫日粮中的纤维还有控制犬猫自主进食，改变消化系统对某些营养素的消化和吸收作用。纤维能够延缓胃排空，减少食糜通过，增加肠道运输时间。一般来说，纤维能增加胃肠转运总时间（导致两餐间的间隔时间延长）。此外，胃扩张可触发激素释放，这种激素可调节食欲。纤维的影响取决于纤维的主要类型（可发酵纤维或不可发酵纤维）及其在日粮中的含量。越来越多的证据表明，日粮纤维对肠道菌群和微生物代谢的影响可能在超重和肥胖个体中起重要作用。SCFA 是通过微生物发酵纤维产生的。不同的肠道微生物从可发酵的日粮纤维生产 SCFA 的能力也有所不同。对于人来说，SCFA 获取的能量通常可满足个体能量需求的 10%。但是，对于犬猫来说 SCFA 能量的可能贡献更低。日粮纤维可以很好地调节肠道菌群产生 SCFA，可以诱导饱腹感促进因子并减轻体重。SCFA 还具有免疫调节作用，对肥胖者有益。

减肥犬粮中纤维的推荐量为 12% ~ 25% DM；防止体重反弹纤维推荐量为 10% ~ 20% DM；猫减肥日粮中纤维的推荐量为 15% ~ 20% DM，防止体重反弹纤维推荐量 6% ~ 15% DM。

4. 降低脂类

通常来说，任何减肥饮食都要控制日粮中的脂肪含量。在相同重量的情况下，脂肪提供的能量是糖类或蛋白质的 2.25 倍。随着日粮中脂肪含量的增加，日粮的能量密度也会随之增加。因此，对于等能日粮，因脂肪的增加而增加了能量密度，而使具有相同能量的食物数量减少，而食物数量的减少降低了胃的充盈，降低饱腹感。

日粮中的 ω-3 脂肪酸，尤其是二十碳五烯酸（EPA）和二十二碳六烯酸（DHA），具有调控某些白细胞及相关因子生成的作用，阻止白细胞向炎症灶迁移，改变膜结构，降低炎性因子，或竞争性抑制脂氧合酶和环氧合酶。患肥胖症的宠物体内会释放促炎细胞因子（如白细胞介素、TNF-α），且肥胖犬血清中 ω-3 脂肪酸含量降低。猫的 BCS 与血清 EPA 之间有显著的相互作用，肥胖的猫其 EPA 血清浓度与脂联素的浓度直接相关，与胰岛素和甘油三酯的浓度呈负相关。因此，使用 ω-3 脂肪酸在一定程度上能改变机体对促炎物质的反应，随着宠物体重的减轻，可以减少慢性炎症。

AAFCO 和 FEDIAF 推荐的脂肪含量为 20 ~ 30 g/1 000 kcal ME，目前市面上的减肥日粮脂肪含量通常在 30 ~ 38 g/1 000 kcal ME。以干物质为基础，犬减重脂肪含量上限为 9% DM，防止增重含量上限为 14% DM。猫减重脂肪含量上限为 10% DM，防止增重为 18% DM。另外，建议 EPA + DHA 的含量不低于 0.4 g/1 000 kcal ME。

5. 糖类

对于肥胖的宠物，无明确糖类推荐值。营养学领域存在一种观念，认为糖类易导致个体肥胖，食物中缺乏糖类有利于减肥。事实上，肥胖症与能量摄入有关，与糖类无关。但糖类类型可影响中期和长期能量平衡调节过程中某些激素（如胰岛素、瘦素和胃饥饿素）的含量。然而对于猫，尤其是患有糖尿病和肥胖症的猫，应摄入少量糖类，且最好选择糖含量低的谷物。

目前犬减肥日粮中糖类的推荐量不高于 40%DM，防止体重反弹糖类不应高于 55%DM。猫减肥日粮中糖类的推荐量不高于 35%DM，防止体重反弹糖类不应高于 40%DM。

6. 减重添加剂

大豆异黄酮可以减少由于去势或绝育增加的体重或体内脂肪。给绝育的公猫和母猫饲喂大豆异黄酮能够使去势或绝育增加的体重降低 50%。与没有饲喂异黄酮的对照组犬相比，饲喂了异黄酮的犬更有可能达到目标体脂。此外，摄入含异黄酮日粮的犬，其氧化损伤的标志物明显减少。

左旋肉碱是一种氨基酸衍生物（源自赖氨酸和蛋氨酸），在大多数哺乳动物的肝脏内生成，而猫是在肾脏中合成。肉碱的功能是促进线粒体胞质中长链脂肪酸的穿梭，从而促进线粒体基质内的 β- 氧化。有研究表明给超重动物补充肉碱，能增强减重和降脂效果。例如，在饲喂相同的低能量日粮时，与饲喂未添加左旋肉碱的犬相比，饲喂添加左旋肉碱的犬在 7 周内的降脂量和减重量更高。也有证据表明在猫的低能量日粮中添加左旋肉碱，在减少脂肪的同时保持瘦体重。犬猫减肥日粮中左旋肉碱的推荐量分别为不低于 300 mg/kg 和 500 mg/kg。

表 16-3 肥胖管理的关键营养因素

营养因素	犬营养推荐量	猫营养推荐量
能量	减肥和防止体重反弹的日粮能量≤3 400 kcal ME/kg DM	减肥的日粮能量≤3 400 kcal ME/kg DM，防止体重反弹的日粮能量≤3 800 kcal ME/kg DM
脂肪	减肥日粮含量≤9% DM；防止体重反弹≤14%DM	减肥日粮含量≤10% DM；防止体重反弹≤18%DM
纤维	减肥日粮含量 12%～25% DM；防止体重反弹 10%～20% DM	减肥日粮含量 15%～20% DM，防止体重反弹 6%～15% DM
蛋白质	减肥日粮含量≥25%DM；防止体重反弹≥18% DM	减肥和防止体重反弹≥35% DM
糖类	减肥日粮含量≤40%DM，防止体重反弹≤55%DM	减肥日粮含量≤35%DM，防止体重反弹≤40%DM
左旋肉碱	≥300 mg/kg	≥500 mg/kg

引自：Hand，2010

（二）增加运动

增加运动是饮食疗法的重要的辅助手段。当与营养管理结合使用时，增加运动可降低脂肪，并有助于瘦体重的保存。还有一些证据表明，运动可能有助于防止体重成功减轻后反弹。确切的计划必须针对个体，并考虑到任何可能发生的医疗问题。犬的适当运动策略包括散步、游泳、水疗和跑步机。对于猫可以通过增加游戏活动，如使用猫玩具（例如逗猫棒）、喂食玩具来鼓励猫运动，也可以通过在喂食前在房间之间移动食盆或使用喂食玩具来鼓励猫为食物“工作”。

（三）建立体重管理方案

首先需要根据犬猫的个体情况制定一个减重方案，并对整个减重方案进行监督。减重方案的实施，需要专门的工作人员和宠物主人共同完成。工作人员需要制定减重的实施方案并对宠物主人进行培训。肥胖犬猫因减重太慢可能会导致宠物主人中止减重计划，但如果体重减轻过快可能会增加健康问题（如增加发生脂肪肝的风险）和导致不良行为的产生，因此建议将犬的减肥目标设定为每周减重 1%～2%，猫的减肥目标设为每周减重 1%～1.5%。最近的一项研究表明，如果遵循有计划的策略并定期进行称重，则减肥会更加成功。在达到理想体重后，必须继续监测体重，以确保丢失的体重不再恢复。与人类一样，犬猫体重减轻后也可能有反弹发生。

六、小结

肥胖症是临床上最常见的疾病之一，对宠物和宠物主人的生活质量都有负面影响。肥胖症还与很多并发症（如关节炎）相关且会使犬猫寿命缩短。因此，有必要提高对伴侣动物肥胖等严重的医学问题的认识。营养调控和增加运动是大多数体重管理计划的重要组成部分。营养调控手段包括能量限制、增加蛋白质、增加纤维，减少脂肪，还有一些营养性添加剂，如左旋肉碱等。减重方案需要专业人士根据犬猫个体情况进行制定，宠物主人和工作人员的积极配合。肥胖管理很重要，但肥胖预防也应重点关注。

第二节　皮肤病的营养与管理

一、皮肤病概述

皮肤病（skin diseases）是皮肤发生病变的统称。皮肤是动物机体最大的组织，覆盖动物整个身体，起着屏障作用，保护机体免受物理和感染性损伤。皮肤还具有保持机体正常形态、调节体温、维持内环境反应、免疫调节以及感觉等多种作用。皮肤的结构分为上皮层、真皮层和皮下组织三层（图 16–5），此外还有被毛器官（毛囊、毛），立毛肌，皮脂腺，汗腺（顶分泌汗腺、外泌汗腺），趾甲等附属器官。皮肤能够直接反映出动物营养状况及各系统健康情况，尤其是皮肤的被毛与动物摄入营养是否全面均衡密切相关。如果营养素摄入不均衡，例如氨基酸、脂肪酸、维生素或微量元素等缺乏，那么皮肤的屏障功能和免疫保护作用就会遭到破坏。

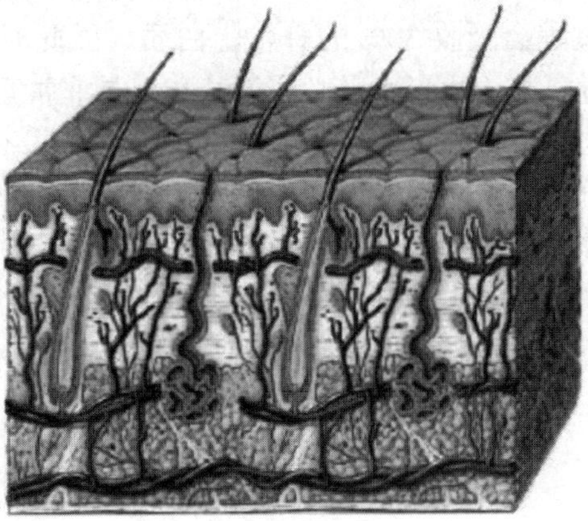

图 16–5　皮肤结构图

犬常见皮肤疾病有：①过敏性皮肤病（跳蚤过敏，特应性皮炎）；②皮肤肿瘤；③细菌性脓皮症；④皮脂溢性皮炎；⑤寄生虫性皮肤病；⑥食物不良反应（食物不耐受、食物过敏）；⑦免疫介导的皮肤疾病；⑧内分泌引起的皮肤病。

猫常见皮肤病有：①脓肿；②寄生虫性皮肤病；③过敏性皮肤病（跳蚤叮咬、特应性皮炎）；④粟粒性皮炎；⑤嗜酸性肉芽肿；⑥真菌感染；⑦食物不良反应；⑧精神性皮肤病；⑨脂溢性皮炎；⑩肿瘤；⑪免疫介导性皮肤病。

二、与营养相关的致病机理

喂食营养全面的商业化日粮，除了对食物的不良反应外，一般不会发生营养素缺乏性皮肤病，但是有一些特定品种会有和营养素相关的遗传疾病，例如哈士奇犬的锌缺乏症。营养素缺乏会促使犬猫发生皮肤疾病；其次，任何影响犬猫营养物质的消化吸收和利用的代谢 / 功能性疾病，都可能导致继发性营养失衡，从而表现为皮肤问题（见表 16–4）。营养影响皮肤病的另一种方式与皮肤炎症相关：犬猫对饮食中一种或多种成分的不良反应会引起皮肤炎症，以下将从营养缺乏性皮肤病、食物不良反应性皮肤病两个方面进行介绍。

表 16-4　缺乏营养素导致的皮肤症状

饮食缺乏营养素	皮肤症状
蛋白质	鳞屑，脱毛毛发脆弱，伤口愈合缓慢
必需脂肪酸	轻度鳞屑，被毛缺乏光泽，慢性皮肤增厚，被毛油腻
锌	犬表现为红斑，鳞屑，黏膜连接处结痂
铜	毛发脱色，粗糙，黯淡
维生素 A	鳞屑，毛囊角化过度，被毛黯淡
维生素 E	猫表现为脂肪炎：坚硬，结节状，疼痛的皮下肿胀
B 族维生素	毛发干燥并伴有鳞屑，核黄素缺乏导致唇裂

（一）营养缺乏性皮肤病

1. 缺乏蛋白质与脂肪

动物的毛发由 95% 的蛋白质组成，且富含硫化氨基酸，如蛋氨酸和胱氨酸。毛发的生长和皮肤的更新过程会吸收 30% 的日粮蛋白质。因此对于健康的皮肤和毛发来说，含有高质量易消化的蛋白质（适当水平必需氨基酸）是非常重要的。脂肪是食物中最重要的能量来源，也是体内脂肪酸的重要来源，如果食物中脂肪不能提供足够的能量，动物机体就会分解自身蛋白质来满足能量需求。如果饮食中蛋白质和能量需求得不到满足，犬猫的皮肤就失去了保护屏障功能，容易继发细菌或真菌感染、伤口愈合缓慢等问题。同时，还会导致毛发和皮肤状况变差，出现广泛性皮屑、角质化异常、色素减少、毛发生长不良、毛发容易脱落、稀疏、脆弱、无光泽等问题（图 16-6）。

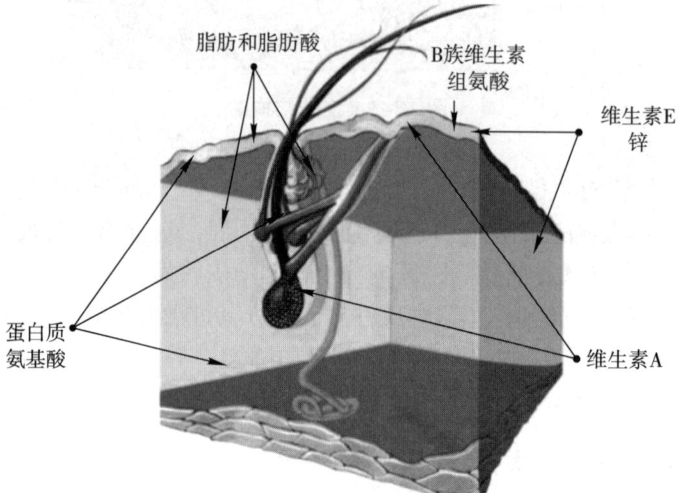

图 16-6　营养素在皮肤中的作用

2. 缺乏维生素

（1）维生素 A　维生素 A 是维持正常上皮细胞分化和角化的必需物质。维生素 A 缺乏或过量都会引起皮肤病变，如皮毛质量差、脱毛、皮脂溢、结痂、继发性脓皮病、易感性增加、马拉色菌皮炎以及伤口愈合不良（图 16-7）。

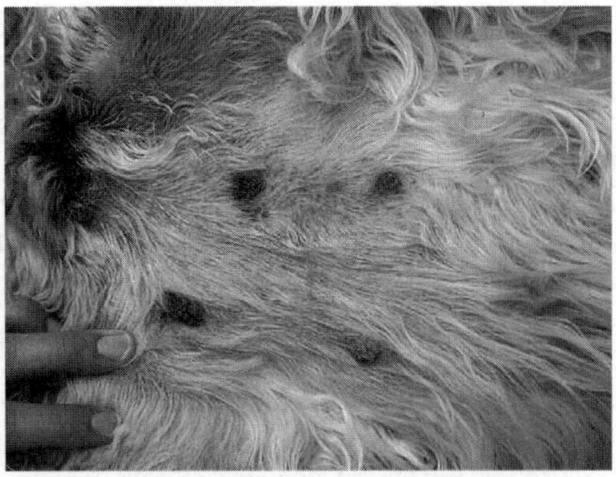

图 16–7 维生素 A 反应性皮肤病

美国可卡犬腹部明显角化过度和皮脂溢

（图片由 C. Sousa 提供）

（2）维生素 E 维生素 E 是细胞膜抗氧化过程中最具生物活性的物质。维生素 E 的缺乏较少见，通常是由于食物中脂肪稳定性差引起的。维生素 E 是一种天然的抗氧化剂，在氧化过程中会被消耗掉。缺乏维生素 E 的犬会出现干性皮脂溢、弥散性脱毛、皮肤发红、继发性脓皮症和免疫系统异常的情况。

（3）B 族维生素 B 族维生素是许多代谢途径中的辅助因子，无法在体内储存，摄入不足容易引起缺乏。如果动物患有肠炎、多尿症或长期服用抗生素，就会出现 B 族维生素缺乏。生物素、核黄素、烟酸、肌醇、泛酸和吡哆醇对于维持皮肤屏障非常重要，如果缺乏则会导致干燥的片状皮脂溢，伴有脱毛、厌食、体重减轻和瘙痒等症状。某些 B 族维生素可与组氨酸协同作用，改善表皮的屏障功能，同时减少经表皮水分流失。

3. 锌缺乏

锌能够影响皮肤健康和被毛质量。锌是合成脂肪酸、免疫系统健康和正常炎症反应所必需的元素。在动物生长过程中过量补充钙也有可能导致与锌缺乏相关的皮肤病。在成年动物体内缺锌会导致免疫问题和皮肤角质化、皮屑增加、皮肤表面硬结及眶周皮肤增厚的现象（图 16–8）。在幼龄的动物中，缺锌会出现伴随着皮肤变化的生长发育障碍、食欲不振和其他健康问题。

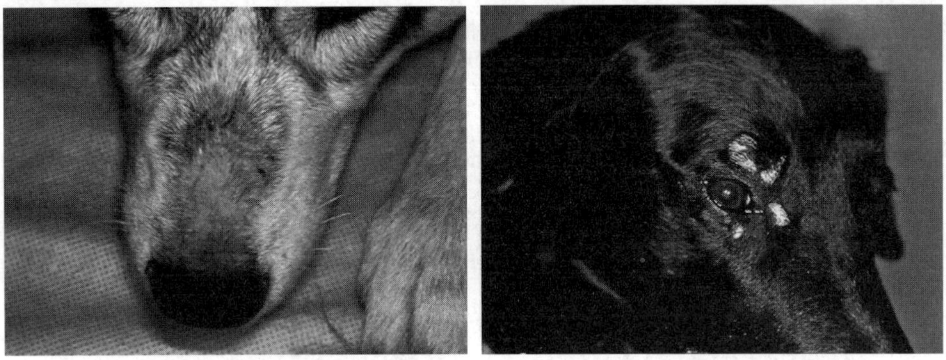

图 16–8 锌缺乏导致的相关皮肤问题

左图：哈士奇鼻背部有附着鳞片、结痂、红斑及脱毛；

右图：犬眼周围有界限分明的脱毛区域并附着厚厚的鳞屑

（引自：Fascetti，2012）

4. 缺乏必需脂肪酸

必需脂肪酸（EFAs）是细胞膜磷脂的成分和各种调节化合物的前体，能够维持机体上皮组织的健康和完整性，包括犬所需的亚油酸（LA）和猫所需的 LA 和花生四烯酸（AA）。大多数营养学家认为 α– 亚麻酸（ALA）对犬猫是条件性必需的。LA 专门负责维持皮肤透水屏障，减少水分跨膜丢失率，而 AA 作为前列腺素前体，是正常表皮增生所必需的。其他对维持动物表皮屏障健康很重要的营养物质包括泛酸盐、胆碱、烟酰胺、组氨酸和肌醇。ω-3多不饱和脂肪酸EPA和DHA，支持正常的细胞膜流动性，也有抗炎和免疫的特性。由于ω-3多不饱和脂肪酸和皮肤细胞的快速周转率有关，如果缺乏会使皮肤非常容易受损。最初的症状包括表面脂质减少，皮肤干燥、变暗、脱毛以及最终发展为皮肤损伤，见图16-9。随着时间的推移，皮肤会变得油腻、瘙痒、容易感染。当EFA缺乏没有并发其他营养不平衡的情况下，皮肤损伤在1~2个月内表现出对饮食矫正的明显反应。

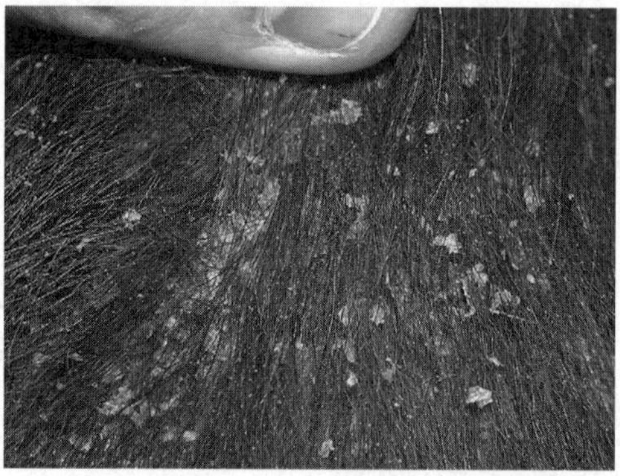

图16-9 犬必需脂肪酸缺乏

干性皮脂溢，被毛暗沉

（引自：Clinics in Dermatology，2010）

（二）食物不良反应性皮肤病

犬猫临床上由食物不良反应引起的皮肤疾病更为常见。食物不良反应性皮肤疾病分为两个类型：免疫介导的和非免疫介导的。虽然食物过敏被认为是免疫调节的，但是大多数犬的反应不是免疫介导的，也就是通常说的食物不耐受。食物特性、食物毒性、过敏性食物反应、药理学和代谢性食物反应，都是食物不耐症的原因。由过敏引起的犬猫食物不耐受通常和I型过敏反应相关，I型过敏反应又称速发型变态反应，是指抗原进入机体后，选择性的诱导特异性B细胞产生IgE，使机体处于致敏状态。当抗原再次进入机体时，便与已经结合在致敏靶细胞上的IgE特异性结合，引发肥大细胞脱颗粒反应，释放的生物活性物质可引起平滑肌收缩、毛细血管扩张、腺体分泌增加等一系列病理改变。理论上，任何食物都有可能引起不良反应（图16-10和图16-11）。到目前为止，兽医鉴定出的食品

图16-10 西高地犬慢性皮肤食物不良反应

表现明显的苔藓化，色素沉着，腹部、前肢和后肢红斑、脱毛

（引自：Clinics in Dermatology，2010）

图16-11 猫皮肤食物不良反应

表现严重的面部瘙痒，导致广泛的脱皮和脱毛

（引自：Clinics in Dermatology，2010）

成分数量有限。商业日粮中通常含有许多不同的食物成分，使得确定一个特定的食物过敏原非常困难。经多项研究得出最常见的导致宠物皮肤不良食物反应（cutaneous adverse food reactions，CAFR）的食物是牛肉、羊肉、鱼类、乳制品、小麦和大豆。

食物不良反应的黄金诊断方法为食物排除与激发试验。选择单一蛋白或水解蛋白商品粮作为试验动物饮食，停止原有饮食包括零食。一旦怀疑食物有不良反应，立即更换为单一蛋白或水解蛋白商品粮，持续6～8周时间。在此期间不额外饲喂零食及含有任何蛋白成分的药物，也避免使用止痒或其他控制皮肤疾病的药物；一般6～8周犬猫皮肤疾病出现明显好转后开始食物激发试验，停止单一蛋白或水解蛋白商品粮，换回之前的常规饮食2周左右时间，观察皮肤疾病症状是否再次发生。一旦确诊为食物不良反应的动物需要长期使用单一蛋白、水解蛋白商品粮或由兽医营养专科医师配制的自制粮。

三、皮肤病的营养管理

选择适当的食物是一个重要的考虑，尤其在营养管理的炎症性皮肤病患病动物。在治疗皮肤疾病时，必须考虑许多因素。患病动物的治疗方案、是否食用医嘱外食物、药物是否按时服用等，是医疗团队在处理皮肤问题时应注意的一些方面。

（一）蛋白质

增加蛋白质和含硫氨基酸的浓度有利于皮肤病的恢复。含硫氨基酸主要包括蛋氨酸和胱氨酸，胱氨酸的需要量需通过蛋氨酸来满足，因此提高总含硫氨基酸含量对皮肤病的恢复有利。

（二）维生素A

治疗包括口服补充10 000 IU的维生素A（视黄醇），每天一次，与食物一起服用。治疗的反应和临床效果一般在3～8周内看到。对大多数患宠来说，单纯性营养缺乏使用全价宠物食品就可以改善。

（三）维生素E

维生素E被认为是安全的，也是毒性最小的维生素之一。大多数动物和人都能耐受高剂量而无副作用（尽管高剂量可能会与其他营养素发生拮抗作用）。长期服用高剂量维生素E的人会出现罕见的副作用，包括疲劳、头痛、出血、恶心、肠胃不适和肌肉无力。对于犬猫，推荐的剂量范围分别为400～2 000 IU/kg/d和20 IU/kg/d。

（四）锌

犬猫补充锌通常能在2～6周内产生良好的反应和皮肤病变的消退。最常见的治疗锌反应性皮肤病的制剂是硫酸锌（10 mg/kg/d），锌葡萄糖酸钠（5 mg/kg/d）或蛋氨酸锌（1.7 mg/kg/d）。对于口服补锌无反应的患者，静脉注射无菌硫酸锌（10～15 mg/kg）有效。

（五）脂肪酸

对于缺乏必需脂肪酸的动物需要更换为富含脂肪酸食物或添加 ω-3多不饱和脂肪酸、ω-6多不饱和脂肪酸和维生素E的饮食。轻微的皮肤症状会在3～8周内消退，严重的皮肤损伤需要6个月以上的时间修复。

（六）B族维生素

酵母和小麦胚芽中硫胺素（维生素 B_1）含量最多，肉类、麸皮中含量也较多；核黄素（维生素 B_2）广泛分布于自然界，在酵母、肝脏和蛋类中含量较多。烟酸（维生素 B_3）存在于大多数食物中，肉类、鱼和谷物中含量较多。泛酸（维生素 B_5）广泛存在于所有食物中。生物素（维生素 B_7）大量分布于肾脏和肝脏中。此外，也有商品化的营养补充剂—复合维生素 B 补充剂，可以在犬猫食物中使用，B 族维生素为水溶性维生素不会在体内蓄积引起过量。

四、皮肤病的营养管理方案

一套完整的皮肤疾病的营养管理方案包括对当前所饲喂的食物、饲喂方法进行评估，确定合适的饲喂计划，并对饲喂计划多次重新评估。宠物的食物应该包含最适合宠物生命阶段的蛋白质、能量、必需脂肪酸、矿物质和维生素。一般使用全价食物的犬猫不会发生营养不良性皮肤疾病。当宠物的饮食变成全价均衡的高质量易消化食物时，营养缺乏引起的皮肤疾病通常在几天到几周的时间迅速好转。医生及护理团队（包括宠主）应该密切监控并记录所有食物和营养补充剂的增减。

临床上更为常见的是食物不良反应的犬猫。怀疑患有食物不良反应的犬猫，应首先严格按照食物排除与激发试验步骤进行诊断，确认是否为食物不良反应引发的皮肤问题。一旦确诊，需要长期使用单一蛋白或水解蛋白商品粮或兽医营养专科医生提供的营养建议来改善皮肤症状。根据诊断结果和病情的严重程度，皮肤患病犬猫应该每周或每月接受相应的复诊检查。

五、小结

与犬猫皮肤健康相关的关键营养素主要包括蛋白质（必需氨基酸）、脂肪（必需脂肪酸）、维生素 A、维生素 E、B 族维生素和锌。犬猫食用正规厂家生产的全价宠物粮食一般不会出现因缺乏营养素而导致的皮肤疾病。长期食用自制食物或者非全价类的宠物食品（例如，零食罐头，零食冻干等）会因为缺乏某种营养素导致皮肤疾病。目前临床上出现的更多病例是食物不耐受症导致的皮肤炎症或过敏，这类型的疾病最重要的诊断方法是使用食物排查试验确定该犬猫是否为食物不耐受症。食物排查试验可以选择正规厂家生产的低过敏处方日粮进行周期性试验，最好遵循兽医师建议。

第三节　糖尿病的营养与管理

一、糖尿病概述

糖尿病（diabetes mellitus，DM）是一组由胰岛素分泌和作用缺陷所导致的糖类、脂肪、蛋白质等代谢紊乱和以长期高血糖为主要表现的代谢性疾病。主要的临床症状包括多饮、多尿和多食，部分病例会出现体重减轻。

在人类医疗中，糖尿病通常被分为Ⅰ型和Ⅱ型。犬猫的糖尿病分类通常模仿人的分类方式，但做了部分改进。大多数糖尿病患犬属于Ⅰ型糖尿病，而超过 80% 的糖尿病患猫属于Ⅱ型糖尿病。有研究显示，家养犬猫的糖尿病发病率为 0.13%～2%。过去 30 年，犬猫糖尿病的发病率在逐年增加。

二、糖尿病的发病机理

（一）Ⅰ型糖尿病

Ⅰ型糖尿病是犬糖尿病中最常见的形式，其特征为胰岛 β- 细胞被破坏，导致胰岛素绝对性缺乏。有证据显示，大约 50% 糖尿病患犬与人类Ⅰ型糖尿病相似，是由细胞免疫介导引起，但 β- 细胞受损的原因尚不清楚。

研究显示，部分犬种有患糖尿病的强遗传倾向，如萨摩耶、哈士奇、迷你雪纳瑞和迷你贵宾等。犬糖尿病的发病有明显的季节性，冬季糖尿病的确诊数较多，说明环境因素与糖尿病的发生有关。犬发生糖尿病的风险因素还包括肾上腺皮质功能亢进、反复发作的胰腺炎（估计引发了 28% 的糖尿病）、应激等。

在人类患者中，胰岛素绝对缺乏的恶化速度不一。儿童的恶化速度较快，而中老年人则较慢。后者属于Ⅰ型糖尿病的一种形式：成人隐匿性免疫性糖尿病（latent autoimmune diabetes of adults，LADA），其特征为几个月或几年里 β- 细胞逐渐损伤，但与肥胖无关。急性发作的糖尿病和缓慢发展的糖尿病（LADA）有明显不同的自身免疫反应，说明Ⅰ型糖尿病有两种不同的发病机制。

对于犬，绝对胰岛素缺乏的恶化速度还未被研究，但患病最初的数周或数月内临床症状隐匿不明显。据此推测，犬糖尿病和人 LADA 的发病机制可能相似。年龄增长是重要的风险因素，都趋向于中老年时期发作，多数糖尿病患犬确诊时年龄超过 7 岁。许多诊断为糖尿病的患犬体重正常甚至偏轻，因此还未确认肥胖症是犬患糖尿病的风险因素，但有证据表明，犬的肥胖症会引起胰岛素抵抗和葡萄糖耐受能力下降。

（二）Ⅱ型糖尿病

猫糖尿病和人Ⅱ型糖尿病的发病机制相似。除了胰岛 β 细胞功能受损外，人Ⅱ型糖尿病和猫糖尿病的另一个标志是胰岛素抵抗。胰岛素抵抗（敏感性降低）的特征在于胰岛素靶组织对定量胰岛素的反应有所降低。虽然胰岛素过量分泌可以部分代偿胰岛素抵抗，然而一旦无法维持较高的胰岛素水平，或者当 β 细胞凋亡时，就会发生明显的葡萄糖不耐受或高糖血症（图 16-12）。

糖尿病患猫的葡萄糖耐受量降低是由于胰岛素反应下降和胰岛素敏感性降低。糖尿病患猫的胰岛素敏感性约为健康猫的 1/6。在人Ⅱ型糖尿病和猫糖尿病中，胰岛素抵抗的机制仍未被充分阐明。

糖尿病通常见于中年和老年猫，超过 7 岁的猫患病率明显增加。有证据表明，猫胰岛素抵抗的主要原因是肥胖症和缺乏运动。与对照组的瘦猫相比，肥胖猫的胰岛素敏感性显著降低。高达 80% 的猫在确诊糖尿病时超重。与理想体重的猫相比，超重猫发生糖尿病的风险概率会升高 5 倍。值得关注的是肥胖引起的胰岛素抵抗

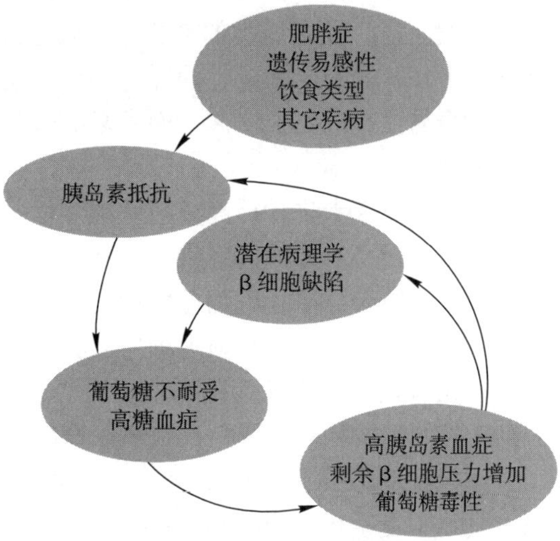

图 16-12　胰岛素抵抗、β 细胞功能缺陷和葡萄糖毒性的恶性循环最终导致糖尿病

在合理减肥后是可逆的。因此，如果糖尿病患猫伴有肥胖症，那么减肥必须作为治疗的一部分。

猫患糖尿病的其他易感因素还包括绝育、室内饲养及活动水平不足。当猫患有胰腺炎、肢端肥大症、肾上腺皮质功能亢进、甲状腺功能亢进和牙科疾病等并发症时，猫患糖尿病的风险会增加。使用前列腺素、糖皮质激素等药物也与猫患糖尿病相关。

三、糖尿病的营养管理

糖尿病动物的营养管理至关重要。虽然营养管理不能替代胰岛素，但有助于控制血糖，并尽可能减少终身使用外源性胰岛素治疗的可能。

（一）水

对于患有糖尿病的动物来说，水是最重要的。如果出现糖尿病酮症酸中毒，糖尿病犬猫会由于葡萄糖和酮体引起的渗透性利尿而导致水分流失增加。因此，任何时候都应保证犬猫有干净、新鲜的充足饮水。

（二）蛋白质

高蛋白饮食是治疗猫糖尿病的关键环节。有研究显示，饲喂高糖类的肥胖猫在体重减轻后，胰岛素敏感性未恢复正常，但高蛋白饮食却能使肥胖猫的胰岛素敏感性增强。在人类糖尿病患者中，由于摄入大量蛋白质可能会增加糖尿病性肾病的发病率，因此不推荐高蛋白质饮食。但此种糖尿病并发症在犬猫中并不常见，因此没必要限制糖尿病犬猫的蛋白质摄入量。

针对并发肾脏或肝脏疾病的病例，可能需要适度限制蛋白质的含量，并适度增加纤维含量来控制血糖。如果同时存在胰腺炎，在某些情况下，限制脂肪摄入可能是有益的，因此糖尿病饮食中往往会含有更高的蛋白质水平（>30% 维持能量）。

（三）糖类

因为糖类对餐后血糖水平具有较大影响，因此，糖尿病犬猫饮食中糖类含量是一个重要的考虑因素。有研究显示，用 15 种商品犬粮（干物质中淀粉含量占 0.4%～52.7%）饲喂健康犬，证实食物中淀粉含量是决定餐后血糖反应的关键因素。

一般而言，复杂糖类的消化和吸收速度更慢，其升糖指数比简单糖类（单糖或双糖）要低。另外，糖类的来源也同样重要。建议将升糖指数低的食材（如大麦，玉米等）作为糖尿病患猫饮食的糖类来源，而大米的生糖指数高于玉米，会导致餐后血糖和胰岛素水平明显上升。

对于糖尿病犬猫，提高日粮纤维含量可以帮助抑制餐后血糖快速升高，但不同个体间存在显著差异，且不同的纤维类型会产生不同的结果。可溶性纤维遇水会形成凝胶，促进葡萄糖和水结合，阻止葡萄糖转运至肠道的吸收面，从而降低餐后血糖水平，因此被认为是有价值的。虽然，研究显示糖尿病患猫的最佳饮食应含有高蛋白质和低糖类，高纤维含量可能没有之前研究认为的那么重要。然而，日粮纤维可以减缓胃肠道转运和稀释能量，有助于控制猫的体重，因此，在糖尿病患猫的营养管理中仍具有一定的意义。

建议给糖尿病患犬饲喂含复杂糖类和纤维含量适度增加的食物。一般而言，糖尿病患犬食物中复杂糖类应提供 40% 及以上的能量。糖尿病患猫可饲喂高蛋白质、中等脂肪、低糖类含量的食物，或有最佳蛋白质含量、适度增加纤维和减少能量含量（如需要）的食物来控制体重。

（四）脂肪

糖尿病犬猫常出现脂代谢异常，如高甘油三酯血症、高胆固醇血症等，高脂饮食可能会导致胰岛素抵抗和促进肝糖再生。糖尿病犬猫常并发胰腺炎，因此，脂代谢异常或并发胰腺炎的犬猫应限制其饮食中的脂肪。限制脂肪的量将取决于犬猫的饮食史和有并发症时的脂肪消耗量。建议低脂饮食降低胰腺炎等并发症的风险，并减少总能量摄入，有利于减肥或维持体重。但是，过度限制脂肪也可能导致不必要的体重下降。当糖尿病犬猫偏瘦时，可以考虑脂肪含量较高的食物。

另外，研究显示 ω-3 不饱和脂肪酸含量高的饮食可以改善血糖，并降低血浆胰岛素水平。相反，饱和脂肪酸则不利于血糖的控制，因此，糖尿病犬猫饮食应含有足够的 ω-3 不饱和脂肪酸。

（五）矿物质和维生素

铬是一种必需的日粮微量元素，参与糖类和脂质代谢。铬也是胰岛素的辅助因子，对细胞摄取葡萄糖是必需的。有研究显示，摄入铬补充剂能提高犬猫组织对胰岛素的敏感性，有助于血糖控制。

另一种微量元素钒的作用似乎与铬相当，但可能通过不同的机制来发挥作用。只有初步结果表明钒可能对糖尿病患猫有一些益处。

糖尿病犬猫可能出现维生素和矿物质吸收异常：低磷血症、低钾血症、低钠血症、低氯血症、低钙血症、低镁血症和维生素 D 缺乏症。一般来说，对糖尿病的科学管理足以避免这些问题。只有当原发性疾病没有得到控制，糖尿病酮症酸中毒或继发问题出现时，这些问题才更值得关注。

（六）L- 肉碱

L- 肉碱是一种条件性必需营养素，在脂肪酸代谢中发挥着至关重要的作用。补充 L- 肉碱能抑制犬饥饿状况下的酸中毒和生酮作用。研究显示，在犬的食物中添加 50 mg/kg 的 L- 肉碱，能促进脂肪酸氧化转变成能量，同时还能防止体重减轻时的肌肉分解。糖尿病病情严重的犬猫，会出现体重下降、脂肪代谢改变、酮生成和肝功能受损，所以在饮食中添加 L- 肉碱会有显著益处。大部分糖尿病犬猫为中老年，很可能在糖尿病出现前就已经有肌肉减少的情况，因此，补充 L- 肉碱显得更重要，可以帮助糖尿病犬猫维持肌肉量。

四、糖尿病的营养管理方案

对于糖尿病患犬，应饲喂足够能量的食物，以维持理想的体况。与健康犬相比，未经治疗的糖尿病患犬，对胃肠道所吸收营养物质的代谢能力较差。因此，应该饲喂营养均衡的食物，并且适口性要好，这样能确保食物被摄入。用餐间隔时间应固定，使得外源性胰岛素效果在餐后能达到最佳。由于糖尿病犬每天使用的胰岛素剂量相对固定，尽可能准确评估每一餐后的血糖反应也很重要。所以，每餐的食物必须含有相同的原料和能量密度，并在每天同一时间饲喂患犬。糖尿病犬的主人也应充分认识到固定的胰岛素剂量和饲喂方式是最理想的。

因为猫糖尿病与人Ⅱ型糖尿病相似，是一种由生活方式引起的疾病，所以糖尿病的主要治疗和预防目标之一是维持最佳体况。高蛋白饮食对糖尿病患猫非常有用。然而，只有结合积极的降糖治疗，这些特定饮食才能达到最佳效果。因此，胰岛素治疗仍是最有效的，有助于控制葡萄糖水平。大多数糖尿病患猫最好每天喂两次，在饭前或饭后注射胰岛素。如果不采用胰岛素治疗（或其他降糖治疗），将很难控制患猫血糖水平。需要强调的是，一旦胰岛素发挥作用，必须为猫提供食物，防止出现低血糖而危及生命。

糖尿病犬猫不宜食用半湿粮或零食。与干粮或湿粮相比，喂食半湿粮的犬餐后血糖和胰岛素反应最高。这可能是由于在许多半湿粮中使用了蔗糖、果糖和其他简单糖类。与此不同，干粮和湿粮中主要是复杂糖类，需要酶消化成单糖后才能被机体吸收，这个过程减缓了葡萄糖进入血液的速率。

五、小结

每个犬猫都是独一无二的，管理糖尿病犬猫的最佳营养方法将因犬猫而异。重要的是，给糖尿病犬猫的饮食必须具有良好的适口性。一般来说，在确诊后不建议立即改变饮食（除非有并发症，如胰腺炎）。对于血糖不易调节的糖尿病犬猫（继发性疾病已经被排除），使用高纤维或低糖类饮食（对一些患猫来说）可能是有益的。需要注意的是，当饮食中限制糖类时，脂肪提供的热量会增加。这种改变会对脂肪代谢异常或并发胰腺炎的糖尿病患者造成严重威胁，在某些情况下甚至危及生命。控制体重或减肥对糖尿病犬猫很重要。对于超重的犬猫，一旦最初的疾病问题得到控制，就应该考虑保守的减肥方案。患有糖尿病的犬猫减肥后，葡萄糖耐受量会改善。糖尿病犬猫的体重减轻可导致组织对胰岛素的敏感性增强，从而降低每日的胰岛素需求。因此，应该仔细监测患宠，并根据需要调整胰岛素剂量。

第四节　心脏疾病的营养与管理

一、心脏疾病概述

心脏就像泵一样，在循环系统中发挥着重要作用。心脏将血液输送到身体各个组织，提供组织所需的氧和各种营养素，并排出肾脏和肺中的废弃物和二氧化碳。因此，如果心脏功能受损，将对生命的维持产生重大影响。

心血管疾病是犬猫常见疾病，包括先天性心脏病和获得性心脏病。犬的发病率为11%，猫则高达20%以上。很多犬猫品种具有先天性心脏病的基因易感倾向，包括拳师犬、查尔斯王小猎犬、大麦町犬、杜宾犬、罗威纳犬、缅因猫、布偶猫和英国短毛猫等。犬常见的心脏疾病有：心脏瓣膜性疾病、扩张性心肌病和其他类型（心包疾病、心丝虫等）；猫常见的心脏疾病包括：肥厚性心肌病、扩张性心肌病、心丝虫、心包疾病以及高血压等。

随着医学不断发展，人们对犬猫心脏疾病的研究越来越深入。除了研究针对心脏病的治疗药物和手术以外，营养治疗也逐渐成为治疗心脏病的方案。由于大多数犬猫心脏病是不可逆性疾病，不能完全治愈。心脏病的营养治疗在控制临床症状、延缓疾病发展、提高动物生活质量上，起到了关键性作用。

二、与营养相关的病理生理学

（一）心源性恶病质

心脏病患宠常常会出现恶病质。恶病质（cachexia）是指瘦体重（lean body mass，

LBM）的损失，表现为极度消瘦、皮包骨头（图 16–13）。它会影响大部分患有充血性心力衰竭、慢性肾病、癌症和各种其他慢性疾病的犬猫。超过 84% 的心力衰竭患犬和至少 38% 的心脏病患猫出现恶病质。心源性恶病质主要表现在瘦体重的降低，肌肉逐渐消耗，瘦体重的减轻会严重影响患宠的体力、免疫力以及存活能力。

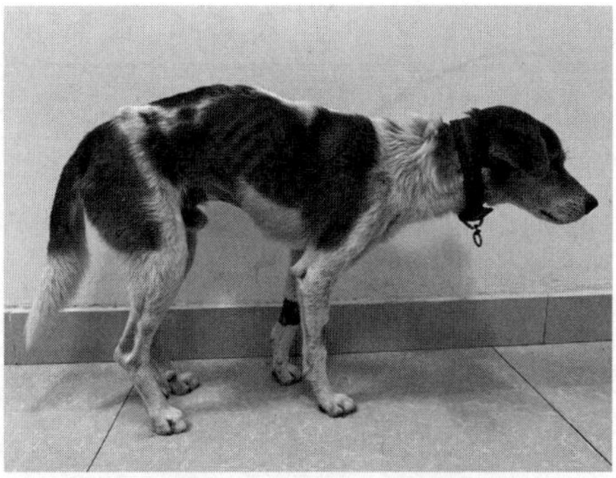

图 16–13　出现恶病质的犬

（病例图片来自金农动物医院）

导致患病犬猫出现恶病质的原因包括：食欲减退、能量需求增加、药物干扰胃口、食物适口性欠佳等。另一个主要原因是炎症性细胞因子生成量的增加，比如肿瘤坏死因子（TNF），以及白介素 –1（IL–1）。这些细胞因子会直接导致食欲减退，增加机体的能量需求，增加分解代谢，导致瘦体重下降。TNF 和 IL–1 还可导致心源性肌细胞肥大和纤维化，影响肌肉的收缩能力。

此时可以通过各种方法来鼓励恶病质患宠自发进食，比如美味可口的食物、少食多餐、加热湿粮等。为减少食量，应增加食物的能量密度（如高脂肪和低纤维含量）。为患宠提供合适的能量和蛋白质，同时调节相关细胞因子的生成。添加含有大量长链 ω–3 多不饱和脂肪酸的鱼油可以减少炎性细胞因子的产生，改善心脏病患宠的身体状况。

（二）预防离子紊乱

健康犬猫很容易通过尿液排出过量的钠离子。当犬猫存在心脏问题时，机体通过代偿反应调节肾素 – 血管紧张素 – 醛固酮系统，从而容易出现钠离子在体内潴留。需要在心脏疾病的不同时期针对性地控制饮食中钠的添加量（具体见营养管理部分）。由于心脏病药物的使用，宠物体内的钾离子也可能出现紊乱，需要定期监控。

（三）预防特定营养缺乏

有些营养素，如牛磺酸，它的缺乏会导致犬猫心脏病的发生。同时当犬猫处于心脏病阶段时，特定营养素的补充可改善机体营养水平（如猫牛磺酸缺乏会导致心肌扩张），还可通过营养素本身的药理作用实现，如牛磺酸、长链 ω–3 脂肪酸等有利于增强心肌收缩力和减少心律不齐。

三、心脏病的营养管理

（一）控制钠离子潴留

心脏病患宠容易出现钠离子潴留，需要在心脏疾病的不同时期针对性地控制食物中钠的添加量。关于犬的研究表明，在心脏病的早期阶段限制钠离子没有好处。事实上，低钠饮食会激活肾素 – 血管紧张素 – 醛固酮系统，但心脏病的治疗目标却是抑制该系统。因此，只有在充血性心力衰竭晚期时限制钠的摄入量（最高 50 mg/100 kcal）才是合理的（表 16–5）。

对猫而言，心脏病患猫的饮食中钠离子水平应为 0.07% ~ 0.3%DM。对钠离子的限制程度需要根据宠物的临床症状而定。早期心脏病的患宠在无症状情况下，只需要避免高钠零食的摄入，无需在日粮中严格限制钠离子。根据疾病的发展进程，对钠离子的限制逐渐变得严格。

表 16-5　基于不同心脏病阶段的犬饮食中钠离子推荐量

国际小动物心脏病协会分类	描述	饮食中钠的推荐量
1. 无症状型 能测出心脏病，但患犬还没有明显发病，没有表现出心力衰竭的临床体征。通过听诊、心电图和影像学检测可发现心脏杂音，心律失常或心室扩张。	1a. 存在心脏疾病的征象，但没有出现代偿现象，如体积或压力负荷过重或心室肥大。	不需要严格的限制钠。咨询动物主人避免高钠饮食（ > 100 mg/100 kcal）和避免零食和餐桌食物的高钠。
	1b. 存在心脏病的征象，同时影像或心电图能够检测到代偿现象，例如体积或压力超载，心室肥大	主要食物中钠含量 50 ~ 80 mg/100 kcal。避免高钠的零食和餐桌食物。
2. 轻度至中度心力衰竭 在静息时或轻度运动时表现出心衰的临床症状，并且会影响生活质量。心力衰竭的典型体征包括运动不耐受、咳嗽、呼吸急促、轻度呼吸窘迫（呼吸困难）和轻度至中度腹水。静息时通常没有出现心灌注量减少。		主要食物中钠含量 50 ~ 80 mg/100 kcal。如果需要使用大量利尿剂来控制临床症状时，推荐更严格的钠限制（ < 50/100 kcal）。特别注意避免高钠的零食和餐桌食物。和动物主人讨论适当的用药方法。
3. 重度心力衰竭 出现明显的晚期充血性心力衰竭的临床症状。这些临床症状包括呼吸窘迫（呼吸困难），明显的腹水，严重的运动不耐受或静息时心灌注不足。在最严重的情况下，患犬濒死并且患有心源性休克。死亡或严重的衰竭可能无法治疗。	3a. 需要家庭护理	主要食物中钠含量 < 50 mg/100 kcal。特别注意避免高钠的零食和餐桌食物。 和动物主人讨论适当的用药方法。
	3b. 强制住院是因为心源性休克，危及生命的肺水肿，腹水，或大量胸腔积液的存在	稳定急性心力衰竭是主要目标。避免食物改变直到患犬回家并且依靠药物治疗病情稳定。病情稳定后时可以逐步换到新的食物。

* 改自：Encyclopedia of Canine Clinical Nutrition，2006

（二）钾和镁离子

钾或镁缺乏会引发心律失常、心肌收缩力下降、肌肉无力，加剧心脏病药物不良反应。很多药物会使动物出现钾离子、镁离子失衡，如血管紧张素转换酶抑制剂、螺内酯、利尿剂等。应常规检测心脏病患宠的血清钾和镁离子浓度。若动物出现低 / 高钾血症，则应更换为含量高 / 低的日粮，低镁血症的动物应饲喂镁含量较高的日粮。

（三）牛磺酸

牛磺酸是心脏收缩的必要成分。犬体内的牛磺酸是由蛋氨酸和胱氨酸合成而来。当犬饮食中蛋白质含量不足或者牛磺酸体内合成量减少时，体内牛磺酸含量会出现缺乏，在某些品种容易发生这种情况。相对于小型犬，大型犬（ > 35 kg）体内容易发生牛磺酸合成量不足。牛磺酸的推荐剂量为：小于 25 kg 的中小型犬：500 ~ 1 000 mg，每日三次；

25 ~ 40 kg 的中大型犬：1 ~ 2 g，每日 2 ~ 3 次。补充后临床改善明显，但超声心动图可能在 2 ~ 4 个月内或更久的时间内无明显变化。

猫缺乏牛磺酸会在几个月内导致视网膜中央变性。在猫干粮中至少添加 0.10% DM 牛磺酸，或在猫湿粮中至少添加 0.17%DM 牛磺酸，有助于预防牛磺酸缺乏。这一添加量差异的原因在于使用湿粮时肠道菌群对牛磺酸分解代谢更强。猫牛磺酸缺乏引起的扩张性心肌病与心肌收缩力受损有关。补充足够的牛磺酸可逆转该病的临床症状，但前提是及时治疗，并且病情发展还不太严重。推荐剂量为 250 mg 牛磺酸 / 次，每日两次（口服）。65% 的猫扩张性心肌病在 2 ~ 4 个月内就能得到缓解。

2018 年美国食品和药物管理局（FDA）发布了一份相关报告，经过长达数月的调查发现犬扩张性心肌病可能与采食“无谷”犬粮（豌豆、大豆或马铃薯为主要成分）有关，犬扩张性心肌病可能与食物中牛磺酸缺乏有关。FDA 还没有确定疾病形成的确切机制，没有得出任何关于给犬喂食无谷食品导致疾病的确切结果。为了涵盖所有的可能性，FDA 和合作机构正在继续研究可能导致犬扩张性心肌病发展的任何可能因素，如遗传、重金属暴露和其他毒性。

（四）左旋肉碱

在人类和一些犬种（如拳师犬、杜宾犬和可卡犬）身上曾发现过与肉碱缺乏相关的扩张性心肌病。推荐扩张性心肌病患犬补充左旋肉碱，特别对于拳师犬和可卡犬。左旋肉碱缺乏犬的最小及适宜添加量还没有确定，但是目前的推荐量为每次口服 50 ~ 100 mg/kg，中间间隔 8 个小时。目前尚无猫左旋肉碱的推荐剂量。曾有人认为猫肥厚性心肌病可能与脂肪酸代谢异常有关。因此，左旋肉碱避免心肌细胞内脂肪酸积累的作用可能有利于治疗猫肥厚性心肌病。

（五）ω–3 脂肪酸

补充来自鱼油的长链 ω–3 脂肪酸对犬猫的心脏有益。ω–3 脂肪酸，尤其是 EPA 和 DHA，能够帮助减少炎症介质和氧化应激，帮助减少心律失常，改善心脏功能，降低血压。因此，建议在心脏病早期补充 EPA 和 DHA。

一般推荐厌食或者恶病质患犬饮食中 EPA 的添加量为 40 mg/kg BW，DHA 为 25 mg/kg BW，来源为鱼油。虽然亚麻籽油含有丰富的 α 亚麻酸，但是这种脂肪酸必须被转化为 EPA 和 DHA 后才能发挥作用。不同品种犬猫的转化能力不同，因为这种转化酶的催化作用较弱。因此，亚麻籽油不能作为有效的 ω–3 脂肪酸补充剂。

（六）抗氧化剂

抗氧化剂对人类心脏病的预防和治疗作用已得到广泛研究。氧化代谢过程会产生副产物—自由基。自由基和氧化剂（氧化应激）之间的不平衡可能增加心脏病风险。可以通过食物来提供抗氧化剂。几种抗氧化剂搭配使用可产生协同增效作用。不同的抗氧化剂在细胞的分布区域也有所不同（细胞膜、胞内细胞器和细胞核）。

1. 维生素 E

维生素 E 不仅具有抗氧化作用，还具有抗炎作用。随着心脏病病情的发展，动物会产生越来越多的自由基，维生素 E 含量也越来越低。因此，氧化应激在扩张性心肌病的病情发展中起着重要作用。

2. 维生素 C

维生素 C 除了防止低密度脂蛋白氧化之外，还能促进维生素 E 的再生。人体研究表明，一次性服用维生素 C 2 000 mg 或连续四周每天服用 500 mg 能促进冠心病患者的血管舒张。犬猫上尚未有相关的研究报道。

3. 辅酶 Q10

辅酶 Q10 是线粒体中天然存在的一种抗氧化剂，遍布于产生能量的电子传输链中。该链通过分流呼吸链中的缺陷元素来促进能量产生。一些关于人类的研究表明辅酶 Q10 对治疗心血管病有潜在益处。目前，根据犬的体型，辅酶 Q10 的推荐（经验性）补充剂量是 30 ~ 90 mg，口服每日两次。猫暂无相关推荐。

（七）蛋白质

心脏病患宠不应该限制其日粮中的蛋白质含量，除非其同时患有严重的肾脏疾病。优质的蛋白质能够帮助提升瘦体重，对抗恶病质。需要为患病犬猫提供高质量的蛋白质，至少满足 AAFCO 的最低要求。

（八）精氨酸

与其他物种不同，猫无法合成精氨酸。因此，必须通过饮食提供精氨酸。此外，由于猫的蛋白质需求较高，且精氨酸参与尿素循环的氨解毒过程，因此猫需要大量精氨酸。

精氨酸是一氧化氮（NO）前体。NO 是血管内皮细胞产生的一种血管肌肉松弛剂。因此，NO 有助于调节血压。已有研究证明，为人类和啮齿类动物补充精氨酸可以促进 NO 的生成。NO 还具有抗血栓作用。一项研究报告称，肥厚性心肌病及相关血栓栓塞症患猫的循环精氨酸水平低于健康猫或非并发症心肌病患猫。因此，为这类患猫补充精氨酸可能会有积极效果，但这一点仍有待证实。NRC 建议健康猫的精氨酸摄入量至少为 1.93 g/1 000 kcal。心脏病患猫的最佳精氨酸补充范围尚未确定。

（九）其他最新研究

一项 2020 年的研究评估了限制淀粉和补充 EPA 和 DHA 的全面均衡饮食对亚临床肥厚性心肌病患猫的心超参数和心脏生物标记物的影响。饲喂试验饮食时患猫的心超参数和肌钙蛋白（cTnl）与胰岛素样生长因子 -1（IGF-1）有显著下降。

四、心脏病的营养管理方案

心脏病患宠的饮食需根据个体情况量身定制。例如，相对于无症状的扩张性心肌病患宠，心力衰竭患宠应更严格的控制日粮中钠离子含量。心源性恶病质患宠饮食中需要有较多的能量，然而超重宠物则需要控制饮食中的能量含量，需要饲喂让超重动物减少脂肪组织而不会造成蛋白质或氨基酸损失的日粮。

心脏病并发症也会影响其食物的选择，一项研究发现，有 61% 心脏病患犬出现并发症。需根据不同患宠的具体情况，由专业兽医师开具相关处方食物。除了日粮的选择，主人还应注意控制宠物的零食及餐桌食物。一项调查发现，超过 90% 的心脏病患犬会吃到零食，这些犬从零食中获取钠的比例高达 100%（平均 25%）。

因此，除了找到一款营养素均衡而且适口性好的宠粮外，还需要规划犬猫的整体饮食结构。很多人通过食物给犬喂药，喂药用到的食物含钠量都很高（例如奶酪、午餐肉等）。饲喂的所有食物对于营养控制方案都十分关键。

营养治疗方案不能完全替代药物治疗。严重心脏病患宠每天需要服用 10 ~ 20 片药物，宠物主人很难另外再饲喂营养素，除非停止几种治疗药物。询问主人是否愿意给与宠物营养补充剂很重要。这将有助于确定营养补充剂是否有副作用，剂量是否恰当。

五、小结

心脏病患宠的首要饮食目标是维持理想体重，预防恶病质的发生，因为恶病质会促进病情发展。可以通过几种途径来实现这一目标：增加日粮蛋白水平，增加 ω-3 脂肪酸水平，促进采食。而不应该限制蛋白质，除非出现了肾脏问题。低钠食物应仅限于有症状的动物（有心力衰竭迹象）。在疾病早期，限制钠的摄入可能会引起副作用，例如刺激肾素-血管紧张素-醛固酮系统。此外，在心脏病的营养管理中，牛磺酸、左旋肉碱、抗氧化成分、EPA/DHA、精氨酸等营养成分有助于延长心脏病患宠的生存时间，改善其生活质量。

第五节　肾脏疾病的营养与管理

一、肾脏疾病概述

肾脏疾病（kidney diseases）是犬猫中比较常见的疾病，与肾脏的功能损害有关。肾脏与输尿管、膀胱和尿道共同组成了犬猫的泌尿系统。双肾呈豆形，位于腹腔内的最前部，与肋骨和体壁较软部位相接。右肾相较左肾，更靠近头侧。肾脏的功能性单位（即肾单位）由肾小体（内含肾小球）、肾小管以及包被在周围的间质组织组成。每分钟约有 1/4 的心脏输出血液经过肾脏的肾小球过滤，再通过肾小管重吸收，最终到达肾盂形成原尿，之后通过输尿管到达膀胱。尿素、肌酐、尿酸和氨等蛋白质代谢废物都经尿液排出体外。肾脏拥有大量的肾功能储备，健康犬每个肾脏大约有 40 万个肾单位，猫有 20 万个。

肾脏被誉为机体“排毒”器官，主要功能包括：过滤血液以清除代谢废物、调节体液量、维持电解质及酸碱平衡、产生激素，如促红细胞生成素、肾素、活性维生素 D 等。肾脏有极强大的代偿能力，70%~85% 肾单位丧失后才会出现明显的临床症状。当尿液中出现蛋白质，血液中肌酐、尿素氮、对称性二甲基精氨酸浓度升高，尿比重异常等大部分症状同时出现时，预示肾脏功能出现了问题。急性肾损伤和慢性肾病是常见的两大类肾脏异常，其中慢性肾病已经成为威胁中老年动物健康和寿命的常见病，大约影响 1/10 的老年犬和 1/3 的老年猫。

小动物临床上最常见的肾脏疾病类型包括：急性肾损伤（acute kidney injury，AKI）和慢性肾病（chronic kidney disease，CKD）。当慢性肾病继续恶化，肾脏代偿机制失效，就会出现一系列的慢性肾衰（chronic kidney failure，CKF）的临床症状。有一些常见术语用来描述肾脏功能不同程度的衰退，例如氮质血症（血液中尿素氮、肌酐和非蛋白含氮废物的浓度升高）、肾衰竭（描述肾脏功能降低的一种持续状态，不是一个单独的疾病）、尿毒症综合征（尿液中的所有成分进入血液，导致全身多系统异常）。

（一）急性肾损伤

急性肾损伤（acute kidney injury，AKI）表现为肾脏突然无法发挥作用，通常由有毒物质（如防冻剂乙二醇；肾毒性药物，如氨基糖苷类抗生素、非甾体抗炎药；某些植物如百合花类）、细菌性感染（如钩端螺旋体）、严重脱水、尿闭（尿液无法排出体外）等引起，可能会发展成永久或慢性的损伤。通常损伤持续时间会控制在 1~3 周内。

动物可能表现出突然的少尿和无尿、嗜睡、厌食、呕吐、腹泻、虚弱、饮水量发生变化等。及时诊断和恰当治疗时，急性肾损伤是可逆的。治疗后几天至数周内开始恢复，但是完全恢复需要数月。延误或不能成功使用特定的支持疗法可能会导致不可逆的肾损伤或动物死亡。大约 50% 存活的动物将发展为慢性肾病。

（二）慢性肾病

慢性肾病（chronic kidney disease，CKD）通常很难确认病因，但常见的因素包括遗传、慢性感染、结石、肾小球疾病以及急性肾损伤病史。慢性肾病动物在表现出临床症状前，肾功能已经丧失至少 70%～85%，但是也存在个体差异。一些犬猫即使有大量肾实质被破坏，也不会发展成渐进性肾脏疾病。犬 CKD 的严重程度是依据国际肾脏权益协会（IRIS）制定的病程分期来判定的。IRIS 根据肾功能指标、蛋白尿和血压将 CKD 分为四期，严重程度由 1 期向 4 期递增。肾功能指标包括血液中肌酐、对称二甲基精氨酸（symmetric dimethylarginine，SDMA）等。

多饮多尿可能是最先发现的症状，其他症状包括食欲下降甚至废绝以及随之而来的体重下降、嗜睡、呕吐或腹泻，相关的其他症状包括口臭、舌尖及口腔溃疡、严重脱水、贫血引发的黏膜苍白、毛发干枯等。尽管慢性肾病无法被治愈，但是适当的饮食及药物管理能够延缓病情恶化速度，尽可能保证生活质量。

二、肾脏疾病的营养管理

无论急性肾损伤还是慢性肾病，营养管理的原则和目的都是一致的，即保证能量摄入，控制氮质血症、高磷血症、代谢性酸中毒、离子紊乱等。本节着重介绍慢性肾病的营养调控原则。

（一）慢性肾病

慢性肾病治疗目标是改善肾衰晚期尿毒症的临床症状，尽可能延缓或停止疾病进展。及早发现肾脏问题并及时介入肾病相关处方食物，可以尽可能的延缓病情发展。除了日粮中的蛋白质、磷、脂肪酸种类，食物中调节酸碱度的成分都是重要的营养调控因素。

1. 能量需求

慢性肾病的动物经常出现食欲不振甚至废绝，如何提高食物适口性，并且通过增加食物能量浓度来满足动物的能量需求至关重要。

2. 蛋白质

日粮中的蛋白质并不是犬猫发生和发展慢性肾病的促发因素，目前暂没有证据表明日粮中的蛋白质会逐渐破坏残留的正常肾单位功能。而且犬猫研究也没有证据证明饲喂低蛋白饮食会阻止肾脏疾病的发生和发展。然而，高蛋白质食物可以加剧严重慢性肾病动物的氮质血症临床症状，这主要与丧失肾脏功能导致血液中积累的蛋白质代谢产生的含氮废物和不含氮代谢终产物有关。食物中适量的易消化优质蛋白质有助于减轻肾脏工作负荷，减轻氮质血症的程度，同时满足机体对必需氨基酸的需求。但过分降低蛋白质含量，一方面会导致过剩氮废物的产生，积聚在血液使肾排泄能力降低；另一方面会加剧负氮平衡。

3. 磷

慢性肾病时，肾小球滤过率下降，肾脏不能有效的消除磷，导致体内磷和钙代谢异常，最终引发高磷血症、骨营养不良和软组织钙磷沉积。钙磷在肾组织中沉积会引发炎症、瘢痕，从而进一步引起肾单位丧失。

当血浆钙和磷浓度超过 50～70 mg/dL（dL = 100 mL）时，动物存在软组织矿化的风险。日粮肉类蛋白质是磷的主要来源，限制肉类蛋白质摄入量和使用低磷蛋白质来源，有助于改变日粮的磷含量。除了限制食物中的磷含量，随着疾病的发展，可能还需要添加肠道磷酸盐结合剂才能维持正常的血磷浓度，最常用的是氢氧化铝和碳酸铝。一旦控制了高磷血症，可以补充钙和骨化三醇来控制或逆转继发性甲状旁腺机能亢进。

4. 脂质

为了避免蛋白质供能，应保证慢性肾病动物的日粮中有足够的非蛋白质能量来源，脂肪是良好的能量来源。饲喂富含 ω–3 脂肪酸的日粮有助于延缓疾病的进程。尽管尚未确定 ω–6 与 ω–3 脂肪酸的理想比例，但有研究认为 5∶1 的比例对宠物是有益的。除了供能外，日粮中脂肪数量和类型可能会影响疾病进展。例如其所含的 EPA 和 DHA（通常来自深海鱼油）可以提高肾小球滤过率。

5. 日粮纤维

有证据表明日粮中纤维的含量和类型会影响血液中氮排泄和尿素浓度。特别是饲喂可发酵纤维，能由大肠排出尿素和氮，将尿素经肾脏排泄的途径变更为经粪便排泄，从而降低血液中的尿素浓度。

6. 其他营养素

需要关注的营养素还包括钠、钾、水溶性维生素、碳酸氢盐等。虽然高血压会出现在很多慢性肾病犬猫身上，但是也未证明限制日粮中的钠含量可有效控制犬猫的高血压。所以针对高血压，更多的是药物治疗。建议给慢性肾病犬猫提供钠含量正常或适度限制钠含量的日粮。由于慢性肾病猫的多饮多尿而导致钾排泄增加，引起猫低血钾（低血钾在肾病犬上并不典型），此时可以适当在食物中增加钾含量，或者通过药物和输液方式补充。

食物中补充抗氧化性维生素，如维生素 C、维生素 E 和 β– 胡萝卜素等可以降低肾病动物的氧化应激。为了调节慢性肾病动物体内的酸碱平衡，也可额外补充碳酸氢钠或是柠檬酸钾。

肾功能衰竭的动物排泄氢离子和重吸收重碳酸盐的能力降低，容易发生代谢性酸中毒。所以食物中需要含有碱化成分，调节代谢性酸中毒情况。

（二）急性肾损伤

急性肾损伤动物最常见的一大挑战就是厌食和拒食，所以首要确保提供动物足够能量，防止内源性蛋白质分解。限制食物中的磷含量同时使用肠道磷酸盐结合剂帮助控制急性肾损伤带来的高磷血症。食物中补充柠檬酸盐有助于管理代谢性酸中毒。由于急性肾损伤的钾离子浓度变化范围大，所以及时监测排尿量以及血钾水平至关重要，低血钾时也可口服补钾制剂。在恢复期，多尿可能导致水溶性维生素不足。目前还不清楚 ω–3 脂肪酸对于调节急性期的炎症有效。理论上，补充外源性抗氧化剂可以抵抗氧化应激和自由基损伤。

三、肾脏疾病的营养管理方案

对于急性肾损伤或者慢性肾病中晚期引起厌食或拒食的动物，可以选择适口性好的针对肾脏疾病特殊设计的处方食物，包括湿粮。也可以将湿粮适当加热以刺激食欲。轻拍、抚摸动物鼓励进食，有些情况下还可以使用食欲刺激剂，必要时放置饲管。

（一）慢性肾病

慢性肾病治疗关键是调控食物中蛋白质的摄入，应根据患病动物的临床症状和肾功能损伤程度来确定蛋白质摄入量。患犬每天每千克体重至少要摄入 2 ~ 2.2 g 蛋白质，猫每天每千克体重则需要 3.3 ~ 3.5 g 蛋白质。

只有当血液尿素氮浓度大于 65 ~ 80 mg/dL、血清肌酐浓度大于 2.5 mg/dL 时，才会建议限制宠物的蛋白质摄入量，尽量将尿素氮浓度维持在 60 mg/dL 以下。对慢性肾病犬进行中度的蛋白质限制（15% ~ 17% 的蛋白质含量）要优于饲喂蛋白质含量极高或极低的日粮，并且推荐在 2 ~ 4 周内将原来的日粮过渡到肾病处方粮。

如果犬猫的尿素氮浓度仅轻微升高（30 ~ 60 mg/dL），并且未表现出临床症状，那么限制蛋白质摄入量并无益处。如果为了控制氮质血症等临床症状而极度限制蛋白质（8.2% 蛋白质，干物质基础）会引起蛋白质缺乏症状。

使用针对肾病的专门食物可以有效延缓疾病恶化，有研究表示患慢性肾病的猫食用肾病处方粮的存活时间为 12 ~ 14 个月，而食用普通日粮的存活时间则为 6 ~ 12 个月。肾病处方粮与普通日粮的差异很大，如低蛋白质、低磷、调整钠含量，添加 B 族维生素、可溶性纤维、ω-3 不饱和脂肪酸以及抗氧化剂，为肾病动物提供了最优化的营养保障。

（二）急性肾损伤

营养治疗的目的是消除肾脏血液动力学紊乱、缓解水和电解质不平衡的状态，为肾单位恢复争取时间。每日能量供应是非常重要的，保证每天能量摄入在 70 ~ 100 kcal/kg。对于厌食而无呕吐症状的动物，可以采用饲管饲喂。对于尿毒症病例，应降低蛋白质摄入，如果血清尿素氮浓度大于 70 ~ 75 mg/dL，应长期饲喂低蛋白食物。如果出现高血磷，可使用限制磷的食物。

四、小结

肾脏是机体调节水、电解质平衡、酸碱平衡以及排除代谢废物的重要器官，具有强大的代偿功能，超过 70% ~ 85% 的肾单位丧失后才会表现明显的临床症状。肾脏疾病是犬猫的常见病，大致分为急性肾损伤和慢性肾病。急性肾损伤起病急，需要立即去除致病因素并开始临床治疗，有一定的康复率。营养管理的要点集中在保证能量摄入和营养均衡，避免自身消耗，为肾脏功能恢复争取时间，一般根据动物疾病情况选择适当限制蛋白质和磷的食物。而慢性肾病是威胁中老年犬猫的不可逆疾病，需要尽早介入营养管理，配合其他临床手段减缓疾病恶化速度、控制临床症状、保证生活质量，尽量延长生存期。常见的营养调控方式，需要根据动物疾病情况进行动态调整，总体原则包括：不同程度下调蛋白质含量并保证蛋白质消化率，降低氮质血症症状；保证食物的能量浓度及适口性维持体况评分及瘦体重；降低食物磷含量控制高磷血症，必要时给予肠道磷酸盐结合剂；适当增加可发酵纤维含量协助控制氮质血症；使用碱化的食物成分调节代谢性酸中毒；同时提高水溶性的抗氧化性维生素等。

第六节　肠道疾病的营养与管理

一、肠道疾病概述

犬猫胃肠道疾病的病因较为复杂，可能由一种或多种因素引起。但无论何种病因，大多数胃肠道疾病都表现为急性或慢性腹泻，或者在一些情况下表现为呕吐或厌食。在治疗胃肠道疾病过程中，维持营养摄入非常重要，胃肠道在营养成分的消化和吸收中起着不可或缺的作用。营养疗法的主要目的是维持养分供应，避免营养缺乏或营养不良。此外，进行长期的营养管理还可以帮助修复受损的肠道内壁、维持肠道内正常的微生物组成、促进胃肠道维持正常的蠕动能力、消化吸收功能、修复免疫功能和减少胃肠道炎症。虽然单纯的营养管理可能不能从根本上治愈胃肠道疾病，但对肠道能力的恢复有很大的促进作用，是兽医治疗过程中一个重要环节。目前，已证明通过日粮营养调控手段可以在一定程度上影响肠道疾病发展，包括抗生素反应性腹泻（antibiotic-responsive diarrhea，ARD）、病原菌过度生长、胰腺外分泌疾病、集中型炎症疾病和非特异性急性腹泻。

（一）抗生素反应性腹泻

小肠近端细菌菌群发生紊乱时，会引发小肠细菌过度生长（small intestinal bacteria overgrowth，SIBO）。因为治愈 SIBO 后，并非所有患犬都表现出小肠细菌数量减少，所以 SIBO 被重新命名为抗生素反应性腹泻（ARD）。ARD 的命名反映了一种重要的理论，即 SIBO 的抗生素治疗和营养治疗导致小肠菌群数量有动态变化，并不是简单地减少微生物总数。治疗目的是改变肠道内的微生物菌群状态，从病原菌占主要部分的状态转变为健康肠道状态，即有较少的病原菌和正常数量的有益菌状态。

（二）胰腺炎和胰腺外分泌功能不足

犬猫的胰腺炎（pancreatitis）和胰腺外分泌功能不足（pancreatic exocrine insufficiency，EPI）这两种疾病的发病形式分为急性和慢性。急性胰腺炎是一种短期疾病，不涉及组织纤维化或腺泡萎缩，通常可治愈。但急性胰腺炎发病较快，在严重情况下可能让组织快速坏死，甚至致命。慢性胰腺炎通常是一种连续的、进行性的炎症，特征是胰腺结构的外分泌（有时候是内分泌）功能有永久性损害。犬多发急性胰腺炎，而猫则多发慢性胰腺炎。在治疗过程中，患有急性胰腺炎的犬可能会发展出慢性或亚临床胰腺炎。同样猫也可能患亚临床或轻度胰腺炎。

（三）炎症性肠病

炎症性肠病（inflammatory bowel disorder，IBD）种类多样，通常根据在肠黏膜中占主导地位的炎症细胞类型、受影响的肠道区域或确定的病因（如已知）来分类该病。结肠炎是对后肠的刺激和炎性疾病的总称，通常被认为是犬猫中最常被诊断的大肠疾病。可以进一步分类结肠炎，包括淋巴细胞 - 浆细胞结肠炎、嗜酸性粒细胞结肠炎、组织细胞结肠炎和肉芽肿结肠炎。在犬炎性肠病中，最常见的类型是淋巴细胞浆细胞小肠 - 结肠炎。IBD 是多因素引发的一种疾病，诱发因素包括遗传、肠腔内有抗原、丧失免疫耐受能力、结肠细胞受损、黏膜通透性增加以及肠道损伤或者肠道缺失保护机能等。某些品种的犬更易患 IBD，例如拳师犬和德国牧羊犬。家猫的 IBD 包括淋巴细胞 - 浆细胞肠炎和嗜酸性粒细胞肠炎，未见有品种倾向。

二、肠道疾病的营养管理

应根据疾病种类、受影响的肠道部位和特定营养素的特性选择用来治疗胃肠道疾病的相应日粮。应考虑的日粮特征包括蛋白质和糖类来源、脂肪和日粮纤维的含量和类型、益生菌或益生元的特点以及日粮的消化率等因素。

（一）急性胃肠道疾病的管理

急性胃肠道疾病的实时营养管理通常是短期禁食或严格控制摄食量，目的是“让肠道休息”，这种方法的理论基础是通过减少（或停止）食物来舒缓胃肠道的功能，使胃的蠕动和收缩功能恢复正常状态，从而平息肠道的异常活动，促进肠道内壁愈合。一般建议禁食 12～48 小时，然后每天喂食 3 至 4 次少量“清淡”或高度易消化的饮食。这种方法被广泛接受，但近年来完全禁食的想法受到质疑，特别是对于急性腹泻病。虽然让肠道短暂休息有助于一些肠道疾病的初期治疗，并且可能有助于预防因变化的膜通透性而引发的过敏症状，但针对犬猫肠道疾病的研究表明，应重点考虑日粮的特征和类型，而不是过度关注“清淡”的日粮。短期内完全限制食物可能是合理的，但强烈建议尽早恢复适当的经口摄入食物。

（二）慢性胃肠道疾病的管理

1. 蛋白质

选择肠道疾病日粮时，应同时考虑蛋白质的质量和蛋白质的类型。对于患有慢性肠病或食物不良反应的患者，日粮蛋白质的来源在临床症状管理中极为重要。需要用特定蛋白质来治疗慢性肠病和/或不良食物反应，蛋白质的选择包括水解蛋白质或新型蛋白质。水解蛋白质是已被酶分解成更小的蛋白质分子或多肽，以减少蛋白质对免疫系统的刺激；可根据患者全面的饮食来选择新型的蛋白质。

增加日粮蛋白质含量可能提升适口性，或有助于在肠道蛋白质吸收不良或丢失之后或期间补充犬或猫身体所需的蛋白质。EPI、ARD、蛋白质丢失性肠病和其他形式的炎性肠病等会影响对蛋白质的消化和吸收。长期的蛋白质吸收不良会导致蛋白质营养不良，减少黏膜细胞的蛋白质合成，损害局部免疫功能，从而加剧肠道疾病。对于肠道疾病患者，减少当前饮食中蛋白质含量是不必要的，除非他们有并发疾病，例如肝性脑病。因此，日粮中应提供高品质、易消化吸收的蛋白质，同时应保持氨基酸的比例均衡，尽量减少发生蛋白质营养不良的风险。

2. 糖类

在患有胃肠道疾病的犬猫的日粮中，最好使用易消化的单一糖类。因为一些犬可能有麸质诱发的肠道疾病，尤其是爱尔兰塞特犬，所以有人建议在针对肠道疾病的配方日粮中使用无麸质的糖类。经搅拌后的煮熟大米有较高的消化率，并且不含麸质。一些不含麸质的其他糖类来源包括马铃薯、木薯和玉米。与大米相比，马铃薯和木薯淀粉的消化率更低，而玉米可能让一些犬产生过敏反应。小麦、燕麦和大麦都含有麸质。

3. 脂肪

低脂肪的日粮对患有胃肠道疾病的犬猫都有好处。动物患有 EPI、后急性胰腺炎和淋巴管扩张时，特别禁忌摄入大量脂肪，这类患病动物的脂肪消化和吸收都有严重缺陷。动物患有 ARD 或小肠消化面积减少时，同样推荐饲喂低脂日粮。不易消化的脂肪会导致肠道中的细菌利用这些脂肪产生羟基脂肪酸，而且细菌的过度生长也会引发胆盐的解偶联，这两者都会对小肠末端和结肠产生刺激，引发分泌性腹泻。一般建议饲喂患有胃肠道疾病的犬猫脂肪含量为 11%DM（犬）或 15%DM（猫）或更低的日粮。

有充分的证据表明 ω-3 脂肪酸有抗炎作用，改变 ω-6 脂肪酸与 ω-3 脂肪酸的比例有助于产生 ω-3 代谢物，从而改变肠黏膜中的类花生酸浓度。给犬饲喂 ω-6 脂肪酸与 ω-3 脂肪酸的比例为 10∶1 和 5∶1 的日粮后，小肠和结肠黏膜内的 EPA 和 DPA 浓度增加，花生四烯酸水平在 8 周内降低。不同肠道部位的脂肪酸浓度也有差异，小肠黏膜内的硬脂酸（18：0）和亚油酸（18：2*n*–6）浓度比结肠黏膜的高，结肠黏膜中的二十碳三烯酸（20：3n-6）和花生四烯酸（20：4n-6）的浓度更高。

4. 日粮纤维

日粮纤维对胃肠道疾病的治疗和管理具有益处。在过去的10~15年中，大量的体内外研究表明，纤维的类型和含量对胃肠道的功能和健康有不同影响。

纤维的发酵程度以及发酵产物的种类和数量对胃肠道健康影响很大。发酵产物的数量受纤维在肠道中的停留时间、日粮的组成和纤维的类型影响。例如，纤维素、刺梧桐树胶和黄原胶在犬猫的肠道中几乎不可被发酵，果胶和瓜尔豆胶在犬猫的结肠中会被结肠微生物快速发酵，甜菜粕和米糠的发酵程度较为适中。最重要的发酵终产物是SCFA，主要是乙酸、丁酸和丙酸，它们是结肠细胞的首要能量来源，这三种SCFA提供的能量占肠道从SCFA获取的能量的70%。当结肠中有足够的SCFA时，结肠细胞的增殖能力增强，原因可能是这些SCFA为肠道细胞增殖提供了能量。

虽然SCFA具有有益作用，但过多的SCFA可能会产生不利影响。如前所述，不同的纤维类型会导致肠道细菌对这些纤维的发酵程度差异。当饲喂的纤维的可发酵性较低时，发酵程度和SCFA产量会随之降低，这些纤维包括纤维素、花生壳、甲基纤维素和刺槐豆胶。相反，当日粮中含有较多的果胶或瓜尔胶等可发酵性较高的纤维时，发酵程度和SCFA产量也会随之升高。发酵程度适中的纤维包括甜菜粕、菊粉、米糠和阿拉伯树胶。快速发酵和随之产生的大量SCFA会导致犬猫产生大量的肠道气体，出现稀便或腹泻，并可能会影响营养素的消化和吸收。因此，推荐使用发酵程度适中的纤维来提供最佳水平的SCFA，同时应适量添加不可发酵纤维，促进肠道正常蠕动。

5. 钴胺素（维生素B_{12}）

患有胃肠道疾病的犬猫容易发生维生素B_{12}缺乏症，许多导致低钴胺素血症的胃肠道疾病是慢性的，一种潜在的机制是钴胺素吸收不良。因钴胺素仅在回肠被吸收，因此对回肠有影响的炎症或其他疾病的存在都会对钴胺素的吸收状态产生重大影响。与维生素B_{12}结合并促进回肠吸收的内在因子主要是在犬猫的胰腺中产生，因此胰腺疾病可能导致内因子产生和释放减少，从而导致维生素B_{12}吸收减少。在许多患有低钴胺素血症的犬猫中，补充维生素B_{12}可导致肠道原发疾病的体征部分或完全消退，如果不补充维生素B_{12}，原发疾病的体征可能无法消退。有慢性胃肠道症状的患者应检测维生素B_{12}，如果缺乏则补充。

6. 益生元

益生元是一种不易被消化的营养成分，通过影响后肠中的细菌生长和在肠道中选择性定植，对宿主动物产生有益作用。如菊粉、低聚半乳糖、乳果糖、低聚果糖（fructooligosaccharides，FOS）和甘露寡糖（mannanoligosaccharides，MOS）都是益生元。FOS和MOS是可高度发酵的益生元，这两种益生元在宠物食品中的应用已被广泛研究。FOS含有果糖结构，在各种水果、蔬菜和谷物中都存在天然的FOS。浓缩大豆皮、洋车前子、菊苣和甜菜根（在制浆过程之后）也可得到FOS，还可以从黑曲霉（*Aspergillus niger*）发酵制得FOS，并且这种工艺已被商业化应用。MOS主要由甘露糖组成，是MOS发挥益生作用的主要成分，可从酵母细胞中获得MOS。

7. 日粮的消化率

为患有胃肠道疾病的宠物选用日粮时，还需要考虑的一个因素是食物的消化率。在用来管理和控制胃肠道疾病的宠物食品中，应始终使用优质、消化率高的原料。当小肠近端有效地消化和吸收营养素时，肠道的其余部分就可以得到休息，进入到后肠中的未被消化的营养素数量也相对较少，就可以降低吸收不良引起后肠胀气和渗透性腹泻的风险。高消化率的蛋白质一般是指蛋白质的消化率应达到90%（干物质消化率）或更高，高消化率的蛋白质有较低的致敏性，可以保证几乎没有完整的抗原蛋白质会被肠道黏膜细胞吸收，同时还可以减少胃、胰腺、胆囊和肠道的分泌物，有助于减少肠道中的细菌总数。

8. 营养补充剂

一些常见的用于患有胃肠道疾病的犬猫的营养补充剂包括益生菌和合生元。益生菌是可以为动物提供有益健康的活微生物。益生菌商品的菌种来源非常丰富，而选择的菌种直接决定了产品的形式、菌种的含量和活性。如果产品中的菌浓度过低或不能耐受胃酸和消化酶，那么这个产品的益生菌就不能有效地在肠道中定殖和发挥益生作用。合生元包含益生元和益生菌，它们为动物提供相似的益处，但方式不同。

三、小结

虽然在患有胃肠道疾病的犬猫营养管理时，需要考虑许多因素，但最重要的应该是对所有患者采取个体化的管理方法。并非所有患相同疾病的患者都能从单一饮食中受益。胃肠道疾病有许多饮食选择，因为不同的患者受益于不同的饮食和营养策略。饮食选择应针对个体患者量身定制，并且由于营养是一个反复的过程，因此应重新评估动物体况，以确保饮食选择和营养计划适合该患者。

第七节　肝脏疾病的营养与管理

一、肝脏疾病概述

肝脏是一个比较独特的器官，在多种新陈代谢过程中扮演中心角色。蛋白质、糖类、脂肪、维生素和矿物质的代谢都离不开肝脏的调控，肝脏还具有消化、解毒、排泄、储存、代谢等功能。当宠物肝脏出现急慢性疾病时，肝脏功能下降，会引起营养素的代谢异常，导致机体的一系列并发症，肝脏疾病可能诱发多种病理生理紊乱。然而肝脏具有强大的储备和代偿能力，只有当这些功能被耗尽时才会出现临床症状，比如营养不良、低血糖、高血氨等。所以犬猫肝脏疾病的发生存在隐蔽性，导致肝病的确诊常常滞后。

（一）猫肝脏疾病

肝脏疾病常见症状包括：嗜睡、不同程度的食欲下降甚至废绝、体重下降、黄疸、呕吐、腹泻、腹水和中枢症状等。

1. 猫肝脂质沉积综合征

猫肝脂质沉积综合征又称脂肪肝，是猫最常见的肝脏疾病之一，主要是由于甘油三酯在肝脏细胞内的过量积累所导致。潜在的原因包括蛋白质缺乏、外周脂类过度分解、脂类过度生成、脂质氧化受阻、低密度脂蛋白合成受阻等。到目前为止，关于脂肪肝的潜在诱发原因还有待更进一步研究，尤其是超重或肥胖猫，发生脂肪肝的概率大大增加。

2. 炎性肝胆疾病

炎性肝胆疾病主要侵袭胆管，包括胆管肝炎、淋巴细胞性胆管炎、硬化性胆管炎、淋巴细胞性门脉性肝炎等。

3. 肿瘤

猫原发性肝胆肿瘤比较少见，而胆管细胞癌和肝细胞癌的报道最多。由于肝脏具有双重血液供给功能，同时含有淋巴管网，且临近其他腹部器官，故其他组织的肿瘤发生肝转移更为常见，如血淋巴性肿瘤、乳腺恶性肿瘤转移等。

4. 肝外胆管阻塞

肝外胆管阻塞是集中不同潜在原因引起的综合征，例如胆结石、肝片吸虫感染。腹部触诊可能触及严重膨胀的胆囊。

5. 先天性门静脉短路

先天性门静脉短路是指门脉血液物质经异常血管绕过肝脏直接进入体循环，猫最常发生的是单一的肝外短路。典型症状是行为和明显的神经症状，如间歇性流涎、痴呆、抽搐、视觉障碍和共济失调等。

6. 急性中毒性肝病

急性中毒性肝病是由于接触到环境毒素或某些治疗药物导致的肝损伤，例如对乙酰氨基酚（人用感冒药）、阿司匹林、黄曲霉毒素等。

（二）犬肝脏疾病

与猫不同，犬的肝细胞是易损伤的靶位点。尽管犬先天性肝胆疾病的临床表现与猫大致类似，但犬继发性肝脏疾病种类更多，临床表现也更为多样，确诊也需要做更多的检查。以下列举常见肝脏疾病种类。

1. 慢性肝炎

慢性肝炎指的是一类肝脏疾病，有类似的病史、临床特征、组织病理学等。病程持续几周到数月，伴有厌食、体重下降、嗜睡、多饮多尿、黄疸、腹水、神经症状等。

2. 家族性慢性肝炎

家族性慢性肝炎属于遗传性疾病，有些犬易发，如贝灵顿梗、杜宾犬、西高地白梗、斯凯梗、大麦町犬等。

3. 先天性肝门静脉短路

先天性肝门静脉短路与猫单一的畸形不同，犬有不同的门脉畸形形式。约克夏梗、迷你雪纳瑞、拉萨狮子犬和西施犬都有较高的发病率，症状以肝外门静脉短路为主，巡回猎犬等大型犬易发肝内门静脉短路，肝性脑病为其主要症状。

二、肝脏疾病的营养病理学

肝脏疾病导致肝功能衰竭时，其涉及的一系列体内新陈代谢会出现不同程度的变化。尤其是患肝病动物未摄入食物的状态下，蛋白质、糖类和脂肪代谢变化尤为突出。

（一）糖类

肝病会导致储存的肝糖原迅速耗尽，再通过肌肉蛋白质分解代谢成氨基酸以提供葡萄糖，这会造成肌肉的消耗，增加血氨和加重肝性脑病。在严重的急性肝病和门静脉短路病例中，由于糖原储存和糖质新生能力的不足，可能会出现禁食低血糖。相反，在肝硬化的病例中，由于肝脏清除糖皮质激素的能力降低，会出现轻微的高血糖。

（二）脂肪

肝脏对脂肪合成、氧化和转运起重要作用。肝病会造成外周脂肪水解增加，从而生成脂肪酸来供能，最终导致脂肪殆尽，而同时肝脂肪酸的氧化比率增加。

（三）蛋白质

肝脏在蛋白质合成与分解中起重要作用。它调控着血清中大部分氨基酸的浓度，也是白蛋白合成的唯一场所。慢性肝脏疾病伴随营养不良时，经常会见到白蛋白水平下降。

（四）维生素

肝脏储存多种维生素，并通过新陈代谢将它们转变成活性形式。因此，肝病会导致维生素在肝脏中储存缺乏，如 B 族维生素，这与人类肝病患者非常相似。

（五）矿物质和微量元素

锌缺乏在慢性肝病中常见，通常由于饮食摄入量少，肠道吸收降低以及尿液流失增加所导致。肝硬化时还会导致镁缺乏。

三、肝脏疾病的营养管理

食物合适的能量浓度、高适口性、适宜水平的高易消化蛋白及抗氧化剂等营养调控，对于肝脏疾病的管理有非常重要的影响。合理的饮食对于调节肝损伤后出现的激素稳态是非常重要的，但是对于患肝脏疾病的宠物来说，特殊的营养需求仍未被完全阐明。目前已知导致患肝病犬猫营养不良的潜在诱发原因包括厌食、恶心和呕吐；营养消化、吸收和代谢不良；能量需求增加；蛋白质代谢速度加快同时合成不良。

尽管营养管理属于大多数肝脏疾病的支持性治疗方法，但是结合肝功能损伤的程度，通过早期饮食疗法纠正患肝病犬猫营养代谢的异常和其他潜在疾病，可以减少发病率和致死率。

（一）能量需求

由于患病动物食欲不佳，需要高能量浓度的食物来提供足够能量，预防肝病动物体重减轻。能量应该主要来自脂肪以及易消化的糖类。

（二）糖类

由于肝病会引起糖类代谢异常，诱发高血糖或低血糖，所以对于肝硬化的犬来说，糖类占食物的总能量不能超过 45%，否则很可能会造成葡萄糖不耐受。猫对糖类的消化、吸收、代谢能力有限，为了预防慢性肝病中通常出现的葡萄糖不耐受，糖类不应超过食物能量的 35%。

（三）蛋白质

蛋白质代谢过程中会合成氨，不加以控制会加重肝病临床症状。但是调整后的食物蛋白质水平还需要满足机体以及肝脏再生的需要。不正确的限制食物中蛋白质的含量，会造成内源性蛋白质分解代谢和肌肉组织的丧失，两者都能增加肝性脑病的发生概率。需要同时避免饲喂过量和 / 或低质量的蛋白质，否则也容易加重肝性脑病的症状。对于犬来说，食物中蛋白质至少占能量的 10% ~ 14%，最好不低于 20%。蛋白质的质量和来源很重要，建议给予高易消化性蛋白质，并且氨基酸的含量接近动物的需求量。市售的处方粮蛋白质含量通常占代谢能的 25% ~ 30%，对大多数无肝性脑病的猫来说都是可耐受的。

（四）纤维

食物中添加中等含量的纤维，对肝病有益处。尤其是可溶性纤维对肝性脑病的控制有利。结肠可发酵的可溶性纤维，如果寡糖、甜菜浆和树胶，能够降低腔内 pH，从而减少氨的产生和吸收，其作用类似于乳果糖（lactulose）。结肠的发酵性还能够促进产氨较少的嗜酸性细菌的生长，同时增加氨与粪便中乳酸菌的结合与排出。纤维（包括可溶性和不可溶性）能够在肠腔中结合胆汁酸，并促进它们的分泌。不可溶性纤维（木质素、纤维素和半纤维素）能够调整食物的转运时间，预防便秘并结合毒素。所以，食物中含有可溶性纤维和一些不可溶性纤维，可以作为肝脑病犬猫的长期饮食管理内容。

（五）钾

低血钾一般由厌食、呕吐或腹泻，或因腹水而过度使用利尿剂等引起的。比如针对猫脂肪肝的食物一般都会有丰富的钾，如果仍然存在低钾血症，口服补钾药物也有帮助。

（六）钠

钠平衡失常较少发生，但是控制钠含量可以对可能造成腹水的门静脉高压有改善作用。

（七）锌

锌对于各种肝毒制剂有抵抗作用，能显著保护肝脏。额外补充锌可预防肝脏铜蓄积，因为锌会诱导肠道金属结合蛋白－金属硫蛋白（metallothionein）的增加。食物中的铜和高亲合力的金属硫蛋白结合，防止铜从肠道转运进入血液。当肠道细胞死亡或脱落时，结合铜的金属硫蛋白会随着粪便排出，阻断铜的吸收。

（八）铜

肝脏疾病时铜的代谢异常，多余的铜无法通过胆汁排泄，沉积在肝脏内会进一步对肝脏造成损伤。

（九）维生素

肝脏疾病导致维生素大量流失，所以食物中应富含维生素 C，并通过其他途径补充 B 族维生素。大部分商品犬粮都含有足量的维生素 C，只有当出现严重脂肪吸收不良时，才考虑额外补充。对于肝铜蓄积症的犬，应避免大剂量的维生素 C，因高浓度重金属具有氧化强化剂作用。

（十）抗氧化剂

大量证据表明慢性肝病动物产生的自由基会氧化损伤肝脏。自发肝病的动物体内谷胱甘肽水平下降，可通过饮食摄取维生素 E。维生素 E 是细胞内主要的膜结合抗氧化物，保护细胞膜磷脂层免受自由基的过氧化损伤。维生素 E 能够对抗铜、胆汁酸和其他肝毒性物质的不良影响。针对肝病的处方粮中通常含有高水平的维生素 E。

四、肝脏疾病的营养管理方案

患肝病犬猫的营养管理因疾病种类的不同而有所不同，下面针对临床上常见的犬急、慢性肝病以及猫脂肪肝分别叙述各自的营养管理方案。

（一）犬急、慢性肝病

对于犬急性肝病，营养管理的主要目标是维护并支持肝病动物的肝脏再生，倘若肝脏的损伤未达到致死的程度，患病动物痊愈的希望比较大。对于慢性肝病，重点是维持肝脏仅存的代谢能力，将并发症控制在最小范围，同时预防病情恶化，减少氧化反应。

1. 犬急性肝病

患急性肝病的犬不应限制其日粮蛋白质，否则会导致体蛋白的分解，产生内源性氨，降低肝细胞修复时对蛋白质的利用率。当患急性肝病的犬可以正常进食时，应少量多餐逐渐恢复饲喂，避免肝脏代谢功能超负荷。食物尽可能含有正常的蛋白质量（20%），因为氮的绝对平衡对肝再生必不可少。首先以每日需求量的一半进行饲喂，然后根据犬的反应，每天逐渐增加 10%。对于持续性肝脑病的患犬有必要适度限制食物中蛋白质含量，避免并发症。蛋白质来源也很重要，使用乳蛋白和大豆蛋白会比动物源性蛋白有更好的耐受性。食物中还需包括抗氧化剂，比如维生素 E、维生素 C。

2. 犬慢性肝病

饲喂量应根据患犬的能量需求来评估。要努力让犬主动进食，所以食物的适口性要好，少食多餐，每天饲喂 3 ~ 6 次。如果犬拒绝进食，或没有摄入足够量的食物来满足基本需求，就需要通过插管饲喂。一开始先使用鼻饲管，以阻止肌肉过度分解并加重肝功能紊乱的恶性循环发生。如果犬仍旧厌食，就需要插入食管或胃插管以确保持续的营养供给。

理想情况，食物中蛋白质应占代谢能的 17% ~ 20%，且具有高易消化性和高生物利用率。只有当出现肝脑病的症状时，才可以限制食物中蛋白质含量。增加食物中植物蛋白、大豆蛋白和乳制品蛋白的含量，也有助降低肝脑病发生的可能性。评估饮食中蛋白质—能量是否足够，可以根据每周体重和血浆中白蛋白浓度来估计。若血液中白蛋白严重偏低（没有蛋白尿出现），则预示着蛋白质缺乏和 / 或肝病恶化。

食物中应该同时含有可溶性或不可溶性纤维。可溶性纤维可以促进酸性的结肠环境，减少 NH_4^+的吸收；不可溶性纤维有助于调整食物转运时间、防止便秘、结合毒素。如果饲喂低纤维食物，可以补充车前籽（每餐添加 1.25 ~ 5 g）。

食物中还应提高锌含量，并添加抗氧化剂复合物，如维生素 E 和维生素 C。额外口服补充锌（醋酸锌每天 2 mg/kg 体重）也有帮助，因为锌是具有抗纤维化特性的抗氧化剂，能降低肝性脑病的严重程度。

（二）猫脂肪肝

尽早开始液体支持疗法以及营养管理是必要的。患猫食欲差甚至食欲废绝，如何保证能量和营养摄入是关键。饲管饲喂是首选的饮食管理途径，能够明显提升预后效果。不推荐强饲，因为会引起患猫应激，无法满足其所需的能量和营养水平，还可能在饲喂过程中导致呛咳，造成吸入性肺炎。有时也会使用食欲刺激剂，比如安定、赛庚啶等，但是猫自主进食量也通常无法满足需要量。

大多数兽医通常选择鼻饲管或胃饲管，鼻饲管的优势在于成本低、饲管放置操作方便，无需经过胃饲管所需的手术麻醉过程，如果住院时间短（小于 10 日）并且鼻腔、咽喉、食管和胃结构正常，可选用鼻饲，但容易导致动物干呕、呕吐。且鼻饲管管径窄，一定程度上对所给予食物的颗粒性和粘稠度有要求，更容易造成饲管堵塞。胃饲管能够直接将营养准确投放到胃内，不受吞咽的影响。尽管胃饲管的放置有手术风险，大多数猫对胃管或食道饲管的耐受性好于鼻饲管。

最初使用饲管的饲喂量应该处于猫代谢能需求量的 1/4 ~ 1/2，通过一周的时间，逐渐增加至猫的代谢能需求。一天至少要饲喂 4 次，当猫获得足够量的蛋白质和能量，症状就会有好转的趋势。大多数猫可能需要 3 ~ 6 周的饮食管理，如果猫可以自主进食部分食物，通过饲管饲喂的食物量就要相应减少，直到猫有极强的进食欲望才可以拔管。宠主也需要密切观察和配合，有的猫可能在之后的数月都无法完全恢复食欲。其他相关的管理措施还包括尽量减少猫的应激，必要时候给予食欲刺激剂。

由于很多脂肪肝患猫都有超重或肥胖史，所以在疾病康复后，饮食管理、减重并维持体重也是需要继续保持的措施。确保在减重期间体重缓慢降下来，避免再次发生脂肪肝。

五、小结

肝脏是动物机体正常新陈代谢的重要器官，由疾病导致的肝脏功能下降会影响蛋白质、脂肪、糖类、维生素和矿物质代谢的异常，进而影响其他器官发挥正常作用，甚至危及生命。犬猫患肝脏疾病时，其食物需要具备高消化性和高适口性。适当水平的蛋白质既能满足机体所需，还能够有效避免肝性脑病等并发症。维生素、矿物质也是重要的调控因素，维生素 C 和维生素 E 的抗氧化作用对于疾病治疗有积极影响。适宜含量的可溶性纤维对动物也是有益的。不同种类的肝脏疾病需要根据疾病特点和临床症状有针对性地提供营养治疗方案，例如出现腹水要限制钠摄入；出现肝性脑病时需要适当限制日粮蛋白质含量，但需从来源、消化率方面保证高品质蛋白质的供给，随着症状减轻再逐渐增加食物中的蛋白质水平；对于脂肪肝患猫的理想食物需要含高蛋白和高能量，饲管饲喂是常见方式。目前临床上已经有多种根据不同营养需求研制出的全价肝脏处方粮，包括干粮和湿粮等质地，干粮更推荐给自主进食的患病动物食用，而湿粮更方便饲管饲喂。此外，还可通过兽医临床营养专科医生进行自制日粮。

第八节　泌尿道结石的营养与管理

一、泌尿道结石概述

泌尿道结石是犬猫最常见的下泌尿道疾病之一，是指泌尿系统内矿物质沉淀的形成和后果（图 16–14）。它不是单一病因的单一疾病，而是多种潜在异常的后遗症。泌尿道结石可以被视为一种综合征，定义为增加了泌尿系统中矿物质沉淀形成尿石风险的病理生理因素（家族性、先天性和 / 或超获得性）的组合。根据尿结石的位置不同，动物的临床症状也有所不同。出现尿频、尿淋漓、排尿困难及血尿等症状，通常提示犬猫出现了下泌尿道疾病。上泌尿道结石的临床症状不同，包括血尿和因输尿管梗阻继发急性肾损伤而导致的临床症状。

结石可由几种不同类型的矿物聚集而成，鉴定犬猫结石的矿物质成分非常重要。犬猫最常见的尿结石是鸟粪石和草酸钙结石，大约占结石病例的 80%。尿石症是一种典型的成年动物疾病，在猫中一岁以下很少发病，大多数猫在 2 ~ 6 岁时首次确诊；在犬中，诊断

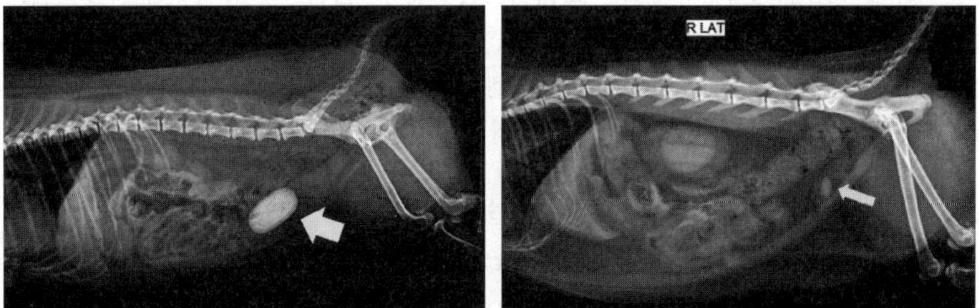

图 16–14　膀胱结石

左：犬；右：猫

（病例图片来自金农动物医院）

尿石症的平均年龄在 6 ~ 7 岁之间。

（一）鸟粪石结石

鸟粪石的主要成分是磷酸铵镁，是犬猫结石疾病高发种类之一（图 16–15），占犬猫尿结石的 60% ~ 70%，早期研究报道称超过 95% 的猫尿结石为鸟粪石。任何品种的犬猫都会发生鸟粪石，但迷你雪纳瑞、比熊、西施、拉萨犬、约克夏发生的风险极高。由于母犬特殊的生理结构比公犬更易发生鸟粪石，猫则无性别差异。室内饲养的犬可能会有更长的尿潴留时间，增加了细菌在尿道繁殖的可能。

（二）草酸钙结石

当尿液中钙和草酸盐过饱和时就会出现草酸钙结石。但是有一些大分子量的蛋白可以对草酸钙的形成起到调控作用，例如肾钙素、尿桥蛋白和塔姆 – 霍斯福粘蛋白。但是目前对于这些蛋白怎样抑制犬猫草酸钙的形成还不是很清楚。患有高钙血症的犬猫形成草酸钙结石的风险较高。在患有草酸钙尿结石的猫中，35% 的病例出现高钙血症。同样，35% 患有特发性高钙血症的猫出现尿结石问题。在患有草酸钙尿结石的犬中，大约 5% 的犬出现高钙血症，通常这些犬患有原发性甲状旁腺功能亢进。高钙血症会导致钙离子排泄增加和严重的高钙尿，使得尿液中形成草酸钙的钙离子浓度增加。

犬猫泌尿道中形成草酸钙结石的因素有尿液的浓缩、轻度酸血症、尿液 pH 降低、过度使用酸化日粮、或维生素 C 过量及高钙尿症。酸血症和高钙尿导致的酸性尿液（尿液 $pH < 6.2$）是形成草酸钙结石的危险因素。此外，酸性尿液会改变晶体抑制剂的功能和浓度。低尿液 pH 通过增加肾近端管状柠檬酸盐重吸收而降低尿中柠檬酸盐浓度，酸性尿可以损害大分子蛋白抑制剂。在一项对健康猫的研究中，当尿液 pH 为 7.2 时，草酸钙在尿液中的饱和度低于酸化饮食猫（其尿液为 6.8 或 6.2）尿液中的饱和度。抑制剂如柠檬酸、镁和焦磷酸盐，与钙或草酸形成可溶盐，可降低犬猫泌尿道中草酸钙结石的形成。一些抑制剂如塔姆 – 霍斯福糖蛋白和肾钙素，有干扰钙和草酸结合最小化晶体的形成、聚集和生长的能力，降低犬猫泌尿道中草酸钙结石的形成。

二、尿石症的营养管理

尿液是复杂的溶液，含有各种有机与无机成分。结石的形成也是一个复杂的过程，饮食、水分的摄取量减少、尿液 pH 改变等都是结石形成的影响因素，某些溶质的饱和度过高，就会形成结晶，这些结晶可能会聚集形成结石。以下几个因素会导致犬猫下泌尿道结石的产生：①尿液结晶过饱和状态；②排尿量：水分摄入量较少的犬猫，尿液比较浓缩，易引发泌尿道结石；③尿液 pH：磷酸铵镁、碳酸钙、磷酸钙在碱性尿液中的溶解度低。胱氨酸在酸性尿液中溶解度低，尿酸在碱性尿液中的溶解度较高，但是尿酸盐在碱性尿液中的溶解度较低，尿液的 pH 对草酸盐的溶解度无太大影响。

（一）鸟粪石结石

日粮营养素浓度和饲喂方法的改变都可引起猫鸟粪石结石风险，如食物中镁、铵、磷酸盐离子复合物的浓度、消化率、能量浓度、含水量以及猫的饲喂时间和饲喂频率的变化。泌尿道中形成鸟粪石结晶或结石需要满足几个条件：首先，尿液中有足够浓度的镁、铵和磷酸盐复合物；其次，这些矿物质在泌尿道中留存的时间足够长促进结晶的形成，浓缩尿和尿量少是重要的致病因素。最后，出现结晶还需要有利于结晶析出的 pH 环境，当尿液 pH 在 6.6 以下可以溶解鸟粪石，当 pH 在 7.0 以上时有利于形成鸟粪石结晶。犬的鸟粪石除了与饮食相关还和细菌感染有关系，犬鸟粪石形成时，通常可在泌尿道中检测到产脲酶菌，如葡萄球菌、大肠杆菌、链球菌和变形杆菌，已证明这些细菌都与犬泌尿道感染和形成鸟粪石相关。猫是蛋白质高需求高摄入者，尿液中铵离子浓度高，无论日粮中磷浓度的高低，健康猫尿液中的磷酸盐浓度都可能让尿液形成鸟粪石。镁离子直接受日粮中镁含量的影响，有试验表明无论磷含量如何，只要控制镁离子含量，就能降低结石形成的风险。研究表明猫粮中镁含量与结石和尿道梗阻的发生率之间存在正相关性，但这些研究中使用的日粮镁离子含量（0.4%～1.0%）远远超过普通日粮镁离子的含量（小于 0.12%），正常情况下猫粮中镁含量达到 0.016% 就可以满足家猫的正常生长和需求。

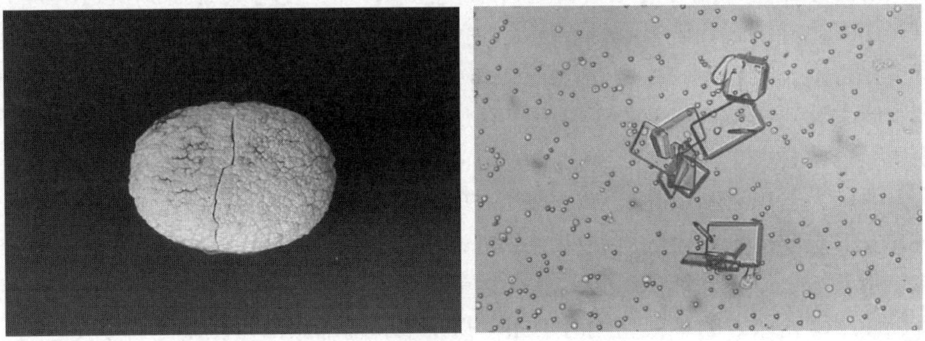

图 16–15　犬鸟粪石结石（左）和结晶（右）

（病例图片分别来自于金华市缤虹宠物医院和伯爵动物医院）

（二）草酸钙结石

日粮中存在多种成分可能导致犬猫草酸钙结石，重要的因素包括食物的尿液酸化特性、水分、蛋白质、钾、磷、镁、钙、钠和维生素 B_6 的含量。应关注尿液中结石成分（钙离子和草酸盐）的浓度及影响草酸钙结晶溶解的物质。尿液中钙和草酸盐过饱和是草酸钙形成的首要因素，增加饮水和尿量从而降低尿液中的离子饱和度。草酸是抗坏血酸（维生素 C）和几种氨基酸（如甘氨酸和丝氨酸）的代谢终产物，草酸与钠离子和钾离子形成可溶性盐，但与钙离子形成相对不溶性盐。因此，尿液中草酸浓度的增加可促进草酸钙的形成。饮食中草酸盐的增加和维生素 B_6 的缺乏是增加尿液中草酸盐的因素。有研究发现维生素 B_6 缺乏与幼猫的高草酸尿和肾草酸钙结石相关。图 16–16 为犬草酸钙结石。

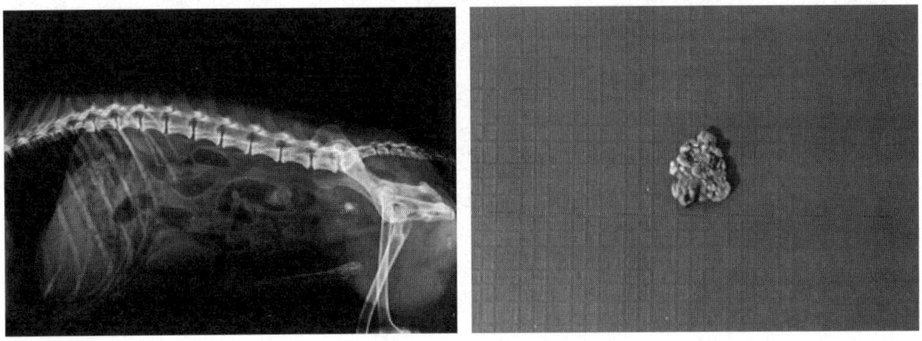

图 16–16　犬草酸钙结石

左：X 射线下的影像；右：结石

（病例图片分别来自于金华市金农动物医院和缤虹宠物医院）

（三）犬猫其他类型结石

在猫的泌尿道中可能会有尿酸铵、黄嘌呤、胱氨酸、二氧化硅、钙磷石以及干燥凝固血块。泌尿道中尿酸盐结石和黄嘌呤结石所占比例比较少，多见于膀胱。虽然潜在病因还不清楚，但酸性、高浓缩尿液和摄入大量嘌呤前体（如动物肝脏），可能会增加这类结石形成的风险。猫很少出现黄嘌呤结石，治疗猫的黄嘌呤结石可饲喂低嘌呤、高含水量的日粮并定期检测尿液中黄嘌呤浓度。猫磷酸钙结石只占猫结石发病数的 1% 或更低，目前还没有发现猫的磷酸钙结石和甲状旁腺功能亢进有直接关系。患有胱氨酸结石的猫尿液中胱氨酸、精氨酸、赖氨酸和鸟氨酸的浓度增加，避免给胱氨酸结石患病动物饲喂酸化日粮。

在犬的泌尿道中可能有的结石类型为尿酸盐结石（大麦町犬常发）（图 16–17）、磷酸钙结石、二氧化硅结石和胱氨酸结石。犬的黄嘌呤结石通常是医源性的，与使用别嘌呤醇治疗有关，特别是没有遵守饮食建议限制嘌呤的情况下。一些特定品种的犬，例如骑士查理王犬、澳大利亚牧羊犬以及大麦町犬，有过此类病例报道。二氧化硅结晶可与其他类型的矿物质结合，公犬更常见。某些品种的犬，例如德国牧羊犬、英国古代牧羊犬、迷你雪纳瑞犬、西施犬等患有二氧化硅结晶的风险较高，手术移除是常规的治疗方法，增加饮水是预防复发的主要措施。犬的胱氨酸结石相对少见，几乎只在公犬中出现。胱氨酸结石与赖氨酸、精氨酸、尿铵酸和瓜氨酸的肾小管重吸收量减少有关。犬胱氨酸结石通过手术移除后可以使用碱化尿液的日粮，同时增加动物饮水，增加尿液量预防结石复发。

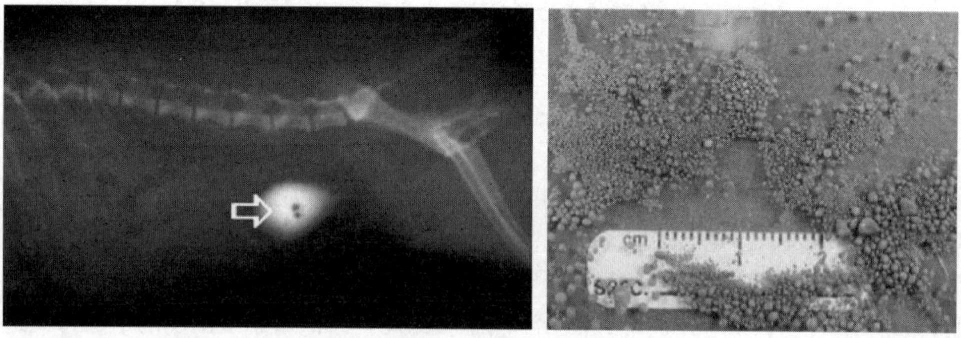

图 16–17 犬尿酸盐结石

左：X 射线下的影像；右：结石

（引自：Fascetti，2012）

三、尿石症的营养管理

尿石症营养管理的基本原则是增加动物的饮水量、降低尿比重和增加排尿频率。无论是哪种成分的结石，降低尿液中离子的饱和度对于预防结石的发生和治疗的预后都是非常重要的。选择易消化、能量浓度合适的食物，可以减少大肠中的粪便量，减少粪便中的含水量，从而增加尿液量。

（一）鸟粪石的营养管理

选择饲喂动物易消化、高能量浓度且含水量高的日粮，尤其在防止鸟粪石复发的情况下。同时日粮还应能产生轻度酸化的尿液，使尿液 pH 维持在 6.6 或以下（6.0～6.6）可防止鸟粪石结晶的形成。饮食中要控制镁含量，镁离子是鸟粪石形成的必需物质，尤其是猫对镁离子的需求量不高，一般建议 0.12% 含量的镁离子日粮可以满足猫的需要。对于犬的鸟粪石大多数是手术治疗，术后控制细菌感染和预防结石复发十分重要。饲喂酸化、限制蛋白和能溶解结石的犬处方粮，同时还需要长期监测抗菌药的使用（表 16–6）。

表 16–6　预防鸟粪石结石的营养管理

营养管理
手术移除或药物溶解结石（初始治疗）
治疗和预防泌尿道细菌感染复发
选择有酸化尿液作用的日粮（尿液 pH 为 6.0 ~ 6.5）
避免过度酸化尿液
选择镁含量适当的日粮
选择易消化和能量浓度适中的日粮
饲喂湿粮或向干粮中加水，增加摄水量
不要额外饲喂其他食物、零食或补充剂

（二）草酸钙结石的营养管理

草酸钙结石与鸟粪石不同，不能通过食物包括处方粮溶解，必须通过手术、碎石、逆行性冲水技术移除草酸钙结石。研究表明降低尿液的相对过饱和度（RSS）可以防止草酸钙结石和鸟粪石结石的形成，有效降低两种类型结晶的形成。还没有证据表明尿液 pH 是形成草酸钙结石的因素。草酸钙结石的管理包括手术去除结石和营养管理两部分，见表 16–7。

表 16–7　草酸钙结石的管理

管理方法
手术、逆行冲水、导尿管方式去除结石
治疗高钙血症
选择中性或轻度酸化尿液的日粮（pH 6.3 ~ 6.9）
食物中钙磷含量适中
选择易消化和适当能量浓度的食物
选择适当添加钠的日粮
饲喂湿粮或在干粮中加水，提高摄水量
不要额外饲喂其他日粮或零食及补充剂

（三）代谢性结石的营养管理

犬猫的代谢性结石临床发病相对较少，其中胱氨酸结石和尿酸盐结石相对较多。对于尿酸盐结石，减少食物中嘌呤的摄入从而降低尿液中尿酸盐的浓度；胱氨酸结石与赖氨酸、精氨酸、鸟氨酸、瓜氨酸的肾小管重吸收量减少相关，所以控制饮食中相应氨基酸的摄入可以有效预防结石的产生。增加饮水、降低尿液中这些结石前体成分的饱和度是有效预防代谢性结石复发的手段。可以选择低嘌呤且碱化尿液的处方粮预防和防止犬尿酸盐、胱氨酸、黄嘌呤结石的复发。

四、小结

犬猫尿道结石疾病的诊断和治疗还是相对简单和直接的。营养管理是预防犬猫尿道结石的重要环节，选择易消化、能量浓度适当、结石前体成分降低的饮食，可以有效管理结石的复发。在使用相应处方粮管理结石的过程中，要增加患病动物的饮水量，增加排尿频率；对于有细菌感染的尿道要使用抗菌药控制感染，不能额外给与零食或补充剂。对于尿道结石，预防发生和复发是非常重要的一个方面。

除了选择合适的饮食外，饲喂方法也很重要，猫自由采食和每天采食一次的饮食差别会造成餐后猫尿液 pH 的不同。自由采食猫的尿液 pH 一天当中都保持在 6.5 ~ 6.9，而每天饲喂一次的猫的尿液 pH 在餐后 2 小时内增加至 7.7 再逐渐降低。自由采食的方式对猫是非常重要的，少食多餐可以减少每餐后的胃酸分泌量，降低餐后碱潮的程度，另外自由采食还可以增加猫的饮水量和排尿量。

第九节　关节疾病的营养与管理

一、关节疾病概述

骨与骨之间连接的地方称为关节。关节根据结构可分为三类：①纤维性关节。又称不动关节，无活动功能，颅骨关节、牙齿窝均为纤维性关节，两骨之间由致密纤维结缔组织相连。②软骨关节。又称微动关节，活动范围较小，下颌联合线、生长板、脊椎之间的关节均为软骨关节，以软骨组织相连。③滑膜关节。又称可动关节，活动范围较大，肩关节、髓关节、膝关节等大多数关节均为滑膜关节，这类关节没有关节盘，或仅残留有软骨板，用以填补关节面的不规则和控制滑液的流动，有明显的关节腔，腔壁有滑膜，滑液为关节的润滑剂。

发生在关节的疾病统称关节病，根据关节滑液性质可分为炎性和非炎性两类。炎性关节病又可分为感染性和非感染性两类，其中炎性关节病是犬发热和非特异性炎症最常见的病因之一。非炎性关节病中，退行性关节疾病中的骨关节炎是犬猫常见的疾病类型，常见继发于髋关节发育不良等疾病，也是最能通过营养进行干预的疾病。体重管理与运动控制，不饱和脂肪酸、葡萄糖胺和硫酸软骨素、抗氧化剂的补充都是营养管理的重要手段。

（一）炎性关节病

感染性关节疾病包括细菌、立克次体、螺旋体、真菌、支原体、原虫等感染的疾病。

非感染性关节疾病又称免疫介导性关节病，包括侵蚀性（风湿性关节炎、猫慢性进行性多发性关节炎、灵缇的侵蚀性多关节炎、骨膜增生性关节病）和非侵蚀性（自身免疫介导的非侵蚀性多关节炎、慢性炎性多关节炎、浆细胞 – 淋巴细胞滑膜炎、多统性红斑狼疮关节炎）。

（二）非炎性关节病

非炎性关节病包括退行性关节病、发育性关节病、外伤性关节病、肿瘤性关节病。其中退行性关节病中的骨关节炎指滑膜关节（可动关节）软骨退化，是伴侣动物骨科疾病中最重要的一种，几乎所有的骨关节疾病最终会导致骨关节炎的发生，骨关节炎也是骨科疾病中安乐死病例的主要原因。相应的临床症状有疼痛、跛行、关节异响、关节活动受限等。猫的症状表现可能没有犬明显，往往观察跛行较难，常见的临床症状可能只有生活方式改变、跳跃欲望降低、步态呆板等。

原发性骨关节炎的发病往往与年龄有关，不同品种间平均发病时间也不同，例如罗威纳犬平均为3.5岁，而贵宾犬平均为9.3岁。继发性骨关节炎常见诱因有外伤、支持韧带断裂、身体构型缺陷和先天性畸形。肥胖和运动过量导致的关节负担过重会增加骨关节炎的发病概率。有研究认为如果老龄犬的饮食过量和摄入的钙过量可能会导致或者加重骨关节炎。

犬大多数骨关节炎病例中，原发病（如髋关节发育不良）是诱因。必须对原发病进行诊断和适当治疗。以髋关节发育不良为例，这是一种遗传性发育异常的疾病，常出现在圣伯纳犬、罗威纳犬、纽芬兰犬、伯恩山犬、德国牧羊犬、拉布拉多和金毛巡回猎犬等品种中。髋股关节的异常发育导致犬关节松弛，出现亚脱位或完全脱位。关节囊纤维组织增生，关节软骨磨损，引起疼痛跛行，继发出现骨关节炎。

食物对髋关节发育不良表型的表达有重要影响，优选食物的质量和数量可使有患病倾向犬的髋关节最优化发育。过重的体重使软骨骨骼超负荷，因此有效控制体重可以减轻髋关节发育不良的临床症状。钙、磷、钠、钾、氯、维生素D的摄入不平衡也可能影响该疾病的发展。手术也是髋关节发育不良的一种治疗选择。除控制原发病外，髋关节发育不良病例继发的骨关节炎治疗和其他骨关节炎治疗一致。

骨关节炎治疗的主要目的是缓解不适，减缓疾病进展。药物的对症治疗不具有特异性，减重、抗炎、止痛药物的使用及营养管理是治疗骨关节炎的常用推荐手段。在疾病严重时可考虑外科手术。

二、关节疾病的营养管理

营养管理主要包括体重管理、运动控制和添加一些有益于骨骼健康的添加剂（如不饱和脂肪酸、葡萄糖胺和硫酸软骨素、抗氧化剂）。葡萄糖胺和硫酸软骨素参与关节软骨的合成，可以帮助修复软骨和减缓软骨的退化，增强软骨细胞和滑膜细胞的新陈代谢，抑制降解酶活性和致炎因子的产生，防止血管中血栓的形成。

（一）硫酸软骨素

硫酸软骨素是关节软骨细胞合成的一种非常重要的糖胺聚糖（glycosaminoglycans，GAGs）。硫酸软骨素可以促进蛋白黏多糖的合成，促进关节软骨的发育，降低或者抑制可能导致软骨损伤的金属蛋白酶（MMPs）的活性。在对兔的实验研究发现，硫酸软骨素可以阻止金属蛋白酶的合成及软骨损伤。硫酸软骨素可在部分消化后被机体吸收，口服后可发挥其治疗作用。

（二）葡萄糖胺

葡萄糖胺是GAGs的一种前体，可以刺激体内软骨细胞加快GAGs、前列腺素和胶质的合成。葡萄糖胺也是GAGs和前列腺素合成过程中的限制步骤，可以起到保护软骨的作用。口服葡萄糖胺的吸收率很高（87%），可从胃肠道迅速被吸收进入体内。

葡萄糖胺还具有轻度抗炎作用。软骨细胞中置换葡萄糖胺导致mRNA量增加，金属蛋白酶量减少，黏多糖的合成量增加。以发生十字韧带断裂的兔子为试验模型研究发现，相比于对照组，试验组每千克体重补充 120 mg 的葡萄糖胺可以降低软骨刺的发生率。聚氨基葡萄糖多硫酸木聚糖（GAGPS）可以抑制关节中的金属蛋白酶，从而抑制蛋白多糖的分解。

一项对髋关节发育不良患犬的双盲试验表明，注射 GAGPS 的试验组犬的跛行情况有很大改善，活动能力增强且没有任何副作用产生，而安慰剂对照组患犬仅出现轻微好转。

硫酸软骨素和葡萄糖胺可以协同作用。联合使用可以使犬猫的活动能力增强，关节灵活性得到提高。同时，联用还对关节软骨的代谢起到调节作用，促进其抗炎作用的发挥。

（三）多不饱和脂肪酸

多不饱和脂肪酸（PUFA）中的 ω-6 和 ω-3 脂肪酸可以作为环氧合酶和脂氧合酶的底物与磷脂竞争性结合。细胞膜内高比例的 ω-6 脂肪酸可以促进炎性因子如前列腺素、白细胞三烯的产生，而 ω-3 脂肪酸可以防止这些炎性因子的产生。

通过合理调节饮食中 ω-6 和 ω-3 脂肪酸的量，可以使机体产生抗炎因子的中间体。饲喂含有高水平 ω-3 脂肪酸的特殊全价日粮，可以提升患病犬的活动力。

（四）抗氧化剂

骨关节炎一个非常重要的发病机理是有害的氧自由基对机体的损伤。饮食中补充抗氧化剂可以降低对关节滑膜细胞的损伤，清除自由基。研究发现补充维生素 C、维生素 E、β- 胡萝卜素、硒和锌制剂可以降低人骨关节炎的发病率，治疗骨关节炎。

（五）绿唇贻贝

绿唇贻贝（GLM）中含有抗炎因子以及其他有益营养素，有保护关节的生理作用。绿唇贻贝粉末（从贝壳中得到）的脂肪酸组成比例为：饱和脂肪酸 34.6%，单不饱和脂肪酸 18.4%，多不饱和脂肪酸 47%。多不饱和脂肪酸中 41% 是 ω-3 脂肪酸（主要为 EPA 和 DHA，少量的 ETA（0.3%），5.2% 为 ω-6 脂肪酸，ω-6 与 ω-3 的比例为 1：10。ETA 是一种双重的抑制剂，对脂氧合酶和环氧化酶途径均有抑制作用，可以降低致炎因子中间体的产生。绿唇贻贝粉末中也含有 6.9% 的软骨素和 0.000 5% 的葡萄糖胺。ω-3 脂肪酸、软骨素和葡萄糖胺以及抗氧化复合物可以发挥协同作用治疗骨关节炎。食物中添加绿唇贻贝粉对犬关节肿胀、疼痛等症状有显著改善作用。

（六）其他营养素

硅和维生素 B_6 可以促进关节软骨的形成，骨关节炎患犬饮食中补充硅和维生素 B_6 有助于疾病的治疗。

三、关节疾病的营养管理方案

除了全方位的营养管理，体重管理也非常重要。控制体重能够减少作用于关节的异常压力，减缓相应症状。有研究发现髋关节发育不良犬体重减轻 11%～18% 时，病情明显好转。

对于已经出现关节异常的肥胖犬，建议以游泳等不给关节施加额外压力的运动为主，同时给予高饱腹感、适量高蛋白、低能量浓度的食物。目前市场上已经有专门的关节处方粮，呵护关节的同时还能达到“管住嘴”的目的。如果宠物仅仅只有肥胖，而未出现关节问题，建议以减肥粮为主要食物。

对于有髋关节发育不良倾向的幼犬，应避免营养过度，根据动物年龄、品种、体重和活动量选择合适的食物。定期到宠物医院找兽医师评估体况分数和关节情况也是非常必要的。

四、小结

犬猫骨关节炎是犬猫临床常见的骨关节疾病，常见继发于髋关节发育不良等疾病。也是最适合通过营养干预的疾病。跛行为主要的临床表现，治疗的主要目的是缓解不适，减缓疾病进展。药物的对症治疗不具有特异性。

减重、抗炎、止痛药物的使用及营养管理是治疗骨关节炎的常用推荐手段。在营养管理方面，ω-3 脂肪酸具有抗炎效果，补充鱼油可以调整软骨细胞基因复制。葡萄糖胺和硫酸软骨素、抗氧化剂（维生素 E、维生素 C、β-胡萝卜素、锌和硒）也有助于关节保护，缓解症状。绿唇贻贝具有抗炎、保护关节的作用。饲喂含有这些成分的商品化处方粮，有助于缓解骨关节炎的症状。对于有髋关节发育不良倾向的幼犬，应避免营养过度，选择针对幼犬的商品化全价食物。

第十节　口腔疾病的营养与管理

一、疾病概述

犬猫和人一样，也会发生口腔疾病，但与人类口腔疾病不同。犬猫齿列呈斜面且锐利，不易出现龋齿。犬的唾液呈碱性，不常发牙齿脱矿；猫的唾液偏酸性，易发牙齿脱矿。小动物临床兽医最常观察到的口腔疾病之一是牙周病，通常分为牙龈炎和牙周炎两个阶段。针对犬猫的调查研究，牙周病的发生率在 60%～80%。牙周病可以通过护理治疗或预防，但却常被忽视。猫的牙吸收在猫群中有较高的发病率，平均患病率在 30% 左右，特别是在家猫中。猫口炎虽发病率较低，约占兽医临床病例的 0.7%，但通常较难治疗。

二、口腔疾病的病理生理学

（一）牙周病

牙周病的起始阶段是口腔细菌在牙齿表面黏附形成牙菌斑。牙菌斑是牙齿与唾液相互作用的自然过程。当干净的牙齿表面与唾液接触时，数分钟内即可形成一层由糖蛋白和蛋白质组成的薄膜，口腔残渣和口腔中的大量细菌会快速黏附到薄膜上，并开始增殖，24 小时内，牙齿表面就会形成牙菌斑。刚形成的牙菌斑是一种柔软的胶状物质，由细菌及其代谢产物、口腔残渣和唾液成分组成。容易沉积牙菌斑的部位是牙冠边缘、牙龈接缝以及牙齿间的接触面。若不进行及时干预，牙菌斑会逐渐积聚变厚，随着时间发展，唾液中的矿物质，特别是碳酸钙和磷酸钙，会沉积在牙菌斑内，从而形成牙结石。牙结石会在牙龈上沉积（图 16-18）。虽然牙结石不含致病菌，不会引起牙周炎，但其多孔结构有利于牙菌斑积聚增大，会促进牙周炎的发生。

最初形成于牙齿表面的牙菌斑称为龈上牙菌斑，随着菌斑的发展深入到龈下和牙龈沟，就会形成龈下牙菌斑。龈下牙菌斑中的细菌会分泌细胞毒素和细菌内毒素及代谢产物，导致牙龈和牙周组织发生炎症反应，产生牙龈炎。牙龈炎是牙周病的初级阶段，该阶段易于治疗恢复。若牙龈炎没有得到及时控制，牙菌斑会继续累积，致使牙周深层的支持组织发生炎症反应，就会导致牙周病（图 16-19），损伤牙周组织和牙齿间的连接。同时，

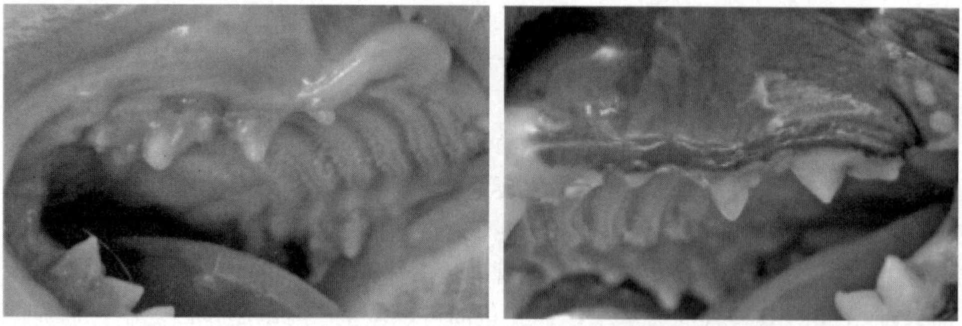

图 16-18　猫的牙结石沉积（左）和牙龈炎（右）

细菌的代谢产物会引起动物自身的免疫应答。由于血管通透性增加，炎性介质会从牙周软组织进入到牙周间隙中，大量的白细胞聚集，通过吞噬和酶消化反应“杀灭”细菌，同时也损伤了自身组织，炎性反应会加剧。牙周病的进程取决于感染的细菌和宿主本身的免疫系统，且大部分牙周组织的损伤是由自身免疫反应引起的，也会引起破骨细胞的移行并激活破骨细胞，导致牙槽骨的破坏，牙体发生松动，最终脱落。牙周病是不可逆的，病变组织无法恢复，因此，治疗的主要目标是阻止病情进一步发展。

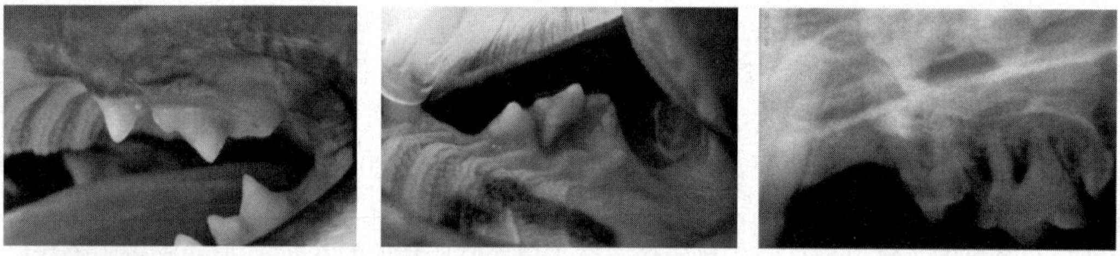

13A－近中面和前庭面有严重的牙龈炎。

13B－近中面和腭面有严重的牙龈萎缩。

13C－严重的水平牙槽脓溢。

图 16-19　牙周病

影响牙周病的因素很多，如牙齿与牙龈交界处牙菌斑积聚过多（口腔卫生差，食物中日粮纤维含量低导致）、牙齿撕碎食物的咀嚼减少、牙齿咬合不正、乳牙不脱落、牙齿损伤等，这些因素都会加重牙菌斑的累积。影响个体免疫反应能力的因素（如系统性疾病（糖尿病、肝肾功能不全）、先天或后天性免疫缺陷）都会影响牙周病的产生。

（二）牙吸收

牙吸收是家猫中常见的牙齿疾病，在犬中不常发。猫的牙吸收是一种牙质逐渐丧失的病变（图 16-20）。这种病变通常被称为猫的再吸收牙齿损伤（feline odontoclastic resorptive lesion，FORL），FORL 在各个猫群中均表现出较高的患病率，特别是在家猫中。研究显示家猫 FORL 患病率约为 30%，其特征是牙釉质、牙本质或牙骨质发生再吸收。与牙周病一样，FORL 的发生率与年龄增加呈强相关。

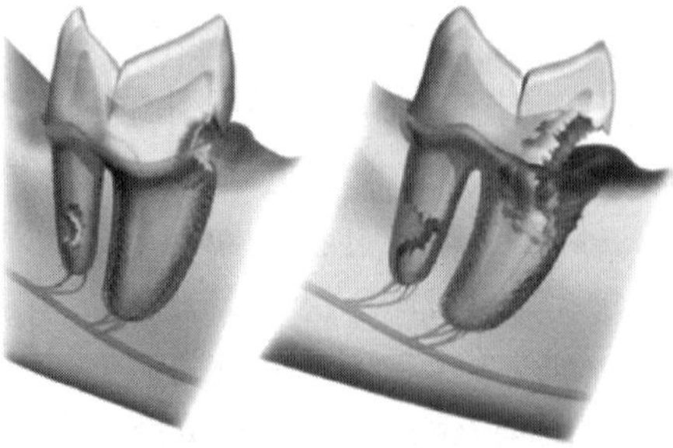

图 16-20　牙吸收

猫 FORL 最初是从牙齿外部发生的。重吸收的牙组织逐渐被新形成的牙骨质或骨组织替代。FORL 从牙根骨开始，蔓延至牙本质和 / 或牙冠、牙槽骨和相邻牙周韧带，出现局部重吸收现象。牙根管仅在该过程末期才会受到影响。牙髓炎症一般在最后进入退化状态时才会出现。冠部牙釉质可能会在病变发展到一定程度后出现自吸收，由于缺乏下方支撑更容易发生骨折，造成牙齿空腔。FORL 主要出现在牙冠颊侧，69% 的病例会伴有炎症表现，而 30% 会呈现修复迹象。

FORL 的确切病因尚不清楚。一项临床研究认为机械咀嚼减少和由牙周病引起的慢性炎症可能会诱发 FORL，因此，常将猫的牙吸收归类为一种牙周病。也有理论认为日粮维生素 D 摄入过量、食物的酸化效应也可能是 FORL 的风险因素。

（三）猫口炎

猫口炎是指以明显口腔黏膜炎症为特征的口腔疾病（图 16–21）。主要发病机制是猫由于某种刺激诱发或自发性出现了自身免疫系统过于亢奋，从而导致免疫系统攻击自身黏膜的情况。该病的患病率较低，约占兽医临床病例的 0.7%，其发病机制中的许多不确定性因素导致很难治疗，即便通过全口拔牙，仍有 13% 的病例仅略有改善，且需进一步治疗，近 7% 的病例则完全没有改善。

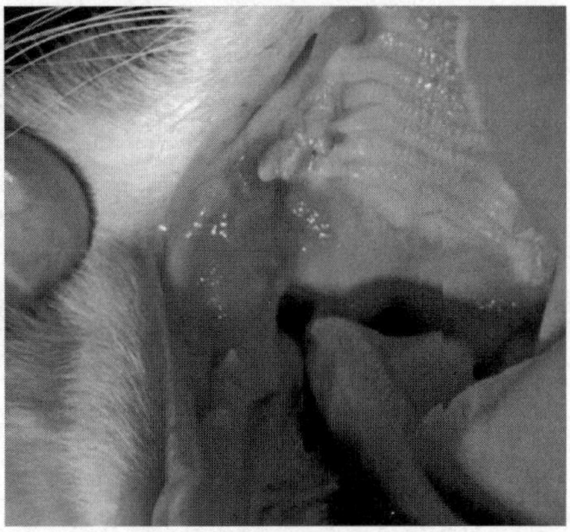

图 16–21 猫口炎

猫口炎的病因被认为是感染性和非感染性多种因素导致，会影响猫的免疫系统。推测可能与细菌、病毒和猫自身的免疫介导有关。有研究显示，猫杯状病毒（FCV）、猫疱疹病毒（FHV）、猫白血病病毒（FeLV）和猫艾滋病病毒（FIV）传染病暴露史是发生猫口炎的风险因素。FIV 和 FeLV 感染引起免疫功能渐进性下降可能导致猫口炎的发生，FHV 患猫则可能出现舌部、人中和腭部溃疡。研究还发现纯种猫比其他猫更高发猫口炎。猫口炎的病因还需要结合具体的临床检查进一步分析。

三、口腔疾病的营养管理

口腔保健可分为两种，一种是预防性口腔保健（在发生牙周病前对健康牙龈进行预防护理），一种是治疗性口腔保健（配合牙周病专业治疗，用来预防复发）。无论何种情况，我们都希望采取预防性口腔保健，因为保健进行得越早，效果也就越好。

治疗牙周病的主要挑战是破坏构成牙菌斑的生物膜。牙菌斑在数小时内形成，48 小时后就会形成牙结石。因此有必要进行日常护理。对犬的研究表明，在牙菌斑形成过程中不采取物理方法控制，犬在 7 ~ 21 天内就会出现牙龈炎。然而，牙龈炎具有可逆特征，需要日常做好口腔清洁。现实的目标是尽可能控制牙菌斑，但也不能期望将其完全清除。

（一）食物成分的影响

食物的某些成分可能对牙菌斑和牙结石有抑制作用，当这些成分随咀嚼过程进入口腔后，便有助于预防牙菌斑和牙周病。

众所周知，唾液中的钙离子参与牙菌斑的钙化从而形成牙结石。临床上已经证实多磷酸盐可抑制牙结石的形成（图 16–22）。具有多种阳离子（如钙离子和镁离子）螯合能力的多磷酸盐进入口腔，会螯合唾液中的钙，从而预防牙结石的生成。而被螯合的钙可在消化道中被正常释放，机体根据需要加以吸收。与猫粮中不含多磷酸盐的对照组相比，喂食含多磷酸盐猫粮的猫，牙结石累积量会显著减少。为了方便多磷酸盐的释放，让其接触唾液中的钙，需将多磷酸盐喷涂在粮食颗粒的外层。

精油（百里香酚、桉树醇、薄荷脑、水杨酸甲酯）在人类牙科中已有长期应用。研究显示含精油的漱口液可减少牙菌斑的生成（减少 20%～35%），并显著减少牙龈炎的发生（减少 25%～35%）。另外，在人类化妆品研究中发现的一种成分 PRN（plaque reduction nutrient），也被证明可显著抑制犬猫牙菌斑的形成。

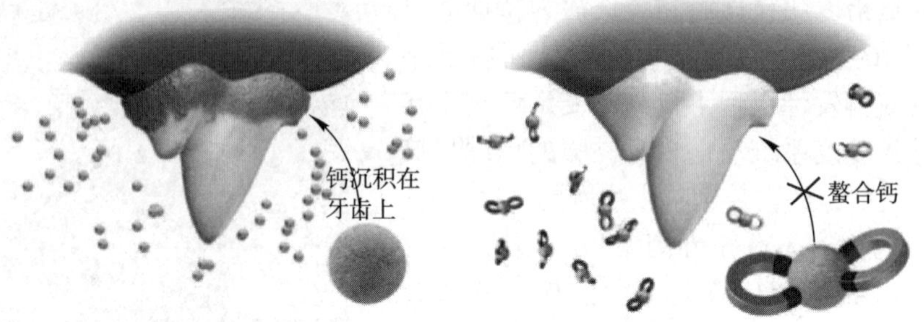

图 16-22 多磷酸盐螯合唾液中的钙

（二）食物质地的影响

虽然对猫的研究较少，但结果证明食物质地对牙菌斑有重要影响。对幼猫而言，湿粮可能会加重牙结石、牙龈炎、牙齿萎缩和口臭。对两组猫进行为期两周的研究发现饲喂干粮的猫牙菌斑明显少于饲喂湿粮的猫。如果干粮颗粒的形状和质地是专为某一体型或某一品种犬猫设计的，干粮可促进犬猫的咀嚼，起到机械刷牙作用，对于犬猫的口腔保健是有益的。一般而言，犬猫吃松软、黏性的食物，会比吃硬性、纤维含量高的食物更容易出现牙菌斑和牙结石，继而出现更严重的牙龈炎和牙周病，因此，食物的韧性有助于犬猫的牙齿健康。

（三）食物大小和形状的影响

食物的大小和形状也会对犬猫的口腔健康产生影响。研究显示，与三角形的小颗粒猫粮相比，穿透指数更高（+25%）的长方形大颗粒猫粮可使牙菌斑减少 41%（图 16-23）。这是由于大颗粒猫粮对猫的牙齿有更强的机械摩擦作用，如果猫粮质地能够使牙齿穿透更深，那么猫牙齿机械摩擦的时间就会更长，洁牙的效果也会更明显。

四、其他管理方式

牙龈炎是牙周病的初级阶段，并不是患有牙龈炎的每只犬都会恶化成牙周病。研究显示，患有轻度至中度牙周病的比格犬经过专业的牙周治疗和护理（洗牙、牙龈清创），再配合每天刷牙，能帮助减少牙周组织损伤，将治疗的效果维持三年以上。然而，每六个月对犬进行牙周治疗，但没有配合每天刷牙，则无法预防牙周袋变深以及牙周组织的损伤。

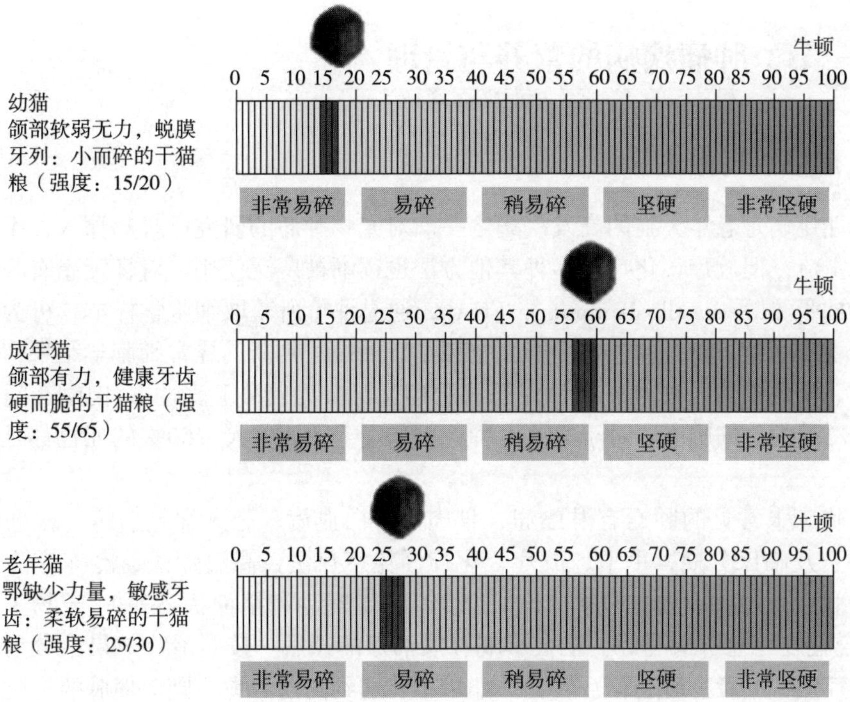

由于干猫粮具备特殊质地，牙齿的穿透深度更大，从而增强机械性刷牙的效果

图 16–23　食物质地的机械刷牙作用

控制牙菌斑最有效的方法就是刷牙。必须从幼犬时期就开始训练犬刷牙。虽然所有的犬都需要进行口腔保健，但主要还是小型犬。对比格犬的研究显示，每周至少刷牙三次才能维持健康的牙龈。如果已经出现牙龈炎，只有每天刷牙才能重新恢复牙龈健康。使用活性化学物质能够强化刷牙的效果，一项对比格犬的研究显示，用含氯已定的牙齿凝胶，每天对犬的牙齿和牙龈进行按摩，牙齿表面的牙菌斑可减少 42%～49%。然而刷牙对主人来说并不是一项容易完成的任务，会受到主人意愿和动物配合度的影响。一项为期两年的研究表明给猫每天刷牙的预防效果不大，这可能与给猫刷牙有很大的技术难度有关。

现在已有多种方法可以预防牙菌斑和牙结石的生成。然而，每日刷牙仍是预防牙周病的最好方法，再配合口腔保健犬猫粮和洁齿骨来强化防护效果。

五、小结

犬猫的口腔疾病多种多样，牙周病是最常见的口腔疾病，但其对犬猫的影响往往被低估。事实上，口腔炎症是导致猫发生传染病的重要原因。犬猫的牙周病并不相同，牙菌斑的预防是非常重要的。考虑到每天给猫刷牙很难做到以及猫对咀嚼的兴趣不大，经过特殊设计的口腔保健猫粮有助于改善猫口腔健康，另外，适当的治疗也可减轻口腔疾病导致的慢性疼痛和感染。最近有研究评估了犬猫牙周病的继发性全身影响，为口腔疾病的研究提供了新的线索。因此，治疗的目标应该不仅仅是消除口臭和牙菌斑，更要改善犬猫的健康状况，延长平均寿命。

第十一节 肿瘤疾病的营养与管理

一、肿瘤疾病概述

肿瘤性疾病是老年犬猫的高发疾病之一。对宠物肿瘤的研究已日趋深入，手术疗法虽然仍然是主流，但放疗、化疗等多种其他方法也逐渐被广泛使用。对怀疑患有肿瘤的犬猫进行细针抽吸（fine-needle aspiration，FNA），通过评价所获取细胞学样本，可为确诊提供依据，比手术活组织检查的损伤更小。按照细针抽吸法判断的异常细胞学结果，大致分为增生组织、炎性组织、恶性肿瘤，而恶性肿瘤又可分为癌（上皮性）、肉瘤（间质性）和圆形（或离散的）细胞瘤。对于某些犬种，例如金毛巡回猎犬，60% 的死亡都是由恶性肿瘤引起的。

犬猫临床上常见的肿瘤有淋巴瘤、骨肉瘤、白血病、肥大细胞瘤等。根据肿瘤的类型、生物学及临床分期，手术、放疗、化疗、免疫疗法、高温疗法、冷冻疗法等可以一种或多种联用。患病动物的因素（比如全身状况、运动和精神状态等）、宠物主人的因素（比如配合程度、经济情况等）也会影响肿瘤治疗的预后。按照治疗效果，分为姑息疗法和治愈性疗法，二者有时会相互转化。如果不能达到完全治愈，则要使肿瘤退化的同时保证生活质量。

营养管理在肿瘤综合治疗过程中扮演了重要的角色，对于肿瘤这种消耗性疾病，有针对性的营养管理为患肿瘤的宠物的长期治疗提供了重要保障。但由于肿瘤的特点差异，患病动物本身营养状态不尽相同，没有一种单独的饮食疗法能够针对所有肿瘤患病动物。所以本节的目的在于提供一些实用的方法进行肿瘤患病犬猫的营养评估及管理。

二、肿瘤疾病的症状

消瘦、疲劳、贫血、肌肉流失并被脂肪取代是肿瘤患病动物的常见表现。对于肿瘤患犬来说，消瘦并没有像人类那样普遍和严重，反而有不少超重情况。而患猫的肌肉流失和消瘦情况更为明显，体重下降会影响生活质量及预后，虚弱会影响机体正常功能的发挥，例如有可能改变化疗药物的药代动力学及药效，使药物副作用增加，也减弱了患病动物对激进治疗的承受能力，从而缩短了生存期。

由肿瘤导致的恶病质是常见症状，可以分为原发和继发性两类。继发性恶病质是由于肿瘤引发了相关器官功能的异常而导致，例如化疗和放疗会引起恶心和呕吐、影响味觉和嗅觉、导致消化道上皮细胞损伤，从而影响机体对营养的消化和吸收。原发性恶病质通常由于肿瘤本身改变了机体对脂肪、蛋白质和糖类的代谢过程。所以如何满足患病动物的能量和营养需求非常重要。年龄、品种、绝育情况、肿瘤类型以及激素使用等都是影响肿瘤犬猫状态的协同因素。

三、肿瘤疾病的营养管理

不同类型的肿瘤病例需要根据个体情况选择食物，如果体况良好，全价均衡食物即可满足日常需求。肿瘤治疗过程中，体重、机体水合状态、特定营养素水平（比如钾、磷和VK 等）都需要定期监测。

（一）能量及能量来源

患病犬猫的能量需求决定了食物的摄入量。肿瘤对于代谢能的影响还未知，所以目前用于健康动物的代谢能计算公式并不一定适合肿瘤患病动物。通常来说，代谢能需要系数为健康动物的 1 ~ 1.4 倍是相对安全的，不会导致过度饲喂。

一般来说食物的营养配比需要考量多种因素，但是蛋白质、脂肪和糖类的能量分布是重中之重。针对肿瘤患病犬猫的市售食物通常蛋白质占比 30% ~ 35%，能够防止肌肉组织流失。尽量减少糖类的含量，但需要高脂肪含量。根据肿瘤细胞和宿主细胞代谢的差异性，提供患病犬猫低糖类高脂肪日粮，因为脂肪的能量浓度，能够更好地被细胞利用，对于肿瘤动物恶病质是比较好的能量来源。高脂肪的食物适口性高，可以增加食欲不良患病动物的进食量。有些食物中还含有较高含量的 ω-3 脂肪酸。大多数犬猫都能耐受脂肪提供总能量需求的 65% 的日粮。

对于一些患肿瘤疾病的犬猫，高脂肪、高蛋白也有可能是禁忌症，比如之前就患有需要限制脂肪的疾病，或者对于已经超重和肥胖肿瘤患病动物，高脂肪有可能加重肥胖程度。对于存在慢性肾病或肝功能不全的动物也需要考虑蛋白质含量。如果需要限制蛋白质或者脂肪，那么需要选择多糖含量高的糖类避免单糖引起的血糖峰值。

自主进食是满足能量需求最有效和实用的方法。如果无法达到理想进食量，可以辅助采取食欲刺激药物、饲管饲喂以及辅助肠外营养。辅助肠外营养是消化道完全失能情况下的唯一营养补给方法。这些辅助手段可以有效对抗肿瘤治疗过程中产生的不良反应，提高康复速度，但是如果已经到了疾病晚期，营养管理很难改善这种情况。

总之，在肿瘤患病动物能量需求方面，需要关注食物的消化率、纤维含量、适口性、饲管饲喂的便捷性、成本以及宠主操作的方便度，同时务必考虑宠物饮食史（干粮、湿粮、半湿粮、口味等）作为参考。

（二）蛋白质

选择蛋白质的主要原则是尽可能的支持机体代谢过程，满足氮平衡，预防蛋白质性恶病质。提供超过需求的蛋白质不仅会增加成本，带来的益处也非常有限。比如摄入的氨基酸超过总需求，多余的氨基酸会最终转化为脂肪，对于肿瘤犬猫来说必须避免。虽然很多研究认为蛋白质在肿瘤患病动物中的需求量增加，但是很难断定个体病例的蛋白质需求量，建议日粮蛋白质含量为 30% ~ 35%，能满足所有预期的需求。

（三）ω-3 脂肪酸

针对患肿瘤疾病的犬猫处方粮中均会额外添加 ω-3 脂肪酸，尽管还没有确定的剂型、剂量以及给予方法，但是对于人和犬来说，其确实在抗炎方面非常有效，尤其是可以改善原发性肿瘤带来的恶病质。已经有研究证实额外添加 ω-3 脂肪酸可以稳定胰腺癌人类患者的体况以及逆转植入肿瘤老鼠的体重下降趋势。但是过度摄入 ω-3 脂肪酸会带来一定的弊端。已经发现过量的 ω-3 脂肪酸引起猫血小板功能下降的迹象，导致人类和犬的淋巴细胞增殖能力下降，还有可能导致 VE 缺乏以及伤口愈合变慢等。

（四）抗氧化剂

能够给机体带来保护力的营养元素有相当多属于抗氧化剂类，例如 β 胡萝卜素、叶黄素、硒、维生素 A、维生素 C、维生素 E。除了相关处方粮中会大量添加，甚至很多宠物主人也经常额外给宠物补充。对于肿瘤病例来说，以下几点需要特殊考量。

1. 抗氧化剂通常需要连续使用数年达到预防肿瘤的目的。因为肿瘤的发生是由于长时间的氧化损伤导致的DNA损伤，尤其是当抗氧化水平比较弱时容易出现。所以预防是一个长期过程，而且目前也缺少针对抗氧化剂长期发挥作用的相关研究，所以有效的抗氧化剂种类、剂量、服用时间都未知。

2. 在治疗肿瘤过程中确实需要使用抗氧化剂，主要目的是减少治疗过程中出现的严重副作用。因为无论放疗还是化疗，都会给细胞带来氧化损伤。但是目前人类的主流意见认为，为了最大化肿瘤的治疗效果，应该尽量避免使用过高剂量的抗氧化剂。目前还没有类似的试验用在肿瘤患病犬猫上。

3. 在肿瘤治愈后，为了防止复发，也会使用抗氧化剂。但目前针对人类患者的研究并不理想。

四、小结

肿瘤越来越成为威胁老年宠物健康、影响寿命的一大类疾病。细针抽吸进行细胞学分析是临床上普遍的、操作相对简单的一种肿瘤判读方法。姑息疗法和治愈性疗法有时会相互转换，如肿瘤无法治愈，使肿瘤退化并保证生活质量是首要目的。

对于肿瘤患病犬猫来说，食欲下降、体重下降以及肌肉流失所导致的恶病质是最常见的营养威胁。营养管理的目标是保证充足的能量摄入、必需营养素的摄入以及水合状态。目前临床上可用的针对肿瘤的处方粮种类还很有限，但食物中通常会有相对较高的蛋白质和脂肪含量，同时需要控制糖类水平并且提升 ω-3 脂肪酸水平以及抗氧化剂水平。

第十二节　住院犬猫的营养与管理

一、概述

大多数住院动物属于急诊、手术或慢性疾病患宠，医生通常关注的是如何尽快采取医疗手段，通过药物进行救治，常常忽视住院动物的营养管理。已有大量研究证实重症稳定后，恰当的营养供给和支持对宠物病情的好转起到关键作用。

住院动物营养管理不当最早出现的后果是营养不良，由支持机体组织代谢的蛋白质、能量等摄入不平衡引起，可能会潜在影响住院动物的医疗或手术效果。一项研究显示超过50% 的住院动物存在营养失调。2001 年在美国的四家兽医转诊医院开展的住院患犬的能量评估显示，73% 的患犬存在能量负平衡。

合理、充足的营养对优化免疫功能、伤口修复和康复时间具有重要作用，对减少发病率和死亡率具有积极的影响。对于自主进食不足甚至食欲废绝的住院动物，辅助饲喂是必要手段，有效改善营养不良。

二、营养不良的病理生理学

单纯性饥饿是指宠物在健康的前提下被剥夺了食物。复杂性饥饿是指由疾病造成的厌食。疾病导致的复杂性饥饿可能比单纯性饥饿需要更多的能量和营养（表 16-8）。

表 16-8　饥饿和应激对新陈代谢的影响

	饥饿	生理应激
介质活性	↑	↑↑↑
蛋白质合成	↓	↓↓
分解代谢	↓	↑↑↑
葡萄糖异生	↑	↑↑↑
能量消耗	↓	↑↑
营养不良程度	↑	↑↑↑

引自：Encyclopedia of canine clinical nutrition，2006

以猫为例，猫是严格的肉食动物，需要高水平的必需氨基酸作为其能量来源。猫对糖类需要量小，蛋白质需要量大。成年猫每日蛋白质需要量为杂食动物的 2～3 倍。由于无法调节尿素循环肠外酶或氨基转移酶以适应蛋白质摄入不足的情况，猫蛋白质代谢通路储备氮的能力有限，也意味着即使食物中蛋白质含量有限，猫仍需利用蛋白质来维持血糖浓度。所以一旦猫出现厌食，会迅速出现蛋白质营养不良（图 16-24）。

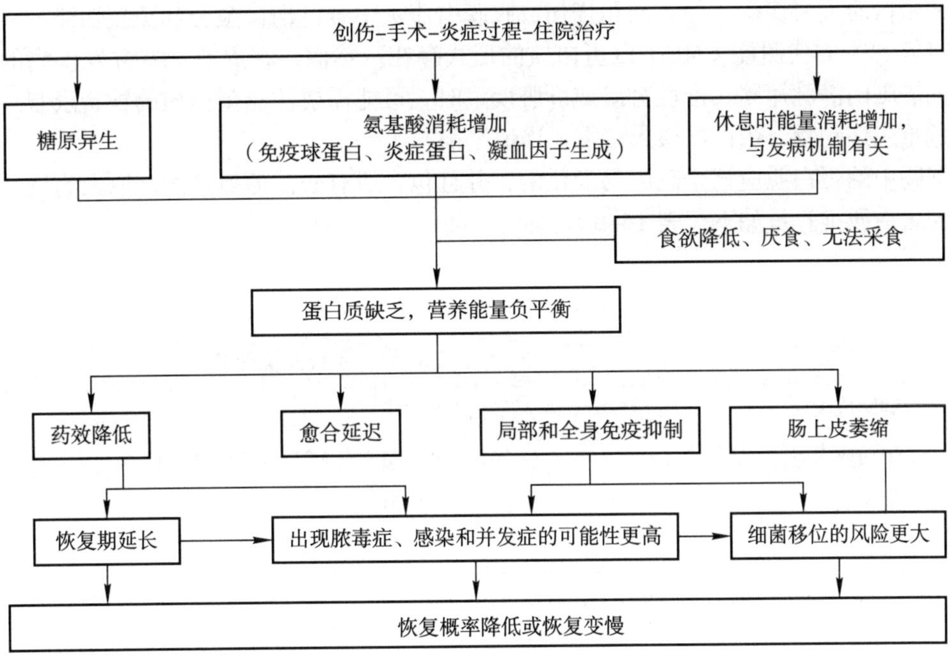

图 16-24　重症患猫饥饿引发的结果

患猫重度营养不良会导致伤口愈合延迟、局部或全身免疫抑制、肠上皮萎缩等后果。辅助饲喂可以通过提供能量、糖类、脂质和蛋白质来逆转体内组织的分解。

在疾病、创伤和手术恢复的过程中，特别需要关键营养来支持免疫系统和炎症过程。厌食症和营养不良会导致犬猫对感染的免疫反应减弱，并影响愈合。肠内营养对于支持胃肠道健康是必要的，因为肠上皮细胞优先利用肠腔内营养（来自食物）。如果肠细胞丢失或吸收和分泌功能降低，细菌移位的风险就会增加。

三、住院犬猫的营养管理

（一）住院患犬的基本营养需求

1. 能量的需求

可以参考静息能量计算公式 RER＝70 ×（BWkg）$^{0.75}$ kcal/d 大概算出动物的基本能量需求。食物的能量浓度变化会对食物的体积和饲喂频率产生很大影响，所以必须保证食物体积尽量小，但能量浓度高，不但可以满足动物的能量需求，还会显著影响喂食方案的成功率。

2. 水的需求

水是六大营养素之一，机体脱水会有很多危害，严重时会引起器官灌注不足，引发炎症等不良后果。水的需求量为 40 ~ 60 mL/kgBW/d。为确保水分摄入充足，在动物无法满足自主足够饮水量时，应考虑配合使用皮下或静脉输液疗法。湿粮含水量可高达 80% 以上，比干粮携带更多水分，在满足能量需求的前提下，是机体补充水分的绝佳途径。

3. 蛋白质的需求

慢性病或者重症疾病的犬对蛋白质的需求会显著增加。为了消除严重的负氮平衡，有必要提供远远超过最低需求量的蛋白质。不过，为避免过度饲喂的风险，建议采用更温和的方法。对于犬的肠内营养，蛋白质至少应占 20% ~ 30% 的热量（2 ~ 3 g/kgBW）。为了在严重的蛋白质丢失疾病（如大面积烧伤或腹膜引流）中维持伤口愈合和免疫功能，可能需要 25% ~ 48% 的代谢能（ME）以蛋白质的形式存在。然而，在患有某些并发疾病的个体中，如肝脏门静脉短路、慢性肾脏或肝脏疾病时，可能需要注意蛋白质的饮食限制；尤其对于危重患病动物，蛋白质摄入量需要谨慎平衡。

食物中的蛋白质应该是高度易消化的，并且包含所有必需的氨基酸。以犬为例，生病患犬的蛋白质推荐量如下（表 16–9）。

表 16–9　生病犬的蛋白质推荐量

类别	蛋白质推荐量
健康成犬	最低 20% ME
生病成犬	24% ~ 30% ME 或 4.25 ~ 6.25 g/100 kcal
生病老年犬	24% ~ 48% ME 或 3.75 g/kgBW
康复期	最高 43% ME

引自：Crowe，1996；Donoghue，1994；Tennant，1996

（1）支链氨基酸　支链氨基酸（BCAAs）有利于氮平衡。研究表明，在创伤或压力大的病人中，补充 BCAAs 可以增加氮潴留和肝脏蛋白质合成。支链氨基酸与芳香族氨基酸比值的降低与脓毒症患者脑病的发生有关，但尚未得到证实。对危重患犬补充支链氨基酸的确切需要尚待确定。

（2）谷氨酰胺　谷氨酰胺是一种普遍存在的氨基酸，在血液和其他组织中含量丰富。谷氨酰胺是肠道黏膜细胞代谢必需的营养物质，对维持肠道黏膜上皮结构的完整性起着十分重要的作用。谷氨酰胺具有重要的免疫调节作用，它是淋巴细胞分泌、增殖及其功能维持所必需的。作为核酸生物合成的前体和主要能源，谷氨酰胺可促使淋巴细胞、巨噬细胞的有丝分裂和分化增殖，增加细胞因子 TNF、IL-1 等的产生和磷脂的 mRNA 合成。

谷氨酰胺是犬的非必需氨基酸，然而，在应激或创伤期间，谷氨酰胺的合成不足，胃肠道吸收和代谢增加，因此，需要外源补充，此时谷氨酰胺被描述为“条件必需氨基酸”。创伤患犬的需求增加和同时出现的供应不足可能导致肠黏膜屏障受损，随后发生细菌移位和全身感染。大量研究表明谷氨酰胺对伤口愈合和修复有积极影响。犬的具体有效剂量尚未确定，但支持按 0.5 ~ 1 g/100 kcal ME 的剂量。典型的危重病患犬饮食中含有谷氨酰胺，剂量为 1.11 g/100 kcal ME。

（3）精氨酸　精氨酸是犬的必需氨基酸。精氨酸已被证明能增强细胞免疫、伤口愈合和氮平衡。危重患犬对精氨酸的需求可能会增加，因此建议在这些患犬的饮食中添加一定量的精氨酸。

精氨酸治疗的禁忌症是严重脓毒症。这种有害影响的可能原因与精氨酸促进一氧化氮合成过多、心血管张力恶化和器官灌注减少有关。

4. 脂类的需求

患犬在食物摄入量受限制的情况下，脂肪可以增加能量的摄入，也可以增加食物的适口性和接受度。不过在胰腺炎等消化系统问题时需要不同程度的限制食物脂肪含量。

由于炎症在许多疾病中起着至关重要的作用，控制炎症反应已成为治疗的重要目标之一。使用 EPA 和 DHA 有益于动物的健康。EPA 和 DHA 通过改变二十碳酸的合成和细胞因子的表达，降低肿瘤坏死因子和白细胞介素 1 的表达发挥抗炎作用，因肿瘤坏死因子和白细胞介素 1 在厌食和恶病质中起主要作用。EPA 和 DHA 也有助于降低白三烯 B4 和前列腺素 E2 的产生，这两种物质在炎症和疼痛中起重要作用。

减轻疼痛和炎症可缩短恢复时间并加速愈合过程。ω-3 脂肪酸可减少慢性心力衰竭犬的肌肉损失，改善食欲。ω-3 脂肪酸对患有特应性皮炎、骨关节炎、癌症、脂质代谢紊乱、心脏病、肾病和溃疡性结肠炎的动物也有益处。长链 ω-3 脂肪酸和鱼油在某些临床条件下的推荐剂量为犬：0.10 ~ 0.28 g/100 kcal ME，猫：0.10 ~ 0.76 g/100 kcal ME，典型的重症监护饮食中含有 0.18 ~ 0.59 g/100 kcal ME。由于 EPA 和 DHA 可能对血液凝固产生不利影响，EPA 和 DHA 不应用于有凝血问题的患犬。

5. 维生素和矿物质的需求

（1）维生素 B　虽然尚未确定危重患犬维生素 B 的具体需要量，但由于体液流失和能量消耗增加，高代谢患者对水溶性复合维生素的需求可能会增加。而且在厌食或食欲不振的危重患犬中，维生素 B 很容易缺乏。

（2）锌　锌对住院患犬很重要，因为它在蛋白质和核酸代谢以及促进伤口愈合方面有关键作用。锌缺乏可导致蛋白质合成受损，分解代谢增加，伤口愈合和免疫功能下降。虽然很难从循环水平确定锌的状态，但在损伤后能够观察到血浆锌水平的降低，可能与尿锌流失增加和锌的组织内再分配有关。因此，建议补锌可能对危重患犬有益。

6. 抗氧化剂

危重病动物可能出现低血容量和再灌注不足等疾病，是由自由基的增加引起的。自由基在细胞成分中氧化，可能导致严重的器官功能障碍。机体通过超氧化物歧化酶、谷胱甘肽过氧化物酶、过氧化氢酶、维生素 E、维生素 C、牛磺酸或类胡萝卜素等抗氧化作用防御自由基。然而，在危重病动物体内，自由基的产生和机体抗氧化系统之间的平衡被破坏。因此，建议在住院动物饮食中外源补充抗氧化剂。

（二）住院患猫的营养管理

此处以猫为例，住院动物的管理措施如下：

1. 蛋白质的需求

蛋白质的含量应占能量摄入的30%~50%，并且提供高易消化蛋白质，保证能有效地被患病动物吸收，并注意必需氨基酸的供给，特别关注精氨酸、牛磺酸、谷氨酰胺、蛋氨酸和半胱氨酸的含量，促进动物的康复。对于犬猫在患慢性肾病和肝脏功能不全的情况下，蛋白质的摄入量要降低；对于患有烧伤、腹膜炎、渗出性伤口、脂肪肝时，蛋白质的摄入量要升高。

2. 糖类的需求

糖类在健康猫的饮食中起次要作用，占能量摄入的15%~20%；在应激状态下葡萄糖不耐受，应控制糖类的摄入。

3. 脂类的需求

高脂肪食物是指脂肪占能量摄入量的40%以上，同时注意必需脂肪酸亚油酸和花生四烯酸的摄入。

（三）饲喂管理的操作步骤

一旦宠物出现自主进食不足、厌食并处于高风险营养不良状况时，则需要进行辅助饲喂。由于辅助饲喂会导致葡萄糖和电解质的变化从而引起机体新陈代谢改变，在实施辅助饲喂前，必须先稳定患病宠物的病情。饲管饲喂是常见的辅助饲喂方式，不同的疾病状况推荐不同的管饲类型（表16-10）。

表16-10 不同疾病状况推荐的不同管饲类型

饲管直径	小于10Fr	大于10Fr	食物状态	适应症
使用时间	短期（<1周）	长期（>1周）		
饲管	鼻饲管		液态	下颌骨折，口腔手术后
		食道饲管	液态	口腔疾病
			软性	口腔和头部术后
		胃饲管	液态 软性	需避开食管的情况
		空肠饲管	液态	需避开胃和胰腺的情况

引自：Chan，2015

对所有接受辅助饲喂的患病宠物采用以下分步操作的方法：

1. 计算静息能量需求RER（基于当前体重或理想体重）

2. 计算每天的饲喂量（kcal/天）

当开始辅助饲喂时，食物给予量取决于宠物的营养状况。不建议在第一天就以100% RER饲喂，建议饲喂25%~50% RER，然后在随后2~4天内慢慢增加饲喂量，直至达到100% RER。

3. 确定饲喂频率和每次饲喂的量

食物总量应分为每天4~6次饲喂。大多数宠物可以耐受每次饲喂量为5~20 mL/kgBW，但耐受量取决于患病宠物发生厌食或食欲减退时间的长短以及并发疾病。

4. 选择食物并确定能量浓度（kcal/mL）

5. 计算每次饲喂时饲管的混合量

在住院护理中注意消除进食物理障碍和避免产生食物厌恶。为了消除进食物理障碍，喂食时尽量拿掉伊丽莎白项圈，通过药物护理来治疗口腔溃疡；为了避免患宠产生食物厌恶，需保持动物情绪稳定，缓解临床症状、纠正电解质和酸碱平衡，并且禁止强制饲喂，避免产生食物厌恶。

四、小结

需要特别关注住院动物的营养需求。充足的营养与能量摄入，对住院动物疾病的恢复有重要意义。尤其是一些严重疾病，导致机体出现重大变化，不仅显著改变营养代谢，还增加患宠的发病和死亡风险。及早识别进食需求、持续监测以及优化饲喂配方可降低并发症的发生机率、提高住院患宠的生存机会，帮助患宠快速恢复。

本章小结

详见数字课程。

复习思考题

一、名词解释

肥胖症、糖尿病、胰岛素抵抗、恶病质、氮质血症、急性肾损伤、肝性脑病、鸟粪石、关节炎、单纯性饥饿、复杂性饥饿、肠外营养

二、问答题

1. 食物激发与排除试验的应用和步骤有哪些？
2. 患病动物营养不良的后果有哪些？
3. 不同饮食对平均血糖水平有何影响？
4. 在犬心脏疾病情况下，如何调控钠离子的摄入？
5. 慢性肾病的营养管理目标是什么？
6. 简述炎症性肠病的营养管理。
7. 肝脏对机体代谢有哪些作用？
8. 简述猫脂肪肝的营养管理方案。
9. 常见的口腔疾病有哪些？
10. 不同疾病状态下进行管饲时如何选择饲管类型？

三、开放性讨论

1. 对于不同疾病状态下的犬猫饲养需要关注哪些关键营养素？
2. 如何预防患病宠物出现营养不良？

3. 体重管理对于治疗其他疾病的意义。
4. 处方粮和自制食物对于疾病管理的利弊。
5. 如何给犬猫养成良好的刷牙习惯?
6. 肿瘤患病动物无法自主进食时有哪些辅助措施?